OPERE MATEMATICHE

DI

EUGENIO BELTRAMI.

Tipografia Matematica di Palermo, Piazza Regalmici, Vicolo Guccia, 11. (837.1500.61 1/2) 24-1-1911.

OPERE MATEMATICHE

DI

EUGENIO BELTRAMI

PUBBLICATE PER CURA

DELLA

FACOLTÀ DI SCIENZE DELLA R. UNIVERSITÀ DI ROMA.

TOMO TERZO.

ULRICO HOEPLI

EDITORE-LIBRAJO DELLA REAL CASA

MILANO

1911

XLVI.

INTORNO AD ALCUNI TEOREMI DI FEUERBACH E DI STEINER. ESERCITAZIONE ANALITICA.

Memorie dell'Accademia delle Scienze dell'Istituto di Bologna, serie III, tomo V (1874), pp. 543-566.

In una mia Nota *Intorno alle coniche dei nove punti e ad alcune quistioni che ne dipendono,* che ebbe l'onore d'essere inserita fra le Memorie di quest'Accademia *), io m'ero proposto di dimostrare, cogli odierni metodi di geometria analitica, i celebri teoremi di FEUERBACH sul cosidetto circolo dei nove punti, considerandoli nella loro generalità projettiva. Del più elegante e del più riposto fra questi teoremi, di quello cioè relativo ai contatti, non m'era tuttavia riuscito di dare allora una dimostrazione veramente spontanea, la quale presentasse il teorema stesso nella sua natural connessione coi dati della questione analitica, talchè mi rimase sempre il desiderio di completare in questo senso quel primo studio. Ciò parvemi d'avere conseguito alcuni anni più tardi, in una ricerca nuovamente da me istituita sull'argomento; ma la tenuità di questo, a fronte di tanta altezza cui vedemmo crescere, quasi sotto i nostri occhi, la scienza analitico-geometrica, mi fece lungamente dubitare dell'opportunità di ritornare, in pubblico, sull'elegante, ma elementare soggetto. Senonchè vedendo che questo non ha mai cessato, nè cessa di tenere occupati i cultori della scienza, sia nel suo aspetto sintetico, sia nell'analitico, talchè si può ben dire, usando una frase in corso, ch'esso ha già un'estesa letteratura, ho creduto di poter aggiungere ai molti lavori altrui questo mio, che riassume le anzidette mie ricerche, e che intitolo *Esercitazione,* perchè il suo nome corrisponda alla modestia del soggetto ed a quella dello scopo che mi prefiggo

*) Serie II, vol. II (1862), pp. 361-395; oppure queste OPERE, tomo I, pag. 45.

nel pubblicarlo. La grandissima copia e varietà degli scritti usciti in luce sulla stessa questione, in Italia e fuori, di gran parte dei quali erami impossibile aver cognizione od anche solo notizia, mi ha indotto ad astenermi dal far citazioni e confronti che non avrebbero potuto giovare all'esatta storia del problema. La mia analisi abbraccia a un dipresso tutte le parti dell'argomento: l'intelligente lettore giudicherà senz'altro se essa contribuisca alcunchè di nuovo alla conoscenza di esso, sia nella forma, sia nella sostanza.

§ 1.

Punto di partenza della ricerca.

Il metodo da me tenuto, nella Nota che ho citata al principio, conduce a formulare nel modo seguente le basi della ricerca.

Siano (x, y, z), (x', y', z') le coordinate omogenee di due punti d'un piano, posti in corrispondenza quadratica fra loro per mezzo delle relazioni

$$(\alpha) \qquad xx' : yy' : zz' = a^2 : b^2 : c^2,$$

ove a, b, c sono tre costanti. I punti doppî di questa corrispondenza sono dati da

$$x^2 : y^2 : z^2 = a^2 : b^2 : c^2,$$

epperò sono i quattro vertici d'un quadrangolo, il cui triangolo diagonale è formato dalle rette

$$x = 0, \qquad y = 0, \qquad z = 0.$$

Questi quattro vertici sono i punti-base del fascio di coniche

$$(\beta) \qquad px^2 + qy^2 + rz^2 = 0,$$

nel quale i parametri p, q, r sono vincolati dalla relazione

$$(\gamma) \qquad pa^2 + qb^2 + rc^2 = 0.$$

Le equazioni (α), (γ) mostrano che due punti corrispondenti soddisfanno sempre alla relazione

$$pxx' + qyy' + rzz' = 0,$$

e che quindi, (β), sono poli armonici rispetto a tutte le coniche del fascio. Ne consegue che la polare dell'uno di questi punti, rispetto alla conica passante per esso, cioè la tangente alla conica in questo punto, passa per l'altro. Le coppie di punti corrispondenti si possono dunque definire anche come quelle dei punti di contatto delle coniche essa non è che una trasformazione projettiva della cosidetta *ipocicloide tricuspidata*. La considerazione di questa curva è inseparabile da quella della figura di cui ci occupiamo, e le variabili per così dir naturali in cosiffatta ricerca sono le seguenti funzioni lineari delle primitive coordinate x, y, z:

$$P = a^2 u x + b^2 v y + c^2 w z,$$

$$Q = \frac{u x}{a^2} + \frac{v y}{b^2} + \frac{w z}{c^2},$$

$$R = u x + v y + w z.$$

Infatti l'equazione (1), ordinata rispetto a θ, prende, mercè queste sostituzioni, la forma semplicissima

$$(2) \qquad S_\theta = R\theta^3 + P\theta^2 - eQ\theta - eR = 0,$$

dove si è posto $e = a^2 b^2 c^2$. Inoltre, per essere $a a' = b b' = c c' = 1$, si ha

$$PQ - R^2 = \begin{vmatrix} a u & b v & c w \\ a' u & b' v & c' w \end{vmatrix} \begin{vmatrix} a x & b y & c z \\ a' x & b' y & c' z \end{vmatrix}$$

$$= u v w (u y z + v z x + w x y) = u v w \mathfrak{C},$$

quindi la conica dei nove punti è rappresentata dall'equazione

$$PQ - R^2 = 0,$$

ove R è la retta corrispondente a $\mathfrak{C}$, mentre P, Q sono le tangenti a $\mathfrak{C}$ nei due punti corrispondenti I' ed I, comuni ad R ed a $\mathfrak{C}$.

§ 3.

Corrispondenza univoca delle tre linee R, $\mathfrak{C}$, Γ.

Una stessa retta S_θ individua per intersezione un punto R_θ della retta R ed un punto $\mathfrak{C}_\theta$ della conica $\mathfrak{C}$ (quello che corrisponde ad R_θ), ed individua per contatto un punto Γ_θ della quartica Γ, il quale, in questo senso, corrisponde univocamente ai due precedenti.

Le coordinate del punto R_θ si ottengono ponendo $R = 0$ nell'equazione (2), e si esprimono colle formole

$$(R_\theta) \qquad P : Q : R = e : \theta : 0.$$

Per trovare le coordinate del punto $\mathfrak{C}_\theta$ osserviamo che un punto qualunque della conica $\mathfrak{C}$ può essere individuato colle equazioni $P:Q:R=\rho^2:1:-\rho$; vi deve dunque essere una relazione *birazionale* fra i due parametri ρ e θ d'uno stesso punto. Ora la sostituzione dei valori precedenti nell'equazione (2) dà $(\rho-\theta)(\rho\theta^2+e)=0$, epperò la relazione cercata è $\rho=\theta$, talchè le coordinate del punto $\mathfrak{C}_\theta$ si possono esprimere colle formole

$$(\mathfrak{C}_\theta) \qquad P:Q:R=\theta^2:1:-\theta.$$

L'altra relazione $\rho\theta^2+e=0$, che non è birazionale, fa conoscere il parametro ρ del secondo punto d'intersezione della retta S_θ colla conica, punto che designeremo con $\mathfrak{C}'_\theta$ e le cui coordinate P', Q', R' sono date da

$$(\mathfrak{C}'_\theta) \qquad P':Q':R'=\frac{e^2}{\theta^4}:1:\frac{e}{\theta^2}.$$

Finalmente le coordinate del punto Γ_θ sono quelle del punto in cui la retta S_θ è tangente al suo inviluppo; esse sono quindi fornite dalle due equazioni

$$P\theta^2-eQ\theta+R(\theta^3-e)=0,$$

$$2P\theta-eQ+3R\theta^2=0,$$

le quali dànno

$$(\Gamma_\theta) \qquad P:Q:R=e(2\theta^3+e):\theta(\theta^3+2e):-e\theta^2.$$

Le formole (R_θ), $(\mathfrak{C}_\theta)$, (Γ_θ) punteggiano projettivamente le tre linee R, $\mathfrak{C}$, Γ; θ è il parametro comune d'una terna di punti corrispondenti. Si verifica agevolmente, mercè le formole anzidette e le $(\mathfrak{C}'_\theta)$, che *sopra ciascuna retta S_θ il punto Γ_θ è il conjugato armonico di $\mathfrak{C}'_\theta$ rispetto ad R_θ ed a $\mathfrak{C}_\theta$*.

Se nelle formole (Γ_θ) si fa successivamente $\theta=0$, $\theta=\infty$, si trova $Q=R=0$, $P=R=0$, quindi *i punti di contatto della quartica Γ colla sua tangente doppia R sono i due punti corrispondenti I ed I'*. Per trovare gli altri sei punti comuni alla conica $\mathfrak{C}$ ed alla quartica Γ basta scrivere la proporzionalità delle coordinate d'un punto (ρ) della conica e d'un punto (θ) della quartica: si ottiene così

$$\frac{e(2\theta^3+e)}{\rho^2}=\frac{\theta(\theta^3+2e)}{1}=\frac{e\theta^2}{\rho},$$

donde

$$(\theta^3+e)^2=0, \qquad \rho=\theta.$$

Di quì emerge che *la conica $\mathfrak{C}$ e la quartica Γ si toccano nei tre punti i cui parametri sono le radici dell'equazione*

$$\theta^3+e=0.$$

Questi punti sono corrispondenti a sè medesimi (sulle due curve punteggiate $\mathfrak{C}$ e Γ), mentre invece i primi due, I ed I', sono corrispondenti fra loro.

Per trovare i punti singolari della quartica bisogna scrivere la proporzionalità delle coordinate di due punti distinti di essa, (θ) e (θ'), bisogna porre cioè

$$\frac{2\theta^3 + e}{2\theta_{\prime}^3 + e} = \frac{\theta(\theta^3 + 2e)}{\theta_{\prime}(\theta_{\prime}^3 + 2e)} = \frac{\theta^2}{\theta_{\prime}^2}.$$

Di quì, ponendo $\theta_{\prime} = k\theta$ e dividendo per $k - 1$, si deduce

$$2k^2\theta^3 = e(k + 1), \qquad k\theta^3(k + 1) = 2e,$$

equazioni alle quali si soddisfa ponendo $k = 1$, epperò

$$\theta^3 - e = 0, \qquad \theta_{\prime} = \theta.$$

L'eguaglianza dei valori di θ e di $\theta_{\prime}$ mostra che *i tre punti singolari, i cui parametri sono le radici dell'equazione* $\theta^3 = e$, *sono cuspidi*. In virtù delle formole di Plücker la quartica Γ non può avere altre *singolarità d'ordine* oltre queste tre cuspidi, nè altre *singolarità di classe* oltre la tangente doppia R: quindi essa non può avere nè punti doppî, nè flessi.

L'equazione locale in P, Q, R della quartica Γ si ottiene eguagliando a zero il discriminante dell'equazione cubica (2) in θ. La sua equazione tangenziale si ottiene invece identificando questa stessa equazione (2) con quella d'una retta qualunque

$$pP + qQ + rR = 0,$$

cioè ponendo

$$p : q : r = \theta^2 : -e\theta : \theta^3 - e,$$

ed eliminando θ. Si trova così

$$ep^3 + \frac{1}{e}q^3 + pqr = 0.$$

L'equazione tangenziale della conica $\mathfrak{C}$ è

$$4pq - r^2 = 0.$$

§ 4.

Proprietà della quartica Γ.

La curva Γ possiede moltissime proprietà eleganti, ormai ben note, e che d'altronde si deducono, per via di dualità, da quelle della curva di terz'ordine dotata di punto doppio. Di queste proprietà ci basterà stabilire quelle pochissime che sono necessarie al presente scopo nostro.

Fissato un punto nel piano, epperò fissati i rapporti $P:Q:R$ delle sue coordinate, l'equazione (2) dà per θ tre valori, che diremo α, β, γ, parametri delle tre tangenti che da quel punto si possono condurre alla quartica. Questi valori soddisfanno alle equazioni

$$(3)\qquad \begin{cases} \alpha + \beta + \gamma = -\dfrac{P}{R}, \\ \beta\gamma + \gamma\alpha + \alpha\beta = -\dfrac{eQ}{R}, \\ \alpha\beta\gamma = e. \end{cases}$$

L'ultima di queste, indipendente dalle P, Q, R, stabilisce una relazione semplicissima fra i parametri di tre tangenti spiccate da uno stesso punto del piano. Possiamo verificarla sopra un risultato ottenuto precedentemente: se le tre tangenti spiccate da uno stesso punto coincidono, cioè se $\alpha = \beta = \gamma$, il parametro comune deve, in virtù della relazione trovata, soddisfare all'equazione $\theta^3 = e$. Ora questa è l'equazione trovata dianzi per le cuspidi, nelle quali appunto coincidono tre tangenti consecutive. I parametri delle tre cuspidi sono quindi $\sqrt[3]{e}$, $\varepsilon\sqrt[3]{e}$, $\varepsilon^2\sqrt[3]{e}$ (dove ε è una radice cubica complessa dell'unità), ed il loro prodotto è uguale ad e, donde si conclude che le tre tangenti cuspidali concorrono in un medesimo punto $P = Q = 0$, che è il polo della retta R rispetto alla conica $\mathfrak{C}$.

Da un punto (α) appartenente alla quartica non si possono condurre a questa che due tangenti distinte, una delle quali è la retta S_α tangente in (α), che conta come due. Si rappresenta analiticamente questo caso ponendo $\alpha = \beta$, talchè la tangente distinta S_γ è data dall'equazione

$$\alpha^2\gamma = e.$$

Sostituendo nelle due prime equazioni (3) i valori

$$\beta = \alpha, \qquad \gamma = \frac{e}{\alpha^2},$$

si trova, per le coordinate P, Q, R del punto (α),

$$P : Q : R = e(2\alpha^3 + e) : \alpha(\alpha^3 + 2e) : -e\alpha^2,$$

valori che coincidono con quelli del § 3, fatto $\theta = \alpha$.

Se nell'equazione precedente $\alpha^2\gamma = e$ si suppone dato γ, i due valori che ne risultano per α individuano le tangenti alla quartica nei due punti d'intersezione di questa curva colla tangente in γ. Quindi i parametri α, β di due punti d'intersezione della quartica con una sua tangente sono legati dalla relazione

$$\alpha + \beta = 0,$$

e i punti stessi formano quindi un'involuzione quadratica, i cui punti doppî sono I ed I'. Chiameremo *associati* tali punti, ed *associate* le tangenti in essi.

Due tangenti associate s'incontrano sempre sulla conica $\mathfrak{C}$. Abbiamo veduto infatti che il parametro ρ del secondo punto d'intersezione $\mathfrak{C}'_\theta$ della tangente S_θ colla conica $\mathfrak{C}$ (il quale è un punto qualunque della conica stessa) è legato a θ dalla relazione $\rho\,\theta^2 = -e$; se dunque è dato ρ, si hanno per θ due valori eguali e contrarî, i quali corrispondono a due tangenti associate intersecantisi nel punto (ρ) della conica. Se ne conclude che delle tre tangenti alla quartica Γ, concorrenti in un punto della conica $\mathfrak{C}$, due sono sempre associate fra loro: il parametro della terza tangente è il parametro del punto della conica.

A tre tangenti S_α, S_β, S_γ concorrenti in un punto qualunque del piano sono associate tre altre tangenti, i cui parametri α', β', γ' sono legati dalla relazione

$$\alpha'\beta'\gamma' + e = 0.$$

Tali sono per esempio (§ 3) le tre tangenti comuni alla quartica ed alla conica $\mathfrak{C}$, le quali sono *associate alle tangenti cuspidali*. Chiameremo *triangolo tangenziale* il sistema di tre tangenti della quartica, vincolate da una relazione della forma precedente fra i parametri, e diremo *associati fra loro* un punto qualunque del piano ed il triangolo tangenziale formato dalle tangenti associate a quelle che concorrono in quel punto, e che non sono altro che le congiungenti di questo coi vertici.

Consideriamo due coppie di tangenti associate, i cui parametri siano α e $-\alpha$, β e $-\beta$. Per ciascuno dei quattro punti di mutua intersezione fra quelle dell'una coppia e quelle dell'altra, punti che designeremo per un momento con

$$(\alpha, \beta), \qquad (-\alpha, -\beta), \qquad (\alpha, -\beta), \qquad (-\alpha, \beta),$$

passa una terza tangente della quartica. Ora, ponendo

$$\gamma = \frac{e}{\alpha\beta},$$

si scorge che nei due primi punti la terza tangente è comune ed ha il parametro γ, negli ultimi due è pure comune ed ha il parametro $-\gamma$. Dunque ogni soluzione dell'equazione $\alpha^2\beta^2\gamma^2 = e^2$ definisce una sestupla di tangenti, associate a due a due, di parametri

$$\alpha, -\alpha; \qquad \beta, -\beta; \qquad \gamma, -\gamma,$$

le quali costituiscono i sei lati d'un quadrangolo, che diremo *quadrangolo tangenziale* e che rappresenteremo col simbolo $(\alpha^2 \beta^2 \gamma^2)$. In questo quadrangolo le tre rette che concorrono in ciascun vertice sono le tangenti condotte alla quartica da quel vertice, mentre ogni terna di rette non concorrenti in uno stesso vertice forma un triangolo tangenziale, il cui punto associato è il vertice escluso.

Il triangolo diagonale d'un quadrangolo tangenziale ha i vertici nei punti di concorso delle coppie di lati associati, epperò *è inscritto nella conica di nove punti*. Per ciascun vertice di questo triangolo, cioè per ciascuna intersezione di lati opposti del quadrangolo, passa una terza tangente della quartica, il cui parametro è quello del punto diagonale stesso (considerato come punto della conica $\mathfrak{C}$). Detti λ, μ, ν i parametri delle tre nuove tangenti, o dei tre punti diagonali, si ha quindi

$$\lambda = -\frac{e}{\alpha^2}, \qquad \mu = -\frac{e}{\beta^2}, \qquad \nu = -\frac{e}{\gamma^2},$$

epperò

$$\lambda \mu \nu = -e;$$

ne risulta che queste tre nuove tangenti formano un *triangolo tangenziale*, che diremo *associato al quadrangolo*; diremo pure *associato al quadrangolo* quel *punto* che è associato all'anzidetto triangolo. Come ad ogni quadrangolo tangenziale è associato un punto, così ad ogni punto è associato un quadrangolo tangenziale: infatti ogni lato del triangolo tangenziale associato ad un punto dato sega la conica $\mathfrak{C}$ in due punti, dei quali uno solo ha lo stesso parametro di quel lato ed è intersezione di due tangenti associate, che sono lati opposti d'uno stesso quadrangolo tangenziale.

§ 5.

Dei fasci di coniche generatori del gruppo R, $\mathfrak{C}$, Γ.

La corrispondenza dei punti della retta R e della conica $\mathfrak{C}$, e conseguentemente la quartica Γ, è stata ottenuta in origine considerando il fascio delle coniche circoscritte ad un certo quadrangolo (§ 1). Ma il numero dei quadrangoli, basi di tali fasci, è infinito. Sia infatti

$$aP^2 + bQ^2 + cR^2 + 2a'QR + 2b'RP + 2c'PQ = 0$$

l'equazione d'una conica qualunque del piano. Affinchè questa appartenga ad un fascio dotato della proprietà in discorso, bisogna che i due punti

R_θ . . . di coordinate . . . . $e : \theta : 0$

$\mathfrak{C}_\theta$ . . . » . . . . $\theta^2 : 1 : -\theta$

siano poli armonici rispetto ad essa, qualunque sia θ. Ciò esige che si abbia identicamente

$$(\theta^3 + e)c' + \theta^2(ae - a') + \theta(b - eb') = 0,$$

epperò

$$c' = 0, \qquad a' = ae, \qquad b = eb'.$$

Sostituendo alle tre costanti arbitrarie residue a, b', c tre altre costanti, parimenti arbitrarie, che designeremo con q_1, ep_1, $-er_1$ per una ragione che si vedrà più innanzi, l'equazione generale d'una qualunque delle coniche appartenenti ad uno dei fasci considerati è quindi

$$G = ep_1(eQ^2 + 2PR) + q_1(P^2 + 2eQR) - er_1R^2 = 0.$$

La totalità di queste coniche forma dunque una rete. Il jacobiano di questa, eguagliato a zero, è

$$R(PQ - R^2) = 0,$$

e rappresenta il luogo formato della retta R e della conica $\mathfrak{C}$: tale è quindi il luogo dei punti le cui polari, rispetto ad ogni conica della rete, concorrono in un punto (del jacobiano stesso), appunto come esige la questione che ci occupa.

I parametri α, β, γ delle tre tangenti condotte alla quartica da un punto (P, Q, R) della conica G soddisfanno, come sempre, alle relazioni (3). Ora da queste si trae

$$\alpha^2 + \beta^2 + \gamma^2 = \frac{P^2 + 2eQR}{R^2}, \qquad \beta^2\gamma^2 + \gamma^2\alpha^2 + \alpha^2\beta^2 = \frac{e^2Q^2 + 2ePR}{R^2};$$

dunque *tutte le terne di tangenti condotte alla quartica* Γ *dai punti di una conica* G *soddisfanno alle due relazioni*

$$(4) \qquad p_1(\beta^2\gamma^2 + \gamma^2\alpha^2 + \alpha^2\beta^2) + q_1(\alpha^2 + \beta^2 + \gamma^2) - r_1e = 0, \qquad \alpha\beta\gamma = e.$$

Dalla forma di queste equazioni risulta che, se α, β, γ sono tre valori ad esse soddisfacenti, la conica G è circoscritta al quadrangolo tangenziale $(\alpha^2\beta^2\gamma^2)$, poichè ne contiene i quattro vertici

$$(\alpha, \beta, \gamma), \qquad (\alpha, -\beta, -\gamma), \qquad (-\alpha, \beta, -\gamma), \qquad (\alpha, -\beta, -\gamma);$$

quindi ciascuna delle coniche G è circoscritta ad un'infinità (semplice) di quadrangoli tangenziali. Reciprocamente, ogni quadrangolo tangenziale è inscritto in un'infinità (semplice) di coniche G, ossia è base d'un fascio di coniche. Infatti, assegnati tre valori ad α^2, β^2, γ^2, la prima delle equazioni (4) stabilisce una relazione lineare fra i parametri della rete, ed isola in questa rete un fascio ordinario di coniche. Invece di assegnare i valori delle α^2, β^2, γ^2 si possono anche fissare due coniche della rete: i punti comuni ad esse sono vertici d'un quadrangolo tangenziale.

Di quì emerge che *ogni quadrangolo tangenziale è base d'un fascio di coniche, rispetto al quale le linee R, $\mathfrak{C}$, Γ si corrispondono punto a punto* (nel modo che s'è veduto).

Se, dopo aver sostituito nella prima equazione (4) il valore di $\beta\gamma$ dedotto dalla seconda, si scrive il risultato nella forma

$$\frac{p_1 e^2}{\alpha^2} + q_1 \alpha^2 - r_1 e + (\beta^2 + \gamma^2)(p_1 \alpha^2 + q_1) = 0,$$

si vede che, determinando le costanti p_1, q_1, r_1 colle equazioni

$$(4') \qquad p_1 \frac{e^2}{\alpha^2} + q_1 \alpha^2 - r_1 e = 0, \qquad p_1 \alpha^2 + q_1 = 0,$$

la conica G deve decomporsi nel sistema di due rette, di cui una sarà la tangente S_α della quartica; e poichè α non entra che al quadrato nelle precedenti equazioni, l'altra retta sarà la tangente associata $S_{-\alpha}$. Dunque la rete delle coniche G comprende, come coniche particolari, le infinite coppie di tangenti associate della quartica. Ed infatti dalle due equazioni (4') si trae

$$(4'') \qquad p_1 : q_1 : r_1 = -e\alpha^2 : e\alpha^4 : (\alpha^6 - e^2),$$

talchè l'equazione della coppia di rette è

$$(\alpha^6 - e^2) R^2 - \alpha^4 (P^2 + 2eQR) + e\alpha^2 (eQ^2 + 2PR) = 0,$$

ossia

$$\alpha^2 (\alpha^2 R - eQ)^2 - (eR - \alpha^2 P)^2 = 0,$$

o finalmente

$$\{(\alpha^3 - e) R + \alpha^2 P - e\alpha Q\}\{(\alpha^3 + e) R - \alpha^2 P - e\alpha Q\} = -S_\alpha S_{-\alpha} = 0.$$

Non esistono altre coppie di rette nella rete delle coniche G. Infatti eguagliando a zero il discriminante di questa, si ha

$$(4''') \qquad e p_1^3 + \frac{1}{e} q_1^3 + p_1 q_1 r_1 = 0,$$

relazione identica a quella che si otterrebbe eliminando α fra le due equazioni (4').

Se λ, μ, ν sono i parametri del triangolo tangenziale associato al quadrangolo $(\alpha^2 \beta^2 \gamma^2)$, si ha

$$\lambda = -\frac{e}{\alpha^2}, \qquad \mu = -\frac{e}{\beta^2}, \qquad \nu = -\frac{e}{\gamma^2},$$

epperò le due relazioni (4) diventano

$$(5) \qquad p_1(\lambda+\mu+\nu)-\frac{1}{e}q_1(\mu\nu+\nu\lambda+\lambda\mu)+r_1=0, \qquad \lambda\mu\nu=-e.$$

Ma chiamando P_1, Q_1, R_1 le coordinate del punto associato al quadrangolo, si ha

$$\lambda+\mu+\nu=\frac{P_1}{R_1}, \qquad \mu\nu+\nu\lambda+\lambda\mu=-\frac{eQ_1}{R_1},$$

quindi le coordinate di questo punto soddisfanno alla relazione

$$(6) \qquad p_1P_1+q_1Q_1+r_1R_1=0.$$

Di quì si conclude che *i punti associati agli infiniti quadrangoli tangenziali inscritti in una medesima conica G sono in linea retta.* Le costanti p_1, q_1, r_1, che abbiamo fatto fin quì servire ad individuare la conica G nella rete cui questa appartiene, non sono dunque altro che le coordinate della retta in cui giacciono i punti associati a tutti i quadrangoli tangenziali inscritti in quella conica. Dall'equazione (4''') risulta poi che le rette analoghe alla (6), e corrispondenti alle coniche G degeneranti in paja di rette, sono le tangenti della quartica, e propriamente quelle che passano pei punti di contatto delle tangenti associate costituenti ciascun pajo, come si scorge anche dalle equazioni (4'') scritte nel modo seguente

$$p_1:q_1:r_1=\left(\frac{e}{\alpha^2}\right)^2:-e\left(\frac{e}{\alpha^2}\right):\left(\frac{e}{\alpha^2}\right)^3-e.$$

Dalla proprietà della retta (6) risulta che *otto punti, vertici di due quadrangoli tangenziali arbitrarî, stanno sempre sopra una conica:* infatti le coordinate p_1, q_1, r_1 della retta che ne congiunge i punti associati, individuano una conica G, che passa per quegli otto punti (e per i vertici d'infiniti altri quadrangoli tangenziali). Siccome poi i tre vertici d'un triangolo tangenziale arbitrario formano, col punto associato a questo triangolo, i vertici d'un quadrangolo tangenziale, così il precedente teorema si può anche enunciare dicendo che *sei punti, vertici di due triangoli tangenziali arbitrarî, stanno sempre sopra una conica, che passa anche pei due punti associati a questi triangoli* (e che è circoscritta ad un'infinità d'altri triangoli tangenziali, i cui punti associati stanno sulla conica stessa).

§ 6.

Dei triangoli diagonali relativi ai quadrangoli tangenziali.

Sia

$$pP+qQ+rR=0$$

l'equazione d'uno dei lati del triangolo diagonale relativo al quadrangolo tangenziale $(\alpha^2\beta^2\gamma^2)$. I parametri λ, μ, ν dei lati del triangolo tangenziale associato a questo quadrangolo sono, al tempo stesso, i parametri dei punti della conica $\mathfrak{C}$, vertici del triangolo diagonale: quindi, supponendo che la precedente equazione appartenga al lato opposto al vertice (λ), si ha

$$p : q : r = 1 : \mu\nu : \mu + \nu .$$

Eliminando λ, μ, ν fra queste due equazioni e le (5), si ottiene l'equazione tangenziale dell'inviluppo di quel lato; anzi, stante la simmetria dei tre parametri, l'equazione del comune inviluppo dei tre lati del triangolo diagonale. Quest'equazione è

$$H = p_1(ep^2 - qr) + q_1\left(\frac{1}{e}q^2 - pr\right) - r_1 pq = 0;$$

dunque *i triangoli diagonali di tutti i quadrangoli tangenziali inscritti in una medesima conica G sono al tempo stesso inscritti nella conica* $\mathfrak{C}$ *e circoscritti ad un'altra conica H.*

Queste nuove coniche H, corrispondenti ciascuna a ciascuna alle coniche G, formano una seconda rete (in senso tangenziale), il cui jacobiano, eguagliato a zero, è

$$ep^3 + \frac{1}{e}q^3 + pqr = 0,$$

e rappresenta il complesso delle tangenti alla quartica Γ. Ne risulta che ciascuna di queste tangenti è polare armonica d'una cert'altra tangente rispetto a tutte le coniche H. Le tangenti così conjugate a due a due sono quelle che abbiamo dette *associate,* come si può verificare agevolmente.

Le coniche H sono tutte tangenti alla retta R: quindi due qualunque di esse, astrazion fatta da questa tangente fissa, hanno a comune un solo triangolo circoscritto, che è il triangolo diagonale del quadrangolo tangenziale i cui vertici sono i punti comuni alle due corrispondenti coniche G.

Si può anche osservare che le coniche H sono le prime polari delle rette (p_1, q_1, r_1) del piano rispetto alla quartica

$$ep^3 + \frac{1}{e}q^3 - 3pqr = 0,$$

la cui hessiana

$$ep^3 + \frac{1}{e}q^3 + pqr = 0$$

è la nostra quartica Γ.

§ 7.

Il teorema generale dei contatti.

L'equazione

$$(P+\rho^2 Q+2\rho R)R+k^2(R^2-PQ)=0$$

rappresenta una conica K, che passa pei punti I, I' e che tocca la conica $\mathfrak{C}$ nel punto (ρ). Le sei tangenti comuni a questa conica K ed alla quartica Γ si ottengono scrivendo la nota condizione perchè la retta

$$(\theta^3-e)R+\theta^2 P-e\theta Q=0,$$

che è la tangente alla quartica nel punto qualunque (θ), sia tangente anche alla conica K. L'equazione di sesto grado in θ che così si ottiene può essere posta sotto la forma

$$[k^2(\theta^3+e)+\rho^2\theta^2+e\theta]^2-4ek^2\theta^2(\theta-\rho)^2=0,$$

donde si scorge che le sei tangenti comuni si scindono in due terne, individuate dalla doppia equazione di terzo grado

$$k^2(\theta^3+e)+\rho^2\theta^2+e\theta+2k\theta(\theta-\rho)\sqrt{e}=0, \tag{7}$$

nella quale il segno di $\sqrt{e}$ è arbitrario.

Chiamando α, β, γ le radici di quest'equazione in θ, si ha

$$\alpha+\beta+\gamma=-\frac{\rho^2+2k\sqrt{e}}{k^2},$$

$$\beta\gamma+\gamma\alpha+\alpha\beta=\frac{e-2k\rho\sqrt{e}}{k^2},$$

$$\alpha\beta\gamma=-e.$$

Da quest'ultima equazione risulta che *ciascuna delle due terne di tangenti comuni alla conica K ed alla quartica Γ costituisce un triangolo tangenziale.*

L'equazione (7) può essere scritta anche così:

$$\theta(k\theta+\sqrt{e})^2+(\rho\theta-k\sqrt{e})^2=0,$$

epperò, posto $i=\pm\sqrt{-1}$, si può ad essa sostituire la seguente:

$$k(\theta\sqrt{\theta}-i\sqrt{e})+i\rho\theta+\sqrt{e}\sqrt{\theta}=0.$$

Da quest'equazione di terzo grado rispetto a $\sqrt{\theta}$, le cui radici sono $\sqrt{\alpha}$, $\sqrt{\beta}$, $\sqrt{\gamma}$, si trae:

$$\sqrt{\alpha}+\sqrt{\beta}+\sqrt{\gamma}=-\frac{i\rho}{k},$$

$$\sqrt{\beta\gamma}+\sqrt{\gamma\alpha}+\sqrt{\alpha\beta}=\frac{\sqrt{e}}{k},$$

$$\sqrt{\alpha\beta\gamma}=i\sqrt{e},$$

formole che s'accordano perfettamente con quelle trovate dianzi per α, β, γ, e dalle quali si deduce

$$(8)\qquad \frac{1}{k^2}=-\left(\frac{1}{\sqrt{\alpha}}+\frac{1}{\sqrt{\beta}}+\frac{1}{\sqrt{\gamma}}\right)^2,\qquad \frac{1}{\rho}=\frac{\frac{1}{\sqrt{\alpha}}+\frac{1}{\sqrt{\beta}}+\frac{1}{\sqrt{\gamma}}}{\sqrt{\alpha}+\sqrt{\beta}+\sqrt{\gamma}}.$$

Queste due ultime equazioni, alle quali si deve naturalmente associare la relazione

$$\sqrt{\alpha\beta\gamma}=i\sqrt{e},$$

ossia

$$\alpha\beta\gamma=-e,$$

insegnano che ad ogni terna di valori delle α, β, γ corrispondono quattro valori distinti per k e quattro valori distinti per ρ, in guisa però che ciascuno dei valori di k si associa con uno di ρ e viceversa.

Da tutto ciò emerge che *ogni conica passante pei punti I, I' e tangente alla conica di nove punti è inscritta in due distinti triangoli tangenziali*; e, reciprocamente, che *ogni conica passante pei punti I, I' ed inscritta in un triangolo tangenziale è pure inscritta in un secondo triangolo tangenziale ed è tangente alla conica di nove punti.* Nel primo caso son date le due quantità k e ρ, e l'equazione (7) fa conoscere i parametri dei due triangoli tangenziali in cui è inscritta la data conica K. Nel secondo caso son dati i parametri α, β, γ dei tre lati d'un triangolo tangenziale, e le equazioni (8) fanno conoscere le costanti k e ρ delle quattro coniche K in esso inscritte; i parametri dei lati del secondo triangolo circoscritto si ottengono poscia sostituendo nell'equazione (7) i valori trovati per k e per ρ, e dando a $\sqrt{e}$ il segno opposto a quello che corrisponde alle radici α, β, γ.

Tale è il generalissimo teorema dei contatti, che riassume e completa quelli di Feuerbach e di Steiner. Da esso si scorge che *la proprietà di contatto dei quattro cerchi di* Feuerbach *e delle sedici coniche di* Steiner *appartiene ad una doppia infinità di quaterne di coniche K.*

§ 8.

Generalizzazione del teorema di Steiner sul cerchio circoscritto.

Nel § precedente abbiamo considerato le coniche passanti pei punti I, I' ed inscritte nei triangoli tangenziali: ora ci occuperemo di quelle passanti per gli stessi due punti e circoscritte ai medesimi triangoli.

A tal fine scriviamo le equazioni di due tangenti della quartica:

$$S_\theta = (\theta^3 - e)R + \theta^2 P - e\theta Q = 0,$$

$$S_\alpha = (\alpha^3 - e)R + \alpha^2 P - e\alpha Q = 0.$$

Le due rette, che vanno dal loro punto d'intersezione ai due punti I, I', hanno le equazioni

$$U = \frac{\alpha S_\theta - \theta S_\alpha}{\theta - \alpha} = 0, \qquad V = \frac{\alpha^2 S_\theta - \theta^2 S_\alpha}{\theta - \alpha} = 0,$$

donde

$$U\alpha - V = \theta S_\alpha.$$

Da quest'ultima identità risulta che la retta conjugata armonica colla S_α rispetto alle U, V è rappresentata dall'equazione

$$U\alpha + V = 0,$$

ossia, effettuando il calcolo, dalla

$$\left(\alpha^3 + e + 2\alpha^2\theta + \frac{2e\alpha}{\theta}\right)R + \alpha^2 P + e\alpha Q = 0.$$

Vi sono dunque tre rette, analoghe a questa, che passano per un punto dato (P, Q, R), quando è fissato il valore di θ; ed i parametri α, β, γ delle tangenti che, insieme colla tangente fissa S_θ, generano queste tre rette, soddisfanno alle relazioni

$$\alpha + \beta + \gamma = -\frac{P + 2\theta R}{R},$$

$$\beta\gamma + \gamma\alpha + \alpha\beta = e\frac{\theta Q + 2R}{\theta R},$$

$$\alpha\beta\gamma = -e,$$

l'ultima delle quali insegna che le tre tangenti S_α, S_β, S_γ formano un triangolo tangenziale. Conseguentemente le tre tangenti associate $S_{-\alpha}$, $S_{-\beta}$, $S_{-\gamma}$ concorrono in un punto (P_0, Q_0, R_0) individuato dalle equazioni

$$\alpha + \beta + \gamma = \frac{P_0}{R_0}, \qquad \beta\gamma + \gamma\alpha + \alpha\beta = -\frac{e Q_0}{R_0}.$$

Questo punto ha col precedente le relazioni

$$\frac{P_0}{R_0} + \frac{P + 2\theta R}{R} = 0, \qquad \frac{Q_0}{R_0} + \frac{\theta Q + 2R}{\theta R} = 0,$$

ossia

$$(9) \qquad \begin{cases} P R_0 + R P_0 + 2\theta R R_0 = 0, \\ Q R_0 + R Q_0 + \frac{2}{\theta} R R_0 = 0, \end{cases}$$

le quali manifestano che i due punti (P, Q, R), (P_0, Q_0, R_0) sono fra loro permutabili, qualunque sia il valore di θ.

Eliminando θ fra queste due equazioni, si ottiene

$$(10) \qquad (P R_0 + R P_0)(Q R_0 + R Q_0) = 4 R^2 R_0^2,$$

equazione del luogo del punto comune alle tre rette conjugate armoniche delle tangenti fisse S_α, S_β, S_γ rispetto a quelle che congiungono i due punti I ed I' coi punti nei quali queste tre tangenti sono rispettivamente incontrate dalla tangente variabile S_θ. Questo luogo è una conica passante pei tre vertici del triangolo tangenziale $(\alpha\beta\gamma)$, giacchè quando θ prende i tre valori $-\alpha$, $-\beta$, $-\gamma$, la tangente S_θ passa pei vertici rispettivamente opposti ai lati S_α, S_β, S_γ, ed il punto di concorso delle tre coniugate cade successivamente in questi vertici stessi. Ma l'equazione (10) è soddisfatta anche per $P = R = 0$, $Q = R = 0$; dunque *essa rappresenta la conica totalmente individuata dai due punti I, I' e dai tre vertici del triangolo tangenziale associato al punto* (P_0, Q_0, R_0).

Invertendo i termini del teorema cui siamo così pervenuti, lo possiamo enunciare così: *se da ogni punto della conica che passa pei punti I, I' e pei tre vertici d'un triangolo tangenziale si conducono le rette conjugate armoniche coi lati di questo triangolo, rispetto ai due punti I, I', i tre punti in cui ciascuno di questi lati è incontrato dalla retta conjugata sono in linea retta, e l'inviluppo di questa retta è la quartica* Γ.

È questa la generalizzazione del celebre teorema di Steiner relativo al caso in cui I, I' siano i due punti circolari all'infinito, teorema che sussiste dunque per una doppia infinità di coniche.

La conica circoscritta (10) è suscettibile d'una generazione molto semplice. Infatti le due equazioni lineari (9), donde la sua equazione venne dedotta coll'eliminazione di θ, sono quelle che determinano il punto di contatto della retta

$$(11) \qquad (P + 2\theta R + \theta^2 Q) R_0 + (P_0 + 2\theta R_0 + \theta^2 Q_0) R = 0$$

col suo inviluppo. Ora se si pone

$$T = P + 2\theta R + \theta^2 Q,$$

l'equazione $T = 0$ rappresenta la tangente alla conica $\mathfrak{C}$ nel punto (θ); l'equazione

$$T R_0 - R T_0 = 0$$

rappresenta la retta condotta dal punto (P_0, Q_0, R_0) all'intersezione di questa tangente colla retta R; e finalmente l'equazione

$$T R_0 + R T_0 = 0,$$

che non è altro che la (11), rappresenta la retta conjugata armonica della precedente rispetto alle rette R e T. Inoltre le stesse equazioni (9) si possono porre sotto la forma

$$\frac{P + \theta R}{P_0 + \theta R_0} = \frac{\theta Q + R}{\theta Q_0 + R_0} = -\frac{R}{R_0},$$

e l'equazione fra i due primi rapporti è al tempo stesso l'equazione della retta passante pel punto fisso (P_0, Q_0, R_0) e pel punto variabile (P, Q, R) della conica circoscritta, equazione che è soddisfatta da

$$P + \theta R = 0, \qquad R + \theta Q = 0,$$

cioè dalle coordinate

$$P : Q : R = \theta^2 : 1 : -\theta$$

del punto (θ) della conica $\mathfrak{C}$. Dunque *ogni conica passante pei punti I, I' e circoscritta ad un triangolo tangenziale è omologica colla conica di nove punti;* il centro d'omologia è il punto associato al triangolo, l'asse d'omologia è la retta R. Ogni punto della conica circoscritta si ottiene congiungendo il rispettivo centro d'omologia con un punto della conica $\mathfrak{C}$, prolungando questa retta fino all'incontro con R, quindi prendendo il conjugato armonico del centro d'omologia rispetto al punto di $\mathfrak{C}$ ed a quello di R. Ne risulta, in particolare, che *il centro d'omologia e i poli della retta R rispetto alle due coniche sono in linea retta.*

Omettiamo, per brevità, l'enunciato dei numerosi corollarî che si possono dedurre dai teoremi precedenti.

§ 9.

Cenno sommario di ulteriori ricerche.

La figura cui si riferiscono le considerazioni svolte nei §§ precedenti è fecondissima di proprietà eleganti, e porge occasione ad un gran numero di problemi, interessanti tanto per sè stessi, quanto per gli artifizi analitici che la loro soluzione esige. Io non mi dilungherò più oltre ad esporre tutti i risultati che ho trovati nello studiare quest'argomento, ma ne accennerò senza dimostrazione alcuni, scelti fra i più utili alla deduzione di teoremi od alla risoluzione di problemi.

Se α, β, γ sono i parametri di tre tangenti S_α, S_β, S_γ concorrenti in uno stesso punto, si ha sempre l'identità

$$\beta\gamma(\beta-\gamma)S_\alpha+\gamma\alpha(\gamma-\alpha)S_\beta+\alpha\beta(\alpha-\beta)S_\gamma=0.$$

Se invece α, β, γ, δ sono i parametri di quattro tangenti qualunque, si ha sempre l'altra identità

$$\frac{(e-\beta\gamma\delta)S_\alpha}{(\alpha-\beta)(\alpha-\gamma)(\alpha-\delta)}+\frac{(e-\gamma\delta\alpha)S_\beta}{(\beta-\gamma)(\beta-\delta)(\beta-\alpha)}$$
$$+\frac{(e-\delta\alpha\beta)S_\gamma}{(\gamma-\delta)(\gamma-\alpha)(\gamma-\beta)}+\frac{(e-\alpha\beta\gamma)S_\delta}{(\delta-\alpha)(\delta-\beta)(\delta-\gamma)}=0.$$

I punti (α), (β), (γ) della quartica sono in linea retta se fra i loro parametri ha luogo la relazione

$$2(e+\alpha\beta\gamma)^2=e[(\alpha+\beta+\gamma)(\beta\gamma+\gamma\alpha+\alpha\beta)-\alpha\beta\gamma].$$

Ne consegue che il luogo dei punti del piano, nei quali concorrono terne di tangenti i cui punti di contatto sono in linea retta, è la conica

$$PQ=9R^2,$$

la quale passa pei punti I, I' e per le tre cuspidi della curva Γ, ed è dotata di molte altre notabili proprietà.

Se α, β, γ, α', β', γ' sono i parametri di sei tangenti della quartica, delle quali non più di due s'intersechino in uno stesso punto, l'equazione

$$\alpha\beta\gamma\alpha'\beta'\gamma'=e^2$$

esprime la condizione perchè esista una conica tangente a queste sei rette, ed in pari tempo perchè esista una conica circoscritta a due triangoli formati con quelle sei rette [per esempio ad $(\alpha\beta\gamma)$ e ad $(\alpha'\beta'\gamma')$]. Ne risulta che a due triangoli tangenziali si può sempre inscrivere o circoscrivere una stessa conica, ed anche che tutte le coniche inscritte in uno stesso triangolo tangenziale hanno in comune colla quartica tre altre tangenti formanti un secondo triangolo tangenziale (del che abbiamo veduto un esempio nel § 7).

Una questione che non è scevra da difficoltà analitiche è la seguente: *data una conica qualunque nel piano della quartica, determinare* (quando esistano) *i triangoli inscritti nella conica e circoscritti alla quartica.* Ecco la soluzione generale di questa questione. Sia

$$aP^2 + bQ^2 + cR^2 + 2a'QR + 2b'RP + 2c'PQ = 0$$

l'equazione della data conica, e

$$\theta^3 - u\theta^2 + v\theta - w = 0$$

l'equazione di terzo grado in θ le cui radici sono i parametri dei tre lati d'un triangolo inscritto; si ponga inoltre

$$\Delta = abc + 2a'b'c' - aa'^2 - bb'^2 - cc'^2,$$

$$\Pi = a^3 + 2a(2b'c' - aa')e + (abc - 6abc' + 8c'^3)e^2 + 2b(2a'c' - bb')e^3 + b^3e^4.$$

Ciò premesso, si ottiene, per determinare w, l'equazione quadratica *)

$$\Pi(w - e)^2 + 4\Delta e^3 w = 0, \tag{12}$$

mentre gli altri due coefficienti u, v sono esprimibili razionalmente in funzione di w. Di qui emerge che, in generale, il problema ammette *due* soluzioni. In certe condizioni particolari, di cui per brevità ometto l'indicazione, accade però ch'esso ne abbia *quattro* o che non ne abbia alcuna; e vi è poi una rete di coniche per le quali le soluzioni sono in numero infinito, ed è la rete delle coniche G, considerate nel § 5. La conica di nove punti, $\mathfrak{C}$, appartiene al caso generale: non vi sono, cioè, che due triangoli circoscritti alla quartica ed inscritti in essa, e son quelli i cui lati hanno per parametri le radici dell'equazione

$$\theta^3 + \varepsilon e = 0,$$

dove ε è una radice cubica complessa dell'unità. Quando ha luogo fra i coefficienti della conica la relazione $\Pi = \Delta e^2$, l'equazione (12) ha due radici eguali a $-e$, e la

*) L'A. nello scrivere l'equazione (12) sembra essere incorso in una svista; inesatta è pure la numerazione delle soluzioni, le quali, come può verificarsi per altra via, sono o due o infinite, secondo i casi. [N. d. R.].

conica è circoscritta ad *un solo* triangolo necessariamente tangenziale. Se vi fosse un secondo triangolo inscritto, il quale non potrebb'essere che tangenziale del pari, ve ne sarebbero infiniti altri, e la conica apparterrebbe alla rete G.

Ancora un'osservazione. Nella ricerca (§ 5) dei fasci di coniche rispetto ai quali la retta R e la conica $\mathfrak{C}$ sono in corrispondenza quadratica (§ 1), abbiamo supposto che la legge di questa corrispondenza fosse tale da lasciare inalterata la quartica Γ. A qual condizione più generale resterebbero vincolati i detti fasci di coniche, ove si rimovesse quest'ultima restrizione? A ciò risponde il teorema seguente: *s'inscriva nella conica* $\mathfrak{C}$ *un triangolo qualunque, e si prendano i quattro poli della retta* R *rispetto alle quattro coniche inscritte in questo triangolo e passanti per* I, I': *questi quattro poli sono i punti-base d'un fascio di coniche, rispetto al quale* $\mathfrak{C}$ *è conica di nove punti per la trasversale* R.

XLVII.

FORMULES FONDAMENTALES DE CINÉMATIQUE DANS LES ESPACES DE COURBURE CONSTANTE.

[Extrait d'un Mémoire lu à l'Académie Royale des Lincei, à Rome *)].

Bulletin des Sciences mathématiques et astronomiques, t. XI (1876), pp. 233-240.

Je prendrai l'expression du carré de l'élément linéaire ds sous la forme connue

$$\frac{ds^2}{R^2} = \frac{dx^2 + dx_1^2 + dx_2^2 + \cdots + dx_n^2}{x^2}, \tag{1}$$

où $x_1, x_2, \ldots, x_n$ sont les coordonnées *linéaires* d'un point quelconque du $n^{\text{ième}}$ espace (c'est-à-dire telles que chaque droite est représentée par $n - 1$ équations du premier degré), R est le rayon pseudosphérique constant, et x est une variable surnuméraire définie par l'équation

$$x^2 + x_1^2 + x_2^2 + \cdots + x_n^2 = a^2, \tag{2}$$

où a est une constante finie.

---

*) Nei Transunti della R. Accademia dei Lincei dell'anno 1875-76, a pag. 105 (seduta 7 Maggio 1876) si trova riportato quanto segue:

« Il socio BELTRAMI legge il riassunto di una memoria *intorno alla Dinamica degli spazî di curvatura costante,* memoria nella quale, dopo aver stabilito le più generali formole per la cinematica dei sistemi rigidi in tali spazî, l'Autore scende alla trattazione di alcuni dei più importanti problemi dinamici, quali sono la determinazione delle varie leggi potenziali, l'attrazione delle sfere, il moto dei pianeti, il moto d'una sfera solida in un fluido incompressibile ».

Di questa memoria rimane traccia soltanto in un manoscritto lasciato dall'A., manoscritto intorno alla cui pubblicazione la Redazione si riserva di deliberare. [N. d. R.].

Je considère maintenant un système continu de points; je désigne par $\delta x_1, \delta x_2, \ldots, \delta x_n$ les variations infiniment petites des coordonnées $x_1, x_2, \ldots, x_n$ d'un de ces points par suite d'un déplacement élémentaire quelconque, par δx la variation qui s'ensuit pour x, et je vais chercher une expression de forme convenable pour la variation δds que reçoit la distance ds de deux points contigus du système.

De l'équation (1), écrite de cette manière

$$\frac{ds^2}{R^2} = \left(\frac{dx}{x}\right)^2 + \sum \left(\frac{dx_r}{x}\right)^2,$$

on tire

$$\frac{ds\,\delta ds}{R^2} = \frac{dx}{x}\delta\frac{dx}{x} + \sum \frac{dx_r}{x}\delta\frac{dx_r}{x};$$

ce qui, par suite de l'identité

$$\frac{dx_r}{x} = d\frac{x_r}{x} + \frac{x_r\,dx}{x^2},$$

peut être aussi écrit sous la forme

$$\frac{ds\,\delta ds}{R^2} = \frac{dx}{x}\delta\frac{dx}{x} + \sum \frac{dx_r}{x} d\delta\frac{x_r}{x} + \sum \frac{dx_r}{x}\delta\left(\frac{x_r}{x}\frac{dx}{x}\right).$$

Mais on a aussi

$$\sum \frac{dx_r}{x}\delta\left(\frac{x_r}{x}\frac{dx}{x}\right) = \frac{dx}{x}\sum \frac{dx_r}{x}\delta\frac{x_r}{x} + \delta\frac{dx}{x}\sum\frac{x_r\,dx_r}{x^2},$$

savoir, (2),

$$\sum \frac{dx_r}{x}\delta\left(\frac{x_r}{x}\frac{dx}{x}\right) = \frac{dx}{x}\sum \frac{dx_r}{x}\delta\frac{x_r}{x} - \frac{dx}{x}\delta\frac{dx}{x};$$

donc

$$\frac{ds\,\delta ds}{R^2} = \sum \frac{dx_r}{x}\left(d\delta\frac{x_r}{x} + \frac{dx}{x}\delta\frac{x_r}{x}\right),$$

d'où

$$\delta ds = \frac{R^2}{x^2}\sum \frac{dx_r}{ds} d\left(x\delta\frac{x_r}{x}\right). \tag{3}$$

Telle est la forme qu'il convient de donner à l'expression de δds.

Cette formule pourrait servir, à cause de sa généralité, à la recherche des équations fondamentales de la Cinématique des systèmes de forme variable. Mais, me bornant, pour le présent, à la considération des systèmes rigides, je poserai $\delta ds = 0$, ce qui donne, comme condition nécessaire et suffisante de chaque déplacement non accompagné de déformation,

$$\sum dx_r\, d\left(x\delta\frac{x_r}{x}\right) = 0. \tag{4}$$

Il s'agit maintenant de tirer de cette équation les valeurs les plus générales des variations $\delta x_1, \delta x_2, \ldots, \delta x_n$, en fonction des coordonnées $x_1, x_2, \ldots, x_n$.

Posant d'abord

$$X_r = x\delta\frac{x_r}{x} \qquad (r = 1, 2, \ldots, n),$$

on voit que les n fonctions inconnues $X_1, X_2, \ldots X_n$ doivent satisfaire, en vertu de l'équation (4), à l'identité

$$\sum^r\sum^s\frac{\partial X_r}{\partial x_s}dx_r dx_s = 0 \qquad \left\{\begin{array}{l}(r = 1, 2, \ldots n),\\ (s = 1, 2, \ldots n),\end{array}\right.$$

ce qui exige que l'on ait

(5)
$$\frac{\partial X_r}{\partial x_s} + \frac{\partial X_s}{\partial x_r} = 0,$$

pour toutes les valeurs, égales ou inégales, des indices r et s. De cette équation on tire, quel que soit le troisième indice t,

$$\frac{\partial}{\partial x_s}\left(\frac{\partial X_r}{\partial x_t}\right) + \frac{\partial}{\partial x_r}\left(\frac{\partial X_s}{\partial x_t}\right) = 0,$$

savoir, à cause de la même équation (5) appliquée successivement aux indices r, t, et s, t,

$$\frac{\partial}{\partial x_s}\left(\frac{\partial X_t}{\partial x_r}\right) + \frac{\partial}{\partial x_r}\left(\frac{\partial X_t}{\partial x_s}\right) = 0,$$

ou enfin

$$\frac{\partial^2 X_t}{\partial x_r \partial x_s} = 0.$$

Puisque r, s, t sont ici trois indices quelconques, égaux ou inégaux, de la série $1, 2, \ldots, n$, on voit, par cette dernière formule, que les n fonctions $X_1, X_2, \ldots, X_n$ ont toutes leurs secondes dérivées nulles. Elles sont donc nécessairement de la forme linéaire

$$X_r = c_r + c_{1r}x_1 + c_{2r}x_2 + \cdots + c_{nr}x_n,$$

les quantités c_r, aussi bien que les c_{rs}, étant constantes par rapport aux coordonnées (et fonctions, en général, du temps); mais, puisque les fonctions X doivent encore satisfaire aux conditions primitives (5), les quantités c_{rs} ne sont pas absolument arbitraires; on doit avoir

(6)
$$c_{rs} + c_{sr} = 0$$

pour toutes les valeurs, égales ou inégales, des indices r et s.

Ces conditions étant supposées satisfaites, on a donc

$$x\delta\frac{x_r}{x} = c_r + \sum^i c_{ir}x_i,$$

d'où l'on tire

$$\delta x_r = c_r + \sum^i c_{ir} x_i + \frac{x_r}{x} \delta x, \qquad (r = 1, 2, \ldots, n).$$

Multipliant par x_r et sommant par rapport à r, eu égard aux équations (2) et (6), on trouve

$$\delta x = -\frac{x}{a^2} \sum c_r x_r,$$

valeur qui, étant substituée dans la formule précédente, donne enfin

$$(7) \qquad \delta x_r = c_r + \sum^i c_{ir} x_i - \frac{x_r}{a^2} \sum c_i x_i,$$

pour $r = 1, 2, \ldots, n$. On doit compléter ces n expressions par celle de δx,

$$(8) \qquad \delta x = -\frac{x}{a^2} \sum c_i x_i.$$

Les n équations (7) sont les formules différentielles fondamentales (analogues à celles d'Euler) de la Cinématique des corps solides dans un n-espace de courbure constante. Les $\frac{n(n+1)}{2}$ quantités arbitraires c_r et c_{rs}, qu'on doit considérer, généralement parlant, comme des fonctions arbitraires du temps t, multipliées par δt (durée infiniment petite du déplacement élémentaire), sont les analogues des six composantes de la translation et de la rotation dans la théorie ordinaire.

De l'équation complémentaire (8), qui est une suite nécessaire des formules (7), on peut tirer une conséquence très importante. Il en résulte, en effet, que, pour tous les points du $(n-1)$-espace limite $x = 0$ (supposés reliés au système solide), on a $\delta x = 0$; c'est-à-dire que ces points ne quittent pas cet $(n-1)$-espace, ou, ce qui est la même chose, que cet espace se déplace sur lui-même, en restant invariable par rapport au n-espace que l'on considère. Cette propriété, qui n'est ici qu'un corollaire de l'invariabilité qu'on a supposé à l'élément linéaire, devient au contraire la définition de la transformation homographique *spéciale,* appelée *mouvement de système invariable,* lorsque la géométrie des espaces de courbure constante est envisagée, d'apres MM. Cayley et Klein, comme une théorie projective générale; la conception projective de la *distance* est la clef de cette identité admirable autant que fondamentale.

Désignant par $u_1, u_2, \ldots, u_n$ les coordonnées d'un point ou pôle, l'équation linéaire en $x_1, x_2, \ldots, x_n$,

$$(9) \qquad u_1 x_1 + u_2 x_2 + \cdots + u_n x_n = a^2,$$

représente ce qu'on peut appeler le $(n-1)$-plan polaire de ce point par rapport à l'espace limite $x = 0$. Si le point (u) est réel, je veux dire *intérieur* à $x = 0$, le plan (9) est idéal, c'est-à-dire *extérieur* à $x=0$; si au contraire, le point (u) est idéal, le plan (9) est réel, c'est-à-dire qu'il possède une région simplement connexe, et indéfinie en tous sens, intérieure à $x = 0$. Comme, du reste, l'équation (9) peut représenter un $(n-1)$-plan quelconque, on peut définir aussi les coefficients u_1, u_2, ..., u_n du premier membre de cette équation comme les coordonnées (tangentielles) d'un $(n-1)$-plan. Or, si l'on considère le lieu limite $x = 0$ et le plan quelconque (9) comme invariablement liés entre eux, le pôle (u) du plan devient, lui aussi, invariablement lié au lieu $x = 0$; et puisque ce lieu ne fait que glisser sur lui-même lorsqu'il fait partie d'un système invariable mobile dans le n-espace, il est évident que le pôle (u) doit se déplacer, lui aussi, avec le système, et par suite que les variations $\delta u_1, \delta u_2, \ldots, \delta u_n$ des coordonnées tangentielles d'un $(n-1)$-plan, qui fait partie d'un système invariable mobile dans le n-espace, sont des fonctions de $u_1, u_2, \ldots, u_n$ de même forme que les $\delta x_1, \delta x_2, \ldots$, par rapport aux $x_1, x_2, \ldots$.

Cette conclusion peut être vérifiée directement, en tirant de l'équation (9)

$$\sum u_r \delta x_r + \sum x_r \delta u_r = 0,$$

savoir, (7),

$$\sum c_r u_r + \sum^r \sum^i c_{ir} u_r x_i - \sum c_r x_r + \sum x_r \delta u_r = 0,$$

ou encore

$$\sum^r \left(\delta u_r - \sum^i c_{ir} u_i - c_r\right) x_r + \sum c_i u_i = 0.$$

La relation que cette formule établit parmi les $x_1, x_2, \ldots, x_n$ ne peut évidemment différer de celle (9) dont on est parti; on aura donc

$$\frac{\delta u_r - c_r - \sum^i c_{ir} u_i}{u_r} + \frac{\sum c_i u_i}{a^2} = 0,$$

d'où

(7') $$\delta u_r = c_r + \sum^i c_{ir} u_i - \frac{u_r}{a^2} \sum c_i u_i,$$

pour $r = 1, 2, \ldots, n$. Ces n formules sont parfaitement semblables aux formules (7).

Si, pendant le mouvement élémentaire du système invariable, il y a quelque point $(x_1, x_2, \ldots, x_n)$ qui reste immobile, les variations $\delta x_1, \delta x_2, \ldots, \delta x_n$ de ses coordonnées doivent être toutes nulles à l'instant considéré; et partant on aura aussi, pour ce même point, $x \delta x = 0$, c'est-à-dire $\delta x = 0$, si l'on suppose que ce point ne se trouve pas à la limite $x = 0$. Or ces conditions, $x > 0$, $\delta x = 0$ donnent, à cause de (8),

$$\sum c_i x_i = 0,$$

et, par suite, les conditions $\delta x_r = 0$ donnent, à leur tour,

$$c_{ir} + \sum{}^{i} c_{ir} x_i = 0, \qquad (r = 1, 2, \ldots, n) \tag{10}$$

équations qui entraînent la précédente.

Lorsqu'il existe un système de valeurs des $x_1, x_2, \ldots, x_n$ satisfaisant à ces n équations linéaires, il y a un point (réel ou idéal suivant qu'on a $x_1^2 + x_2^2 + \cdots + x_n^2 \lesseqgtr a^2$) qui possède les caractères d'un *centre instantané de rotation,* et dont le $(n - 1)$-plan polaire par rapport à $x = 0$ est un $(n - 1)$-*plan instantané de glissement* (idéal ou réel suivant que le pôle est réel ou idéal). Or le déterminant

$$\sum \pm c_{11} c_{22} \ldots c_{nn}$$

des équations (10) est, à cause de (6), égal à zéro ou à une quantité positive, généralement différente de zéro, suivant que le nombre n est impair ou pair. Donc :

Dans un n-espace de courbure constante, il existe toujours, lorsque n est pair, soit un centre réel instantané de rotation, soit un $(n - 1)$-plan réel instantané de glissement pour chaque mouvement élémentaire (tout à fait général) de système rigide.

Dans un n-espace de courbure constante, lorsque n est impair, il n'existe, en général, ni centre de rotation, ni $(n - 1)$-plan de glissement pour chaque mouvement élémentaire de système rigide ; mais, si le mouvement est tel qu'il y ait un centre instantané [ou un $(n - 1)$-plan instantané], il y en a une infinité, formant une droite ou un faisceau.

Je m'arrête, pour le moment, à ces conclusions de nature absolument générale, dont le développement et la discussion me mèneraient d'ailleurs très loin. J'ajouterai la simple remarque que la Cinématique ordinaire nous offre déjà, dans ses théorèmes fondamentaux, des exemples particuliers des propriétés générales qui précèdent. Elle nous apprend, en effet, que dans le plan il existe toujours un centre instantané de mouvement, tandis que dans l'espace à *trois* dimensions il n'existe pas, en général, de point analogue, ou, s'il en existe un, il y en a une infinité en ligne droite. Dans cet espace il existe toujours, au contraire, une droite instantanée, qu'on appelle *axe central* de mouvement : or ce fait s'accorde parfaitement avec les théorèmes précédents ; car l'espace euclidien, lorsqu'on y considère la droite comme élément primitif (point analytique) est un n-espace de courbure constante, pour lequel n est pair et égal à 4 ; il doit donc y avoir toujours un élément instantanément invariable, et cet élément, qui est dans ce cas une droite, est précisément l'axe central. Dans ce même cas de $n = 4$ on a, comme on sait,

$$\sum \pm c_{11} c_{22} c_{33} c_{44} = (c_{14} c_{23} + c_{24} c_{31} + c_{34} c_{12})^2,$$

et, dans l'hypothèse particulière $c_{14}c_{23} + c_{24}c_{31} + c_{34}c_{12} = 0$, le nombre des éléments invariables peut devenir infini. Cette condition répond, ainsi qu'on peut s'en assurer, à celle de la rotation (ordinaire) simple.

En adoptant, avec M. SCHERING, la dénomination d'espaces *gaussiens* et *riemanniens* pour les espaces de courbure constante dont la mesure de courbure est négative ou positive (respectivement), on voit que les résultats précédents se rapportent aux espaces gaussiens. Il y a une théorie tout à fait semblable pour les espaces riemanniens, et il sera facile au lecteur de la constituer d'après celle qui précède. Il n'y a pas de différence essentielle quant aux n-espaces pour lesquels n est impair ; mais, lorsque n est pair, le centre de rotation et le $(n - 1)$-plan de glissement existent toujours *simultanément* à l'état réel, quel que soit le mouvement élémentaire. L'exemple le plus simple, tiré de la Cinématique ordinaire, est offert par le déplacement d'une figure sphérique sur sa propre sphère : il y a toujours alors un centre de rotation et, en même temps, un grand cercle de glissement (dont le centre est le pôle).

XLVIII.

CONSIDERAZIONI SOPRA UNA LEGGE POTENZIALE.

Rendiconti del R. Istituto Lombardo, serie II, volume IX (1876), pp. 725-733.

1. Sia $\varphi(r)$ la funzione potenziale elementare d'un'azione a distanza, talchè $mm_1\varphi'(r)$ sia la misura della forza mutua operante fra due punti materiali di masse m ed m_1, collocati alla distanza r. Introducendo una nuova funzione $\psi(r)$, mediante la relazione

$$\psi'(r) = r\varphi(r), \tag{1}$$

la funzione potenziale v d'una superficie sferica di raggio a, supposta uguale ad 1 la densità superficiale, è espressa da

$$\left\{\begin{aligned} v_e &= \frac{2\pi a}{r}[\psi(r+a) - \psi(r-a)], \\ v_i &= \frac{2\pi a}{r}[\psi(a+r) - \psi(a-r)], \end{aligned}\right. \tag{2}$$

dove v_e è la funzione potenziale sopra un punto *esterno* alla superficie, v_i quella sopra un punto *interno* alla superficie stessa, r è in ogni caso la distanza del punto dal centro della superficie sferica.

Dalle espressioni precedenti, di cui è ben noto il processo di deduzione, si passa tosto a quelle relative ad una massa sferica, nel cui interno la densità sia variabile colla distanza dal centro. Chiamando infatti $h(r)$ la densità alla distanza r, ponendo per comodo

$$k(r) = rh(r), \tag{1$_a$}$$

e continuando a designare con a il raggio della superficie sferica esterna, si trova

$$(2)_a \quad \begin{cases} V_e = \dfrac{2\pi}{r}\displaystyle\int_0^a k(s)[\psi(r+s) - \psi(r-s)]\,ds, \\ V_i = \dfrac{2\pi}{r}\left[\displaystyle\int_0^a k(s)\psi(r+s)\,ds - \int_0^r k(s)\psi(r-s)\,ds - \int_r^a k(s)\psi(s-r)\,ds\right]. \end{cases}$$

[La seconda di queste formole potrebbe considerarsi come vera in ogni caso, qualora, per tutti i valori di s superiori ad a, si ritenesse $k(s) = 0$. Un'analoga osservazione vale pel caso che la massa costituisca un involucro sferico, cioè presenti una cavità interna concentrica].

La quantità totale di materia agente è data da

$$(3) \qquad M = 4\pi \int_0^a s^2 h(s)\,ds = 4\pi \int_0^a s\,k(s)\,ds.$$

2. Alle espressioni (2), $(2)_a$ si può dare una forma più concisa, per mezzo della considerazione seguente:

Le due funzioni $\varphi(r)$, $h(r)$ sono, in quanto al loro effettivo significato fisico, definite soltanto per valori *positivi* di r. Volendo dunque *proseguirle* (come si suol dire) anche nel campo dei valori *negativi* di r, è lecito effettuare tale prosecuzione nel modo che più piace, giacchè nelle formole (2), $(2)_a$, come in ogni altra formola desunta da considerazioni fisiche, non possono effettivamente entrare che valori positivi di r. Ciò posto, conveniamo di riguardare le due funzioni suddette come rami di funzioni *pari*, cioè intendiamole proseguite nel campo negativo colla legge

$$(4) \qquad \varphi(-r) = \varphi(r), \qquad h(-r) = h(r).$$

Le funzioni $\psi(r)$ e $k(r)$, ricavate dalle precedenti colle formole (1) e $(1)_a$, e proseguite in corrispondenza, risultano rispettivamente *pari* ed *impari*, cioè si ha per esse

$$(4)_a \qquad \psi(-r) = \psi(r), \qquad k(-r) = -k(r).$$

Dalla parità della funzione $\psi(r)$, proseguita nel modo che s'è detto, risulta già che le due formole

$$(5) \qquad v = \frac{2\pi a}{r}[\psi(r+a) - \psi(r-a)],$$

$$(5)_a \qquad V = \frac{2\pi}{r}\int_0^a k(s)[\psi(r+s) - \psi(r-s)]\,ds$$

rappresentano in ogni caso le funzioni potenziali della superficie sferica e della massa sferica sopra un punto interno od esterno, posto alla distanza r dal centro. Ma se si osserva inoltre che, mutando s in $-s$, si ha

$$\int_0^a k(s)\psi(r-s)ds = -\int_0^{-a} k(-s)\psi(r+s)ds$$

$$= \int_{-a}^0 k(-s)\psi(r+s)ds,$$

dall'imparità della funzione $k(r)$, proseguita nel modo che s'è detto, risulta

$$-\int_0^a k(s)\psi(r-s)ds = \int_{-a}^0 k(s)\psi(r+s)ds;$$

quindi alla funzione potenziale V della massa sferica M si può dare la forma semplicissima

$$(5)_b \qquad V = \frac{2\pi}{r}\int_{-a}^a k(s)\psi(r+s)\,ds,$$

mentre M può esprimersi con

$$(3)_a \qquad M = 2\pi\int_{-a}^a k(s)s\,ds.$$

3. La nuova forma $(5)_b$ della funzione potenziale V si presta assai bene al calcolo del *potenziale W della massa M sopra sè stessa*, cioè dell'espressione

$$W = \int_0^a V(r).h(r).4\pi r^2\,dr.$$

Infatti si ha, in primo luogo,

$$W = 8\pi^2\int_0^a k(r)dr\int_{-a}^a k(s)\psi(r+s)ds;$$

ma siccome, mutando s in $-s$, si ha pure

$$\int_{-a}^a k(s)\psi(r+s)ds = -\int_{-a}^a k(s)\psi(r-s)ds$$

$$= -\int_{-a}^a k(s)\psi(s-r)\,ds,$$

è chiaro che il prodotto

$$k(r)\int_{-a}^a k(s)\psi(r+s)ds$$

non cambia nè di valore, nè di segno, mutando r in $-r$; cosicchè il valore del potenziale W può essere scritto, simmetricamente, così:

$$W = 4\pi^2 \int_{-a}^{+a}\int k(r)k(s)\psi(r+s)\,dr\,ds. \tag{6}$$

Per non cadere in equivoci, bisogna badar bene che l'esattezza delle formole (5), $(5)_a$, $(5)_b$, (6) è tutta subordinata alle supposizioni (4) fatte al n° 2 sulle funzioni $\varphi(r)$ ed $h(r)$, e corrispondentemente sulle $\psi(r)$ e $k(r)$. Quando la legge potenziale $\varphi(r)$, e quella della densità $h(r)$, sono date *a priori* per mezzo di funzioni analitiche aventi un significato per ogni valore reale di r, queste funzioni non possono essere introdotte senz'altro in quelle formole, a meno che non siano *pari*. Quand'esse non fossero tali, oppure quando non fossero espresse *a priori* per funzioni analitiche, converrebbe prima rappresentarle (mercè appropriati artifizî d'analisi) mediante espressioni dotate delle proprietà prescritte.

In ogni caso, scomponendo opportunamente l'intervallo d'integrazione, e riducendolo (ciò che si fa con semplici cangiamenti di segno delle variabili) a quello compreso fra 0 ed a, è sempre possibile ritornare dalle formole (5), $(5)_a$, $(5)_b$ alle primitive (n° 1), con che i due casi del punto interno e del punto esterno tornano (in generale) a separarsi.

4. Rimettendo ad altra occasione gli ulteriori sviluppi che si potrebbero dare in gran copia sulle formole stabilite nei numeri precedenti, passiamo intanto ad accennare un'interessante applicazione che si può fare di alcune di esse.

Supponiamo che la legge potenziale $\varphi(r)$ abbia la forma

$$\varphi(r) = e^{-\mu r^2},$$

dove μ è una costante positiva. La funzione $\psi(r)$ è data in questo caso da

$$\psi(r) = -\frac{1}{2\mu} e^{-\mu r^2}.$$

Queste due funzioni analitiche essendo già per sè stesse pari, non occorre imprendere sovr'esse alcuna trasformazione per introdurle nelle formole del n° 2.

Supponiamo inoltre costante ed uguale ad 1 la densità h, talchè $k(r) = r$. Questa funzione è impari, come è stato supposto, epperò non ha bisogno neppur essa d'alcuna trasformazione.

La formola $(5)_b$ è dunque immediatamente applicabile a queste ipotesi, e dà

$$V = -\frac{\pi}{\mu r}\int_{-a}^{a} s\, e^{-\mu(r+s)^2} d s = \frac{\pi}{\mu}\int_{-a}^{a} e^{-\mu(r+s)^2} d s - \frac{\pi}{\mu r}\int_{-a}^{a} (r+s)\, e^{-\mu(r+s)^2} d s$$

$$= \frac{\pi}{\mu}\int_{-a}^{a} e^{-\mu(r+s)^2} d s + \frac{\pi}{2\mu^2 r}\left[e^{-\mu(r+a)^2} - e^{-\mu(r-a)^2}\right].$$

Se in quest'espressione si fa crescere indefinitamente il raggio a, tenendo costante r, si ottiene

$$V = \frac{\pi}{\mu}\int_{-\infty}^{\infty} e^{-\mu(r+s)^2} d s,$$

donde

$$V = \left(\frac{\pi}{\mu}\right)^{\frac{3}{2}},$$

vale a dire $V =$ *costante*. Di qui si conclude la proprietà seguente: *una materia distribuita uniformemente in tutto lo spazio, ed agente sopra sè stessa colla legge potenziale* $e^{-\mu r^2}$, *è in equilibrio in tutti i suoi punti.*

5. A questa notabile proprietà della nostra legge esponenziale se ne possono aggiungere diverse altre.

Immaginiamo una retta materiale indefinita, di densità lineare uguale ad 1, ciascun elemento della quale agisca colla legge anzidetta sopra un punto posto alla distanza r da essa. Indicando con s la distanza di un punto qualunque della retta dal piede della perpendicolare r, è chiaro che la funzione potenziale della retta è espressa da

$$\int_{-\infty}^{\infty} e^{-\mu(r^2+s^2)} d s = \sqrt{\frac{\pi}{\mu}} \cdot e^{-\mu r^2},$$

cioè ch'essa è una funzione la quale, prescindendo dal fattore costante $\sqrt{\frac{\pi}{\mu}}$, *ha la stessa forma di quella che esprime l'azione potenziale elementare da punto a punto.*

Così, immaginiamo un piano materiale indefinito, di densità superficiale uguale ad 1, ciascun elemento del quale agisca colla legge anzidetta sopra un punto posto alla distanza r da esso. Indicando con s la distanza di un punto qualunque del piano dal piede della perpendicolare r, è chiaro che la funzione potenziale del piano è espressa da

$$\int_{0}^{\infty} e^{-\mu(r^2+s^2)} . 2\pi s\, d s = 2\pi e^{-\mu r^2}\int_{0}^{\infty} e^{-\mu s^2} s\, d s = \frac{\pi}{\mu} e^{-\mu r^2},$$

cioè ch'essa è una funzione la quale, prescindendo dal fattor costante $\frac{\pi}{\mu}$, *ha ancora la stessa forma di quella che esprime l'azione potenziale elementare da punto a punto.*

Se si concepisce l'intero spazio come luogo d'un piano infinito, mobile parallelamente a sè stesso, è chiaro che, dall'ora trovata funzione potenziale del piano infinito di densità superficiale uguale ad 1, si passa a quella dello spazio infinito, supposto di densità uguale ad 1, moltiplicando per dr ed integrando fra $-\infty$ e $+\infty$. Così facendo si trova di nuovo il valore costante

$$\left(\frac{\pi}{\mu}\right)^{\frac{3}{2}},$$

già trovato nel numero precedente considerando una massa sferica di densità uguale ad 1 e di raggio indefinitamente crescente. Di qui si comprende che l'equilibrio, il quale ha luogo (n° 4) nello spazio infinito sotto le ammesse condizioni di forza e di densità, è indipendente dall'essere tale spazio considerato come il limite d'una sfera di raggio indefinitamente crescente, anzichè come il limite d'un'altra figura variabile qualunque.

6. Supponiamo ora che, mantenendosi invariata la legge potenziale testè considerata, la densità della sfera infinita non sia più costante, ma varî colla legge

$$h(r) = \frac{c}{r},$$

dove c è una costante. Qui non si potrebbe più adoperare la formola abbreviata $(5)_b$, la quale suppone impari la funzione $k(r)$: bisognerebbe prima trasformare opportunamente questa funzione, per es. col metterla sotto la forma

$$k(r) = \frac{2c}{\pi}\int_0^\infty \frac{\operatorname{sen} ru}{u}\,du,$$

per avere $k = c$ per $r > 0$, e $k = -c$ per $r < 0$. Ma giova meglio ricorrere alla formola $(5)_a$, la quale dà

$$V = -\frac{c\pi}{\mu r}\int_0^\infty \left[e^{-\mu(r+s)^2} - e^{-\mu(r-s)^2}\right] ds,$$

ossia

$$V = \frac{c\pi}{\mu r}\int_{-r}^{r} e^{-\mu s^2}\, ds.$$

L'integrale

$$\int_{-r}^{r} e^{-\mu s^2}\, ds$$

tende molto rapidamente, col crescere di r, verso il valore $\sqrt{\frac{\pi}{\mu}}\cdot$ Quindi anche V, col crescere di r, tende molto rapidamente verso il valore

$$V = \left(\frac{\pi}{\mu}\right)^{\frac{3}{2}} \frac{c}{r},$$

tende cioè a confondersi colla funzione potenziale newtoniana di una massa concentrata nel punto ove la densità h è infinita. Possiamo dunque dire che *se, nella materia agente colla legge esponenziale, avviene una condensazione intorno ad un centro, per guisa che la densità diventi dovunque inversamente proporzionale alla distanza da questo centro, l'azione che la materia così condensata esercita sopra un punto dello spazio tende molto rapidamente, coll'allontanarsi di questo punto dal centro di condensazione, a seguire la legge newtoniana.*

Giova notare che, descrivendo intorno al centro di condensazione una superficie sferica di raggio a, il rapporto fra la massa della materia condensata e quella della primitiva materia di densità uguale ad 1, entro la superficie suddetta, è uguale a $\frac{3c}{2a}$, talchè diventa nullo per $a = \infty$. Dunque un numero finito di condensazioni simili, intorno a diversi centri, non altera la densità 1 della materia uniformemente distribuita in tutto lo spazio.

7. Consideriamo una funzione potenziale

$$V = \int h e^{-\mu r^2} d S$$

di materia distribuita in modo qualunque entro uno spazio finito S, ed agente colla legge esponenziale dei numeri precedenti. Chiamando a, b, c le coordinate dell'elemento di spazio dS, ed x, y, z quelle del punto cui si riferisce la funzione potenziale V, si ha

$$r^2 = (x - a)^2 + (y - b)^2 + (z - c)^2;$$

h è una funzione qualunque di a, b, c, rappresentante la densità della materia nell'elemento dS.

Stante la continuità della funzione $e^{-\mu r^2}$ in ogni spazio finito, le derivate di qualunque ordine della funzione V in un tale spazio si possono calcolare derivando sotto il segno integrale. Si ha quindi in particolare

$$\frac{\partial^2 V}{\partial x^2} + \frac{\partial^2 V}{\partial y^2} + \frac{\partial^2 V}{\partial z^2} = \Delta V = - 6 \mu V + 4 \mu^2 \int h r^2 e^{-\mu r^2} d S.$$

Ma, supponendo $h(a, b, c)$ indipendente da μ, si ha pure

$$\frac{\partial V}{\partial \mu} = -\int h r^2 e^{-\mu r^2} d S,$$

dunque

$$\Delta V = -6\mu V - 4\mu^2 \frac{\partial V}{\partial \mu} = -4\sqrt{\mu}\frac{\partial (\mu^{\frac{3}{2}} V)}{\partial \mu},$$

ossia

$$\Delta (\mu^{\frac{3}{2}} V) = -4\mu^2 \frac{\partial (\mu^{\frac{3}{2}} V)}{\partial \mu};$$

talchè se si pone

$$\frac{1}{4\mu} = a^2 t,$$

dove t è un nuovo parametro introdotto in luogo di μ, ed a è una costante assoluta, si può scrivere

$$\frac{\partial}{\partial t}(V t^{-\frac{3}{2}}) = a^2 \Delta (V t^{-\frac{3}{2}}).$$

Ponendo dunque di nuovo

$$T = \frac{1}{2a\sqrt{\pi}\, t^{\frac{3}{2}}} \int h e^{-\frac{r^2}{4a^2 t}} d S,$$

si ha finalmente

$$\frac{\partial T}{\partial t} = a^2 \Delta T.$$

Quest'equazione differenziale è quella che regge il moto del calore nei corpi isotropi, supposto che T sia la temperatura e t il tempo trascorso dall'istante iniziale. La temperatura variabile d'un corpo isotropo può dunque essere considerata come la funzione potenziale di azioni mutue che si esercitano a distanza fra i punti del corpo, colla legge potenziale

$$\frac{e^{-\frac{r^2}{4a^2 t}}}{2a\sqrt{\pi}.\, t^{\frac{3}{2}}};$$

la funzione $h(a, b, c)$ che fa in tal caso l'ufficio della densità, rappresenta nella teoria del calore le condizioni di temperatura iniziali. [Si suppone qui che non esistano sorgenti di calore permanenti *)].

---

*) Cfr. FOURIER, *Théorie analytique de la chaleur*, pag. 479 (Paris, 1822).

Formiamo ora l'integrale

$$U = \int_0^\infty T\,dt,$$

ossia

$$U = \frac{1}{2a\sqrt{\pi}} \int h\,dS \int_0^\infty \frac{e^{-\frac{r^2}{4a^2t}}\,dt}{t^{\frac{3}{2}}}.$$

Ponendo $\frac{r^2}{4a^2t} = s^2$, si trova

$$\int_0^\infty \frac{e^{-\frac{r^2}{4a^2t}}\,dt}{t^{\frac{3}{2}}} = \frac{4a}{r}\int_0^\infty e^{-s^2}\,ds = \frac{2a\sqrt{\pi}}{r},$$

dunque

$$U = \int \frac{h\,dS}{r};$$

talchè *la nuova funzione U non è altro che la funzione potenziale newtoniana d'una massa di densità h(a, b, c) diffusa nello spazio S.*

Qual'è il significato fisico di questa funzione U? Su questa e su altre questioni suggerite dalle presenti considerazioni speriamo di poter tornare in seguito.

XLIX.

SULLA DETERMINAZIONE SPERIMENTALE DELLA DENSITÀ ELETTRICA ALLA SUPERFICIE DEI CORPI CONDUTTORI.

Memorie della R. Accademia dei Lincei (Classe di Scienze fisiche, matematiche e naturali),
serie III, volume I (1876-77), pp. 491-502.

È noto che, per determinare sperimentalmente la densità elettrica alla superficie dei conduttori elettrizzati, COULOMB si è servito del cosidetto piano di prova, strumento ben conosciuto da tutti i fisici, i quali hanno continuato ad usarlo con vantaggio, valendosi di opportuni artifizî nella combinazione delle osservazioni simultanee o successive, affine di elidere, od almeno di attenuare gli effetti della dispersione. Ma la teoria esatta di questo semplicissimo strumento non è stata mai data, e probabilmente non lo sarà per lungo tempo ancora, in causa delle gravi difficoltà analitiche che vi s'incontrano. Quella che il sig. MAXWELL dà al n° 225 del suo Trattato non può, per quanto sagace, considerarsi veramente come rigorosa: essa appartiene a quel genere di procedimenti cui lo stesso MAXWELL allude nel n° 117 della citata Opera, e di cui accenna con aggiustatezza i pregi ed i difetti. È noto che lo stesso COULOMB cadde in errore nel valutare il rapporto che passa tra la quantità d'elettricità asportata dal piano di prova e quella ch'era prima distribuita sull'areola ch'esso ha ricoperta. Su questo punto ci permetteremo tuttavia d'aggiungere che, se mancano indubbiamente di rigore i ragionamenti di quell'illustre sperimentatore (riportati nei n[i] 55 e 57 del recente Trattato del sig. MASCART) non sembrano neppur chiare, non che evidenti, le argomentazioni con cui si vorrebbe senz'altro ridurre quel rapporto alla metà. Infatti la supposizione *) che il piano di prova sostituisca esattamente il sottoposto elemento di superficie del conduttore esplorato, non è che un'astrazione teorica, della quale sarebbe

*) Veggasi la nota a piè delle pagine 16 e 17 del *Reprint of papers on Electrostatics and Magnetism* di Sir W. THOMSON (Londra, 1872).

difficile il provare che le conseguenze sussistano esattamente, anche quando la sua verificazione pratica sia soltanto approssimativa. Che se invece si considera il piano di prova come un piccolo disco tangente col suo centro alla superficie del conduttore, non si deve dimenticare che la densità elettrica, nulla nel punto di contatto, è infinita lungo l'orlo del disco, talche la densità media dell'elettricità asportata risulta dalla compensazione di densità variabili fra zero ed infinito, e non sembra suscettibile d'una determinazione, anche approssimativa, per mezzo di ragionamenti così sommarî come son quelli che si sogliono fare ordinariamente. Sotto questo aspetto, il procedimento, in parte empirico, del sig. MAXWELL (il quale del resto considera in modo diverso l'azione del piano di prova) porge una assai più soddisfacente giustificazione del principio generalmente ammesso in proposito.

V'è ancora un altro ordine di considerazioni, a tenor del quale si potrebbe forse revocare addirittura in dubbio la legittimità d'ogni esplorazione di densità elettrica per via di contatto con corpi di prova, di forma qualunque. Se si pensa all'enorme velocità dei moti elettrici in paragone dei moti ordinarî, sembra lecito il sospetto che la distribuzione della carica totale, fra il conduttore esplorato ed il corpo di prova, all'atto del distacco, sia veramente un problema elettrodinamico, anzichè un problema elettrostatico. Noi però qui non insisteremo su questo punto di vista, ed ammetteremo che la distribuzione anzidetta sia la stessa, rispetto alla quantità, prima e dopo il distacco. Diremo invece che, nell'impossibilità presente di determinare *a priori* l'elettrizzazione dell'ordinario piano di prova, non parrebbe doversi giudicare inutile nè inopportuno l'intraprendere l'analoga ricerca per altre forme del corpo di prova, accessibili ad un'analisi esatta; e tale è appunto lo scopo di questa breve comunicazione.

Il caso che vogliamo qui trattare è quello d'un corpo di prova avente la forma d'una mezza sfera, di raggio piccolissimo rispetto alle dimensioni del conduttore che si vuole esplorare, e da applicarsi sulla superficie di questo colla sua faccia diametrale piana. Questa forma è già stata considerata nel n° 224 del Trattato del sig. MAXWELL, ed ivi trovasi anche indicato il rapporto finale delle densità medie nel caso che il conduttore da esplorarsi sia sferico. Noi pure ci limiteremo al caso del conduttore sferico, ma aggiungeremo l'ipotesi che all'elettrizzazione di questo conduttore concorra eziandio l'azione d'un punto inducente esterno, giacchè è specialmente nei fenomeni d'influenza, che la perturbazione prodotta nel campo elettrico dall'intervento d'un corpo di prova può accrescere i dubbî circa l'esistenza d'una relazione costante fra la carica presa dal corpo di prova e la densità elettrica del conduttore nel luogo esplorato. Crediamo tanto meno inutile d'eseguire partitamente questa ricerca, in quanto che essa ci darà occasione di determinare la funzione potenziale e la distribuzione elettrica indipendentemente dall'uso del principio delle immagini, e di stabilire con precisione le formole relative alle cariche delle varie calotte sferiche che fa d'uopo di considerare.

Dovendo, in tutto ciò che segue, ragionare sopra una figura costituita essenzialmente di due superficie sferiche fra loro ortogonali, converremo una volta per sempre di designare ordinatamente con

A, B, C i centri delle due superficie sferiche ed il centro della circonferenza d'intersezione;

α, β, γ i raggi di quelle e di questa;

f la distanza dei centri delle due superficie sferiche.

Avremo così le relazioni

$$f^2 = \alpha^2 + \beta^2, \qquad \gamma f = \alpha\beta,$$

cui possiamo aggiungere queste altre

$$AC = \frac{\alpha^2}{f} = f', \qquad CB = \frac{\beta^2}{f} = f''.$$

Designeremo inoltre, per brevità, con S_α, S_β le due superficie sferiche, con C_γ la circonferenza ad esse comune; con $S_{\alpha\alpha}$ ed $S_{\alpha\beta}$ le due calotte in cui la S_α è divisa dalla C_γ, la prima delle quali esterna, la seconda interna alla S_β; e similmente con $S_{\beta\alpha}$ ed $S_{\beta\beta}$ le due calotte in cui la S_β è divisa dalla C_γ, la prima interna, la seconda esterna alla S_α. Questi simboli S_α, $S_{\alpha\alpha}$, etc. ci serviranno tanto a designare le superficie sferiche e le loro calotte, quanto a rappresentarne le aree rispettive. Chiameremo *bisfera* il solido terminato dalle due calotte $S_{\alpha\alpha}$, $S_{\beta\beta}$. Denoteremo finalmente con r, r', r'', r''' i valori assoluti delle distanze d'un punto qualunque M da quattro punti fissi, di cui indicheremo di volta in volta la posizione.

Incominciamo a supporre che r', r'', r''' siano tre raggi vettori uscenti rispettivamente dai punti *A, B, C*. Se il punto M, loro termine comune, è preso sopra S_α, si ha, per essere B e C punti reciproci rispetto ad S_α,

$$\frac{r''}{r'''} = \frac{\beta}{\gamma};$$

e parimente se il punto M è preso sopra S_β, si ha, per essere A e C punti reciproci rispetto ad S_β,

$$\frac{r'}{r'''} = \frac{\alpha}{\gamma}.$$

Possiamo dunque dire che

$$\text{quando} \quad \frac{\alpha}{r'} = 1, \qquad \text{si ha} \quad \frac{\beta}{r''} - \frac{\gamma}{r'''} = 0,$$

$$\text{e quando} \quad \frac{\beta}{r''} = 1, \qquad \text{si ha} \quad \frac{\alpha}{r'} - \frac{\gamma}{r'''} = 0.$$

Di qui risulta che la funzione

$$V = \frac{\alpha}{r'} + \frac{\beta}{r''} - \frac{\gamma}{r'''}$$

è uguale ad 1 tanto in ogni punto di S_α, quanto in ogni punto di S_β; cosicchè nello spazio esterno alla bisfera questa funzione coincide colla funzione potenziale d'una distribuzione elettrica in equilibrio sopra la superficie della bisfera stessa, considerata come superficie esterna d'un conduttore isolato. La funzione potenziale della stessa distribuzione è, per un noto teorema, costante ed uguale ad 1 in ogni punto dello spazio interno (supposto che il conduttore non presenti cavità nelle quali esistano corpi elettrici). Dalla forma poi della funzione V emerge immediatamente che l'azione esterna dello strato elettrico in equilibrio è eguale a quella di tre masse elettriche

$$+\alpha, \qquad +\beta, \qquad -\gamma$$

collocate rispettivamente nei punti

$$A, \qquad B, \qquad C,$$

e che la carica totale del conduttore è quindi

$$E = \alpha + \beta - \gamma.$$

Cerchiamo ora come si divida questa carica totale fra le due calotte $S_{\alpha\alpha}$ ed $S_{\beta\beta}$. Chiamando $E_{\alpha\alpha}$, $E_{\beta\beta}$ le due cariche parziali corrispondenti, si ha

$$E_{\beta\beta} = -\frac{1}{4\pi}\int \frac{\partial V}{\partial r''}\, d S_{\beta\beta},$$

cioè

$$E_{\beta\beta} = -\frac{1}{4\pi}\left(\alpha \int \frac{\partial \frac{1}{r'}}{\partial r''}\, d S_{\beta\beta} - \gamma \int \frac{\partial \frac{1}{r'''}}{\partial r''}\, d S_{\beta\beta} - \frac{1}{\beta} S_{\beta\beta}\right).$$

Gli integrali

$$-\int \frac{\partial \frac{1}{r'}}{\partial r''}\, d S_{\beta\beta}, \qquad -\int \frac{\partial \frac{1}{r'''}}{\partial r''}\, d S_{\beta\beta}$$

sono i valori degli angoli solidi sottesi dalla calotta $S_{\beta\beta}$ nei punti A e C rispettivamente, epperò equivalgono alle aree $S_{\alpha\beta}$ ed $S_{\gamma\beta}$ *), divise rispettivamente per α^2 e γ^2.

*) Per analogia designiamo con $S_{\gamma\beta}$ la metà di superficie sferica S_γ, di centro C e di raggio γ, contenuta entro S_β.

Dunque si ha

$$E_{\beta\beta} = \frac{1}{4\pi}\left(\frac{1}{\alpha} S_{\alpha\beta} + \frac{1}{\beta} S_{\beta\beta} - \frac{1}{\gamma} S_{\gamma\beta}\right),$$

ed essendo

$$S_{\alpha\beta} = 2\pi\alpha(\alpha - f'), \qquad S_{\beta\beta} = 2\pi\beta(\beta + f''), \qquad S_{\gamma\beta} = 2\pi\gamma^2,$$

si trova così

$$E_{\beta\beta} = \tfrac{1}{2}(\alpha - f' + \beta + f'' - \gamma).$$

Le due cariche parziali sono quindi espresse da

$$E_{\alpha\alpha} = \tfrac{1}{2}(E + f' - f''), \qquad E_{\beta\beta} = \tfrac{1}{2}(E - f' + f'').$$

Il valore di $E_{\beta\beta}$, in virtù delle relazioni indicate superiormente, si può scrivere così:

$$E_{\beta\beta} = \frac{1}{2}\left(\alpha + \beta - \frac{\alpha\beta}{f} - \frac{\alpha^2 - \beta^2}{f}\right) = \frac{(f-\alpha)(\alpha+\beta) + \beta^2}{2f},$$

od anche, mettendo $f^2 - \alpha^2$ in luogo di β^2,

$$E_{\beta\beta} = \frac{(f-\alpha)(2\alpha + \beta + f)}{2f}.$$

Ora, se la carica E fosse tutta distribuita in equilibrio sopra un conduttore sferico terminato dalla superficie S_α, la calotta $S_{\alpha\beta}$ ne possederebbe una porzione

$$e_{\alpha\beta} = \frac{S_{\alpha\beta}}{S_\alpha} E = \frac{\alpha - f'}{2\alpha} E = \frac{f - \alpha}{2f} E.$$

Dunque l'applicazione della calotta conduttrice $E_{\beta\beta}$ sul conduttore sferico S_α modifica la distribuzione elettrica per guisa che, in luogo della carica

$$e_{\alpha\beta} = \frac{(f-\alpha)(\alpha + \beta - \gamma)}{2f}$$

relativa alla calotta ricoperta, interviene la carica

$$E_{\beta\beta} = \frac{(f-\alpha)(2\alpha + \beta + f)}{2f}$$

relativa alla calotta sovrapposta. Il rapporto della seconda carica alla prima è

$$\frac{E_{\beta\beta}}{e_{\alpha\beta}} = \frac{2\alpha + \beta + f}{\alpha + \beta - \gamma}.$$

Questo rapporto si può mettere sotto la forma

$$\frac{2+\frac{f}{\alpha}+\frac{\beta}{\alpha}}{1+\frac{\beta}{\alpha}\left(1-\frac{\alpha}{f}\right)},$$

e, se qui s'introduce il valore

$$\frac{f}{\alpha}=\left(1+\frac{\beta^2}{\alpha^2}\right)^{\frac{1}{2}},$$

e si svolge in serie secondo le potenze crescenti di $\frac{\beta}{\alpha}$ (nell'ipotesi $\beta < \alpha$), si trova

$$\frac{E_{\beta\beta}}{e_{\alpha\beta}}=3+\frac{\beta}{\alpha}+\frac{\beta^2}{2\alpha^2}-\frac{3\beta^3}{2\alpha^3}+\cdots.$$

Quando β è molto piccolo di fronte ad α, la modificazione che subisce la forma della superficie esterna del conduttore sferico S_α, per l'applicazione della calotta conduttrice $S_{\beta\beta}$, non differisce sensibilmente da quella che nascerebbe facendo combaciare la faccia piana d'un piccolo conduttore emisferico, di raggio β, colla superficie del conduttore S_α. In tali condizioni, dunque, la carica presa da questo piccolo conduttore sta a quella dell'areola da esso ricoperta in un rapporto che si avvicina tanto più a 3, quanto più è piccolo il rapporto $\frac{\beta}{\alpha}$. Si può osservare che questo rapporto limite $3:1$ (il quale del resto si rileva facilmente dall'espressione generale, senza eseguire lo sviluppo, col porvi $f=\alpha$, $\beta=\gamma$) è in pari tempo quello della superficie totale del solido emisferico alla superficie ch'esso ricopre sul conduttore sferico, talchè in questo caso particolare si verificherebbe la regola asserita da COULOMB.

Passiamo a considerare il caso in cui esista un punto inducente, che designeremo con O, e che supporremo collocato nello spazio esterno alla bisfera primitiva (cioè a quella i cui raggi α e β hanno un rapporto qualunque).

Siano A_1 e B_1 i punti reciproci di O rispetto alle due superficie S_α ed S_β, cioè i punti allineati rispettivamente con O ed A, con O e B, e tali che

$$AO.AA_1=\alpha^2, \qquad BO.BB_1=\beta^2.$$

Si riconosce facilmente che la circonferenza passante per i tre punti O, A_1, B_1 è ortogonale tanto ad S_α quanto ad S_β, e che ogni retta condotta per A, oppure per B, la interseca in due punti che sono reciproci rispetto ad S_α, oppure ad S_β. Ne risulta che le due rette AB_1, BA_1 s'incontrano in un punto C_1 di questa circonferenza. I tre punti A_1, B_1, C_1 sono sempre situati nell'interno della bisfera, e propriamente il primo nella regione esterna ad S_β, il secondo in quella esterna ad S_α, il terzo in quella comune ad S_α ed a S_β. Fra le molte proprietà della figura così formata *) notiamo le relazioni seguenti, che ci riusciranno utili fra poco. Essendo O ed A_1, B e C coppie di punti reciproci rispetto ad S_α, i due triangoli AOC, ABA_1 sono simili e dànno

$$\frac{AO}{OC} = \frac{AB}{BA_1};$$

e così, essendo O e B_1, A e C coppie di punti reciproci rispetto ad S_β, i due triangoli BOC, BAB_1 sono simili, e dànno

$$\frac{BO}{OC} = \frac{BA}{AB_1}.$$

Da queste due proporzioni, ponendo

$$OA = a, \qquad OB = b, \qquad OC = c,$$

si trae

$$a.BA_1 = b.AB_1 = cf,$$

e quindi

$$AB_1 = \frac{c\alpha\beta}{b\gamma}, \qquad BA_1 = \frac{c\alpha\beta}{a\gamma}.$$

Premesso ciò, è facile trovare la funzione potenziale del sistema elettrico costituito da una massa inducente $+1$ collocata in O e dalla distribuzione elettrica ch'essa induce sul conduttore bisferico, supposto comunicante col suolo. Infatti, essendo O ed A_1, B_1 e C_1 coppie di punti reciproci rispetto ad S_α, per ogni punto M di S_α si ha

$$\frac{OM}{A_1M} = \frac{a}{\alpha}, \qquad \frac{B_1M}{C_1M} = \frac{AB_1}{\alpha} = \frac{c\beta}{b\gamma};$$

e così, essendo O e B_1, A_1 e C_1 coppie di punti reciproci rispetto ad S_β, per ogni punto M di S_β si ha

$$\frac{OM}{B_1M} = \frac{b}{\beta}, \qquad \frac{A_1M}{C_1M} = \frac{BA_1}{\beta} = \frac{c\alpha}{a\gamma}.$$

*) I quattro punti O, A_1, B_1, C_1, considerati nell'ordine in cui sono scritti, sono così disposti che due consecutivi sono reciproci rispetto ad S_α o ad S_β (tale reciprocità essendo alterna per l'una e per l'altra sfera). Invece i punti O e C_1, A_1 e B_1 sono pure conjugati fra loro, ma in quest'altro modo: se di un punto dell'una coppia si prende il simmetrico rispetto al piano della C_γ, l'altro punto della stessa coppia è il reciproco di questo rispetto alla sfera di centro C e di raggio γ: ciascuna coppia di punti è in una superficie sferica passante per la C_γ.

Collocando dunque ordinatamente nei quattro punti O, A_1, B_1 e C_1 le origini dei raggi vettori r, r', r'', r''' terminati ad un punto qualunque M, possiamo dire che: per ogni punto di S_α si ha

$$\frac{1}{r} - \frac{\alpha}{a}\frac{1}{r'} = 0, \qquad -\frac{\beta}{b}\frac{1}{r''} + \frac{\gamma}{c}\frac{1}{r'''} = 0;$$

e per ogni punto di S_β si ha

$$\frac{1}{r} - \frac{\beta}{b}\frac{1}{r''} = 0, \qquad -\frac{\alpha}{a}\frac{1}{r'} + \frac{\gamma}{c}\frac{1}{r'''} = 0.$$

Di qui risulta che la funzione

$$W = \frac{1}{r} - \frac{\alpha}{a}\frac{1}{r'} - \frac{\beta}{b}\frac{1}{r''} + \frac{\gamma}{c}\frac{1}{r'''},$$

il cui primo termine è la funzione potenziale del punto inducente, ha il valor zero tanto in ogni punto di S_α, quanto in ogni punto di S_β; cosicchè nello spazio esterno alla bisfera questa funzione coincide colla funzione potenziale cercata. Nello spazio interno il valore di questa funzione potenziale sarebbe dovunque lo zero. Dalla forma poi della funzione W emerge immediatamente che l'azione esterna dello strato indotto è eguale a quella di tre masse elettriche

$$-\frac{\alpha}{a}, \qquad -\frac{\beta}{b}, \qquad +\frac{\gamma}{c}$$

collocate rispettivamente nei punti

$$A_1, \qquad B_1, \qquad C_1,$$

e che la carica indotta totale è quindi

$$E' = -\left(\frac{\alpha}{a} + \frac{\beta}{b} - \frac{\gamma}{c}\right).$$

La quantità fra parentesi rappresenta (in armonia con un noto teorema) ciò che diventa la funzione V precedentemente considerata, cioè la funzione potenziale esterna di una carica $E = \alpha + \beta - \gamma$ distribuita in equilibrio sulla bisfera isolata, quando il punto variabile cui essa si riferisce è il punto inducente O; e siccome tal funzione V è uguale ad 1 sulla superficie della bisfera, così essa è positiva e minore di 1 in ogni punto esterno. Dunque la carica indotta E' è sempre di segno contrario e numericamente inferiore alla carica inducente.

Dalle relazioni che ci hanno servito a riconoscere la forma della funzione W si ricava subito che in ogni punto M_0 della circonferenza C_γ si ha

$$\frac{1}{r_0} = \frac{\alpha}{a}\frac{1}{r'_0} = \frac{\beta}{b}\frac{1}{r''_0} = \frac{\gamma}{c}\frac{1}{r'''_0},$$

epperò

$$r'_0 = \frac{\alpha}{a} r_0, \qquad r''_0 = \frac{\beta}{b} r_0, \qquad r'''_0 = \frac{\gamma}{c} r_0.$$

Cerchiamo ora come si divida la carica indotta totale E' fra le due calotte $S_{\alpha\alpha}$ ed $S_{\beta\beta}$. Per ottenere formole semplici, limitiamoci a considerare il caso che il punto O si trovi sulla retta dei centri, e propriamente dalla parte della calotta $S_{\alpha\alpha}$. I varî punti necessarî a considerarsi si presentano allora nell'ordine seguente

$$O, \quad A_1, \quad A, \quad C, \quad C_1, \quad B_1, \quad B,$$

e sono tutti da una stessa parte rispetto alla calotta $S_{\beta\beta}$ (cioè da quella della concavità), talchè cercheremo primieramente la carica $E'_{\beta\beta}$ di questa calotta.

Questa carica è data da

$$E'_{\beta\beta} = \frac{1}{4\pi}\int \frac{\partial W}{\partial n}\, d S_{\beta\beta},$$

dove n è la normale interna all'elemento $d S_{\beta\beta}$. Ora, se P è un punto qualunque del segmento OB e ρ la sua distanza dall'elemento $d S_{\beta\beta}$, l'integrale

$$\int \frac{\partial \frac{1}{\rho}}{\partial n}\, d S_{\beta\beta}$$

equivale all'area della calotta di centro P, di raggio $\rho_0 = P M_0$, terminata da C_γ ed interna ad S_β, divisa per ρ_0^2, cioè si ha

$$\frac{1}{4\pi}\int \frac{\partial \frac{1}{\rho}}{\partial n}\, d S_{\beta\beta} = \frac{\rho_0 - PC}{2\rho_0},$$

dove il segmento PC è positivo se P è compreso fra O e C, negativo se P è compreso fra C e B. Applicando questa osservazione ai punti O, A_1, B_1, C_1 sostituiti successivamente al posto di P, si trova che la carica cercata è data da

$$E'_{\beta\beta} = \frac{r_0 - OC}{2r_0} - \frac{\alpha}{a}\frac{r'_0 - A_1 C}{2r'_0} - \frac{\beta}{b}\frac{r''_0 + CB_1}{2r''_0} + \frac{\gamma}{c}\frac{r'''_0 + CC_1}{2r'''_0}.$$

I primi due termini del 2° membro, cioè

$$\frac{r_0 - OC}{2r_0} - \frac{\alpha}{a} \frac{r'_0 - A_1 C}{2r'_0}$$

rappresentano, come facilmente si rileva, la carica che troverebbesi distribuita sulla calotta $S_{\alpha\beta}$ (che è attualmente ricoperta da $S_{\beta\beta}$), se il conduttore indotto fosse sferico e terminato dalla superficie S_α; giacchè in questo caso, che si ricava da quello che stiamo considerando col porre $\beta = \gamma = 0$, la funzione W diventerebbe semplicemente

$$\frac{1}{r} - \frac{\alpha}{a} \frac{1}{r'}.$$

Chiamando $e'_{\alpha\beta}$ questa carica, si ha dunque

$$e'_{\alpha\beta} = \frac{1}{2}\left(1 - \frac{\alpha}{a}\right) - \frac{OA_1}{2r_0},$$

$$E'_{\beta\beta} = e'_{\alpha\beta} + \frac{1}{2}\left(\frac{\gamma}{c} - \frac{\beta}{b}\right) - \frac{C_1 B_1}{2r_0},$$

in forza delle relazioni già trovate fra r_0, r'_0, r''_0, r'''_0.

Essendo

$$OA_1 = a - \frac{\alpha^2}{a},$$

si può scrivere

$$e'_{\alpha\beta} = -\frac{a-\alpha}{2a}\left(\frac{a+\alpha}{r_0} - 1\right),$$

dove la quantità fra parentesi è positiva, perchè nel triangolo OAM_0 il lato $OM_0 = r_0$ è minore della somma degli altri due $OA = a$, $AM_0 = \alpha$. D'altra parte si ha

$$C_1 B_1 = OB_1 - OC_1 = b - \frac{\beta^2}{b} - \left(c + \frac{\gamma^2}{c}\right);$$

ma

$$b = a + f, \qquad c = a + \frac{\alpha^2}{f}, \qquad \gamma = \frac{\alpha\beta}{f},$$

dunque

$$C_1 B_1 = f - \frac{\alpha^2}{f} - \frac{\beta^2}{a+f} - \frac{\alpha^2\beta^2}{f(af+\alpha^2)},$$

ovvero, dopo alcune riduzioni,

$$C_1 B_1 = \frac{\beta^2(a^2 - \alpha^2)}{bcf}.$$

Si ha ancora

$$\frac{\gamma}{c}-\frac{\beta}{b}=\frac{\alpha\beta}{af+\alpha^2}-\frac{\beta}{a+f}=-\frac{\beta(f-\alpha)(a-\alpha)}{bcf};$$

dunque

$$E'_{\beta\beta}=e'_{\alpha\beta}-\frac{\beta(f-\alpha)(a-\alpha)}{2bcf}-\frac{\beta^2(a^2-\alpha^2)}{2bcfr_0},$$

ossia

$$E'_{\beta\beta}=e'_{\alpha\beta}-\frac{\beta(a-\alpha)}{2bcf}\left[f-\alpha+\frac{\beta(a+\alpha)}{r_0}\right].$$

Di qui

$$\frac{E'_{\beta\beta}}{e'_{\alpha\beta}}=1+\frac{a\beta}{bcf}\,\frac{f-\alpha+\beta\dfrac{a+\alpha}{r_0}}{\dfrac{a+\alpha}{r_0}-1},$$

e finalmente

$$\frac{E'_{\beta\beta}}{e'_{\alpha\beta}}=1+\frac{a\beta(f-\alpha+\beta)}{bcf\left(\dfrac{a+\alpha}{r_0}-1\right)}+\frac{a\beta^2}{bcf}.$$

Supponiamo ora che il rapporto $\frac{\beta}{\alpha}$ sia piccolissimo. Si ha allora

$$f-\alpha=\frac{\beta^2}{2\alpha}+\cdots.$$

Di più, essendo in generale

$$r_0^2=c^2+\gamma^2=\left(a+\frac{\alpha^2}{f}\right)^2+\frac{\alpha^2\beta^2}{f^2}=a^2+\alpha^2+\frac{2a\alpha^2}{f}$$

$$=(a+\alpha)^2-2a\alpha\left(1-\frac{\alpha}{f}\right),$$

e potendosi quindi scrivere

$$\left(\frac{a+\alpha}{r_0}+1\right)\left(\frac{a+\alpha}{r_0}-1\right)=\frac{2a\alpha(f-\alpha)}{fr_0^2},$$

nell'ipotesi anzidetta si ha di qui

$$\frac{a+\alpha}{r_0}-1=\frac{a\beta^2}{2f(a+\alpha)^2}+\cdots,$$

epperò

$$\frac{E'_{\beta\beta}}{e'_{\alpha\beta}}=1+\left(2+\frac{\beta}{\alpha}\right)\frac{(a+\alpha)^2}{bc}+\cdots,$$

dove i termini omessi contengono potenze di β superiori alla prima. Ma

$$b = a + \alpha + \frac{\beta^2}{2\alpha} + \cdots,$$

$$c = a + \alpha - \frac{\beta^2}{2\alpha} + \cdots,$$

quindi

$$\frac{(a+\alpha)^2}{bc} = 1 + \text{potenze di } \beta \text{ superiori alla prima.}$$

Si ha dunque finalmente

$$\frac{E'_{\beta\beta}}{e'_{\alpha\beta}} = 3 + \frac{\beta}{\alpha} + \cdots,$$

donde si conchiude (sostituendo alla considerazione del conduttore bisferico quella del piccolo conduttore emisferico di raggio β, come corpo di prova applicato sul conduttore sferico indotto S_α) che la carica presa dall'emisfero di prova, applicato sull'elemento più lontano dal punto inducente, sta ancora alla carica dell'elemento locale indotto come $3:1$, approssimativamente.

Rifacendo i calcoli precedenti per l'altra calotta $S_{\alpha\alpha}$, oppure valendosi della conoscenza della carica indotta totale E' per dedurre la carica sopra $S_{\alpha\alpha}$ da quella sopra $S_{\beta\beta}$, si trova, pel rapporto di questa carica $E'_{\alpha\alpha}$ alla carica $e'_{\beta\alpha}$ della calotta $S_{\beta\alpha}$ ricoperta dalla $S_{\alpha\alpha}$, l'espressione

$$\frac{E'_{\alpha\alpha}}{e'_{\beta\alpha}} = 1 + \frac{b\alpha(f+\alpha-\beta)}{acf\left(1 - \dfrac{b-\beta}{r_0}\right)} - \frac{b\alpha^2}{acf},$$

dove la quantità

$$e'_{\beta\alpha} = -\frac{b+\beta}{2b}\left(1 - \frac{b-\beta}{r_0}\right)$$

è la carica indotta sulla calotta $S_{\beta\alpha}$ nell'ipotesi che il conduttore esposto all'induzione del punto O sia semplicemente quello la cui superficie esterna è S_β. Qui conviene naturalmente dare al valore di r_0 una forma diversa da quella dianzi usata, affine di predisporre le formole alla nuova supposizione che il rapporto $\frac{\alpha}{\beta}$, e non già il $\frac{\beta}{\alpha}$, diventi piccolissimo; avvertenza che si è appunto avuta già in mira nella formazione del precedente rapporto. Porremo dunque

$$r_0^2 = c^2 + \gamma^2 = \left(b - \frac{\beta^2}{f}\right)^2 + \frac{\alpha^2\beta^2}{f^2} = b^2 + \beta^2 - \frac{2b\beta^2}{f}$$

$$= (b-\beta)^2 + 2b\beta\left(1 - \frac{\beta}{f}\right),$$

donde

$$\left(1 + \frac{b-\beta}{r_0}\right)\left(1 - \frac{b-\beta}{r_0}\right) = \frac{2b\beta(f-\beta)}{f r_0^2}.$$

Or qui è necessario aver riguardo ad una circostanza che non si presentava nel caso precedente. Ponendo $f - \beta = \frac{\alpha^2}{2\beta} + \cdots$, si ha

$$\left(1 + \frac{b-\beta}{r_0}\right)\left(1 - \frac{b-\beta}{r_0}\right) = \frac{b\alpha^2}{f r_0^2} + \cdots,$$

epperò, se il divisore $\frac{f r_0^2}{b}$ di α^2 nel secondo membro è una quantità dell'ordine delle dimensioni del conduttore sferico S_β, si conclude, come nell'altro caso, che $1 - \frac{b-\beta}{r_0}$ è quantità dell'ordine di α^2, che si ha (entro questo limite d'approssimazione) $r_0 = b - \beta$, e che si può quindi porre

$$1 - \frac{b-\beta}{r_0} = \frac{b\alpha^2}{2f(b-\beta)^2} + \cdots.$$

In tal caso tutto procede come prima, fino alla formola

$$\frac{E'_{\alpha\alpha}}{e'_{\beta\alpha}} = 3 + \frac{\alpha}{\beta} + \cdots,$$

la quale mostra che il solito rapporto $3:1$ è valido anche pel contatto dell'emisfero di prova coll'elemento più vicino all'inducente. Ma se la distanza minima $b - \beta$ del punto inducente alla sfera indotta S_β diventa tanto piccola, che il suo rapporto n al raggio α del piccolo emisfero di prova sia dell'ordine di β, si ha approssimativamente $r_0 = \alpha\sqrt{n^2 + 1}$, epperò, come facilmente si riconosce, la conclusione suddetta non ha più luogo, e il rapporto in questione non ha più un limite indipendente dalla distanza del punto inducente. Ciò, del resto, è abbastanza chiaro anche indipendentemente da ogni calcolo, senza che, per questo, ci sembri inutile di notare espressamente questa ragionevole eccezione all'esatto uso dell'emisfero di prova, come di ogni altro corpo assegnato al medesimo fine, di scoprire, cioè, la densità elettrica locale.

Astrazion fatta dal caso d'eccezione testè accennato, è facile dimostrare la sussistenza del rapporto limite $3:1$ anche nel caso che il conduttore sferico, esposto all'induzione d'una massa elettrica $\boldsymbol{e}$, sia isolato e dotato d'una carica qualunque $\boldsymbol{E}$. Infatti, ritornando alla considerazione della bisfera, la distribuzione che si forma in tal caso risulta dalla sovrapposizione d'una carica indotta $\boldsymbol{e}E'$ e d'una carica libera $\boldsymbol{E} - \boldsymbol{e}E'$ che si dispone in equilibrio sul conduttore bisferico. Quindi la carica presa dalla calotta $S_{\beta\beta}$ è

$$E'_{\beta\beta}\,\boldsymbol{e} + \frac{E_{\beta\beta}}{E}\,(\boldsymbol{E} - \boldsymbol{e}\,E').$$

Invece sul conduttore sferico S_α (supposto isolato e dotato della carica $\boldsymbol{E}$) la distribuzione risulta dalla sovrapposizione d'una carica indotta $-\,\boldsymbol{e}\,\frac{\alpha}{a}$ e d'una carica libera $\boldsymbol{E} + \boldsymbol{e}\,\frac{\alpha}{a}$ che si dispone uniformemente sul conduttore. Quindi la carica presa dalla calotta $S_{\alpha\beta}$ è

$$e'_{\alpha\beta}\,\boldsymbol{e} + \frac{e_{\alpha\beta}}{E}\left(\boldsymbol{E} + \boldsymbol{e}\,\frac{\alpha}{a}\right).$$

Il rapporto della carica presa dalla calotta (ricoprente) $S_{\beta\beta}$ a quella posseduta dalla calotta (ricoperta) $S_{\alpha\beta}$ è dunque

$$\frac{E'_{\beta\beta}\,\boldsymbol{e} + \frac{E_{\beta\beta}}{E}\,(\boldsymbol{E} - \boldsymbol{e}\,E')}{e'_{\alpha\beta}\,\boldsymbol{e} + \frac{e_{\alpha\beta}}{E}\left(\boldsymbol{E} + \boldsymbol{e}\,\frac{\alpha}{a}\right)}.$$

Ora, quando β è piccolissimo di fronte ad α, si può porre

$$\frac{\beta}{b} - \frac{\gamma}{c} = 0,$$

cioè

$$E' = -\,\frac{\alpha}{a},$$

ed allora, convergendo i due rapporti

$$\frac{E'_{\beta\beta}}{e'_{\alpha\beta}}, \qquad \frac{E_{\beta\beta}}{e_{\alpha\beta}}$$

verso il comun limite 3, anche il precedente rapporto complesso converge verso lo stesso limite. Altrettanto si dica rispetto al secondo caso (quando cioè si considera il contatto dalla parte più vicina all'inducente), salva sempre l'eccezione relativa all'induzione prodotta da un punto vicinissimo alla sfera S_β.

Si può dunque ritenere che, esclusa questa condizione particolare, l'emisfero di prova a raggio piccolissimo prende, in ogni caso, una carica tripla di quella che è distribuita, prima del contatto, sull'areola esplorata. A rendere più esatta la corrispondenza fra le condizioni in cui agisce l'emisfero di prova e l'ipotesi d'un conduttore bisferico, gioverà che la faccia diametrale dell'emisfero stesso sia resa leggermente concava, in guisa che, nel contatto, l'orlo circolare si adatti il più esattamente possibile sulla superficie del conduttore.

L.

CONSIDERAZIONI ANALITICHE SOPRA UNA PROPOSIZIONE DI STEINER.

Memorie dell'Accademia delle Scienze dell'Istituto di Bologna, serie III, tomo VII (1876), pp. 241-262.

Nel § 8 della mia *Esercitazione analitica intorno ad alcuni teoremi di* Feuerbach *e di* Steiner, inserita fra le Memorie di quest'illustre Accademia *), ebbi occasione di collegare coll'argomento principale di quelle mie ricerche alcuni sviluppi relativi al notissimo ed elegantissimo teorema steineriano sulle perpendicolari condotte ai tre lati d'un triangolo da un punto della circonferenza circoscritta **). Nell'ordine di considerazioni da me tenuto in quello scritto questo teorema appariva come caso particolare d'un altro, nel quale alla circonferenza si sostituiva una conica passante per due punti determinati del piano. Nella presente Nota mi propongo invece d'illustrare il medesimo teorema da un altro punto di vista, in guisa da porne viemeglio in luce il carattere essenziale, che non è già quello d'una proposizione del tutto isolata, come a prima giunta parrebbe, ma quello bensì d'una relazione di figure molto fondamentale, ed estendibile a tutti gli spazî. Io spero inoltre che la via seguìta in questa nuova generalizzazione porga ai giovani studiosi di geometria analitica un saggio dell'utilità e della fecondità di quel concetto dell'*assoluto,* che fu introdotto primieramente da Cayley e che si è reso oggimai famigliare ai geometri per i molteplici nessi in cui ha trovato

*) Serie III, Vol. V (1875), pag. 543 [Vedi pure queste Opere, tomo III, pp. 1-22].

**) Chiamo *steineriano* questo teorema, sebbene (nel suo enunciato ordinario) venga attribuito a R. Simson (cfr. Poncelet, *Traité des propriétés projectives,* art. 468), perchè Steiner lo ha pel primo completato colla considerazione, essenzialissima, dell'inviluppo della retta contenente i piedi delle tre perpendicolari.

una sempre più manifesta giustificazione; concetto il quale, non pertanto, è ancor lontano dall'essere penetrato quanto dovrebbe e potrebbe nel dominio più comune ed elementare della scienza, e specialmente in quello dell'insegnamento.

Per brevità di linguaggio chiamo *luogo steineriano* il complesso dei punti che posseggono la proprietà analoga a quella dei punti della circonferenza circoscritta (nell'enunciato ordinario), e *inviluppo steineriano* il complesso delle rette (o dei piani, qualora si trasporti la questione nello spazio) che posseggono la proprietà analoga a quella della retta in cui si trovano i piedi delle perpendicolari condotte ai tre lati del triangolo da un punto della circonferenza suddetta.

§ 1. — Analisi della questione steineriana nel piano.

Siano x, y, z le tre coordinate omogenee d'un punto in un piano; u, v, w quelle d'una retta nello stesso piano. La correlazione di questi due sistemi di coordinate è stabilita dall'equazione

$$ux + vy + wz = 0, \tag{1}$$

assunta come condizione che il punto (x, y, z) stia nella retta (u, v, w). Sia inoltre

$$2\varphi = au^2 + bv^2 + cw^2 + 2a'vw + 2b'wu + 2c'uv = 0 \tag{2}$$

l'equazione tangenziale della conica assoluta.

Ritenendo costanti le u, v, w nell'equazione (1), cioè considerando questa come l'equazione (locale) d'una trasversale arbitraria, è chiaro che l'equazione

$$u_1 x + vy + wz = 0$$

può rappresentare, variando u_1, qualunque retta passante per l'intersezione della trasversale (1) col lato $x = 0$ del triangolo fondamentale. Una di queste rette è la perpendicolare condotta in quel punto al lato stesso, ossia la coniugata armonica della retta $x = 0$ rispetto alla conica assoluta. Questa perpendicolare si determina scrivendo la condizione perchè le due rette (u_1, v, w), $(1, 0, 0)$ siano coniugate fra loro rispetto alla conica $\varphi = 0$, condizione la quale non è altro che

$$\frac{\partial \varphi}{\partial u} = 0 \qquad \text{per} \qquad u = u_1,$$

cioè

$$au_1 + c'v + b'w = 0,$$

donde

$$u_1 = -\frac{c'v + b'w}{a}.$$

Determinando analogamente le perpendicolari agli altri due lati $y = 0$, $z = 0$, nei punti ove questi sono incontrati dalla trasversale (1), si trova che le equazioni delle tre perpendicolari (intese nel senso proiettivo che abbiam ricordato) sono le seguenti:

$$(3) \qquad \left\{ \begin{array}{l} -\dfrac{c'v + b'w}{a} x + vy + wz = 0, \\ -\dfrac{a'w + c'u}{b} y + wz + ux = 0, \\ -\dfrac{b'u + a'v}{c} z + ux + vy = 0. \end{array} \right.$$

Affinchè si verifichi, rispetto al triangolo fondamentale, la proprietà contemplata dal teorema steineriano, bisogna che queste tre equazioni siano soddisfatte dalle coordinate x, y, z d'un medesimo punto del piano. Ora le equazioni (3) sono lineari ed omogenee tanto rispetto alle x, y, z, quanto rispetto alle u, v, w. Se dunque si eliminano fra esse le u, v, w, si ottiene un'equazione di terzo grado in x, y, z, che rappresenta il *luogo steineriano*. Se invece se ne eliminano le x, y, z, si ottiene un'equazione del terzo grado in u, v, w, che rappresenta il corrispondente *inviluppo steineriano*.

Non eseguiremo queste due facili eliminazioni, perchè quando avremo, nel § seguente, concepita la questione nel suo aspetto analitico generale, vedremo qual sia in ogni caso la forma delle due equazioni risultanti. Per ora osserveremo soltanto che, colla considerazione della conica assoluta, l'ordine del luogo steineriano è salito dal secondo al terzo, mentre la classe dell'inviluppo steineriano non è stata alterata. Anche di questo fatto vedremo nel § 6 la ragione analitica.

§ 2. — **Analisi della questione steineriana generalizzata.**

Per intendere facilmente il senso della generalizzazione cui alludemmo dianzi, basta formulare la questione che corrisponde alla precedente nello spazio di tre dimensioni. Si ha allora un tetraedro, alle cui facce si devono condurre da un punto dello spazio quattro perpendicolari: prescrivendo la condizione che i piedi di queste perpendicolari debbano stare in un piano, quel punto genera il luogo steineriano e questo piano genera l'inviluppo steineriano *). Ora, quando il punto è preso nel luogo, il piano che contiene i piedi delle quattro perpendicolari condotte da esso alle quattro facce incontra ciascuna faccia secondo una retta tale che il piano condotto per essa e

*) Questo non è certamente l'unico modo possibile di concepire l'estensione del teorema allo spazio, ma è quello che giova considerare per ottenere l'analogia analitica.

per il punto è perpendicolare alla faccia stessa. Si scorge dunque che, assumendo l'equazione locale d'un piano trasversale arbitrario (come, nel § precedente, si è assunta quella d'una retta trasversale arbitraria) e quella d'una quadrica assoluta in coordinate tangenziali (come ivi s'è assunta l'equazione tangenziale d'una conica), l'analisi della questione nello spazio può essere condotta in modo del tutto analogo a quella della questione piana.

Ora, ponendo mente allo svolgimento delle operazioni analitiche già eseguite nel piano, e di quelle che si dovrebbero eseguire nello spazio, si comprenderà senz'altro il senso delle operazioni di cui daremo ora i risultati rispetto al caso più generale, cioè rispetto alla questione analoga a quella di STEINER in uno spazio d'ordine qualunque, le relazioni metriche del quale dipendano dall'assunzione d'un assoluto di secondo grado.

Siano $x_1, x_2, \ldots, x_n$ le coordinate locali omogenee d'un punto; $u_1\ u_2, \ldots, u_n$ le coordinate tangenziali omogenee d'un luogo di 1° grado, che continueremo a chiamar *piano* (non essendovi qui occasione ad ambiguità): le une e le altre collegate per guisa che

$$u_1 x_1 + u_2 x_2 + \cdots + u_n x_n = 0$$

rappresenti la condizione perchè il punto $(x_1, x_2, \ldots, x_n)$ stia nel piano $(u_1, u_2, \ldots, u_n)$. Sia inoltre

$$2\varphi = \sum a_{rs} u_r u_s \qquad (a_{rs} = a_{sr})$$

l'equazione *tangenziale* della quadrica assoluta, e

$$2\Phi = \sum A_{rs} x_r x_s \qquad (A_{rs} = A_{sr})$$

l'equazione *locale* della stessa quadrica, ritenuto che A_{rs} sia il complemento algebrico dell'elemento a_{rs} (considerato come distinto da a_{sr}) nel determinante

$$A = \sum \pm a_{11} a_{22} \ldots a_{nn},$$

cioè nel discriminante della forma quadratica φ.

Posto ciò, è facilissimo verificare che alle n equazioni da sostituirsi alle (3) nella questione steineriana generale si può dare la forma seguente

$$(4) \qquad \frac{x_1}{a_{11}} \frac{\partial \varphi}{\partial u_1} = \frac{x_2}{a_{22}} \frac{\partial \varphi}{\partial u_2} = \cdots = \frac{x_n}{a_{nn}} \frac{\partial \varphi}{\partial u_n} = u_1 x_1 + u_2 x_2 + \cdots + u_n x_n.$$

Queste n equazioni sono, come le (3), lineari ed omogenee tanto rispetto alle coordinate locali x, quanto rispetto alle coordinate tangenziali u, talchè il risultato dell'eliminazione delle une dev'essere un' equazione omogenea del grado n rispetto alle altre: vale a dire che *il luogo steineriano generale è dell'ordine n* ed *il corrispondente inviluppo è di classe n,* ordine e classe superiori amendue d'un'unità al numero delle dimensioni dello spazio che si considera.

È bene osservare che le equazioni (4) esprimono le condizioni del problema anche nel caso che la forma quadratica φ abbia il discriminante nullo (cioè anche quando $A = 0$).

§ 3. — **Equazioni generali del luogo e dell'inviluppo steineriano.**

Le equazioni risultanti dalle due eliminazioni anzidette si possono ottenere sotto varie forme. Le più semplici sono le seguenti.

Scrivansi dapprima le n equazioni (4) sotto la forma

$$x_1 = \frac{a_{11}\sum u\,x}{\dfrac{\partial\varphi}{\partial u_1}}, \qquad x_2 = \frac{a_{22}\sum u\,x}{\dfrac{\partial\varphi}{\partial u_2}}, \; \ldots, \; x_n = \frac{a_{nn}\sum u\,x}{\dfrac{\partial\varphi}{\partial u_n}}.$$

Moltiplicando queste equazioni ordinatamente per $u_1, u_2, \ldots, u_n$ e sommando, indi dividendo per $\sum u\,x$, si ha subito

$$\text{(5)} \qquad \frac{a_{11}u_1}{\dfrac{\partial\varphi}{\partial u_1}} + \frac{a_{22}u_2}{\dfrac{\partial\varphi}{\partial u_2}} + \cdots + \frac{a_{nn}u_n}{\dfrac{\partial\varphi}{\partial u_n}} = 1.$$

Quest'equazione è omogenea e del grado n fra le sole variabili u: dunque essa è il risultato dell'eliminazione delle x, ossia è l'*equazione tangenziale dell'inviluppo steineriano.*

Scrivansi invece le stesse equazioni (4) sotto la forma

$$\frac{\partial\varphi}{\partial u_1} = \frac{a_{11}\sum u\,x}{x_1}, \qquad \frac{\partial\varphi}{\partial u_2} = \frac{a_{22}\sum u\,x}{x_2}, \; \ldots, \; \frac{\partial\varphi}{\partial u_n} = \frac{a_{nn}\sum u\,x}{x_n},$$

e si sommino, dopo averle moltiplicate ordinatamente per

$$\frac{\partial\Phi}{\partial x_1}, \quad \frac{\partial\Phi}{\partial x_2}, \ldots, \frac{\partial\Phi}{\partial x_n}.$$

Siccome, per la reciprocità delle forme quadratiche φ e Φ, ha luogo l'identità

$$\sum \frac{\partial\varphi}{\partial u}\frac{\partial\Phi}{\partial x} = A\sum u\,x,$$

così il risultato dell'operazione suddetta, dopo la soppressione del fattore $\sum u x$, è

$$(6) \qquad \frac{a_{11}}{x_1}\frac{\partial \Phi}{\partial x_1} + \frac{a_{22}}{x_2}\frac{\partial \Phi}{\partial x_2} + \cdots + \frac{a_{nn}}{x_n}\frac{\partial \Phi}{\partial x_n} = A\,.$$

Quest'equazione è omogenea e del grado n fra le sole variabili x: dunque essa è il risultato dell'eliminazione delle u, ossia è l'*equazione locale del luogo steineriano.*

Abbiamo, ambedue le volte, dovuto sopprimere il fattore $\sum u x$. Giova dunque esaminare se e quando questo fattore possa annullarsi.

Perchè ciò avvenga, bisogna che il punto steineriano (x) giaccia nel corrispondente piano steineriano (u). Ora essendo (x) il punto di concorso dei piani perpendicolari agli $x_1 = 0$, $x_2 = 0$, ..., $x_n = 0$ lungo le intersezioni di questi col piano (u), bisogna che tutti questi piani perpendicolari coincidano col piano steineriano (u), ossia (cfr. il § 1) che le coordinate $u_1, u_2, \ldots, u_n$ di quest'ultimo soddisfacciano alle n condizioni

$$\frac{\partial \varphi}{\partial u_1} = 0\,, \quad \frac{\partial \varphi}{\partial u_2} = 0\,, \quad \ldots\,, \quad \frac{\partial \varphi}{\partial u_n} = 0\,.$$

Se il discriminante della forma quadratica φ non è nullo, queste equazioni sono incompatibili; quindi non esiste piano steineriano che contenga il corrispondente punto steineriano, epperò il fattore $\sum u x$ non può annullarsi.

Se invece il discriminante A è nullo, le precedenti equazioni sono fra loro compatibili, e (stando al caso più generale) assegnano ai rapporti delle u certi valori determinati, che supporremo essere

$$(7) \qquad u_1 : u_2 : \cdots : u_n = \alpha_1 : \alpha_2 : \cdots : \alpha_n\,,$$

e che individuano un piano speciale, il *piano all'infinito,* subentrante alla quadrica assoluta: l'equazione locale di questo piano è data, per un teorema noto, da

$$\sqrt{\Phi} = 0\,.$$

D'altronde, quando questo piano esiste, esso è evidentemente piano steineriano, ed ogni suo punto è punto steineriano corrispondente; dunque, nel caso di $A = 0$, il fattore $\sum u x$ è annullato da una continuità di sistemi di valori simultanei (soddisfacenti alla questione) delle variabili u ed x, e la sua soppressione può apparire illegittima.

Ciò non ostante le equazioni (5) e (6) sono esatte in qualunque caso, come risulterà dalle formole del § seguente. Del resto torneremo, nel § 6, sulla discussione del caso particolare $A = 0$, che è quello dell'ordinaria geometria.

§ 4. — Altre forme delle equazioni precedenti.

L'eliminazione delle x, oppure delle u, si può fare, anzichè nei modi indiretti che abbiam tenuti dianzi, col solito metodo dei determinanti.

Ordinando dapprima le equazioni (4) rispetto alle x, ed eliminando queste coordinate, si ottiene

$$(5)_a \qquad \begin{vmatrix} u_1 - \frac{1}{a_{11}}\frac{\partial \varphi}{\partial u_1} & u_2 & \cdots & u_n \\ u_1 & u_2 - \frac{1}{a_{22}}\frac{\partial \varphi}{\partial u_2} & \cdots & u_n \\ \cdots & \cdots & \cdots & \cdots \\ u_1 & u_2 & \cdots & u_n - \frac{1}{a_{nn}}\frac{\partial \varphi}{\partial u_n} \end{vmatrix} = 0.$$

Il determinante del primo membro dev'essere confrontato col primo membro dell'equazione (5), liberata dai denominatori e ridotta ad avere il secondo membro nullo. Ora un noto teorema insegna che il determinante $(5)_a$ equivale identicamente all'espressione

$$(-1)^{n-1}\frac{\frac{\partial \varphi}{\partial u_1}\frac{\partial \varphi}{\partial u_2}\cdots\frac{\partial \varphi}{\partial u_n}}{a_{11}a_{22}\cdots a_{nn}}\left(\frac{a_{11}u_1}{\frac{\partial \varphi}{\partial u_1}}+\frac{a_{22}u_2}{\frac{\partial \varphi}{\partial u_2}}+\cdots+\frac{a_{nn}u_n}{\frac{\partial \varphi}{\partial u_n}}-1\right);$$

dunque l'equazione $(5)_a$ è identica alla (5) liberata dai denominatori, come s'è detto.

Non ci tratterremo più a lungo sulla forma $(5)_a$ dell'equazione in u, poich'essa non presenta alcun carattere notabile di semplicità o d'eleganza in confronto della (5).

Volendo, in secondo luogo, eliminare le coordinate u fra le n equazioni (4) bisogna svilupparle nel modo seguente:

$$\begin{array}{llll} * & (a_{12}x_1 - a_{11}x_2)u_2 & + \cdots + (a_{1n}x_1 - a_{11}x_n)u_n & = 0, \\ (a_{21}x_2 - a_{22}x_1)u_1 + & * & + \cdots + (a_{2n}x_2 - a_{22}x_n)u_n & = 0, \\ \cdots & \cdots & \cdots & \cdots \\ (a_{n1}x_n - a_{nn}x_1)u_1 + & (a_{n2}x_n - a_{nn}x_2)u_2 + \cdots & * & = 0, \end{array}$$

ed eguagliarne a zero il determinante. Ora il determinante d'ordine n così formato equivale identicamente a quest'altro d'ordine $n+1$

$$\begin{vmatrix} 1 & x_1 & x_2 & \dots & x_n \\ a_{11} & a_{11}x_1 & a_{12}x_1 & \dots & a_{1n}x_1 \\ a_{22} & a_{21}x_2 & a_{22}x_2 & \dots & a_{2n}x_2 \\ \dots & \dots & \dots & \dots & \dots \\ a_{nn} & a_{n1}x_n & a_{n2}x_n & \dots & a_{nn}x_n \end{vmatrix},$$

giacchè, se dagli elementi delle colonne 2ª, 3ª, ..., $(n+1)^a$ di questo si sottraggono quelli della prima, moltiplicati rispettivamente per $x_1, x_2, \dots, x_n$, si ottiene un nuovo determinante, riducibile immediatamente a quello formato coi coefficienti delle equazioni precedenti. Il determinante testè scritto si può trasformare nel prodotto di $x_1 x_2 \dots x_n$ pel determinante che segue:

$$\begin{vmatrix} 1 & \frac{a_{11}}{x_1} & \frac{a_{22}}{x_2} & \dots & \frac{a_{nn}}{x_n} \\ x_1 & a_{11} & a_{12} & \dots & a_{1n} \\ x_2 & a_{21} & a_{22} & \dots & a_{2n} \\ \dots & \dots & \dots & \dots & \dots \\ x_n & a_{n1} & a_{n2} & \dots & a_{nn} \end{vmatrix},$$

ed allora è facile riconoscere l'identità dell'equazione trovata in questo secondo modo coll'equazione (6). Infatti, rammentando che alla funzione reciproca Φ si può dare la forma d'un determinante d'ordine $n+1$, in virtù della relazione

$$2\Phi = -\begin{vmatrix} 0 & x_1 & x_2 & \dots & x_n \\ x_1 & a_{11} & a_{12} & \dots & a_{1n} \\ x_2 & a_{21} & a_{22} & \dots & a_{2n} \\ \dots & \dots & \dots & \dots & \dots \\ x_n & a_{n1} & a_{n2} & \dots & a_{nn} \end{vmatrix},$$

si riconosce agevolmente, mercè lo sviluppo secondo gli elementi della prima linea, che ha luogo l'identità

$$-\begin{vmatrix} 1 & \frac{a_{11}}{x_1} & \frac{a_{22}}{x_2} & \dots & \frac{a_{nn}}{x_n} \\ x_1 & a_{11} & a_{12} & \dots & a_{1n} \\ x_2 & a_{21} & a_{22} & \dots & a_{2n} \\ \dots & \dots & \dots & \dots & \dots \\ x_n & a_{n1} & a_{n2} & \dots & a_{nn} \end{vmatrix}$$

$$= \frac{a_{11}}{x_1}\frac{\partial\Phi}{\partial x_1} + \frac{a_{22}}{x_2}\frac{\partial\Phi}{\partial x_2} + \cdots + \frac{a_{nn}}{x_n}\frac{\partial\Phi}{\partial x_n} - A,$$

il cui secondo membro, eguagliato a zero, riproduce appunto l'equazione (6). Dunque il risultato diretto dell'eliminazione delle u conduce all'equazione (6) moltiplicata per $x_1 x_2 \dots x_n$, ossia all'equazione stessa liberata dai denominatori. Così le due equazioni (5), (6) sono dimostrate valide in ogni caso (epperò anche quando $A = 0$).

Notiamo, per la sua eleganza, il riscontro delle due equazioni

$$\begin{vmatrix} 0 & x_1 & \dots & x_n \\ x_1 & a_{11} & \dots & a_{1n} \\ \dots & \dots & \dots & \dots \\ x_n & a_{n1} & \dots & a_{nn} \end{vmatrix} = 0,$$

$$(6)_a \qquad \begin{vmatrix} 1 & \frac{a_{11}}{x_1} & \dots & \frac{a_{nn}}{x_n} \\ x_1 & a_{11} & \dots & a_{1n} \\ \dots & \dots & \dots & \dots \\ x_n & a_{n1} & \dots & a_{nn} \end{vmatrix} = 0,$$

delle quali la prima rappresenta l'assoluto, considerato come luogo di punti, e la seconda il luogo steineriano.

§ 5. — **Della reciprocità polare fra il luogo e l'inviluppo steineriano.**

Dato un piano $(u_1, u_2, \dots, u_n)$ ed un punto $(y_1, y_2, \dots, y_n)$, le relazioni che sussistono fra le coordinate u e le coordinate y, quando il piano ed il punto sono fra loro coniugati rispetto alla quadrica assoluta, vengono espresse dalle equazioni

$$(8) \qquad \frac{\partial \varphi}{\partial u_1} = k y_1, \qquad \frac{\partial \varphi}{\partial u_2} = k y_2, \ \ldots, \ \frac{\partial \varphi}{\partial u_n} = k y_n,$$

come pure dalle equivalenti

$$(8)_a \qquad A u_1 = k \frac{\partial \Phi}{\partial y_1}, \qquad A u_2 = k \frac{\partial \Phi}{\partial y_2}, \ \ldots, \ A u_n = k \frac{\partial \Phi}{\partial y_n},$$

dove k è un fattore arbitrario (eguale nelle une e nelle altre).

Se, dopo aver sostituito nell'equazione (6) le variabili y alle x, s'introducono nell'equazione (5) le y in luogo delle u mediante le relazioni (8), $(8)_a$, oppure se s'introducono nell'equazione (6) le u in luogo delle y, mediante le relazioni medesime, le due equazioni (5), (6) si trasformano l'una nell'altra. Dunque: *il luogo steineriano e l'inviluppo steineriano sono polari reciproci fra loro rispetto alla quadrica assoluta.* È questa una correlazione importantissima, la quale, come vedremo meglio nel § 6, scomparisce del tutto nell'ordinaria geometria euclidea.

In virtù della proprietà ora dimostrata, ad ogni punto (y) del luogo steineriano corrisponde, come piano polare rispetto all'assoluto, un piano (u) appartenente all'inviluppo steineriano, e reciprocamente. Ma la corrispondenza polare che si stabilisce in tal modo fra un punto del luogo ed un piano dell'inviluppo non è la stessa cosa di quell'altra corrispondenza univoca fra punto del luogo e piano dell'inviluppo che è implicata nell'enunciato generale della proposizione steineriana. Vale a dire: ad ogni piano (u) appartenente all'inviluppo steineriano corrispondono due punti distinti, (x) ed (y), del luogo steineriano, il primo, (x), come punto d'incontro degli n piani condotti per le intersezioni del piano (u) coi piani fondamentali $x_1 = 0$, $x_2 = 0, \ldots, x_n = 0$, e perpendicolari a questi (cioè coniugati rispetto all'assoluto), il secondo, (y), come polo del piano (u) (rispetto all'assoluto). E così: ad ogni punto (x) del luogo steineriano corrispondono due piani distinti, (u) e (v), dell'inviluppo steineriano, il primo, (u), come piano passante pei piedi delle n perpendicolari condotte dal punto (x) ai piani fondamentali, il secondo, (v), come piano polare del punto (x). Importa dunque conoscere le relazioni che passano fra i punti (x) ed (y) nel primo caso, del pari che fra i piani (u) e (v) nel secondo.

Per tal uopo basta osservare che, insieme alle equazioni (8), si hanno anche le seguenti:

$$(8)_b \qquad \frac{\partial \varphi}{\partial v_1} = k x_1, \qquad \frac{\partial \varphi}{\partial v_2} = k x_2, \ \ldots, \ \frac{\partial \varphi}{\partial v_n} = k x_n,$$

[dove k non ha necessariamente lo stesso valore che nelle (8), $(8)_a$]. In virtù delle relazioni (8), $(8)_a$, $(8)_b$, le equazioni fondamentali del problema, cioè le (4), si possono scrivere nei due modi seguenti:

$$\frac{x_1 y_1}{a_{11}} = \frac{x_2 y_2}{a_{22}} = \cdots = \frac{x_n y_n}{a_{nn}} = \frac{\sum A_{rs} x_r y_s}{A}, \tag{9}$$

$$\frac{\dfrac{\partial \varphi}{\partial u_1}\dfrac{\partial \varphi}{\partial v_1}}{a_{11}} = \frac{\dfrac{\partial \varphi}{\partial u_2}\dfrac{\partial \varphi}{\partial v_2}}{a_{22}} = \cdots = \frac{\dfrac{\partial \varphi}{\partial u_n}\dfrac{\partial \varphi}{\partial v_n}}{a_{nn}} = \sum a_{rs} u_r v_s, \tag{9_a}$$

con che si hanno appunto le relazioni cercate.

Dalla simmetria di questi due gruppi d'equazioni, rispetto alle variabili x ed y pel primo gruppo, e rispetto alle u e v pel secondo, emerge che la correlazione fra i punti (x) ed (y) è reciproca, del pari che quella fra i due piani (u) e (v); talchè, come il piano (u) ha per punto steineriano corrispondente (x) e per polo (y), come si è supposto, reciprocamente il piano (v), polare di (x), ha per punto steineriano corrispondente (y).

Dalle equazioni (9), coll'eliminazione delle x, oppure delle y, si può dedurre nuovamente l'equazione del luogo steineriano, nelle coordinate y, oppure nelle x. Così dalle equazioni $(9)_a$, coll'eliminazione delle u, oppure delle v, si può dedurre nuovamente l'equazione dell'inviluppo steineriano, nelle coordinate v, oppure nelle u. Del resto, in virtù della relazione di polarità fra i punti del luogo ed i piani dell'inviluppo, le relazioni (9), $(9)_a$ sono sostanzialmente equivalenti fra loro.

Giova notare un terzo gruppo d'equazioni, pure equivalenti alle (4), che si deduce da queste sostituendo, al posto delle x, i valori proporzionali

$$x_1 : x_2 : \cdots : x_n = \frac{a_{11}}{y_1} : \frac{a_{22}}{y_2} : \cdots : \frac{a_{nn}}{y_n}$$

ricavati dalle relazioni (9), e che è il seguente:

$$\frac{\dfrac{\partial \varphi}{\partial u_1}}{y_1} = \frac{\dfrac{\partial \varphi}{\partial u_2}}{y_2} = \cdots = \frac{\dfrac{\partial \varphi}{\partial u_n}}{y_n} = \frac{a_{11} u_1}{y_1} + \frac{a_{22} u_2}{y_2} + \cdots + \frac{a_{nn} u_n}{y_n}. \tag{9_b}$$

È facile scorgere qual sia il significato di queste n equazioni. Sopprimendo l'ultimo membro, le $n - 1$ equazioni rimanenti esprimono semplicemente che il piano (u) ed il punto (y) si corrispondono fra loro per via di polarità ordinaria rispetto alla quadrica assoluta: ma di questi due elementi uno è interamente arbitrario. Prescrivendo un determinato valore agli n rapporti eguali che costituiscono le prime $n - 1$ equazioni, si viene a vincolare la variabilità sì del punto (u), sì del suo polo (y); e però le equazioni $(9)_b$ stabiliscono che, assumendo per tal valore comune l'espressione

$$\frac{a_{11}\,u_1}{y_1}+\frac{a_{22}\,u_2}{y_2}+\cdots+\frac{a_{nn}\,u_n}{y_n},$$

la variabilità del punto (y) è limitata appunto al luogo steineriano, e quella del piano (u) all'inviluppo steineriano corrispondente. Del resto è facile riscontrare, con artificî analoghi a quelli del § 3, che l'eliminazione alternata delle variabili y ed u riconduce appunto alle equazioni (5) e (6).

Se delle n equazioni (9) si considerano soltanto le prime $n-1$, cioè le seguenti

$$(10)\qquad \frac{x_1 y_1}{a_{11}}=\frac{x_2 y_2}{a_{22}}=\cdots=\frac{x_n y_n}{a_{nn}},$$

si ottiene una corrispondenza semplicissima, univoca e reciproca, fra i punti (x) ed (y), in virtù della quale ad *ogni* figura formata di punti (x) corrisponde una seconda figura formata di punti (y): i punti doppî di questa corrispondenza sono dati dalle equazioni

$$x_1^2 : x_2^2 : \cdots : x_n^2 = a_{11} : a_{22} : \cdots : a_{nn},$$

e sono in numero di 2^{n-1}. È questa manifestamente, nello spazio projettivo generale che consideriamo, la notissima corrispondenza steineriana, o quadratica.

Prescrivendo agli n rapporti eguali (10) il valor comune

$$\frac{\sum A_{rs}\,x_r\,y_s}{A},$$

s'individua una serie speciale di coppie della corrispondenza, serie che genera di nuovo il luogo steineriano. Questo luogo, rispetto alla corrispondenza in discorso, è evidentemente coniugato a sè stesso.

§ 6. — **Modificazioni dovute all'ipotesi euclidea.**

La condizione analitica dell'ipotesi euclidea è tutta contenuta nell'equazione

$$A=0,$$

cioè nella supposizione che la forma quadratica φ abbia il discriminante nullo. È noto che in questo caso la funzione quadratica Φ, reciproca della precedente, è il quadrato perfetto d'una forma lineare che si può rappresentare [cfr. il § 3, eq. (7)] con

$$\alpha_1 x_1+\alpha_2 x_2+\cdots+\alpha_n x_n.$$

e che, eguagliata a zero, rappresenta il luogo (lineare) dei punti all'infinito. In questo medesimo caso, avendosi [per le citate equazioni (7) del § 3] l'identità

$$u_1 \frac{\partial \varphi}{\partial \alpha_1} + u_2 \frac{\partial \varphi}{\partial \alpha_2} + \cdots + u_n \frac{\partial \varphi}{\partial \alpha_n} = 0,$$

qualunque siano le u_1, u_2, ... u_n, si ha fra le derivate della funzione φ l'equazione identica

$$\alpha_1 \frac{\partial \varphi}{\partial u_1} + \alpha_2 \frac{\partial \varphi}{\partial u_2} + \cdots + \alpha_n \frac{\partial \varphi}{\partial u_n} = 0, \tag{11}$$

Ciò posto, nell'ipotesi che consideriamo, l'equazione (6) del luogo steineriano diventa

$$(\alpha_1 x_1 + \alpha_2 x_2 + \cdots + \alpha_n x_n)\left(\frac{a_{11}\alpha_1}{x_1} + \frac{a_{22}\alpha_2}{x_2} + \cdots + \frac{a_{nn}\alpha_n}{x_n}\right) = 0,$$

cioè si scinde in due fattori, dei quali il primo, eguagliato a zero, rappresenta il piano all'infinito (circostanza già preveduta nel § 3), mentre il secondo dà luogo all'equazione

$$\frac{a_{11}\alpha_1}{x_1} + \frac{a_{22}\alpha_2}{x_2} + \cdots + \frac{a_{nn}\alpha_n}{x_n} = 0, \tag{12}$$

di grado eguale al numero di dimensioni dello spazio che si considera. Talchè, ove si prescinda dal piano all'infinito, l'ordine del luogo steineriano scende d'un'unità, mentre la classe dell'inviluppo steineriano non varia, giacchè resta invariata l'equazione (5) che lo rappresenta.

Nel piano euclideo il luogo steineriano è dunque, esclusa la retta all'infinito, una conica determinata, circoscritta al dato triangolo *). Nello spazio euclideo il luogo anzidetto, escluso il piano all'infinito, è una determinata superficie di terz'ordine, contenente i sei spigoli del tetraedro dato **).

L'annullarsi del determinante A fa cessare la reciprocità polare (8) fra piano (u) e punto (y). Infatti dalle equazioni (8), in causa della (11), risulta

$$k(\alpha_1 y_1 + \alpha_2 y_2 + \cdots + \alpha_n y_n) = 0,$$

*) Lasciamo al lettore il dimostrare che questa conica è una circonferenza, cioè che passa pei due punti rappresentati da $\varphi = 0$.

**) Intorno a questa superficie, già molto studiata e che è la reciproca di quella di STEINER, si può vedere fra altri uno scritto del Dott. ECKARDT (testè disgraziatamente rapito alla scienza), nel t. V dei Mathematische Annalen (1872). La proprietà steineriana vi è mentovata nel § 3. Cogliamo quest'occasione per notare che parecchi dei teoremi di ECKARDT erano già stati dati da noi, in una Nota inserita fin dal 1863 nel t. I del Giornale di Matematiche (oppure queste OPERE, tomo I, pag. 73) dal titolo: *Estensione allo spazio di tre dimensioni dei teoremi relativi alle coniche dei nove punti.*

talchè, qualunque sia il piano (u), purchè non coincida col piano (α) all'infinito, il suo polo (y) giace sempre nel piano (α). I punti (y) fuori del piano (α) hanno tutti un solo e medesimo piano polare, che è lo stesso piano (α); mentre quelli di quest'ultimo piano hanno un'infinità di piani polari. Ne risulta che, nella geometria euclidea, la reciprocità polare, che nel § 5 dimostrammo sussistere generalmente fra il luogo e l'inviluppo steineriano, va totalmente perduta, e con essa la possibilità di dedurre le proprietà dell'una figura da quelle dell'altra.

L'equazione (5) dell'inviluppo rimane inalterata, come già notammo, nel grado e nella forma: nondimeno anche qui interviene una particolarità importante. Ridotta a forma intera, quell'equazione può scriversi così

$$\sum a_{11} u_1 \frac{\partial \varphi}{\partial u_2} \frac{\partial \varphi}{\partial u_3} \cdots \frac{\partial \varphi}{\partial u_n} = \frac{\partial \varphi}{\partial u_1} \frac{\partial \varphi}{\partial u_2} \cdots \frac{\partial \varphi}{\partial u_n},$$

dove la somma indicata nel primo membro risulta dalla permutazione circolare degl'indici $1, 2, \ldots, n$. Derivando quest'equazione rispetto ad una qualunque delle variabili u, il numero minimo di fattori

$$\frac{\partial \varphi}{\partial u_1}, \quad \frac{\partial \varphi}{\partial u_2}, \quad \ldots, \quad \frac{\partial \varphi}{\partial u_n},$$

che entrano nei varî termini, scende da $n - 1$ ad $n - 2$; e scende similmente d'un'unità ad ogni derivazione ulteriore. Quindi dopo $n - 2$ derivazioni parziali il numero minimo di tali fattori è ridotto ad *uno*. Ne consegue che le coordinate α del piano all'infinito, le quali annullano simultaneamente (§ 3) quelli n fattori, soddisfanno tanto all'equazione dell'inviluppo quanto alle sue derivate parziali fino all'ordine $(n-2)$-esimo, ossia che il piano all'infinito è un piano $(n - 1)$-plo dell'inviluppo. Dunque, nell'ipotesi $A = 0$, l'inviluppo steineriano, oltre quelle singolarità che gli competono in ogni caso (e che possiede sempre quando $n > 3$), ne acquista un'altra, cioè un piano tangente $(n - 1)$-plo all'infinito.

Nel piano euclideo, per esempio, l'inviluppo steineriano, che è di terza classe, acquista una tangente doppia (i cui punti di contatto sono i punti ciclici $\varphi = 0$), talchè la curva inviluppata scende dal sest'ordine al quarto (ed è una trasformata omografica della nota ipocicloide tricuspidata).

La corrispondenza (10) non ha luogo fra punti presi nel ramo (12) del luogo steineriano completo, ma fra punti di questo e punti del ramo posto all'infinito: infatti il luogo (12) non è che il trasformato del piano all'infinito secondo la legge di corrispondenza (10).

Quanto alla corrispondenza $(9)_a$, essa cessa d'essere generale, in causa della relazione identica (11).

§ 7. — Di alcune ulteriori proprietà del luogo steineriano.

Per dare un esempio semplicissimo delle considerazioni che si possono istituire sui luoghi e sugli inviluppi steineriani generali, ripigliamo l'equazione (6), che scriveremo nella forma

$$(13) \qquad \sum a_{11} \frac{\partial \Phi}{\partial x_1} x_2 x_3 \ldots x_n = A x_1 x_2 \ldots x_n,$$

e continuiamo a servirci della fraseologia relativa al caso di $n = 4$, essendo agevole a concepirsi, più che ad esprimersi con brevità, il senso generale degli enunciati.

Se si fa nell'equazione (13) $x_1 = 0$, si ottiene

$$\frac{\partial \Phi}{\partial x_1} x_2 x_3 \ldots x_n = 0;$$

quindi il luogo steineriano contiene le intersezioni di ciascun piano fondamentale con tutti gli altri, ed eziandio col piano polare del punto fondamentale opposto.

Derivando l'equazione (13) rispetto ad una qualunque delle x, il numero minimo dei fattori $x_1, x_2, \ldots x_n$ che entrano nei varî termini (considerando come fattori indipendenti le derivate di Φ) scende da $n - 1$ ad $n - 2$; e scende similmente d'un'unità ad ogni derivazione ulteriore. Quindi dopo $n - 3$ derivazioni il numero minimo di tali fattori è di *due*. Ne risulta che eguagliando a zero $n - 1$ delle n coordinate x, si soddisfa tanto all'equazione del luogo, quanto alle sue derivate parziali fino all'ordine $(n - 3)$-esimo, ossia che ogni punto fondamentale è un punto $(n - 2)$-plo del luogo.

In generale, si soddisfa all'equazione di questo luogo ed a tutte le sue derivate fino all'ordine r-esimo eguagliando a zero ogni gruppo di $r + 2$ coordinate. Queste proprietà si conservano anche quando, per essere $A = 0$, l'ordine del luogo scende d'un'unità.

Troviamo l'equazione del cono inviluppante il luogo steineriano nel punto fondamentale $(n - 2)$-plo opposto al piano $x_r = 0$. Per tal uopo scriviamo $\rho x_1, \rho x_2, \ldots, \rho x_{r-1}, \rho x_{r+1}, \ldots, \rho x_n$ in luogo di $x_1, x_2, \ldots, x_{r-1}, x_{r+1}, \ldots, x_n$, dividiamo l'equazione risultante per ρ^{n-2}, e facciamo poscia $\rho = 0$: troveremo facilmente per risultato

$$\frac{a_{11} A_{r1}}{x_1} + \cdots + \frac{a_{r-1\,r-1} A_{r\,r-1}}{x_{r-1}} + \frac{a_{r+1\,r+1} A_{r\,r+1}}{x_{r+1}} + \cdots + \frac{a_{nn} A_{rn}}{x_n} = 0,$$

equazione indipendente da x_r, che rappresenta il cono cercato, d'ordine eguale al grado di molteplicità del punto, e contenente tutte le rette principali concorrenti nel punto multiplo (quando $n > 3$).

È agevole riconoscere che, se nell'equazione

$$(14) \qquad \sum A_{rs} \frac{a_{rr}\, a_{ss}}{x_r\, x_s} = 0, \qquad r \lesseqgtr s,$$

si moltiplicano tutti i termini per x_r e si fa poscia $x_r = 0$, si ritrova precisamente l'equazione precedente, moltiplicata per la costante a_{rr}. Dunque l'equazione (14) rappresenta un luogo d'ordine $n-2$, la cui intersezione con ciascun piano coordinato è identica a quella di questo stesso piano col cono inviluppante il luogo steineriano nel punto multiplo opposto al piano stesso. Nel caso di $n = 4$ il luogo (14) è una quadrica; nel caso di $n = 3$ esso è una retta, nella quale stanno i tre punti in cui ciascun lato del triangolo fondamentale è incontrato dalla tangente alla cubica steineriana nel vertice opposto. Secondo la corrispondenza steineriana (10), al luogo (14) corrisponde il luogo di second'ordine

$$(14)_a \qquad \sum A_{rs}\, x_r\, x_s = 0, \qquad r \lesseqgtr s,$$

passante per tutti i punti fondamentali.

L'inviluppo steineriano possiede proprietà reciproche alle precedenti, relativamente a quel tetraedro che è coniugato col tetraedro fondamentale rispetto alla quadrica assoluta: ma la loro rappresentazione analitica non è egualmente semplice.

Noteremo tuttavia che anche i piani fondamentali appartengono all'inviluppo steineriano (come risulta dal supporre nulle, nell'equazione di questo, tutte le coordinate meno una), e che questa proprietà ha, alla sua volta, riscontro nel contatto del luogo steineriano coi piani del tetraedro coniugato, la qual cosa è meno facile a riconoscersi direttamente sull'equazione del detto luogo.

Quando $A = 0$, hanno luogo le stesse proprietà, insieme con altre, peculiari a questo caso, le quali, per $n = 4$, sono esposte negli scritti citati in una nota del § precedente, ed in altri moltissimi.

§ 8. — **Sviluppi analitici relativi al problema piano.**

Avremmo voluto completare la presente ricerca collo studio delle diverse figure steineriane coniugate (luoghi ed inviluppi) che nascono dal far variare il tetraedro fondamentale, mantenendo invariabile la quadrica assoluta: ma poichè ciò avrebbe soverchiamente allungato lo scritto e portata l'investigazione sopra subbietti troppo remoti dallo scopo precipuo di esso, qual fu accennato nel proemio, ne lascieremo la cura ad altri cui paresse interessante il trattenervisi.

Non sarebbe neppure nell'indole di questo scritto l'entrare nella trattazione di casi particolari, e specialmente di quello del piano ($n = 3$), pel quale d'altronde la teoria delle curve di terzo grado somministra tutti gli elementi desiderabili. Vogliamo tuttavia, prima di terminare, accennare, per questo caso semplice, le forme sotto le quali il metodo da noi tenuto presenta le equazioni delle curve steineriane, tanto più che esse ci faranno riconoscere una proprietà alla quale forse si perverrebbe meno agevolmente per altre vie.

Riprendiamo dunque le segnature adoperate nel § 1, e scriviamo l'equazione dell'inviluppo steineriano sotto la forma ad esse rispondente, cioè

$$\frac{a u}{\frac{\partial \varphi}{\partial u}} + \frac{b v}{\frac{\partial \varphi}{\partial v}} + \frac{c w}{\frac{\partial \varphi}{\partial w}} = 1 . \tag{15}$$

Ponendo, per brevità,

$$P = \frac{u}{a'} + \frac{v}{b'} + \frac{w}{c'} ,$$

si hanno le identità seguenti:

$$\frac{\partial \varphi}{\partial u} = b' c' \left(P - \frac{A' u}{a' b' c'}\right),$$

$$\frac{\partial \varphi}{\partial v} = c' a' \left(P - \frac{B' v}{a' b' c'}\right),$$

$$\frac{\partial \varphi}{\partial w} = a' b' \left(P - \frac{C' w}{a' b' c'}\right),$$

dove le lettere A, B, ecc. rappresentano i complementi algebrici degli elementi a, b, ecc. nel discriminante di φ

$$\Delta = \begin{vmatrix} a & c' & b' \\ c' & b & a' \\ b' & a' & c \end{vmatrix} .$$

In virtù di queste relazioni l'equazione (15), liberata dai denominatori, prende la forma seguente:

$$- a'^2 b'^2 c'^2 P \left(\frac{A}{a' u} + \frac{B}{b' v} + \frac{C}{c' w}\right)$$

$$= A' B' C' + a a' B' C' + b b' C' A' + c c' A' B' .$$

Ora la costante del secondo membro, espressa per le sole a, b, c, a', b', c', prende la forma

$$a'^2 b'^2 c'^2 + 2abca'b'c' - bcb'^2c'^2 - cac'^2a'^2 - aba'^2b'^2 ;$$

se dunque si pone

$$\nabla = \begin{vmatrix} \frac{1}{a} & \frac{1}{c'} & \frac{1}{b'} \\ \frac{1}{c'} & \frac{1}{b} & \frac{1}{a'} \\ \frac{1}{b'} & \frac{1}{a'} & \frac{1}{c} \end{vmatrix} ,$$

la costante suddetta può scriversi più concisamente così:

$$abca'^2b'^2c'^2\nabla ,$$

talchè l'equazione dell'inviluppo steineriano prende la forma seguente:

$$(15)_a \qquad \left(\frac{u}{a'} + \frac{v}{b'} + \frac{w}{c'}\right)\left(\frac{A}{a'u} + \frac{B}{b'v} + \frac{C}{c'w}\right) + abc\nabla = 0 .$$

Passiamo ora al luogo steineriano.

Primieramente si può notare che, nel caso di cui ci occupiamo, l'eliminazione diretta delle u, v, w fra le tre equazioni (3) conduce subito alla forma semplicissima

$$(16) \quad (ay - c'x)(bz - a'y)(cx - b'z) + (az - b'x)(bx - c'y)(cy - a'z) = 0 .$$

Ma se si prende l'equazione del luogo sotto la forma in cui è offerta dalla (6), cioè, cogli attuali simboli, sotto la forma seguente

$$\frac{a(Ax + C'y + B'z)}{x} + \frac{b(C'x + By + A'z)}{y} + \frac{c(B'x + A'y + Cz)}{z} = \Delta ,$$

si può ridurla ad una forma analoga a quella dianzi trovata per l'inviluppo. Infatti essa si può scrivere dapprima così:

$$\frac{a(C'y + B'z)}{x} + \frac{b(A'z + C'x)}{y} + \frac{c(B'x + A'y)}{z} = \Delta - aA - bB - cC ,$$

ed anche in quest'altro modo:

$$\left(\frac{x}{A'}+\frac{y}{B'}+\frac{z}{C'}\right)\left(\frac{aB'C'}{x}+\frac{bC'A'}{y}+\frac{cA'B'}{z}\right)$$

$$=\Delta+a\left(\frac{B'C'}{A'}-A\right)+b\left(\frac{C'A'}{B'}-B\right)+c\left(\frac{A'B'}{C'}-C\right)$$

$$=\frac{\Delta}{A'B'C'}(A'B'C'+aa'B'C'+bb'C'A'+cc'A'B').$$

L'ultima quantità fra parentesi è quella stessa di cui abbiamo precedentemente calcolato il valore, ed espresso con

$$abca'^2b'^2c'^2\nabla;$$

dunque, finalmente, l'attuale costante del secondo membro può scriversi così

$$\frac{abca'^2b'^2c'^2\Delta\nabla}{A'B'C'}.$$

Di qui risulta che all'equazione del luogo steineriano si può dare la forma finale

$$(16)_a \quad \left(\frac{x}{A'}+\frac{y}{B'}+\frac{z}{C'}\right)\left(\frac{a}{A'x}+\frac{b}{B'y}+\frac{c}{C'z}\right)-\frac{abca'^2b'^2c'^2\Delta\nabla}{A'^2B'^2C'^2}=0.$$

L'ispezione delle due equazioni $(15)_a$, $(16)_a$ mette di nuovo in evidenza il fatto che quando $\Delta=0$, cioè quando la conica assoluta si risolve in un pajo di punti, il luogo steineriano si risolve in una retta

$$\frac{x}{A'}+\frac{y}{B'}+\frac{z}{C'}=0$$

ed in una conica circoscritta

$$\frac{a}{A'x}+\frac{b}{B'y}+\frac{c}{C'z}=0,$$

retta e conica passanti entrambe pei due punti $\varphi=0$, come facilmente si dimostra. Invece l'inviluppo steineriano $(15)_a$ non si risolve; ma, come pure si dimostra con un calcolo un po' più prolisso, acquista una tangente doppia, (§ 6), i cui due punti di contatto sono ancora quelli dati da $\varphi=0$.

Ma le suddette equazioni $(15)_a$, $(16)_a$ dimostrano ancora un altro fatto più singolare, e cioè che quando si ha invece $\nabla=0$, tanto l'inviluppo quanto il luogo si decompongono, il primo in un punto ed in un inviluppo di seconda classe, il secondo in una retta ed in una linea di second'ordine. La condizione $\nabla=0$ esprime che la conica

$$\frac{u^2}{a}+\frac{v^2}{b}+\frac{w^2}{c}+\frac{2vw}{a'}+\frac{2wu}{b'}+\frac{2uv}{c'}=0$$

si risolve in un pajo di punti; ma quali sono questi punti? e qual'è la condizione cui deve in corrispondenza soddisfare la conica assoluta

$$au^2+bv^2+cw^2+2a'vw+2b'wu+2c'uv=0 ?$$

Ecco una questione che sarebbe interessante a risolversi.

Finalmente le equazioni $(15)_a$, $(16)_a$, permettono di studiare il luogo e l'inviluppo steineriano come risultanti dalla coesistenza di due serie proiettive, cioè un fascio di rette ed un fascio di coniche rispetto al luogo, una schiera di punti ed una schiera di coniche rispetto all'inviluppo.

LI.

INTORNO AD ALCUNE QUESTIONI DI ELETTROSTATICA.

Rendiconti del Reale Istituto Lombardo, serie II, volume X (1877), pp. 171-185.

È noto che Sir W. THOMSON fece conoscere da lungo tempo, in alcune lettere dirette al signor LIOUVILLE e pubblicate nel Journal de Mathématiques *), la legge di distribuzione dell'elettricità in equilibrio sulla superficie d'una calotta sferica isolata. Questo risultato non era allora accompagnato da una dimostrazione esplicita, ma l'Autore accennava l'artifizio ingegnoso con cui lo aveva dedotto dalla legge di distribuzione sulla stessa superficie posta in comunicazione col suolo sotto l'influenza d'un punto elettrico collocato sulla calotta complementare; legge alla quale egli era pervenuto, col suo principio delle immagini, mediante la conoscenza (dovuta a GREEN) della distribuzione elettrica sopra un disco circolare isolato.

Di queste ricerche giustamente ammirate **) lo studioso può ora seguire perfettamente il filo colla scorta del volume pubblicato da Sir W. THOMSON nel 1872, sotto il titolo di *Reprint of Papers on Electrostatics and Magnetism*. In questo volume, oltre la collezione ordinata di tutte le Memorie pubblicate già dall'Autore intorno a questi argomenti, si trova sotto il n° XV (pp. 178-191) un articolo inedito, portante la data del 1869, e contenente il completo processo dimostrativo delle formole pubblicate nel

*) Tomo X (1845), pag. 364; tomo XII (1847), pag. 256.

**) Il signor CLERK MAXWELL, alla pag. 221 del tomo I del suo insigne *Treatise on Electricity and Magnetism* (Oxford 1873), così si esprime in proposito: «I am not aware that a solution of the problem of the distribution of electricity on a finite portion of any curved surface has been given by any other mathematician».

1847, aggiuntavi la determinazione della distribuzione elettrica sopra una calotta sferica posta in comunicazione col suolo sotto l'influenza d'un punto elettrico collocato dovunque *). Alla fine di questo articolo l'Autore nota il caso particolare in cui la calotta sferica si riduce ad un disco circolare posto sotto l'influenza d'un punto elettrico, trascrive la formola delle corrispondenti densità superficiali, la fa seguire da una tavoletta numerica illustrativa, e conclude così: « It would be interesting to continue the analytical investigation far enough to determine the electric potential at any point in the neighbourhood of a disc electrified under influence, and so to illustrate further than is done by the numbers and formulae already obtained the theory of *electric screens,* and of FARADAY's celebrated *induction in curved lines;* but I am obliged to leave the subject for the present, in the hope that others may be induced to take it up ».

Questo desiderio dell'eminente professore di Glasgow era già stato soddisfatto dal signor LIPSCHITZ, il quale, negli anni 1859 e 60, senza punto conoscere i risultati contenuti nelle celebri lettere a LIOUVILLE, aveva stabilite tutte le formole relative al disco circolare ed alla calotta sferica, in due notevoli Memorie inserite nel tomo 58 del « Journal für die reine und angewandte Mathematik »; e, più tardi, venuto in cognizione dei metodi thomsoniani, aveva dedicato all'applicazione sistematica di tali metodi due altre elaboratissime Memorie, nel tomo 61 del medesimo Giornale, nella prima delle quali dava nuovamente la soluzione completa dei problemi in discorso. Ciò nondimeno ho creduto non del tutto inutile ripigliare lo studio di queste quistioni, traendone argomento in ispecie dalle savie osservazioni che il prof. FELICI esponeva fin dal 1856 in un breve articolo pubblicato nel tomo IV del Nuovo Cimento; osservazioni che furono recentemente con molta opportunità ricordate dal prof. CANTONI, in una Nota letta alla R. Accademia dei Lincei ed in altra comunicata a questo R. Istituto nella seduta dell'8 febbrajo scorso, a proposito di obbiezioni vecchie e nuove alla teoria elettrostatica di COULOMB e di POISSON. « A tutto rigore scientifico, dice il FELICI (pag. 274), ogni discussione è vana nei diversi casi, se non è accompagnata da esatte misure e dall'applicazione del calcolo ».

In questa Nota espongo dunque un processo il quale conduce, in modo semplice, alla determinazione completa delle circostanze relative all'induzione provocata sopra un disco circolare perfettamente conduttore da azioni elettriche *date*, simmetriche intorno all'asse del disco. È questo per certo un problema molto particolare; ma la trattazione di esso mi pare già abbastanza atta a somministrare elementi utili alla discussione, nel senso desiderato da THOMSON, da FELICI e da CANTONI.

Il processo di cui faccio uso si fonda sopra un importante teorema, dovuto al

*) Questi risultati sono riferiti anche dal MAXWELL (ibid., pp. 222-223).

prof. DINI, e stabilito da questi in una Nota che fa parte del tomo II, serie II, delle Memorie della R. Accademia dei Lincei per il 1875 (pag. 689) *). In virtù di questo teorema l'espressione

$$V = 2\pi a b \int_\lambda^\infty \frac{f(s)\,d\lambda}{\sqrt{(a^2+\lambda^2)(b^2+\lambda^2)}},$$

dove il limite inferiore λ è la radice positiva dell'equazione $s = 0$, posto

$$s = 1 - \frac{x^2}{a^2+\lambda^2} - \frac{y^2}{b^2+\lambda^2} - \frac{z^2}{\lambda^2},$$

rappresenta il potenziale sul punto qualunque (x, y, z) d'un disco ellittico di semiassi a e b, nel quale la densità superficiale relativa al punto $(x, y, 0)$ è data da

(1) $$k = \frac{f(0)}{\sqrt{t}} + \int_0^t \frac{f'(\tau)\,d\tau}{\sqrt{t-\tau}},$$

dove

$$t = 1 - \frac{x^2}{a^2} - \frac{y^2}{b^2}.$$

Applicando questo teorema al caso d'un disco circolare di raggio a, se ne deduce che il potenziale d'un tal disco è

(2) $$V = 2\pi a^2 \int_\lambda^\infty \frac{f(s)\,d\lambda}{a^2+\lambda^2},$$

dove

$(2)_a$ $$s = 1 - \frac{u^2}{a^2+\lambda^2} - \frac{z^2}{\lambda^2}, \qquad u = \sqrt{x^2+y^2},$$

qualora la densità k, variabile soltanto con u, sia data dalla formola (1), nella quale ora si deve porre

$(1)_a$ $$t = 1 - \frac{u^2}{a^2}.$$

Incomincierò col dimostrare che, pur lasciando indeterminata la funzione $f(s)$, si può sempre trovare un'espressione analoga alla (2) e rappresentante una cert'altra funzione W tale che, eguagliata ad una costante arbitraria, definisce (in ciascun piano passante per l'asse del disco) il sistema delle linee di forza corrispondenti al potenziale V.

A tal fine rammento che, per essere V una funzione di u e di z la quale soddisfa

---

*) Veggasi l'Osservazione alla fine della presente Nota.

all'equazione

$$\frac{\partial}{\partial u}\left(u\frac{\partial V}{\partial u}\right)+\frac{\partial}{\partial z}\left(u\frac{\partial V}{\partial z}\right)=0,$$

esiste necessariamente una seconda funzione W, il cui differenziale esatto è dato da

$$dW=u\left(\frac{\partial V}{\partial z}du-\frac{\partial V}{\partial u}dz\right),$$

funzione la quale, eguagliata ad una costante, rappresenta appunto le linee di forza, perchè l'equazione differenziale di queste linee è

$$du:dz=\frac{\partial V}{\partial u}:\frac{\partial V}{\partial z}.$$

Trattasi dunque di determinare questa nuova funzione.

Si distinguano, per chiarezza, colla caratteristica δ i differenziali presi secondo le linee di forza, e si denoti con λ_1, la radice positiva dell'equazione $s=0$. Si ha pertanto

$$\delta W=2\pi a^2\int_{\lambda_1}^{\infty}u\left(\frac{\partial s}{\partial z}\delta u-\frac{\partial s}{\partial u}\delta z\right)\frac{f'(s)\,d\lambda}{a^2+\lambda^2}$$

$$-2\pi a^2 f(0)\frac{u}{a^2+\lambda_1^2}\left(\frac{\partial\lambda_1}{\partial z}\delta u-\frac{\partial\lambda_1}{\partial u}\delta z\right).$$

Ora se, dai secondi membri delle due equazioni ricavate dalla $(2)_a$

$$u\left(\frac{\partial s}{\partial z}\delta u-\frac{\partial s}{\partial u}\delta z\right)=2\left(\frac{u^2\delta z}{a^2+\lambda^2}-\frac{uz\delta u}{\lambda^2}\right),$$

$$\frac{\partial s}{\partial\lambda}=2\lambda\left[\frac{u^2}{(a^2+\lambda^2)^2}+\frac{z^2}{\lambda^4}\right],$$

si eliminano u e δu mediante l'equazione $(2)_a$ e la sua differenziale presa tenendo costante λ, si ottiene

$$u\left(\frac{\partial s}{\partial z}\delta u-\frac{\partial s}{\partial u}\delta z\right)=2\left(1-s+\frac{a^2z^2}{\lambda^4}\right)\delta z+\frac{(a^2+\lambda^2)z}{\lambda^2}\delta s,$$

$$\frac{\partial s}{\partial\lambda}=\frac{2\lambda}{a^2+\lambda^2}\left(1-s+\frac{a^2z^2}{\lambda^4}\right),$$

talchè si può scrivere

$$u\left(\frac{\partial s}{\partial z}\delta u-\frac{\partial s}{\partial u}\delta z\right)=(a^2+\lambda^2)\left(\frac{z\delta s}{\lambda^2}+\frac{\partial s}{\partial\lambda}\frac{\delta z}{\lambda}\right).$$

Dunque alla prima parte dell'espressione di δW si può dare la forma

$$2\pi a^2 \int_{\lambda_1}^{\infty} f'(s) \left(\frac{z\,\delta s}{\lambda^2} + \frac{\partial s}{\partial \lambda} \frac{\delta z}{\lambda} \right) d\lambda$$

$$= 2\pi a^2 \int_{\lambda_1}^{\infty} \left\{ \frac{d\lambda}{\lambda^2} \delta[z f(s)] + \delta z\, d\frac{f(s)}{\lambda} \right\} = 2\pi a^2 \int_{\lambda_1}^{\infty} \delta[z f(s)] \frac{d\lambda}{\lambda^2} + 2\pi a^2 \delta z \left[\frac{f(s)}{\lambda} \right]_{\lambda_1}^{\infty},$$

cosicchè, se $f(s)$ prende un valore finito per $s = 1$, questa prima parte si riduce a

$$2\pi a^2 \int_{\lambda_1}^{\infty} \delta[z f(s)] \frac{d\lambda}{\lambda^2} - \frac{2\pi a^2 f(0)}{\lambda_1} \delta z.$$

Per calcolare la seconda parte di δW si osservi che, avendosi

$$\frac{u^2}{a^2 + \lambda_1^2} + \frac{z^2}{\lambda_1^2} = 1,$$

$$\frac{u\,\delta u}{a^2 + \lambda_1^2} + \frac{z\,\delta z}{\lambda_1^2} = \left[\frac{u^2}{(a^2 + \lambda_1^2)^2} + \frac{z^2}{\lambda_1^4} \right] \lambda_1 \delta\lambda_1 = \left(1 + \frac{a^2 z^2}{\lambda_1^4} \right) \frac{\lambda_1 \delta\lambda_1}{a^2 + \lambda_1^2},$$

se per un momento si pone

$$H = \lambda_1 \left(1 + \frac{a^2 z^2}{\lambda_1^4} \right),$$

si ha

$$H \frac{\partial \lambda_1}{\partial u} = u, \qquad H \frac{\partial \lambda_1}{\partial z} = \frac{a^2 + \lambda_1^2}{\lambda_1^2} z.$$

Di qui si trae

$$\frac{u}{a^2 + \lambda_1^2} \left(\frac{\partial \lambda_1}{\partial z} \delta u - \frac{\partial \lambda_1}{\partial u} \delta z \right) = \frac{1}{H} \left(\frac{u z\, \delta u}{\lambda_1^2} - \frac{u^2 \delta z}{a^2 + \lambda_1^2} \right),$$

donde, eliminando u e δu mercè l'equazione in λ_1 e la sua differenziale,

$$\frac{u}{a^2 + \lambda_1^2} \left(\frac{\partial \lambda_1}{\partial z} \delta u - \frac{\partial \lambda_1}{\partial u} \delta z \right) = \frac{z\,\delta\lambda_1}{\lambda_1^2} - \frac{\delta z}{\lambda_1}.$$

Pertanto la seconda parte di δW prende la forma

$$-2\pi a^2 f(0) \left(\frac{z\,\delta\lambda_1}{\lambda_1^2} - \frac{\delta z}{\lambda_1} \right),$$

e sommata colla prima dà

$$\delta W = 2\pi a^2 \int_{\lambda_1}^{\infty} \delta[z f(s)] \frac{d\lambda}{\lambda^2} - 2\pi a^2 z f(0) \frac{\delta \lambda_1}{\lambda_1^2},$$

ossia finalmente

$$\delta W = 2\pi a^2 \delta \left[z \int_{\lambda_1}^{\infty} \frac{f(s)\, d\lambda}{\lambda^2} \right].$$

La cercata funzione W può dunque rappresentarsi con

$$W = 2\pi a^2 z \int_\lambda^\infty \frac{f(s)\, d\lambda}{\lambda^2}, \tag{3}$$

dove il limite inferiore λ è, come nella formola (2), la radice positiva dell'equazione $s = 0$.

La funzione $f(s)$, che entra nelle formole (1), (2), (3), può essere determinata in modo che il potenziale V prenda in ogni punto del disco gli stessi valori d'una funzione data, purchè questi valori non dipendano che dalla distanza dal centro, cioè da u.

Infatti, se si chiama $\varphi(u)$ la funzione che rappresenta i valori prescritti a V nei punti del disco, tale condizione si esprime facendo contemporaneamente nell'equazione (2) $z = 0$, $V = \varphi(u)$. Ponendo

$$\frac{a^2}{a^2 + \lambda^2} = \theta^2,$$

si trova così

$$\varphi(u) = 2\pi a \int_0^1 \frac{f\left(1 - \frac{u^2\theta^2}{a^2}\right) d\theta}{\sqrt{1 - \theta^2}},$$

o meglio

$$\varphi(u) = \frac{2}{\pi} \int_0^1 \frac{F(\theta u)\, d\theta}{\sqrt{1 - \theta^2}},$$

dove si è posto per un momento

$$F(u) = \pi^2 a f(t).$$

Ora, per un noto teorema circa l'inversione degli integrali definiti, dall'equazione antecedente (ammessa la derivabilità di φ) si trae

$$F(u) = \varphi(0) + u \int_0^1 \frac{\varphi'(\theta u)\, d\theta}{\sqrt{1 - \theta^2}},$$

dunque, riponendo la funzione f al posto della F, si ha

$$\pi^2 a f(t) = \varphi(0) + u \int_0^u \frac{d\varphi(\theta)}{\sqrt{u^2 - \theta^2}}, \tag{4}$$

dove t ed u sono sempre collegate dalla relazione $(1)_a$.

Le equazioni (1), (2), (3) e (4) permettono di risolvere completamente il problema enunciato al principio.

Infatti sia $P(u, z)$ il potenziale delle forze che emanano dal sistema elettrico dato, simmetrico intorno all'asse z, e sia $V(u, z)$ il potenziale incognito delle forze che emanano dall'elettricità provocata per influenza sul disco posto in comunicazione col suolo. Il potenziale totale $P + V$ deve ridursi a zero in ogni punto del disco, cosicchè ivi la funzione V deve prendere gli stessi valori della funzione

$$\varphi(u) = -P(u),$$

designando con $P(u)$ il valore di $P(u, z)$ per $z = 0$, $u \leqq a$. Introducendo quest'ipotesi nell'equazione (4), se ne ricava la forma che deve avere la funzione $f(s)$, e conseguentemente si hanno dalle equazioni (2), (3) le due funzioni $P + V$, $Q + W$, dove

$$Q = \int u\left(\frac{\partial P}{\partial z}\,du - \frac{\partial P}{\partial u}\,dz\right),$$

che fanno conoscere il potenziale e le linee di forza del totale sistema elettrico *).

Per determinare la densità elettrica sulla superficie del disco, giova considerare per un momento questo disco come un corpo a tre dimensioni, alla cui superficie e nel cui interno la funzione $P + V$ ha un valore costante (uguale a zero). Detta n la direzione della normale esterna in quel punto della superficie ove la densità è ρ, si ha dunque

$$\rho = \frac{1}{4\pi}\left(\frac{\partial P}{\partial n} + \frac{\partial V}{\partial n}\right).$$

Riducendo ora il corpo ad una semplice superficie, chiamando n, n' le direzioni opposte della normale in uno stesso punto (u) di questa superficie, e ρ, ρ' le densità sulle due faccie corrispondenti in questo punto, si ha

$$\rho = \frac{1}{4\pi}\left(\frac{\partial P}{\partial n} + \frac{\partial V}{\partial n}\right),$$

$$\rho' = \frac{1}{4\pi}\left(\frac{\partial P}{\partial n'} + \frac{\partial V}{\partial n'}\right) = \frac{1}{4\pi}\left(-\frac{\partial P}{\partial n} + \frac{\partial V}{\partial n}\right).$$

Ora la quantità k, determinata dall'equazione (1), è legata a V dalla relazione

$$k = -\frac{1}{2\pi}\frac{\partial V}{\partial n}$$

(perchè nelle formole del prof. Dini V è considerato come potenziale di forze *attrat-*

*) Queste linee di forza si considerano soltanto nello spazio in cui $\Delta_2 P = 0$. Se il potenziale P procedesse da masse estese in tre dimensioni, le equazioni delle linee di forza nello spazio occupato da esse dovrebbero calcolarsi altrimenti.

tive emananti da uno strato *unico*), quindi si ha finalmente

$$(5)\quad \begin{cases} \rho = -\dfrac{k}{2} + \dfrac{1}{4\pi}\dfrac{\partial P}{\partial n}, \\ \rho' = -\dfrac{k}{2} - \dfrac{1}{4\pi}\dfrac{\partial P}{\partial n}, \end{cases}$$

e di qui

$$\rho + \rho' = -k, \qquad \rho - \rho' = \frac{1}{2\pi}\frac{\partial P}{\partial n}.$$

Rispetto alla quantità *totale* d'elettricità indotta si può dunque considerare il disco come una superficie semplice, di densità uguale a $-k(u)$. La distinzione dei valori di ρ e di ρ' serve a confrontare fra loro le densità elettriche sulle due faccie opposte del disco.

Chiamando E la quantità totale di elettricità indotta, si ha dall'equazione (1), per essere $2\pi u\,du = -\pi a^2 dt$,

$$-E = \pi a^2 f(0)\int_0^1 \frac{dt}{\sqrt{t}} + \pi a^2 \int_0^1 dt \int_0 \frac{f'(\tau)\,d\tau}{\sqrt{t-\tau}},$$

o più semplicemente, per note riduzioni,

$$E = -\pi a^2 \int_0^1 \frac{f(t)\,dt}{\sqrt{1-t}}.$$

Sostituendo in quest'equazione il valore (4) di $f(t)$, si ha

$$E = -\frac{a}{\pi}\left[\varphi(0)\int_0^1 \frac{dt}{\sqrt{1-t}} + \int_0^1 \frac{u\,dt}{\sqrt{1-t}}\int_0^u \frac{d\varphi(\theta)}{\sqrt{u^2-\theta^2}}\right],$$

ossia, per la relazione $(1)_a$ e per le stesse riduzioni accennate dianzi,

$$E = -\frac{2}{\pi}\int_0^a \frac{\varphi(u)\,u\,du}{\sqrt{a^2-u^2}},$$

od anche

$$(6)\qquad E = \frac{2}{\pi}\int_0^a \frac{P(u)\,u\,du}{\sqrt{a^2-u^2}}.$$

Tale è la formola che esprime la quantità totale di elettricità indotta sul disco in comunicazione col suolo dalle forze elettriche il cui potenziale è $P(u, z)$ *).

---

*) Questa formola può dedursi direttamente dal teorema di GREEN, o, come ha notato il signor LIPSCHITZ in una ricerca analoga (Journal für die reine und angewandte Mathematik, t. LVIII, pag. 154; t. LXI, pag. 10), da quello che GAUSS accenna nel terzo capoverso dell'art. 19 della celeberrima Memoria *Allgemeine Lehrsätze*, etc.

È facilissimo modificare il processo esposto, in guisa da adattarlo al caso che il disco, anzichè esser posto in comunicazione col suolo, sia isolato e possegga una carica data E_1. Infatti, per un disco isolato, alla carica $E_1 - E$ corrisponde, come è noto, la densità

$$(7) \qquad \rho_1 = \frac{E_1 - E}{4\pi a\sqrt{a^2 - u^2}}$$

su ciascuna delle due faccie, ed il potenziale

$$(7)_a \qquad V_1 = \frac{E - E_1}{a} \operatorname{arc\,tg} \frac{a}{\lambda},$$

dove λ è sempre la radice positiva dell'equazione $s = 0$. La funzione W_1 corrispondente a questa V_1 è

$$(7)_b \qquad W_1 = (E - E_1)\frac{z}{\lambda}.$$

Ne segue che il potenziale del sistema totale è in questo caso:

$$P + V + V_1,$$

l'equazione delle linee di forza:

$$Q + W + W_1 = \text{cost.},$$

e la densità sulla faccia (n) e sulla opposta:

$$\rho + \rho_1, \qquad \rho' + \rho_1.$$

Il valore costante del potenziale nei punti del disco è eguale non più a zero, ma a

$$(7)_c \qquad \frac{\pi(E - E_1)}{2a}.$$

Per fare un'applicazione dei risultati precedenti, e per averne al tempo stesso una verificazione, suppongasi che il sistema inducente consista in un unico punto elettrico $+1$, posto sull'asse alla distanza ζ dal centro del disco. Collocando questo punto dalla parte delle z negative si ha in tal caso

$$(8) \qquad P = \frac{-1}{\sqrt{u^2 + (z + \zeta)^2}}, \qquad Q = -\frac{z + \zeta}{\sqrt{u^2 + (z + \zeta)^2}},$$

$$\varphi(u) = -P(u) = \frac{1}{\sqrt{u^2 + \zeta^2}},$$

epperò *)

$$u^2 + \zeta^2 = \frac{1}{\varphi_u^2}, \qquad \theta^2 + \zeta^2 = \frac{1}{\varphi_\theta^2}, \qquad u^2 - \theta^2 = \frac{\varphi_\theta^2 - \varphi_u^2}{\varphi_\theta^2 \varphi_u^2}.$$

A tal uopo basta applicare questo teorema ai due potenziali $P + V$ e v, detto v quel potenziale del disco isolato che prende il valore 1 nei punti del disco stesso, donde

$$\frac{d\varphi(\theta)}{\sqrt{u^2 - \theta^2}} = \varphi_u \frac{\varphi_\theta \, d\varphi_\theta}{\sqrt{\varphi_\theta^2 - \varphi_u^2}} = \varphi_u \, d\sqrt{\varphi_\theta^2 - \varphi_u^2},$$

epperò

$$\int_0^u \frac{d\varphi(\theta)}{\sqrt{u^2 - \theta^2}} = - \frac{u}{\zeta(u^2 + \zeta^2)}.$$

L'equazione (4) dà quindi

$$f(t) = \frac{\zeta}{a\pi^2(u^2 + \zeta^2)},$$

donde, per la $(1)_a$,

$$(8)_a \qquad f(s) = \frac{\zeta}{a\pi^2(a^2 + \zeta^2 - a^2 s)}.$$

Sostituendo questo valore nella formola (1) ed integrando, si trova

$$(8)_b \qquad k(u) = \frac{\zeta}{\pi^2(u^2 + \zeta^2)^{\frac{3}{2}}} \left(\sqrt{\frac{u^2 + \zeta^2}{a^2 - u^2}} + \text{arc cotg} \sqrt{\frac{u^2 + \zeta^2}{a^2 - u^2}} \right),$$

dove i radicali (qui come dovunque) sono positivi e l'arco è preso nel primo quadrante.

Coll'ajuto di quest'espressione particolare di $k(u)$, ovvero colla formola (6), si trova, per la totale carica indotta,

$$E = - \frac{2}{\pi} \text{arc tg} \frac{a}{\zeta},$$

donde si conclude che: *la carica totale indotta sopra un disco circolare comunicante col suolo da un punto elettrico collocato sull'asse del disco, è di segno contrario alla carica inducente, e sta a questa come l'angolo sotteso nel punto inducente dal diametro del disco sta a* 180° **).

---

*) GAUSS, *Werke*, t. V (1867), pag. 221.

**) Il trovato valore di $-E$ è eguale a quello che prende v (cfr. la nota precedente) nel punto inducente: ciò è conforme alla regola generale indicata dal signor LIPSCHITZ nei luoghi citati.

Sulla faccia del disco rivolta al punto inducente si ha

$$\frac{\partial P}{\partial n} = -\frac{\zeta}{(u^2+\zeta^2)^{\frac{3}{2}}},$$

quindi dalle formole (5), $(8)_b$ si ricava

$$\left.\begin{matrix}\rho\\ \rho'\end{matrix}\right\} = -\frac{\zeta}{2\pi^2(u^2+\zeta^2)^{\frac{3}{2}}}\left(\sqrt{\frac{u^2+\zeta^2}{a^2-u^2}} \pm \frac{\pi}{2} + \text{arc cotg}\sqrt{\frac{u^2+\zeta^2}{a^2-u^2}}\right),$$

ovvero

$$(8)_c \quad \left\{\begin{aligned} \rho' &= -\frac{\zeta}{2\pi^2(u^2+\zeta^2)^{\frac{3}{2}}}\left(\sqrt{\frac{u^2+\zeta^2}{a^2-u^2}} - \text{arc tg}\sqrt{\frac{u^2+\zeta^2}{a^2-u^2}}\right),\\ \rho &= \rho' - \frac{\zeta}{2\pi(u^2+\zeta^2)^{\frac{3}{2}}}.\end{aligned}\right.$$

Questi valori sono in perfetto accordo con quelli dati da Sir W. THOMSON, alla pag. 190 del citato volume *Reprint of Papers*, etc.

Dette e, e' le cariche totali sulla faccia rivolta al punto inducente e sulla faccia opposta, rispettivamente, si ha

$$e + e' = E, \qquad e - e' = -\zeta\int_0^a \frac{u\,du}{(u^2+\zeta^2)^{\frac{3}{2}}} = \frac{\zeta}{\sqrt{a^2+\zeta^2}} - 1.$$

Ma, chiamando Ω l'angolo sotteso dal diametro del disco nel punto inducente, si ha

$$\frac{a}{\zeta} = \text{tg}\,\frac{\Omega}{2},$$

donde

$$e - e' = -2\,\text{sen}^2\frac{\Omega}{4},$$

epperò

$$(8)_d \qquad E = -\frac{\Omega}{\pi}, \qquad e = -\text{sen}^2\frac{\Omega}{4} - \frac{\Omega}{2\pi}, \qquad e' = \text{sen}^2\frac{\Omega}{4} - \frac{\Omega}{2\pi}.$$

Coll'avvicinarsi del punto inducente al disco, queste tre cariche tendono rispettivamente verso i limiti

$$-1, \qquad -1, \qquad 0.$$

Il valore di ρ', $(8)_c$, si può scrivere così

$$\rho' = -\rho_0 + \frac{\zeta}{2\pi^2(u^2+\zeta^2)^{\frac{3}{2}}}\left[\operatorname{arc\,tg}\sqrt{\frac{u^2+\zeta^2}{a^2-u^2}} - \frac{\sqrt{(u^2+\zeta^2)(a^2-u^2)}}{a^2+\zeta^2}\right],$$

dove si è posto

$$(8)_e \qquad \rho_0 = \frac{\zeta}{2\pi^2(a^2+\zeta^2)\sqrt{a^2-u^2}}.$$

La quantità che sussegue a $-\rho_0$ in quest'espressione di ρ' è *finita* in tutti i punti del disco; all'incontro la quantità designata con ρ_0 è infinita lungo l'orlo, ed equivale alla densità di quella distribuzione in equilibrio sul disco isolato e sottratto all'induzione che corrisponderebbe ad una carica totale

$$(8)_f \qquad E_0 = \frac{2a\zeta}{\pi(a^2+\zeta^2)} = \frac{\operatorname{sen}\Omega}{\pi},$$

carica il cui valore è sempre minore del valore assoluto di E. Dunque la distribuzione elettrica indotta sul disco comunicante col suolo può considerarsi come prodotta dalla sovrapposizione di due, l'una di carica totale $-E_0$ costituente uno strato in equilibrio, l'altra di carica totale $E+E_0$ colla densità $\rho+\rho_0$ sulla faccia rivolta al punto inducente e $\rho'+\rho_0$ sulla faccia opposta.

S'immagini ora che il disco, in istato naturale ed isolato, venga sottoposto all'induzione d'una carica q condensata nel solito punto. La distribuzione elettrica provocata sovr'esso per influenza si può considerare, in base all'osservazione testè fatta, come risultante dalla sovrapposizione di due: l'una di carica totale (eteronima all'inducente)

$$-\frac{q(\Omega-\operatorname{sen}\Omega)}{\pi},$$

e di densità *finita* in ogni punto, e propriamente di densità

$q(\rho+\rho_0)$ (eteronima) sulla faccia rivolta al punto inducente,

$q(\rho'+\rho_0)$ (omonima) » opposta » ;

l'altra (omonima all'inducente) di carica totale

$$+\frac{q(\Omega-\operatorname{sen}\Omega)}{\pi}$$

e costituente uno strato in equilibrio (come se non esistesse induzione alcuna), strato pel quale la densità è sommamente grande nelle parti vicine all'orlo ed è (teoricamente) infinita lungo l'orlo stesso. Nelle condizioni pratiche d'ogni esperimento è chiaro che la dispersione deve tendere a dissipare quest'ultima carica, e che, nel supposto d'una carica inducente costante e d'un perfetto isolamento del disco, lo stato elettrico di questo deve tendere verso uno stato permanente, nel quale la *carica residua* sarebbe

$$(8)_g \qquad -\frac{q(\Omega - \operatorname{sen}\Omega)}{\pi},$$

cioè *di segno contrario all'inducente* *). In questo stato finale il valore costante del potenziale sul disco sarebbe

$$-\frac{\operatorname{sen}\Omega}{2a}.$$

La stessa tendenza si verificherebbe nel caso che, dopo aver fatto comunicare il disco col suolo, si togliesse la comunicazione mantenendo costante l'induzione. Infatti la dispersione lungo l'orlo si prolungherà, fintantochè sia resa libera tanta elettricità di segno eguale all'inducente da produrre la carica $E + E_0$, cui corrisponde densità finita all'orlo.

Ma è tempo di procedere alla determinazione delle funzioni V e W.

Introducendo nelle equazioni (2) e (3) il valore $(8)_a$ di $f(s)$ si trova

$$V = \frac{2a\zeta}{\pi}\int_\lambda^\infty \frac{\lambda^2 d\lambda}{\zeta^2\lambda^4 + a^2(u^2 + z^2 + \zeta^2)\lambda^2 + a^4 z^2},$$

$$W = \frac{2az\zeta}{\pi}\int_\lambda^\infty \frac{(a^2 + \lambda^2)d\lambda}{\zeta^2\lambda^4 + a^2(u^2 + z^2 + \zeta^2)\lambda^2 + a^4 z^2},$$

ossia

$$V = \frac{2a}{\pi\zeta}\int_\lambda^\infty \frac{\lambda^2 d\lambda}{\left(\lambda^2 + \frac{a^2\sigma^2}{\zeta^2}\right)\left(\lambda^2 + \frac{a^2\sigma'^2}{\zeta^2}\right)},$$

$$W = \frac{2az}{\pi\zeta}\int_\lambda^\infty \frac{(a^2 + \lambda^2)d\lambda}{\left(\lambda^2 + \frac{a^2\sigma^2}{\zeta^2}\right)\left(\lambda^2 + \frac{a^2\sigma'^2}{\zeta^2}\right)},$$

*) Ponendo $\varepsilon' + \frac{1}{2}E_0 = \eta'$ è evidente che $q\eta'$ sarebbe la carica residua durante l'induzione sulla faccia opposta al punto inducente. Questo coefficiente η' è sempre positivo e, come rilevo da un calcolo rapido, acquista il suo massimo valore 0,0577 per $\Omega = 103^\circ.31'$, cioè per $\frac{\zeta}{a} = 0{,}7881$. Nello stato permanente accennato sopra, l'elettricità diffusa sulla faccia opposta non può dunque giungere, nelle condizioni più favorevoli, che ad un diciottesimo circa della inducente. Per la faccia rivolta all'inducente non v'è alcun massimo: la carica di essa cresce costantemente coll'avvicinarsi del punto inducente.

dove si è posto

$$(9) \qquad \sigma = \frac{r + r'}{2}, \qquad \sigma' = \frac{r' - r}{2},$$

r essendo la più piccola ed r' la più grande delle due distanze del punto qualunque (u, z) dai due *poli* $(0, \zeta)$, $(0, -\zeta)$, il secondo dei quali è la sede della carica inducente. Di qui si deduce coll'integrazione

$$(10) \qquad \begin{cases} V = \dfrac{2}{\pi r r'}\left(\sigma \operatorname{arc\,tg} \dfrac{a\sigma}{\lambda\zeta} - \sigma' \operatorname{arc\,tg} \dfrac{a\sigma'}{\lambda\zeta}\right), \\ W = \dfrac{2z}{\pi r r'}\left(\dfrac{\sigma^2 - \zeta^2}{\sigma} \operatorname{arc\,tg} \dfrac{a\sigma}{\lambda\zeta} + \dfrac{\zeta^2 - \sigma'^2}{\sigma'} \operatorname{arc\,tg} \dfrac{a\sigma'}{\lambda\zeta}\right), \end{cases}$$

dove gli archi son presi nel primo quadrante e λ è la radice positiva dell'equazione

$$\frac{u^2}{a^2 + \lambda^2} + \frac{z^2}{\lambda^2} = 1.$$

Le quantità σ e σ' possono considerarsi come coordinate individuanti il punto (u, z), dal quale dipendono, per essere le radici positive, rispettivamente maggiore e minore, dell'equazione

$$\frac{u^2}{\sigma^2 - \zeta^2} + \frac{z^2}{\sigma^2} = 1.$$

Esse sono i parametri di due famiglie d'ellissoidi e d'iperboloidi di rotazione, coi fuochi comuni nei due poli. Ponendo $\sigma^2 - \sigma'^2$ invece di $r r'$, si possono esprimere la V, W in funzione delle sole σ, σ', osservando che λ è anche la radice positiva dell'equazione

$$(10)_a \qquad \frac{(\sigma^2 - \zeta^2)(\zeta^2 - \sigma'^2)}{a^2 + \lambda^2} + \frac{\sigma^2 \sigma'^2}{\lambda^2} = \zeta^2.$$

In ogni punto del piano $z = 0$ si ha

$$r = r' = \sigma, \qquad \sigma' = 0,$$

epperò

$$V = \frac{2}{\pi r} \operatorname{arc\,tg} \frac{a r}{\lambda \zeta};$$

nei punti del disco stesso si ha inoltre $\lambda = 0$, quindi

$$V = \frac{1}{r} = \frac{1}{\sqrt{u^2 + \zeta^2}},$$

in armonia colla condizione prescritta $P + V = 0$.

Quando il punto (u, z) si allontana indefinitamente, λ cresce senza limiti, mentre σ' non può mai superare ζ, quindi si ha

$$\lim (r V) = \frac{2}{\pi} \operatorname{arc\,tg} \left(\frac{a}{\zeta} \lim \frac{\sigma}{\lambda} \right).$$

Ma dall'equazione $(10)_a$ si trae per questo caso (ed è d'altronde evidente) $\lim \frac{\sigma}{\lambda} = 1$; dunque

$$\lim (r V) = \frac{2}{\pi} \operatorname{arc\,tg} \frac{a}{\zeta} = \frac{\Omega}{\pi} = -E,$$

come dev'essere.

Nei due poli la funzione V si presenta sotto forma indeterminata, ma coi noti metodi si trova

$$V = \frac{1}{\pi\zeta} \left(\operatorname{arc\,tg} \frac{a}{\zeta} + \frac{a\zeta}{a^2 + \zeta^2} \right) = \frac{\Omega + \operatorname{sen} \Omega}{2\pi\zeta}.$$

Per non eccedere i limiti di questa comunicazione, riservo ad altra occasione la più particolareggiata discussione delle formole trovate.

Osservazione. — Le dotte ricerche istituite dal prof. Dini, nello scritto ricordato al principio di questa Nota, ebbero origine da un elegantissimo teorema pubblicato dal prof. Betti nel medesimo volume (pag. 262); teorema che può enunciarsi così: « Se in un ellissoide di semiassi a, b, c si distribuisce una massa M, colla densità h variabile secondo la legge

$$h = \frac{M}{\pi^2 a b c \sqrt{1 - \frac{x^2}{a^2} - \frac{y^2}{b^2} - \frac{z^2}{c^2}}},$$

il potenziale d'una tal massa è dato da

$$V = \frac{2M}{\pi} \int_\lambda^\infty \sqrt{1 - \frac{x^2}{a^2 + \lambda} - \frac{y^2}{b^2 + \lambda} - \frac{z^2}{c^2 + \lambda}} \frac{d\lambda}{\sqrt{(a^2 + \lambda)(b^2 + \lambda)(c^2 + \lambda)}},$$

dove il limite inferiore λ è eguale a zero od alla radice positiva dell'equazione

$$\frac{x^2}{a^2 + \lambda} + \frac{y^2}{b^2 + \lambda} + \frac{z^2}{c^2 + \lambda} = 1,$$

secondo che il punto (x, y, z) è interno od esterno alla massa. L'indicata distribuzione ha la proprietà che, facendo una projezione parallela della massa ellissoidica sopra un piano qualunque, si ottiene sempre un'ellisse *omogenea* di massa M. In particolare, annullando uno dei tre assi $2a$, $2b$, $2c$ nell'espressione di V, si ottiene il potenziale di una ellisse omogenea di massa M, che coincide colla sezione principale perpendicolare all'asse nullo ».

LII.

INTORNO AD ALCUNE PROPOSIZIONI DI CLAUSIUS NELLA TEORIA DEL POTENZIALE.

Rendiconti del Reale Istituto Lombardo, serie II, volume XI (1878), pp. 13-27.

La ripubblicazione della Nota Monografia di CLAUSIUS sulla Teoria del potenziale, testè uscita alla luce in terza edizione *), con importanti aggiunte (§§ 37-51) che la rendono sempre più atta a costituire un'eccellente introduzione allo studio delle opere consacrate di preferenza alle applicazioni di detta teoria (per esempio di quella del nostro BETTI), ha riportato la mia attenzione su alcuni procedimenti analitici tenuti dall'illustre Autore e su quelli dei quali, in circostanze analoghe, mi sono servito nelle mie lezioni ed in alcune mie ricerche.

Tutti questi procedimenti possono essere compendiati in due formule, la prima delle quali è

$$\int \frac{\partial F}{\partial u} d\tau = \int F \frac{\partial u}{\partial n} d\omega, \tag{1}$$

dove, per conservare le segnature di CLAUSIUS, $d\tau$ è un elemento dello spazio τ al quale si estende il primo integrale; $d\omega$ è un elemento della superficie ω che limita questo spazio ed alla quale si estende il secondo integrale; n è la normale esterna all'elemento $d\omega$; u è una qualunque delle tre coordinate rettangolari x, y, z d'un punto dell'elemento di spazio $d\tau$ o dell'elemento di superficie $d\omega$; e finalmente F è una funzione monodroma, continua e finita delle x, y, z (in τ), derivabile rispetto ad u.

*) *Die Potentialfunction und das Potential. Ein Beitrag zur mathematischen Physik* von R. CLAUSIUS. Dritte vermehrte Auflage. Leipzig, 1877, Barth. Le citazioni di pagine e di paragrafi si riferiscono tutte a questa edizione.

Questa formula non perde la sua validità se la funzione F perde i caratteri suddetti in punti isolati dello spazio τ non appartenenti alla superficie ω *), purchè per ciascuno di questi punti esista un valore positivo e finito di μ per il quale la funzione

$$r^{2-\mu} F$$

[dove r è la distanza del punto (x, y, z), cui si riferisce il valore di F, dal punto singolare considerato] sia monodroma, continua e finita in prossimità del punto singolare e nel punto singolare stesso.

La formola (I) serve, il più delle volte, a trasformare un integrale di volume in uno di superficie: ma può anche servire utilmente alla trasformazione inversa, o, più precisamente, a convertire un'espressione della forma di quella del secondo membro in un'altra della forma di quella del primo. In questo caso è da avvertire che, entrando nel secondo membro soltanto i valori che F prende nei punti della superficie ω, se della F del secondo membro son dati soltanto questi valori, rimane un grande arbitrio nella scelta della F del primo membro, poichè questa può essere una qualunque delle infinite funzioni dei punti di τ che, possedendo i caratteri generici sufficienti alla validità della formula, prendono nei punti di ω gli stessi valori della data. Che se invece la F del secondo membro è, per la sua natura analitica o per il suo significato geometrico, definibile in ogni punto dello spazio τ, e se, come tale, possiede i suddetti caratteri, essa è atta senz'altro a realizzare la trasformazione inversa, senza naturalmente che cessi quel parziale arbitrio che nasce dalla suaccennata circostanza.

Dalla formula (I) si deduce facilmente quest'altra più generale

$$(\mathrm{I}_a) \qquad \int \sum \frac{\partial}{\partial u}\left(F \frac{\partial G}{\partial u}\right) . d\tau = \int F \frac{\partial G}{\partial n} d\omega,$$

dove il segno di somma si riferisce ai tre valori $u = x, y, z$, e dove supporremo, per ora, F e G funzioni tali che $F\dfrac{\partial G}{\partial u}$ risulti della stessa specie della F di poc'anzi. Da questa seconda formula si conclude che, se un integrale della forma

$$(\mathrm{I}_b) \qquad \int \left(F_1 \frac{\partial G_1}{\partial n} + F_2 \frac{\partial G_2}{\partial n} + \cdots \right) d\omega$$

(dove F_1, G_1, F_2, G_2, ... sono funzioni della specie di F, G) è nullo qualunque

*) Escludo qui i punti singolari alla superficie, perchè la loro considerazione non è di grande importanza per l'argomento di questa Nota; non perchè siano assolutamente incompatibili colla validità della formula.

sia la superficie chiusa ω cui esso è esteso, l'espressione

$$(\mathrm{I}_c) \qquad \sum \frac{\partial}{\partial u}\left(F_1 \frac{\partial G_1}{\partial u} + F_2 \frac{\partial G_2}{\partial u} + \cdots\right)$$

dev'essere identicamente nulla; e viceversa, se quest'ultima espressione è identicamente nulla, il precedente integrale dev'essere nullo per qualunque superficie chiusa.

Ciò premesso, poniamo

$$r = \sqrt{(x-x')^2 + (y-y')^2 + (z-z')^2},$$

e consideriamo l'espressione integrale

$$V = \varepsilon k \int \frac{d\tau'}{r},$$

che rappresenta la funzione potenziale sul punto (x, y, z) d'un corpo omogeneo di densità k, occupante lo spazio τ' del quale $d\tau'$ è l'elemento generico circostante al punto (x', y', z') *). Poniamo, come d'uso,

$$\Delta_1 \varphi = \sum \left(\frac{\partial \varphi}{\partial u}\right)^2, \qquad \Delta_2 \varphi = \sum \frac{\partial^2 \varphi}{\partial u^2},$$

e designiamo, quando occorra, con Δ'_1, Δ'_2 le espressioni analoghe formate rispetto alle variabili x', y', z' anzichè alle x, y, z.

Osservando che si ha identicamente

$$\Delta_2 r = \Delta'_2 r = \frac{2}{r},$$

si può porre V sotto la forma

$$V = \frac{\varepsilon k}{2} \int \Delta'_2 r \, . \, d\tau'.$$

Questo integrale di spazio si può convertire in uno di superficie, facendo nella formola (I_a), $F = 1$, $G = r$, e si ottiene così

$$(1) \qquad V = \frac{\varepsilon k}{2} \int \frac{\partial r}{\partial n'} d\omega'.$$

È questa la forma che Clausius assegna alla funzione potenziale d'un corpo omo-

*) Trovo opportuno di distinguere con un apice tutti gli elementi relativi al punto (x', y', z').

geneo, nella prima Appendice alla fine del suo libro (pag. 167), e che venne anche ritrovata fra i manoscritti di GAUSS *). Se ne deduce

$$\Delta_2 V = \frac{\varepsilon k}{2} \int \frac{\partial \Delta_2 r}{\partial n'} d\omega',$$

perchè le derivazioni rispetto alle x, y, z ed alla n' sono permutabili **). Ma avendosi, come s'è già notato, $\Delta_2 r = \frac{2}{r}$ si può scrivere invece

$$\Delta_2 V = \varepsilon k \int \frac{\partial \frac{1}{r}}{\partial n'} d\omega',$$

e quindi, in forza d'un notissimo teorema di GAUSS (il *Theorema quartum* della *Theoria attractionis*, etc. inserita nelle Memorie di Gottinga pel 1813), sul quale avremo occasione di ritornare più innanzi, si ha

$$\Delta_2 V = 0, \quad -4\pi\varepsilon k,$$

secondo che il punto (x, y, z) è esterno od interno ad ω, come CLAUSIUS deduce col calcolo diretto (pp. 167-169).

Consideriamo ora le derivate di V. Prescindiamo per il momento dall'espressione (1) e risaliamo alla funzione potenziale primitiva. Da essa si trae

$$\frac{\partial V}{\partial u} = \varepsilon k \int \frac{\partial \frac{1}{r}}{\partial u} d\tau' = -\varepsilon k \int \frac{\partial \frac{1}{r}}{\partial u'} d\tau',$$

e quindi, in virtù della formula (I),

$$(2) \qquad \frac{\partial V}{\partial u} = -\varepsilon k \int \frac{\partial u'}{\partial n'} \frac{d\omega'}{r}.$$

Le componenti dell'attrazione d'un corpo omogeneo vennero poste sotto questa forma per la prima volta e collo stesso processo da GAUSS (*Theorema tertium* della citata *Theoria attractionis*). Per confrontare questa forma colle altre due considerate da

---

*) *Werke*, Bd. V, pag. 286.

**) È inutile avvertire che si parla, per semplicità, di derivate rispetto ad n', mentre non si tratta, in generale, che di rapporti di variazioni corrispondenti. Così in altri casi analoghi.

Clausius osserviamo che dall'equazione

$$r\frac{\partial r}{\partial u} = u - u'$$

si deduce la relazione

$$(3) \qquad \frac{1}{r}\frac{\partial u'}{\partial n'} + \frac{\partial^2 r}{\partial u \partial n'} + \frac{1}{r}\frac{\partial r}{\partial u}\frac{\partial r}{\partial n'} = 0,$$

talchè l'espressione (2) si può scrivere nei modi seguenti:

$$\frac{\partial V}{\partial u} = \varepsilon k \int \left(\frac{\partial^2 r}{\partial n' \partial u} + \frac{1}{r}\frac{\partial r}{\partial n'}\frac{\partial r}{\partial u}\right) d\omega' = \frac{\varepsilon k}{2}\int \frac{\partial^2 r}{\partial n' \partial u} d\omega' + \frac{\varepsilon k}{2}\int \left(\frac{\partial^2 r}{\partial n' \partial u} + \frac{2}{r}\frac{\partial r}{\partial n'}\frac{\partial r}{\partial u}\right) d\omega',$$

o più semplicemente così

$$\frac{\partial V}{\partial u} = \frac{\varepsilon k}{2}\int \frac{\partial^2 r}{\partial n' \partial u} d\omega' + \frac{\varepsilon k}{2}\int \frac{\partial}{\partial n'}\left(r^2 \frac{\partial r}{\partial u}\right)\frac{d\omega'}{r^2}.$$

Il primo termine del secondo membro è la derivata rispetto ad u del valore (1) di V; quindi il secondo termine deve risultare per sè stesso nullo.

Si ha dunque questo teorema, che l'integrale

$$(4) \qquad \int \frac{\partial}{\partial n'}\left(r^2 \frac{\partial r}{\partial u}\right)\frac{d\omega'}{r^2},$$

esteso ad una superficie chiusa qualunque, è sempre nullo; teorema analogo, ma non identico, a quello dimostrato da Clausius nella sua prima Appendice (pag. 174).

Verifichiamo direttamente questa proprietà.

Scrivendo x al posto di u e rimettendo l'integrale sotto la forma

$$\int \left(\frac{\partial^2 r}{\partial n' \partial x} + \frac{2}{r}\frac{\partial r}{\partial n'}\frac{\partial r}{\partial x}\right) d\omega',$$

o meglio sotto quest'altra

$$-\int \left[\frac{\partial}{\partial n'}\left(\frac{\partial r}{\partial x'}\right) + 2\frac{\partial r}{\partial x'}\frac{\partial \log r}{\partial n'}\right] d\omega'$$

(dove le derivazioni rispetto ad x' e ad n' non sono permutabili), si scorge ch'esso rientra precisamente nel tipo (I_b), dal quale risulta cambiando le variabili x, y, z nelle x', y', z' e ponendo

$$F_1 = 1, \qquad G_1 = \frac{\partial r}{\partial x'}, \qquad F_2 = 2\frac{\partial r}{\partial x'}, \qquad G_2 = \log r.$$

L'espressione corrispondente alla (I_c) è in questo caso

$$-\sum \frac{\partial}{\partial u'}\left(\frac{\partial^2 r}{\partial x' \partial u'} + 2\frac{\partial r}{\partial x'}\frac{\partial \log r}{\partial u'}\right),$$

ossia

$$\frac{\partial \Delta_2 r}{\partial x} + 2\frac{\partial r}{\partial x}\Delta_2 \log r + \frac{1}{r}\frac{\partial \Delta_1 r}{\partial x}.$$

Ora si ha

$$\Delta_1 r = 1, \qquad \Delta_2 r = \frac{2}{r}, \qquad \Delta_2 \log r = \frac{1}{r^2},$$

quindi l'espressione in discorso è identicamente nulla, e la proprietà dell'integrale di superficie (4) è così direttamente verificata.

Per l'annullarsi di quest'integrale si ha

$$\int \frac{\partial^2 r}{\partial u \partial n'} d\omega' = -2\int \frac{\partial r}{\partial u}\frac{\partial r}{\partial n'}\frac{d\omega'}{r};$$

e siccome dalla relazione (3) risulta

$$\int \frac{\partial u'}{\partial n'}\frac{d\omega'}{r} + \int \frac{\partial^2 r}{\partial u \partial n'} d\omega' + \int \frac{\partial r}{\partial u}\frac{\partial r}{\partial n'}\frac{d\omega'}{r} = 0,$$

così ha luogo la duplice eguaglianza

$$(5) \qquad \int \frac{\partial u'}{\partial n'}\frac{d\omega'}{r} = -\frac{1}{2}\int \frac{\partial^2 r}{\partial u \partial n'} d\omega' = \int \frac{\partial r}{\partial u}\frac{\partial r}{\partial n'}\frac{d\omega'}{r},$$

per qualunque superficie chiusa. I prodotti di queste tre espressioni eguali per $-\varepsilon k$ sono tre espressioni equivalenti della derivata $\frac{\partial V}{\partial u}$. La prima e la terza corrispondono a quelle date dalle formule (29) e (18) della prima Appendice di Clausius; la seconda, in virtù della relazione (3) [che coincide colle equazioni (9) dell'Appendice stessa], corrisponde all'equazione (17) del medesimo Autore. In virtù della citata relazione (3) basta dimostrare una delle eguaglianze (5) perchè resti dimostrata anche l'altra. Noi abbiamo dimostrato direttamente la eguaglianza dei due ultimi membri. Il procedimento di Clausius lo conduce invece a dimostrare l'eguaglianza del terzo membro col primo [veggasi l'equazione (30) della sua prima Appendice]. Se, finalmente, si fosse ammessa *a priori* l'eguaglianza dei due valori di $\frac{\partial V}{\partial u}$ dati dalle equazioni (1) e (2), si sarebbe con ciò posta *a priori* la eguaglianza dei due primi membri. Queste due ultime eguaglianze si potrebbero verificare col processo che abbiamo applicato alla prima, cioè colla formazione di due espressioni del tipo (I_c), che si troverebbero identicamente nulle. La seconda eguaglianza, cioè quella di CLAUSIUS, è la più elegante, perchè le tre derivate

$$\frac{\partial u'}{\partial n'}, \qquad \frac{\partial r}{\partial u}, \qquad \frac{\partial r}{\partial n'},$$

che in essa entrano, hanno significati geometrici molto semplici.

Il terzo dei precedenti valori della derivata di V, cioè

$$\frac{\partial V}{\partial u} = -\varepsilon k \int \frac{\partial r}{\partial u} \frac{\partial r}{\partial n'} \frac{d\omega'}{r}, \tag{6}$$

è quello stesso che costituisce il *Theorema sextum* della *Theoria attractionis*, ed è ottenuto direttamente da CLAUSIUS (§§ 19, 20) con un processo essenzialmente identico a quello di GAUSS. Noi invece non abbiamo ottenuto che indirettamente questo valore (6), come alla sua volta CLAUSIUS non ha ottenuto che indirettamente il valore (2). La ragione di questo fatto sta in ciò, che i due valori (2) e (6) scaturiscono rispettivamente da due diverse maniere di decomporre un volume, che dirò *cilindrica* l'una e *conica* l'altra. Alla prima maniera, cui si riferiscono i teoremi primo, secondo e terzo della più volte citata Memoria di GAUSS, corrisponde la formula generale (I); alla seconda, cui si riferiscono i teoremi quarto, quinto e sesto della stessa Memoria, corrisponde invece la formula generale seguente

$$\int \frac{\partial F}{\partial r} \frac{d\tau}{r^2} = -\int F \frac{\partial \frac{1}{r}}{\partial n} d\omega - \sigma F_0, \tag{II}$$

nella quale r rappresenta il raggio vettore condotto da un polo fisso ad un punto dell'elemento $d\tau$ o $d\omega$; F è considerata come funzione di questo raggio vettore e di due altre variabili atte a definire la direzione di esso; F_0 è il valore di F nel polo; σ è ciò che può chiamarsi l'angolo visuale della superficie ω rispetto al polo, ammettendo che a ciascun elemento $d\omega$ corrisponda un angolo visuale positivo o negativo, secondo che l'elemento rivolga al polo la faccia interna o la faccia esterna. La funzione F è della stessa specie di quella della formula (I), con questo, però, che il polo non può essere per essa punto singolare (se interno ad ω). Il caso più semplice possibile, quello di $F =$ *costante,* fornisce il teorema

$$\int \frac{\partial \frac{1}{r}}{\partial n} d\omega = -\sigma,$$

che è appunto la notissima proposizione di GAUSS cui abbiamo già fatto allusione. Si può, da un certo punto di vista, considerare la formola (I) come un caso particolare della (II): perchè, introducendo sotto i due integrali di questa un fattore costante R^2, dove R è il raggio vettore d'un punto fisso dello spazio τ, e facendo poscia allontanare indefinitamente il polo nella direzione opposta a quella delle coordinate u (con che esso finisce certamente col diventare esterno allo spazio τ, che si suppone sempre finito), si ha

$$\lim \frac{R}{r} = 1, \qquad \lim \partial r = \partial u,$$

e si ricade appunto sulla formula (I). Reciprocamente, nel caso del polo esterno ($\sigma = 0$), la formula (II) si può considerare come procedente dalla (I), perchè la si ottiene facendo nella (I_a) $G = \frac{1}{r}$ ed osservando essere

$$\Delta_2 \frac{1}{r} = 0, \qquad \frac{\partial \frac{1}{r}}{\partial u} = -\frac{1}{r^2}\frac{\partial r}{\partial u} = -\frac{1}{r^2}\frac{\partial u}{\partial r},$$

talchè

$$\sum \frac{\partial F}{\partial u}\frac{\partial \frac{1}{r}}{\partial u} = -\frac{1}{r^2}\frac{\partial F}{\partial r}.$$

Finalmente, si possono anche considerare le formule (I), (I_a), (II) come casi particolari del teorema di GREEN; ma, dal punto di vista didattico, ciò non mi parrebbe opportuno, perchè quelle formule non sono che l'immediata traduzione analitica di due semplicissimi processi d'integrazione geometrica, e per ciò solo meritano d'essere considerate come fondamentali; inoltre esse accennano all'esistenza d'una serie indefinita di formule analoghe, corrispondenti alle infinite maniere di decomporre un volume in elementi di second'ordine *).

---

*) Si possono trovare le formule generali cui alludo nel § 4 della mia Memoria *Sulla teorica generale dei parametri differenziali* [Memorie dell'Acc. delle Scienze di Bologna, serie II, t. IV (1868); oppure queste OPERE, vol. II, pag. 74].

Rispetto alle due maniere qui considerate, osserverò ancora che se un volume viene decomposto in elementi di second'ordine, prima cilindrici paralleli ad una retta L, poi conici col vertice comune in un punto O, i soli elementi di prim'ordine, suscettibili d'essere formati tanto cogli elementi cilindrici quanto coi conici, sono i diedri infinitesimi in cui il volume è decomposto dai piani condotti pel punto O parallelamente alla retta L. Il passaggio geometrico da un'integrazione cilindrica ad una conica non può farsi che mediante la considerazione di questi diedri. La dimostrazione che CLAUSIUS dà dell'equivalenza delle espressioni (2) e (6) posa (implicitamente) sovr'essa.

Dalla formula (II) si ottiene la trasformazione di V e di $\frac{\partial V}{\partial u}$ in integrali di superficie ponendo rispettivamente

$$F = \frac{1}{2}\varepsilon k r^2, \qquad F = -\varepsilon k r \frac{\partial r}{\partial u},$$

ed osservando che $\frac{\partial r}{\partial u}$ non è funzione di r. Essendo in ambidue i casi $F_0 = 0$, si ottiene

$$V = -\frac{\varepsilon k}{2}\int r^2 \frac{\partial \frac{1}{r}}{\partial n'} d\omega', \qquad \frac{\partial V}{\partial u} = \varepsilon k \int r \frac{\partial r}{\partial u} \frac{\partial \frac{1}{r}}{\partial n'} d\omega',$$

vale a dire si trovano le espressioni (1) e (6). E poichè Clausius si vale dell'integrazione conica, così è naturale ch'egli pervenga direttamente a queste espressioni ed indirettamente alla (2); mentre, essendoci noi serviti dapprima dell'integrazione cilindrica, siamo pervenuti direttamente alle espressioni (1), (2) ed indirettamente alla (6). Scrivendo l'ultima espressione trovata sotto la forma equivalente

$$\frac{\partial V}{\partial u} = -\varepsilon k \int \frac{\partial \log r}{\partial u} \frac{\partial r}{\partial n'} d\omega',$$

e supponendo che il punto (x, y, z) non sia nella superficie ω', si ha

$$\frac{\partial^2 V}{\partial u^2} = -\varepsilon k \int \left(\frac{\partial r}{\partial n'} \frac{\partial^2 \log r}{\partial u^2} + \frac{1}{r} \frac{\partial r}{\partial u} \frac{\partial^2 r}{\partial u \partial n'} \right) d\omega',$$

donde

$$\Delta_2 V = -\varepsilon k \int \left(\frac{\partial r}{\partial n'} \Delta_2 \log r + \frac{1}{2r} \frac{\partial \Delta_1 r}{\partial n'} \right) d\omega'.$$

Ma

$$\Delta_2 \log r = \frac{1}{r^2}, \qquad \Delta_1 r = 1,$$

quindi

$$\Delta_2 V = \varepsilon k \int \frac{\partial \frac{1}{r}}{\partial n'} d\omega',$$

cioè

$$\Delta_2 V = -\varepsilon k \sigma',$$

σ' essendo l'angolo visuale di ω' rispetto al polo (x, y, z), angolo uguale a zero od a 4π secondo che questo punto è esterno od interno ad ω'. È questa la deduzione fatta più distesamente da Clausius nel suo § 20.

La dimostrazione dell'equazione $\Delta_2 V = -\varepsilon k \sigma'$, quale è data pei corpi eterogenei da GAUSS, nell'altra celebre Memoria del 1840 *sulle forze che agiscono in ragione inversa del quadrato della distanza,* è pur essa riassunta dalle due formule (I) e (II). Infatti da

$$V = \varepsilon \int \frac{k' d\tau'}{r}$$

si trae

$$\frac{\partial V}{\partial u} = \varepsilon \int k' \frac{\partial \frac{1}{r}}{\partial u} d\tau' = -\varepsilon \int k' \frac{\partial \frac{1}{r}}{\partial u'} d\tau' = \varepsilon \int \frac{\partial k'}{\partial u'} \frac{d\tau'}{r} - \varepsilon \int \frac{\partial \frac{k'}{r}}{\partial u'} d\tau',$$

epperò, applicando la formula (I),

$$\frac{\partial V}{\partial u} = \varepsilon \int \frac{\partial k'}{\partial u'} \frac{d\tau'}{r} - \varepsilon \int \frac{k'}{r} \frac{\partial u'}{\partial n'} d\omega'.$$

Di qui

$$\frac{\partial^2 V}{\partial u^2} = \varepsilon \int \frac{\partial k'}{\partial u'} \frac{\partial \frac{1}{r}}{\partial u} d\tau' - \varepsilon \int k' \frac{\partial \frac{1}{r}}{\partial u} \frac{\partial u'}{\partial n'} d\omega' = \varepsilon \int \frac{\partial k'}{\partial u'} \frac{\partial u'}{\partial r} \frac{d\tau'}{r^2} + \varepsilon \int k' \frac{\partial \frac{1}{r}}{\partial u'} \frac{\partial u'}{\partial n'} d\omega',$$

e quindi

$$\Delta_2 V = \varepsilon \left(\int \frac{\partial k'}{\partial r} \frac{d\tau'}{r^2} + \int k' \frac{\partial \frac{1}{r}}{\partial n'} d\omega' \right),$$

e finalmente, applicando la formula (II) ove si faccia $F = k'$, $F_0 = k$,

$$\Delta_2 V = -\varepsilon k \sigma'.$$

Tale è la dimostrazione di GAUSS.

Ma questa dimostrazione suppone che la funzione k', esprimente la densità, sia dotata delle proprietà che permettono la diretta applicazione delle formule (I) e (II), ed in particolare ch'essa ammetta la derivazione. Il gran pregio della dimostrazione data da CLAUSIUS nei §§ 18, 19, 21 (e da lui fatta conoscere fino dal 1858) consiste appunto in ciò, che non vi si esige la derivazione diretta della funzione k', entrando in vece di questa nel calcolo l'integrale

$$H = \int k' dr$$

esteso lungo la retta che congiunge i punti (x, y, z) ed (x', y', z'), talchè per essere sempre r la distanza assoluta dei due punti, quando si tien fisso il primo punto si ha

$$\frac{\partial H}{\partial r} = k' \text{ (valore della densità nel secondo)},$$

e, quando si tien fisso il secondo punto, si ha

$$\frac{\partial H}{\partial r} = k \text{ (valore della densità nel primo)}.$$

Considerando dunque come fisso il punto (x, y, z), si può scrivere

$$\frac{\partial V}{\partial u} = \varepsilon \int \frac{\partial H}{\partial r} \frac{\partial \frac{1}{r}}{\partial u} d\tau',$$

ossia

$$\frac{\partial V}{\partial u} = -\varepsilon \int \frac{\partial \left(H \frac{\partial r}{\partial u} \right)}{\partial r} \frac{d\tau'}{r^2},$$

perchè $\frac{\partial r}{\partial u}$ non dipende da r. Dalla formula (II) si ottiene quindi

$$\frac{\partial V}{\partial u} = \varepsilon \int H \frac{\partial r}{\partial u} \frac{\partial \frac{1}{r}}{\partial n'} d\omega' = \varepsilon \int H \frac{\partial \frac{1}{r}}{\partial u} \frac{\partial r}{\partial n'} d\omega',$$

dove l'integrale H è esteso fra il punto (x, y, z), che si suppone a distanza finita dalla superficie ω', e un punto (x', y', z') dell'elemento $d\omega'$ di questa. Facendo ora variare il punto (x, y, z), si ha

$$\frac{\partial^2 V}{\partial u^2} = \varepsilon \int \left[H \left(\frac{\partial^2 \frac{1}{r}}{\partial u^2} \frac{\partial r}{\partial n'} - \frac{1}{r^2} \frac{\partial r}{\partial u} \frac{\partial^2 r}{\partial u \partial n'} \right) + \frac{\partial \frac{1}{r}}{\partial n'} \frac{\partial H}{\partial u} \frac{\partial u}{\partial r} \right] d\omega',$$

donde

$$\Delta_2 V = \varepsilon \int \left[H \left(\frac{\partial r}{\partial n'} \Delta_2 \frac{1}{r} - \frac{1}{2r^2} \frac{\partial \Delta_1 r}{\partial n'} \right) + \frac{\partial \frac{1}{r}}{\partial n'} \frac{\partial H}{\partial r} \right] d\omega' = \varepsilon \int \frac{\partial \frac{1}{r}}{\partial n'} k d\omega' = -\varepsilon k \sigma'.$$

Questa è, in compendio, la dimostrazione di CLAUSIUS.

Poichè sono entrato nel confronto di alcuni processi dimostrativi di questa equazione fondamentale, non voglio omettere di ricordare quello usato da RIEMANN *),

---

*) *Schwere, Elektricität und Magnetismus. Nach den Vorlesungen von* B. RIEMANN *bearbeitet von* K. HATTENDORFF. Hannover, 1876, Rümpler, §§ 12, 13.

che si può ridurre a quanto segue. Essendo noto che le derivate prime della funzione potenziale di un corpo finito sono continue e finite in tutto lo spazio, se si ammette l'esistenza delle derivate seconde della stessa funzione, si ha dalla formula (I_a)

$$\int \Delta_2 V\, d\tau = \int \frac{\partial V}{\partial n}\, d\omega,$$

dove τ è una porzione qualunque dello spazio ed ω la superficie limite di essa. Ma

$$\frac{\partial V}{\partial n} = \varepsilon \int k' \frac{\partial \frac{1}{r}}{\partial n}\, d\tau',$$

quindi

$$\int \Delta_2 V\, d\tau = \varepsilon \int d\omega \int k' \frac{\partial \frac{1}{r}}{\partial n}\, d\tau',$$

ed invertendo l'ordine delle integrazioni nel secondo membro,

$$\int \Delta_2 V\, d\tau = \varepsilon \int k'\, d\tau' \int \frac{\partial \frac{1}{r}}{\partial n}\, d\omega = -\, \varepsilon \int \sigma' k'\, d\tau',$$

dove σ' è l'angolo visuale della superficie ω rispetto al punto (x', y', z'). Ora ogni punto (x', y', z') del corpo che sia esterno ad ω, o che sia situato nella stessa superficie ω, non contribuisce punto all'integrale del secondo membro, perchè nel primo caso si ha $\sigma' = 0$, e nel secondo caso, in cui σ' ha un valor finito, i punti non formano uno spazio a tre dimensioni. Rimangono dunque i soli punti (x', y', z') interni ad ω, pei quali si ha $\sigma' = 4\pi$, ed i corrispondenti elementi $d\tau'$ si possono designare con $d\tau$, perchè comuni allo spazio τ, talchè si può scrivere

$$\int (\Delta_2 V + 4\pi\varepsilon k)\, d\tau = 0,$$

dove k è il valore di k' in $d\tau$, ed è quindi zero se l'elemento $d\tau$ non appartiene allo spazio occupato dal corpo. Dovendo quest'equazione sussistere qualunque sia la porzione dello spazio a cui s'estende l'integrale, dev'essere necessariamente nullo il suo elemento, cioè deve essere $\Delta_2 V = -\, 4\pi\varepsilon k$.

Veniamo alla funzione potenziale d'un'area piana omogenea, cui CLAUSIUS dedica i §§ 28-31.

Alle due formule (I) e (II) corrispondono nel piano le formule seguenti:

$$\text{(III)} \qquad \int \frac{\partial F}{\partial x} d\omega = \int F \frac{\partial x}{\partial n} ds, \qquad \int \frac{\partial F}{\partial y} d\omega = \int F \frac{\partial y}{\partial n} ds,$$

$$\text{(IV)} \qquad \int \frac{\partial F}{\partial u} \frac{d\omega}{u} = \int F \frac{\partial \log u}{\partial n} ds - \theta F_0,$$

dove: u è il raggio vettore condotto da un polo fisso; $d\omega$ è un elemento dell'area ω che si considera; ds è un elemento del contorno s di quest'area; n è la direzione della normale esterna all'elemento ds; θ è l'angolo visuale del contorno rispetto al polo, inteso in senso analogo al σ delle superficie; e finalmente F è una funzione monodroma, continua, finita e dotata di derivate prime in tutti i punti dell'area, funzione che può perdere queste proprietà in punti isolati, a distanza finita dal contorno s (e dal polo quando questo è interno all'area), purchè per ciascun punto singolare esista un numero positivo e finito μ, tale che la funzione

$$u^{1-\mu} F$$

sia monodroma, continua e finita in prossimità al punto e nel punto stesso (u essendo in questo caso la distanza dal punto singolare al punto cui si riferisce il valore di F) *).

Ciò premesso, consideriamo la funzione potenziale sul punto (x, y, z) dell'area omogenea ω' situata nel piano xy, cioè la funzione

$$V = \varepsilon h \int \frac{d\omega'}{r}, \qquad r = \sqrt{(x-x')^2 + (y-y')^2 + z^2},$$

dove h è la densità costante ed x', y' sono le coordinate d'un punto dell'elemento $d\omega'$. Se per F si prende la funzione

$$F = \varepsilon h r = \varepsilon h \sqrt{u^2 + z^2}, \qquad u = \sqrt{(x-x')^2 + (y-y')^2},$$

si trova, applicando la formula (IV), col polo nel punto (x', y'),

$$V = \varepsilon h \int r \frac{\partial \log u}{\partial n'} ds' - \varepsilon h \theta \sqrt{z^2}.$$

*) Quando il primo membro della formula (IV), e dell'analoga formula (II), si mantiene continuo nel passaggio del polo dall'una all'altra parte della linea s, o della superficie ω, la discontinuità risultante dall'ultimo termine del secondo membro si riporta tutta sull'integrale di contorno, o di superficie. Ciò si connette colla teoria dei potenziali di doppio strato, dei quali s'è occupato a fondo C. Neumann nelle sue recenti ed importantissime *Untersuchungen ueber das Logaritmische und* Newton'*sche Potential.* Leipzig, 1877, Teubner.

Di qui, supponendo che il piede (x, y) della perpendicolare condotta dal punto (x, y, z) al piano dell'area sia a distanza finita dal contorno, si trae

$$(7)\qquad \begin{cases} \dfrac{\partial V}{\partial x} = \varepsilon h \displaystyle\int \dfrac{\partial}{\partial x}\left(r \dfrac{\partial \log u}{\partial n'}\right) d s', \\[2ex] \dfrac{\partial V}{\partial y} = \varepsilon h \displaystyle\int \dfrac{\partial}{\partial y}\left(r \dfrac{\partial \log u}{\partial n'}\right) d s'. \end{cases}$$

Gli integrali contenuti nei secondi membri sono riducibili a forma molto semplice. CLAUSIUS effettua questa riduzione nel § 29, per mezzo d'un'equazione ch'egli stabilisce molto ingegnosamente, con considerazioni geometriche, nella seconda Appendice del suo libro (pp. 175-178). Noi mostreremo come la stessa riduzione possa ottenersi analiticamente. Ciò può farsi in diversi modi: sceglieremo il seguente, fondato sulla teoria delle variabili complesse.

Posto

$$x + i y = \xi, \qquad x - i y = \eta,$$

$$x' + i y' = \xi', \qquad x' - i y' = \eta',$$

dove $i = \sqrt{-1}$, si ha

$$\frac{\partial V}{\partial x} + i \frac{\partial V}{\partial y} = \varepsilon h \int \left(\frac{\xi - \xi'}{r} \frac{\partial \log u}{\partial n'} + r \frac{\partial}{\partial n'} \frac{1}{\eta - \eta'} \right) d s',$$

formula che, per essere $r^2 = u^2 + z^2$ e quindi

$$\frac{\partial \log u}{\partial n'} = \frac{1}{u^2}\left(u \frac{\partial u}{\partial n'}\right) = \frac{1}{u^2}\left(r \frac{\partial r}{\partial n'}\right) = \frac{r}{(\xi - \xi')(\eta - \eta')} \frac{\partial r}{\partial n'},$$

si può scrivere più brevemente così:

$$\frac{\partial V}{\partial x} + i \frac{\partial V}{\partial y} = \varepsilon h \int \frac{\partial}{\partial n'}\left(\frac{r}{\eta - \eta'}\right) d s'.$$

Ora, supponendo che l'arco s' cresca nella direzione che ha con quella di n' la stessa relazione dell'asse positivo delle y coll'asse positivo delle x, si ha

$$(8)\qquad \frac{\partial \xi'}{\partial n'} = - i \frac{\partial \xi'}{\partial s'}, \qquad \frac{\partial \eta'}{\partial n'} = i \frac{\partial \eta'}{\partial s'};$$

quindi

$$\frac{\partial}{\partial n'} = i\left(- \frac{\partial \xi'}{\partial s'} \frac{\partial}{\partial \xi'} + \frac{\partial \eta'}{\partial s'} \frac{\partial}{\partial \eta'}\right) = i \frac{\partial}{\partial s'} - 2 i \frac{\partial \xi'}{\partial s'} \frac{\partial}{\partial \xi'},$$

od anche

$$\frac{\partial}{\partial n'} = i \frac{\partial}{\partial s'} + 2 \frac{\partial \xi'}{\partial n'} \frac{\partial}{\partial \xi'},$$

epperò

$$\frac{\partial}{\partial n'}\left(\frac{r}{\eta-\eta'}\right)=-\frac{1}{r}\frac{\partial \xi'}{\partial n'}+i\frac{\partial}{\partial s'}\left(\frac{r}{\eta-\eta'}\right).$$

Si ha dunque

$$\frac{\partial V}{\partial x}+i\frac{\partial V}{\partial y}=-\varepsilon h\int\frac{\partial \xi'}{\partial n'}\frac{ds'}{r}+i\varepsilon h\int\frac{\partial}{\partial s'}\left(\frac{r}{\eta-\eta'}\right)ds'; \tag{9}$$

e poichè il secondo integrale è nullo, per essere preso lungo un contorno chiuso, rimane un'equazione complessa donde si ricavano le due equazioni reali

$$\frac{\partial V}{\partial x}=-\varepsilon h\int\frac{\partial x'}{\partial n'}\frac{ds'}{r}, \qquad \frac{\partial V}{\partial y}=-\varepsilon h\int\frac{\partial y'}{\partial n'}\frac{ds'}{r}, \tag{10}$$

che dànno le espressioni, equivalenti alle (7), cui volevamo pervenire.

Eguagliando queste espressioni (10) alle corrispondenti (7), da cui vennero dedotte, si ottengono due equazioni, valide per ogni contorno chiuso, la prima delle quali è la seguente

$$\int\left[\frac{1}{r}\frac{\partial x'}{\partial n'}+\frac{\partial}{\partial x}\left(r\frac{\partial \log u}{\partial n'}\right)\right]ds'=0, \tag{11}$$

ed è appunto quella che Clausius dimostra direttamente riducendo il suo primo membro a coincidere colla parte reale dell'ultimo termine (identicamente nullo) dell'equazione (9).

All'equazione (9) si potrebbe, in virtù della prima equazione (8), surrogare la seguente

$$\frac{\partial V}{\partial x}+i\frac{\partial V}{\partial y}=\varepsilon h i\int\frac{\partial \xi'}{\partial s'}\frac{ds'}{r}=\varepsilon h\int\frac{-dy'+i\,dx'}{r},$$

dalla quale si ricaverebbe

$$\frac{\partial V}{\partial x}=-\varepsilon h\int\frac{dy'}{r}, \qquad \frac{\partial V}{\partial y}=\varepsilon h\int\frac{dx'}{r},$$

dove i differenziali dx', dy' devono essere presi col segno che risulta dal percorrere il contorno s' nel senso definito più sopra.

L'equazione (11) ha la forma di quelle che vennero precedentemente considerate rispetto alle superficie chiuse; ma non sarebbe rigoroso dimostrarla con una riduzione dalla formula ($\mathbf{I}_b$) alla ($\mathbf{I}_c$), perchè il teorema (**III**) non è sempre applicabile alle funzioni che attualmente terrebbero il posto delle F, G. S'incontrerebbero eccezioni della stessa natura di quelle notate da Clausius nel § 30, a proposito delle componenti parallele al piano dell'area ottenute colla derivazione sotto il segno integrale.

LIII.

INTORNO AD UN CASO DI MOTO A DUE COORDINATE.

Rendiconti del R. Istituto Lombardo, serie II, volume XI (1878), pp. 199-210.

È noto che DIRICHLET iniziò, nel 1852, la trattazione d'un ramo importantissimo dell'idrodinamica razionale, cioè la teoria rigorosa del moto d'un solido in un fluido incompressibile indefinito, determinando, come primo saggio di tale teoria, tutte le circostanze del movimento d'una sfera solida in un tal fluido. Tralasciando d'accennare le indagini istituite successivamente dai geometri intorno a questo soggetto, per le quali si possono consultare i §§ 24-30 delle mie *Ricerche sulla cinematica dei fluidi* *), aggiungerò soltanto che il problema trattato da DIRICHLET ha il suo riscontro, nel moto a due coordinate, in un problema del quale nel § 31 delle citate *Ricerche* è considerato il caso relativo ad un velo fluido piano, in cui si muova un disco ellittico o circolare. Credo utile di esporre qui brevemente un altro esempio consimile di moto a due coordinate, quello cioè d'un velo fluido ricoprente la superficie d'una sfera, obligato al moto da una calotta sferica e rigida, scorrente sulla sfera stessa. Questo caso di moto presenta alcune discrepanze in confronto di quello relativo al velo piano ed al disco circolare, discrepanze che risultano principalmente dall'essere finita l'area occupata dal fluido e dall'essere impossibile ogni moto di semplice traslazione della calotta.

Per semplicità, giova supporre uguale a uno il raggio della sfera, considerando invece del moto vero la projezione centrale del moto stesso sopra una superficie sferica di raggio uno concentrica alla data. Assunto in questa superficie un punto fisso P

*) Memorie dell'Accademia delle Scienze dell'Istituto di Bologna, serie III, vol. I, II, III, V; oppure queste OPERE, vol. II, pag. 202.

(per ora arbitrario) come polo, chiamiamo ρ la distanza sferica di un punto qualunque della superficie da questo polo e θ la longitudine del punto stesso contata da un meridiano fisso. Ammessa l'esistenza d'un potenziale di moto U, l'equazione di continuità è data, rispetto alla superficie sferica ed alle coordinate in essa scelte, da

$$\operatorname{sen}\rho \frac{\partial}{\partial \rho}\left(\frac{\partial U}{\partial \rho} \operatorname{sen}\rho\right) + \frac{\partial^2 U}{\partial \theta^2} = 0 .$$

Se in quest'equazione si pone

$$U = R\Theta,$$

dove R sia funzione della sola ρ e Θ della sola θ, si ottiene

$$\frac{\operatorname{sen}\rho}{R} \frac{d}{d\rho}\left(\frac{dR}{d\rho} \operatorname{sen}\rho\right) + \frac{1}{\Theta} \frac{d^2\Theta}{d\theta^2} = 0,$$

equazione che, designando con n^2 una costante arbitraria, si spezza nelle due equazioni seguenti:

$$\operatorname{sen}\rho \frac{d}{d\rho}\left(\frac{dR}{d\rho} \operatorname{sen}\rho\right) = n^2 R, \qquad \frac{d^2\Theta}{d\theta^2} + n^2\Theta = 0 .$$

Queste sono immediatamente integrabili, e dànno:

per $n = 0$

$$R = A \log \operatorname{tg} \frac{\rho}{2} + B,$$

$$\Theta = a\theta + b;$$

per n diverso da zero

$$R = A\left(\operatorname{tg} \frac{\rho}{2}\right)^n + B\left(\cot \frac{\rho}{2}\right)^n,$$

$$\Theta = a \cos n\theta + b \operatorname{sen} n\theta,$$

dove A, B, a, b sono costanti arbitrarie. Escludendo dunque, per note ragioni, i valori non interi di n, si può porre

$$(1) \quad \left\{ \begin{aligned} U = &\left(A \log \operatorname{tg} \frac{\rho}{2} + B\right)(a\theta + b) \\ &+ \sum_{n=1}^{\infty}\left[A_n\left(\operatorname{tg} \frac{\rho}{2}\right)^n + B_n\left(\cot \frac{\rho}{2}\right)^n\right](a_n \cos n\theta + b_n \operatorname{sen} n\theta). \end{aligned} \right.$$

Bisogna ora determinare le costanti arbitrarie contenute in quest'espressione (costanti rispetto a ρ, θ, ma generalmente funzioni del tempo) in modo da soddisfare alle condizioni peculiari del problema proposto.

Incominciamo col determinare le componenti, secondo le direzioni del meridiano e del parallelo, della velocità che un punto qualunque $M(\rho, \theta)$ della superficie sferica possiede, allorchè lo si consideri come appartenente ad una figura sferica invariabile ruotante, senza abbandonare la superficie sferica di cui fa parte, intorno ad un punto C della superficie stessa, con velocità angolare ω. Siccome vi sono sempre due centri sferici di rotazione, sceglieremo per C quello che è più vicino al polo P, e designeremo con ρ_0, θ_0 le coordinate sferiche di questo punto $\left(\rho_0 \leqq \frac{\pi}{2}\right)$. Supponiamo inoltre che ad un valore positivo di ω corrisponda una rotazione intorno a C procedente nello stesso verso in cui un meridiano mobile ruota intorno al polo P quando la sua longitudine cresce. Premesso ciò, e posto per un momento

$$\text{Arco } CM = \sigma, \qquad \text{Angolo } CMP = \tau,$$

è facile vedere che la velocità assoluta u del punto M è

$$u = \omega \operatorname{sen} \sigma,$$

e che le componenti u_ρ, u_θ di questa velocità secondo le direzioni in cui crescono le coordinate ρ e θ del punto M, sono

$$u_\rho = - \omega \operatorname{sen} \sigma \operatorname{sen} \tau, \qquad u_\theta = \omega \operatorname{sen} \sigma \cos \tau .$$

Ma dal triangolo sferico CPM si trae

$$\operatorname{sen} \sigma \operatorname{sen} \tau = \operatorname{sen} \rho_0 \operatorname{sen} (\theta - \theta_0),$$

$$\operatorname{sen} \sigma \cos \tau = \cos \rho_0 \operatorname{sen} \rho - \operatorname{sen} \rho_0 \cos \rho \cos (\theta - \theta_0);$$

si ha dunque

$$u_\rho = \omega \operatorname{sen} \rho_0 \operatorname{sen} (\theta_0 - \theta),$$

$$u_\theta = \omega [\cos \rho_0 \operatorname{sen} \rho - \operatorname{sen} \rho_0 \cos \rho \cos (\theta_0 - \theta)] .$$

Se, per maggiore semplicità, si assume come direzione del primo meridiano quella della velocità che prende il polo P per effetto d'una rotazione positiva intorno a C, cioè se si pone $\theta_0 = \frac{\pi}{2}$, si ha finalmente

$$(2) \qquad \left\{ \begin{aligned} u_\rho &= \omega \operatorname{sen} \rho_0 \cos \theta, \\ u &= \omega (\cos \rho_0 \operatorname{sen} \rho - \operatorname{sen} \rho_0 \cos \rho \operatorname{sen} \theta) . \end{aligned} \right.$$

Supponiamo ora che la calotta solida, scorrente sulla superficie sferica, abbia il raggio sferico α, e, considerandola nella posizione che occupa in un istante determinato, assumiamo come polo P il centro interno di essa, e come direzione del primo meridiano quella della velocità del centro stesso nell'ipotesi che il moto istantaneo della calotta, che è necessariamente una rotazione intorno a due punti opposti C e C' della superficie sferica, sia una rotazione positiva intorno a quello, C, che è meno lontano dal suo centro interno. Continuando a chiamare ω la velocità angolare di questa rotazione istantanea (velocità che può essere positiva o negativa, stante la scelta fatta del punto C), l'espressione

$$\omega \operatorname{sen} \rho_0 \cos \theta$$

rappresenta, dietro quanto si è testè premesso, la componente della velocità d'un punto (θ) del contorno della calotta secondo il meridiano di questo punto, cioè secondo la normale esterna al contorno stesso. Ora la componente, nella medesima direzione, della velocità di quella particella fluida che si trova a contatto col lembo della calotta in quel punto è

$$\left(\frac{\partial U}{\partial \rho}\right)_{\rho=\alpha}:$$

dunque affinchè il moto istantaneo del fluido sia conciliabile con quello del solido, bisogna, come è noto, che sia soddisfatta la condizione

$$(3) \qquad \left(\frac{\partial U}{\partial \rho}\right)_{\rho=\alpha} = \omega \operatorname{sen} \rho_0 \cos \theta$$

per ogni punto del contorno, cioè per ogni valore di θ.

Ma vi è ancora un'altra condizione cui bisogna soddisfare. Nello spazio occupato dal fluido, ρ varia da α a π, θ da zero a 2π. Per ogni sistema di valori delle variabili ρ e θ, presi entro questi limiti, bisogna che le componenti della velocità del fluido, cioè le quantità

$$\frac{\partial U}{\partial \rho}, \qquad \frac{1}{\operatorname{sen} \rho} \frac{\partial U}{\partial \theta}$$

si mantengano costantemente finite. Ora questa condizione esclude necessariamente tutti i termini che contengono

$$\operatorname{tg} \frac{\rho}{2}, \qquad \log \operatorname{tg} \frac{\rho}{2}, \qquad \theta,$$

talchè U non può essere che della forma

$$U = \sum_1^\infty \left(\cot \frac{\rho}{2}\right)^n (a_n \cos n\theta + b_n \operatorname{sen} n\theta),$$

donde

$$\frac{\partial U}{\partial \rho} = -\frac{1}{\operatorname{sen} \rho} \sum_{1}^{\infty} n \left(\cot \frac{\rho}{2}\right)^n (a_n \cos n\theta + b_n \operatorname{sen} n\theta).$$

La condizione (3) relativa al contorno è dunque

$$\sum_{1}^{\infty} n \left(\cot \frac{\alpha}{2}\right)^n (a_n \cos n\theta + b_n \operatorname{sen} n\theta) = -\omega \operatorname{sen} \rho_0 \operatorname{sen} \alpha \cos \theta,$$

identità dalla quale risulta che tutte le quantità a, b sono nulle ad eccezione di a_1, e che questa è determinata dall'equazione

$$a_1 \cot \frac{\alpha}{2} = -\omega \operatorname{sen} \rho_0 \operatorname{sen} \alpha,$$

donde

$$a_1 = -2\omega \operatorname{sen} \rho_0 \left(\operatorname{sen} \frac{\alpha}{2}\right)^2.$$

La funzione U che soddisfa a tutte le condizioni del problema è dunque la seguente

$$U = -2\omega \operatorname{sen} \rho_0 \left(\operatorname{sen} \frac{\alpha}{2}\right)^2 \cot \frac{\rho}{2} \cos \theta, \tag{4}$$

epperò questa funzione coincide necessariamente col cercato potenziale di moto. Si vede che questo dipende unicamente, oltre che dall'ampiezza della calotta, dalla velocità del centro di questa uguale ad $\omega \operatorname{sen} \rho_0$.

Dalla trovata espressione di U, chiamando υ la velocità assoluta d'un punto (ρ, θ) del fluido e υ_ρ, υ_θ le sue componenti nelle solite direzioni, si deduce

$$\left\{\begin{aligned} &\upsilon_\rho = \omega \operatorname{sen} \rho_0 \left(\frac{\operatorname{sen} \frac{\alpha}{2}}{\operatorname{sen} \frac{\rho}{2}}\right)^2 \cos \theta, \qquad \upsilon_\theta = \omega \operatorname{sen} \rho_0 \left(\frac{\operatorname{sen} \frac{\alpha}{2}}{\operatorname{sen} \frac{\rho}{2}}\right)^2 \operatorname{sen} \theta, \\ &\upsilon = \pm\, \omega \operatorname{sen} \rho_0 \left(\frac{\operatorname{sen} \frac{\alpha}{2}}{\operatorname{sen} \frac{\rho}{2}}\right)^2, \qquad \frac{\upsilon_\theta}{\upsilon_\rho} = \operatorname{tg} \theta; \end{aligned}\right. \tag{5}$$

dove nell'espressione di υ vale il segno $+$ o $-$ secondo che la velocità angolare ω è positiva o negativa. La velocità del fluido varia dunque da punto a punto colle due leggi seguenti:

1° Lungo uno stesso parallelo è costante il valore assoluto della velocità; esso è massimo ed uguale a $\pm\, \omega \operatorname{sen} \rho_0$ (velocità del centro della calotta) lungo il lembo della calotta solida, ed è minimo ed uguale a $\pm\,\omega \operatorname{sen}\rho_0 \left(\operatorname{sen}\frac{\alpha}{2}\right)^2$ nel centro della calotta fluida. In generale questa velocità assoluta varia in ragione inversa del quadrato della distanza dal centro della calotta solida.

2° Lungo uno stesso meridiano la direzione della velocità fa un angolo costante col meridiano stesso, e propriamente un angolo che è eguale alla longitudine del meridiano considerato.

L'integrale

$$\int \frac{1}{2} \upsilon^2 d S$$

esteso a tutta la superficie S della calotta liquida, che ora supponiamo ridotta al suo vero raggio a, è

$$\frac{\pi a^4 \omega^2 \operatorname{sen}^2 \rho_0 \operatorname{sen}^2 \alpha}{2}. \tag{6}$$

L'equazione differenziale delle linee di moto

$$\frac{d\rho}{\upsilon_\rho} = \frac{\operatorname{sen}\rho\, d\theta}{\upsilon_\theta}$$

è immediatamente integrabile e dà

$$\cot\frac{\rho}{2} \operatorname{sen}\theta = \text{costante}.$$

Queste linee di moto non sono altro che circonferenze minori, tangenti nel polo al meridiano iniziale. La disposizione, facilissima ad immaginarsi, di queste linee, dà una idea chiarissima delle velocità istantanee che nascono in seno al fluido per effetto d'uno spostamento infinitesimo della calotta solida.

Ma queste linee di moto non sono vere trajettorie delle molecole fluide, perchè il moto non è permanente. Per ottenere le formole relative alle vere trajettorie bisognerebbe, con una trasformazione di coordinate sferiche, rendere indipendente l'espressione di U dalla posizione istantanea della calotta, e introdurre quelle funzioni del tempo che definiscono la posizione variabile della calotta stessa.

Invece di ciò fare, consideriamo il moto relativo del fluido rispetto alla calotta, riguardata come immobile. Si ottiene questo moto relativo attribuendo al sistema costituito dal fluido e dalla calotta una rotazione comune $-\,\omega$ intorno al centro istantaneo C, cioè componendo colla velocità propria di ciascun punto (ρ, θ) di tal sistema la velocità di componenti $-\,u_\rho$, $-\,u_\theta$. Con ciò la calotta solida è ridotta all'immobilità, e le componenti υ'_ρ, υ'_θ della velocità relativa del fluido diventano, in virtù delle equazioni (2) e (5),

$$(7)\quad \begin{cases} v'_\rho = \omega \operatorname{sen} \rho_0 \dfrac{\operatorname{sen}^2 \dfrac{\alpha}{2} - \operatorname{sen}^2 \dfrac{\rho}{2}}{\operatorname{sen}^2 \dfrac{\rho}{2}} \cos\theta = -\omega \operatorname{sen} \rho_0 \dfrac{\cos\alpha - \cos\rho}{2 \operatorname{sen}^2 \dfrac{\rho}{2}} \cos\theta, \\ v'_\theta = \omega \operatorname{sen} \rho_0 \dfrac{\operatorname{sen}^2 \dfrac{\alpha}{2} + \cos\rho \operatorname{sen}^2 \dfrac{\rho}{2}}{\operatorname{sen}^2 \dfrac{\rho}{2}} \operatorname{sen}\theta - \omega \cos\rho_0 \operatorname{sen}\rho \\ \quad = \omega \operatorname{sen} \rho_0 \dfrac{\operatorname{sen}^2 \rho + \cos\rho - \cos\alpha}{2 \operatorname{sen}^2 \dfrac{\rho}{2}} \operatorname{sen}\theta - \omega \cos\rho_0 \operatorname{sen}\rho. \end{cases}$$

Queste equazioni definiscono un moto permanente se ω e ρ_0 sono costanti rispetto al tempo, cioè se la rotazione della calotta rigida è invariabile quanto a velocità e quanto ad asse (condizioni di cui tuttavia è sufficiente la seconda per rendere le linee di moto relativo identiche colle trajettorie relative). Ma, ammesse queste condizioni, il moto relativo, mentre diventa permanente, cessa (in ogni caso) di essere dotato di potenziale, perchè il moto che si è composto col vero è sempre e necessariamente rotatorio. D'altronde l'area a contorno fisso occupata dal fluido nel moto relativo è semplicemente connessa, e si sa da un teorema generale che, per questo solo fatto, non vi si potrebbe verificare moto alcuno che non fosse rotatorio.

L'equazione differenziale delle trajettorie relative

$$\frac{d\rho}{v'_\rho} = \frac{\operatorname{sen}\rho \, d\theta}{v'_\theta}$$

può scriversi così

$$(\cos\alpha - \cos\rho) \cot\frac{\rho}{2} \cos\theta \, d\theta + \frac{\operatorname{sen}^2\rho + \cos\rho - \cos\alpha}{2 \operatorname{sen}^2 \dfrac{\rho}{2}} \operatorname{sen}\theta \, d\rho - \cot\rho_0 \operatorname{sen}\rho \, d\rho = 0;$$

ed integrata dà

$$(8)\qquad (\cos\alpha - \cos\rho) \cot\frac{\rho}{2} \operatorname{sen}\theta + \cot\rho_0 \cos\rho = \text{costante}.$$

Per meglio riconoscere la natura di queste curve introduciamo un sistema d'assi rettangolari delle x, y, z diretti dal centro della sfera verso i punti di coordinate sferiche $\left(\rho = \frac{\pi}{2},\ \theta = 0\right)$, $\left(\rho = \frac{\pi}{2},\ \theta = \frac{\pi}{2}\right)$, $(\rho = 0)$; talchè, chiamando a il raggio della sfera che si è projettata su quella di raggio 1, si abbia

$$x = a \operatorname{sen} \rho \cos \theta,$$

$$y = a \operatorname{sen} \rho \operatorname{sen} \theta,$$

$$z = a \cos \rho .$$

Da queste relazioni si trae

$$\cos \rho = \frac{z}{a}, \qquad \operatorname{sen} \theta \cot \frac{\rho}{2} = \frac{\operatorname{sen} \rho \operatorname{sen} \theta}{1 - \cos \rho} = \frac{y}{a - z};$$

epperò l'equazione (8), ponendovi la costante del secondo membro sotto la forma $\frac{c}{a}$, diventa

$$(8') \qquad (a \cos \alpha - z) y = (a - z)(c - z \cot \rho_0) .$$

Quest'equazione rappresenta una superficie cilindrica di second'ordine a generatrici parallele all'asse delle x, cioè all'intersezione dell'equatore col primo meridiano, parallele quindi alla direzione della velocità del centro della calotta solida. Questa superficie cilindrica è iperbolica, ed ha i piani asintotici l'uno parallelo all'equatore, l'altro normale all'asse di rotazione della calotta. Il primo piano asintotico è fisso e coincide col piano del cerchio-base della calotta.

Le trajettorie relative sono dunque linee sferiche di quart'ordine. Per

$$c = a \cos \alpha \cot \rho_0$$

l'equazione (8') diventa

$$(a \cos \alpha - z)(y \operatorname{tg} \rho_0 + z - a) = 0,$$

e si decompone nelle due

$$z = a \cos \alpha ,$$

$$y \operatorname{tg} \rho_0 + z = a ,$$

che rappresentano rispettivamente il piano del cerchio-base della calotta, ed il piano condotto pel polo normalmente all'asse di rotazione.

Quando

$$\rho_0 < \frac{\alpha}{2},$$

quest'ultimo piano non interseca punto la calotta fluida, ed in questo caso il contorno della calotta solida costituisce da sè solo una trajettoria relativa, lungo la quale la velocità relativa varia secondo la formula

$$v'_\theta = \omega\left(2 \operatorname{sen} \rho_0 \cos^2 \frac{\alpha}{2} \operatorname{sen} \theta - \cos \rho_0 \operatorname{sen} \alpha\right) = 2\,\omega \cos \rho_0 \cos^2 \frac{\alpha}{2}\left(\operatorname{tg} \rho_0 \operatorname{sen} \theta - \operatorname{tg} \frac{\alpha}{2}\right),$$

talchè essa resta sempre diversa da zero.

Quando invece

$$\rho_0 > \frac{\alpha}{2},$$

il suddetto piano interseca il contorno della calotta in due punti, che diremo β e β', il primo dei quali ha una longitudine compresa fra θ e $\frac{\pi}{2}$, il secondo fra $\frac{\pi}{2}$ e π. Chiamiamo γ il punto in cui questo stesso piano sega il meridiano $\theta = \frac{\pi}{2}$, e δ, δ' quei punti del contorno della calotta che corrispondono alle longitudini $\frac{\pi}{2}$ e $-\frac{\pi}{2}$. In questo caso si hanno due trajettorie composte d'archi circolari; l'una è

$$\delta\beta'\gamma\beta\delta$$

e l'altra

$$\delta'\beta'\gamma\beta\delta',$$

ove le lettere si succedono nell'ordine in cui una molecola fluida percorre queste trajettorie, supposta positiva la velocità angolare ω. Queste due trajettorie hanno in comune l'arco $\beta'\gamma\beta$, che va contato come una trajettoria doppia. Nei punti β, β', dati da

$$\operatorname{sen} \theta = \cot \rho_0 \operatorname{tg} \frac{\alpha}{2},$$

il fluido è in quiete relativa.

Le porzioni di fluido contenute, in questo secondo caso, nelle trajettorie bicircolari rientranti che abbiamo determinate, si muovono indipendentemente l'una dall'altra (nel moto relativo di cui ci occupiamo). Anche le altre trajettorie sono linee rientranti inviluppantisi le une sulle altre, e tutte interne all'una od all'altra delle due trajettorie bicircolari.

Nel primo caso invece $\left(\text{cioè quando } \rho_0 < \frac{\alpha}{2}\right)$ v'è una sola serie di trajettorie.

In ambedue i casi vi è, in ogni serie di trajettorie interne le une alle altre, una trajettoria infinitamente piccola, che si riduce ad un punto il quale è in quiete relativa. Un tal punto corrisponde ad un contatto fra la sfera ed uno dei cilindri della famiglia rappresentata dall'equazione (8'): ma lo si determina più prontamente cercando il punto di velocità relativa nulla sui meridiani $\theta = \pm \frac{\pi}{2}$. E siccome in ogni punto di tali meridiani si ha $\upsilon'_\rho = 0$, così basta porre $\theta = \pm \frac{\pi}{2}$ nell'equazione $\upsilon'_\theta = 0$. In tal modo si ottiene, per determinare la coordinata ρ di un punto limite, l'equazione

$$\mathrm{sen}^2 \rho + \cos \rho - \cos \alpha \mp \cot \rho_0 (1 - \cos \rho) \,\mathrm{sen}\, \rho = 0 .$$

Facendo nel primo membro di quest'equazione $\rho = \alpha$, $\rho = \pi$, si trova rispettivamente

$$\frac{\mathrm{sen}^2 \alpha \,\mathrm{sen}\left(\rho_0 \mp \frac{\alpha}{2}\right)}{\mathrm{sen}\, \rho_0 \cos \frac{\alpha}{2}}, \qquad -2 \cos^2 \frac{\alpha}{2} .$$

Il primo risultato è positivo qualunque sia il segno di $\frac{\alpha}{2}$, nel caso in cui $\rho_0 > \frac{\alpha}{2}$; ed è positivo solamente se si prende il segno inferiore, nel caso in cui $\rho_0 < \frac{\alpha}{2}$. Dunque quando ha luogo la separazione del fluido in due parti bicircolari, vi sono due trajettorie infinitamente piccole, l'una sul meridiano $\theta = +\frac{\pi}{2}$, l'altra sul meridiano $\theta = -\frac{\pi}{2}$; quando invece la detta separazione non ha luogo, ve n'è una sola, sul meridiano $\theta = -\frac{\pi}{2}$. Nel moto vero queste trajettorie infinitamente piccole, o punti limiti, corrispondono a molecole fluide che, al pari di quelle situate in σ e σ', si muovono come se fossero invariabilmente collegate colla calotta solida. Di tali punti ve ne sono dunque quattro, oppure uno solo, secondo che ρ_0 è maggiore oppure minore di $\frac{\alpha}{2}$.

Per mostrare come si determini il tempo impiegato dalle molecole fluide a percorrere le loro trajettorie, considereremo il caso più semplice in cui sia $\rho_0 = \frac{\pi}{2}$, cioè quello in cui il centro della calotta solida percorra una geodetica della superficie sferica (con velocità che supporremo costante). Il procedimento è lo stesso anche nel caso che il detto punto percorra una circonferenza minore, salvo la maggiore complicazione del risultato. Se dall'equazione

$$\upsilon'_\rho = \frac{d\rho}{dt} = -\,\omega \,\frac{\mathrm{sen}^2 \frac{\rho}{2} - \mathrm{sen}^2 \frac{\alpha}{2}}{\mathrm{sen}^2 \frac{\rho}{2}} \cos \theta$$

si elimina θ mediante l'equazione delle trajettorie relative

$$\left(\mathrm{sen}^2 \frac{\rho}{2} - \mathrm{sen}^2 \frac{\alpha}{2}\right) \cot \frac{\rho}{2} \,\mathrm{sen}\, \theta = \frac{c}{2a},$$

si trova

$$\frac{\operatorname{sen}\rho \operatorname{sen}\frac{\rho}{2}\, d\rho}{\sqrt{4a^2\cos^2\frac{\rho}{2}\left(\operatorname{sen}^2\frac{\rho}{2}-\operatorname{sen}^2\frac{\alpha}{2}\right)^2-c^2\operatorname{sen}^2\frac{\rho}{2}}}=\pm\frac{\omega\, dt}{a}.$$

Il primo membro è riducibile in molti modi ad un differenziale ellittico. Per esempio, ponendo

$$\operatorname{sen}^2\frac{\rho}{2}=\frac{1}{w},\qquad \operatorname{sen}^2\frac{\alpha}{2}=\frac{1}{w_0},$$

si ottiene

$$\frac{dw}{w\sqrt{b^2(w_0-w)^2(w-1)-c^2w^2}}=\mp\frac{\omega\, dt}{2a},$$

dove $b=a(1-\cos\alpha)$. Si ha dunque

$$t=\mp\frac{2a}{\omega}\int\frac{dw}{w\sqrt{b^2(w_0-w)^2(w-1)-c^2w^2}},$$

dove restano a determinarsi, per ciascun caso particolare, il segno ed i limiti dell'integrale.

Se invece di considerare come solida la calotta compresa fra $\rho=0$ e $\rho=\alpha$ e come fluida la rimanente, si facesse la supposizione inversa, si troverebbe, come potenziale di moto del fluido occupante la prima calotta,

$$V=2\omega\operatorname{sen}\rho_0\cos^2\frac{\alpha}{2}\operatorname{tg}\frac{\rho}{2}\cos\theta;$$

e l'integrale di $\frac{1}{2}\upsilon^2$, esteso a tutta la calotta medesima, sarebbe ancora lo stesso di prima. I due moti del fluido potrebbero coesistere, qualora la superficie sferica fosse tutta ricoperta d'un fluido, obbligato a spostarsi da un anello circolare rigido, di raggio sferico α, scorrente sulla superficie stessa.

Del resto è noto come, conoscendo l'espressione del detto integrale di $\frac{1}{2}\upsilon^2$ esteso a tutta la massa fluida, il problema del moto d'un solido sottoposto (oltrechè a forze date) alla pressione del fluido in moto che lo circonda, sia riducibile agli ordinarî procedimenti della dinamica dei corpi rigidi.

LIV.

SULLE FUNZIONI POTENZIALI DI SISTEMI SIMMETRICI INTORNO AD UN ASSE.

Rendiconti del Reale Istituto Lombardo, serie II, volume XI (1878), pp. **668-680.**

La funzione potenziale V d'un sistema di masse distribuite simmetricamente intorno all'asse delle z dipende evidentemente dalle sole due variabili z ed $u=\sqrt{x^2+y^2}$. In ogni spazio nel quale questa funzione soddisfa all'equazione di LAPLACE, si può e giova sostituire a tale equazione il seguente sistema di due equazioni differenziali parziali di 1° ordine

$$(1)\qquad \frac{\partial W}{\partial u}=u\frac{\partial V}{\partial z}, \qquad \frac{\partial W}{\partial z}=-u\frac{\partial V}{\partial u},$$

dove W è una funzione di u e z che diremo *associata* a V e che, eguagliata ad una costante arbitraria, fornisce l'equazione delle linee di forza corrispondenti al potenziale V. Queste linee di forza si riproducono identicamente in ogni piano passante per l'asse di simmetria.

Eliminando alternativamente W e V dalle due equazioni precedenti si ottengono le due equazioni differenziali parziali di 2° ordine

$$(2)\qquad \frac{\partial}{\partial u}\left(u\frac{\partial V}{\partial u}\right)+\frac{\partial}{\partial z}\left(u\frac{\partial V}{\partial z}\right)=0,$$

$$(2')\qquad \frac{\partial}{\partial u}\left(\frac{1}{u}\frac{\partial W}{\partial u}\right)+\frac{\partial}{\partial z}\left(\frac{1}{u}\frac{\partial W}{\partial z}\right)=0,$$

la prima delle quali è precisamente quella in cui si converte l'equazione di LAPLACE quando V dipende soltanto da u e da z, lo che dimostra appunto che a quest'unica equazione si può surrogare il sistema delle due equazioni (1). La seconda equazione esprime una proprietà caratteristica di tutte le funzioni associate W.

Data una qualunque delle due funzioni V, W, l'altra è determinabile con una quadratura, poichè si ha

$$dW = u\left(\frac{\partial V}{\partial z}du - \frac{\partial V}{\partial u}dz\right), \tag{3}$$

$$dV = \frac{1}{u}\left(\frac{\partial W}{\partial u}dz - \frac{\partial W}{\partial z}du\right). \tag{3'}$$

Ma le due equazioni (1) possono inoltre essere considerate come condizioni d'integrabilità, e come tali dimostrano l'esistenza di due funzioni V_1 e W_1 i cui differenziali esatti sono dati da

$$\left\{\begin{aligned} dV_1 &= V dz - \frac{W du}{u}, \\ dW_1 &= W dz + V u du, \end{aligned}\right. \tag{4}$$

talchè si ha, tanto

$$V = \frac{\partial V_1}{\partial z}, \qquad W = -u\frac{\partial V_1}{\partial u}; \tag{5}$$

quanto

$$V = \frac{1}{u}\frac{\partial W_1}{\partial u}, \qquad W = \frac{\partial W_1}{\partial z}. \tag{5'}$$

Dunque ogni coppia di funzioni associate V e W è esprimibile, in due maniere diverse, mediante le derivate parziali d'una stessa funzione, V_1 o W_1. E siccome dalle equazioni (5), (5') si trae

$$\frac{\partial W_1}{\partial u} = u\frac{\partial V_1}{\partial z}, \qquad \frac{\partial W_1}{\partial z} = -u\frac{\partial V_1}{\partial u}, \tag{6}$$

relazioni che hanno la stessa forma delle (1), così si vede che le nuove funzioni V_1 e W_1 costituiscono, come le V e W, il sistema di una funzione potenziale e della sua associata. Si possono dunque sostituire le V_1, W_1 alle V, W nelle equazioni (2), (2'), (3), (3') ed ottenere così altrettante proprietà delle funzioni V_1, W_1.

Le formole (5) erano già conosciute: si può vedere in proposito, per esempio, il § 2 della lezione XVIII nella *Meccanica* di KIRCHHOFF. Non pare invece che siano già state notate le formole associate (5').

La dipendenza reciproca delle due coppie di funzioni V e W, V_1 e W_1, mostra che, mediante una funzione, sia potenziale sia associata, si può formare una serie ascendente, del pari che una serie discendente, di coppie della medesima specie (V, W).

Prima di procedere innanzi, facciamo un paio d'esempi.

Cominciamo da uno semplicissimo, nel quale tutte quattro le funzioni V, W, V_1, W_1 sono determinabili facilissimamente. Sia V la funzione potenziale di masse concentrate in varî punti dell'asse di simmetria, cioè pongasi

$$V = \sum \frac{m}{r},$$

dove $r = \sqrt{u^2 + (z - c)^2}$, c essendo la distanza della massa m dall'origine. Dalle due equazioni (1) si ricava subito

$$W = \sum \frac{m(z - c)}{r} = \sum m \cos(r, z),$$

e dalle equazioni (4)

$$V_1 = \sum m \log(r + z - c) - \sum m \log u,$$

$$W_1 = \sum m r.$$

Osserviamo che essendo, in generale,

$$V = \frac{\partial V_1}{\partial z}, \qquad W = \frac{\partial W_1}{\partial z},$$

si ha, nel caso attuale,

$$V = -\sum m \frac{\partial \log(r + z - c)}{\partial c}, \qquad W = -\sum m \frac{\partial r}{\partial c};$$

talchè se le masse occupano un segmento finito, terminato ai punti c_0, c_1, colla densità uguale a 1, si ha tosto, convertendo la somma in un integrale preso rispetto a c,

$$\left\{ \begin{aligned} V &= \log \frac{r_0 + z - c_0}{r_1 + z - c_1} = \log \frac{r_0 + r_1 + c_1 - c_0}{r_0 + r_1 + c_0 - c_1}, \\ W &= r_0 - r_1. \end{aligned} \right.$$

Le linee equipotenziali $r_0 + r_1 = \text{cost.}$, e le linee di forza $r_0 - r_1 = \text{cost.}$ sono dunque le ellissi e le iperboli che hanno per comune asse focale il segmento materiale, come è notissimo.

Per secondo esempio, consideriamo la funzione

$$W_1 = -\pi a^2 \int_{\lambda_1}^{\infty} F(s)\, d\lambda,$$

dove

(a) $$s = 1 - \frac{u^2}{a^2 + \lambda^2} - \frac{z^2}{\lambda^2},$$

e dove il limite inferiore λ_1 è la radice positiva dell'equazione in λ che si ottiene ponendo $s = 0$. La funzione $F(s)$ non è per ora soggetta ad altra condizione che a quella di annullarsi per $s = 0$.

Incominciamo col dimostrare che questa funzione W_1 possiede veramente il carattere di una funzione associata, cioè che soddisfa alla equazione (2'). Si ha infatti

$$(b) \qquad \begin{cases} \dfrac{\partial W_1}{\partial u} = 2\pi a^2 u \displaystyle\int_{\lambda_1}^{\infty} \frac{F'(s)\,d\lambda}{a^2 + \lambda^2}, \\ \dfrac{\partial W_1}{\partial z} = 2\pi a^2 z \displaystyle\int_{\lambda_1}^{\infty} \frac{F'(s)\,d\lambda}{\lambda^2}, \end{cases}$$

epperò

$$\frac{\partial}{\partial u}\left(\frac{1}{u}\frac{\partial W_1}{\partial u}\right) = -2\pi a^2\left[2\int_{\lambda_1}^{\infty}\frac{uF''(s)\,d\lambda}{(a^2+\lambda^2)^2} + \frac{F'(0)}{a^2+\lambda_1^2}\frac{\partial \lambda_1}{\partial u}\right],$$

$$\frac{\partial}{\partial z}\left(\frac{1}{u}\frac{\partial W_1}{\partial z}\right) = -2\pi a^2\left[\frac{2z}{u}\int_{\lambda_1}^{\infty}\frac{zF''(s)\,d\lambda}{\lambda^4} + \frac{z}{u}\frac{F'(0)}{\lambda_1^2}\frac{\partial\lambda_1}{\partial z} - \frac{1}{u}\int_{\lambda_1}^{\infty}\frac{F'(s)\,d\lambda}{\lambda^2}\right];$$

donde

$$\frac{\partial}{\partial u}\left(\frac{1}{u}\frac{\partial W_1}{\partial u}\right) + \frac{\partial}{\partial z}\left(\frac{1}{u}\frac{\partial W_1}{\partial z}\right)$$

$$= -\frac{2\pi a^2}{u}\left\{2\int_{\lambda_1}^{\infty}F''(s)\left[\left(\frac{u}{a^2+\lambda^2}\right)^2 + \left(\frac{z}{\lambda^2}\right)^2\right]d\lambda - \int_{\lambda_1}^{\infty}\frac{F'(s)\,d\lambda}{\lambda^2}\right.$$

$$\left. + F'(0)\left(\frac{u}{a^2+\lambda_1^2}\frac{\partial\lambda_1}{\partial u} + \frac{z}{\lambda_1^2}\frac{\partial\lambda_1}{\partial z}\right)\right\}.$$

Ora dall'identità (a), e dall'equazione che si ottiene da questa ponendo $s = 0$, $\lambda = \lambda_1$, si deduce

$$\frac{\partial s}{\partial\lambda} = 2\lambda\left[\left(\frac{u}{a^2+\lambda^2}\right)^2 + \left(\frac{z}{\lambda^2}\right)^2\right],$$

$$\frac{u}{a^2+\lambda_1^2}\frac{\partial\lambda_1}{\partial u} + \frac{z}{\lambda_1^2}\frac{\partial\lambda_1}{\partial z} = \frac{1}{\lambda_1};$$

quindi

$$\frac{\partial}{\partial u}\left(\frac{1}{u}\frac{\partial W_1}{\partial u}\right) + \frac{\partial}{\partial z}\left(\frac{1}{u}\frac{\partial W_1}{\partial z}\right)$$

$$= \frac{2\pi a^2}{u}\left[\int_{\lambda_1}^{\infty}\frac{F'(s)\,d\lambda}{\lambda^2} - \int_{\lambda_1}^{\infty}F''(s)\frac{\partial s}{\partial\lambda}\frac{d\lambda}{\lambda} - \frac{F'(0)}{\lambda_1}\right] = -\frac{2\pi a^2}{u}\left\{\frac{F'(0)}{\lambda_1} + \int_{\lambda_1}^{\infty} d\left[\frac{F'(s)}{\lambda}\right]\right\},$$

epperò se $F'(1)$ [valore di $F'(s)$ per $\lambda = \infty$] è quantità finita, l'equazione (2') è identicamente soddisfatta.

Ciò posto, dalle equazioni generali (5') si ottengono, nel caso attuale, i valori

$$\left\{\begin{aligned} V &= 2\pi a^2 \int_{\lambda_1}^{\infty} \frac{F'(s)\, d\lambda}{a^2 + \lambda^2}, \\ W &= 2\pi a^2 z \int_{\lambda_1}^{\infty} \frac{F'(s)\, d\lambda}{\lambda^2}, \end{aligned}\right.$$

che sono quelli stessi da me considerati nella Nota *Intorno ad alcune questioni di elettrostatica* *), qualora vi si ponga $F'(s) = f(s)$. La condizione circa il valor finito di $f(1)$ era già stata incontrata per altra via in quello scritto.

Ciò che importa osservare, intorno a questo secondo esempio, è che mentre l'espressione di W_1 riesce, come si vede, molto semplice, quella della corrispondente funzione V_1 risulterebbe molto più difficile a calcolarsi, cosicchè si riconosce quanto sia utile di considerare ambedue le maniere (5) e (5') d'esprimere una coppia di funzioni (V, W); potendo riuscire facilmente applicabile l'una quando non lo sia l'altra.

Ritorniamo ora alla questione generale, e procuriamo anzitutto di generalizzare il principio su cui si fondano le correlazioni donde abbiam prese le mosse.

Le formole (5) e (5') somministrano le espressioni di V e W formate, in modo assai semplice, colle derivate parziali d'una medesima funzione, V_1 o W_1. Possiamo proporci invece di ottenere per V e W delle espressioni soggette alla sola condizione d'essere formate *linearmente* colle derivate parziali d'una stessa funzione, che diremo U. È chiaro che se tale funzione esiste, il suo differenziale totale deve avere la forma

$$dU = (A + BV + CW)\, du + (A_1 + B_1 V + C_1 W)\, dz,$$

dove A, B, C, A_1, B_1, C_1, sono funzioni di u, z, indipendenti dalle espressioni particolari di U, V, W. Ora la condizione d'integrabilità del secondo membro è

$$\frac{\partial A}{\partial z} - \frac{\partial A_1}{\partial u} + \left(\frac{\partial B}{\partial z} - \frac{\partial B_1}{\partial u}\right) V + \left(\frac{\partial C}{\partial z} - \frac{\partial C_1}{\partial u}\right) W$$

$$+ B\frac{\partial V}{\partial z} - B_1 \frac{\partial V}{\partial u} + C\frac{\partial W}{\partial z} - C_1 \frac{\partial W}{\partial u} = 0,$$

e questa, poichè non esiste alcuna relazione finita fra le V, W, e sono date soltanto

*) Rendiconti del R. Istituto Lombardo, s. II, vol. X (1877), pp. 171-185; oppure queste OPERE, tomo III, pp. 73-88.

le relazioni differenziali (1), si decompone nelle seguenti

$$\frac{\partial A}{\partial z} = \frac{\partial A_1}{\partial u}, \qquad \frac{\partial B}{\partial z} = \frac{\partial B_1}{\partial u}, \qquad \frac{\partial C}{\partial z} = \frac{\partial C_1}{\partial u};$$

$$B = C_1 u, \qquad B_1 = - C u.$$

Le prime tre esprimono che

$$A\, du + A_1\, dz, \qquad B\, du + B_1\, dz, \qquad C\, du + C_1\, dz$$

sono tre differenziali esatti. Rappresentandone gli integrali con U', w, v si ha dunque

$$A = \frac{\partial U'}{\partial u}, \qquad B = \frac{\partial w}{\partial u}, \qquad C = \frac{\partial v}{\partial u},$$

$$A_1 = \frac{\partial U'}{\partial z}, \qquad B_1 = \frac{\partial w}{\partial z}, \qquad C_1 = \frac{\partial v}{\partial z},$$

e le due condizioni residue diventano

$$\frac{\partial w}{\partial u} = u \frac{\partial v}{\partial z}, \qquad \frac{\partial w}{\partial z} = - u \frac{\partial v}{\partial u}.$$

Ora queste relazioni hanno la stessa forma delle (1), e mostrano quindi che v e w sono due funzioni particolari della specie V e W rispettivamente. Quanto alla funzione U', essa può essere evidentemente compenetrata nella U, scrivendo cioè U invece di $U - U'$.

In tal modo si viene a concludere che il differenziale esatto dal quale devono scaturire le due cercate espressioni di V e W in funzione lineare delle derivate parziali di una terza funzione U, possiede la forma semplicissima

$$V\, dw + W\, dv = dU, \tag{7}$$

dove v e w sono due soluzioni particolari simultanee delle equazioni fondamentali (1).

Fra le soluzioni particolari più semplici vi sono, per esempio, le due seguenti

$$\left(v = \log \frac{1}{u}, \quad w = z\right),$$

$$\left(v = z, \qquad w = \frac{u^2}{2}\right).$$

Egli è appunto a queste due coppie di soluzioni che corrispondono le formole (4), (5) e (5') che abbiamo incontrate fin dal principio.

Il risultato espresso dall'equazione (7) può essere considerato sotto un altro aspetto. Essendo, in virtù delle equazioni (1) cui soddisfanno le funzioni v, w,

$$\frac{\partial v}{\partial u}\frac{\partial w}{\partial z}-\frac{\partial v}{\partial z}\frac{\partial w}{\partial u}=-u\left[\left(\frac{\partial v}{\partial u}\right)^2+\left(\frac{\partial v}{\partial z}\right)^2\right]$$

$$=-\frac{1}{u}\left[\left(\frac{\partial w}{\partial u}\right)^2+\left(\frac{\partial w}{\partial z}\right)^2\right],$$

le due funzioni v, w sono sempre fra loro indipendenti (escludendo il caso insignificante che si riducano a due costanti). Esse possono dunque essere assunte come nuove variabili indipendenti, di cui siano funzioni le V, W. Ciò posto, se nelle due equazioni (1) s'introducono le espressioni

$$\frac{\partial V}{\partial u}=\frac{\partial V}{\partial v}\frac{\partial v}{\partial u}+\frac{\partial V}{\partial w}u\frac{\partial v}{\partial z},\qquad \frac{\partial V}{\partial w}=\cdots,$$

si trova che le stesse equazioni (1) equivalgono alle due seguenti:

$$\frac{\partial V}{\partial v}-\frac{\partial W}{\partial w}=0,\qquad \frac{\partial W}{\partial v}+u^2\frac{\partial V}{\partial w}=0. \tag{8}$$

La prima, considerata come condizione d'integrabilità, conduce immediatamente all'equazione (7). La seconda non può, generalmente parlando, servire allo stesso scopo, perchè u è una funzione delle variabili v e w non determinabile *a priori*.

Le due nuove equazioni (8) forniscono, per determinare separatamente le funzioni V e W, le equazioni seguenti:

$$(9)\qquad \begin{cases} \dfrac{\partial^2 V}{\partial v^2}+\dfrac{\partial}{\partial w}\left(u^2\dfrac{\partial V}{\partial w}\right)=0,\\[2ex] \dfrac{\partial}{\partial v}\left(\dfrac{1}{u^2}\dfrac{\partial W}{\partial v}\right)+\dfrac{\partial^2 W}{\partial w^2}=0. \end{cases}$$

Invece la (7) dà

$$V=\frac{\partial U}{\partial w},\qquad W=\frac{\partial U}{\partial v},$$

e quindi, sostituendo nella seconda delle equazioni (8), si ha

$$\frac{\partial^2 U}{\partial v^2}+u^2\frac{\partial^2 U}{\partial w^2}=0. \tag{10}$$

Dunque la funzione U non appartiene, in generale, nè al tipo V nè al tipo W: ma è del tipo V quando u riesce funzione della sola v, ed è del tipo W quando u riesce funzione della sola w.

Se per brevità si pone

$$\left(\frac{\partial v}{\partial u}\right)^2 + \left(\frac{\partial v}{\partial z}\right)^2 = R^2,$$

si trova facilmente

$$R^2 \frac{\partial u}{\partial v} = \frac{\partial v}{\partial u}, \qquad R^2 u \frac{\partial u}{\partial w} = \frac{\partial v}{\partial z},$$

$$R^2 \frac{\partial z}{\partial v} = \frac{\partial v}{\partial z}, \qquad R^2 u \frac{\partial z}{\partial w} = -\frac{\partial v}{\partial u};$$

donde

$$\frac{\partial u}{\partial v} + u \frac{\partial z}{\partial w} = 0, \qquad \frac{\partial z}{\partial v} - u \frac{\partial u}{\partial w} = 0. \tag{11}$$

Di qui, eliminando z, si deduce

$$\frac{\partial}{\partial v}\left(\frac{1}{u}\frac{\partial u}{\partial v}\right) + \frac{\partial}{\partial w}\left(u \frac{\partial u}{\partial w}\right) = 0, \tag{12}$$

o, se si vuole,

$$\frac{\partial^2 \log u^2}{\partial v^2} + \frac{\partial^2 u^2}{\partial u^2} = 0,$$

equazione cui soddisfa in ogni caso u, considerata come funzione delle variabili associate v e w. Non esiste un'equazione dello stesso ordine per z.

Dimostrerò qui, sebbene in questo momento non intenda di farne applicazioni, l'esistenza d'una coppia di variabili associate v e w, per le quali u riesce formata di due fattori, l'uno funzione della sola v, l'altro della sola w. Ponendo nella equazione (12)

$$u = \frac{\psi(w)}{\varphi(v)},$$

si giunge a quest'eguaglianza

$$\varphi^2 \frac{d}{dv}\left[\frac{\varphi'(v)}{\varphi(v)}\right] = \frac{d}{dw}[\psi(w)\psi'(w)],$$

la quale non può essere soddisfatta che col porre ambidue i membri eguali ad una stessa costante. Ora il più generale valore di $\varphi(v)$ che rende costante il primo membro è

$$\varphi(v) = A e^{cv} + B e^{-cv},$$

dove A, B e c sono tre costanti arbitrarie, ed il valor costante del detto primo membro è $4ABc^2$. Si ha dunque

$$\psi(w)^2 = 4ABc^2w^2 + A_1 w + B_1,$$

dove A_1 e B_1 sono due altre costanti arbitrarie. Pertanto il valore di u che possiede la forma voluta è il seguente

$$u = \frac{\sqrt{4ABc^2w^2 + A_1 w + B_1}}{Ae^{cv} + Be^{-cv}},$$

cui corrisponde, come facilmente si trova mediante le equazioni (11), il seguente valore di z

$$z = \left(cw + \frac{A_1}{8ABc}\right)\frac{Ae^{cv} - Be^{-cv}}{Ae^{cv} + Be^{-cv}},$$

il quale, astrazion fatta da una costante che si può sempre aggiungere a z, possiede pure la forma di prodotto di due funzioni, l'una della sola v, l'altra della sola w.

Da queste due espressioni di u e z in funzione di v, w si ricavano le seguenti due equazioni per determinare v e w in funzione di u e z:

$$(Ae^{cv} + Be^{-cv})^2 u^2 - 4\left(\frac{Ae^{cv} + Be^{-cv}}{Ae^{cv} - Be^{-cv}}\right)^2 ABz^2 = B_1 - \frac{A_1^2}{16ABc^2},$$

$$\frac{4ABu^2}{4ABc^2w^2 + A_1 w + B_1} + \frac{z^2}{\left(cw + \frac{A_1}{8ABc}\right)^2} = 1.$$

Queste equazioni rappresentano due famiglie ortogonali di coniche omofocali, i cui fuochi comuni sono sull'asse delle u alla distanza

$$\pm\frac{\sqrt{16ABB_1c^2 - A_1^2}}{8ABc}$$

dall'origine. Se questa quantità è immaginaria, l'asse focale cade invece sull'asse delle z. In ogni caso i valori ed i segni delle costanti debbono essere scelti in modo che le curve $v =$ cost. siano ellissi.

Ritorniamo alle equazioni (1), per introdurre in esse, al posto delle coordinate rettangolari u e z, le coordinate polari r e θ, legate alle precedenti dalle formole

$$u = r \operatorname{sen}\theta, \qquad z = r\cos\theta.$$

Avendosi, per qualunque funzione φ,

$$\frac{\partial \varphi}{\partial r} = \frac{\partial \varphi}{\partial u} \operatorname{sen} \theta + \frac{\partial \varphi}{\partial z} \cos \theta,$$

$$\frac{\partial \varphi}{\partial \theta} = r\left(\frac{\partial \varphi}{\partial u} \cos \theta - \frac{\partial \varphi}{\partial z} \operatorname{sen} \theta\right),$$

se si pone $\varphi = W$, e si sostituiscono nei secondi membri i valori di $\frac{\partial W}{\partial u}$, $\frac{\partial W}{\partial z}$ dati dalle (1), si trova

$$\frac{\partial W}{\partial r} = u\left(\frac{\partial V}{\partial z} \operatorname{sen} \theta - \frac{\partial V}{\partial u} \cos \theta\right),$$

$$\frac{\partial W}{\partial \theta} = r u\left(\frac{\partial V}{\partial z} \cos \theta + \frac{\partial V}{\partial u} \operatorname{sen} \theta\right),$$

ossia, tenendo conto delle equazioni che si ottengono facendo $\varphi = V$,

(13) $$\frac{\partial W}{\partial r} = -\operatorname{sen} \theta \frac{\partial V}{\partial \theta}, \qquad \frac{\partial W}{\partial \theta} = r^2 \operatorname{sen} \theta \frac{\partial V}{\partial r}.$$

Queste sono le relazioni che tengon luogo delle (1) quando le variabili siano le coordinate polari. Eliminando alternativamente W e V si trovano le equazioni differenziali di 2° ordine

$$\frac{\partial}{\partial r}\left(r^2 \operatorname{sen} \theta \frac{\partial V}{\partial r}\right) + \frac{\partial}{\partial \theta}\left(\operatorname{sen} \theta \frac{\partial V}{\partial \theta}\right) = 0,$$

$$\frac{\partial}{\partial r}\left(\frac{1}{\operatorname{sen} \theta} \frac{\partial W}{\partial r}\right) + \frac{\partial}{\partial \theta}\left(\frac{1}{r^2 \operatorname{sen} \theta} \frac{\partial W}{\partial \theta}\right) = 0,$$

la prima delle quali è la nota trasformata di quella di LAPLACE. Si hanno pure, analogamente alle (3), (3'), le formole

(14) $$d W = \operatorname{sen} \theta\left(r^2 \frac{\partial V}{\partial r} d \theta - \frac{\partial V}{\partial \theta} d r\right),$$

(14') $$d V = \frac{1}{\operatorname{sen} \theta}\left(\frac{1}{r^2} \frac{\partial W}{\partial \theta} d r - \frac{\partial W}{\partial r} d \theta\right).$$

Finalmente le equazioni (13) dimostrano l'esistenza di due funzioni H, K i cui differenziali sono

$$(15)\qquad \begin{cases} dH = V\,dr - \dfrac{W\,d\theta}{\operatorname{sen}\theta}, \\[2ex] dK = \dfrac{W\,dr}{r^2} + V \operatorname{sen}\theta\, d\theta, \end{cases}$$

talchè si ha tanto

$$(16)\qquad V = \frac{\partial H}{\partial r}, \qquad W = -\operatorname{sen}\theta \frac{\partial H}{\partial \theta},$$

quanto

$$(16')\qquad V = \frac{1}{\operatorname{sen}\theta}\frac{\partial K}{\partial \theta}, \qquad W = r^2 \frac{\partial K}{\partial r}.$$

Anche facendo uso di coordinate polari si può dunque esprimere in doppio modo le due funzioni V e W mediante le derivate d'una stessa funzione H o K. Ma queste due funzioni, soddisfacendo in virtù delle (16), (16') alle equazioni

$$\frac{\partial K}{\partial \theta} = \operatorname{sen}\theta \frac{\partial H}{\partial r}, \qquad \frac{\partial K}{\partial r} = -\frac{\operatorname{sen}\theta}{r^2}\frac{\partial H}{\partial \theta},$$

che non hanno la stessa forma delle (13), non appartengono (come le V_1, W_1) allo stesso tipo delle V, W. Si può tuttavia osservare che dalle due ultime equazioni risulta l'esistenza di due nuove funzioni M, N date da

$$dM = \frac{H\,dr}{r^2} - \frac{K\,d\theta}{\operatorname{sen}\theta},$$

$$dN = H \operatorname{sen}\theta\, d\theta + K\,dr,$$

e tali quindi da rendere

$$H = r^2 \frac{\partial M}{\partial r} = \frac{1}{\operatorname{sen}\theta}\frac{\partial N}{\partial \theta},$$

$$K = -\operatorname{sen}\theta \frac{\partial M}{\partial \theta} = \frac{\partial N}{\partial r}.$$

Poichè dunque queste funzioni M, N soddisfanno alle relazioni

$$\frac{\partial N}{\partial r} = -\operatorname{sen}\theta \frac{\partial M}{\partial \theta}, \qquad \frac{\partial N}{\partial \theta} = r^2 \operatorname{sen}\theta \frac{\partial M}{\partial r},$$

che posseggono la forma (13), se ne conclude ch'esse appartengono al tipo delle V, W.

Ma ritorniamo all'equazione (14). È noto che se, rispetto al polo $r = 0$, si opera l'inversione rappresentata dalla formola

$$r\,r' = c^2,$$

la funzione potenziale V' che, nel sistema inverso, corrisponde alla primitiva V è data da

$$V' = r V,$$

dove nel secondo membro si deve intendere sostituito ad r il valore inverso $\frac{c^2}{r'}$. Ora se si designa con W' la funzione associata a V', si ha, dalla ricordata equazione (14),

$$\begin{aligned} d W' &= \operatorname{sen}\theta \left[r'^2 \frac{\partial (r V)}{\partial r'} d\theta - \frac{\partial (r V)}{\partial \theta} d r' \right] \\ &= \frac{c^2 \operatorname{sen}\theta}{r} \left[\frac{\partial V}{\partial \theta} d r - r \frac{\partial (r V)}{\partial r} d\theta \right] \\ &= - \frac{c^2}{r} d W - c^2 V \operatorname{sen}\theta\, d\theta . \end{aligned}$$

Questo risultato si può scrivere così

$$d\left(W' + \frac{c^2}{r} W \right) + c^2 \left(V \operatorname{sen}\theta\, d\theta + \frac{W d r}{r^2} \right) = 0,$$

ossia, in virtù della seconda equazione (15),

$$d\left(W' + \frac{c^2}{r} W + c^2 K \right) = 0,$$

talchè si ha

$$W' = - c^2 \left(\frac{W}{r} + K \right),$$

omettendo la costante additiva. Se nel secondo membro si sostituisce il valore di W dato dalla seconda delle equazioni (16'), si ha

$$W' = - c^2 \frac{\partial (r K)}{\partial r} = r'^2 \frac{\partial (r K)}{\partial r'};$$

e quindi, ponendo finalmente

$$K' = r K,$$

si hanno le quattro formole seguenti

$$(16') \qquad V = \frac{1}{\operatorname{sen}\theta} \frac{\partial K}{\partial \theta}, \qquad W = r^2 \frac{\partial K}{\partial r};$$

$$(16'') \qquad V' = \frac{1}{\operatorname{sen}\theta} \frac{\partial K'}{\partial \theta}, \qquad W' = r'^2 \frac{\partial K'}{\partial r'},$$

le quali forniscono le espressioni delle due funzioni associate V e W, tanto nello stato precedente quanto in quello susseguente all'inversione. Si può dunque dire che l'effetto totale dell'inversione, tanto rispetto alla funzione potenziale V, quanto rispetto alla funzione associata W, è rappresentato dal cambiamento di K in K', ossia dal cambiamento di

$$K(r,\theta) \quad \text{in} \quad \frac{c^2}{r'} K\left(\frac{c^2}{r'}, \theta\right).$$

Facciamo un'applicazione semplicissima di questo procedimento ad un problema noto. Pongasi

$$V = A\left(\frac{1}{\sqrt{a^2 + r^2 - 2ar\cos\theta}} - \frac{1}{R}\right),$$

cioè sia V la funzione potenziale esterna di una massa uguale ad 1 distribuita sopra una superficie sferica di raggio R col centro nel punto ($r = a$, $\theta = 0$). La funzione è stata posta sotto questa forma perchè prenda il valor *zero* sulla superficie della sfera; A è una costante che determineremo in seguito.

Essendo in generale, (16'),

$$K = \int V \operatorname{sen}\theta\, d\theta + \varphi(r),$$

si ha nel caso presente

$$K = A\left(\frac{\sqrt{a^2 + r^2 - 2ar\cos\theta}}{ar} + \frac{\cos\theta}{R}\right) + \varphi(r),$$

e siccome K deve soddisfare all'equazione

$$(17) \qquad \frac{\partial}{\partial r}\left(r^2 \frac{\partial K}{\partial r}\right) + \operatorname{sen}\theta \frac{\partial}{\partial\theta}\left(\frac{1}{\operatorname{sen}\theta}\frac{\partial K}{\partial\theta}\right) = 0$$

[come risulta dal sostituire i valori (16') di V e W nella prima equazione (13)], si trova subito

$$\varphi(r) = B + \frac{C}{r}.$$

Di qui

$$K' = rK = A\left(\frac{\sqrt{a^2 + r^2 - 2ar\cos\theta}}{a} + \frac{r\cos\theta}{R}\right) + Br + C,$$

ossia, esprimendo per r' e tralasciando la costante C,

$$K' = \frac{A}{r'}\left(\sqrt{a'^2 + r'^2 - 2a'r'\cos\theta} + \frac{c^2\cos\theta}{R}\right) + \frac{Bc^2}{r'},$$

dove si è posto $a' = \frac{c^2}{a}$. Di qui si deduce, mediante le formole (16''),

$$V' = A\left(\frac{a'}{\sqrt{a'^2 + r'^2 - 2a'r'\cos\theta}} - \frac{c^2}{Rr'}\right),$$

$$W' = A\left(\frac{a'r'\cos\theta - a'^2}{\sqrt{a'^2 + r'^2 - 2a'r'\cos\theta}} - \frac{c^2\cos\theta}{R}\right) - Bc^2.$$

Sopprimiamo, come insignificante, il termine costante di questa seconda espressione, e disponiamo della costante A in modo che sia

$$-\frac{Ac^2}{R} = 1.$$

Avremo così finalmente

$$V' = \frac{1}{r'} - \frac{R}{a}\,\frac{1}{\sqrt{a'^2 + r'^2 - 2a'r'\cos\theta}},$$

$$W' = \cos\theta - \frac{R}{a}\,\frac{r'\cos\theta - a'}{\sqrt{a'^2 + r'^2 - 2a'r'\cos\theta}}.$$

L'esattezza di questi valori è facilmente verificabile. Se, per fissare le idee, si suppone che il polo sia esterno alla sfera primitiva, cioè che sia $R < a$, e se si fa l'inversione in modo che tale sfera rimanga inalterata, cioè se si prende $c^2 = a^2 - R^2$, si riconosce tosto che la espressione di V' è quella della funzione potenziale esterna del sistema elettrico costituito da un'unità positiva di elettricità concentrata nel polo, e dallo strato indotto da questa sopra la sfera di raggio R, supposta conduttrice e comunicante col suolo. Anche il valore di W' è immediatamente verificabile mercè il riscontro di quello che venne dato precedentemente per il caso di masse distribuite lungo l'asse, masse che qui si riducono a due, l'inducente e la sua immagine rispetto alla sfera.

LV.

INTORNO AD ALCUNI PUNTI DELLA TEORIA DEL POTENZIALE.

Memorie dell'Accademia delle Scienze dell'Istituto di Bologna, serie III, tomo IX (1878), pp. 451-475.

Scopo principale del presente scritto è la discussione di alcune formole di GAUSS, di grande importanza massimamente nella teoria del potenziale. Tuttavia siccome è mia intenzione di pubblicare in seguito altre riflessioni su diversi punti di questa teoria, così ho approfittato dell'occasione per anticipare fin d'ora qualche altra considerazione attinente al medesimo argomento, ed anche per istabilire alcune segnature ed alcune convenzioni che sono di grande aiuto a ben fissare e circoscrivere il senso delle proposizioni qui trattate e di quelle che mi proporrei di trattare in seguito. Del resto io suppongo già conosciute dal lettore le dimostrazioni delle formole fondamentali donde piglio le mosse, giacchè il mio scopo non è di dare una nuova esposizione della teoria, ma, come dissi, di analizzarne e discuterne alcuni punti. Per la stessa ragione non ho quasi mai creduto necessario di trattenermi sull'interpretazione che ricevono gli ottenuti risultamenti analitici nell'anzidetta dottrina, tanto più che ciò mi avrebbe costretto ad allungare lo scritto, senza vantaggio per l'oggetto immediato di esso.

Segnature e convenzioni. — Per evitare tediose ripetizioni stabilisco innanzi tutto alcune segnature che ho costantemente seguite e che giovano moltissimo ad agevolare l'uso delle formole. Le tre lettere S, σ, s servono di regola a designare rispettivamente uno spazio, una superficie ed una linea (più generalmente, un complesso di spazî, di superficie, di linee). Quando una superficie chiusa σ serve di limite ad uno spazio S, o quando una linea chiusa s serve di contorno ad una superficie σ, la lettera n designa la normale alla superficie σ od alla linea s, normale considerata come raggio che parte da un punto di σ, o di s, e che si dirige verso la regione denominata S o σ. La stessa lettera n serve a designare la normale anche nel caso di una superficie o di una linea non chiusa, ma in tal caso occorre di volta in volta una determinazione più specificata per fissarne il verso senza ambiguità.

Quando è necessario di considerare le due regioni dello spazio infinito che vengono separate da una superficie chiusa σ, se l'una è designata con S, l'altra è designata con S', ed in questo caso n' designa la normale a σ diretta verso la regione S'.

Colla lettera r è rappresentata di regola la distanza assoluta di due punti dello spazio. Quando, in una formola qualunque, uno solo di questi punti è considerato come variabile, l'altro vien designato come origine del raggio r, e può essere rappresentato coll'equazione $r = 0$.

Occorre spesso di considerare una superficie sferica di raggio uno, col centro in un punto $r = 0$: una tal superficie viene sempre designata colla lettera Ω.

Sull'espressione dei coseni in forma di derivate. — Abbiansi due superficie arbitrarie σ e $\sigma_{,}$, e siano n ed $n_{,}$ le loro normali, o, più esattamente, le distanze variabili contate, sopra ciascuna di queste normali, in un senso prestabilito, dai piedi delle normali stesse. Quando uno stesso punto p dello spazio è il termine comune d'una normale n e d'una normale $n_{,}$, è molto comodo, in diverse circostanze, di far uso dell'eguaglianza

$$\frac{\partial n}{\partial n_{,}} = \cos(n, n_{,}).$$

Per la retta interpretazione di questa formola è bene aver presenti le riflessioni che seguono. Il primo membro può essere considerato, a volontà, o come una vera derivata parziale, o come un semplice rapporto di due differenziali simultanei. Nel primo caso, bisogna concepire il punto p come determinabile di posizione per mezzo dei valori di tre parametri, che sono: la sua distanza normale $n_{,}$ dalla superficie $\sigma_{,}$ e due coordinate curvilinee atte a fissare sulla superficie $\sigma_{,}$ la posizione del piede di questa normale $n_{,}$. In tale concetto ogni quantità che dipende dalla posizione del punto p, quale è appunto la lunghezza n di una normale condotta da esso alla superficie σ, diventa funzione di quei tre parametri, e la derivata parziale di questa funzione rispetto al parametro $n_{,}$ equivale appunto, in grandezza ed in segno, al coseno dell'angolo che la direzione positiva di n fa colla direzione positiva di $n_{,}$. Nel secondo caso invece bisogna immaginare che, tenendo ferma la retta $n_{,}$, il punto p riceva uno spostamento infinitamente piccolo lungo questa retta, e passi nella posizione p', cui corrisponde la distanza $n_{,} + \partial n_{,}$ dal piede della normale $n_{,}$. Se dal punto p' si può condurre più d'una normale alla superficie σ, ve ne sarà una, infinitamente poco diversa in grandezza e posizione dalla n, il cui segmento compreso fra il punto p' e la superficie σ, misurato nello stesso senso di n, ha una grandezza $n + \partial n$ infinitamente poco diversa da n. Ciò posto, in virtù del teorema che se, a partire dai punti d'una superficie, si prende su ciascuna normale ed in uno stesso verso un segmento di grandezza costante, il luogo degli estremi di tali segmenti è una superficie avente le stesse normali della prima, si ha subito

$$\partial n = \partial n_{,} \cos(n, n_{,}),$$

e quindi il primo membro dell'equazione superiore si presenta come il rapporto dei due differenziali simultanei ∂n e $\partial n_{,}$, dei quali il secondo è arbitrario ed il primo no.

Avendo riguardo a queste dilucidazioni, riesce manifesto in qual senso si possa legittimamente porre l'eguaglianza

$$\frac{\partial n}{\partial n_{,}} = \frac{\partial n_{,}}{\partial n}$$

tanto sotto l'uno, quanto sotto l'altro dei due aspetti testè indicati.

Qualora la superficie σ si concepisca ridotta ad una superficie sferica di raggio infinitesimo, la normale n diventa il raggio r condotto dal centro di essa al punto variabile p, e però si ha

$$\frac{\partial r}{\partial n_{,}} = \frac{\partial n_{,}}{\partial r} = \cos(r, n_{,}).$$

Qualora invece la superficie $\sigma_{,}$ diventi uno dei piani yz, zx, xy d'un ordinario sistema ortogonale, si ha $n_{,} = x, y, z$ e quindi

$$\frac{\partial n}{\partial x} = \frac{\partial x}{\partial n} = \cos(n, x),$$

$$\frac{\partial n}{\partial y} = \frac{\partial y}{\partial n} = \cos(n, y),$$

$$\frac{\partial n}{\partial z} = \frac{\partial z}{\partial n} = \cos(n, z).$$

Che se finalmente hanno luogo ad un tempo ambedue queste particolarizzazioni, si ha

$$\frac{\partial r}{\partial x} = \frac{\partial x}{\partial r} = \cos(r, x),$$

$$\frac{\partial r}{\partial y} = \frac{\partial y}{\partial r} = \cos(r, y),$$

$$\frac{\partial r}{\partial z} = \frac{\partial z}{\partial r} = \cos(r, z).$$

Avendo riguardo al doppio senso che si può attribuire, dietro quanto precede, alle espressioni

$$\frac{\partial x}{\partial n}, \quad \frac{\partial y}{\partial n}, \quad \frac{\partial z}{\partial n}$$

nell'uguaglianza

$$\frac{\partial F}{\partial n} = \frac{\partial F}{\partial x}\frac{\partial x}{\partial n} + \frac{\partial F}{\partial y}\frac{\partial y}{\partial n} + \frac{\partial F}{\partial z}\frac{\partial z}{\partial n},$$

dove F è una funzione qualunque di x, y, z, si rende subito manifesto il doppio senso che si può attribuire in corrispondenza all'espressione che ne costituisce il primo membro.

Nell'uso che si fa d'ordinario delle derivate rapporto ad una normale, nella teoria del potenziale, il punto p è posto sulla superficie stessa cui le normali si riferiscono, talchè a rigore si dovrebbe scrivere

$$\left(\frac{\partial F}{\partial n}\right)_{n=0}$$

in luogo di

$$\frac{\partial F}{\partial n}.$$

Ma in generale si sopprime l'indicazione ($n = 0$), giacchè non vi ha quasi mai luogo ad ambiguità.

Relazioni e considerazioni analoghe alle precedenti valgono evidentemente rispetto a punti e linee situate in un piano ed a funzioni di due coordinate rettangolari x, y. Anzi si potrebbero stabilire formole analoghe rispetto a figure situate in una superficie qualunque, qualora alle linee rette n, r, ecc. si sostituissero archi di geodetiche definite in modo analogo.

Dell'angolo visuale d'una superficie. — Se da un punto p dello spazio si spiccano tutti i raggi che vanno al contorno d'un elemento superficiale $d\sigma$, situato in modo qualunque, si ottiene un cono semplice che intercetta un elemento $d\Omega$ sulla superficie sferica Ω che ha il centro in p. Quest'elemento $d\Omega$ misura l'angolo visuale dell'elemento $d\Omega$ rispetto al punto p; e, se si conviene di attribuire a quest'angolo visuale il segno + o — secondo che i termini dei detti raggi si considerino giacenti sull'una o sull'altra faccia dell'elemento $d\sigma$, si ha sempre

$$d\Omega = \frac{\partial \frac{1}{r}}{\partial n} d\sigma,$$

dove n è la normale eretta sulla faccia considerata. Questa formola conferisce a $d\Omega$

un valor positivo allorchè la faccia veduta dal punto p è precisamente quella su cui è eretta la normale n. In questa formola r rappresenta il raggio che ha l'origine nel punto p e che termina in un punto variabile della normale n: eseguita la derivazione di $\frac{1}{r}$ rispetto ad n, si deve fare nel risultato $n = 0$, secondo quanto è già stato avvertito in generale. L'angolo visuale d'una superficie finita σ, rispetto ad un punto p, è la somma algebrica degli angoli visuali d'ogni elemento $d\sigma$ della superficie stessa, epperò, designando quest'angolo con $(\sigma)_p$, si ha

$$(\sigma)_p = \int \frac{\partial \frac{1}{r}}{\partial n} d\sigma .$$

Se si suppone che σ sia una superficie chiusa, limite d'uno spazio connesso, e che n ne rappresenti la normale interna, si hanno dall'intuizione diretta le proprietà seguenti:

Quando il punto p è nello spazio esterno a σ, $(\sigma)_p$ è costantemente uguale a zero.

Quando il punto p è nello spazio interno a σ, $(\sigma)_p$ è costantemente uguale a 4π.

Quando il punto p appartiene alla superficie σ, $(\sigma)_p$ è uguale a 2π in ogni punto ordinario (cioè in ogni punto ove la superficie σ è dotata di piano tangente unico e determinato), ed in generale l'angolo visuale è misurato da quell'area sferica, porzione di Ω, che è incontrata dai raggi spiccati dal punto p con direzioni iniziali interne alla superficie σ.

Queste proprietà, in quanto si riferiscono al precedente integrale, costituiscono un teorema di Gauss, dato per la prima volta nella *Theoria attractionis corporum homogeneorum,* etc. (Gottinga 1813) e completato più tardi nell'art. 22 degli *Allgemeine Lehrsätze,* etc. (Lipsia 1840).

Analisi di due proposizioni di Gauss. — Nella prima delle due Memorie citate dianzi sono svolti due procedimenti geometrici d'integrazione che si possono generalmente compendiare nelle due formole

$$(a) \qquad \int \frac{\partial F}{\partial x} dS + \int F \frac{\partial x}{\partial n} d\sigma = 0,$$

$$(b) \qquad \int \frac{\partial F}{\partial r} \frac{dS}{r^2} - \int F \frac{\partial \frac{1}{r}}{\partial n} d\sigma + (\sigma)_p F_p = 0,$$

nella seconda delle quali p è il punto donde sono spiccati i raggi r. Benchè si trovino traccie di questi procedimenti in anteriori scritti d'altri autori, credo opportuno chiamare per brevità proposizioni di Gauss le due equazioni precedenti, perchè è fuori di dubbio che a lui se ne deve l'uso sistematico e fecondo.

La dimostrazione di queste due formole non presenta alcuna difficoltà, anzi può dirsi intuitiva, finchè la funzione F è monocroma, continua e finita in tutto lo spazio S limitato dalla superficie σ. Ma quando queste proprietà vengono meno in punti, linee o superficie, la detta dimostrazione esige particolari riguardi, se pure, insieme colle proprietà stesse, non vien meno addirittura la validità delle formole in discorso. Una discussione completa dei varî casi che si possono presentare in proposito non sarebbe scevra da difficoltà. Ma per la teoria generale del potenziale ha speciale importanza il caso che la funzione F perda le sue proprietà in punti isolati, laonde ci occuperemo per ora soltanto di questo, e, per una ragione che si vedrà in seguito, istituiremo la relativa ricerca sulla prima delle due formole.

Supponiamo dunque che la funzione F cessi d'essere monodroma, o continua, o finita in un solo punto O, interno allo spazio S, punto che possiamo far coincidere coll'origine delle coordinate. Descrivendo intorno ad O una superficie chiusa σ_0, tutti i cui punti siano a distanza finita da O e da σ, si viene a dividere lo spazio S in due, S_0 ed S_1, il primo dei quali comprende nel suo interno il punto critico, mentre il secondo, limitato dalle due superficie σ_0 e σ, non presenta alcuna singolarità per la funzione. Applicando a questo secondo spazio la formola (a), si ha

$$\int \frac{\partial F}{\partial x} d S_1 + \int F \frac{\partial x}{\partial n} d\sigma + \int F \frac{\partial x}{\partial n_0} d\sigma_0 = 0,$$

dove n_0 è la normale esterna alla superficie σ_0. Se l'integrale

$$\int \frac{\partial F}{\partial x} d S_0$$

è finito e determinato, nonostante la presenza del punto critico, la precedente equazione si può scrivere così

$$\int \frac{\partial F}{\partial x} d S + \int F \frac{\partial x}{\partial n} d\sigma = \int \frac{\partial F}{\partial x} d S_0 - \int F \frac{\partial x}{\partial n_0} d\sigma_0;$$

epperò, affinchè la formola (a) rimanga inalterata anche nell'ipotesi di cui ci stiamo occupando, è necessario che le due quantità

$$\int \frac{\partial F}{\partial x} d S_0, \qquad \int F \frac{\partial x}{\partial n_0} d\sigma_0$$

si mantengano finite, determinate e fra loro eguali.

Per esaminare se, e quando ciò avvenga, rappresentiamo con x, y, z, r le coordinate ed il raggio vettore (spiccato da O) d'un punto qualunque m dello spazio S_0, e con ξ, η, ζ, ρ le coordinate ed il raggio vettore (rispetto agli stessi assi ed alla stessa origine) d'un punto μ, che considereremo come appartenente ad un secondo spazio Σ_0 la cui corrispondenza col primo è definita dalle relazioni

$$\frac{\xi}{\rho} = \frac{x}{r}, \qquad \frac{\eta}{\rho} = \frac{y}{r}, \qquad \frac{\zeta}{\rho} = \frac{z}{r}, \qquad \rho = r^n,$$

dove n è un esponente maggiore di zero. In virtù di queste relazioni i punti corrispondenti dei due spazî sono allineati col punto O, il quale corrisponde a sè stesso; e la funzione F, considerata come dipendente dai punti dello spazio Σ_0 anzichè da quelli di S_0, conserva come tale tutte le proprietà che già possedeva rispetto alla continuità; del che è agevole convincersi. Ciò premesso, avendosi

$$\xi = x r^{n-1}, \qquad \eta = y r^{n-1}, \qquad \zeta = z r^{n-1},$$

ed indicando con α, β, γ gli angoli fatti coi tre assi dalla direzione comune dei due raggi r, ρ, si ha

$$\frac{\partial \xi}{\partial x} = \frac{\rho}{r}[(n-1)\cos^2\alpha + 1],$$

$$\frac{\partial \eta}{\partial x} = \frac{\rho}{r}(n-1)\cos\alpha\cos\beta,$$

$$\frac{\partial \zeta}{\partial x} = \frac{\rho}{r}(n-1)\cos\alpha\cos\gamma,$$

epperò dalla formola

$$\frac{\partial F}{\partial x} = \frac{\partial F}{\partial \xi}\frac{\partial \xi}{\partial x} + \frac{\partial F}{\partial \eta}\frac{\partial \eta}{\partial x} + \frac{\partial F}{\partial \zeta}\frac{\partial \zeta}{\partial x},$$

si deduce

$$\frac{\partial F}{\partial x} = \frac{\partial F}{\partial \xi}\frac{\rho}{r} + (n-1)\left(\frac{\partial F}{\partial \xi}\cos\alpha + \frac{\partial F}{\partial \eta}\cos\beta + \frac{\partial F}{\partial \zeta}\cos\gamma\right)\frac{\rho}{r}\cos\alpha = \frac{\partial F}{\partial \xi}\frac{\rho}{r} + (n-1)\frac{\partial F}{\partial \rho}\frac{\rho}{r}\cos\alpha.$$

D'altronde, avendosi

$$\frac{d\rho}{dr} = n\frac{\rho}{r},$$

la relazione

$$\frac{d\Sigma_0}{dS_0} = \frac{\rho^2 d\rho}{r^2 dr},$$

che manifestamente sussiste fra elementi corrispondenti dei due spazî, somministra

$$dS_0 = \frac{r^3}{n\rho^3} d\Sigma_0,$$

epperò si ha

$$\frac{\partial F}{\partial x} d S_0 = \left[\frac{\partial F}{\partial \xi} \frac{r^2}{\rho^2} + (n-1) \frac{\partial F}{\partial \rho} \frac{r^2}{\rho^2} \cos \alpha \right] \frac{d \Sigma_0}{n}.$$

Ma per essere

$$\frac{r^2}{\rho^2} = r^{2-2n},$$

si ha inoltre

$$\frac{\partial F}{\partial \xi} \frac{r^2}{\rho^2} = \frac{\partial}{\partial \xi} \left(\frac{F r^2}{\rho^2} \right) + \frac{2(n-1)}{n} \frac{F r^2 \cos \alpha}{\rho^3},$$

$$\frac{\partial F}{\partial \rho} r^2 = \frac{\partial (F r^2)}{\partial \rho} - \frac{2}{n} \frac{F r^2}{\rho};$$

donde

$$\frac{\partial F}{\partial \xi} \frac{r^2}{\rho^2} + (n-1) \frac{\partial F}{\partial \rho} \frac{r^2}{\rho^2} \cos \alpha = \frac{\partial}{\partial \xi} \left(\frac{F r^2}{\rho^2} \right) + (n-1) \frac{\partial (F r^2)}{\partial \rho} \frac{\cos \alpha}{\rho^2};$$

si ha dunque finalmente

$$\int \frac{\partial F}{\partial x} d S_0 = \frac{1}{n} \int \frac{\partial}{\partial \xi} \left(\frac{F r^2}{\rho^2} \right) d \Sigma_0 + \frac{n-1}{n} \int \frac{\partial (F r^2 \cos \alpha)}{\partial \rho} \frac{d \Sigma_0}{\rho^2}.$$

Ciò posto, ammettiamo che la funzione

$$\frac{F r^2}{\rho^2}$$

la quale, per le ipotesi già fatte rispetto ad F, è monodroma, continua e finita nello spazio S_0, tranne, al più, nel punto O, conservi tutte le proprietà suddette anche in questo punto, epperò in tutto lo spazio trasformato Σ_0 senza eccezione. In forza dell'identità

$$F r^2 \cos \alpha = \left(\frac{F r^2}{\rho^2} \right) \rho^2 \cos \alpha,$$

è chiaro che, ammessa tale supposizione, anche la funzione

$$F r^2 \cos \alpha$$

si mantiene monodroma, continua e finita in tutto lo spazio Σ_0 giacchè, annullandosi per $\rho = 0$, essa resta monodroma anche nel punto O non ostante la presenza del fattore $\cos \alpha$, che ammette in tal punto un'infinità di valori. Da ciò consegue che il valore dell'integrale

$$\int \frac{\partial F}{\partial x} d S_0$$

è finito e determinato, giacchè i due integrali

$$\int \frac{\partial}{\partial \xi}\left(\frac{F r^2}{\rho^2}\right) d\Sigma_0, \qquad \int \frac{\partial (F r^2 \cos\alpha)}{\partial \rho} \frac{d\Sigma_0}{\rho^2},$$

dai quali esso dipende in virtù dell'equazione ottenuta dianzi, sono calcolabili mediante le formole (a) e (b) (non esistendo alcun punto critico nell'interno di Σ_0) ed assumono espressioni perfettamente finite e determinate.

Per maggiore semplicità, supponiamo che S_0 e quindi Σ_0 siano spazî sferici col centro in O e coi raggi r_0, ρ_0. Considerando una superficie sferica Ω col centro nello stesso punto O, dalle suddette formole (a), (b) si ha in tal caso

$$\int \frac{\partial}{\partial \xi}\left(\frac{F r^2}{\rho^2}\right) d\Sigma_0 = \int F r_0^2 \cos\alpha \, d\Omega,$$

$$\int \frac{\partial (F r^2 \cos\alpha)}{\partial \rho} \frac{d\Sigma_0}{\rho^2} = -\int F r_0^2 \cos\alpha \left(\frac{\partial \frac{1}{\rho}}{\partial \rho}\right)_{\rho=\rho_0} \rho_0^2 \, d\Omega = \int F r_0^2 \cos\alpha \, d\Omega,$$

epperò

$$\int \frac{\partial F}{\partial x} dS_0 = \left(\frac{1}{n} + \frac{n-1}{n}\right) \int F r_0^2 \cos\alpha \, d\Omega,$$

ossia

$$\int \frac{\partial F}{\partial x} dS_0 = \int F_0 \cos\alpha \, d\sigma_0,$$

dove per maggior chiarezza è designato con F_0 il valore che prende F nell'elemento $d\sigma_0$ della superficie sferica σ_0 di raggio r_0 che limita lo spazio S_0. L'integrale del secondo membro ha un valore finito e determinato per quanto piccolo sia r_0, come si riconosce ponendolo sotto la forma

$$\rho_0^2 \int \left(\frac{F r^2}{\rho^2}\right)_0 \cos\alpha \, d\Omega;$$

esso equivale inoltre precisamente all'integrale

$$\int F_0 \frac{\partial x}{\partial n_0} d\sigma_0$$

nel caso (già supposto) che σ_0 sia una superficie sferica. Dunque quando la funzione F perde i suoi caratteri generali in un punto isolato dello spazio S, in guisa però che il prodotto

$$\frac{F r^2}{\rho^2} = F r^{2-2n},$$

dove n è numero finito e maggiore di zero, li conservi anche in questo punto, la formola (a) si mantiene sempre legittima.

La condizione testè enunciata si può esprimere in altro modo, dicendo cioè che la formola (a) sussiste anche quando la funzione F abbia nell'interno di S un infinito, l'ordine del quale sia inferiore a 2 d'una quantità assegnabile.

Questa condizione è sufficiente, ma non è necessaria (almeno quanto all'ultima determinazione). Infatti prendiamo per F la seguente funzione del solo raggio vettore r

$$F = \frac{1}{r^2\left(\log\frac{1}{r}\right)^\mu}, \qquad (r = \sqrt{x^2 + y^2 + z^2}),$$

dove μ è un esponente positivo. Questa funzione è monodroma, continua e finita per tutti i valori di r inferiori all'unità, tranne per $r = 0$. Per quest'ultimo valore di r essa diventa infinita, e l'intensità di questo infinito è evidentemente minore di quella dell'infinito di $\frac{1}{r^2}$ per $r = 0$, ma la differenza fra l'ordine dell'infinito della funzione F e 2 è inassegnabile; giacchè il valore di $F r^{2-2n}$, per r tendente a zero, tende all'infinito od a zero secondo che n è maggiore di zero od eguale a zero. Ora si ha

$$\frac{dF}{dr} = -\frac{2}{r^3\left(\log\frac{1}{r}\right)^\mu} + \frac{1}{r^2}\frac{d}{dr}\frac{1}{\left(\log\frac{1}{r}\right)^\mu},$$

donde

$$\frac{dF}{dr} r^2 dr = d\frac{1}{\left(\log\frac{1}{r}\right)^\mu} - \frac{2}{\mu - 1} d\frac{1}{\left(\log\frac{1}{r}\right)^{\mu-1}},$$

talchè, fatto $dS = r^2 dr d\Omega$ e supposto lo spazio S sferico, col centro nel punto $r = 0$ e col raggio $a < 1$ (nel qual caso l'integrale di superficie riesce nullo), si ha

$$\int \frac{\partial F}{\partial x} dS = \int_0^a d\frac{1}{\left(\log\frac{1}{r}\right)^\mu}\int\frac{\partial r}{\partial x} d\Omega - \frac{2}{\mu - 1}\int_0^a d\frac{1}{\left(\log\frac{1}{r}\right)^{\mu-1}}\int\frac{\partial r}{\partial x} d\Omega.$$

Essendo dunque evidentemente

$$\int \frac{\partial r}{\partial x} d\Omega = 0,$$

il primo integrale del secondo membro è certamente nullo, giacchè, per essere μ numero positivo, si ha

$$\int_0^a d\frac{1}{\left(\log\frac{1}{r}\right)^{\mu}} = \frac{1}{\left(\log\frac{1}{a}\right)^{\mu}};$$

ma il secondo integrale è nullo (per la stessa ragione) soltanto quando μ è maggiore di 1, mentre è indeterminato per $\mu < 1$ e per $\mu = 1$, nel qual ultimo caso l'integrale stesso prende la forma

$$2\int_0^a d\log\log\frac{1}{r}\int\frac{\partial r}{\partial x}d\Omega.$$

Quest'indeterminazione risulta da ciò che i due integrali

$$\int_0^a d\left(\log\frac{1}{r}\right)^{1-\mu}, \qquad \int_0^a d\log\log\frac{1}{r} \qquad (\mu < 1)$$

sono infiniti. Dunque, per la particolare funzione F di cui ci occupiamo, funzione il cui infinito è d'ordine inferiore a 2 ma d'una quantità non assegnabile, la formola (a) è valida quando $\mu > 1$, ma non lo è più quando $\mu \leqq 1$, mancando in questo secondo caso all'integrale di spazio il carattere essenziale della determinatezza.

Del resto, dal punto di vista delle ordinarie applicazioni alla teoria del potenziale, un'analisi più minuta della questione non avrebbe importanza proporzionata alla difficoltà, laonde ci contenteremo d'avere stabilita la condizione sufficiente che venne formulata più sopra.

È manifesto che, quando tale condizione sia soddisfatta per ciascun punto d'infinito, l'equazione (a) è valida anche quando nello spazio S esistano molti di tali punti, purchè siano a distanza finita l'uno dall'altro.

E nelle stesse circostanze è valida anche la formola (b), purchè nessuno degli infiniti cada nel punto p, in caso che questo sia interno ad S [esclusione naturalmente suggerita dalla forma stessa dell'equazione (b)]. Infatti quando p è un punto esterno ad S, la formola (b), il cui ultimo termine è allora nullo, può essere ricavata dalla (a), come si accennerà più innanzi: ora ciò basta per rendere applicabili in ogni caso le precedenti considerazioni sugli infiniti alla detta formola (b), giacchè se p è interno ad S, non si ha che a togliere da questo spazio una porzione che includa il punto p e che escluda i punti d'infinito.

Del nesso che ha luogo tra le due proposizioni (a) *e* (b). — Delle due proposizioni testè esaminate la seconda è quella che, a mio avviso, dev'essere considerata come la più generale e che, rispetto particolarmente alla teoria del potenziale, possiede un carattere di fondamentale importanza, così da poter essere riguardata come la chiave di tutto l'algoritmo proprio di questa teoria.

Osservando che si ha

$$\frac{\partial F}{\partial r}=\frac{\partial F}{\partial x}\frac{\partial x}{\partial r}+\frac{\partial F}{\partial y}\frac{\partial y}{\partial r}+\frac{\partial F}{\partial z}\frac{\partial z}{\partial r}$$

$$=\frac{\partial F}{\partial x}\frac{\partial r}{\partial x}+\frac{\partial F}{\partial y}\frac{\partial r}{\partial y}+\frac{\partial F}{\partial z}\frac{\partial r}{\partial z},$$

essa può scriversi nel modo seguente

$$\int\left(\frac{\partial F}{\partial x}\frac{\partial\frac{1}{r}}{\partial x}+\frac{\partial F}{\partial y}\frac{\partial\frac{1}{r}}{\partial y}+\frac{\partial F}{\partial z}\frac{\partial\frac{1}{r}}{\partial z}\right)dS+\int F\frac{\partial\frac{1}{r}}{\partial n}d\sigma=(\sigma)_p F_p,$$

o, più concisamente, adoperando un'abbreviazione usitata,

$$(b')\qquad \int\sum\frac{\partial F}{\partial x}\frac{\partial\frac{1}{r}}{\partial x}dS+\int F\frac{\partial\frac{1}{r}}{\partial n}d\sigma=(\sigma)_p F_p.$$

Quando il polo p è esterno allo spazio S, questa formola può scriversi così

$$\int\frac{R^2}{r^2}\sum\frac{\partial F}{\partial x}\cos(rx)\,dS+\int\frac{R^2}{r^2}F\cos(rn)\,d\sigma=0,$$

dove R è la distanza del polo p da un punto fisso, che può essere, per esempio, l'origine delle coordinate x, y, z. Facendo allontanare indefinitamente il polo p nella direzione delle x negative, si ha di qui

$$\int\frac{\partial F}{\partial x}dS+\int F\cos(xn)\,d\sigma=0,$$

ovvero

$$(a)\qquad \int\frac{\partial F}{\partial x}dS+\int F\frac{\partial x}{\partial n}d\sigma=0,$$

formola che contiene la prima delle due proposizioni di GAUSS, la quale pertanto rientra come caso particolare (o, se più piace, come caso limite) nella seconda. Per converso dalla prima non si può ricavare senza considerazioni ausiliari la seconda, se non nel caso che il polo p sia esterno allo spazio S. Infatti se G è una seconda funzione, le cui derivate prime siano monodrome, continue e finite in S (salvo, per queste derivate, gli infiniti d'ordine inferiore a 2 di cui s'è già parlato a proposito della funzione F), dall'equazione (a) e dalle due analoghe rispetto alle coordinate y e z, si trae

$$\int\sum\frac{\partial}{\partial x}\left(F\frac{\partial G}{\partial x}\right)dS+\int F\frac{\partial G}{\partial n}d\sigma=0,$$

formola che giova scrivere nel modo seguente

$$(c) \qquad \int \sum \frac{\partial F}{\partial x}\frac{\partial G}{\partial x} dS + \int F \Delta_2 G\, dS + \int F \frac{\partial G}{\partial n} d\sigma = 0.$$

In questa formola è legittima la particolarizzazione

$$G = \frac{1}{r},$$

quando il punto $r = 0$, origine fissa del raggio r, è esterno allo spazio S (mentre non lo sarebbe nel caso contrario, giacchè le derivate di G avrebbero in S un infinito di second'ordine). Per tale sostituzione si ricade sull'equazione (b') col secondo membro nullo (come dev'essere), che è quanto dire sulla formola (b) riferita al caso del polo p esterno ad S. Ma non si potrebbe giungere per mezzo della proposizione (a) alla proposizione completa (b) senza far intervenire, più o meno apertamente, le considerazioni spettanti al metodo d'integrazione polare.

Ciò non toglie, del resto, che, per certi scopi, giovi riguardare la formola (a) come l'espressione diretta d'un processo integrale, che altrove abbiam chiamato cilindrico. Noi stessi abbiamo precedentemente fondato sovr'essa appunto la discussione relativa agli infiniti, per rendere più agevole il calcolo. Anzi dal punto di vista dell'uso di coordinate generali, le due formole si presentano veramente come parallele [sul qual proposito mi permetterò di qui rammentare la mia Memoria *Sulla teoria generale dei parametri differenziali,* che ebbe l'onore d'essere inserita, nove anni or sono, nei volumi di questa stessa Accademia *)]. Ma parmi esatto il dire che, ove si miri a ridurre ai minimi termini il sistema delle formole fondamentali relative al potenziale, la proposizione (b) si presenta naturalmente come la prima e la più essenziale. In prova di che riassumerò qui, nel modo più semplice e breve, la

Deduzione delle formole fondamentali per la teoria del potenziale di spazio. — Quando la funzione F possiede la proprietà d'avere anche le derivate prime monodrome, continue e finite in S, è lecito porre $G = F$ nell'equazione (c), e si ha

$$(c') \qquad \int \sum \Delta_1 F\, dS + \int F \Delta_2 F\, dS + \int F \frac{\partial F}{\partial n} d\sigma = 0.$$

Quando poi ambedue le funzioni F e G sono monodrome, continue e finite in S, insieme colle loro derivate prime, si possono, nell'equazione anzidetta, permutare fra

*) Queste Opere, volume II, pag. 74.

loro le funzioni stesse, e dal confronto dei risultati si trae il *lemma* di GREEN

$$(c'') \qquad \int (F \Delta_2 G - G \Delta_2 F) dS + \int \left(F \frac{\partial G}{\partial n} - G \frac{\partial F}{\partial n} \right) d\sigma = 0.$$

Nella medesima equazione (c) è sempre lecito porre

$$F = \frac{1}{r},$$

e si ha in tal modo

$$\int \sum \frac{\partial G}{\partial x} \frac{\partial \frac{1}{r}}{\partial x} dS + \int \frac{\Delta_2 G}{r} dS + \int \frac{\partial G}{\partial n} \frac{d\sigma}{r} = 0.$$

Se, dopo aver scritto in quest'equazione F in luogo di G, si elimina il primo integrale mediante l'equazione (b'), si ottiene

$$(c''') \qquad (\sigma)_p F_p = \int \left(F \frac{\partial \frac{1}{r}}{\partial n} - \frac{1}{r} \frac{\partial F}{\partial n} \right) d\sigma - \int \frac{\Delta_2 F}{r} dS,$$

dove F è una funzione monodroma, continua e finita insieme colle sue derivate prime in tutto lo spazio S. Questa formola esprime il *teorema* di GREEN, se non nella forma in cui venne dato primieramente dal suo celebre autore [forma alla quale del resto sarebbe facile il passare, occorrendo, mercè il lemma (c'')], in quella sotto la quale è (in generale) più opportuno valersene.

Abbiamo tacitamente supposto fin qui che S fosse lo spazio finito racchiuso entro la superficie σ. Se, invece di questo spazio, si dovesse considerare lo spazio esterno S', gioverebbe applicare dapprima le formole ad uno spazio finito F_1, compreso fra la superficie chiusa (od il complesso di superficie chiuse) σ ed una superficie sferica di centro p e di raggio R abbastanza grande perchè tal superficie riescisse esterna a σ. Distinguendo la parte relativa alla superficie sferica da quella relativa a σ, nel secondo membro dell'equazione (c'''), si ha così, per lo spazio F_1,

$$[4\pi - (\sigma)_p] F_p = \int \left(F \frac{\partial \frac{1}{r}}{\partial n'} - \frac{1}{r} \frac{\partial F}{\partial n'} \right) d\sigma + \int \frac{\partial (RF)}{\partial R} d\Omega - \int \frac{\Delta_2 F}{r} dS_1,$$

equazione in cui n' designa la normale esterna all'elemento superficiale $d\sigma$, e $(\sigma)_p$ è l'angolo visuale (o la somma algebrica degli angoli visuali) di σ rispetto al punto p, nell'ipotesi che la faccia considerata come positiva sia sempre l'interna, com'era supposto nella formola (c'''). Facendo crescere indefinitamente il raggio R, si ottiene

$$(c'''') \qquad [4\pi - (\sigma)_p]F_p = \int \left(F \frac{\partial \frac{1}{r}}{\partial n'} - \frac{1}{r} \frac{\partial F}{\partial n'} \right) d\sigma - \int \frac{\Delta_2 F}{r} dS',$$

a condizione che si abbia

$$(d) \qquad \int \frac{\partial (RF)}{\partial R} d\Omega = 0, \qquad (R = \infty),$$

qualunque sia il punto p (condizione soddisfatta, com'è noto, dalle funzioni potenziali). Naturalmente bisogna supporre che l'ultimo integrale del secondo membro si mantenga finito e determinato nonostante l'estensione infinita del campo d'integrazione, ciò che ha sempre luogo per le funzioni potenziali di masse finite.

Quando la funzione F è monodroma, continua e finita colle sue derivate prime in tutto lo spazio, si può sopprimere ogni superficie σ, e si ha semplicemente

$$(e) \qquad F_p = -\frac{1}{4\pi} \int \frac{\Delta_2 F}{r} dS,$$

dove S rappresenta l'intero spazio, o a meglio dire quella parte di esso dove $\Delta_2 F$ ha un valore diverso dallo zero.

Deduzione delle formole fondamentali per la teoria del potenziale di superficie. — Consideriamo ora una funzione F la quale, in tutti i punti dello spazio ad eccezione di quelli d'una superficie σ, sia monodroma, continua e finita insieme colle sue derivate prime, soddisfaccia all'equazione $\Delta_2 F = 0$, e possegga all'infinito il carattere (d). La superficie σ può essere chiusa od aperta, ma per ora giova considerarla come chiusa: ciò è lecito, poichè ad ogni superficie non chiusa si può associare un'altra superficie non chiusa, terminata allo stesso contorno e scelta in guisa da chiudere, insieme colla prima, uno spazio finito S. Ciò posto dall'equazione (c''') si ha

$$(e') \qquad \begin{cases} (\sigma)_p F_p = \displaystyle\int \left(F_n \frac{\partial \frac{1}{r}}{\partial n} - \frac{1}{r} \frac{\partial F}{\partial n} \right) d\sigma, \\[2ex] [4\pi - (\sigma)_p] F_p = \displaystyle\int \left(F_{n'} \frac{\partial \frac{1}{r}}{\partial n'} - \frac{1}{r} \frac{\partial F}{\partial n'} \right) d\sigma, \end{cases}$$

dove p è un punto qualunque dello spazio, esclusi quelli della superficie σ, e dove le segnature F_n, $F_{n'}$ servono a distinguere i valori di F sulle due faccie della superficie stessa. Sommando membro a membro le due equazioni precedenti, si ha

$$F_p = \frac{1}{4\pi}\int\left[(F_n - F_{n'})\frac{\partial\frac{1}{r}}{\partial n} - \frac{1}{r}\left(\frac{\partial F}{\partial n} + \frac{\partial F}{\partial n'}\right)\right]d\sigma .$$

Quest'equazione è valida qualunque sia la superficie σ, chiusa od aperta. Infatti in ogni porzione di σ che non presenti discontinuità nè per la funzione F, nè per le derivate prime di questa funzione, si ha

$$F_n - F_{n'} = 0, \qquad \frac{\partial F}{\partial n} + \frac{\partial F}{\partial n'} = 0,$$

cosicchè ogni porzione cosiffatta (qual sarebbe appunto una superficie aggiunta alla vera superficie di discontinuità per chiudere con essa uno spazio) si può sopprimere come priva d'influenza sull'integrale. Del resto l'equazione precedente si può scrivere anche così

$$F_p = \frac{1}{4\pi}\int\left(F\frac{\partial\frac{1}{r}}{\partial\overline{\overline{n}}} - \frac{1}{r}\frac{\partial F}{\partial\overline{\overline{n}}}\right)d\overline{\overline{\sigma}},$$

designando con $\overline{\overline{\sigma}}$ il complesso delle due faccie della superficie σ e con $\overline{\overline{n}}$ la doppia normale d'ogni suo elemento. Sotto questo aspetto la formola si presenta come identica alla seconda delle (e'), qualora in questa si concepisca la σ come formata di due fogli sovrapposti, cioè qualora vi si consideri la σ come superficie chiusa non racchiudente spazio.

Ponendo

$$F_n - F_{n'} = 4\pi g, \qquad \frac{\partial F}{\partial n} + \frac{\partial F}{\partial n'} = -4\pi h,$$

l'equazione ottenuta diventa

$$(e'') \qquad F_p = \int g\frac{\partial\frac{1}{r}}{\partial n}d\sigma + \int\frac{h\,d\sigma}{r},$$

e contiene tutta la teoria delle funzioni potenziali di semplice e di doppio strato. Essa mostra in particolare che una funzione potenziale di superficie è determinata in tutto lo spazio quando (oltre i soliti caratteri generali) si conoscano le differenze di valori, lungo la superficie di discontinuità, della funzione stessa e delle sue derivate normali. Se la funzione è continua e le derivate sono discontinue, il potenziale appartiene ad uno strato semplice di densità h (potenziale elettrostatico); se la funzione è discontinua e le derivate normali sono continue, il potenziale appartiene ad uno strato doppio di momento g (potenziale elettromagnetico). In generale la funzione rappresenta un potenziale misto.

L'equazione (e'') vale per ogni punto p non appartenente alla superficie di discontinuità. Ma è facile trovare l'equazione analoga per un punto q della superficie stessa. Basta applicare ordinatamente le equazioni (e') ai due punti q_n, $q_{n'}$ aderenti a q l'uno dalla parte di n, l'altro da quella di n', attribuendo in ambidue i casi a $(\sigma)_q$ il valore corrispondente al punto q (nel che non è da dimenticare che l'angolo visuale è sempre riferito alla faccia di normale n). Sommando le due equazioni così ottenute si ha

$$(e''') \qquad F_{qn'} + (\sigma)_q g_q = F_{qn} - [4\pi - (\sigma)_q] g_q = \int g \frac{\partial \frac{1}{r}}{\partial n} d\sigma + \int \frac{h\, d\sigma}{r},$$

con che resta determinato il valore che l'integrale del secondo membro prende in un punto q della superficie σ.

Un teorema importante per le funzioni potenziali di superficie è il seguente. Siano F ed F_1 due funzioni della stessa specie della F di pocanzi ed aventi una stessa superficie di discontinuità, superficie che per un momento supporremo di nuovo chiusa. In virtù dell'equazione (c''), successivamente applicata agli spazî S ed S', si ha

$$\int \left(F_n \frac{\partial F_1}{\partial n} - F_{1n} \frac{\partial F}{\partial n} \right) d\sigma = 0,$$

$$\int \left(F_{n'} \frac{\partial F_1}{\partial n'} - F_{1n'} \frac{\partial F}{\partial n'} \right) d\sigma = 0,$$

epperò, sommando,

$$(f) \qquad \int \left(F_n \frac{\partial F_1}{\partial n} + F_{n'} \frac{\partial F_1}{\partial n'} - F_{1n} \frac{\partial F}{\partial n} - F_{1n'} \frac{\partial F}{\partial n'} \right) d\sigma = 0.$$

Quest'equazione è indipendente dalla supposizione che σ sia superficie chiusa, perchè in ogni punto che non sia di vera discontinuità per le funzioni F, F_1 e per le loro derivate prime, si ha

$$F_n \frac{\partial F_1}{\partial n} + F_{n'} \frac{\partial F_1}{\partial n'} = 0, \qquad F_{1n} \frac{\partial F}{\partial n} + F_{1n'} \frac{\partial F}{\partial n'} = 0.$$

Ciò posto, supponiamo che F ed F_1 siano due potenziali di strato semplice, corrispondenti alle densità h ed h_1. Essendo in tal caso

$$F_n = F_{n'}, \qquad F_{1n} = F_{1n'},$$

l'equazione (f) diventa

$$(f')\qquad \int F h_1 d\sigma = \int F_1 h d\sigma.$$

Supponiamo invece che F ed F_1 siano due potenziali di doppio strato, corrispondenti ai momenti g, g_1. Essendo in tal caso

$$\frac{\partial F}{\partial n} + \frac{\partial F}{\partial n'} = 0, \qquad \frac{\partial F_1}{\partial n} + \frac{\partial F_1}{\partial n'} = 0,$$

la stessa equazione (f) diventa

$$(f'')\qquad \int g \frac{\partial F_1}{\partial n} d\sigma = \int g_1 \frac{\partial F}{\partial n} d\sigma.$$

L'equazione (f'), già stabilita con altre considerazioni da GAUSS (*Allgemeine Lehrsätze*, Art. 19) e sommamente utile in elettrostatica, conduce ad una dimostrazione facile e diretta del teorema di reciprocità per la così detta funzione di GREEN. Sieno infatti F, F_1 due tali funzioni, relative ad una medesima superficie σ; vale a dire, detti r, r_1 i raggi vettori uscenti da due punti fissi p, p_1, sieno F, F_1 due funzioni, le quali, oltre le solite proprietà, prendano nei punti di σ gli stessi valori di $\frac{1}{r}$ ed $\frac{1}{r_1}$ rispettivamente. In tali ipotesi l'equazione (f') diventa

$$\int \frac{h_1 d\sigma}{r} = \int \frac{h d\sigma}{r_1},$$

cioè [in virtù dell'equazione (e'') riferita al caso di $g = 0$]

$$F_1(p) = F(p_1),$$

eguaglianza che esprime appunto la reciprocità in discorso.

L'equazione (f''), che può essere utilmente invocata nell'elettromagnetismo, serve a stabilire il teorema di reciprocità per quelle altre funzioni, analoghe a quella di GREEN, che vennero da me considerate nel § 24, c) delle *Ricerche sulla cinematica dei fluidi*, inserite nelle Memorie di quest'Accademia (1871-1874) *). Ma su questo argomento mi riservo di ritornare più diffusamente in altra occasione.

Considerazioni ulteriori sull'equazione (b). — Darò termine al presente scritto deducendo direttamente dalla proposizione fondamentale di GAUSS un teorema, del quale ho fatto uso nelle dianzi citate *Ricerche*, e che ho sviluppato eziandio in una *Nota sulla*

*) Queste OPERE, volume II, pag. 202.

teoria dei solenoidi elettrodinamici (Nuovo Cimento, 1872) *). Questa nuova deduzione gioverà anche a chiarire con un esempio l'utilità delle osservazioni fatte precedentemente sull'espressione dei coseni per mezzo di derivate.

Sia q un punto preso nell'interno dello spazio S, e q' un punto infinitamente vicino ad esso nella direzione del raggio r, uscente dal punto fisso p. Se si pone

$$qq' = \partial r, \qquad F - F' = \partial F,$$

dove F ed F' sono i valori della funzione F in q e q', la derivata parziale che figura sotto il segno integrale nel primo membro dell'equazione (b)

$$\int \frac{\partial F}{\partial r}\frac{dS}{r^2} = \int F \frac{\partial \frac{1}{r}}{\partial n} d\sigma - (\sigma)_p F_p$$

si può considerare come il rapporto dei due differenziali ∂F, ∂r. Ciò posto si concepiscano le due superficie infinitamente vicine σ_1 e σ'_1, appartenenti al sistema

$$F = \text{costante}$$

e passanti pei punti q e q', e si rappresenti con ∂n_1 la distanza normale del punto q' dalla prima di esse, cioè da σ_1. Ponendo, come è lecito,

$$dS = d\sigma_1 \partial n_1,$$

dove $d\sigma_1$ è un elemento della superficie σ_1 circostante al punto q, si può scrivere

$$\frac{\partial F}{\partial r}\frac{dS}{r^2} = \partial F \frac{1}{r^2}\frac{\partial n_1}{\partial r} d\sigma_1 = \partial F \frac{\cos(n_1 r)}{r^2} d\sigma_1 .$$

Dei due differenziali ∂r, ∂n_1, che entrano a formare il rapporto

$$\frac{\partial n_1}{\partial r} = \cos(n_1 r),$$

venne qui assunto arbitrariamente il primo, ed il secondo risultò determinato da esso. Ma, come sappiamo, si può porre anche

$$\cos(n_1 r) = \frac{\partial r}{\partial n_1},$$

purchè si consideri ∂n_1 come un elemento lineare di lunghezza arbitraria condotto dal

*) Queste OPERE, tomo II, pag. 188.

punto q normalmente alla superficie σ_1, e ∂r come l'incremento che riceve in conseguenza il raggio r, quando l'estremità variabile di questo raggio passa dall'origine al termine di tale elemento ∂n_1. Se questo termine si prende sulla superficie σ'_1 (nel qual caso il nuovo ∂n_1 differisce in grandezza dall'antico soltanto nel second'ordine), l'incremento ∂F conserva il primitivo valore, perchè la funzione F è, per ipotesi, costante in ogni punto di σ'_1. Si può dunque scrivere

$$\frac{\partial F}{\partial r}\frac{dS}{r^2} = \partial F \frac{1}{r^2}\frac{\partial r}{\partial n_1} d\sigma_1 = -\partial F \frac{\partial \frac{1}{r}}{\partial n_1} d\sigma_1,$$

epperò il contributo arrecato all'integrale

$$\int \frac{\partial F}{\partial r}\frac{dS}{r^2}$$

da quella porzione (infinitamente piccola di prim'ordine) dello spazio S che è compresa fra le due superficie σ_1 e σ'_1 è rappresentato da

$$-\partial F \int \frac{\partial \frac{1}{r}}{\partial n_1} d\sigma_1,$$

dove n_1 è la normale condotta alla superficie σ_1 in quel verso nel quale la funzione F riceve un incremento dello stesso segno di ∂F, e l'integrale è esteso a quella porzione di superficie σ_1 che giace entro lo spazio S. Conseguentemente si può porre l'eguaglianza

$$\int \frac{\partial F}{\partial r}\frac{dS}{r^2} = -\int dF \int \frac{\partial \frac{1}{r}}{\partial n_1} d\sigma_1,$$

nella quale è ovvio il senso e l'estensione delle due integrazioni accennate nel secondo membro. Quest'eguaglianza è vera anche quando il punto p è interno allo spazio S, perchè l'integrale

$$\int \frac{\partial \frac{1}{r}}{\partial n_1} d\sigma_1 = (\sigma_1)_p$$

è sempre finito. In virtù di tale eguaglianza, la formola (b) di GAUSS si può trasformare nella seguente

$$(g) \qquad -\int dF \int \frac{\partial \frac{1}{r}}{\partial n_1} d\sigma_1 = \int F \frac{\partial \frac{1}{r}}{\partial n} d\sigma - (\sigma)_p F_p.$$

Il primo membro di quest'equazione rappresenta il potenziale elettromagnetico d'un solenoide generale, della specie di quelli considerati nei già citati miei lavori. Ivi io avevo calcolato questo potenziale in un altro modo, e cioè (nella tacita supposizione che tutte le superficie σ_1 intersecassero la σ) considerando come superficie magnetica trasversale non già la σ_1, ma una delle due porzioni in cui la superficie σ_1 divide la superficie σ. Per mostrare la concordanza dei risultati, non ostante la loro apparente discrepanza, supponiamo che della superficie σ si scelga sempre, come diaframma magnetico, quella porzione σ_2 che corrisponde a valori di F maggiori di quelli che questa funzione prende sulla rispettiva σ_1, e che la normale n_1 sia sempre diretta nel senso dell'accrescimento di F; designiamo inoltre con F' il minimo e con F'' il massimo valore di F nello spazio S. Avremo allora, ragionando nell'ipotesi che il punto p sia interno allo spazio S,

$$\int dF \int \frac{\partial \frac{1}{r}}{\partial n_1} d\sigma_1 = \int_{F'}^{F_p} dF \int \frac{\partial \frac{1}{r}}{\partial n_1} d\sigma_1 + \int_{F_p}^{F''} dF \int \frac{\partial \frac{1}{r}}{\partial n_1} d\sigma_1$$

$$= \int_{F'}^{F_p} \left[(\sigma)_p - \int \frac{\partial \frac{1}{r}}{\partial n_2} d\sigma_2 \right] dF + \int_{F_p}^{F''} \left(- \int \frac{\partial \frac{1}{r}}{\partial n_2} d\sigma_2 \right) dF$$

$$= (\sigma)_p (F_p - F') - \int_{F'}^{F''} dF \int \frac{\partial \frac{1}{r}}{\partial n_2} d\sigma_2 .$$

Sostituendo questo valore nell'equazione (g) si ottiene

$$(g') \qquad \int dF \int \frac{\partial \frac{1}{r}}{\partial n_2} d\sigma_2 = \int F \frac{\partial \frac{1}{r}}{\partial n} d\sigma - (\sigma)_p F',$$

risultato che sussiste, come facilmente si verifica, anche quando p è un punto esterno $[(\sigma)_p = 0]$.

Combinando le due equazioni (g) e (g') col teorema di Green, espresso dall'equazione (c'''), si ottengono rispettivamente le formole seguenti:

$$(h) \qquad -\int dF \int \frac{\partial \frac{1}{r}}{\partial n_1} d\sigma_1 = \int \frac{\Delta_2 F}{r} dS + \int \frac{\partial F}{\partial n} \frac{d\sigma}{r},$$

$$(h') \qquad \int dF \int \frac{\partial \frac{1}{r}}{\partial n_2} d\sigma_2 = \int \frac{\Delta_2 F}{r} dS + \int \frac{\partial F}{\partial n} \frac{d\sigma}{r} + (\sigma)_p (F_p - F'),$$

la seconda delle quali coincide con quella da me data nella *Nota* sopra citata. La diversità dei secondi membri nasce, come si vede, dal diverso modo di scegliere le superficie magnetiche trasversali sostituite alle singole correnti del solenoide.

W. THOMSON ha fatto uso di considerazioni analoghe a quelle che servono di base al secondo di questi due processi, studiando certe distribuzioni magnetiche ch'egli chiama lamellari *). Ma parmi più semplice e più appropriato il procedimento che venne esposto dianzi e che conduce alle formole (g) ed (h).

*) Reprint of papers on Electrostatics and Magnetism, pag. 387 (London, 1872).

LVI.

SULL'EQUAZIONE PENTAEDRALE DELLE SUPERFICIE DI TERZ'ORDINE.

Rendiconti del Reale Istituto Lombardo, serie II, volume XII (1879), pp. 24-36.

Mi permetto di comunicare al R. Istituto alcune formole, da me recentemente ottenute in certe ricerche di geometria analitica che pubblicherò quanto prima. L'interesse giustamente attribuito dai geometri alla teoria delle superficie di terz'ordine mi ha indotto a far nota fin d'ora, nei termini della massima brevità, l'applicazione di dette formole all'importante questione dell'esistenza e della determinazione del pentaedro polare.

Per maggiore semplicità e chiarezza, stabilisco da principio (nel n° 1) le formole di cui si tratta, in via puramente algebrica; nei numeri seguenti ne sono accennate le applicazioni al citato argomento.

1. Rappresentiamo col simbolo $[\lambda]$ la funzione razionale intera di 3° grado

$$[\lambda] = p\lambda^3 + q\lambda^2 + r\lambda + s, \tag{1}$$

nella quale p, q, r, s non hanno per ora altro significato che di quantità indipendenti dalla variabile λ.

In virtù d'un notissimo teorema relativo alla decomposizione delle frazioni razionali, si ha la seguente identità

$$\sum_{k=1}^{k=11} \frac{[\lambda_k]^3}{F'(\lambda_k)} = 0,$$

dove λ_1, λ_2, ..., λ_{11} sono le radici, tutte diseguali, dell'equazione razionale intera di

11° grado

$$F(\lambda) = 0.$$

Prendendo $F(\lambda)$ sotto la forma

$$F(\lambda) = \varphi(\lambda)\psi(\lambda),$$

dove

$$\varphi(\lambda) = a(\lambda - a_1)(\lambda - a_2)(\lambda - a_3)(\lambda - a_4)(\lambda - a_5),$$

$$\psi(\lambda) = b(\lambda - b_1)(\lambda - b_2)(\lambda - b_3)(\lambda - b_4)(\lambda - b_5)(\lambda - b_6),$$

la precedente identità si converte in quest'altra

$$\sum_{m=1}^{m=5} \frac{[a_m]^3}{\varphi'(a_m)\psi(a_m)} + \sum_{n=1}^{n=6} \frac{[b_n]^3}{\varphi(b_n)\psi'(b_n)} = 0,$$

ossia nella seguente:

$$\sum_1^5 \alpha_m [a_m]^3 + \sum_1^6 \beta_n [b_n]^3 = 0,$$

dove s'è posto

$$(2) \qquad \alpha_m = \frac{1}{\varphi'(a_m)\psi(a_m)} \qquad (m = 1, 2, 3, 4, 5),$$

$$(3) \qquad \beta_n = \frac{1}{\varphi(b_n)\psi'(b_n)} \qquad (n = 1, 2, 3, 4, 5, 6).$$

Di qui risulta che le due equazioni

$$(4) \qquad \sum_1^5 \alpha_m [a_m]^3 = 0,$$

$$(5) \qquad \sum_1^6 \beta_n [b_n]^3 = 0$$

esprimono, sotto due forme differenti, una sola e medesima relazione fra le quantità tutte diseguali a_m, b_n ed i coefficienti della funzione $[\lambda]$.

Se le quantità b_n e β_n sono date, le analoghe quantità a_n ed α_n restano completamente determinate. Infatti l'equazione (3) dà

$$\varphi(b_n) = \frac{1}{\beta_n \psi'(b_n)} \qquad (n = 1, 2, 3, 4, 5, 6),$$

epperò la funzione intera di 5° grado $\varphi(\lambda)$ è necessariamente la seguente

$$(6) \qquad \varphi(\lambda) = \psi(\lambda) \sum_1^6 \frac{1}{\beta_n [\psi'(b_n)]^2} \frac{1}{\lambda - b_n}.$$

Le a_m restano dunque individuate come radici dell'equazione di 5° grado

$$\sum_{1}^{6} \frac{1}{\beta_n [\psi'(b_n)]^2} \frac{1}{\lambda - b_n} = 0, \tag{6'}$$

risoluta la quale, le α_m sono somministrate dall'equazione (2).

Se invece sono date le quantità a_m ed α_n, le analoghe quantità b_n e β_n non restano completamente determinate. Infatti l'equazione (2) dà

$$\psi(a_m) = \frac{1}{\alpha_m \varphi'(a_m)} \qquad (m = 1, 2, 3, 4, 5),$$

e queste cinque condizioni non bastano a determinare la funzione intera di 6° grado $\psi(\lambda)$. Qualunque però sia questa funzione, essa, divisa per $\varphi(\lambda)$, deve dare un quoziente lineare, $g\lambda + h$, ed un residuo di 4° grado, il quale, prendendo gli stessi valori di $\psi(\lambda)$ per $\lambda = a_1, a_2, a_3, a_4, a_5$, è totalmente determinato dalle cinque condizioni precedenti. Si trova così che la forma più generale di $\psi(\lambda)$ è la seguente:

$$\psi(\lambda) = \varphi(\lambda) \left\{ g\lambda + h + \sum_{1}^{5} \frac{1}{\alpha_m [\varphi'(a_m)]^2} \frac{1}{\lambda - a_m} \right\}. \tag{7}$$

Fissate dunque arbitrariamente le costanti g, h, si ottengono le sei quantità b_n come radici dell'equazione di 6° grado

$$g\lambda + h + \sum_{1}^{5} \frac{1}{\alpha_m [\varphi'(a_m)]^2} \frac{1}{\lambda - a_m} = 0, \tag{7'}$$

risoluta la quale, le β_n sono somministrate dall'equazione (3).

Osserviamo che se si scrivono le tre identità risultanti dal porre successivamente in quest'equazione $\lambda = b_1$, $\lambda = b_2$, $\lambda = b_3$, e si sommano, dopo averle moltiplicate rispettivamente per $b_2 - b_3$, $b_3 - b_1$, $b_1 - b_2$, si ottiene, sempre supponendo diseguali le radici b_1, b_2, b_3,

$$\sum_{1}^{5} \frac{1}{\alpha_m [\varphi'(a_m)]^2} \frac{1}{(b_1 - a_m)(b_2 - a_m)(b_3 - a_m)} = 0, \tag{7''}$$

equazione di 4° grado rispetto a ciascuna delle tre radici suddette. Ora siccome due radici dell'equazione (7') si possono scegliere ad arbitrio, disponendo opportunamente delle costanti g, h, così, se alla scelta arbitraria di queste due costanti si sostituisce quella di due delle sei radici, la precedente equazione (7'') serve a determinare le altre quattro.

2. Ciò posto, supponiamo che i coefficienti p, q, r, s della funzione (1) sieno funzioni lineari delle coordinate di un punto dello spazio.

È sempre possibile determinare queste quattro funzioni in modo che, dando a λ sei valori distinti, le corrispondenti equazioni $[\lambda]=0$ rappresentino sei piani distinti, dati ad arbitrio. Geometricamente, ciò risulta dal fatto che l'equazione $[\lambda]=0$ rappresenta il piano osculatore variabile d'una cubica gobba, e che una tal linea è appunto determinata da sei piani osculatori arbitrarî. Ma la cosa riesce ovvia anche in sè, osservando che, se si rappresentano colle equazioni

$$x=0, \qquad y=0, \qquad z=0, \qquad t=0$$

quattro piani fissi arbitrarî, l'equazione

$$\frac{aa'x}{a\lambda+a'(1-\lambda)}+\frac{bb'y}{b\lambda+b'(1-\lambda)}+\frac{cc'z}{c\lambda+c'(1-\lambda)}+\frac{dd't}{d\lambda+d'(1-\lambda)}=0$$

rappresenta un piano variabile, il quale

per $\lambda=\dfrac{a'}{a'-a}$ coincide col piano $x=0$,

» $\lambda=\dfrac{b}{b'-b}$ » » » $y=0$,

» $\lambda=\dfrac{c'}{c'-c}$ » » » $z=0$,

» $\lambda=\dfrac{d'}{d'-d}$ » » » $t=0$,

» $\lambda=0$ » » » $ax+by+cz+dt=0$,

» $\lambda=1$ » » » $a'x+b'y+c'z+d't=0$.

Ora se la suddetta equazione si libera dai denominatori, il suo primo membro assume appunto la forma (1); cosicchè dando successivamente a λ i sei valori testè indicati, l'equazione $[\lambda]=0$ così formata rappresenta effettivamente sei piani, che possono essere scelti assolutamente ad arbitrio, purchè sieno distinti.

In base a questa semplice osservazione possiamo considerare la equazione

$$\sum_1^6 \beta_n [b_n]^3 = 0 \tag{5}$$

come rappresentante una superficie generale di 3° ordine, giacchè si sa che è sempre possibile, ed in infiniti modi, ridurre il primo membro dell'equazione d'una tal superficie alla somma dei cubi di sei funzioni lineari delle coordinate. Con ciò si viene soltanto a supporre già determinata un'espressione del tipo (1) siffattamente, che l'equazione $[\lambda] = 0$ rappresenti i sei piani dell'esaedro di riferimento quando vi si faccia $\lambda = b_1, b_2, b_3, b_4, b_5, b_6$; il che è sempre possibile, per ciò che dianzi s'è notato, ed è evidentemente attuabile in ogni caso per equazioni lineari.

Ciò premesso, il fatto che l'equazione esaedrale (5) si possa sempre trasformare nell'equazione pentaedrale

$$\sum_1^5 \alpha_m [a_m]^3 = 0, \tag{4}$$

risulta senz'altro dalle formole stabilite nel n° 1, giacchè le a_m riescono determinate come radici dell'equazione di 5° grado

$$\sum_1^6 \frac{1}{\beta_n [\psi'(b_n)]^2} \frac{1}{\lambda - b_n} = 0, \tag{6'}$$

ed i coefficienti α_m sono dati dalla formola

$$\alpha_m = \frac{1}{\varphi'(a_m)\psi(a_m)}. \tag{2}$$

Formata poi che sia l'equazione pentaedrale (4), risulta parimente dimostrato, dalle formole dello stesso n° 1, che vi sono infinite equazioni esaedrali della medesima superficie, cioè infinite equazioni della forma (5).

Ma per meglio riconoscere la natura degli infiniti esaedri di riferimento d'una stessa superficie di 3° ordine, giova specificare la forma dell'espressione $[\lambda]$, nel modo che viene indicato qui appresso.

3. Rappresentiamo con

$$\sum_1^5 A_m u_m^3 = 0 \tag{8}$$

l'equazione pentaedrale della superficie, dove u_1, u_2, u_3, u_4, u_5 sono cinque funzioni lineari delle coordinate, collegate tra loro dalla relazione identica

$$\sum_1^5 u_m = 0. \tag{8'}$$

Ponendo

$$\varphi(\lambda) = (\lambda - a_1)(\lambda - a_2)(\lambda - a_3)(\lambda - a_4)(\lambda - a_5),$$

(9) $$\varphi(\lambda) \sum_1^5 \frac{u_m}{\lambda - a_m} = [\lambda],$$

si ha in questa funzione $[\lambda]$ un'espressione del tipo (1), cioè lineare rispetto alle coordinate e di 3° grado rispetto a λ, in virtù dell'identità (8'). E poichè dall'equazione (9) si trae

(10) $$\varphi'(a_m) u_m = [a_m],$$

così l'equazione $[\lambda] = 0$, per $\lambda = a_1, a_2, a_3, a_4, a_5$, rappresenta i cinque piani del pentaedro fondamentale.

È bene osservare che le cinque quantità a_m sono totalmente arbitrarie, fintantochè non sia dato un sesto piano fisso, contenuto nel sistema $[\lambda] = 0$. Se questo sesto piano fosse quello rappresentato dall'equazione

$$\sum e_m u_m = 0,$$

basterebbe porre

$$a_m = \frac{\alpha e_m + \beta}{\gamma e_m + \delta} \qquad (m = 1, 2, 3, 4, 5)$$

per ottenerlo dall'equazione $[\lambda] = 0$ facendo in questa

$$\lambda = \frac{\alpha}{\gamma},$$

e ciò qualunque fossero le costanti α, β, γ, δ (purchè naturalmente non sia nullo il determinante $\alpha\delta - \beta\gamma$). Di qui risulta che delle cinque arbitrarie a_m due sole sono *essenziali*, perchè anche se tre di esse ricevessero valori determinati, purchè distinti, si potrebbe sempre, disponendo convenientemente delle due rimanenti e delle α, β, γ, δ, riprodurre l'equazione di un sesto piano fisso, dato in modo assolutamente arbitrario.

In virtù della relazione (10), l'equazione pentaedrale (8) coincide colla primitiva equazione (4) ponendo in questa

(11) $$\alpha_m = \frac{A_m}{[\varphi'(a_m)]^3} \qquad (m = 1, 2, 3, 4, 5),$$

il qual valore, sostituito nelle equazioni (7') e (3), conduce tosto a concludere che si possono ottenere tutte le equazioni esaedrali del tipo

(5) $$\sum_1^6 \beta_n [b_n]^3 = 0$$

trovando dapprima le radici b_1, b_2, b_3, b_4, b_5, b_6 dell'equazione di 6° grado

$$g\lambda + h + \sum_1^5 \frac{\varphi'(a_m)}{A_m(\lambda - a_m)} = 0, \tag{12}$$

e ponendo poscia

$$\psi(\lambda) = (\lambda - b_1)(\lambda - b_2)(\lambda - b_3)(\lambda - b_4)(\lambda - b_5)(\lambda - b_6),$$

$$\mathfrak{G}_n = \frac{1}{\varphi(b_n)\psi'(b_n)}.$$

Per riconoscere i caratteri comuni a tutti questi esaedri (in numero quadruplicemente infinito), osserviamo che se nell'espressione $[\lambda]$, definita dall'equazione (9), si attribuiscono alle cinque funzioni u_m i valori particolari ch'esse prendono in un determinato punto dello spazio, si ha identicamente

$$[\lambda] = M(\lambda - \lambda')(\lambda - \lambda'')(\lambda - \lambda'''),$$

dove λ', λ'', λ''' sono i valori di λ corrispondenti ai tre piani del sistema $[\lambda] = 0$ che passano per quel punto, ed M è una quantità indipendente da λ. Di qui, in virtù della relazione (10), si trae

$$\varphi'(a_m)u_m = M(a_m - \lambda')(a_m - \lambda'')(a_m - \lambda''') \qquad (m = 1, 2, 3, 4, 5). \tag{13}$$

Applichiamo questa relazione a due vertici opposti d'un esaedro, per esempio ai vertici (b_1, b_2, b_3) e (b_4, b_5, b_6), ed indichiamo con u'_m, u''_m i valori che prende la funzione u_m nel primo e nel secondo punto rispettivamente. Si ottiene così

$$\varphi'(a_m)u'_m = M'(a_m - b_1)(a_m - b_2)(a_m - b_3),$$

$$\varphi'(a_m)u''_m = M''(a_m - b_4)(a_m - b_5)(a_m - b_6),$$

donde

$$[\varphi'(a_m)]^2 u'_m u''_m = M' M'' \psi(a_m),$$

ossia, in forza delle due equazioni (2) ed (11),

$$A_m u'_m u''_m = M' M'' \qquad (m = 1, 2, 3, 4, 5).$$

Di qui si trae

$$A_1 u'_1 u''_1 = A_2 u'_2 u''_2 = A_3 u'_3 u''_3 = A_4 u'_4 u''_4 = A_5 u'_5 u''_5, \tag{14}$$

e poichè d'altronde si ha

$$\sum_1^5 u'_m = 0, \qquad \sum_1^5 u''_m = 0,$$

si conclude tosto che gli esaedri definiti dall'equazione (12) sono tutti inscritti nella superficie hessiana

$$\sum_1^5 \frac{1}{A_m u_m} = 0,$$

e che in ciascuno d'essi i vertici opposti sono poli reciproci di questa superficie. Egli è perciò che questi esaedri si chiamano *polari*.

Notiamo che l'equazione (7'') può essere, in virtù dell'equazione (11), scritta nel modo seguente:

$$(12') \qquad \sum_1^5 \frac{\varphi'(a_m)}{A_m(a_m - b_1)(a_m - b_2)(a_m - b_3)} = 0.$$

4. Passiamo ad altre formole, che sono suscettibili d'essere applicate alle quadriche polari degli infiniti punti dello spazio rispetto alla superficie di terz'ordine, superficie che supporremo sempre rappresentata dalla sua equazione pentaedrale

$$(8) \qquad \sum_1^5 A_m u_m^3 = 0.$$

Dal teorema già invocato al principio si ha, in primo luogo, la identità

$$\sum_1^5 \frac{[a_m]^2}{\varphi'(a_m)f(a_m)} + \sum_1^3 \frac{[c_k]^2}{\varphi(c_k)f'(c_k)} = 0,$$

dove

$$f(\lambda) = c(\lambda - c_1)(\lambda - c_2)(\lambda - c_3).$$

Se, tenendo conto dell'equazione (11), si pone

$$\frac{\varphi'(a_m)}{f(a_m)} = B_m,$$

ossia

$$(15) \qquad f(a_m) = \frac{\varphi'(a_m)}{B_m} \qquad (m = 1, 2, 3, 4, 5),$$

l'identità precedente si converte in quest'altra

$$(15') \qquad \sum_1^5 B_m u_m^2 + \sum_1^3 \frac{[c_k]^2}{\varphi(c_k)f'(c_k)} = 0.$$

Ma le cinque condizioni (15) individuano una funzione intera di 4° grado

$$f(\lambda) = \varphi(\lambda) \sum_1^5 \frac{1}{B_m(\lambda - a_m)},$$

che non può essere identificata con quella che noi cerchiamo (la quale è, per ipotesi, del 3° grado), se non nel caso che una delle radici dell'equazione $f(\lambda) = 0$, cioè dell'equazione

$$\sum_1^5 \frac{1}{B_m(\lambda - a_m)} = 0, \tag{16}$$

rappresenti un valore del parametro λ al quale non corrisponda alcun piano del sistema $[\lambda] = 0$. Un tal valore, anzi nel caso nostro l'unico, è il valore $\lambda = \infty$, al quale non corrisponde, in forza dell'identità (8'), alcun piano del sistema. Ora, perchè l'equazione (16) abbia una radice infinita, bisogna che sia soddisfatta la condizione

$$\sum_1^5 \frac{1}{B_m} = 0: \tag{16'}$$

quando dunque tale condizione è soddisfatta, l'identità (15') conduce a concludere che le due equazioni

$$\sum_1^5 B_m u_m^2 = 0, \tag{17}$$

$$\frac{(c_2 - c_3)[c_1]^2}{\varphi(c_1)} + \frac{(c_3 - c_1)[c_2]^2}{\varphi(c_2)} + \frac{(c_1 - c_2)[c_3]^2}{\varphi(c_3)} = 0, \tag{17'}$$

nella seconda delle quali le quantità c_1, c_2, c_3 sono le tre radici finite dell'equazione (16), rappresentano una sola e medesima quadrica. Questa quadrica è un cono di 2° ordine. Ciò risulta necessariamente dalla forma dell'equazione (17'): ma si può verificare facilmente che la relazione (16') non è appunto altro che la condizione necessaria e sufficiente perchè l'equazione (17) rappresenti un cono. Nell'equazione trasformata (17') questo cono è riferito ad un suo triedro coniugato, formato di piani del sistema $[\lambda] = 0$. Questo triedro coniugato può variare in infiniti modi, per l'arbitrio inerente alle costanti a_m.

Per determinare il vertice del cono basta porre nell'identità (13)

$$\lambda' = c_1, \qquad \lambda'' = c_2, \qquad \lambda''' = c_3,$$

con che si ottiene

$$\varphi'(a_m) u_m'' = M'' f(a_m),$$

dove u_m'' è il valore che prende la funzione u_m nel vertice stesso. Da questa relazione e dalla (15) si ha

$$B_1 u_1'' = B_2 u_2'' = B_3 u_3'' = B_4 u_4'' = B_5 u_5'', \tag{17''}$$

equazioni che, mentre determinano la posizione del vertice, rendono inutile la relazione (16'), la quale diventa una conseguenza necessaria di esse e dell'identità

$$\sum_1^5 u''_m = 0 .$$

Tutto ciò non suppone altro se non che la quadrica rappresentata dall'equazione (17) sia un cono. Se ora vogliamo considerare questa quadrica come la prima polare d'un punto dello spazio, dobbiamo porre

$$B_m = A_m u'_m \qquad (m = 1, 2, 3, 4, 5),$$

dove u'_m è il valore che prende u_m nel polo. In tal caso le equazioni (17'') si convertono nelle (14) del n° precedente, e però si conclude che, tanto il polo, quanto il vertice del cono polare sono punti della superficie hessiana, e propriamente poli reciproci di essa.

5. Consideriamo, in secondo luogo, l'identità

$$\sum_1^5 \frac{(a_m - a_0)[a_m]^2}{\varphi'(a_m)f(a_m)} + \sum_1^4 \frac{(c_k - a_0)[c_k]^2}{\varphi(c_k)f'(c_k)} = 0,$$

dove a_0 è una costante arbitraria ed

$$f(\lambda) = c(\lambda - c_1)(\lambda - c_2)(\lambda - c_3)(\lambda - c_4);$$

indi, tenendo conto della relazione (11), poniamo

$$\frac{(a_m - a_0)\varphi'(a_m)}{f(a_m)} = B_m,$$

ossia

$$f(a_m) = \frac{(a_m - a_0)\varphi'(a_m)}{B_m} \qquad (m = 1, 2, 3, 4, 5),$$

donde

$$f(\lambda) = \varphi(\lambda)\sum_1^5 \frac{(a_m - a_0)}{B_m(\lambda - a_m)}.$$

Si trova in tal modo che, assumendo per c_1, c_2, c_3, c_4 le radici della equazione di 4° grado in λ

(18) $$\sum_1^5 \frac{a_m - a_0}{B_m(\lambda - a_m)} = 0,$$

l'equazione

(17) $$\sum_1^5 B_m u_m^2 = 0$$

è equivalente a quest'altra

$$(17''')\qquad \sum_1^4 \frac{(c_k - a_0)[c_k]^2}{\varphi(c_k)f'(c_k)} = 0,$$

con che la quadrica rappresentata dall'equazione (17) viene ad essere riferita ad un suo tetraedro conjugato, formato di piani del sistema $[\lambda] = 0$. Questo tetraedro conjugato può variare in infiniti modi, per l'arbitrio inerente alle costanti a_m ed alla costante a_0.

Se ora vogliamo considerare la quadrica (17) come la prima polare d'un punto dello spazio rispetto alla superficie di 3° ordine, dobbiamo porre

$$B_m = A_m u'_m,$$

dove u'_m è il valore che prende u_m nel polo, talchè le costanti B_m diventano soggette alla condizione

$$\sum_1^5 \frac{B_m}{A_m} = 0;$$

e siccome, denotando con e_1, e_2, e_3 i parametri dei tre piani $[\lambda] = 0$ che passano per il polo, si ha dalla relazione (13)

$$B_m = M' A_m \frac{(a_m - e_1)(a_m - e_2)(a_m - e_3)}{\varphi'(a_m)},$$

così l'equazione di 4° grado (18), che determina i parametri delle quattro faccie del tetraedro, si può scrivere come segue

$$(19)\qquad \sum_1^5 \frac{(a_m - a_0)\varphi'(a_m)}{A_m(a_m - e_1)(a_m - e_2)(a_m - e_3)(a_m - \lambda)} = 0.$$

Questa forma della detta equazione conduce a segnalare tre tetraedri speciali, fra gli infiniti rispetto ai quali la quadrica polare è rappresentata dall'equazione (17'''). Se infatti si dà alla costante arbitraria a_0 uno dei tre valori e_1, e_2, e_3, per esempio se si pone $a_0 = e_1$, la precedente equazione diventa

$$(19')\qquad \sum_1^5 \frac{\varphi'(a_m)}{A_m(a_m - e_2)(a_m - e_3)(a_m - \lambda)} = 0,$$

epperò non vi rimane più traccia della costante e_1. Ne risulta che il tetraedro determinato in tal modo è quello che è coniugato colle quadriche polari di tutti i punti della retta d'intersezione dei due piani

$$[e_2] = 0, \qquad [e_3] = 0,$$

retta che del resto può essere una qualunque, se si considera che oltre l'arbitrio inerente alle costanti a_m si può eziandio disporre delle stesse costanti e_2, e_3. Ma confrontando, inoltre, l'equazione (19') colla (12'), si riconosce senz'altro che le radici c_1, c_2, c_3, c_4 dell'equazione (19') sono i parametri di quattro delle faccie d'un esaedro polare, le cui due altre faccie sono i due piani anzidetti, di parametri e_2 ed e_3. Questa proprietà serve di base ad una costruzione geometrica degli esaedri polari, indipendente dalla considerazione della superficie hessiana, costruzione che il signor REYE ha indicata, partendo da altri principî, nel n° 16 della sua Memoria intitolata: *Geometrischer Beweis des* SYLVESTER'*schen Satzes: « Jede quaternäre cubische Form ist darstellbar als Summe von fünf Cuben linearer Formen »* *).

E qui faccio punto per ora, osservando che dalle formole precedenti si potrebbero facilmente dedurre altri interessantissimi teoremi stabiliti dal signor REYE nella dianzi citata Memoria. Colle formole stesse si potrà fors'anche penetrare addentro nella teoria algebrica dei 36 esaedri speciali considerati dal prof. CREMONA nell'importante sua Nota *Ueber die Polar-Hexaeder bei den Flächen dritter Ordnung,* comunicata nel Settembre 1877 al Congresso dei Naturalisti in Monaco, ed inserita poscia nel t. XIII dei Mathematische Annalen.

Noterò per ultimo che della decomposizione delle frazioni razionali come mezzo per giungere a relazioni utili in geometria analitica, fece già uso HESSE in più occasioni, per esempio nella seconda delle *Vier Vorlesungen aus der analytischen Geometrie* **). Io stesso feci uso di analoghe identità in un breve Articolo inserito nel t. IX del Giornale di Matematiche (1871), col titolo di *Alcune formole per la teoria elementare delle coniche* ***), alcuni procedimenti del quale offrono molta analogia con quelli adoperati dal signor DARBOUX in diverse ricerche, che furono pubblicate nel 1873 in un interessantissimo volume intitolato: *Sur une classe remarquable de courbes et de surfaces algébriques.* Quanto al modo particolare, tenuto nei n^i 2 e 3 della presente Nota, di rappresentare analiticamente il piano osculatore variabile d'una cubica gobba, credo d'averlo adoperato io stesso per la prima volta nelle mie *Annotazioni sulla teoria delle cubiche gobbe,* ch'ebbero l'onore d'essere inserite, nel 1868, negli Atti di questo stesso Istituto †). Questo modo di rappresentazione è appunto il principal soggetto di quelle mie più recenti ricerche alle quali ho fatto allusione al principio del presente scritto.

---

*) Journal für die reine und angewandte Mathematik, vol. LXXVIII (1874), pag. 114.

**) Leipzig, 1866.

***) Vedi queste OPERE, vol. II, pag. 182.

†) Vedi queste OPERE, vol. I, pag. 354.

LVII.

INTORNO AD UNA FORMOLA INTEGRALE.

Rendiconti del R. Istituto Lombardo, serie II, vol. XII (1879), pp. 421-426.

Nel § 10 dell'eccellente *Theorie der Kugelfunctionen di* HEINE *), l'illustre Autore si propone di dimostrare direttamente l'importante eguaglianza

$$\int_0^\pi (z - \cos\zeta\sqrt{z^2 - 1})^n d\zeta = \int_0^\pi \frac{d\varphi}{(z + \cos\varphi\sqrt{z^2 - 1})^{n+1}},$$

per il caso che z ed n sieno numeri qualunque (salvo certe restrizioni, che risultano dalla dimostrazione, per il primo di essi). I due integrali che figurano in questa formola costituiscono, nel caso di n intero e positivo, le note espressioni di LAPLACE per la funzione sferica d'ordine n di z, e si prestano opportunamente a definire questa funzione per un valore qualunque dell'indice n.

Ora a me pare che la precedente eguaglianza si possa dimostrare in un modo, se non più breve, almeno più diretto e più completo, e che si possa, in ispecie, evitare una certa considerazione di *minimo*, della quale HEINE si vale per istabilire la riducibilità d'una integrazione curvilinea ad una rettilinea; considerazione la quale, oltre all'essere indiretta, può eziandio parere od infirmata, o resa inutile dal noto fatto che la parte reale d'una funzione sinettica non presenta mai veri massimi o minimi.

Ecco come proporrei di condurre la dimostrazione della formola in discorso.

Partiamo dall'equazione finita

$$(1) \qquad \operatorname{tg}\frac{\gamma}{2}\operatorname{tg}\frac{\varphi}{2} = i\operatorname{tg}\frac{\zeta}{2}$$

*) Seconda edizione, Berlino 1878, pp. 37-42.

fra le due variabili φ e ζ, essendo γ una costante complessa ed i l'unità immaginaria. Fra le dette due variabili ha luogo per conseguenza l'equazione differenziale

$$(2)\qquad \frac{\operatorname{sen}\gamma\, d\varphi}{\cos\gamma+\cos\varphi}=i\,d\zeta$$

e l'equazione finita [equivalente alla (1)]

$$(\cos\gamma+\cos\varphi)(\cos\gamma-\cos\zeta)+\operatorname{sen}^2\gamma=0,$$

che scriveremo così

$$\frac{j\operatorname{sen}\gamma}{\cos\gamma+\cos\varphi}=\frac{\cos\gamma-\cos\zeta}{j\operatorname{sen}\gamma},$$

dove $j=\pm i$. Da quest'ultima eguaglianza risulta

$$(1)_a\qquad \left(\frac{j\operatorname{sen}\gamma}{\cos\gamma+\cos\varphi}\right)^n=\left(\frac{\cos\gamma-\cos\zeta}{j\operatorname{sen}\gamma}\right)^n,$$

dove n è un esponente qualunque; epperò, combinando colla (2),

$$\left(\frac{j\operatorname{sen}\gamma}{\cos\gamma+\cos\varphi}\right)^{n+1}d\varphi=ij\left(\frac{\cos\gamma-\cos\zeta}{j\operatorname{sen}\gamma}\right)^n d\zeta.$$

Di qui, integrando lungo due cammini corrispondenti delle variabili φ, ζ, si trae

$$(3)\qquad \int_{\varphi_0}^{\varphi}\left(\frac{j\operatorname{sen}\gamma}{\cos\gamma+\cos\varphi}\right)^{n+1}d\varphi=ij\int_{\zeta_0}^{\zeta}\left(\frac{\cos\gamma-\cos\zeta}{j\operatorname{sen}\gamma}\right)^n d\zeta.$$

Ciò posto cerchiamo qual sia il cammino percorso dalla variabile ζ, quando la variabile φ percorre l'asse reale. Indicando con γ' e ζ' i numeri complessi conjugati di γ e ζ, ed osservando che, per φ reale, si ha dalla (1)

$$(1)_b\qquad \operatorname{tg}\frac{\zeta}{2}=-i\operatorname{tg}\frac{\gamma}{2}\operatorname{tg}\frac{\varphi}{2},\qquad \operatorname{tg}\frac{\zeta'}{2}=i\operatorname{tg}\frac{\gamma'}{2}\operatorname{tg}\frac{\varphi}{2},$$

epperò

$$\frac{\operatorname{tg}\frac{\zeta}{2}}{\operatorname{tg}\frac{\zeta'}{2}}=-\frac{\operatorname{tg}\frac{\gamma}{2}}{\operatorname{tg}\frac{\gamma'}{2}},$$

possiamo stabilire la relazione

$$\frac{\operatorname{tg}\frac{\zeta}{2}+\operatorname{tg}\frac{\zeta'}{2}}{\operatorname{tg}\frac{\zeta}{2}-\operatorname{tg}\frac{\zeta'}{2}}=\frac{\operatorname{tg}\frac{\gamma}{2}-\operatorname{tg}\frac{\gamma'}{2}}{\operatorname{tg}\frac{\gamma}{2}+\operatorname{tg}\frac{\gamma'}{2}},$$

ossia

$$\frac{\operatorname{sen}\frac{\zeta+\zeta'}{2}}{\operatorname{sen}\frac{\zeta-\zeta'}{2}}=\frac{\operatorname{sen}\frac{\gamma-\gamma'}{2}}{\operatorname{sen}\frac{\gamma+\gamma'}{2}}.$$

Ponendo dunque

$$\gamma=\alpha+\beta i,\qquad \zeta=\xi+\eta i,$$

si ha

(4) $$\operatorname{sen}\alpha\operatorname{sen}\xi+\operatorname{senh}\beta\operatorname{senh}\eta=0$$

quale equazione della linea percorsa dalla variabile complessa ζ, quando la variabile φ percorre l'asse reale. È una linea sinusoidale, che taglia l'asse reale nei punti d'ascissa

$$\ldots,\quad -2\pi,\quad -\pi,\quad 0,\quad +\pi,\quad +2\pi,\quad \ldots$$

e che ha per assi di simmetria le rette parallele all'asse immaginario condotte pei punti d'ascissa

$$\ldots,\quad -\frac{3\pi}{2},\quad -\frac{\pi}{2},\quad +\frac{\pi}{2},\quad +\frac{3\pi}{2},\quad \ldots.$$

Essa è tagliata da ogni ordinata in un sol punto, ed il ramo che va dal punto zero al punto π si riproduce indefinitamente da ambe le parti, in posizione alternativamente rovesciata e diritta.

Per avere le espressioni delle coordinate ξ ed η in funzione di φ basta ricavare dalle $(1)_b$ la nuova equazione

$$\operatorname{tg}\frac{\zeta\pm\zeta'}{2}=-i\operatorname{tg}\frac{\varphi}{2}\,\frac{\operatorname{tg}\frac{\gamma}{2}\mp\operatorname{tg}\frac{\gamma'}{2}}{1\mp\operatorname{tg}^2\frac{\varphi}{2}\operatorname{tg}\frac{\gamma}{2}\operatorname{tg}\frac{\gamma'}{2}},$$

ossia

$$\operatorname{tg}\frac{\zeta\pm\zeta'}{2}=-i\,\frac{\operatorname{sen}\frac{\gamma\mp\gamma'}{2}\operatorname{sen}\varphi}{\cos\frac{\gamma\pm\gamma'}{2}+\cos\frac{\gamma\mp\gamma'}{2}\cos\varphi},$$

dalla quale si deduce tosto

$(4)_a$ $$\operatorname{tg}\xi=\frac{\operatorname{senh}\beta\operatorname{sen}\varphi}{\cos\alpha+\cosh\beta\cos\varphi},\qquad \operatorname{tgh}\eta=\frac{-\operatorname{sen}\alpha\operatorname{sen}\varphi}{\cosh\beta+\cos\alpha\cos\varphi}.$$

Osserviamo ora che β non può esser nullo, perchè se γ fosse reale l'integrale che costituisce il primo membro della (3) non avrebbe sempre un significato, quando il cammino della variabile φ fosse l'asse reale (com'è appunto nel caso che noi consideriamo). Per fissar meglio le idee supporremo

$$(5) \qquad \beta > 0 .$$

In tale ipotesi la prima delle formole $(4)_a$ mostra che, se a $\varphi = 0$ si fa corrispondere $\xi = 0$, mentre φ va da 0 a π anche ξ va da 0 a π (crescendo sempre). Indicando dunque con w il cammino da 0 a π lungo la linea (4), si ha dalla (3)

$$(3)_a \qquad \int_0^\pi \left(\frac{j \operatorname{sen} \gamma}{\cos \gamma + \cos \varphi}\right)^{n+1} d\varphi = ij \int_{(w)} \left(\frac{\cos \gamma - \cos \zeta}{j \operatorname{sen} \gamma}\right)^n d\zeta .$$

Ora è facile dimostrare che all'integrale curvilineo del secondo membro si può sostituire l'integrale rettilineo da 0 a π. Infatti i soli punti che possono essere critici per la funzione sotto il segno integrale, sono quelli rappresentanti le radici ζ_0 dell'equazione

$$\cos \gamma - \cos \zeta_0 = 0 .$$

Questa dà

$$\zeta_0 = 2k\pi \pm \gamma ,$$

dove k è un numero intero, epperò

$$\xi_0 = 2k\pi \pm \alpha , \qquad \eta_0 = \pm \beta .$$

Ne risulta che l'equazione (4) può scriversi così:

$$\operatorname{sen} \xi_0 \operatorname{sen} \xi + \operatorname{senh} \eta_0 \operatorname{senh} \eta = 0 .$$

Fra i punti ζ_0 ve n'è sempre uno pel quale ξ_0 è compreso fra 0 e π, cioè pel quale ξ_0 è uno dei valori che riceve ξ lungo il cammino w. Ma, fatto $\xi = \xi_0$, l'equazione precedente dà per η un valore di segno contrario ad η_0: dunque il punto critico anzidetto è sempre dalla parte opposta di w rispetto all'asse reale, e non può cadere su quest'asse, perchè β non può essere zero.

Si può dunque trasformare il cammino w nel rettilineo, e così sostituire all'equazione $(3)_a$ la seguente

$$(3)_b \qquad \int_0^\pi \left(\frac{j \operatorname{sen} \gamma}{\cos \gamma + \cos \varphi}\right)^{n+1} d\varphi = ij \int_0^\pi \left(\frac{\cos \gamma - \cos \zeta}{j \operatorname{sen} \gamma}\right)^n d\zeta ,$$

dove ambedue le variabili φ e ζ sono reali.

Premesso ciò, supponiamo che la costante γ sia determinata dall'equazione

$$(6) \qquad z - \cos \gamma \sqrt{z^2 - 1} = 0 ,$$

dove z è un dato numero complesso

$$z = x + yi .$$

Da quest'equazione si trae

$$(6)_a \qquad \cos\gamma = \frac{z}{\sqrt{z^2-1}}, \qquad j \operatorname{sen}\gamma = \frac{1}{\sqrt{z^2-1}},$$

dove si è posto, come precedentemente, $j = \pm i$. Il segno del radicale $\sqrt{z^2-1}$ è lo stesso in ambedue le formole, ma del resto arbitrario. Dalle $(6)_a$ si deduce

$$\cot\gamma = jz, \qquad \cot\gamma' = -jz',$$

epperò

$$\cot(\gamma \pm \gamma') = j\frac{zz' \mp 1}{z' \mp z},$$

donde

$$\operatorname{tg} 2\alpha = ij\frac{2y}{x^2+y^2-1}, \qquad \operatorname{tgh} 2\beta = ij\frac{2x}{x^2+y^2+1}.$$

La seconda di queste formole mostra che x non deve mai essere uguale a 0, e che j deve prendersi uguale a $-i$ od uguale a $+i$ secondo che x è positiva o negativa [in forza della convenzione (5)].

Sostituendo i valori $(6)_a$ nell'equazione $(3)_b$ si ottiene finalmente

$$(3)_c \qquad \int_0^\pi \frac{d\varphi}{(z+\cos\varphi\sqrt{z^2-1})^{n+1}} = \pm\int_0^\pi (z-\cos\zeta\sqrt{z^2-1})^n d\zeta,$$

dove il segno del secondo membro dev'essere lo stesso di quello della parte reale di z, la quale non può esser nulla.

L'equazione $(1)_a$ diventa, per le fatte sostituzioni,

$$(1)_c \qquad (z+\cos\varphi\sqrt{z^2-1})^{-n} = (z-\cos\zeta\sqrt{z^2-1})^n,$$

ed indica come si debbano associare i valori delle potenze $\pm n$ dei due binomi

$$z+\cos\varphi\sqrt{z^2-1}, \qquad z-\cos\zeta\sqrt{z^2-1}$$

(nel caso di n non intero) perchè sussista l'eguaglianza $(3)_c$. E siccome questi binomi non diventano mai nulli nel corso dell'integrazione, perchè z non può essere un numero immaginario puro, così basta che l'eguaglianza $(1)_c$ abbia luogo per una coppia di valori corrispondenti delle variabili reali φ e ζ, per esempio per $\varphi = \zeta = 0$.

LVIII.

RICERCHE DI GEOMETRIA ANALITICA

dedicate alla venerata memoria del caro ed illustre amico DOMENICO CHELINI.

Memorie dell'Accademia delle Scienze dell'Istituto di Bologna, serie III, tomo X (1879), pp. 233-312.

Dedico queste ricerche alla memoria del mio compianto collega ed amico DOMENICO CHELINI, non perchè l'importanza degli argomenti trattati, o la novità dei metodi e dei risultati, siano pari al merito eminente di quell'egregio Geometra, ma perchè esse mi pajon tali che a Lui, zelantissimo in escogitare e diffondere metodi agevoli ed intuitivi per lo studio delle scienze matematiche, sarebbero forse riuscite accette come contributo, modestissimo invero, al più facile studio di una dottrina che gli era cara, voglio dire della Geometria analitica.

Nè questa è la sola giustificazione ch'io possa addurre dell'aver posto il nome rispettato del CHELINI in fronte a queste pagine. Nel corso delle presenti Ricerche ho avuto più volte occasione d'invocare, con vantaggio di speditezza e di eleganza, un principio algebrico che accennerò fra un momento, e che è stato da Lui per la prima volta introdotto in Geometria analitica: dove adesso è usato da tutti, senza che la sua apparente naturalezza tolga punto di merito a chi se ne seppe primamente giovare.

Aggiungerò infine che alcune delle considerazioni svolte in questo scritto hanno stretta connessione con quelle d'un mio breve articolo del 1871 *); del quale il CHELINI ebbe già la benevolenza d'occuparsi nella sua Memoria *Sopra alcuni punti notabili nella teoria elementare dei tetraedri e delle coniche* **).

Il principio algebrico cui ho fatto allusione dianzi, e che fu dal CHELINI adoperato in una sua Memoria del 1849 per la deduzione delle formole relative alle coordinate

*) Giornale di Matematiche, tomo IX, pag. 341; oppure queste OPERE, volume II, pag. 182.

**) Memorie dell'Accademia di Bologna, serie III, tomo V (1874), pag. 223.

ellittiche *), sarebbe suscettibile d'essere formulato con una grande generalità. Ma, per non andar troppo lontano dal campo delle applicazioni che se ne debbono far qui, si può enunciarlo nei termini seguenti:

Abbiasi un'equazione della forma

$$\frac{X_1\varphi_1(\lambda)}{(\lambda-a_1)^m}+\frac{X_2\varphi_2(\lambda)}{(\lambda-a_2)^m}+\cdots+\frac{X_n\varphi_n(\lambda)}{(\lambda-a_n)^m}=\varphi(\lambda),$$

dove $X_1, X_2, \ldots X_n$ ed $a_1, a_2, \ldots a_n$ sono quantità indipendenti da λ (le ultime n tutte diverse fra loro), m è un numero intero e positivo e $\varphi, \varphi_1, \varphi_2, \ldots \varphi_n$ sono funzioni intere di λ, che supporremo prime fra loro, e tali inoltre che $\varphi_k(\lambda)$ non sia divisibile per $\lambda - a_k$. Posto

$$f(\lambda)=(\lambda-a_1)(\lambda-a_2)\ldots(\lambda-a_n),$$

e moltiplicata tutta l'equazione per $[f(\lambda)]^m$, essa non conterrà più che potenze intere di λ e, se si designa con p la più alta di queste potenze e con $\lambda_1, \lambda_2, \ldots \lambda_p$ le radici dell'equazione stessa, si avrà l'identità

$$\sum_{k=1}^{k=n} X_k\varphi_k(\lambda)\left[\frac{f(\lambda)}{\lambda-a_k}\right]^m-\varphi(\lambda)[f(\lambda)]^m=M(\lambda-\lambda_1)(\lambda-\lambda_2)\ldots(\lambda-\lambda_p)=MF(\lambda),$$

dove M è un fattore indipendente da λ e diverso da zero. Facendo in quest'identità $\lambda = a_k$, si ottiene

$$X_k\varphi_k(a_k)[f'(a_k)]^m=MF(a_k),$$

donde

$$\text{(I)}\qquad X_1 : X_2 : \cdots : X_n = \frac{F(a_1)}{\varphi_1(a_1)[f'(a_1)]^m} : \frac{F(a_2)}{\varphi_2(a_2)[f'(a_2)]^m} : \cdots : \frac{F(a_n)}{\varphi_n(a_n)[f'(a_n)]^m}.$$

Il principio, o lemma algebrico, del quale si tratta consiste semplicemente nel passaggio dalla primitiva equazione in λ a queste ultime formole. La necessità di tale passaggio si presenta molto spesso nel corso delle seguenti Ricerche.

Occorrerà eziandio ricorrere sovente alla nota formola per lo spezzamento delle frazioni razionali (nel caso più semplice delle radici tutte diseguali)

$$\text{(II)}\qquad \frac{\varphi(\lambda)}{f(\lambda)}=\sum_{k=1}^{k=n}\frac{\varphi(a_k)}{(\lambda-a_k)f'(a_k)},$$

dove $f(\lambda)$ è la stessa funzione di pocanzi e $\varphi(\lambda)$ è una funzione intera del grado $n - 1$ al più. E parimenti occorrerà ricordare spessissimo quest'altra formola nota,

---

*) *Sull'uso sistematico dei principii relativi al metodo delle coordinate rettilinee* [Raccolta di lettere ed altri scritti intorno alla fisica ed alle matematiche, compilata dal prof. BARNABA TORTOLINI e dai dottori CLEMENTE PALOMBA ed IGNAZIO CUGNONI, anno V (1849), pp. 227-263, 333-374].

conseguenza della precedente (anzi non diversa sostanzialmente da essa),

$$\text{(III)} \qquad \sum_{k=1}^{k=n} \frac{\psi(a_k)}{f'(a_k)} = 0,$$

dove $\psi(\lambda)$ è una funzione intera di λ del grado $n - 2$ al più. Ambedue queste formole potrebbero essere ricavate, come corollarî, dal Lemma (I): ma esse sono così generalmente note che sarebbe inutile, od almen fuori di luogo, il far qui una digressione in proposito.

Quanto all'indole ed allo scopo delle presenti Ricerche, facili e piane tanto per l'argomento quanto pei metodi, dirò ch'esse s'aggirano principalmente sulle linee razionali, piane e gobbe, e sono fondate quasi interamente sull'uso di certe forme d'equazioni, locali o tangenziali, assunte a rappresentare l'elemento variabile che si considera come generatore della linea stessa. I primi cinque §§ sono relativi alla teoria delle coniche. I §§ 6° e 7° mostrano la possibilità e la convenienza, di trattare, con analoghi procedimenti, le curve piane razionali d'ordine o classe qualunque. Il § 8° tratta delle curve piane generali di 3° ordine, e mostra che le formole qui adoperate, benchè più specialmente idonee allo studio dei luoghi razionali, possono nondimeno recare vantaggio anche nella teoria generale delle curve. I §§ 9° e 10° sono consacrati alle cubiche gobbe. Il § 11° tratta delle curve gobbe razionali in genere, con più particolare riguardo alla linea di 4° ordine e di 2ª specie. Il § 12° ed ultimo tratta della superficie di Steiner, come saggio d'applicazione dei metodi adoperati nei §§ precedenti a luoghi geometrici generati da un elemento doppiamente variabile.

Il principio di dualità è perfettamente applicabile in ogni parte di queste Ricerche; talchè, meno qualche esempio datone in casi semplici, ho quasi sempre omesso di svolgere i due aspetti di ciascuna questione, per non ripetere inutilmente parole e formole.

Mio unico scopo, nel redigere questo lavoro, fu di esporre un sistema di equazioni e di procedimenti, fondato sulla più elementare analisi algebrica, ma non indegno d'attenzione, a quanto mi pare, per la molteplicità degli usi e, direi quasi, per la non comune sua flessibilità. Certo non mancano esempi già noti di procedimenti siffatti: io stesso ne ho svolto uno fin dal 1868, attingendolo nella teoria delle cubiche gobbe *). Ma forse non è stato ancora esplicitamente osservato che il campo della loro applicazione è molto più vasto di quello che sembri a prima giunta. Sarei ben lieto se qualche giovane geometra riuscisse, con nuove applicazioni, a mostrare, meglio che non abbia saputo far io, l'utilità dei metodi che ora procedo senz'altro ad esporre.

---

*) Rendiconti del R. Istituto Lombardo, s. II, vol. I (1868), pp. 130-137, 407-419; oppure queste Opere, tomo I, pag. 354.

§ 1.

In ciò che segue denoteremo con x, y, z le coordinate omogenee d'un punto in un piano, e con p, q, r le coordinate omogenee d'una retta nello stesso piano, le une e le altre vincolate fra loro dall'equazione

$$px + qy + rz = 0,$$

quando il punto (xyz) giace nella retta (pqr).

Prendiamo ora l'equazione

$$x\varphi_1(\lambda) + y\varphi_2(\lambda) + z\varphi_3(\lambda) = 0,$$

dove φ_1, φ_2 e φ_3 sono tre funzioni intere e di 2^0 grado rispetto al parametro λ: equazione che rappresenta, com'è notissimo, la tangente variabile d'una conica. Questa conica è del tutto arbitraria finchè si lasciano indeterminati i coefficienti delle funzioni φ. Se si vuole che essa riesca tangente alle tre rette

$$x = 0, \qquad y = 0, \qquad z = 0,$$

bisogna che le tre funzioni φ sien tali che un certo valore di λ annulli simultaneamente φ_2 e φ_3, che un secondo valore di λ annulli simultaneamente φ_3 e φ_1 e che un terzo valore di λ annulli simultaneamente φ_1 e φ_2. Quando ciò ha luogo, l'equazione della tangente variabile può porsi manifestamente sòtto la forma

$$\frac{Ax}{\lambda - a} + \frac{By}{\lambda - b} + \frac{Cz}{\lambda - c} = 0, \tag{1}$$

dove le A, B, C, a, b, c sono costanti (di cui due soltanto sono veramente essenziali). È bene notare subito che quando l'inviluppo è una vera conica, le costanti A, B, C sono tutte diverse da zero, e le costanti a, b, c sono tutte diverse fra loro.

La precedente equazione, mutando la designazione delle costanti, può scriversi anche così:

$$\frac{p'p''x}{p'\lambda + p''} + \frac{q'q''y}{q'\lambda + q''} + \frac{r'r''z}{r'\lambda + r''} = 0, \tag{1'}$$

e rappresenta, evidentemente, la tangente variabile della conica individuata dalle cinque tangenti

$$x = 0, \qquad y = 0, \qquad z = 0,$$

$$p'x + q'y + r'z = 0, \qquad p''x + q''y + r''z = 0;$$

infatti queste cinque tangenti particolari risultano dall'unica equazione (1'), dando rispettivamente al parametro λ i valori

$$\lambda = -\frac{p''}{p'}, \qquad \lambda = -\frac{q''}{q'}, \qquad \lambda = -\frac{r''}{r'},$$

$$\lambda = 0, \qquad \lambda = \infty.$$

Le coordinate p, q, r d'una sesta tangente qualunque sono dunque date dalle formole

$$p : q : r = \frac{p'p''}{\lambda - a} : \frac{q'q''}{\lambda - b} : \frac{r'r''}{\lambda - c},$$

dalle quali risulta che, per un opportuno valore di μ, sussistono sempre tre relazioni della forma

$$\frac{\mu}{p} + \frac{1}{p'} + \frac{\lambda}{p''} = 0, \qquad \frac{\mu}{q} + \frac{1}{q'} + \frac{\lambda}{q''} = 0, \qquad \frac{\mu}{r} + \frac{1}{r'} + \frac{\lambda}{r''} = 0.$$

Si può dunque enunciare questo corollario: affinchè le sei rette

$$x = 0, \qquad p\,x + q\,y + r\,z = 0,$$

$$y = 0, \qquad p'x + q'y + r'z = 0,$$

$$z = 0, \qquad p''x + q''y + r''z = 0,$$

sieno tangenti ad una sola e medesima conica è necessario e sufficiente che sia soddisfatta la condizione

$$\begin{vmatrix} \frac{1}{p} & \frac{1}{q} & \frac{1}{r} \\ \frac{1}{p'} & \frac{1}{q'} & \frac{1}{r'} \\ \frac{1}{p''} & \frac{1}{q''} & \frac{1}{r''} \end{vmatrix} = 0.$$

Si può affermare *a priori* che quest'equazione non è altro che una traduzione algebrica del teorema di BRIANCHON. Ma vediamolo direttamente.

Moltiplicando la prima colonna del determinante per $p'p''$, la seconda per $q''q$, la terza per $r'r$; poscia la prima linea per p, la seconda per q', la terza per r'', la precedente relazione diventa

$$\begin{vmatrix} p'\,p'' & p\,q'' & r'p \\ p''q' & q''q & q'r \\ r''p' & q\,r'' & r\,r' \end{vmatrix} = 0$$

ed esprime che le tre rette

$$p'p''x + p''q'y + r''p'z = 0,$$
$$p\,q''x + q''q\,y + q\,r''z = 0,$$
$$r'p\,x + q'r\,y + r\,r'z = 0,$$

si segano in un solo e medesimo punto. Ora ciascuna di queste equazioni può scriversi in doppia guisa, così:

$$\begin{cases} (p'x + q'y + r'z)p'' - (r'p'' - r''p')z = 0, \\ (p''x + q''y + r''z)p' - (p'q'' - p''q')y = 0; \end{cases}$$
$$\begin{cases} (p''x + q''y + r''z)q - (p''q - p\,q'')x = 0, \\ (p\,x + q\,y + r\,z)q'' - (q''r - q\,r'')z = 0; \end{cases}$$
$$\begin{cases} (p\,x + q\,y + r\,z)r' - (q\,r' - q'r)y = 0, \\ (p'x + q'y + r'z)r - (r\,p' - r'p)x = 0; \end{cases}$$

e, da questa doppia forma dell'equazione di ciascuna di quelle tre rette, segue immediatamente ch'esse sono le congiungenti dei vertici opposti dell'esagono formato dalle sei tangenti anzidette, prese nell'ordine seguente:

$$x = 0,$$
$$p''x + q''y + r''z = 0,$$
$$y = 0,$$
$$px + qy + rz = 0,$$
$$z = 0,$$
$$p'x + q'y + r'z = 0.$$

Si possono del resto facilmente modificare le operazioni fatte sul determinante, in guisa da pervenire ad esagoni formati colle tangenti stesse, ordinate in qualunque altro modo.

Ma, indipendentemente da questa verificazione, si vedrà meglio, fra un momento, la ragione della forma sotto cui ci si è presentato il teorema in discorso.

Ripetendo le considerazioni fatte al principio di questo §, colla sostituzione di punto a retta e viceversa, si trova che l'equazione del punto variabile d'una conica circoscritta al triangolo

$$p = 0, \qquad q = 0, \qquad r = 0$$

può sempre essere posta sotto la forma

$$(2) \qquad \frac{Ap}{\mu - a} + \frac{Bq}{\mu - b} + \frac{Cr}{\mu - c} = 0,$$

dove μ è il parametro variabile; che per la conica determinata dai cinque punti

$$p = 0, \qquad q = 0, \qquad r = 0,$$

$$px' + qy' + rz' = 0, \qquad px'' + qy'' + rz'' = 0$$

l'equazione del punto variabile è

$$(2') \qquad \frac{px'x''}{\mu x' + x''} + \frac{qy'y''}{\mu y' + y''} + \frac{rz'z''}{\mu z' + z''} = 0,$$

talchè le coordinate x, y, z di questo punto sono date dalle formole

$$x : y : z = \frac{x'x''}{\mu x' + x''} : \frac{y'y''}{\mu y' + y''} : \frac{z'z''}{\mu z' + z''};$$

e finalmente che la condizione necessaria e sufficiente affinchè i sei punti

$$\begin{aligned} p &= 0, \qquad & px + qy + rz &= 0, \\ q &= 0, \qquad & px' + qy' + rz' &= 0, \\ r &= 0, \qquad & px'' + qy'' + rz'' &= 0, \end{aligned}$$

sieno in una stessa conica è

$$\begin{vmatrix} \frac{1}{x} & \frac{1}{y} & \frac{1}{z} \\ \frac{1}{x'} & \frac{1}{y'} & \frac{1}{z'} \\ \frac{1}{x''} & \frac{1}{y''} & \frac{1}{z''} \end{vmatrix} = 0.$$

Che quest'equazione *) sia una traduzione algebrica del teorema di PASCAL è manifesto *a priori,* e si può d'altronde dimostrare col metodo tenuto precedentemente per quello di BRIANCHON. Ma qui la cosa riesce ancor più chiara se si rammenta che, istituendo fra due punti variabili (xyz), $(\xi\eta\zeta)$ le relazioni

$$\xi x = \eta y = \zeta z,$$

cioè operando una trasformazione *steineriana* o quadratica, ad ogni retta corrisponde una conica passante pei punti fondamentali, e reciprocamente. Ora l'equazione precedente esprime che i punti corrispondenti, in una tale trasformazione, ai tre (xyz), $(x'y'z')$, $(x''y''z'')$ sono situati in linea retta: dunque i suddetti punti (xyz), $(x'y'z')$, $(x''y''z'')$ ed i tre vertici del triangolo fondamentale sono in una stessa conica.

L'equazione in cui si traduce il teorema di BRIANCHON può analogamente dedursi da una trasformazione steineriana tangenziale, cioè operata fra coordinate di rette.

§ 2.

Tornando alle equazioni (1) e (2) del § precedente, che somministrano il tipo generale della tangente variabile e del punto variabile d'una conica rispettivamente inscritta o circoscritta al triangolo fondamentale, noteremo le formole seguenti, in parte evidenti, in parte dedotte dal lemma (I).

Rispetto al caso della conica inscritta, le coordinate della tangente variabile sono date da

$$p : q : r = \frac{A}{\lambda - a} : \frac{B}{\lambda - b} : \frac{C}{\lambda - c};$$

le coordinate del punto dal quale partono le due tangenti λ' e λ'' sono date da

$$x : y : z = \frac{(b-c)(a-\lambda')(a-\lambda'')}{A} : \frac{(c-a)(b-\lambda')(b-\lambda'')}{B} : \frac{(a-b)(c-\lambda')(c-\lambda'')}{C};$$

e finalmente le coordinate del punto di contatto della conica colla tangente λ sono date da

$$x : y : z = \frac{(b-c)(\lambda-a)^2}{A} : \frac{(c-a)(\lambda-b)^2}{B} : \frac{(a-b)(\lambda-c)^2}{C}.$$

---

*) Ponendo mente a quest'equazione si può, molto agevolmente, risolvere la questione posta, ma non risoluta, alla fine delle mie *Considerazioni analitiche sopra una proposizione di* STEINER [Mem. dell'Acc. di Bologna, serie III, tomo VII (1876), pp. 241-262; oppure queste OPERE, tomo III, pp. 53-72]. La condizione $\nabla = 0$ esprime che i poli delle rette fondamentali, rispetto alla conica assoluta, sono in una conica circoscritta al triangolo fondamentale.

E se piacesse di considerare, più particolarmente, la conica individuata da due tangenti date $(p'q'r')$, $(p''q''r'')$, oltre le tangenti fisse $x=0$, $y=0$, $z=0$, basterebbe porre in queste formole [come risulta dal confronto delle equazioni (1) ed (1') del § precedente]

$$A:B:C=p'':q'':r'',$$

$$a=-\frac{p''}{p'},\qquad b=-\frac{q''}{q'},\qquad c=-\frac{r''}{r'}.$$

Rispetto al caso della conica circoscritta, si hanno formole del tutto somiglianti per le coordinate del punto mobile, per le coordinate della retta che incontra la conica in due punti dati e per quelle della tangente in un punto dato: basta permutare le lettere x, y, z, λ colle p, q, r, μ.

Può giovare, in alcune delle molte ricerche ove si possono utilmente adoperare queste formole, di assumere tre tangenti arbitrarie della conica inscritta (o tre punti arbitrarî della conica circoscritta) come lati (o rispettivamente come vertici) d'un nuovo triangolo fondamentale. In tal caso importa conoscere le espressioni delle x, y, z (o delle p, q, r) in funzione delle tre tangenti (o dei tre punti), e ciò può farsi nel modo seguente.

Ponendo

$$[\lambda]=Ax(\lambda-b)(\lambda-c)+By(\lambda-c)(\lambda-a)+Cz(\lambda-a)(\lambda-b),$$

ed osservando che $[\lambda]$ è una funzione intera di 2° grado in λ, si ha dal Lemma (III) l'identità

$$\sum_{k=1}^{k=4}\frac{[\lambda_k]}{f'(\lambda_k)}=0,$$

dove

$$f(\lambda)=(\lambda-\lambda_1)(\lambda-\lambda_2)(\lambda-\lambda_3)(\lambda-\lambda_4).$$

Questa è una relazione identica fra quattro tangenti arbitrarie, purchè distinte, di parametri λ_1, λ_2, λ_3, λ_4, la quale permette di esprimere una tangente qualunque per mezzo di tre tangenti fissate ad arbitrio. Ora avendosi, in particolare,

$$[a]=(a-b)(a-c)Ax,$$

$$[b]=(b-c)(b-a)By,$$

$$[c]=(c-a)(c-b)Cz,$$

è chiaro che, col mezzo della precedente relazione, si possono ottenere le espressioni di x, y, z in funzione di $[\lambda_1]$, $[\lambda_2]$, $[\lambda_3]$; basta fare successivamente $\lambda_4 = a$, $\lambda_4 = b$, $\lambda_4 = c$.

In base allo stesso Lemma (III) si può ottenere una relazione fra m tangenti, per $m \geqq 4$, dall'identità

$$\sum_{k=1}^{k=m} \frac{\psi(\lambda_k)[\lambda_k]}{F'(\lambda_k)} = 0,$$

dove

$$F(\lambda) = (\lambda - \lambda_1)(\lambda - \lambda_2) \ldots (\lambda - \lambda_m),$$

e $\psi(\lambda)$ è una funzione intera di λ, del grado $m - 4$ al più, a coefficienti arbitrarî.

Per dare un esempio d'altre relazioni dello stesso genere, osserviamo che si ha pure l'identità

$$\sum_{k=1}^{k=m} \frac{\psi(\lambda_k)[\lambda_k]^2}{F'(\lambda_k)} = 0,$$

dove $\psi(\lambda)$ è funzione intera di λ, del grado $m - 6$ al più, a coefficienti arbitrarî. Il caso più semplice è fornito dall'ipotesi $m = 6$, nella quale si può porre $\psi = 1$. Se, in questa stessa ipotesi, si pone inoltre

$$F(\lambda) = \varphi(\lambda)\psi(\lambda),$$

$$\varphi(\lambda) = (\lambda - \lambda_1)(\lambda - \lambda_2)(\lambda - \lambda_3), \quad \psi(\lambda) = (\lambda - \lambda')(\lambda - \lambda'')(\lambda - \lambda'''),$$

$$H = (\lambda_2 - \lambda_3)(\lambda_3 - \lambda_1)(\lambda_1 - \lambda_2), \qquad K = (\lambda'' - \lambda''')(\lambda''' - \lambda')(\lambda' - \lambda''),$$

si ottiene

$$\frac{1}{H}\left\{\frac{(\lambda_2 - \lambda_3)[\lambda_1]^2}{\psi(\lambda_1)} + \frac{(\lambda_3 - \lambda_1)[\lambda_2]^2}{\psi(\lambda_2)} + \frac{(\lambda_1 - \lambda_2)[\lambda_3]^2}{\psi(\lambda_3)}\right\}$$

$$+ \frac{1}{K}\left\{\frac{(\lambda'' - \lambda''')[\lambda']^2}{\varphi(\lambda')} + \frac{(\lambda''' - \lambda')[\lambda'']^2}{\varphi(\lambda'')} + \frac{(\lambda' - \lambda'')[\lambda''']^2}{\varphi(\lambda''')}\right\} = 0.$$

Di qui risulta che le due equazioni seguenti:

$$\frac{(\lambda_2 - \lambda_3)[\lambda_1]^2}{\psi(\lambda_1)} + \frac{(\lambda_3 - \lambda_1)[\lambda_2]^2}{\psi(\lambda_2)} + \frac{(\lambda_1 - \lambda_2)[\lambda_3]^2}{\psi(\lambda_3)} = 0,$$

$$\frac{(\lambda'' - \lambda''')[\lambda']^2}{\varphi(\lambda')} + \frac{(\lambda''' - \lambda')[\lambda'']^2}{\varphi(\lambda'')} + \frac{(\lambda' - \lambda'')[\lambda''']^2}{\varphi(\lambda''')} = 0$$

sono fra loro equivalenti. Quest'equivalenza è la traduzione algebrica del noto teorema che due triangoli circoscritti ad una stessa conica [nel nostro caso sarebbero i due triangoli $(\lambda_1 \lambda_2 \lambda_3)$ e $(\lambda' \lambda'' \lambda''')$] sono sempre conjugati rispetto ad una medesima altra conica. Questa ultima conica, indifferentemente rappresentata dalla prima o dalla seconda delle precedenti due equazioni, possiede poi la proprietà d'essere conjugata non solo coi due triangoli $(\lambda_1 \lambda_2 \lambda_3)$ e $(\lambda' \lambda'' \lambda''')$ ma con tutti quelli i cui lati sono le tangenti individuate dalle tre radici dell'equazione di 3° grado in λ

$$\varphi(\lambda) + k\psi(\lambda) = 0,$$

dove k è una costante arbitraria, ad ognuno dei cui valori corrisponde un triangolo particolare. Infatti è chiaro che le due equazioni precedenti restano inalterate sostituendo $\varphi(\lambda) + k\psi(\lambda)$ a $\varphi(\lambda)$ nella seconda equazione, oppure a $\psi(\lambda)$ nella prima.

Questo risultato fu da me stabilito, per una via meno semplice, nel già citato Articolo del 1871. Considerazioni in parte analoghe ricorrono nel bel libro del signor Darboux, *Sur une classe remarquable de courbes et de surfaces* (Paris, 1873). Di identità ricavate dal Lemma (III) fece uso più volte l'illustre Hesse, ma con fini assai diversi.

Tralasciamo per brevità di scrivere e d'interpretare le formole analoghe alle precedenti rispetto alla conica circoscritta, e notiamo invece che tutte le formole suddette, essendo fondate unicamente sul fatto che $[\lambda]$ è funzione intera di 2° grado in λ, sono valide anche per altre forme dell'equazione della tangente variabile (o del punto variabile) d'una conica, anzi valgono per la forma generalissima accennata al principio del § precedente.

Nel § 8° avremo nuovamente occasione di considerare e di utilizzare altre identità ricavate dal medesimo principio.

§ 3.

Passiamo ora a considerare simultaneamente due coniche, l'una inscritta, l'altra circoscritta al triangolo fondamentale.

Rappresenteremo coll'equazione

$$(1) \qquad \frac{x}{\lambda - a} + \frac{y}{\lambda - b} + \frac{z}{\lambda - c} = 0$$

la tangente variabile della prima conica, conica che può essere una qualunque, fra le inscritte, per la presenza delle arbitrarie a, b, c; e coll'equazione

$$(2) \qquad \frac{Ap}{\mu - a} + \frac{Bq}{\mu - b} + \frac{Cr}{\mu - c} = 0$$

il punto variabile della seconda conica, conica che può anch'essa essere una qualunque, fra le circoscritte, per la presenza delle nuove costanti A, B, C.

L'equazione

$$(3) \qquad \frac{A}{(\lambda - a)(\mu - a)} + \frac{B}{(\lambda - b)(\mu - b)} + \frac{C}{(\lambda - c)(\mu - c)} = 0$$

esprime manifestamente la condizione perchè la tangente λ della prima conica passi per il punto μ della seconda. In virtù di quest'equazione ad ogni valore di λ corrispondono due valori di μ, individuanti i punti d'intersezione della retta λ colla conica circoscritta, e, reciprocamente, ad ogni valore di μ corrispondono due valori di λ, individuanti le due tangenti che dal punto μ si possono condurre alla conica inscritta. Ciò posto consideriamo l'equazione

$$(4) \qquad \frac{A}{\varkappa - a} + \frac{B}{\varkappa - b} + \frac{C}{\varkappa - c} = k,$$

dove k è una costante arbitraria e $\varkappa$ un nuovo parametro. Designando con $\varkappa_1$, $\varkappa_2$, $\varkappa_3$ le tre radici, che per ora supponiamo diseguali, di quest'equazione, sostituendole nell'equazione medesima, ed eliminando k colla sottrazione, si ottengono tre equazioni del tipo

$$(5) \qquad \frac{A}{(\varkappa_1 - a)(\varkappa_2 - a)} + \frac{B}{(\varkappa_1 - b)(\varkappa_2 - b)} + \frac{C}{(\varkappa_1 - c)(\varkappa_2 - c)} = 0,$$

delle quali una qualunque è conseguenza necessaria delle altre due. Queste equazioni esprimono proprietà delle terne di radici $\varkappa_1$, $\varkappa_2$, $\varkappa_3$ indipendenti da ogni valore particolare di k. Dando a k tutti i valori possibili, si ha una serie infinita di terne $(\varkappa_1 \varkappa_2 \varkappa_3)$ formate di valori generalmente distinti, e nelle quali una qualunque delle radici, per esempio $\varkappa_1$, può prendere ogni valore possibile: infatti ponendo nell'equazione (4) $\varkappa = \varkappa_1$ si ottiene sempre per k un valore individuato. Ma, fissata $\varkappa_1$, le altre due radici associate $\varkappa_2$ e $\varkappa_3$ restano determinate dall'equazione di 2° grado in $\varkappa$

$$(5') \qquad \frac{A}{(\varkappa_1 - a)(\varkappa - a)} + \frac{B}{(\varkappa_1 - b)(\varkappa - b)} + \frac{C}{(\varkappa_1 - c)(\varkappa - c)} = 0.$$

Consideriamo ora una di queste terne, e sia $(\varkappa_1 \varkappa_2 \varkappa_3)$; poscia poniamo

$$\lambda_1 = \varkappa_1, \qquad \lambda_2 = \varkappa_2, \qquad \lambda_3 = \varkappa_3,$$

$$\mu_1 = \varkappa_1, \qquad \mu_2 = \varkappa_2, \qquad \mu_3 = \varkappa_3.$$

La terna $(\lambda_1 \lambda_2 \lambda_3)$ di valori di λ determina i tre lati di un triangolo circoscritto alla prima conica, e la terna corrispondente $(\mu_1 \mu_2 \mu_3)$, formata di valori numericamente eguali, determina parimente i tre vertici d'un triangolo inscritto alla seconda. Ma poichè si ha, in base alle equazioni del tipo (5),

$$\frac{A}{(\lambda_1 - a)(\mu_2 - a)} + \frac{B}{(\lambda_1 - b)(\mu_2 - b)} + \frac{C}{(\lambda_1 - c)(\mu_2 - c)} = 0,$$

$$\frac{A}{(\lambda_1 - a)(\mu_3 - a)} + \frac{B}{(\lambda_1 - b)(\mu_3 - b)} + \frac{C}{(\lambda_1 - c)(\mu_3 - c)} = 0,$$

è chiaro, avuto riguardo al significato geometrico della relazione (3), che il lato λ_1 del primo triangolo contiene i vertici μ_2 e μ_3 del secondo. E poichè ciò vale anche per gli altri lati e vertici, se ne conclude che i due triangoli $(\lambda_1 \lambda_2 \lambda_3)$, $(\mu_1 \mu_2 \mu_3)$ non ne formano che un solo, simultaneamente circoscritto alla prima ed inscritto alla seconda conica. I valori eguali di λ e μ, cioè $\lambda_1 = \mu_1$, $\lambda_2 = \mu_2$, $\lambda_3 = \mu_3$, corrispondono a lati ed a vertici rispettivamente opposti di quest'unico triangolo. Siccome poi $\varkappa_1$, variando k, può assumere, come si disse, ogni valore possibile, ne segue che ogni tangente della prima conica può essere lato di un tal triangolo, come ogni punto della seconda può essere vertice d'un altro di tali triangoli. In altre parole: facendo variare k con continuità nell'equazione (4), si determina un triangolo che varia con continuità restando sempre circoscritto alla prima ed inscritto nella seconda conica *).

Di qui risulta che se due coniche ammettono un triangolo inscritto nell'una e circoscritto all'altra, qual'è per le nostre due coniche il triangolo fondamentale, essendo del resto arbitrarie, esse ammettono necessariamente una serie infinita e continua di tali triangoli, talchè ogni punto della conica circoscritta può diventar vertice, come ogni tangente della inscritta può diventar lato d'uno di tali triangoli. E poichè è d'altronde evidente che, per due coniche assolutamente arbitrarie, non può un punto scelto a caso sull'una essere vertice di un triangolo inscritto ad essa e circoscritto all'altra, segue senz'altro la verità del teorema di PONCELET che due coniche in un piano o non ammettono alcun triangolo inscritto all'una e circoscritto all'altra, o ne ammettono una serie infinita e continua.

Resta da considerare il caso, lasciato finora in disparte, che l'equazione (4) abbia due radici eguali, caso che interviene sempre, per certi valori particolari di k. Per discutere questo caso, osserviamo anzitutto che se $\varkappa_1$, $\varkappa_2$, $\varkappa_3$ sono le tre radici diseguali

*) Qui non facciamo distinzione fra valori reali e valori complessi dei parametri. È chiaro che i triangoli reali possono corrispondere ad una parte soltanto del campo di variabilità dei parametri, e possono anche mancare del tutto. Ma la questione della realità dei triangoli non ha a che vedere con quella della loro possibilità astratta, che è la sola di cui qui ci occupiamo.

corrispondenti ad un valore arbitrario di k, si ha dal Lemma (I)

$$A=\frac{k(a-\varkappa_1)(a-\varkappa_2)(a-\varkappa_3)}{(a-b)(a-c)},$$

$$B=\frac{k(b-\varkappa_1)(b-\varkappa_2)(b-\varkappa_3)}{(b-c)(b-a)},$$

$$C=\frac{k(c-\varkappa_1)(c-\varkappa_2)(c-\varkappa_3)}{(c-a)(c-b)}.$$

Quindi se, per un valor particolare k' di k, le due radici $\varkappa_2$ e $\varkappa_3$ diventano eguali fra loro, designando con $\varkappa'$ il loro valor comune, si ha

$$(6)\qquad \left\{\begin{aligned} A&=\frac{k'(a-\varkappa_1)(a-\varkappa')^2}{(a-b)(a-c)},\\ B&=\frac{k'(b-\varkappa_1)(b-\varkappa')^2}{(b-a)(b-c)},\\ C&=\frac{k'(c-\varkappa_1)(c-\varkappa')^2}{(c-a)(c-b)}.\end{aligned}\right.$$

Da queste formole, in virtù del Lemma (III), si traggono le equazioni seguenti:

$$\frac{A}{(\varkappa'-a)^2}+\frac{B}{(\varkappa'-b)^2}+\frac{C}{(\varkappa'-c)^2}=0,$$

$$\frac{A}{(\varkappa'-a)(\varkappa_1-a)}+\frac{B}{(\varkappa'-b)(\varkappa_1-b)}+\frac{C}{(\varkappa'-c)(\varkappa_1-c)}=0,$$

$$\frac{A}{(\varkappa'-a)^2(\varkappa_1-a)}+\frac{B}{(\varkappa'-b)^2(\varkappa_1-b)}+\frac{C}{(\varkappa'-c)^2(\varkappa_1-c)}=0,$$

la prima delle quali non è altro che la derivata della (4) rispetto a $\varkappa$, postovi $\varkappa=\varkappa'$, e fornisce quattro valori di $\varkappa'$ che son quelli delle radici doppie possibili, corrispondenti ad altrettanti valori di k che si ottengono sostituendo i primi nell'equazione (4) al posto di $\varkappa$. La terza equazione, che è *lineare* rispetto a $\varkappa_1$ (in virtù della prima), fornisce il valore della radice semplice associata a ciascuna radice doppia. La seconda e terza equazione poi, insieme prese, esprimono il carattere peculiare dei triangoli corrispondenti alle quattro terne comprendenti una radice doppia. Se si pone infatti

$$\lambda_1=\varkappa_1,\qquad \lambda_2=\lambda_3=\lambda'=\varkappa',$$

$$\mu_1=\varkappa_1,\qquad \mu_2=\mu_3=\mu'=\varkappa',$$

le dette due equazioni si possono scrivere così:

$$\frac{A}{(\lambda_1 - a)(\mu' - a)} + \frac{B}{(\lambda_1 - b)(\mu' - b)} + \frac{C}{(\lambda_1 - c)(\mu' - c)} = 0,$$

$$\frac{\partial}{\partial \mu'}\left[\frac{A}{(\lambda_1 - a)(\mu' - a)} + \frac{B}{(\lambda_1 - b)(\mu' - b)} + \frac{C}{(\lambda_1 - c)(\mu' - c)}\right] = 0;$$

oppure così:

$$\frac{A}{(\lambda' - a)(\mu_1 - a)} + \frac{B}{(\lambda' - b)(\mu_1 - b)} + \frac{C}{(\lambda' - c)(\mu_1 - c)} = 0,$$

$$\frac{\partial}{\partial \lambda'}\left[\frac{A}{(\lambda' - a)(\mu_1 - a)} + \frac{B}{(\lambda' - b)(\mu_1 - b)} + \frac{C}{(\lambda' - c)(\mu_1 - c)}\right] = 0.$$

Sotto la prima forma le due equazioni esprimono che il lato λ_1 contiene il punto μ' ed il punto contiguo; sotto la seconda, che il punto μ_1 è contenuto nella tangente λ' e nella tangente contigua. Dunque il lato λ_1 è una tangente comune alle due coniche ed il vertice opposto μ_1 è un punto comune ad esse medesime; il lato λ' è la tangente della prima conica in uno dei punti comuni ad essa ed alla seconda, ed il vertice μ' è il punto di contatto della seconda conica con una delle tangenti comuni ad essa ed alla prima.

In base a ciò, ecco com'è costituito ciascuno dei quattro triangoli singolari che corrispondono ai quattro valori k' di k: il vertice μ_1 è uno dei punti comuni alle due coniche, e i due lati $\lambda_2 = \lambda_3 = \lambda'$ concorrenti in esso coincidono colla tangente alla prima conica in quel punto; questi due lati coincidenti incontrano di nuovo la seconda conica nei due punti $\mu_3 = \mu_2 = \mu'$, che coincidono nel punto in cui la seconda conica è toccata dalla tangente λ_1 comune ad essa ed alla prima: questa tangente funge da terzo lato del triangolo, cioè da lato opposto al vertice μ_1, punto comune alle due coniche.

Di qui risulta manifestamente questo teorema: quando due coniche ammettono un triangolo circoscritto alla prima ed inscritto alla seconda, le tangenti della prima conica, nei punti comuni ad essa ed alla seconda, incontrano di nuovo la seconda conica nei punti di contatto di questa colle tangenti comuni ad essa ed alla prima conica. Al qual teorema si può aggiungere quest'altro: se, date due coniche in un piano, la tangente alla prima, in uno dei quattro punti comuni, incontra di nuovo la seconda conica in uno dei quattro punti di contatto colle tangenti comuni, la proprietà medesima ha luogo per le tangenti negli altri tre punti comuni, e le due coniche ammettono una serie infinita e continua di triangoli simultaneamente circoscritti alla prima ed inscritti alla seconda conica.

Non ci occuperemo del caso che l'equazione (4) ammetta una radice tripla, caso che in generale non può verificarsi. Infatti, ponendo nelle formole (6) $z_1 = z_2 = z_3$ ed eliminando questo valor comune delle radici, si trova

$$\sqrt[3]{A(b-c)^2} + \sqrt[3]{B(c-a)^2} + \sqrt[3]{C(a-b)^2} = 0,$$

relazione fra i coefficienti delle due equazioni (1), (2) che non è generalmente soddisfatta. Questa relazione esprime la condizione del *contatto* fra le due coniche. È una circostanza interessante, sulla quale tuttavia non intendiamo di trattenerci.

Osserviamo, per ultimo, che se si designano con a', b', c' le tre radici dell'equazione (4) per un valore individuato, k', di k, e se per un momento si pone

$$\varphi(z) = (z-a)(z-b)(z-c), \qquad \psi(z) = (z-a')(z-b')(z-c'),$$

la suddetta equazione (4) può scriversi così

$$\varphi(z) + \frac{k'}{k-k'}\psi(z) = 0.$$

Dunque, in virtù del teorema dimostrato nel § precedente, la conica rappresentata dall'equazione

$$(7) \qquad \frac{(b-c)[a]^2}{\psi(a)} + \frac{(c-a)[b]^2}{\psi(b)} + \frac{(a-b)[c]^2}{\psi(c)} = 0$$

è conjugata con tutti i triangoli simultaneamente inscritti e circoscritti alle due coniche considerate in questo §. Ma, per ipotesi, si ha identicamente

$$\psi(z) = -\frac{\varphi(z)}{k'}\left(\frac{A}{z-a} + \frac{B}{z-b} + \frac{C}{z-c} - k'\right),$$

epperò

$$\psi(a) : \psi(b) : \psi(c) = A\varphi'(a) : B\varphi'(b) : C\varphi'(c).$$

Inoltre si è già trovato nel § precedente,

$$[a] = A\varphi'(a)x, \qquad [b] = B\varphi'(b)y, \qquad [c] = C\varphi'(c)z.$$

Sostituendo questi valori nell'equazione (7), si riconosce subito che la conica conjugata con tutti i triangoli inscritti e circoscritti è quella rappresentata dall'equazione semplicissima

$$(7') \qquad Ax^2 + By^2 + Cz^2 = 0.$$

§ 4.

Passiamo a forme più generali dell'equazione d'una tangente variabile (o d'un punto variabile), restando ancora, per adesso, nella supposizione che l'inviluppo (od il luogo) debba essere una conica.

Sieno

$$(1) \qquad u_0 = 0, \qquad u_1 = 0, \ldots u_n = 0$$

le equazioni di $n+1$ rette del piano ($n > 2$), $u_0, u_1, \ldots u_n$ essendo $n+1$ funzioni lineari delle primitive coordinate x, y, z, della forma

$$(2) \qquad u_k = p_k x + q_k y + r_k z \qquad (k = 0, 1, 2, \ldots n).$$

L'equazione

$$(3) \qquad \frac{A_0 u_0}{\lambda - a_0} + \frac{A_1 u_1}{\lambda - a_1} + \cdots + \frac{A_n u_n}{\lambda - a_n} = 0,$$

o, come potremo scrivere per maggior brevità,

$$(3) \qquad \sum \frac{Au}{\lambda - a} = 0,$$

nella quale le A sono $n+1$ costanti tutte diverse da zero e le a sono altre $n+1$ costanti tutte diverse fra loro, rappresenta una retta la quale, al variare di λ, inviluppa in generale una linea della classe n. Fra le tangenti di questa linea vi sono le $n+1$ rette fondamentali (1), che corrispondono ai valori $a_0, a_1, \ldots a_n$ del parametro λ. Ma se, designando con $\lambda', \lambda'', \ldots$ valori *particolari* (fissi) di λ, si stabiliscono fra le $n+1$ funzioni lineari le seguenti relazioni identiche

$$\sum \frac{Au}{\lambda' - a} = 0, \qquad \sum \frac{Au}{\lambda'' - a} = 0, \ldots,$$

la classe dell'inviluppo scema evidentemente di tante unità quante sono le relazioni identiche di tal natura che si stabiliscono, talchè, se il numero di queste relazioni raggiunge il suo massimo valore, che è $n-2$, la classe discende da n a 2. Dunque l'equazione (3) rappresenta ancora la tangente variabile d'una conica, qualunque sia il numero $n (> 2)$, purchè fra le $n+1$ funzioni lineari u si stabiliscano $n-2$ relazioni identiche della forma seguente:

$$(4) \qquad \sum \frac{Au}{\lambda' - a} = 0, \qquad \sum \frac{Au}{\lambda'' - a} = 0, \ldots \sum \frac{Au}{\lambda^{(n-2)} - a} = 0,$$

dove $\lambda', \lambda'', \ldots \lambda^{(n-2)}$ sono $n-2$ valori individuati e distinti del parametro λ. Questi valori speciali di λ non corrispondono, giova ben notarlo, ad *alcuna* retta della famiglia (3).

Se nelle $n-2$ relazioni (4) si sostituisce a ciascuna u la sua espressione (2) in funzione delle primitive coordinate, e si annullano separatamente i coefficienti di queste, si ottengono $3n-6$ equazioni fra le costanti A_k, a_k, $\lambda^{(i)}$ e le coordinate p_k, q_k, r_k delle $n+1$ rette (1). Ma delle $2(n+1)$ quantità A_k, a_k se ne possono fissare arbitrariamente 4, perchè una delle A_k può essere presa a piacimento, e con una trasformazione di parametro della forma

$$\lambda = \frac{e\mu + f}{g\mu + h}$$

si può conferire un valore arbitrario a 3 delle quantità medesime A_k ed a_k. Dunque nelle dette $3n-6$ equazioni entrano soltanto $2n-2$ costanti arbitrarie *essenziali* dipendenti dalla forma (3) che si vuol dare all'equazione della tangente variabile. Eliminando queste $2n-2$ arbitrarie, restano $n-4$ relazioni fra le coordinate delle $n+1$ rette (1) e le quantità fisse $\lambda^{(i)}$, epperò cinque sole rette sono arbitrarie: ogni nuova retta dà luogo ad una condizione, come naturalmente dev'essere. Soddisfatte poi le $n-4$ condizioni così trovate, le quantità A_k ed a_k restano determinate, tranne nel caso di $n=3$, nel quale esse restano parzialmente indeterminate.

A proposito di questo caso eccezionale giova entrare in qualche dilucidazione, per rimuovere un apparente paradosso cui esso dà luogo. Abbiasi dunque l'equazione

$$\frac{A_0 u_0}{\lambda - a_0} + \frac{A_1 u_1}{\lambda - a_1} + \frac{A_2 u_2}{\lambda - a_2} + \frac{A_3 u_3}{\lambda - a_3} = 0, \tag{5}$$

accompagnata dalla relazione identica

$$\frac{A_0 u_0}{\lambda' - a_0} + \frac{A_1 u_1}{\lambda' - a_1} + \frac{A_2 u_2}{\lambda' - a_2} + \frac{A_3 u_3}{\lambda' - a_3} = 0, \tag{5'}$$

nella quale λ' rappresenta un valore particolare (fisso) di λ. Se le quattro funzioni lineari u_0, u_1, u_2, u_3 sono *date,* come supponiamo, la relazione identica che ha luogo fra esse è pure *determinata.* Rappresentando dunque tale relazione con

$$c_0 u_0 + c_1 u_1 + c_2 u_2 + c_3 u_3 = 0,$$

dove le c_0, c_1, c_2, c_3 sono costanti determinate, devono sussistere le equazioni

$$\frac{A_0}{\lambda' - a_0} = \rho c_0, \quad \frac{A_1}{\lambda' - a_1} = \rho c_1, \quad \frac{A_2}{\lambda' - a_2} = \rho c_2, \quad \frac{A_3}{\lambda' - a_3} = \rho c_3, \tag{6}$$

dove ρ è un fattore indeterminato. Queste equazioni stabiliscono quattro relazioni necessarie fra le 10 quantità

$$A_0,\ A_1,\ A_2,\ A_3;\ a_0:\ a_1,\ a_2,\ a_3;\ \lambda',\ \rho;$$

ma, stante l'arbitrio ch'esse lasciano ancor sussistere rispetto a 6 di queste, non si capisce a prima giunta come la conica inviluppata dalla retta variabile (5) possa dipendere da *un solo* parametro essenziale, possa cioè appartenere soltanto alla schiera semplicemente infinita delle coniche inscritte nel quadrilatero

$$(7) \qquad u_0 = 0, \qquad u_1 = 0, \qquad u_2 = 0, \qquad u_3 = 0.$$

Per ispiegare questo fatto eliminiamo u_0 fra le due equazioni (5) e (5'). L'equazione risultante, divisa per $\lambda - \lambda'$, è, in virtù delle formole (6),

$$\frac{c_1(a_1 - a_0)u_1}{\lambda - a_1} + \frac{c_2(a_2 - a_0)u_2}{\lambda - a_2} + \frac{c_3(a_3 - a_0)u_3}{\lambda - a_3} = 0.$$

Se del primo membro di quest'equazione, liberato dai denominatori e considerato come funzione di 2° grado rispetto a λ, si forma il discriminante e si annulla, si trova un'equazione che è riducibile alla forma seguente:

$$\sqrt{c_1(a_1 - a_0)(a_2 - a_3)} + \sqrt{c_2(a_2 - a_0)(a_3 - a_1)} + \sqrt{c_3(a_3 - a_0)(a_1 - a_2)} = 0,$$

e che è l'equazione della conica inviluppo. Ora qualunque sieno le quantità a_0, a_1, a_2, a_3 si ha sempre l'identità

$$(a_1 - a_0)(a_2 - a_3) + (a_2 - a_0)(a_3 - a_1) + (a_3 - a_0)(a_1 - a_2) = 0:$$

dunque l'equazione precedente contiene effettivamente *un solo parametro essenziale*, che potrebb'essere, per esempio, la quantità

$$\frac{(a_2 - a_0)(a_1 - a_3)}{(a_3 - a_0)(a_1 - a_2)} = (a_0 a_1 a_2 a_3),$$

la quale non è altro che il rapporto anarmonico delle quattro tangenti fisse (7), considerate come appartenenti al fascio delle tangenti della conica variabile inscritta nel quadrilatero da esso formato.

Tutte le considerazioni che precedono possono ripetersi, parola per parola, sostituendo punto a retta e funzione lineare di coordinate tangenziali a funzione lineare di coordinate locali.

§ 5.

Dalle considerazioni svolte nel § precedente risulta che, se per brevità si pone

$$f(\lambda) = (\lambda - a_0)(\lambda - a_1) \ldots (\lambda - a_n),$$

$$\varphi(\lambda) = (\lambda - \lambda')(\lambda - \lambda'') \ldots (\lambda - \lambda^{(n-2)}),$$

l'equazione (3) del detto §, in virtù del Lemma (I), dà, indicando con M un fattore di proporzionalità,

(1) $$u_k = \frac{M\varphi(a_k)(a_k - \lambda_1)(a_k - \lambda_2)}{A_k f'(a_k)} \qquad (k = 0, 1, \ldots n),$$

dove λ_1 e λ_2 sono le sole due radici *variabili* della citata equazione (3), le altre $n - 2$ essendo quelle che abbiamo designate con $\lambda', \lambda'', \ldots \lambda^{(n-2)}$ e che sono sempre le stesse, qualunque sia il punto del piano cui si riferiscono i valori delle $n + 1$ funzioni lineari u.

Le formole (1) conducono alla conoscenza dei valori che queste funzioni prendono nei punti della conica inviluppo. Infatti, facendo in esse $\lambda_1 = \lambda_2 = \lambda$, si trova che nel punto di contatto della conica stessa colla retta λ, le dette funzioni u hanno i valori dati da

(2) $$u_k = \frac{M\varphi(a_k)(\lambda - a_k)^2}{A_k f'(a_k)} \qquad (k = 0, 1, \ldots n).$$

Le medesime formole (1) conducono eziandio a trovare la forma che assumono le equazioni di condizione (4) del § precedente in certi casi particolari, che non abbiamo creduto opportuno di accennare prima d'ora, per non complicare il discorso. Non faremo una completa analisi di questi casi, ma ne citeremo due, di maggiore interesse.

Si può supporre, in primo luogo, che le $n - 2$ radici fisse sieno tutte eguali fra loro. In tal caso si ha

$$\varphi(\lambda) = (\lambda - \lambda')^{n-2},$$

epperò le formole (1) diventano

$$u_k = \frac{M(\lambda' - a_k)^{n-2}(\lambda_1 - a_k)(\lambda_2 - a_k)}{A_k f'(a_k)},$$

donde, pel Lemma (III), si traggono le equazioni

$$\sum \frac{Au}{(\lambda' - a)^i} = 0 \qquad i = 1, 2, \ldots (n - 2).$$

Dunque quando le radici fisse son tutte eguali fra loro ed a λ', le $n-2$ condizioni (4) del § precedente sono surrogate da queste altre

$$(3)\qquad \sum \frac{Au}{\lambda'-a}=0,\qquad \sum \frac{Au}{(\lambda'-a)^2}=0,\ \dots \sum \frac{Au}{(\lambda'-a)^{n-2}}=0.$$

Si può, in secondo luogo, particolarizzare ancor più l'ipotesi or fatta, supponendo che il valor comune λ' delle $n-2$ radici fisse sia uguale ad ∞. In questo caso, dovendo l'equazione $\varphi(\lambda)=0$ avere tutte le radici infinite, bisogna che il suo primo membro si riduca ad una costante. Ponendo questa costante uguale ad 1 si ha

$$u_k=\frac{M(\lambda_1-a_k)(\lambda_2-a_k)}{A_k f'(a_k)},$$

donde

$$\sum A\psi(a)u=0,$$

dove $\psi(\lambda)$ è una funzione intera di λ, del grado $n-3$, a coefficienti arbitrarî. Quest'ultima equazione si scinde nelle $n-2$ equazioni separate

$$(4)\qquad \sum Au=0,\qquad \sum Aau=0,\qquad \sum Aa^2u=0,\ \dots \sum Aa^{n-3}u=0,$$

le quali sono appunto quelle che tengono luogo delle (4) del § precedente nel caso attualmente supposto. Verificandosi il quale l'equazione

$$\sum \frac{Au}{\lambda-a}=0,$$

liberata che sia dai denominatori, si abbassa spontaneamente al 2° grado, per la mutua elisione di tutti i termini che contengono potenze di λ superiori alla seconda. Si giungerebbe, per un cammino inverso, alle stesse equazioni (4) eguagliando a zero i coefficienti di λ^n, λ^{n-1}, ... λ^3 nella precedente equazione, liberata dai denominatori.

Osserviamo ancora che rappresentando, come dianzi, con $\psi(\lambda)$ una funzione intera di λ, di grado $n-3$, a coefficienti arbitrarî, e moltiplicando ordinatamente le $n-2$ equazioni (4) del § precedente per

$$\frac{\psi(\lambda')}{\varphi'(\lambda')},\qquad \frac{\psi(\lambda'')}{\varphi'(\lambda'')},\ \dots \frac{\psi(\lambda^{(n-2)})}{\varphi'(\lambda^{(n-2)})},$$

si ottiene

$$\sum Au\sum_{i=0}^{i=n-2}\frac{\psi(\lambda^{(i)})}{(a-\lambda^{(i)})\varphi'(\lambda^{(i)})}=0,$$

ossia, in forza del Lemma (II),

$$\sum \frac{A u \psi(a)}{\varphi(a)} = 0,$$

vale a dire, scrivendo per disteso,

$$(5) \qquad \frac{A_0 \psi(a_0) u_0}{\varphi(a_0)} + \frac{A_1 \psi(a_1) u_1}{\varphi(a_1)} + \cdots + \frac{A_n \psi(a_n) u_n}{\varphi(a_n)} = 0.$$

Quest'unica equazione equivale, per l'arbitrio degli $n-2$ coefficienti della funzione $\psi(\lambda)$, al sistema delle $n-2$ equazioni (4) del § precedente, dalle quali essa venne ricavata. Viceversa si possono da quest'unica equazione ricavare tutte le equazioni citate. Per ottenere la prima, ad esempio, non si ha che da porre

$$\psi(\lambda) = \frac{\varphi(\lambda)}{\lambda - \lambda'}.$$

Se, in particolare, si pone $\psi(\lambda)$ eguale al prodotto di $n-3$ dei binomî

$$\lambda - a_0, \quad \lambda - a_1, \ldots \lambda - a_n,$$

le quantità

$$\psi(a_0), \quad \psi(a_1), \ldots \psi(a_n)$$

riescono tutte nulle, ad eccezione di quelle quattro nelle quali λ è posto eguale ad una delle a non comprese in $\psi(\lambda)$. Per tal guisa l'equazione (5) si converte in una relazione fra sole quattro delle $n+1$ funzioni lineari u. Con questo artifizio si può, in caso di bisogno, esprimere linearmente $n-2$ delle funzioni u per mezzo delle tre rimanenti, e ritornare così all'uso di tre sole coordinate omogenee indipendenti. Riparleremo, nel seguente §, di tale riduzione, considerandola da un punto di vista più generale.

Col medesimo artifizio si possono dimostrare dei teoremi geometrici: di che vogliamo dare un esempio.

Sia $n = 5$. In questo caso le relazioni identiche sono in numero di tre, e la loro coesistenza deve esprimere che le rette *)

$$u_1 = 0, \quad u_2 = 0, \quad u_3 = 0, \quad u_4 = 0, \quad u_5 = 0, \quad u_6 = 0$$

sono sei tangenti d'una sola e medesima conica, vale a dire che sono così disposte da dar luogo al teorema di Brianchon. Per dimostrar ciò, stabiliamo di far succedere

*) Usiamo in questo esempio gli indici 1, 2, 3, 4, 5, 6 invece degli indici 0, 1, 2, 3, 4, 5.

queste sei rette nell'ordine indicato dagli indici delle corrispondenti funzioni u, e, poichè $\psi(\lambda)$ è nel caso attuale funzione di 2° grado, poniamo successivamente nell'equazione (5)

$$\psi(\lambda) = (\lambda - a_1)(\lambda - a_4),$$
$$\psi(\lambda) = (\lambda - a_2)(\lambda - a_5),$$
$$\psi(\lambda) = (\lambda - a_3)(\lambda - a_6).$$

Si ottengono così tre relazioni distinte, la prima fra le funzioni u_2, u_3, u_4, u_5, la seconda fra le funzioni u_3, u_4, u_6, u_1, la terza fra le funzioni u_4, u_5, u_1, u_2, relazioni che scriveremo così

$$(u_2, u_3) + (u_5, u_6) = 0,$$
$$(u_3, u_4) + (u_6, u_1) = 0,$$
$$(u_4, u_5) + (u_1, u_2) = 0,$$

ciascuna parentesi rappresentando una certa funzione lineare delle due funzioni u che vi sono racchiuse: per esempio si ha

$$(u_1, u_2) = \frac{A_1 u_1 (a_3 - a_1)(a_6 - a_1)}{\varphi(a_1)} + \frac{A_2 u_2 (a_3 - a_2)(a_6 - a_2)}{\varphi(a_2)}.$$

Queste tre identità insegnano che le rette congiungenti i vertici opposti dell'esagono formato dalle sei rette, disposte nell'ordine indicato, possono essere rappresentate dalle equazioni

$$(u_1, u_2) = 0, \qquad (u_3, u_4) = 0, \qquad (u_5, u_6) = 0.$$

Ora si ha identicamente

$$0 = (a_1 - a_5)(a_2 - a_4)(u_1, u_2) + (a_3 - a_1)(a_4 - a_6)(u_3, u_4)$$
$$+ (a_5 - a_3)(a_6 - a_2)(u_5, u_6),$$

dunque le congiungenti anzidette si segano in un solo e medesimo punto.

[Per verificare l'identità precedente basta porre in luogo di (u_5, u_6) l'espressione equivalente $-(u_2, u_3)$: si ottiene così una relazione fra le sole quattro funzioni u_1, u_2, u_3, u_4, la quale è identica a quella cui si perviene ponendo $\psi(\lambda) = (\lambda - a_5)(\lambda - a_6)$].

§ 6.

Riprendiamo l'equazione (3) del § 4

$$(1) \qquad \sum \frac{Au}{\lambda - a} = 0,$$

e supponiamo che delle $n-2$ relazioni necessariamente sussistenti fra le $n+1$ funzioni lineari u, alcune soltanto, e non già tutte, abbiano la forma delle equazioni (4) del detto §, e precisamente sieno le $n-m$ seguenti:

$$(2)\qquad \sum \frac{Au}{\lambda'-a}=0,\qquad \sum \frac{Au}{\lambda''-a}=0,\ \dots\ \sum \frac{Au}{\lambda^{(n-m)}-a}=0,$$

dove m è un numero intero che non può mai essere maggiore di n, nè minore di 2. In questo caso l'equazione (1) non ha che m radici λ variabili colla posizione del punto (xyz), e rappresenta quindi la tangente variabile di una linea razionale della classe m.

Eliminando le $2n-2$ quantità essenzialmente arbitrarie, comprese fra le A e le a, dalle $3(n-m)$ equazioni che si ottengono dalle (2) eguagliando separatamente a zero, in ciascuna, i coefficienti di x, y, z, rimangono

$$n+1-(3m-1)$$

relazioni fra le sole coordinate delle $n+1$ rette $u=0$. Di queste rette $3m-1$ sono dunque arbitrarie: ogni altra retta deve soddisfare ad una condizione per entrare a far parte d'un'equazione della forma (1), cioè per essere tangente d'una linea di classe m già toccata dalle prime $3m-1$ rette.

Ora una linea razionale di classe m è determinata da $3m-1$ tangenti arbitrarie *): dunque l'equazione (1), accompagnata dalle relazioni (2), è atta a rappresentare la tangente variabile di qualunque linea razionale di classe m, colla sola condizione che il numero $n+1$ delle rette $u=0$ sia sempre maggiore di m.

Quando $m>2$, le relazioni (2) non costituiscono che una parte delle $n-2$ relazioni lineari che devono sussistere fra le $n+1$ funzioni u. Ne rimangono ancora $m-2$, della forma

$$\sum cu=0,$$

dove le c sono costanti individuate, relazioni delle quali si deve tener conto al bisogno.

Le $n-m$ equazioni (2) si possono, col processo indicato nel § precedente, compendiare in una sola

$$(3)\qquad \sum \frac{A\psi(a)u}{\varphi(a)}=0,$$

dove

$$\varphi(\lambda)=(\lambda-\lambda')(\lambda-\lambda'')\dots(\lambda-\lambda^{(n-m)}),$$

e $\psi(\lambda)$ è una funzione intera di λ, del grado $n-m-1$, a coefficienti arbitrarî.

---

*) Möbius, *Der barycentrische Calcul* (Leipzig, 1827), pag. 84.

Quest'equazione può servire alla determinazione di $n - m$ delle funzioni u per mezzo delle rimanenti $m + 1$. Se, per fissare le idee, si vogliono esprimere le funzioni

$$u_{m+1}, \quad u_{m+2}, \ldots u_n$$

per mezzo delle

$$u_0, \quad u_1, \ldots u_m,$$

basta porre

$$\chi(\lambda) = (\lambda - a_{m+1})(\lambda - a_{m+2}) \ldots (\lambda - a_n),$$

e fare successivamente nell'equazione (3)

$$\psi(\lambda) = \frac{\chi(\lambda)}{\lambda - a_{m+1}}, \quad \frac{\chi(\lambda)}{\lambda - a_{m+2}}, \ldots, \frac{\chi(\lambda)}{\lambda - a_n}.$$

Si ottengono in tal modo le $n - m$ formole che risultano dalla seguente:

$$\sum_{k=0}^{k=m} \frac{A_k \chi(a_k) u_k}{(a_k - a_p)\varphi(a_k)} + \frac{A_p \chi'(a_p) u_p}{\varphi(a_p)} = 0, \tag{4}$$

facendo successivamente $p = m + 1, m + 2, \ldots n$; e queste permettono appunto di esprimere $u_p (p > m)$ per mezzo di $u_0, u_1, \ldots u_m$.

Dall'equazione (4) si trae

$$A_p u_p = \frac{\varphi(a_p)}{\chi'(a_p)} \sum_0^m \frac{A_k \chi(a_k) u_k}{(a_p - a_k)\varphi(a_k)},$$

donde, moltiplicando ambidue i membri per

$$\frac{1}{\lambda - a_p}$$

e sommando da $p = m + 1$ fino a $p = n$,

$$\sum_{m+1}^{n} \frac{A_p u_p}{\lambda - a_p} = \sum_0^m \frac{A_k \chi(a_k) u_k}{\varphi(a_k)} \sum_{m+1}^{n} \frac{\varphi(a_p)}{(\lambda - a_p)(a_p - a_k)\chi'(a_p)},$$

ossia

$$\sum_{m+1}^{n} \frac{A_p u_p}{\lambda - a_p} = \sum_0^m \frac{A_k \chi(a_k) u_k}{(\lambda - a_k)\varphi(a_k)} \left[\sum_{m+1}^{n} \frac{\varphi(a_p)}{(\lambda - a_p)\chi'(a_p)} - \sum_{m+1}^{n} \frac{\varphi(a_p)}{(a_k - a_p)\chi'(a_p)} \right].$$

Nelle due somme fra parentesi si può scrivere $\varphi(a_p) - \chi(a_p)$ in luogo di $\varphi(a_p)$, e siccome la funzione $\varphi(\lambda) - \chi(\lambda)$ è d'ordine inferiore a $\chi(\lambda)$, si può applicare alle somme stesse il lemma (II). Si ottiene così

$$\sum_{m+1}^{n} \frac{A_p u_p}{\lambda - a_p} = \sum_{0}^{m} \frac{A_k \chi(a_k) u_k}{(\lambda - a_k)\varphi(a_k)} \left[\frac{\varphi(\lambda)}{\chi(\lambda)} - \frac{\varphi(a_k)}{\chi(a_k)}\right],$$

ossia finalmente

$$(5) \qquad \sum_{0}^{n} \frac{A_k u_k}{\lambda - a_k} = \frac{\varphi(\lambda)}{\chi(\lambda)} \sum_{0}^{m} \frac{A_k \chi(a_k) u_k}{(\lambda - a_k)\varphi(a_k)}.$$

Da questa identità risulta che l'equazione primitiva (1), fra le $n+1$ rette $u_0 = 0$, $u_1 = 0, \ldots u_n = 0$, equivale a quest'altra

$$(6) \qquad \sum_{0}^{m} \frac{\chi(a_k)}{\varphi(a_k)} \frac{A_k u_k}{\lambda - a_k} = 0,$$

fra le sole $m+1$ rette $u_0 = 0$, $u_1 = 0$, $\ldots u_m = 0$.

Notiamo che l'identità (5) può scriversi così:

$$(\lambda - a_0)(\lambda - a_1) \ldots (\lambda - a_n) \sum_{0}^{n} \frac{A_k u_k}{\lambda - a_k}$$

$$= \left[(\lambda - a_0)(\lambda - a_1) \ldots (\lambda - a_m) \sum_{0}^{m} \frac{\chi(a_k)}{\varphi(a_k)} \frac{A_k u_k}{\lambda - a_k}\right]$$

$$\times (\lambda - \lambda')(\lambda - \lambda'') \ldots (\lambda - \lambda^{(n-m)}),$$

dalla quale è reso evidente che, ammesse le $n - m$ relazioni (2), il primo membro dell'equazione (1), liberato dai denominatori, si spezza effettivamente in due fattori, l'uno dei quali è il primo membro dell'equazione (6), pure liberato dai denominatori, e l'altro è il prodotto dei fattori lineari corrispondenti alle radici fisse λ', λ'', $\ldots \lambda^{(n-m)}$. Questo secondo fattore può essere soppresso, in quanto è indipendente dalle coordinate x, y, z del punto variabile, e così riesce manifesta l'equivalenza delle due equazioni l'una fra $n+1$, l'altra fra sole $m+1$ rette.

Notiamo ancora che se nella seconda di queste equazioni, cioè nella (6), si fa $\lambda = a_p$, dove p è un indice maggiore di m, l'equazione stessa diventa

$$\sum_{0}^{m} \frac{\chi(a_k)}{\varphi(a_k)} \frac{A_k u_k}{a_p - a_k} = 0,$$

cioè, (4),

$$u_p = 0;$$

cosicchè si riconosce, anche *a posteriori*, che la nuova equazione (6), benchè non contenga più, esplicitamente, le rette $u_{m+1} = 0$, $u_{m+2} = 0$, ... $u_n = 0$, non cessa tuttavia di riprodurne le equazioni in corrispondenza ai valori a_{m+1}, a_{m+2}, ... a_n di λ.

Per mostrare con un esempio l'utilità di questo processo, consideriamo il caso di una linea della 3^a classe, individuata da otto sue tangenti $u_1 = 0$, $u_2 = 0$, ... $u_8 = 0$, e partiamo dall'equazione

$$\frac{A_1 u_1}{\lambda - a_1} + \frac{A_2 u_2}{\lambda - a_2} + \cdots + \frac{A_8 u_8}{\lambda - a_8} = 0.$$

Facendo

$$\varphi(\lambda) = (\lambda - \lambda^{I})(\lambda - \lambda^{II})(\lambda - \lambda^{III})(\lambda - \lambda^{IV}),$$

$$\chi(\lambda) = (\lambda - a_5)(\lambda - a_6)(\lambda - a_7)(\lambda - a_8),$$

risulta da quanto precede che quest'equazione ad otto termini è riducibile alla seguente a soli quattro:

$$\sum_1^4 \frac{(a_k - a_5)(a_k - a_6)(a_k - a_7)(a_k - a_8)}{(a_k - \lambda^{I})(a_k - \lambda^{II})(a_k - \lambda^{III})(a_k - \lambda^{IV})} \frac{A_k u_k}{\lambda - a_k} = 0.$$

Se si introduce ora una relazione lineare arbitraria fra le quattro funzioni residue u_1, u_2, u_3, u_4, quest'equazione, eliminando u_4, si riduce manifestamente alla forma seguente

$$\frac{b_1 \lambda + c_1}{\lambda - a_1} u_1 + \frac{b_2 \lambda + c_2}{\lambda - a_2} u_2 + \frac{b_3 \lambda + c_3}{\lambda - a_3} u_3 = 0.$$

Quest'ultima è dunque un'equazione tipica, atta a rappresentare la tangente variabile di ogni curva razionale della 3^a classe.

§ 7.

Poniamo, ritenendo le segnature dei §§ precedenti,

$$f(\lambda) \sum \frac{A u}{\lambda - a} = [\lambda].$$

Nel supposto che reggano sempre le equazioni di condizione (2) del § precedente, questa $[\lambda]$ è una funzione intera di λ, del grado m. Ora dal Lemma (II) si ha

$$[\lambda] = F(\lambda) \sum_{k=0}^{k=n} \frac{[\lambda_k]}{(\lambda - \lambda_k) F'(\lambda_k)}, \qquad F(\lambda) = (\lambda - \lambda_0)(\lambda - \lambda_1) \ldots (\lambda - \lambda_n).$$

Ne risulta che l'equazione della tangente variabile d'una linea razionale di classe m, adoperata precedentemente sotto la forma

$$\sum \frac{Au}{\lambda - a} = 0,$$

può anche porsi sotto questa forma equivalente

$$\sum_{k=0}^{k=n} \frac{[\lambda_k]}{(\lambda - \lambda_k) F'(\lambda_k)} = 0.$$

Questa trasformazione equivale, come è chiaro, al sostituire le $n+1$ tangenti λ_0, λ_1, ... λ_n in luogo delle primitive tangenti a_0, a_1, ... a_n. Le citate condizioni (2) sono sostituite dalle identità

$$[\lambda'] = 0, \qquad [\lambda''] = 0, \ldots [\lambda^{(n-m)}] = 0.$$

Or ecco la conclusione importante che si può trarre da questa trasformazione. Col variare di λ la retta $[\lambda] = 0$ varia essa pure, cioè prende varie posizioni nel piano. Se avviene che per due valori *diversi* di λ, per esempio per $\lambda = \lambda_0$ e per $\lambda = \lambda_1$, cioè per due punti generalmente distinti della curva (giacchè le coordinate locali di questa sono funzioni di λ), la retta $[\lambda] = 0$ riprenda la medesima posizione, vuol dire che questa retta è tangente alla linea tanto nel punto λ_0 quanto nel punto λ_1, vuol dire, cioè, ch'essa è una *tangente doppia* della linea stessa. Ora l'essere le due equazioni $[\lambda_0] = 0$, $[\lambda_1] = 0$ rappresentative d'una sola e medesima retta, importa necessariamente la relazione seguente fra le due funzioni $[\lambda_0]$ e $[\lambda_1]$:

$$[\lambda_1] = c[\lambda_0] + c'[\lambda'] + c''[\lambda''] + \cdots + c^{(n-m)}[\lambda^{(n-m)}],$$

dove le c sono costanti indeterminate. Se questo valore di $[\lambda_1]$ si sostituisce nell'ultima equazione trovata e si tien conto delle identità sopra notate, la funzione $[\lambda_0]$ risulta moltiplicata per la seguente funzione di λ

$$\frac{1}{(\lambda - \lambda_0) F'(\lambda_0)} + \frac{c}{(\lambda - \lambda_1) F'(\lambda_1)},$$

ossia per

$$\frac{\lambda [F'(\lambda_1) + c F'(\lambda_0)] - \lambda_1 F'(\lambda_1) - c \lambda_0 F'(\lambda_0)}{(\lambda - \lambda_0)(\lambda - \lambda_1) F'(\lambda_0) F'(\lambda_1)},$$

ossia, in sostanza, per una funzione della forma seguente

$$\frac{A\lambda + B}{(\lambda - \lambda_0)(\lambda - \lambda_1)},$$

dove A e B sono costanti.

Ora questa conclusione, così stabilita per le $n+1$ tangenti $\lambda_0, \lambda_1, \ldots \lambda_n$, sussiste naturalmente anche per le primitive $n+1$ tangenti $u_0=0$, $u_1=0, \ldots u_n=0$, le quali coincidono colle prime quando si supponga $\lambda_0=a_0$, $\lambda_1=a_1$, etc. Dunque, riportandoci di nuovo alla primitiva forma dell'equazione della tangente variabile, possiamo stabilire questa regola: che, come una tangente *semplice* $u=0$ dà luogo, nell'equazione della tangente variabile, ad un termine della forma

$$\frac{Au}{\lambda - a},$$

così una tangente *doppia* $u=0$ dà luogo ad un termine della forma

$$\frac{(A\lambda + B)u}{(\lambda - a)(\lambda - b)},$$

e, possiamo subito aggiungere (senza che occorra speciale dimostrazione), una tangente *stazionaria* od *inflessionale* dà luogo ad un termine della forma

$$\frac{(A\lambda + B)u}{(\lambda - a)^2}.$$

Per mostrare subito come questa semplice osservazione permetta di comporre, *a priori,* in modo facilissimo, l'equazione della tangente variabile d'una linea razionale contraddistinta da certi caratteri tangenziali, basterà citare i seguenti esempî.

Le due equazioni

$$\frac{Ax}{\lambda - a} + \frac{By}{\lambda - b} + \frac{(C\lambda + C')z}{(\lambda - c)(\lambda - c')} = 0,$$

$$\frac{Ax}{\lambda - a} + \frac{By}{\lambda - b} + \frac{(C\lambda + C')z}{(\lambda - c)^2} = 0$$

rappresentano le tangenti variabili di due linee razionali di 3ª classe, rispetto alle quali le rette $x=0$, $y=0$ sono tangenti semplici, e la retta $z=0$ è tangente doppia per la prima linea, stazionaria per la seconda.

Così le sette equazioni

$$\frac{Ax}{\lambda - a} + \frac{(B\lambda + B')y}{(\lambda - b)(\lambda - b')} + \frac{(C\lambda + C')z}{(\lambda - c)(\lambda - c')} = 0,$$

$$\frac{Ax}{\lambda - a} + \frac{(B\lambda + B')y}{(\lambda - b)(\lambda - b')} + \frac{(C\lambda + C')z}{(\lambda - c)^2} = 0,$$

$$\frac{Ax}{\lambda - a} + \frac{(B\lambda + B')y}{(\lambda - b)^2} + \frac{(C\lambda + C')z}{(\lambda - c)^2} = 0,$$

$$\frac{Ax}{(\lambda - a)(\lambda - a')} + \frac{By}{(\lambda - b)(\lambda - b')} + \frac{Cz}{(\lambda - c)(\lambda - c')} = 0,$$

$$\frac{Ax}{(\lambda - a)(\lambda - a')} + \frac{By}{(\lambda - b)(\lambda - b')} + \frac{Cz}{(\lambda - c)^2} = 0,$$

$$\frac{Ax}{(\lambda - a)(\lambda - a')} + \frac{By}{(\lambda - b)^2} + \frac{Cz}{(\lambda - c)^2} = 0,$$

$$\frac{Ax}{(\lambda - a)^2} + \frac{By}{(\lambda - b)^2} + \frac{Cz}{(\lambda - c)^2} = 0$$

rappresentano le tangenti variabili di sette linee di 4^a classe, rispetto alle quali

la retta $x = 0$ è tangente semplice per le prime tre, doppia per le tre seguenti, stazionaria per l'ultima;

la retta $y = 0$ è tangente doppia per la prima, seconda, quarta e quinta, stazionaria per le altre;

la retta $z = 0$ è tangente doppia per la prima e quarta, stazionaria per tutte le altre.

Notiamo che procedendo con questo metodo si incontrano naturalmente quelle equazioni che si prestano colla maggiore semplicità ed eleganza alla trattazione di ciascuna delle linee rappresentate. Per esempio, l'ultima delle equazioni precedenti, la cui simmetria è perfetta, conduce alle formule più adatte per lo studio della linea di 3° ordine e di 4^a classe. Le coordinate locali di questa linea sono date da

$$x : y : z = \frac{b - c}{A}(\lambda - a)^3 : \frac{c - a}{B}(\lambda - b)^3 : \frac{a - b}{C}(\lambda - c)^3 .$$

Per determinare i due valori di λ che corrispondono al punto doppio di questa linea basta evidentemente trovare quei valori di λ' e di λ'' pei quali l'equazione

$$(\lambda - \lambda')^3 + \mu(\lambda - \lambda'')^3 = 0$$

ha le radici a, b, c, disponendo convenientemente di μ; problema la cui soluzione, facile a trovarsi anche direttamente, è fornita senz'altro dalla notissima teoria delle forme binarie cubiche.

Non entreremo in una ricerca particolareggiata circa il caso, qui accennato, della presenza di tangenti doppie o stazionarie, e diremo soltanto che considerando i seguenti quattro tipi d'equazioni per una linea di classe m:

$$\sum_0^n \frac{(A_k + A'_k\lambda)u_k}{(\lambda - a_k)(\lambda - a'_k)} = 0,$$

$$\sum_0^n \frac{A_k u_k}{(\lambda - a_k)(\lambda - a'_k)} = 0,$$

$$\sum_0^n \frac{(A_k + A'_k\lambda)u_k}{(\lambda - a_k)^2} = 0,$$

$$\sum_0^n \frac{A_k u_k}{(\lambda - a_k)^2} = 0,$$

si giunge facilmente a riconoscere che il numero n, il quale dev'essere naturalmente eguale almeno a 2, non deve superare $m - 3$ nella prima e terza equazione, $m - 2$ nella seconda e quarta; e che, ammesse queste limitazioni, è sempre possibile ridurre l'equazione della tangente variabile d'una linea di classe m alle prime tre forme, qualunque sieno le $n + 1$ rette fondamentali, mentre la riduzione alla quarta forma non è possibile che per

$$n \leqq \frac{3m - 2}{4},$$

ossia per

$$n \leqq m - 2 - \frac{m - 6}{4},$$

cosicchè per $m > 6$ i limiti di n sono, rispetto a tale riduzione, più ristretti che rispetto alle altre tre.

§ 8.

Vogliamo ora mostrare come i procedimenti e le formole adoperate nei §§ precedenti possano applicarsi utilmente anche allo studio delle linee piane non razionali; e ciò faremo stabilendo un sistema di equazioni colle quali si può vantaggiosamente trattare la teoria delle curve generali di 3° ordine.

Sieno

(1) $$u_1 = 0, \quad u_2 = 0, \quad u_3 = 0, \quad u_4 = 0$$

le equazioni di quattro rette del piano, fra le quali abbia luogo l'unica relazione identica

(2) $$u_1 + u_2 + u_3 + u_4 = 0.$$

In virtù di questa, l'equazione

$$(3) \qquad \frac{u_1}{\lambda - a_1} + \frac{u_2}{\lambda - a_2} + \frac{u_3}{\lambda - a_3} + \frac{u_4}{\lambda - a_4} = 0$$

rappresenta la tangente variabile d'una conica inscritta nel quadrilatero fondamentale (1). Questa conica è totalmente individuata quando ne è data una quinta tangente. Sia

$$e_1 u_1 + e_2 u_2 + e_3 u_3 + e_4 u_4 = 0$$

l'equazione di questa retta. Ponendo nell'equazione (3)

$$a_k = \frac{\alpha e_k + \beta}{\gamma e_k + \delta} \qquad (k = 1, 2, 3, 4),$$

ed avendo riguardo alla relazione (2), si riconosce che questa quinta tangente è contenuta nel sistema (3) e corrisponde al valore

$$\lambda = \frac{\alpha}{\gamma}$$

del parametro λ. E siccome ciò ha luogo qualunque sieno le quantità α, β, γ, δ, così, anche attribuendo valori arbitrarî (purchè diseguali) a tre delle costanti a_1, a_2, a_3, a_4, si può sempre disporre della quarta costante e delle anzidette quantità α, β, γ, δ in guisa che l'equazione (3) rappresenti la tangente variabile d'una *qualunque* delle coniche inscritte nel quadrilatero (1). (Ciò segue anche dalla dimostrazione data alla fine del § 4).

Ora poniamo per brevità

$$(4) \qquad f(\lambda)\left[\frac{u_1}{\lambda - a_1} + \frac{u_2}{\lambda - a_2} + \frac{u_3}{\lambda - a_3} + \frac{u_4}{\lambda - a_4}\right] = [\lambda],$$

dove

$$f(\lambda) = (\lambda - a_1)(\lambda - a_2)(\lambda - a_3)(\lambda - a_4).$$

L'espressione $[\lambda]$ è, (2), una funzione intera del 2° grado in λ. Facendo $\lambda = a_k$ nell'equazione (4) si ha

$$(5) \qquad f'(a_k)\, u_k = [a_k] \qquad (k = 1, 2, 3, 4),$$

formola che equivale, (§ 5), alla seguente

$$(5') \qquad u_k = \frac{M(a_k - \lambda')(a_k - \lambda'')}{f'(a_k)},$$

dove λ' e λ'' sono i parametri delle due rette del sistema (3) passanti pel punto al quale si riferiscono i valori delle funzioni u_k.

Premesso ciò consideriamo l'identità

$$\sum_1^8 \frac{[\lambda_i]^3}{F'(\lambda_i)} = 0,$$

dove F è funzione di 8° grado in λ, e poniamo

$$F(\lambda) = f(\lambda)\varphi(\lambda), \qquad \varphi(\lambda) = \alpha(\lambda - \alpha_1)(\lambda - \alpha_2)(\lambda - \alpha_3)(\lambda - \alpha_4).$$

Avuto riguardo a questa forma di $F(\lambda)$ ed alle formole (5), l'identità precedente si trasforma in quest'altra

$$\sum_1^4 \frac{[f'(a_k)]^2 u_k^3}{\varphi(a_k)} + \sum_1^4 \frac{[\alpha_k]^3}{f(\alpha_k)\varphi'(\alpha_k)} = 0.$$

Poniamo di nuovo

$$\frac{[f'(a_k)]^2}{\varphi(a_k)} = A_k,$$

donde

(6) $$\varphi(a_k) = \frac{[f'(a_k)]^2}{A_k},$$

e designiamo con $\psi(\lambda)$ il residuo (di 3° grado in λ) della divisione di $\varphi(\lambda)$ per $f(\lambda)$. Dall'identità che così si ottiene

$$\varphi(\lambda) = \alpha f(\lambda) + \psi(\lambda)$$

si trae, (6),

$$\psi(a_k) = \varphi(a_k) = \frac{[f'(a_k)]^2}{A_k},$$

ossia

$$\frac{\psi(a_k)}{f'(a_k)} = \frac{f'(a_k)}{A_k},$$

talchè dal Lemma (II) si ha

$$\frac{\psi(\lambda)}{f(\lambda)} = \sum_1^4 \frac{f'(a_k)}{A_k(\lambda - a_k)},$$

e conseguentemente

$$\varphi(\lambda) = f(\lambda)\left[\sum_1^4 \frac{f'(a_k)}{A_k(\lambda - a_k)} + \alpha\right].$$

Dunque se si prendono per $\alpha_1, \alpha_2, \alpha_3, \alpha_4$ le radici dell'equazione di 4° grado in λ

(7) $$\sum_1^4 \frac{f'(a_k)}{A_k(\lambda - a_k)} + \alpha = 0,$$

dove α è una costante arbitraria, si ha l'identità

$$\sum_1^4 A_k u_k^3 + \sum_1^4 \frac{[\alpha_k]^3}{f(\alpha_k)\varphi'(\alpha_k)} = 0.$$

Ne risulta che la linea di 3° ordine rappresentata dall'equazione quadrilaterale

$$(8) \qquad A_1 u_1^3 + A_2 u_2^3 + A_3 u_3^3 + A_4 u_4^3 = 0,$$

può essere egualmente rappresentata dall'altra equazione quadrilaterale

$$(9) \qquad \frac{[\alpha_1]^3}{f(\alpha_1)\varphi'(\alpha_1)} + \frac{[\alpha_2]^3}{f(\alpha_2)\varphi'(\alpha_2)} + \frac{[\alpha_3]^3}{f(\alpha_3)\varphi'(\alpha_3)} + \frac{[\alpha_4]^3}{f(\alpha_4)\varphi'(\alpha_4)} = 0,$$

dove

$$\varphi(\lambda) = (\lambda - \alpha_1)(\lambda - \alpha_2)(\lambda - \alpha_3)(\lambda - \alpha_4);$$

e ciò qualunque siano le costanti a_1, a_2, a_3, a_4 ed α. La relazione identica che tien luogo della (2) per le nuove funzioni $[\alpha_k]$ è

$$(10) \qquad \frac{[\alpha_1]}{\varphi'(\alpha_1)} + \frac{[\alpha_2]}{\varphi'(\alpha_2)} + \frac{[\alpha_3]}{\varphi'(\alpha_3)} + \frac{[\alpha_4]}{\varphi'(\alpha_4)} = 0.$$

È evidente che i due quadrilateri $(a_1 a_2 a_3 a_4)$ ed $(\alpha_1 \alpha_2 \alpha_3 \alpha_4)$ sono circoscritti ad una medesima conica. Ma vediamo di precisarne meglio le proprietà. A tal fine denotiamo per un momento con $u_k^{(12)}$ il valore che prende la funzione u_k nel punto comune alle due rette $[\alpha_1] = 0$, $[\alpha_2] = 0$. Dalle formole (5') si ha

$$u_k^{(12)} = \frac{M_{12}(a_k - \alpha_1)(a_k - \alpha_2)}{f'(a_k)},$$

ed analogamente

$$u_k^{(34)} = \frac{M_{34}(a_k - \alpha_3)(a_k - \alpha_4)}{f'(a_k)},$$

donde, (6),

$$u_k^{(12)} u_k^{(34)} = \frac{M_{12} M_{34}\, \varphi(a_k)}{[f'(a_k)]^2} = \frac{M_{12} M_{34}}{A_k}.$$

Le eguaglianze che così si ottengono

$$(11) \qquad A_1 u_1^{(12)} u_1^{(34)} = A_2 u_2^{(12)} u_2^{(34)} = A_3 u_3^{(12)} u_3^{(34)} = A_4 u_4^{(12)} u_4^{(34)},$$

combinate colle identità

$$u_1^{(12)} + u_2^{(12)} + u_3^{(12)} + u_4^{(12)} = 0,$$

$$u_1^{(34)} + u_2^{(34)} + u_3^{(34)} + u_4^{(34)} = 0,$$

mostrano che i due punti $(\alpha_1\alpha_2)$ ed $(\alpha_3\alpha_4)$ sono situati sulla linea rappresentata dall'equazione

$$(12) \qquad \frac{1}{A_1 u_1} + \frac{1}{A_2 u_2} + \frac{1}{A_3 u_3} + \frac{1}{A_4 u_4} = 0 .$$

Ora questa linea è l'hessiana della cubica (8), e le relazioni (11) definiscono le coppie di punti conjugati di questa hessiana (cioè le coppie di punti conjugati rispetto a tutte le coniche polari): dunque il nuovo quadrilatero di riferimento $(\alpha_1\alpha_2\alpha_3\alpha_4)$ è, come il primitivo $(a_1 a_2 a_3 a_4)$, inscritto nell'hessiana ed i suoi vertici opposti sono punti conjugati di questa curva, vale a dire: il quadrilatero $(\alpha_1\alpha_2\alpha_3\alpha_4)$ è un quadrilatero polare. E poichè la forma quadrilaterale (8) dell'equazione d'una cubica generale involge due costanti arbitrarie, mentre la determinazione delle α_1, α_2, α_3, α_4 (che definiscono il nuovo quadrilatero) implica appunto due costanti arbitrarie (cioè la costante α ed il rapporto anarmonico delle costanti a_1, a_2, a_3, a_4), così l'equazione (9) porge il tipo più generale delle equazioni quadrilaterali d'una cubica data.

L'equazione (7), le cui radici definiscono i quadrilateri polari, può essere surrogata da un'altra. Infatti se da essa si sottrae l'identità risultante dal porvi $\lambda = \alpha_1$ e si divide il primo membro dell'equazione ottenuta per $\lambda - \alpha_1$, si trova

$$(7') \qquad \sum_1^4 \frac{f'(a_k)}{A_k(\alpha_1 - a_k)(\lambda - a_k)} = 0 ,$$

equazione di 3° grado in λ, in cui si può fissare arbitrariamente il valore di α_1, e che somministra le altre tre radici α_2, α_3, α_4. Di qui risulta che ogni retta del piano è lato d'un quadrilatero polare. Infatti, data una retta qualunque, si determinino (nel modo indicato al principio di questo §) le a_k in modo ch'essa appartenga al sistema (3), e si assuma per α_1 il valore di λ spettante ad essa. La precedente equazione (7') fornirà in tal caso i parametri α_2, α_3, α_4 delle tre altre rette che, insieme colla data, formano il quadrilatero polare, unico e determinato, cui essa appartiene. Queste tre rette sono le tangenti condotte alla conica inscritta nel quadrilatero fondamentale (1) e toccante la retta data dai tre punti in cui questa retta interseca la cubica hessiana.

Si può anche applicare altrimenti l'equazione (7'), e cioè disponendo delle costanti a_k in modo che si abbia

$$(7'') \qquad \sum_1^4 \frac{f'(a_k)}{A_k(\alpha_1 - a_k)(\alpha_2 - a_k)} = 0 ,$$

dove α_1 ed α_2 sono fissate ad arbitrio. Se si sottrae quest'equazione (la quale esprime che le rette α_1, α_2 s'intersecano sull'hessiana) dalla precedente equazione (7') e si divide il risultato per $\lambda - \alpha_2$, si ottiene

$$(7''') \qquad \sum_1^4 \frac{f'(a_k)}{A_k(\alpha_1 - a_k)(\alpha_2 - a_k)(\lambda - a_k)} = 0,$$

equazione del solo 2° grado in λ, che fornisce le due radici rimanenti α_3 ed α_4.

Poniamo ora

$$\psi(\lambda) = b(\lambda - b_1)(\lambda - b_2)(\lambda - b_3),$$

e consideriamo l'identità

$$\sum_1^4 \frac{(a_k - b_0)[a_k]^2}{f'(a_k)\psi(a_k)} + \sum_1^3 \frac{(b_k - b_0)[b_k]^2}{f(b_k)\psi'(b_k)} = 0,$$

ossia, (5),

$$\sum_1^4 \frac{f'(a_k)(a_k - b_0)u_k^2}{\psi(a_k)} + \sum_1^3 \frac{(b_k - b_0)[b_k]^2}{f(b_k)\psi'(b_k)} = 0,$$

dove b_0 è una costante arbitraria. Ponendo

$$\frac{f'(a_k)(a_k - b_0)}{\psi(a_k)} = E_k,$$

ossia

$$\frac{\psi(a_k)}{f'(a_k)} = \frac{a_k - b_0}{E_k} \qquad (k = 1, 2, 3, 4),$$

si ha dal Lemma (II)

$$\psi(\lambda) = f(\lambda)\sum_1^4 \frac{a_k - b_0}{E_k(\lambda - a_k)}.$$

Ne risulta che, prendendo per b_1, b_2, b_3 le radici dell'equazione di 3° grado in λ

$$(13) \qquad \sum_1^4 \frac{a_k - b_0}{E_k(\lambda - a_k)} = 0,$$

la conica rappresentata dall'equazione quadrilaterale

$$(14) \qquad E_1 u_1^2 + E_2 u_2^2 + E_3 u_3^2 + E_4 u_4^2 = 0$$

è egualmente rappresentata dall'equazione trilaterale

$$(15) \quad \frac{(b_1 - b_0)(b_2 - b_3)[b_1]^2}{f(b_1)} + \frac{(b_2 - b_0)(b_3 - b_1)[b_2]^2}{f(b_2)} + \frac{(b_3 - b_0)(b_1 - b_2)[b_3]^2}{f(b_3)} = 0,$$

talchè la detta conica è conjugata ad un'infinità di triangoli formati da rette del sistema (3).

L'equazione (13) può essere scritta così:

$$(\lambda - b_0)\sum_1^4 \frac{1}{E_k(\lambda - a_k)} = \sum_1^4 \frac{1}{E_k}.$$

Quindi se i coefficienti dell'equazione (14) soddisfanno alla relazione

$$(16)\qquad \frac{1}{E_1} + \frac{1}{E_2} + \frac{1}{E_3} + \frac{1}{E_4} = 0,$$

una delle radici b_1, b_2, b_3 diventa eguale a b_0, e, supponendo che sia $b_3 = b_0$, le due altre radici b_1, b_2 sono date dall'equazione

$$(16')\qquad \sum_1^4 \frac{1}{E_k(\lambda - a_k)} = 0,$$

che è del solo 2° grado in λ, per la relazione (16). In questo caso l'equazione trasformata (15) diventa

$$(17)\qquad \frac{[b_1]^2}{f(b_1)} = \frac{[b_2]^2}{f(b_2)}$$

e rappresenta una coppia di rette. Si può infatti verificare facilmente che la condizione per lo spezzamento della conica (14) in due rette è appunto la (16). Le coordinate del punto doppio sono date da

$$(17')\qquad E_1 u_1 = E_2 u_2 = E_3 u_3 = E_4 u_4.$$

Le radici b_1 e b_2 dell'equazione (16′) sono i parametri delle due rette del sistema (3) che passano per questo punto, e le due rette rappresentate dall'equazione (17) sono le tangenti, nel punto stesso, alle due coniche inscritte nel quadrilatero fondamentale e passanti per questo punto.

Supponiamo ora che la conica (14) sia la prima polare d'un punto del piano. Se v_k è il valore di u_k in questo punto, bisogna porre

$$E_k = A_k v_k,$$

donde risulta innanzi tutto che affinchè la conica (14) sia una conica polare dev'essere

$$\frac{E_1}{A_1} + \frac{E_2}{A_2} + \frac{E_3}{A_3} + \frac{E_4}{A_4} = 0.$$

Se poi s'indicano con λ', λ'' i parametri delle due rette (3) passanti pel polo, si ha

$$E_k = \frac{M A_k (a_k - \lambda')(a_k - \lambda'')}{f'(a_k)},$$

epperò l'equazione (13) diventa

$$\sum_1^4 \frac{(a_k - b_0) f'(a_k)}{A_k(\lambda - a_k)(\lambda' - a_k)(\lambda'' - a_k)} = 0 .$$

Dando alla costante arbitraria b_0 uno dei due valori λ', λ'', ponendo per esempio $b_0 = \lambda''$, quest'equazione diventa

$$(18) \qquad \sum_1^4 \frac{f'(a_k)}{A_k(\lambda - a_k)(\lambda' - a_k)} = 0 ,$$

e non contiene più traccia di λ''. Ne risulta che il triangolo $(b_1 b_2 b_3)$ determinato da quest'equazione è il triangolo conjugato comune alle coniche polari di tutti i punti della retta $[\lambda'] = 0$, la quale è una retta qualunque del piano (per l'arbitrio inerente alle quantità a_1, a_2, a_3, a_4). Inoltre confrontando quest'equazione (18) colla (7''), si riconosce che le radici b_1, b_2, b_3 della prima sono i parametri di tre lati d'un quadrilatero polare, il cui quarto lato è la retta di parametro λ'. Dunque le tre rette che, insieme con una retta data, costituiscono il quadrilatero polare di cui essa fa parte, sono i lati del triangolo conjugato comune alle coniche polari di tutti i punti della retta stessa.

La condizione (16) dello spezzamento in due rette diventa, per una conica polare,

$$\sum_1^4 \frac{1}{A_k v_k} = 0,$$

epperò, (12), tale spezzamento ha luogo solamente quando il polo è sulla cubica hessiana. Le coordinate w_k del punto doppio sono date, (17'), da

$$A_1 v_1 w_1 = A_2 v_2 w_2 = A_3 v_3 w_3 = A_4 v_4 w_4 ,$$

epperò, (11), il polo ed il punto doppio sono punti conjugati dell'hessiana. Indicando con α_1 ed α_2 i parametri delle due rette (3), che passano per il polo, si ha, (5'),

$$v_k = \frac{M(a_k - \alpha_1)(a_k - \alpha_2)}{f'(a_k)} ,$$

e, per essere il polo sull'hessiana, si ha pure

$$\sum_1^4 \frac{f'(a_k)}{A_k(a_k - \alpha_1)(a_k - \alpha_2)} = 0 .$$

Quindi l'equazione analoga alla (16') è la seguente:

$$\sum_1^4 \frac{f'(a_k)}{A_k(\alpha_1 - a_k)(\alpha_2 - a_k)(\lambda - a_k)} = 0.$$

Ora queste due ultime equazioni sono identiche alle (7''), (7'''): dunque le radici denotate più sopra con b_1 e b_2 sono i parametri α_3 ed α_4 delle due rette che formano quadrilatero polare con quelle di parametri α_1 ed α_2, epperò l'equazione della conica polare del punto $(\alpha_1 \alpha_2)$, ossia della conica polare che ha il punto doppio nel punto $(\alpha_3 \alpha_4)$, è

$$\frac{[\alpha_3]^2}{f(\alpha_3)} = \frac{[\alpha_4]^2}{f(\alpha_4)},$$

come si può verificare direttamente mediante le equazioni (9), (10).

L'equazione

$$\frac{[\alpha_1]}{\sqrt{f(\alpha_1)}} = \frac{[\alpha_2]}{\sqrt{f(\alpha_2)}}$$

rappresenta una delle due rette costituenti la conica polare il cui punto doppio è $(\alpha_1 \alpha_2)$. Se le quantità α_1, α_2 variano soddisfacendo sempre all'equazione (7''), questa retta inviluppa la curva Cayleyana.

Non protrarremo più oltre questa digressione, unico scopo della quale è stato di mostrare la possibilità di piegare i metodi precedentemente esposti alla trattazione di questioni che parrebbero, a prima giunta, estranee al campo della loro applicazione.

§ 9.

Passando ora allo spazio, denoteremo con x, y, z, t le coordinate omogenee d'un punto, e con p, q, r, s quelle d'un piano, le une e le altre collegate fra loro dall'equazione

$$px + qy + rz + st = 0$$

quando il punto $(xyzt)$ è nel piano $(pqrs)$.

Senza ripetere le deduzioni del § 1, possiamo addirittura stabilire che l'equazione

$$(1) \qquad \frac{Ax}{\lambda - a} + \frac{By}{\lambda - b} + \frac{Cz}{\lambda - c} + \frac{Dt}{\lambda - d} = 0,$$

nella quale λ è un parametro variabile, rappresenta un piano variabile, tangente ad una sviluppabile di 3^a classe, ossia osculatore di una cubica gobba. Le A, B, C, D, a, b, c, d sono otto costanti, delle quali quattro soltanto sono essenziali: le A, B, C, D

devono essere tutte diverse da zero, le a, b, c, d tutte diverse fra loro. I quattro piani fondamentali

$$x = 0, \qquad y = 0, \qquad z = 0, \qquad t = 0$$

sono compresi nella schiera dei piani tangenti, e corrispondono ai valori a, b, c, d del parametro variabile λ.

Ponendo l'equazione (1) sotto la forma

$$(1') \qquad \frac{p'p''x}{p'\lambda + p''} + \frac{q'q''y}{q'\lambda + q''} + \frac{r'r''z}{r'\lambda + r''} + \frac{s's''t}{s'\lambda + s''} = 0,$$

essa rappresenta il piano osculatore variabile della cubica gobba determinata dai sei piani osculatori fissi

$$x = 0, \qquad y = 0, \qquad z = 0, \qquad t = 0,$$

$$p'x + q'y + r'z + s't = 0, \qquad p''x + q''y + r''z + s''t = 0.$$

Infatti questi sei piani si ottengono dall'equazione (1') ponendo ordinatamente

$$\lambda = -\frac{p''}{p'}, \qquad \lambda = -\frac{q''}{q'}, \qquad \lambda = -\frac{r''}{r'}, \qquad \lambda = -\frac{s''}{s'},$$

$$\lambda = 0, \qquad \lambda = \infty.$$

Le coordinate d'un settimo piano osculatore qualunque sono date dalle formole

$$p:q:r:s = \frac{p'p''}{p'\lambda + p''} : \frac{q'q''}{q'\lambda + q''} : \frac{r'r''}{r'\lambda + r''} : \frac{s's''}{s'\lambda + s''},$$

donde si conclude che le condizioni necessarie e sufficienti acciocchè i sette piani

$$x = 0, \qquad y = 0, \qquad z = 0, \qquad t = 0,$$

$$p\,x + q\,y + r\,z + s\,t = 0,$$

$$p'x + q'y + r'z + s't = 0,$$

$$p''x + q''y + r''z + s''t = 0$$

sieno osculatori d'una cubica gobba, sono le due contenute nell'equazione simbolica

$$\begin{vmatrix} \frac{1}{p} & \frac{1}{q} & \frac{1}{r} & \frac{1}{s} \\ \frac{1}{p'} & \frac{1}{q'} & \frac{1}{r'} & \frac{1}{s'} \\ \frac{1}{p''} & \frac{1}{q''} & \frac{1}{r''} & \frac{1}{s''} \end{vmatrix} = 0.$$

Ragionando in egual modo sulle coordinate di piani, si viene medesimamente a concludere che l'equazione del punto variabile d'una cubica gobba circoscritta al tetraedro

$$p = 0, \quad q = 0, \quad r = 0, \quad s = 0$$

può sempre essere posta sotto la forma

$$\frac{Ap}{\mu - a} + \frac{Bq}{\mu - b} + \frac{Cr}{\mu - c} + \frac{Ds}{\mu - d} = 0, \tag{2}$$

dove μ è il parametro variabile; che per la cubica determinata dai sei punti

$$p = 0, \quad q = 0, \quad r = 0, \quad s = 0,$$

$$px' + qy' + rz' + st' = 0,$$

$$px'' + qy'' + rz'' + st'' = 0,$$

l'equazione del punto variabile è

$$\frac{px'x''}{\mu x' + x''} + \frac{qy'y''}{\mu y' + y''} + \frac{rz'z''}{\mu z' + z''} + \frac{st't''}{\mu t' + t''} = 0, \tag{2'}$$

talchè le coordinate di questo punto son date dalle formole

$$x : y : z : t = \frac{x'x''}{\mu x' + x''} : \frac{y'y''}{\mu y' + y''} : \frac{z'z''}{\mu z' + z''} : \frac{t't''}{\mu t' + t''};$$

e finalmente che le condizioni necessarie e sufficienti acciocchè i sette punti

$$p = 0, \quad q = 0, \quad r = 0, \quad s = 0,$$

$$p\ x + q\ y + r\ z + s\ t = 0,$$

$$p'\ x + q'\ y + r'\ z + s'\ t = 0,$$

$$p''x + q''y + r''z + s''t = 0$$

siano in una cubica gobba sono le due contenute nell'equazione simbolica

$$\begin{vmatrix} \frac{1}{x} & \frac{1}{y} & \frac{1}{z} & \frac{1}{t} \\ \frac{1}{x'} & \frac{1}{y'} & \frac{1}{z'} & \frac{1}{t'} \\ \frac{1}{x''} & \frac{1}{y''} & \frac{1}{z''} & \frac{1}{t''} \end{vmatrix} = 0.$$

La forma di quest'equazione mostra che operando una trasformazione steineriana o quadratica nello spazio, cioè facendo corrispondere ad ogni punto $(xyzt)$ un punto $(\xi\eta\zeta\vartheta)$ mediante le relazioni

$$\xi x = \eta y = \zeta z = \vartheta t,$$

ai tre punti $(xyzt)$, $(x'y'z't')$, $(x''y''z''t'')$ corrispondono tre punti in linea retta. In base a quest'osservazione, la relazione precedente trova la sua spiegazione immediata nella nota teoria della trasformazione steineriana nello spazio, e l'analoga equazione simbolica fra i sette piani osculatori d'una cubica gobba risulta in egual modo dalla trasformazione medesima, operata fra coordinate di piani.

Tornando alle equazioni (1) e (2), che somministrano il tipo generale del piano osculatore variabile e del punto variabile d'una cubica gobba rispettivamente inscritta o circoscritta al tetraedro fondamentale, noteremo le formole seguenti, dedotte coi soliti procedimenti.

Rispetto al caso della cubica inscritta, le coordinate del piano osculatore variabile sono date da

$$p:q:r:s = \frac{A}{\lambda - a} : \frac{B}{\lambda - b} : \frac{C}{\lambda - c} : \frac{D}{\lambda - d},$$

e le coordinate del punto pel quale passano i tre piani osculatori λ', λ'', λ''' sono date da

$$\rho x = \frac{(\lambda' - a)(\lambda'' - a)(\lambda''' - a)}{Af'(a)},$$

$$\rho y = \frac{(\lambda' - b)(\lambda'' - b)(\lambda''' - b)}{Bf'(b)},$$

$$\rho z = \frac{(\lambda' - c)(\lambda'' - c)(\lambda''' - c)}{Cf'(c)},$$

$$\rho t = \frac{(\lambda' - d)(\lambda'' - d)(\lambda''' - d)}{Df'(d)},$$

dove ρ è un fattore di proporzionalità ed

$$f(\lambda) = (\lambda - a)(\lambda - b)(\lambda - c)(\lambda - d).$$

Da queste ultime formole risulta che le coordinate del punto comune al piano osculatore λ' ed alla retta tangente della cubica nel punto λ sono date da

$$x:y:z:t = \frac{(\lambda - a)^2(\lambda' - a)}{Af'(a)} : \frac{(\lambda - b)^2(\lambda' - b)}{Bf'(b)} : \frac{(\lambda - c)^2(\lambda' - c)}{Cf'(c)} : \frac{(\lambda - d)^2(\lambda' - d)}{Df'(d)},$$

mentre quelle del punto λ della cubica sono date da

$$x : y : z : t = \frac{(\lambda - a)^3}{Af'(a)} : \frac{(\lambda - b)^3}{Bf'(b)} : \frac{(\lambda - c)^3}{Cf'(c)} : \frac{(\lambda - d)^3}{Df'(d)} \text{ *)}.$$

Se poi, essendo $(p\,q\,r\,s)$, $(p'\,q'\,r'\,s')$ i due piani osculatori di parametri λ e λ', si pone

$$\alpha = q r' - q' r, \qquad \alpha' = p s' - p' s,$$

$$\beta = r p' - r' p, \qquad \beta' = q s' - q' s,$$

$$\gamma = p q' - p' q, \qquad \gamma' = r s' - r' s,$$

cioè se si designano con α, β, γ; α', β', γ' le sei coordinate omogenee della retta secondo cui s'intersecano i detti due piani, si trova

$$\rho\alpha = BC(b - c)(\lambda - a)(\lambda - d)(\lambda' - a)(\lambda' - d),$$

$$\rho\beta = CA(c - a)(\lambda - b)(\lambda - d)(\lambda' - b)(\lambda' - d),$$

$$\rho\gamma = AB(a - b)(\lambda - c)(\lambda - d)(\lambda' - c)(\lambda' - d),$$

$$\rho\alpha' = AD(a - d)(\lambda - b)(\lambda - c)(\lambda' - b)(\lambda' - c),$$

$$\rho\beta' = BD(b - d)(\lambda - c)(\lambda - a)(\lambda' - c)(\lambda' - a),$$

$$\rho\gamma' = CD(c - d)(\lambda - a)(\lambda - b)(\lambda' - a)(\lambda' - b),$$

donde emergono le due equazioni

$$\frac{\alpha\alpha'}{(a - d)(b - c)} = \frac{\beta\beta'}{(b - d)(c - a)} = \frac{\gamma\gamma'}{(c - d)(a - b)}$$

quali rappresentanti la congruenza formata dalla totalità di tali *rette in due piani*. Facendo $\lambda = \lambda'$ si hanno di qui le sei coordinate della tangente variabile della cubica gobba.

Considerando invece la cubica gobba circoscritta al tetraedro fondamentale, si ottengono formole del tutto simili per la rappresentazione algebrica degli enti geometrici duali ai precedenti. Altrettanto si può dire delle formole che ancora vogliamo qui aggiungere, riferendoci sempre al caso della cubica inscritta.

---

*) Formole sostanzialmente eguali a queste vennero da me comunicate al R. Istituto Lombardo fin dal 1868; vedi queste OPERE, volume I, pag. 354.

Ponendo

$$f(\lambda)\left(\frac{Ax}{\lambda-a}+\frac{By}{\lambda-b}+\frac{Cz}{\lambda-c}+\frac{Dt}{\lambda-d}\right)=[\lambda],$$

ed osservando che $[\lambda]$ è una funzione intera e di 3° grado rispetto a λ, si ha l'identità

$$\sum_{k=1}^{k=5}\frac{[\lambda_k]}{F'(\lambda_k)}=0,$$

dove

$$F(\lambda)=(\lambda-\lambda_1)(\lambda-\lambda_2)(\lambda-\lambda_3)(\lambda-\lambda_4)(\lambda-\lambda_5),$$

$\lambda_1, \lambda_2, \lambda_3, \lambda_4, \lambda_5$ essendo cinque valori arbitrarî ma distinti di λ. Questa è una relazione identica fra cinque piani osculatori arbitrarî e distinti, la quale permette di esprimere un piano osculatore arbitrario per mezzo di quattro piani osculatori fissi. Ora avendosi in particolare

$$[a]=Axf'(a),\quad [b]=Byf'(b),\quad [c]=Czf'(c),\quad [d]=Dtf'(d),$$

è chiaro che, col mezzo della precedente relazione, si possono ottenere le espressioni di x, y, z, t in funzione di $[\lambda_1]$, $[\lambda_2]$, $[\lambda_3]$, $[\lambda_4]$; basta fare successivamente $\lambda_5=a$, b, c, d.

Più generalmente si ha l'identità

$$\sum_{k=1}^{k=n}\frac{\psi(\lambda_k)[\lambda_k]^m}{F'(\lambda_k)}=0,$$

dove

$$F(\lambda)=(\lambda-\lambda_1)(\lambda-\lambda_2)\ldots(\lambda-\lambda_n),$$

e $\psi(\lambda)$ è una funzione intera di λ, del grado $n-3m-2$ al più, a coefficienti arbitrarî. Quando si fa $m=1$, il grado di ψ non può superare $n-5$, e, se si fa appunto $n=5$, si ricade sull'identità considerata dianzi. Quando si fa $m=2$, il grado di ψ non può superare $n-8$, e, se si fa appunto $n=8$, si trova, collo stesso procedimento usato nel § 2, che le due equazioni

$$\frac{[\lambda_1]^2}{\varphi'(\lambda_1)\psi(\lambda_1)}+\frac{[\lambda_2]^2}{\varphi'(\lambda_2)\psi(\lambda_2)}+\frac{[\lambda_3]^2}{\varphi'(\lambda_3)\psi(\lambda_3)}+\frac{[\lambda_4]^2}{\varphi'(\lambda_4)\psi(\lambda_4)}=0,$$

$$\frac{[\lambda^{\mathrm{I}}]^2}{\varphi(\lambda^{\mathrm{I}})\psi'(\lambda^{\mathrm{I}})}+\frac{[\lambda^{\mathrm{II}}]^2}{\varphi(\lambda^{\mathrm{II}})\psi'(\lambda^{\mathrm{II}})}+\frac{[\lambda^{\mathrm{III}}]^2}{\varphi(\lambda^{\mathrm{III}})\psi'(\lambda^{\mathrm{III}})}+\frac{[\lambda^{\mathrm{IV}}]^2}{\varphi(\lambda^{\mathrm{IV}})\psi'(\lambda^{\mathrm{IV}})}=0,$$

dove

$$\varphi(\lambda)=(\lambda-\lambda_1)(\lambda-\lambda_2)(\lambda-\lambda_3)(\lambda-\lambda_4),$$

$$\psi(\lambda)=(\lambda-\lambda^{\mathrm{I}})(\lambda-\lambda^{\mathrm{II}})(\lambda-\lambda^{\mathrm{III}})(\lambda-\lambda^{\mathrm{IV}})$$

rappresentano una sola e medesima quadrica, la quale unica quadrica è conjugata con tutti i tetraedri formati di piani osculatori costituenti un gruppo dell'involuzione quartica definita dall'equazione

$$\varphi(\lambda) + k\psi(\lambda) = 0.$$

Quando poi si fa $m = 3$, il grado di φ non deve superare $n - 11$, e, se si fa appunto $n = 11$, si ottengono formole che possono essere applicate con vantaggio alla teoria del pentaedro polare delle superficie di 3° ordine, come ho mostrato in una Nota comunicata recentemente al R. Istituto Lombardo *).

§ 10.

Consideriamo ora simultaneamente due cubiche gobbe, l'una inscritta, l'altra circoscritta al tetraedro fondamentale.

Rappresenteremo coll'equazione

$$\frac{x}{\lambda - a} + \frac{y}{\lambda - b} + \frac{z}{\lambda - c} + \frac{t}{\lambda - d} = 0$$

il piano osculatore variabile della prima cubica, cubica che può essere una qualunque, fra le inscritte, per la presenza delle costanti arbitrarie a, b, c, d; e coll'equazione

$$\frac{Ap}{\mu - a} + \frac{Bq}{\mu - b} + \frac{Cr}{\mu - c} + \frac{Ds}{\mu - d} = 0$$

il punto variabile della seconda cubica, cubica che può anch'essa essere una qualunque, fra le circoscritte, per la presenza delle nuove costanti A, B, C, D.

L'equazione

$$\frac{A}{(\lambda - a)(\mu - a)} + \frac{B}{(\lambda - b)(\mu - b)} + \frac{C}{(\lambda - c)(\mu - c)} + \frac{D}{(\lambda - d)(\mu - d)} = 0$$

esprime manifestamente la condizione perchè il piano osculatore λ della prima cubica passi per il punto μ della seconda, ed è di 3° grado tanto rispetto a λ quanto rispetto a μ. Designando con $\varkappa_1$, $\varkappa_2$, $\varkappa_3$, $\varkappa_4$ le radici (variabili con k) dell'equazione di 4° grado in $\varkappa$

$$\frac{A}{\varkappa - a} + \frac{B}{\varkappa - b} + \frac{C}{\varkappa - c} + \frac{D}{\varkappa - d} = k,$$

---

*) Adunanza del 2 Gennajo 1879; vedi queste OPERE, tomo III, pp. 151-162.

ed osservando che fra queste radici hanno luogo sei relazioni del tipo

$$\frac{A}{(\varkappa_1 - a)(\varkappa_2 - a)} + \frac{B}{(\varkappa_1 - b)(\varkappa_2 - b)} + \frac{C}{(\varkappa_1 - c)(\varkappa_2 - c)} + \frac{D}{(\varkappa_1 - d)(\varkappa_2 - d)} = 0$$

(relazioni delle quali tre sole sono indipendenti, e le altre tre sono conseguenze di queste), si trova, con considerazioni interamente analoghe a quelle del § 3, che ponendo

$$\lambda_i = \mu_i = \varkappa_i \qquad (i = 1, 2, 3, 4)$$

si ottiene un solo e medesimo tetraedro, le cui faccie sono i piani $\lambda_1, \lambda_2, \lambda_3, \lambda_4$ osculatori della prima cubica, i cui vertici opposti sono i punti $\mu_1, \mu_2, \mu_3, \mu_4$ della seconda cubica, ed i cui spigoli sono rette in due piani rispetto alla prima cubica, corde rispetto alla seconda. E siccome, variando k, una qualunque delle radici può prendere tutti i valori possibili, così si conclude che per due cubiche gobbe (come per due coniche in un piano) esiste una serie infinita e continua di tetraedri circoscritti all'una ed inscritti all'altra, quando esista un solo di tali tetraedri.

La retta comune ai due piani osculatori λ_1 e λ_2 è rappresentata dalle due equazioni

$$\frac{x}{\lambda_1 - a} + \frac{y}{\lambda_1 - b} + \frac{z}{\lambda_1 - c} + \frac{t}{\lambda_1 - d} = 0,$$

$$\frac{x}{\lambda_2 - a} + \frac{y}{\lambda_2 - b} + \frac{z}{\lambda_2 - c} + \frac{t}{\lambda_2 - d} = 0,$$

le quali possono essere sostituite dalle due seguenti:

$$\frac{x}{(\lambda_1 - a)(\lambda_2 - a)} + \frac{y}{(\lambda_1 - b)(\lambda_2 - b)} + \frac{z}{(\lambda_1 - c)(\lambda_2 - c)} + \frac{t}{(\lambda_1 - d)(\lambda_2 - d)} = 0,$$

$$\frac{a x}{(\lambda_1 - a)(\lambda_2 - a)} + \frac{b y}{(\lambda_1 - b)(\lambda_2 - b)} + \frac{c z}{(\lambda_1 - c)(\lambda_2 - c)} + \frac{d t}{(\lambda_1 - d)(\lambda_2 - d)} = 0$$

ottenute: la prima colla semplice sottrazione delle due equazioni precedenti, la seconda colla sottrazione eseguita dopo aver moltiplicato la prima equazione per λ_1 e la seconda per λ_2. Se i due piani λ_1, λ_2 sono faccie d'un tetraedro simultaneamente inscritto e circoscritto, si ha ancora, dietro quanto precede,

$$\frac{A}{(\lambda_1 - a)(\lambda_2 - a)} + \frac{B}{(\lambda_1 - b)(\lambda_2 - b)} + \frac{C}{(\lambda_1 - c)(\lambda_2 - c)} + \frac{D}{(\lambda_1 - d)(\lambda_2 - d)} = 0.$$

Da questa e dalle due precedenti equazioni risulta che si ha

$$(\lambda_1 - a)(\lambda_2 - a) : (\lambda_1 - b)(\lambda_2 - b) : (\lambda_1 - c)(\lambda_2 - c) : (\lambda_1 - d)(\lambda_2 - d) = \frac{1}{\alpha} : \frac{1}{\beta} : \frac{1}{\gamma} : \frac{1}{\delta},$$

dove α, β, γ, δ sono i complementi algebrici degli elementi della prima linea nel determinante

$$\begin{vmatrix} * & * & * & * \\ x & y & z & t \\ ax & by & cz & dt \\ A & B & C & D \end{vmatrix}.$$

Di qui, in virtù del Lemma (III), si trae l'equazione

$$\frac{1}{\alpha f'(a)} + \frac{1}{\beta f'(b)} + \frac{1}{\gamma f'(c)} + \frac{1}{\delta f'(d)} = 0,$$

donde sono eliminate le λ_1, λ_2, e che, contenendo soltanto le x, y, z, t, è l'equazione locale della superficie rigata luogo degli spigoli di tutti i tetraedri simultaneamente inscritti e circoscritti alle due cubiche. Sviluppandola, si trova, con facile calcolo, il risultato seguente

$$\sum \frac{(b-c)(c-d)(d-b)}{D(b-c)yz + B(c-d)zt + C(d-b)ty} = 0,$$

dove i tre termini susseguenti a quello che sta scritto si ottengono da esso permutando circolarmente tanto le a, b, c, d, quanto le A, B, C, D, quanto le x, y, z, t. La superficie degli spigoli è dunque di 6° ordine e classe. Essa ha per linea tripla la cubica gobba circoscritta, e per sviluppabile tritangente quella di cui la cubica gobba inscritta è spigolo di regresso.

L'equazione tangenziale della medesima superficie, dedotta con un procedimento totalmente analogo, è

$$\sum \frac{A(b-c)(c-d)(d-b)}{(b-c)qr + (c-d)rs + (d-b)sq} = 0.$$

Accenniamo rapidamente il caso delle radici eguali. L'equazione di 4° grado in $\varkappa$ dà, pel lemma (I),

$$A = \frac{k(a-\varkappa_1)(a-\varkappa_2)(a-\varkappa_3)(a-\varkappa_4)}{f'(a)}, \quad \ldots$$

talchè se, per un valor particolare k' di k, le due radici $\varkappa_3$ e $\varkappa_4$ diventano eguali fra loro, designando con $\varkappa'$ questo valor comune, si ha

$$A = \frac{k'(a-\varkappa_1)(a-\varkappa_2)(a-\varkappa')^2}{f'(a)}, \quad \ldots$$

Di qui si trae

$$\sum \frac{A}{(\varkappa' - a)^2} = 0, \qquad \sum \frac{A}{(\varkappa - a)(\varkappa' - a)} = 0, \qquad \sum \frac{A}{(\varkappa - a)(\varkappa' - a)^2} = 0,$$

dove $\varkappa$ rappresenta uno dei due valori $\varkappa_1$, $\varkappa_2$. La prima equazione (derivata della primitiva) definisce sei valori di $\varkappa'$ che sono radici doppie dell'equazione in $\varkappa$, corrispondenti a certi sei valori k' di k. La terza equazione è, in virtù della prima, del solo 2° grado in $\varkappa$, e fornisce i valori delle radici diseguali $\varkappa_1$ e $\varkappa_2$ associate alla radice doppia $\varkappa'$. La seconda e terza equazione poi, insieme prese, esprimono il carattere peculiare dei tetraedri corrispondenti alle sei quaterne nelle quali son comprese le radici doppie. Infatti ponendo

$$\lambda_1 = \mu_1 = \varkappa_1, \qquad \lambda_2 = \mu_2 = \varkappa_2, \qquad \lambda' = \mu' = \varkappa',$$

dove λ' è il valor comune di λ_3 e λ_4, come μ' è il valor comune di μ_3 e μ_4, e designando con λ, o μ, uno qualunque dei valori diseguali λ_1, λ_2, oppure μ_1, μ_2, si hanno le equazioni seguenti (differenti solo nella segnatura dalle due ultime delle precedenti):

$$\left\{ \begin{aligned} &\sum \frac{A}{(\lambda - a)(\mu' - a)} = 0, \\ &\frac{\partial}{\partial \mu'} \sum \frac{A}{(\lambda - a)(\mu' - a)} = 0; \end{aligned} \right. \qquad \left\{ \begin{aligned} &\sum \frac{A}{(\lambda' - a)(\mu - a)} = 0, \\ &\frac{\partial}{\partial \lambda'} \sum \frac{A}{(\lambda' - a)(\mu - a)} = 0. \end{aligned} \right.$$

La prima coppia d'equazioni esprime che la faccia λ contiene il punto μ' ed il punto contiguo; la seconda, che il punto μ è contenuto nel piano osculatore λ' e nel piano contiguo. Dunque la faccia λ contiene la tangente μ' della seconda cubica, ed il vertice μ è sulla tangente λ' della prima. Ne consegue che lo spigolo $\mu_1\mu_2$, corda della seconda cubica, cade lungo la tangente λ' della prima cubica, e figura come intersezione di due faccie coincidenti nell'unico piano λ'. Le faccie λ_1, λ_2 sono gli altri due piani osculatori della prima cubica che passano rispettivamente pei punti μ_2, μ_1 della seconda. Questi due piani s'intersecano nel punto μ' di questa cubica, lungo una retta che è la tangente ad essa in questo punto, e che rappresenta la direzione dello spigolo $\mu'\mu'$, riducentesi ad un punto. I due anzidetti piani indicano l'orientamento delle due faccie evanescenti del tetraedro.

Questi risultati possono servire ad indicare le condizioni d'esistenza d'una serie di tetraedri inscritti e circoscritti alle due cubiche: ma l'enunciato di tali condizioni non è così semplice come nel caso di due coniche.

Ragionando come s'è fatto alla fine del § 3, ed invocando le formole stabilite alla fine del § precedente, si trova che la quadrica conjugata con tutti i tetraedri inscritti e circoscritti è quella rappresentata dall'equazione semplicissima

$$Ax^2 + By^2 + Cz^2 + Dt^2 = 0 .$$

§ 11.

Consideriamo l'equazione

$$(1) \qquad \sum_0^n \frac{A_k u_k}{\lambda - a_k} = 0 ,$$

nella quale le u sono $n+1$ funzioni lineari delle coordinate x, y, z, t d'un punto dello spazio, le A e le a sono costanti e λ è un parametro arbitrario. Quest'equazione rappresenta un piano il quale, al variare di λ, inviluppa una sviluppabile della classe n al più. Fra i piani tangenti di questa sviluppabile, o fra i piani osculatori della linea gobba che ne è lo spigolo di regresso, vi sono gli $n+1$ piani fondamentali $u=0$, che corrispondono ai valori $\lambda = a_0, a_1, \ldots, a_n$. Ma se, designando con $\lambda', \lambda'', \ldots, \lambda^{(n-m)}$ $n-m$ valori particolari (fissi) di λ, si stabiliscono fra le $n+1$ funzioni lineari u le seguenti relazioni identiche

$$(2) \qquad \sum \frac{Au}{\lambda' - a} = 0, \quad \sum \frac{Au}{\lambda'' - a} = 0, \ \ldots, \ \sum \frac{Au}{\lambda^{(n-m)} - a} = 0 ,$$

la classe della sviluppabile discende evidentemente da n ad m. Il numero $n-m$ di tali relazioni non può mai superare $n-3$, epperò m non può mai essere minore di 3 nè maggiore di n.

Eliminando le $2n-2$ costanti essenzialmente arbitrarie dell'equazione (1) dalle $4(n-m)$ equazioni che si ottengono dalle (2) eguagliando separatamente a zero, in ciascuna, i coefficienti di x, y, z, t, rimangono

$$2(n+1-2m)$$

relazioni fra le sole coordinate degli $n+1$ piani $u=0$. Di questi piani $2m$ sono dunque arbitrarî: ogni altro piano deve soddisfare a due condizioni per entrare a far parte d'un'equazione della forma (1), cioè per essere osculatore d'una linea di classe m già osculata dai primi $2m$ piani. E poichè una linea gobba razionale di classe m è generalmente determinata da $2m$ piani osculatori arbitrarî, così l'equazione (1), accompagnata dalle condizioni (2), è generalmente atta a rappresentare il piano osculatore variabile d'una linea gobba razionale di classe m, colla sola restrizione che il numero $n+1$ dei piani $u=0$ sia sempre maggiore di m.

Quando m è maggiore di 3 le relazioni (2) non costituiscono che una parte delle $n-3$ relazioni lineari che devono sussistere fra le $n+1$ funzioni u. Ne rimangono ancora $m-3$, della forma

$$\sum cu = 0,$$

dove le c sono costanti; relazioni delle quali si deve tener conto al bisogno.

Le riduzioni svolte nel § 6 si applicano senz'altro anche al caso attuale.

E parimente sussistono le considerazioni del § 7, che ora debbonsi invece riferire ai piani tangenti doppî o stazionarî.

Il caso più semplice dell'uso dei piani stazionarî come piani fondamentali è offerto dall'equazione

$$(3)\qquad \frac{Ax}{(\lambda-a)^2}+\frac{By}{(\lambda-b)^2}+\frac{Cz}{(\lambda-c)^2}+\frac{Dt}{(\lambda-d)^2}=0,$$

la quale si presta nel modo più semplice e naturale allo studio della linea gobba di 4° ordine e di 2ª specie.

Se in quest'equazione si sostituiscono al posto di x, y, z, t i valori dati dalle formole

$$(4)\qquad \begin{cases} x:y:z:t=\dfrac{(\lambda-a)^2(\mu_1-a)(\mu_2-a)}{Af'(a)}:\dfrac{(\lambda-b)^2(\mu_1-b)(\mu_2-b)}{Bf'(b)} \\ \qquad :\dfrac{(\lambda-c)^2(\mu_1-c)(\mu_2-c)}{Cf'(c)}:\dfrac{(\lambda-d)^2(\mu_1-d)(\mu_2-d)}{Df'(d)}, \end{cases}$$

essa risulta identicamente soddisfatta, qualunque sieno le quantità μ_1 e μ_2, talchè queste formole rappresentano le coordinate, variabili con μ_1 e con μ_2, d'un punto qualunque del piano osculatore λ della quartica.

Se si fa $\mu_2=\lambda$, ossia se si pone

$$(5)\quad x:y:z:t=\frac{(\lambda-a)^3(\mu_1-a)}{Af'(a)}:\frac{(\lambda-b)^3(\mu_1-b)}{Bf'(b)}:\frac{(\lambda-c)^3(\mu_1-c)}{Cf'(c)}:\frac{(\lambda-d)^3(\mu_1-d)}{Df'(d)},$$

sono soddisfatte a un tempo, qualunque sia μ_1, l'equazione (3) e la sua derivata rapporto a λ, talchè queste formole rappresentano le coordinate, variabili con μ_1, d'un punto qualunque della tangente λ della quartica, ossia d'un punto della sviluppabile di cui questa curva è spigolo di regresso.

E finalmente, se si fa anche $\mu_1=\lambda$, ossia se si pone

$$(6)\qquad x:y:z:t=\frac{(\lambda-a)^4}{Af'(a)}:\frac{(\lambda-b)^4}{Bf'(b)}:\frac{(\lambda-c)^4}{Cf'(c)}:\frac{(\lambda-d)^4}{Df'(d)},$$

sono soddisfatte a un tempo l'equazione (3) e le sue derivate, prima e seconda, rapporto a λ, talchè queste formole rappresentano le coordinate del punto λ della quartica.

Per riconoscere il significato delle variabili denotate dianzi con μ_1 e μ_2, consideriamo l'equazione

$$(7)\quad \frac{Ax}{(\lambda-a)(\mu-a)}+\frac{By}{(\lambda-b)(\mu-b)}+\frac{Cz}{(\lambda-c)(\mu-c)}+\frac{Dt}{(\lambda-d)(\mu-d)}=0\,.$$

Tenendo λ costante e lasciando variare μ, quest'equazione rappresenta il piano osculatore variabile d'una cubica gobba che diremo cubica λ. Fra questi piani osculatori vi sono sempre i quattro piani fondamentali, cioè i piani stazionarî della quartica. Inoltre la cubica λ e la quartica hanno in comune il punto λ e la tangente in esso. Sieno ora μ_1, μ_2, μ_3 i parametri dei tre piani osculatori della cubica λ che passano pel punto qualunque $(xyzt)$: dalle formole del § 9 si ha

$$\rho x=\frac{(\lambda-a)(\mu_1-a)(\mu_2-a)(\mu_3-a)}{Af'(a)}\,,\qquad\ldots$$

Se il punto $(xyzt)$ è preso nel piano λ, una delle quantità μ_1, μ_2, μ_3, per esempio μ_3, è uguale a λ, e si ottengono così le formole (4). Dunque μ_1 e μ_2 sono i parametri dei due piani osculatori, distinti da λ, che si possono condurre alla cubica λ dal punto $(xyzt)$ del piano λ. Se poi si fa anche $\mu_2=\lambda$, si ottengono le formole (5), epperò la variabile μ_1 rappresenta in queste formole il parametro dell'unico piano, distinto da λ, che si può condurre alla cubica λ dal punto $(xyzt)$ della tangente λ della quartica.

Facendo $\mu_1=\mu_2=\mu$ nelle formole (4), cioè ponendo

$$(8)\quad x:y:z:t=\frac{(\lambda-a)^2(\mu-a)^2}{Af'(a)}:\frac{(\lambda-b)^2(\mu-b)^2}{Bf'(b)}:\frac{(\lambda-c)^2(\mu-c)^2}{Cf'(c)}:\frac{(\lambda-d)^2(\mu-d)^2}{Df'(d)}\,,$$

si ottengono le coordinate del punto d'intersezione del piano osculatore λ della quartica colla tangente μ della cubica λ, punto che al variare di μ genera nel piano anzidetto una conica, com'è notissimo, e come d'altronde risulta dalle formole stesse. Stante la simmetria di queste formole rispetto a λ ed a μ, il detto punto è anche l'intersezione del piano osculatore μ della quartica colla tangente λ della cubica μ. Se nelle formole (8) si considerano come simultaneamente variabili λ e μ, le coordinate x, y, z, t appartengono al punto variabile d'una superficie. Questa superficie, che può essere considerata come l'inviluppo del piano (7), qualora nell'equazione di questo si facciano variare ad un tempo λ e μ, contiene per intero la quartica, la quale è rappresentata sovr'essa dall'equazione $\lambda=\mu$, ed è il luogo di tutte le coniche secondo le quali ciascun piano osculatore λ della quartica è intersecato dalle corrispondenti sviluppabili λ.

L'equazione locale di questa superficie è

$$\sqrt{\frac{Ax}{f'(a)}}+\sqrt{\frac{By}{f'(b)}}+\sqrt{\frac{Cz}{f'(c)}}+\sqrt{\frac{Dt}{f'(d)}}=0,$$

e la sua equazione tangenziale

$$\frac{A}{pf'(a)}+\frac{B}{qf'(b)}+\frac{C}{rf'(c)}+\frac{D}{sf'(d)}=0.$$

È più comodo scrivere

$$Af'(a),\qquad Bf'(b),\qquad Cf'(c),\qquad Df'(d)$$

in luogo rispettivamente di

$$A,\qquad B,\qquad C,\qquad D.$$

Così facendo, l'equazione del piano osculatore variabile della quartica prende la forma

$$(3')\qquad \frac{Af'(a)x}{(\lambda-a)^2}+\frac{Bf'(b)y}{(\lambda-b)^2}+\frac{Cf'(c)z}{(\lambda-c)^2}+\frac{Df'(d)t}{(\lambda-d)^2}=0,$$

e le coordinate del punto variabile di questa linea sono date da

$$(6')\qquad x:y:z:t=\frac{(\lambda-a)^4}{A[f'(a)]^2}:\frac{(\lambda-b)^4}{B[f'(b)]^2}:\frac{(\lambda-c)^4}{C[f'(c)]^2}:\frac{(\lambda-d)^4}{D[f'(d)]^2}.$$

Se le quantità a, b, c, d variano in modo che il rapporto anarmonico $(abcd)$ rimanga costante, la quartica rimane inalterata. Infatti sieno a', b', c', d' quattro nuove quantità tali che si abbia

$$(a'b'c'd')=(abcd).$$

In tal caso è notissimo che si possono determinare le costanti α, β, γ, δ in modo che, designando con e una qualunque delle quantità a, b, c, d e con e' la corrispondente fra le quantità a', b', c', d', si abbia

$$e'=\frac{\alpha e+\beta}{\gamma e+\delta},$$

e reciprocamente. Da questa relazione si deduce

$$a'-b'=\frac{a-b}{(\gamma a+\delta)(\gamma b+\delta)}(\alpha\delta-\beta\gamma),\qquad \dots$$

epperò

$$f'(e')=\frac{f'(e)}{(\gamma e+\delta)^2}\frac{(\alpha\delta-\beta\gamma)^3}{(\gamma a+\delta)(\gamma b+\delta)(\gamma c+\delta)(\gamma d+\delta)},$$

ossia

$$f'(e') = \frac{Mf'(e)}{(\gamma e + \delta)^2},$$

dove M è un fattore simmetrico rispetto ad a, b, c, d. Di qui si trae

$$\frac{f'(e')}{(\lambda' - e')^2} = \frac{Mf'(e)}{[\lambda'(\gamma e + \delta) - (\alpha e + \beta)]^2},$$

ossia

$$\frac{f'(e')}{(\lambda' - e')^2} = \frac{Nf'(e)}{(\lambda - e)^2},$$

dove N è un nuovo fattore simmetrico rispetto ad a, b, c, d, e λ è una variabile legata a λ' dalla relazione

$$\lambda = \frac{\delta\lambda' - \beta}{\alpha - \gamma\lambda'},$$

ossia

$$\lambda' = \frac{\alpha\lambda + \beta}{\gamma\lambda + \delta}.$$

Ne risulta che sostituendo le quantità a', b', c', d' alle a, b, c, d senza mutare la variabile λ, si ottiene lo stesso risultato [nella formazione dell'equazione (3')] che tenendo immutate quelle quantità e sostituendo

$$\frac{\delta\lambda - \beta}{\alpha - \gamma\lambda}$$

al posto di λ, con che il sistema dei piani (3') resta inalterato.

Se invece il rapporto anarmonico $(abcd)$ cambia, la quartica cambia anch'essa, restando però sempre sulla superficie rappresentata dall'equazione locale

$$\sqrt{Ax} + \sqrt{By} + \sqrt{Cz} + \sqrt{Dt} = 0,$$

o dall'equazione tangenziale

$$\frac{A}{p} + \frac{B}{q} + \frac{C}{r} + \frac{D}{s} = 0.$$

Questa superficie è l'inviluppo del piano rappresentato dall'equazione

$$(7') \quad \frac{Af'(a)x}{(\mu - a)(\nu - a)} + \frac{Bf'(b)y}{(\mu - b)(\nu - b)} + \frac{Cf'(c)z}{(\mu - c)(\nu - c)} + \frac{Df'(d)t}{(\mu - d)(\nu - d)} = 0,$$

nella quale μ e ν sono due parametri indipendenti; e le coordinate dei punti di questa superficie sono date da

$$(8')\ x:y:z:t=\frac{(\mu-a)^2(\nu-a)^2}{A[f'(a)]^2}:\frac{(\mu-b)^2(\nu-b)^2}{B[f'(b)]^2}:\frac{(\mu-c)^2(\nu-c)^2}{C[f'(c)]^2}:\frac{(\mu-d)^2(\nu-d)^2}{D[f'(d)]^2}.$$

Siccome poi, per $\mu=\lambda$, $\nu=\lambda$, le formole (7′) ed (8′) coincidono rispettivamente colle (3′), (6′), così ognuna delle quartiche considerate è tal linea della superficie, che i piani tangenti a questa nei punti di quella sono al tempo stesso piani osculatori della linea. Ne consegue che ognuna di quelle quartiche è una linea *asintotica* della superficie luogo di esse. Facendo variare le a, b, c, d in modo che il rapporto anarmonico $(a\,b\,c\,d)$ prenda tutti i valori possibili, si ottengono tutte le linee asintotiche della superficie, e da quest'osservazione è facile concludere che ogni piano tangente sega la superficie secondo due coniche.

Questa superficie è dunque la celebre superficie di Steiner, detta anche superficie *romana*, alla quale è più specialmente consacrato il § seguente. Il metodo seguìto in esso, oltre servire di esemplificazione al concetto generale formulato al principio del § stesso, conduce nel modo più semplice e più elementare allo studio delle superficie in discorso, e rende ragione *a priori* delle formole (7′), (8′) trovate incidentalmente nel presente §; formole che contengono, apparentemente, un numero di parametri arbitrarî maggiore del bisogno, e che, per tal ragione, possono forse sembrare meno idonee all'uopo.

§ 12.

I vantaggi che offre la forma d'equazioni da noi fin qui adoperata per rappresentare gli elementi variabili (punto, retta, piano) nello studio dei luoghi risultanti da un'infinità semplice di tali elementi (linee piane, linee gobbe, sviluppabili), suggerisce naturalmente l'idea di cercarne l'applicazione diretta *) anche allo studio dei luoghi risultanti da una doppia infinità di punti o di piani, allo studio, cioè, delle superficie.

Non è forse lecito sperare che tale applicazione si possa fare con eguale facilità e vantaggio, nè ora intendiamo di addentrarci in questa ricerca. Non vogliamo però chiudere il presente scritto senza dare almeno un saggio della possibilità e dell'utilità di tale ulteriore applicazione; e ciò faremo coll'assumere ad equazione d'un piano variabile la seguente:

$$\frac{x}{a_1\lambda+a_2\mu+a_3}+\frac{y}{b_1\lambda+b_2\mu+b_3}+\frac{z}{c_1\lambda+c_2\mu+c_3}+\frac{t}{d_1\lambda+d_2\mu+d_3}=0,$$

*) Diciamo *diretta,* perchè la ricerca sul pentaedro, citata al § 9, mostra già la possibilità d'utilizzare *indirettamente* le equazioni e le considerazioni proprie del metodo fin qui svolto per lo studio di superficie non sviluppabili.

dove λ e μ sono *due* parametri indipendenti. Questa forma d'equazione si presenta spontaneamente come la più semplice possibile, quando si cerca un riscontro, nell'ipotesi di due parametri indipendenti, alle forme adoperate in quella d'un parametro solo: essa risulta, infatti, dall'equazione della tangente variabile d'una conica inscritta aggiungendo una coordinata ed un parametro.

Per maggior simmetria introdurremo tre parametri *omogenei,* scrivendo $\lambda_1 : \lambda_3$ invece di λ, e $\lambda_2 : \lambda_3$ invece di μ, e porremo inoltre

$$(1)\qquad \begin{cases} a_1\lambda_1 + a_2\lambda_2 + a_3\lambda_3 = \alpha, \\ b_1\lambda_1 + b_2\lambda_2 + b_3\lambda_3 = \beta, \\ c_1\lambda_1 + c_2\lambda_2 + c_3\lambda_3 = \gamma, \\ d_1\lambda_1 + d_2\lambda_2 + d_3\lambda_3 = \delta, \end{cases}$$

con che l'equazione del piano variabile prende la forma

$$(2)\qquad \frac{x}{\alpha} + \frac{y}{\beta} + \frac{z}{\gamma} + \frac{t}{\delta} = 0.$$

E poichè le quattro funzioni α, β, γ, δ, lineari ed omogenee rispetto ai parametri λ_1, λ_2, λ_3, sono necessariamente legate da una relazione lineare ed omogenea, supporremo che tale relazione sia

$$(3)\qquad A\alpha + B\beta + C\gamma + D\delta = 0,$$

dove le A, B, C, D sono quattro costanti, i cui rapporti sono determinati dalle tre equazioni

$$(3')\qquad Aa_i + Bb_i + Cc_i + Dd_i = 0 \qquad (i = 1, 2, 3).$$

Ciò premesso, è facilissimo trovare le coordinate del punto variabile $(xyzt)$ della superficie inviluppo, che diremo superficie Σ. Queste coordinate soddisfanno, infatti, all'equazione del piano mobile ed alle due derivate di essa rispetto ai parametri λ e μ, o, ciò che torna lo stesso, soddisfanno alle tre derivate dell'equazione (2) rispetto ai parametri omogenei λ_1, λ_2, λ_3, vale a dire alle tre equazioni

$$\frac{a_i x}{\alpha^2} + \frac{b_i y}{\beta^2} + \frac{c_i z}{\gamma^2} + \frac{d_i t}{\delta^2} = 0 \qquad (i = 1, 2, 3),$$

le quali, confrontate colla (3'), dànno subito

$$(4)\qquad x : y : z : t = A\alpha^2 : B\beta^2 : C\gamma^2 : D\delta^2.$$

Le coordinate del piano tangente in questo punto sono, in virtù della stessa equazione

(2), date da

$$(5)\qquad p:q:r:s=\frac{1}{\alpha}:\frac{1}{\beta}:\frac{1}{\gamma}:\frac{1}{\delta}.$$

Ne risulta che fra le coordinate locali e le tangenziali, relative ad uno stesso punto della superficie, si hanno le relazioni

$$(6)\qquad p^2x:q^2y:r^2z:s^2t=A:B:C:D,$$

donde

$$px:qy:rz:st=\frac{A}{p}:\frac{B}{q}:\frac{C}{r}:\frac{D}{s}=\sqrt{Ax}:\sqrt{By}:\sqrt{Cz}:\sqrt{Dt}.$$

Quindi l'equazione di definizione

$$px+qy+rz+st=0$$

dà luogo, per la superficie Σ, alle due seguenti:

$$(7)\qquad \sqrt{Ax}+\sqrt{By}+\sqrt{Cz}+\sqrt{Dt}=0,$$

$$(8)\qquad \frac{A}{p}+\frac{B}{q}+\frac{C}{r}+\frac{D}{s}=0,$$

la prima delle quali è l'equazione locale, la seconda è l'equazione tangenziale della superficie stessa. Questa superficie è dunque del 4° ordine e della 3ª classe.

I parametri omogenei λ_1, λ_2, λ_3, oppure (ciò che torna più comodo) le loro funzioni lineari α, β, γ, δ, si possono considerare come coordinate omogenee d'un punto in un piano ausiliare, che diremo piano Λ, e che intenderemo quind'innanzi riferito al quadrilatero fondamentale

$$\alpha=0,\qquad \beta=0,\qquad \gamma=0,\qquad \delta=0.$$

Si ottiene così una rappresentazione piana della superficie, nella quale ad ogni punto del piano Λ corrisponde, in virtù delle equazioni (4), un punto unico ed individuato della superficie Σ, e ad ogni punto di questa, in generale, corrisponde un punto unico ed individuato di quello *).

*) La completa discussione in proposito a ciò esigerebbe lo studio preliminare delle singolarità della superficie, studio sul quale non intendiamo trattenerci, tanto più ch'esso può riguardarsi come esaurito dalle belle ricerche di CREMONA e di CLEBSCH. Qui non abbiamo altra mira che di applicare i procedimenti svolti nei §§ precedenti; nel che ci avverrà quasi sempre di ritrovare per altra via i risultati già noti: come si verifica in particolare per la determinazione delle asintotiche. Cfr. la Nota del prof. CREMONA nei Rendiconti dell'Istituto Lombardo, volume IV (1867), pag. 15 e la Memoria di CLEBSCH nel t. LXVII (1867), pag. 1, del Journal für die reine und angewandte Mathematik.

Per iscoprire ora le proprietà più caratteristiche della superficie Σ, cerchiamo anzitutto qual linea di essa corrisponda ad una retta del piano Λ. Se $(\alpha_0 \beta_0 \gamma_0 \delta_0)$ ed $(\alpha_1 \beta_1 \gamma_1 \delta_1)$ sono due punti di questo piano, lo che suppone soddisfatte le condizioni

$$(9) \qquad \begin{cases} A\alpha_0 + B\beta_0 + C\gamma_0 + D\delta_0 = 0, \\ A\alpha_1 + B\beta_1 + C\gamma_1 + D\delta_1 = 0, \end{cases}$$

un punto qualunque $(\alpha \beta \gamma \delta)$ della retta che li congiunge è determinato dalle equazioni

$$\alpha : \beta : \gamma : \delta = (\alpha_0 + \lambda \alpha_1) : (\beta_0 + \lambda \beta_1) : (\gamma_0 + \lambda \gamma_1) : (\delta_0 + \lambda \delta_1).$$

Ne consegue che le coordinate x, y, z, t del punto corrispondente della superficie Σ, sono determinate, (4), dalle equazioni

$$(10) \quad x : y : z : t = A(\alpha_0 + \lambda \alpha_1)^2 : B(\beta_0 + \lambda \beta_1)^2 : C(\gamma_0 + \lambda \gamma_1)^2 : D(\delta_0 + \lambda \delta_1)^2,$$

mentre le coordinate p, q, r, s del piano tangente nel punto stesso sono determinate, (5), da queste altre

$$(11) \qquad p : q : r : s = \frac{1}{\alpha_0 + \lambda \alpha_1} : \frac{1}{\beta_0 + \lambda \beta_1} : \frac{1}{\gamma_0 + \lambda \gamma_1} : \frac{1}{\delta_0 + \lambda \delta_1}.$$

Di qui si conclude che la linea della superficie Σ corrispondente ad una retta del piano Λ è una conica, e che i piani tangenti a Σ lungo questa conica osculano una cubica gobba.

Il piano della conica è uno dei piani tangenti alla superficie lungo la conica stessa. Per dimostrar ciò denotiamo con λ' un valor particolare di λ, con p', q', r', s' i valori che risultano dalle formole (11) per $\lambda = \lambda'$, e sostituiamo i valori (10) delle x, y, z, t nell'equazione

$$(12) \qquad p'x + q'y + r'z + s't = 0$$

del piano λ'. Il primo membro di quest'equazione, ossia l'espressione

$$\frac{A(\alpha_0 + \lambda \alpha_1)^2}{\alpha_0 + \lambda' \alpha_1} + \frac{B(\beta_0 + \lambda \beta_1)^2}{\beta_0 + \lambda' \beta_1} + \frac{C(\gamma_0 + \lambda \gamma_1)^2}{\gamma_0 + \lambda' \gamma_1} + \frac{D(\delta_0 + \lambda \delta_1)^2}{\delta_0 + \lambda' \delta_1},$$

equivale alla seguente

$$\begin{aligned} &A(\alpha_0 + \lambda' \alpha_1) + B(\beta_0 + \lambda' \beta_1) + C(\gamma_0 + \lambda' \gamma_1) + D(\delta_0 + \lambda' \delta_1) \\ &\quad + 2(\lambda - \lambda')(A\alpha_1 + B\beta_1 + C\gamma_1 + D\delta_1) \\ &\quad - (\lambda - \lambda')^2 \left(\frac{A\alpha_1^2}{\alpha_0 + \lambda' \alpha_1} + \frac{B\beta_1^2}{\beta_0 + \lambda' \beta_1} + \frac{C\gamma_1^2}{\gamma_0 + \lambda' \gamma_1} + \frac{D\delta_1^2}{\delta_0 + \lambda' \delta_1} \right), \end{aligned}$$

come si verifica a colpo d'occhio, scrivendo $\alpha_0 + \lambda'\alpha_1 + (\lambda - \lambda')\alpha_1$ in luogo di $\alpha_0 + \lambda\alpha_1$, etc. Ma, per le identità (9), quest'espressione si riduce alla sua ultima parte, epperò si annulla, qualunque sia λ, se λ' soddisfa all'equazione

$$\frac{A\alpha_1^2}{\alpha_0 + \lambda'\alpha_1} + \frac{B\beta_1^2}{\beta_0 + \lambda'\beta_1} + \frac{C\gamma_1^2}{\gamma_0 + \lambda'\gamma_1} + \frac{D\delta_1^2}{\delta_0 + \lambda'\delta_1} = 0 .$$

Ora quest'equazione, liberata dai denominatori, e tenuto conto delle identità (9), si riduce alla seguente

$$\frac{A\alpha_1^2}{\alpha_0} + \frac{B\beta_1^2}{\beta_0} + \frac{C\gamma_1^2}{\gamma_0} + \frac{D\delta_1^2}{\delta_0}$$

$$+ \lambda'\left[\left(\frac{A\alpha_1^2}{\alpha_0} + \frac{B\beta_1^2}{\beta_0} + \frac{C\gamma_1^2}{\gamma_0} + \frac{D\delta_1^2}{\delta_0}\right)\left(\frac{\alpha_1}{\alpha_0} + \frac{\beta_1}{\beta_0} + \frac{\gamma_1}{\gamma_0} + \frac{\delta_1}{\delta_0}\right)\right.$$

$$\left. - \left(\frac{A\alpha_1^3}{\alpha_0^2} + \frac{B\beta_1^3}{\beta_0^2} + \frac{C\gamma_1^3}{\gamma_0^2} + \frac{D\delta_1^3}{\delta_0^2}\right)\right] = 0,$$

che è, come si vede, lineare rispetto a λ'. Esiste dunque un valore unico e determinato di λ', pel quale il corrispondente piano (12) contiene tutti i punti (10), epperò la conica luogo di questi punti è l'intersezione parziale della superficie Σ con questo piano tangente. Nel punto di contatto, la conica e la cubica gobba osculata dai piani tangenti hanno non solo un punto, ma eziandìo una tangente comune. Il piano poi della conica sega nuovamente la superficie secondo un'altra conica, giacchè ogni sezione piana della superficie è necessariamente un luogo di 4° ordine.

Quest'ultima proprietà della superficie Σ appartiene ad ogni piano tangente. Per dimostrar ciò direttamente, basta osservare che un piano arbitrario

$$(13) \qquad p_0 x + q_0 y + r_0 z + s_0 t = 0$$

sega la superficie Σ secondo una linea di 4° ordine, cui corrisponde nel piano Λ la conica

$$(14) \qquad A p_0 \alpha^2 + B q_0 \beta^2 + C r_0 \gamma^2 + D s_0 \delta^2 = 0 .$$

Questa conica appartiene ad un sistema lineare triplicemente infinito (considerando come arbitrarie le quantità p_0, q_0, r_0, s_0), nel quale è contenuta una doppia infinità di coniche spezzantisi in due rette. Per determinare queste coniche speciali bisogna porre fra le coordinate α_0, β_0, γ_0, δ_0 del loro punto doppio le relazioni

$$(15) \qquad \begin{cases} p_0\alpha_0 = q_0\beta_0 = r_0\gamma_0 = s_0\delta_0 , \\ A\alpha_0 + B\beta_0 + C\gamma_0 + D\delta_0 = 0, \end{cases}$$

dalle quali consegue che le coordinate p_0, q_0, r_0, s_0 d'ogni piano segante la superficie Σ secondo una linea rappresentata nel piano Λ da una coppia di rette, cioè secondo due coniche, sono vincolate dall'equazione

$$\frac{A}{p_0} + \frac{B}{q_0} + \frac{C}{r_0} + \frac{D}{s_0} = 0, \tag{15'}$$

che è appunto l'equazione tangenziale della superficie. Reciprocamente, per ogni piano tangente della superficie, cioè per ogni sistema di valori delle p_0, q_0, r_0, s_0 soddisfacenti alla relazione (15'), riesce possibile la determinazione delle coordinate α_0, β_0, γ_0, δ_0 in conformità alle condizioni (15).

Dalla forma di queste stesse condizioni emerge che ogni punto del piano Λ è punto doppio d'una, e d'una sola conica del sistema (14), e precisamente di quella che rappresenta la sezione fatta nella superficie Σ da quel piano tangente il cui punto di contatto è rappresentato dal punto arbitrariamente assunto nel piano Λ.

Così, ogni retta di questo piano appartiene ad una, e ad una sola, di quelle coniche del sistema (14) che si spezzano in due rette. Ciò risulta *a priori* dal fatto che la conica della superficie, corrispondente ad una retta del piano, giace in un piano tangente, e che quindi la sezione completa fatta da questo piano nella superficie è rappresentata da una coppia di rette, una delle quali dev'essere necessariamente la data. Ma giova dimostrare direttamente quest'importante proprietà, per poterne ricavare altre conseguenze interessantissime.

Sia dunque

$$A'\alpha + B'\beta + C'\gamma + D'\delta = 0$$

l'equazione della retta tracciata ad arbitrio nel piano Λ. Se, coll'ajuto di quest'equazione e della (3), si eliminano dall'equazione (14) due delle coordinate α, β, γ, δ e si rende identico il risultato rispetto alle altre due, si trova, dopo un calcolo facile,

$$A p_0 : B q_0 : C r_0 : D s_0$$

$$= (AB')(AC')(AD') : (BC')(BD')(BA') : (CD')(CA')(CB') : (DA')(DB')(DC'),$$

dove per brevità si è posto $(AB') = AB' - BA'$, etc. La forma di questo risultato suggerisce di porre

$$\frac{A}{A'} = a, \qquad \frac{B}{B'} = b, \qquad \frac{C}{C'} = c, \qquad \frac{D}{D'} = d,$$

con che la retta assunta ad arbitrio nel piano Λ viene ad essere rappresentata dall'equazione

$$\frac{A\alpha}{a} + \frac{B\beta}{b} + \frac{C\gamma}{c} + \frac{D\delta}{d} = 0,$$

nella quale le arbitrarie sono ora le quantità a, b, c, d. Per tale sostituzione, le formole trovate dianzi per p_0, q_0, r_0, s_0 prendono la forma seguente:

$$p_0 : q_0 : r_0 : s_0 = \frac{Af'(a)}{a^2} : \frac{Bf'(b)}{b^2} : \frac{Cf'(c)}{c^2} : \frac{Df'(d)}{d^2},$$

dove

$$f(\lambda) = (\lambda - a)(\lambda - b)(\lambda - c)(\lambda - d).$$

Questi valori soddisfanno, pel lemma (III), alla condizione (15'), cioè appartengono ad un piano tangente. Assegnati così i valori di p_0, q_0, r_0, s_0, le coordinate α_0, β_0, γ_0, δ_0 di quel punto della retta data, che è punto doppio della conica di cui essa fa parte, restano determinate, in virtù delle equazioni (15), dalle formole

$$\alpha_0 : \beta_0 : \gamma_0 : \delta_0 = \frac{1}{p_0} : \frac{1}{q_0} : \frac{1}{r_0} : \frac{1}{s_0},$$

e finalmente le coordinate x_0, y_0, z_0, t_0 di quel punto della superficie che a questo corrisponde, cioè del punto ove ha luogo il contatto col piano $(p_0 q_0 r_0 s_0)$, sono determinate, in virtù delle equazioni (4), dalle formole

$$x_0 : y_0 : z_0 : t_0 = A\alpha_0^2 : B\beta_0^2 : C\gamma_0^2 : D\delta_0^2.$$

Dunque, qualunque sieno le costanti a, b, c, d, cioè qualunque sia la retta tracciata nel piano Λ, esiste sempre una, ed una sola, conica del sistema (14) della quale essa fa parte, ed è pure determinato quel punto della retta che è punto doppio per questa conica.

Posto ciò, scriviamo $a - \lambda$, $b - \lambda$, $c - \lambda$, $d - \lambda$ al posto di a, b, c, d. Dietro quanto precede si ha

$$(16) \qquad \frac{A\alpha}{\lambda - a} + \frac{B\beta}{\lambda - b} + \frac{C\gamma}{\lambda - c} + \frac{D\delta}{\lambda - d} = 0$$

come equazione d'una retta arbitraria del piano Λ;

$$(16') \qquad \alpha : \beta : \gamma : \delta = \frac{(\lambda - a)^2}{Af'(a)} : \frac{(\lambda - b)^2}{Bf'(b)} : \frac{(\lambda - c)^2}{Cf'(c)} : \frac{(\lambda - d)^2}{Df'(d)}$$

come coordinate di quel punto di essa che è punto doppio della conica cui essa appartiene nel sistema (14);

$$(16'') \qquad x : y : z : t = \frac{(\lambda - a)^4}{A[f'(a)]^2} : \frac{(\lambda - b)^4}{B[f'(b)]^2} : \frac{(\lambda - c)^4}{C[f'(c)]^2} : \frac{(\lambda - d)^4}{D[f'(d)]^2}$$

come coordinate del punto della superficie Σ che corrisponde al punto anzidetto del piano Λ; e finalmente

$$(16''') \qquad p:q:r:s = \frac{Af'(a)}{(\lambda - a)^2} : \frac{Bf'(b)}{(\lambda - b)^2} : \frac{Cf'(c)}{(\lambda - c)^2} : \frac{Df'(d)}{(\lambda - d)^2}$$

come coordinate del piano che tocca la superficie nel punto (16″) e che la sega secondo due coniche una delle quali è rappresentata nel piano Λ dalla retta (16).

Ora l'equazione (16), in virtù dell'identità (3), rappresenta, per a, b, c, d costanti e λ variabile, la tangente variabile d'una conica inscritta nel quadrilatero fondamentale, e le formole (16′) definiscono le coordinate del punto in cui questa conica è toccata dalla tangente (16). Possiamo dunque enunciare il teorema seguente: data nel piano Λ una retta qualunque, e data quindi la conica che tocca a un tempo questa retta ed i quattro lati del quadrilatero fondamentale, al punto di contatto di questa conica colla retta data corrisponde un punto della superficie Σ: la sezione di questa superficie col piano tangente in detto punto è rappresentata nel piano Λ da due rette delle quali una è la data.

Si può aggiungere, come corollario, che: dato nel piano Λ un punto qualunque, la conica del sistema (14) che ha ivi un punto doppio è costituita dalle tangenti alle due coniche che passano per questo punto e che sono inscritte nel quadrilatero fondamentale.

Da queste proposizioni scaturisce una proprietà importantissima. Le due tangenti principali della superficie Σ in un punto qualunque di essa sono, evidentemente, le tangenti alle due coniche secondo le quali la superficie è segata dal piano tangente in quel punto. Le direzioni di queste tangenti sono dunque rappresentate, nel piano Λ, da quelle delle tangenti condotte, nel punto corrispondente, alle due coniche passanti per questo punto ed inscritte nel quadrilatero fondamentale. Ne risulta che alle coniche del piano Λ inscritte in questo quadrilatero corrispondono sulla superficie Σ linee che hanno dovunque per tangenti le tangenti principali, corrispondono, cioè, le *asintotiche* della superficie. Dunque le asintotiche della superficie Σ sono le linee di 4° ordine e di 2^a specie rappresentate dalle formole (16″), mentre le loro immagini sul piano Λ sono le coniche inscritte nel quadrilatero fondamentale e rappresentate dalle formole (16′). Questa proprietà si verifica *a posteriori* osservando che le formole (16‴), le quali determinano i piani tangenti della superficie Σ lungo la linea (16″), determinano al tempo stesso i piani osculatori di questa linea: il che risulta immediatamente dal confronto delle formole (16″) e (16‴) colle (6′) e (3′) del § 11. Dietro ciò che abbiamo già veduto nel § 4 ed in quest'ultimo, l'arbitrio che regna nella scelta delle costanti a, b, c, d si riduce a quello del rapporto anarmonico $(a\,b\,c\,d)$, il quale è costante per una stessa asintotica, variabile dall'una all'altra: esso è il rapporto anarmonico dei quattro punti in cui ciascuna asintotica tocca le quattro coniche singolari della superficie.

Possiamo ora renderci ragione chiaramente delle formole (7′) ed (8′) del precedente §. Designando con μ e ν i valori di λ relativi alle due rette del sistema (16) che passano per un punto qualunque $(\alpha\beta\gamma\delta)$ del piano Λ, cioè ponendo

$$(17)\qquad f(\lambda)\left(\frac{A\alpha}{\lambda-a}+\frac{B\beta}{\lambda-b}+\frac{C\gamma}{\lambda-c}+\frac{D\delta}{\lambda-d}\right)=M(\lambda-\mu)(\lambda-\nu),$$

dove M è quantità indipendente da λ, si ha

$$(17')\ \alpha:\beta:\gamma:\delta=\frac{(\mu-a)(\nu-a)}{Af'(a)}:\frac{(\mu-b)(\nu-b)}{Bf'(b)}:\frac{(\mu-c)(\nu-c)}{Cf'(c)}:\frac{(\mu-d)(\nu-d)}{Df'(d)},$$

epperò le coordinate locali e tangenziali del punto ad esso corrispondente sulla superficie Σ sono date, (4), (5), da

$$x:y:z:t=\frac{(\mu-a)^2(\nu-a)^2}{A[f'(a)]^2}:\frac{(\mu-b)^2(\nu-b)^2}{B[f'(b)]^2}:\frac{(\mu-c)^2(\nu-c)^2}{C[f'(c)]^2}:\frac{(\mu-d)^2(\nu-d)^2}{D[f'(d)]^2},$$

$$p:q:r:s=\frac{Af'(a)}{(\mu-a)(\nu-a)}:\frac{Bf'(b)}{(\mu-b)(\nu-b)}:\frac{Cf'(c)}{(\mu-c)(\nu-c)}:\frac{Df'(d)}{(\mu-d)(\nu-d)}.$$

Queste formole s'accordano perfettamente colle citate formole (7′) ed (8′) del § 11, e tale accordo mette in luce il significato geometrico delle variabili denotate qui e nel precedente § con μ e ν, del pari che quello delle costanti a, b, c, d. Esso rende altresì ragione del perchè queste formole rappresentino una superficie unica ed individuata, qual'è appunto la Σ, malgrado l'indeterminazione delle costanti a, b, c, d.

Possiamo ora formare l'equazione generale delle coppie di rette del piano Λ che corrispondono alle intersezioni della superficie Σ coi proprî piani tangenti. Sieno μ_0, ν_0 valori particolari (che supporremo diseguali) delle variabili μ, ν. L'equazione del piano tangente a Σ nel punto $(\mu_0\nu_0)$, considerata sotto la forma

$$\sum\frac{Af'(a)x}{(\mu_0-a)(\nu_0-a)}=0,$$

può scriversi così

$$\sum\frac{Af'(a)x}{\mu_0-a}=\sum\frac{Af'(a)x}{\nu_0-a}.$$

Sostituendo in quest'equazione i valori (8′) del § precedente, si ottiene

$$\sum\frac{(\mu-a)^2(\nu-a)^2}{(\mu_0-a)f'(a)}=\sum\frac{(\mu-a)^2(\nu-a)^2}{(\nu_0-a)f'(a)},$$

ossia, in forza del lemma (II),

$$(18)\qquad \frac{(\mu-\mu_0)^2(\nu-\mu_0)^2}{f(\mu_0)}=\frac{(\mu-\nu_0)^2(\nu-\nu_0)^2}{f(\nu_0)}.$$

In virtù dell'identità (17) quest'equazione equivale alla seguente:

$$f(\mu_0)\left(\frac{A\alpha}{\mu_0-a}+\frac{B\beta}{\mu_0-b}+\frac{C\gamma}{\mu_0-c}+\frac{D\delta}{\mu_0-d}\right)^2$$
$$=f(\nu_0)\left(\frac{A\alpha}{\nu_0-a}+\frac{B\beta}{\nu_0-b}+\frac{C\gamma}{\nu_0-c}+\frac{D\delta}{\nu_0-d}\right)^2,$$

e questa è appunto la cercata equazione della coppia di rette che rappresenta nel piano Λ la suddetta intersezione.

Se nell'equazione (18) si considerano come costanti le μ, ν e come variabili le μ_0, ν_0, si ha l'equazione in μ_0, ν_0, della linea di contatto fra la superficie Σ ed i piani tangenti condotti ad essa dal punto (μ, ν) della superficie stessa. Anche di questa linea è facile avere l'immagine sul piano Λ. Infatti basta por mente all'equazione (2), per concludere subito che l'equazione

$$\frac{x_0}{\alpha}+\frac{y_0}{\beta}+\frac{z_0}{\gamma}+\frac{t_0}{\delta}=0, \tag{19}$$

dove le x_0, y_0, z_0, t_0 sono costanti e le α, β, γ, δ sono variabili legate dalla relazione (3), rappresenta la linea del piano Λ che corrisponde alla linea di contatto della superficie Σ coi piani tangenti condotti ad essa dal punto qualunque $(x_0 y_0 z_0 t_0)$. La linea piana è di 3° ordine e passa per i sei vertici del quadrilatero fondamentale: la linea di contatto sulla superficie è rappresentata dalle due equazioni simultanee

$$\sqrt{Ax}+\sqrt{By}+\sqrt{Cz}+\sqrt{Dt}=0,$$
$$x_0\sqrt{\frac{A}{x}}+y_0\sqrt{\frac{B}{y}}+z_0\sqrt{\frac{C}{z}}+t_0\sqrt{\frac{D}{t}}=0,$$

Se poi il punto $(x_0 y_0 z_0 t_0)$ è preso sulla superficie stessa, e se è quello cui corrisponde nel piano il punto $(\alpha_0 \beta_0 \gamma_0 \delta_0)$, l'equazione (19) diventa

$$\frac{A\alpha_0^2}{\alpha}+\frac{B\beta_0^2}{\beta}+\frac{C\gamma_0^2}{\gamma}+\frac{D\delta_0^2}{\delta}=0, \tag{20}$$

e rappresenta una linea di 3° ordine passante, come nel caso generale, per i sei vertici del quadrilatero, ma avente inoltre un punto doppio in $(\alpha_0 \beta_0 \gamma_0 \delta_0)$.

Per esprimere razionalmente le coordinate dei punti di quest'ultima linea in funzione d'un parametro θ, designamo con θ_1, θ_2, θ_3, θ_4, θ_5, θ_6 i valori (necessariamente distinti) di questo parametro che corrispondono rispettivamente ai sei vertici

$$\beta=\gamma=0, \qquad \gamma=\alpha=0, \qquad \alpha=\beta=0,$$
$$\alpha=\delta=0, \qquad \beta=\delta=0, \qquad \gamma=\delta=0.$$

Per tale ipotesi, i cercati valori di α, β, γ, δ assumono la forma seguente:

$$A\alpha = \Theta a(\theta - \theta_2)(\theta - \theta_3)(\theta - \theta_4),$$
$$B\beta = \Theta b(\theta - \theta_3)(\theta - \theta_1)(\theta - \theta_5),$$
$$C\gamma = \Theta c(\theta - \theta_1)(\theta - \theta_2)(\theta - \theta_6),$$
$$D\delta = \Theta d(\theta - \theta_4)(\theta - \theta_5)(\theta - \theta_6),$$

dove a, b, c, d sono coefficienti costanti e Θ è un fattor comune indeterminato. Ora, dovendo innanzi tutto essere soddisfatta l' identità (3), bisogna che per ogni valore di θ si abbia

$$a(\theta - \theta_2)(\theta - \theta_3)(\theta - \theta_4) + b(\theta - \theta_3)(\theta - \theta_1)(\theta - \theta_5)$$
$$+ c(\theta - \theta_1)(\theta - \theta_2)(\theta - \theta_6) + d(\theta - \theta_4)(\theta - \theta_5)(\theta - \theta_6) = 0,$$

e perchè ciò avvenga basta che tale eguaglianza, nella quale θ sale al 3° grado, sussista per più di tre valori di θ. Facendo successivamente $\theta = \theta_1, \theta_2, \theta_3, \theta_4, \theta_5, \theta_6$, e ponendo per comodo

$$\theta_r - \theta_s = (rs),$$

si ottengono le sei equazioni

$$a(31)(12) = d(15)(16), \qquad b(12)(23) = d(26)(24), \qquad c(23)(31) = d(34)(35),$$
$$b(34)(45) = c(24)(64), \qquad c(15)(56) = a(35)(45), \qquad a(26)(64) = b(16)(56),$$

fra le quali si possono in quattro diversi modi eliminare le a, b, c, d. Per esempio, moltiplicando fra loro le ultime tre equazioni, membro a membro, si ha

$$(15)(26)(34) = (16)(24)(35). \tag{21}$$

Questa relazione esprime che le tre coppie

$$\theta_1, \theta_4; \qquad \theta_2, \theta_5; \qquad \theta_3, \theta_6$$

formano un' involuzione, e le altre relazioni analoghe esprimono la stessa cosa. Bisogna dunque primieramente che sia soddisfatta tale condizione; e, ciò ammesso, si possono adoperare tre delle sei equazioni precedenti per determinare i rapporti delle costanti a, b, c, d. Scegliendo a tal uopo le prime tre, si riconosce che è lecito porre

$$a = (23)(15)(16),$$
$$b = (31)(26)(24),$$
$$c = (12)(34)(35),$$
$$d = (23)(31)(12).$$

Possiamo dunque concludere intanto che le formole

$$(22)\qquad \left\{\begin{aligned} \alpha &= \Theta\,\frac{(23)(15)(16)}{A}(\theta-\theta_2)(\theta-\theta_3)(\theta-\theta_4),\\ \beta &= \Theta\,\frac{(31)(26)(24)}{B}(\theta-\theta_3)(\theta-\theta_1)(\theta-\theta_5),\\ \gamma &= \Theta\,\frac{(12)(34)(35)}{C}(\theta-\theta_1)(\theta-\theta_2)(\theta-\theta_6),\\ \delta &= \Theta\,\frac{(23)(31)(12)}{D}(\theta-\theta_4)(\theta-\theta_5)(\theta-\theta_6) \end{aligned}\right.$$

soddisfanno all'identità (3) e rappresentano, per ciò, una linea razionale di 3° ordine passante pei sei vertici del quadrilatero fondamentale. Resta ora a vedere sotto quali altre condizioni questa linea coincida con quella rappresentata dall'equazione (20).

A tal fine designiamo con θ_i e θ_j i parametri degli elementi doppî dell'involuzione anzidetta, ed osserviamo che applicando alle coppie

$$(i,\ i),\qquad (5,\ 2),\qquad (3,\ 6)$$

la formola (21), si ha

$$(23)\qquad \frac{(i2)(i3)}{(i5)(i6)} = -\frac{(23)}{(56)},$$

epperò

$$\frac{(i2)(i3)}{(i5)(i6)} = \frac{(j2)(j3)}{(j5)(j6)},$$

ed analogamente

$$\frac{(i3)(i1)}{(i6)(i4)} = \frac{(j3)(j1)}{(j6)(j4)},$$

$$\frac{(i1)(i2)}{(i4)(i5)} = \frac{(j1)(j2)}{(j4)(j5)}.$$

Di qui si trae

$$\frac{(i2)(i3)(i4)}{(j2)(j3)(j4)} = \frac{(i3)(i1)(i5)}{(j3)(j1)(j5)} = \frac{(i1)(i2)(i6)}{(j1)(j2)(j6)} = \frac{(i4)(i5)(i6)}{(j4)(j5)(j6)},$$

ossia

$$\alpha_i : \beta_i : \gamma_i : \delta_i = \alpha_j : \beta_j : \gamma_j : \delta_j,$$

dove gli indici i e j servono a distinguere i valori della α, β, γ, δ relativi a $\theta = \theta_i$ e $\theta = \theta_j$. Da ciò si conclude che ai due valori θ_i e θ_j del parametro θ corrisponde un solo e medesimo punto della curva, che è il punto doppio di essa, e che quindi si deve avere

$$(24)\qquad \alpha_i : \beta_i : \gamma_i : \delta_i = \alpha_0 : \beta_0 : \gamma_0 : \delta_0.$$

Per dimostrare che, quando ciò ha luogo, la cubica rappresentata dalle formole (22) è identica a quella rappresentata dall'equazione (20), osserviamo che, designando con θ' il parametro conjugato a θ nell'involuzione e con α', β', γ', δ' le coordinate del punto ad esso corrispondente, dalle formole del tipo (23) si ha

$$\theta' - \theta_2 = (\theta - \theta_5)\frac{(\theta' - \theta_i)(i2)}{(\theta_i - \theta)(i5)},$$

$$\theta' - \theta_3 = (\theta - \theta_6)\frac{(\theta' - \theta_i)(i3)}{(\theta_i - \theta)(i6)},$$

$$\theta' - \theta_4 = (\theta - \theta_1)\frac{(\theta' - \theta_i)(i4)}{(\theta_i - \theta)(i1)},$$

epperò, (22),

$$A\alpha' = \Theta' a(\theta - \theta_1)(\theta - \theta_5)(\theta - \theta_6)\left(\frac{\theta' - \theta_i}{\theta_i - \theta}\right)^3\frac{(i2)(i3)(i4)}{(i1)(i5)(i6)},$$

donde

$$A^2\alpha\alpha' = \Theta\Theta'a^2(\theta - \theta_1)(\theta - \theta_2)(\theta - \theta_3)(\theta - \theta_4)(\theta - \theta_5)(\theta - \theta_6)\left(\frac{\theta' - \theta_i}{\theta_i - \theta}\right)^3\frac{(i2)(i3)(i4)}{(i1)(i5)(i6)}.$$

Formando le tre altre espressioni analoghe, si trova

$$\frac{A^2\alpha\alpha'}{[a(i2)(i3)(i4)]^2} = \frac{B^2\beta\beta'}{[b(i3)(i1)(i5)]^2} = \frac{C^2\gamma\gamma'}{[c(i1)(i2)(i6)]^2} = \frac{D^2\delta\delta'}{[d(i4)(i5)(i6)]^2},$$

ossia

$$\frac{\alpha\alpha'}{\alpha_i^2} = \frac{\beta\beta'}{\beta_i^2} = \frac{\gamma\gamma'}{\delta_i^2} = \frac{\delta\delta'}{\delta_i^2}. \tag{25}$$

Da queste ultime relazioni risulta che essendo, per ogni valore di θ',

$$A\alpha' + B\beta' + C\gamma' + D\delta' = 0,$$

dev'essere necessariamente, per ogni valore di θ,

$$\frac{A\alpha_i^2}{\alpha} + \frac{B\beta_i^2}{\beta} + \frac{C\gamma_i^2}{\gamma} + \frac{D\delta_i^2}{\delta} = 0.$$

Ora quest'ultima equazione riesce appunto identica alla (20) sotto le condizioni (24).

Si può riassumere il fin qui dimostrato dicendo che, qualunque sieno le quantità θ_1, θ_2, θ_3, θ_4, θ_5, θ_6, purchè le coppie (14), (25), (36) formino involuzione, le formole (22) definiscono una cubica piana razionale, il cui punto doppio corrisponde agli elementi doppî di quest'involuzione, e che rappresenta nel piano $\mathbf{\Lambda}$ la linea di contatto fra la superficie Σ ed il cono involvente che ha il vertice nel punto corrispondente al punto doppio della cubica.

Ponendo qui termine alle presenti ricerche, aggiungeremo che oltre le applicazioni che se ne potrebbero fare ulteriormente nel campo finora trattato, esse potrebbero eziandio estendersi, per altra guisa, e cioè sostituendo al posto delle coordinate $x, y, \ldots$ o delle loro funzioni lineari, funzioni omogenee di grado qualunque delle coordinate stesse. A quest'ordine di ricerche appartiene, in primo luogo, la dottrina delle coniche e delle quadriche omofocali, la quale, nell'aspetto analitico, è anzi quella che ha somministrato l'occasione ed il punto di partenza all'algoritmo generale qui adoperato. Ma tale estensione può concepirsi in modo assai più svariato, e, per accennarne un esempio semplicissimo, le proposizioni svolte nell'ultimo §, ove si scrivesse x^2, y^2, z^2, t^2 in luogo di x, y, z, t, darebbero la teoria del sistema doppiamente infinito di quadriche inscritte in un ottaedro, sistema che fa riscontro, in un senso diverso dall'usato, a quello delle coniche omofocali nel piano.

LIX.

SULL'ATTRAZIONE DI UN ANELLO CIRCOLARE OD ELLITTICO.

Memorie della R. Accademia dei Lincei
(Classe di Scienze fisiche, matematiche e naturali), serie III, volume V (1880), pp. 183-194.

Lo studio dell'attrazione esercitata, secondo la legge newtoniana, da un anello circolare omogeneo infinitamente sottile, conduce ad alcuni risultati analitici interessanti, che credo non ancora noti e che mi propongo di qui esporre brevemente.

Si chiami a il raggio della circonferenza ed M la massa distribuita uniformemente sovr'essa. Assumendo per asse delle z l'asse della circonferenza e per piano xy il piano di questa, la funzione potenziale è rappresentata, per definizione, da

$$V = \frac{M}{\pi} \int_0^\pi \frac{d\theta}{\sqrt{a^2 + u^2 + z^2 - 2au\cos\theta}}, \tag{1}$$

dove $u = \sqrt{x^2 + y^2}$ è la distanza (assoluta) dell'origine dal piede della perpendicolare z condotta dal punto attratto (x, y, z) al piano xy, e θ è l'angolo che un raggio variabile della circonferenza fa colla retta u.

Questo integrale si può ridurre immediatamente a forma canonica, assumendo come variabile d'integrazione $\frac{\pi - \theta}{2}$ invece di θ. Ma si giunge più direttamente allo scopo che abbiamo in mira introducendo due quantità positive σ_1 e σ_2, $(\sigma_1 \geqq \sigma_2)$, mediante le formole

$$\begin{cases} a^2 + u^2 + z^2 = \sigma_1^2 + \sigma_2^2, \\ au = \sigma_1 \sigma_2. \end{cases} \tag{2}$$

Con ciò l'integrale diventa

$$V = \frac{M}{\pi} \int_0^\pi \frac{d\theta}{\sqrt{\sigma_1^2 - 2\sigma_1\sigma_2\cos\theta + \sigma_2^2}},$$

e, mediante la nota sostituzione di LANDEN

$$\sigma_1 \operatorname{sen}(\varphi - \theta) = \sigma_2 \operatorname{sen} \varphi,$$

assume la forma canonica

$$(1)_a \qquad V = \frac{2M}{\pi} \int_0^{\frac{\pi}{2}} \frac{d\varphi}{\sqrt{\sigma_1^2 - \sigma_2^2 \operatorname{sen}^2 \varphi}} .$$

Le quantità σ_1, σ_2 hanno un significato geometrico semplicissimo. Infatti le formole (2) dànno

$$(u \pm a)^2 + z^2 = (\sigma_1 \pm \sigma_2)^2,$$

cosicchè, se si pone

$$\rho_1^2 = (u + a)^2 + z^2,$$

$$\rho_2^2 = (u - a)^2 + z^2,$$

cioè se si designano con ρ_1 e ρ_2 la massima e la minima distanza (assoluta) del punto attratto dalla circonferenza attraente, si ha

$$\rho_1 = \sigma_1 + \sigma_2, \qquad \rho_2 = \sigma_1 - \sigma_2,$$

donde

$$\sigma_1 = \frac{\rho_1 + \rho_2}{2}, \qquad \sigma_2 = \frac{\rho_1 - \rho_2}{2} .$$

Questa proprietà, che stabilisce la dipendenza delle due quantità σ_1, σ_2 dalla posizione del punto attratto, può essere formulata in altro modo. Designando con σ un parametro indeterminato, le (2) dànno

$$(\sigma^2 - \sigma_1^2)(\sigma^2 - \sigma_2^2) = \sigma^2(\sigma^2 - a^2) - (\sigma^2 - a^2)u^2 - \sigma^2 z^2,$$

donde

$$(2)_a \qquad \frac{(\sigma^2 - \sigma_1^2)(\sigma^2 - \sigma_2^2)}{\sigma^2(\sigma^2 - a^2)} = 1 - \frac{u^2}{\sigma^2} - \frac{z^2}{\sigma^2 - a^2} .$$

Di qui risulta che σ_1 e σ_2 sono le due radici positive, l'una non minore di a, l'altra non maggiore di a, dell'equazione

$$\frac{u^2}{\sigma^2} + \frac{z^2}{\sigma^2 - a^2} = 1 .$$

Ponendo nell'integrale $(1)_a$

$$\operatorname{sen} \varphi = \frac{\sigma_1}{\sigma} ;$$

si ottiene

$$(1)_b \qquad V = \frac{2M}{\pi} \int_{\sigma_1}^{\infty} \frac{d\sigma}{\sqrt{(\sigma^2 - \sigma_1^2)(\sigma^2 - \sigma_2^2)}} ,$$

e ponendo di nuovo in questo integrale

$$\sigma^2 = a^2 + \lambda^2, \qquad \sigma_1^2 = a^2 + \lambda_1^2, \qquad \sigma_2^2 = a^2 + \lambda_2^2,$$

(dove λ_2 è una quantità immaginaria pura) si ottiene

$$V = \frac{2M}{\pi} \int_{\lambda_1}^{\infty} \frac{\lambda\, d\lambda}{\sqrt{(a^2 + \lambda^2)(\lambda^2 - \lambda_1^2)(\lambda^2 - \lambda_2^2)}}.$$

Ma se anche nella formola $(2)_a$ si surrogano le λ, λ_1, λ_2 alle σ, σ_1, σ_2, mediante le relazioni precedenti, si trova

$$\frac{(\lambda^2 - \lambda_1^2)(\lambda^2 - \lambda_2^2)}{(a^2 + \lambda^2)\lambda^2} = 1 - \frac{u^2}{a^2 + \lambda^2} - \frac{z^2}{\lambda^2};$$

quindi all'integrale V si può dare finalmente la forma seguente

$$(1)_c \qquad V = \frac{2M}{\pi} \int_{\lambda_1}^{\infty} \frac{d\lambda}{(a^2 + \lambda^2)\sqrt{s}},$$

dove si è posto

$$s = 1 - \frac{u^2}{a^2 + \lambda^2} - \frac{z^2}{\lambda^2},$$

e dove λ_1 è l'unica radice positiva dell'equazione $s = 0$.

La sostituzione che conduce direttamente dal primitivo valore (1) di V a quest'ultimo è

$$\operatorname{sen} \theta = \frac{\sqrt{(a^2 + \lambda_1^2)(\lambda^2 - \lambda_2^2)} - \sqrt{(a^2 + \lambda_2^2)(\lambda^2 - \lambda_1^2)}}{a^2 + \lambda^2}.$$

Ciò posto osserviamo che la nuova forma $(1)_c$ di V appartiene ad un tipo conosciuto, cioè al tipo

$$2\pi a^2 \int_{\lambda_1}^{\infty} \frac{f(s)\, d\lambda}{a^2 + \lambda^2},$$

che abbiamo già considerato altre volte nei Rendiconti del R. Istituto Lombardo *). Abbiamo dimostrato allora **) che per tutte le funzioni potenziali di questo tipo si può immediatamente assegnare, sotto una forma analoga, la funzione *associata* W, cioè

*) Veggasi la Nota: *Intorno ad alcune questioni di elettrostatica,* letta il 15 marzo 1877 (queste OPERE, Vol. III, pp. 73-88), e quella *Sulle funzioni potenziali di sistemi simmetrici intorno ad un asse* letta il 1° agosto 1879 (queste OPERE, Vol. III, pp. 115-128).

**) Veggasi anche l'eccellente libro del Prof. E. BETTI, *Teoria delle forze newtoniane* (Pisa 1879), pag. 156.

una funzione che, eguagliata ad una costante arbitraria, rappresenta le linee di forze in ciascun piano meridiano. Applicando quel teorema alla attuale funzione V, si ha

$$(3)_c \qquad W = \frac{2Mz}{\pi}\int_{\lambda_1}^{\infty}\frac{d\lambda}{\lambda^2\sqrt{s}}$$

come funzione ad essa associata, cioè come funzione che, eguagliata ad una costante arbitraria, rappresenta in ciascun piano per l'asse le linee di forza dell'anello circolare.

Eseguendo ora su questa funzione W, in senso inverso, le trasformazioni che abbiamo precedentemente eseguite sulla funzione V, si trova dapprima l'espressione

$$W = \frac{2Mz}{\pi}\int_{\lambda_1}^{\infty}\frac{\sqrt{a^2+\lambda^2}\,d\lambda}{\lambda\sqrt{(\lambda^2-\lambda_1^2)(\lambda^2-\lambda_2^2)}},$$

dalla quale si passa tosto alla seguente:

$$(3)_b \qquad W = \frac{2Mz}{\pi}\int_{\sigma_1}^{\infty}\frac{\sigma^2\,d\sigma}{(\sigma^2-a^2)\sqrt{(\sigma^2-\sigma_1^2)(\sigma^2-\sigma_2^2)}},$$

che corrisponde alla forma $(2)_b$ di V; indi a quest'altra

$$(3)_a \qquad W = \frac{2M\sigma_1^2 z}{\pi}\int_0^{\frac{\pi}{2}}\frac{d\varphi}{(\sigma_1^2-a^2\operatorname{sen}^2\varphi)\sqrt{\sigma_1^2-\sigma_2^2\operatorname{sen}^2\varphi}},$$

che dev'essere considerata come la forma canonica di W, e che corrisponde alla forma canonica $(1)_a$ di V; e finalmente a questa

$$(3) \qquad W = \frac{Mz}{\pi}\int_0^{\pi}\frac{\sqrt{a^2+u^2+z^2-2au\cos\theta}\,d\theta}{(u-a\cos\theta)^2+z^2},$$

che corrisponde alla primitiva espressione (1) di V.

Bisogna osservare tuttavia che il teorema dianzi invocato, per dedurre la funzione W dalla V, è stato dimostrato (nei citati lavori) con procedimenti analitici i quali suppongono che la funzione $f(s)$, nel ricordato integrale tipico, sia finita per $s=0$ insieme colla sua derivata prima, ipotesi che non sussistono nel caso presente. Per rimovere dunque ogni dubbio sulla validità di questa nuova applicazione, dimostreremo che il detto teorema sussiste indipendentemente da quelle ipotesi, e ci varremo a tal uopo del metodo già adoperato dal Prof. DINI, nell'importante sua Memoria *Sulla funzione potenziale dell'ellisse e dell'ellissoide* *).

*) Memorie della R. Accademia dei Lincei, Serie II, Vol. II (1874-75), pag. 689.

Applicando questo metodo, il quale consiste nell'assumere s invece di λ come variabile d'integrazione, alla funzione

$$U = \int_{\lambda_1}^{\infty} \Lambda f(s)\, d\lambda,$$

dove Λ è funzione della sola λ, si ha dapprima

$$U = \int_{0}^{1} \frac{\Lambda f(s)\, ds}{\frac{\partial s}{\partial \lambda}},$$

espressione in cui le coordinate figurano unicamente nel fattore

$$\frac{\Lambda}{\frac{\partial s}{\partial \lambda}}.$$

Ora con opportune trasformazioni si riconosce che

$$\frac{\partial s}{\partial \lambda} \delta \frac{\Lambda}{\frac{\partial s}{\partial \lambda}} = \frac{\partial}{\partial \lambda}(\Lambda \delta \lambda),$$

dove δ è simbolo di derivazione rispetto ad una coordinata qualunque; epperò si ha

$$\delta U = \int_{\lambda_1}^{\infty} f(s) \frac{\partial}{\partial \lambda}(\Lambda \delta \lambda)\, d\lambda.$$

Applicando questa formola alle funzioni V e W, col porre successivamente

$$\Lambda = \frac{1}{a^2 + \lambda^2}, \qquad \Lambda = \frac{1}{\lambda^2}$$

(tenendo conto a parte del fattore z che entra in W), si trova

$$\frac{\partial W}{\partial u} - u \frac{\partial V}{\partial z} = \frac{2M}{\pi} \int_{\lambda_1}^{\infty} f(s) \frac{\partial}{\partial \lambda} \left(\frac{\frac{\partial \lambda}{\partial u} z}{\lambda^2} - \frac{\frac{\partial \lambda}{\partial z} u}{a^2 + \lambda^2} \right) d\lambda,$$

$$\frac{\partial W}{\partial z} + u \frac{\partial V}{\partial u} = \frac{2M}{\pi} \int_{\lambda_1}^{\infty} f(s) \frac{\partial}{\partial \lambda} \left(\frac{\frac{\partial \lambda}{\partial u} u}{a^2 + \lambda^2} + \frac{\frac{\partial \lambda}{\partial z} z}{\lambda^2} - \frac{1}{\lambda} \right) d\lambda.$$

Ma essendo

$$\frac{\partial \lambda}{\partial u} = \frac{H u}{\lambda(a^2 + \lambda^2)}, \qquad \frac{\partial \lambda}{\partial z} = \frac{H z}{\lambda^3},$$

dove

$$\frac{1}{H} = \left(\frac{u}{a^2 + \lambda^2}\right)^2 + \left(\frac{z}{\lambda^2}\right)^2,$$

le quantità fra parentesi sotto i due integrali sono identicamente nulle: si ha dunque, indipendentemente da ogni restrizione circa i valori di $f(0)$ e di $f'(0)$,

$$\frac{\partial W}{\partial u} = u \frac{\partial V}{\partial z}, \qquad \frac{\partial W}{\partial z} = - u \frac{\partial V}{\partial u},$$

le quali due equazioni dimostrano ad un tempo che V è una funzione potenziale esterna e che W è la sua funzione associata.

Si può dimostrare, più generalmente, che la funzione

$$V = \frac{2M}{\pi} \int_{\lambda_1}^{\infty} \frac{d\lambda}{\sqrt{(a^2 + \lambda^2)(b^2 + \lambda^2) s}},$$

dove

$$s = 1 - \frac{x^2}{a^2 + \lambda^2} - \frac{y^2}{b^2 + \lambda^2} - \frac{z^2}{\lambda^2},$$

funzione la quale si riduce alla (1) nel caso particolare $a = b$, è la funzione potenziale d'una massa M distribuita lungo la curva ellittica

$$\frac{x^2}{a^2} + \frac{y^2}{b^2} = 1,$$

colla densità variabile

$$g = \frac{M p}{2 \pi a b},$$

dove p è la perpendicolare condotta dal centro alla tangente dell'ellisse nel punto considerato. Si troverà la dimostrazione (del resto assai facile) di questo teorema in una Memoria *Sulla teoria dell'attrazione degli ellissoidi* presentata all'Accademia di Bologna *). Ho fatto qui menzione di tale risultato unicamente per aggiungere una riflessione che nasce dal confronto di questa funzione potenziale dell'anello ellittico colla funzione più generale

$$2 \pi a b \int_{\lambda_1}^{\infty} \frac{f(s)\, d\lambda}{\sqrt{(a^2 + \lambda^2)(b^2 + \lambda^2)}},$$

---

*) Queste OPERE, Vol. III.

la quale, come è noto, può rappresentare la funzione potenziale d'un disco ellittico, la cui densità h, variabile omoteticamente, sia data dalla formola

$$h(t) = \frac{f(o)}{\sqrt{t}} + \int_o^t \frac{f'(\tau)\,d\tau}{\sqrt{t-\tau}},$$

dove

$$t = 1 - \frac{x^2}{a^2} - \frac{y^2}{b^2}.$$

Per la validità di questa espressione della densità si richiede in primo luogo che $f(o)$ sia quantità finita, talchè l'espressione stessa non è punto applicabile al caso attuale, in cui

$$f(s) = \frac{M}{\pi^2 a b \sqrt{s}}. \tag{4}$$

Si può tuttavia ricavare da essa un'altra formola che è conciliabile con quest'ipotesi. Infatti essendo $\pi a b d t$ l'area compresa fra le due ellissi omotetiche t e $t + dt$, la massa $M(t)$, contenuta nella corona ellittica limitata esternamente dal contorno del disco ed internamente dall'ellisse t, è data, quando la precedente formola della densità è applicabile, da

$$M(t) = \pi a b \int_o^t h(t)\,dt = \pi a b f(o) \int_o^t \frac{dt}{\sqrt{t}} + \pi a b \int_o^t dt \int_o^t \frac{f'(\tau)\,d\tau}{\sqrt{t-\tau}},$$

ossia da

$$M(t) = 2\pi a b f(o)\sqrt{t} + \pi a b \int_o^t d\sigma \int_o^\sigma \frac{f'(\tau)\,d\tau}{\sqrt{\sigma-\tau}}.$$

Invertendo l'ordine delle integrazioni colla regola di DIRICHLET, si ha

$$M(t) = 2\pi a b\left[f(o)\sqrt{t} + \int_o^t f'(\tau)\sqrt{t-\tau}\,d\tau\right],$$

formola nella quale l'espressione fra parentesi è quella che risulta dal trasformare l'integrale

$$-\int_o^t f(\tau)\frac{d\sqrt{t-\tau}}{d\tau}\,d\tau$$

mediante la regola d'integrazione per parti. Ammessa dunque la validità di tale trasformazione, la quantità in discorso è rappresentata più semplicemente da

$$M(t) = \pi a b \int_o^t \frac{f(\tau)\,d\tau}{\sqrt{t-\tau}}.$$

Ora, se in questa formola si introduce l'ipotesi (4), si trova

$$M(t) = M,$$

risultato il quale s'accorda perfettamente coll'ipotesi di una massa M distribuita tutta sul contorno del disco, poichè in tale ipotesi $M(t)$ riesce per definizione indipendente da t ed eguale costantemente ad M.

Sembrerebbe perciò preferibile usare, per la determinazione di $h(t)$, la formola

$$h(t) = \frac{d}{dt} \int_0^t \frac{f(\tau)\, d\tau}{\sqrt{t-\tau}},$$

tanto più che il valore di $M(t)$, donde questa è dedotta, può essere stabilito direttamente.

Osserviamo che, designando con λ_1, λ_2, λ_3 le tre radici reali dell'equazione $s = 0$, dove

$$s = 1 - \frac{x^2}{a^2+\lambda} - \frac{y^2}{b^2+\lambda} - \frac{z^2}{\lambda},$$

l'espressione di V prende la forma elegante

$$V = \frac{M}{\pi} \int_{\lambda_1}^{\infty} \frac{d\lambda}{\sqrt{(\lambda-\lambda_1)(\lambda-\lambda_2)(\lambda-\lambda_3)}}$$

(λ_1 essendo la radice più grande), e rappresenta la funzione potenziale d'una massa M distribuita lungo l'ellisse

$$\frac{x^2}{a^2} + \frac{y^2}{b^2} = 1,$$

ossia

$$\lambda_1 = \lambda_2,$$

colla densità variabile

$$g = \frac{Mp}{2\pi a b}.$$

Ponendo $\theta = 2\psi$ l'espressione (1) di V si riduce immediatamente alla forma

$$(1)_d \qquad V = \frac{M}{2\pi} \int_0^{2\pi} \frac{d\psi}{\sqrt{\rho_1^2 \operatorname{sen}^2\psi + \rho_2^2 \cos^2\psi}},$$

ossia

$$V = \frac{M}{\rho},$$

dove ρ è la media aritmetico-geometrica delle due quantità ρ_1, ρ_2.

Considerata come funzione di queste due variabili, l'espressione V soddisfa ad un'equazione alle derivate parziali, molto semplice ed elegante, che crediamo utile di stabilire.

Per tal uopo incominciamo coll'osservare che, ove si assumano come coordinate di un punto dello spazio la longitudine ω del piano condotto per esso e per l'asse delle z, e le radici σ_1, σ_2 dell'equazione

$$\frac{u^2}{\sigma^2} + \frac{z^2}{\sigma^2 - a^2} = 1,$$

si ha

$$ds^2 = (\sigma_1^2 - \sigma_2^2)\left(\frac{d\sigma_1^2}{\sigma_1^2 - a^2} + \frac{d\sigma_2^2}{a^2 - \sigma_2^2}\right) + \frac{\sigma_1^2\sigma_2^2}{a^2}d\omega^2,$$

dove ds è un elemento lineare arbitrario. Formando l'equazione di LAPLACE con queste coordinate σ_1, σ_2, ω e supponendo che la funzione V, cui essa si riferisce, sia indipendente da ω, si ha

$$(5)\qquad M_1\frac{\partial}{\partial\sigma_1}\left(N_1\frac{\partial V}{\partial\sigma_1}\right) + M_2\frac{\partial}{\partial\sigma_2}\left(N_2\frac{\partial V}{\partial\sigma_2}\right) = 0,$$

dove

$$M_1 = \frac{\sqrt{\sigma_1^2 - a^2}}{\sigma_1}, \qquad M_2 = \frac{\sqrt{a^2 - \sigma_2^2}}{\sigma_2},$$

$$N_1 = \sigma_1\sqrt{\sigma_1^2 - a^2}, \qquad N_2 = \sigma_2\sqrt{a^2 - \sigma_2^2}.$$

Ciò posto sostituiamo alle variabili σ_1, σ_2 le variabili

$$\rho_1 = \sigma_1 + \sigma_2, \qquad \rho_2 = \sigma_1 - \sigma_2.$$

Essendo

$$\frac{\partial}{\partial\sigma_1} = \frac{\partial}{\partial\rho_1} + \frac{\partial}{\partial\rho_2}, \qquad \frac{\partial}{\partial\sigma_2} = \frac{\partial}{\partial\rho_1} - \frac{\partial}{\partial\rho_2},$$

si ottiene subito

$$(M_1N_1 + M_2N_2)\left(\frac{\partial^2 V}{\partial\rho_1^2} + \frac{\partial^2 V}{\partial\rho_2^2}\right) + 2(M_1N_1 - M_2N_2)\frac{\partial^2 V}{\partial\rho_1\partial\rho_2}$$
$$+ \left(M_1\frac{\partial N_1}{\partial\sigma_1} + M_2\frac{\partial N_2}{\partial\sigma_2}\right)\frac{\partial V}{\partial\rho_1} + \left(M_1\frac{\partial N_1}{\partial\sigma_1} - M_2\frac{\partial N_2}{\partial\sigma_2}\right)\frac{\partial V}{\partial\rho_2} = 0.$$

Di qui, sostituendo i valori di M_1, M_2, N_1, N_2 ed esprimendo anche i coefficienti in funzione di ρ_1, ρ_2, si deduce

$$(5)_a\qquad \left\{\begin{aligned} &(\rho_1^2 - \rho_2^2)\left(U + \rho_1\frac{\partial U}{\partial\rho_1} + \rho_2\frac{\partial U}{\partial\rho_2}\right)\\ &+ 4a^2\left[\rho_2\frac{\partial}{\partial\rho_1}\left(V + \rho_2\frac{\partial V}{\partial\rho_2}\right) - \rho_1\frac{\partial}{\partial\rho_2}\left(V + \rho_1\frac{\partial V}{\partial\rho_1}\right)\right] = 0,\end{aligned}\right.$$

dove per brevità si è posto

$$U = \rho_1 \frac{\partial V}{\partial \rho_2} + \rho_2 \frac{\partial V}{\partial \rho_1}.$$

Quest'equazione $(5)_a$ è quella in cui si trasforma l'equazione di LAPLACE quando la funzione potenziale V, appartenente ad un sistema simmetrico intorno all'asse delle z, si consideri come formata colle variabili ρ_1, ρ_2, di cui abbiamo già data al principio la definizione geometrica.

Ora la funzione potenziale $(1)_d$ dell'anello circolare è omogenea e del grado -1 rispetto a queste variabili: quindi per essa si ha

$$U + \rho_1 \frac{\partial U}{\partial \rho_1} + \rho_2 \frac{\partial U}{\partial \rho_2} = 0.$$

$$V + \rho_1 \frac{\partial V}{\partial \rho_1} + \rho_2 \frac{\partial V}{\partial \rho_2} = 0,$$

e la precedente equazione $(5)_a$ si riduce alla seguente:

$$(5)_b \qquad \frac{\partial}{\partial \rho_1}\left(\rho_1 \rho_2 \frac{\partial V}{\partial \rho_1}\right) = \frac{\partial}{\partial \rho_2}\left(\rho_1 \rho_2 \frac{\partial V}{\partial \rho_2}\right).$$

Tale è l'equazione alle derivate parziali che ci proponevamo di stabilire, e che differisce soltanto nella forma da quella che il sig. BORCHARDT ha dato alla fine della sua Memoria: *Ueber das arithmetisch-geometrische Mittel* nel t. LVIII del Journal für die reine und angewandte Mathematik. Quest'equazione non è, come si vede, che una trasformata dell'equazione di LAPLACE.

In virtù di essa l'espressione

$$\rho_1 \rho_2 \left(\frac{\partial V}{\partial \rho_1} d\rho_2 + \frac{\partial V}{\partial \rho_2} d\rho_1\right)$$

è un differenziale esatto. Ora ponendo

$$\rho_2 = k \rho_1,$$

V può mettersi sotto la forma

$$V = \frac{U}{\rho_1},$$

dove U è funzione soltanto di k; ed il precedente differenziale, trasformato dalle variabili ρ_1, ρ_2 alle variabili ρ_1, k, diventa

$$\left(\frac{dU}{dk} k k'^2 - U k^2\right) d\rho_1 - \left(U k + \frac{dU}{dk} k^2\right) \rho_1 dk,$$

dove

$$k^2 + k'^2 = 1.$$

Quest'espressione può scriversi anche così

$$k k'^2 \frac{dU}{dk} d\rho_1 + k U \rho_1 dk - d(\rho_1 k^2 U),$$

e la condizione perchè essa sia un differenziale esatto è quindi

$$(5)_c \qquad \frac{d}{dk}\left(k k'^2 \frac{dU}{dk}\right) = k U,$$

ossia è la nota equazione alle derivate del second'ordine cui soddisfanno i due integrali ellittici completi

$$K = \int_0^{\frac{\pi}{2}} \frac{d\psi}{\sqrt{1 - k^2 \operatorname{sen}^2 \psi}}, \qquad K' = \int_0^{\frac{\pi}{2}} \frac{d\psi}{\sqrt{1 - k'^2 \operatorname{sen}^2 \psi}}.$$

Riponendo per k il suo valore, cioè

$$k = \frac{\rho_2}{\rho_1}, \qquad k' = \frac{\sqrt{\rho_1^2 - \rho_2^2}}{\rho_1},$$

si trova che vi sono due distinte funzioni potenziali omogenee e del grado -1 rispetto a ρ_1 e ρ_2, cioè

$$\int_0^{\frac{\pi}{2}} \frac{d\psi}{\sqrt{\rho_1^2 - \rho_2^2 \operatorname{sen}^2 \psi}}, \qquad \int_0^{\frac{\pi}{2}} \frac{d\psi}{\sqrt{\rho_1^2 \cos^2 \psi + \rho_2^2 \operatorname{sen}^2 \psi}},$$

prescindendo naturalmente da quelle che sono composte linearmente con queste due. La nostra funzione $(1)_d$ corrisponde alla seconda forma; ed è facile riconoscere a qual distribuzione di materia appartenga la funzione della prima forma. Infatti essa è finita e continua in tutto lo spazio, insieme colle sue derivate, ad eccezione dei punti pei quali $\rho_1 = \rho_2$, cioè dei punti dell'asse delle z. D'altronde è noto che per valori di k prossimi all'unità si ha

$$\int_0^{\frac{\pi}{2}} \frac{d\psi}{\sqrt{1 - k^2 \operatorname{sen}^2 \psi}} = \log \frac{4}{k'},$$

talchè per punti prossimi all'asse delle z si ha

$$v = \int_0^{\frac{\pi}{2}} \frac{d\psi}{\sqrt{\rho_1^2 - \rho_2^2 \operatorname{sen}^2 \psi}} = \frac{1}{\rho_1} \log \frac{4\rho_1}{\sqrt{\rho_1^2 - \rho_2^2}}.$$

Ma

$$\rho_1^2 - \rho_2^2 = 4\,a\,u,$$

quindi

$$v = -\frac{1}{2\rho_1}\log u + \frac{1}{\rho_1}\log\frac{2\rho_1}{\sqrt{a}},$$

epperò

$$\lim_{u=0}\left(\frac{v}{\log u}\right) = -\frac{1}{2\rho_1}.$$

Ne risulta che v è la funzione potenziale d'una massa disseminata lungo l'asse delle z colla densità variabile

$$g = \frac{1}{4\rho_1} = \frac{1}{4\sqrt{a^2+\zeta^2}},$$

ζ essendo la distanza dell'origine dal punto cui la densità g si riferisce.

In virtù di questa proprietà il precedente valore di v non deve differire che nella forma dal seguente:

$$v = \frac{1}{4}\int_{-\infty}^{\infty}\frac{d\zeta}{\sqrt{(a^2+\zeta^2)[u^2+(\zeta-z)^2]}}.$$

L'equivalenza dei due valori di v si dimostra applicando dapprima a questo ultimo integrale la trasformazione di 1° grado, secondo le regole di RICHELOT *); nel qual modo si trova

$$v = \frac{1}{2}\int_0^{\frac{\pi}{2}}\frac{d\theta}{\sqrt{\sigma_1^2\,\mathrm{sen}^2\theta + \sigma_2^2\cos^2\theta}},$$

cioè

$$v = \frac{\pi}{4\sigma},$$

dove σ è la media aritmetico-geometrica delle due quantità

$$\sigma_1 = \frac{\rho_1+\rho_2}{2}, \qquad \sigma_2 = \frac{\rho_1-\rho_2}{2}.$$

Ora se si osserva che l'identità, già stabilita, dei due valori $(1)_a$ ed $(1)_d$ di V, è espressa da

$$\int_0^{\frac{\pi}{2}}\frac{d\varphi}{\sqrt{\sigma_1^2-\sigma_2^2\,\mathrm{sen}^2\varphi}} = \int_0^{\frac{\pi}{2}}\frac{d\psi}{\sqrt{\rho_1^2\,\mathrm{sen}^2\psi+\rho_2^2\cos^2\psi}},$$

*) Cfr. ENNEPER, *Elliptische Functionen* (Halle 1876), pp. 25-26.

si riconosce subito che insieme con questa eguaglianza si deve avere anche quest'altra

$$\int_0^{\frac{\pi}{2}} \frac{d\theta}{\sqrt{\sigma_1^2 \operatorname{sen}^2\theta + \sigma_2^2 \cos^2\theta}} = 2\int_0^{\frac{\pi}{2}} \frac{d\psi}{\sqrt{\rho_1^2 - \rho_2^2 \operatorname{sen}^2\psi}},$$

in virtù della quale l'ultimo valore trovato per v equivale al seguente:

$$v = \int_0^{\frac{\pi}{2}} \frac{d\psi}{\sqrt{\rho_1^2 - \rho_2^2 \operatorname{sen}^2\psi}},$$

come appunto dovevasi dimostrare. La trasformazione dell'un integrale nell'altro risulta dunque dalla sovrapposizione di due, l'una lineare, l'altra di LANDEN, caso già considerato del resto da RICHELOT nella Memoria originale *).

Fra i lavori che più diffusamente trattano dell'attrazione di un anello circolare si può citare quello di PLANA nel t. XXIV delle Memorie della R. Accademia di Torino, lavoro di cui TODHUNTER dà un resoconto abbastanza esteso nel t. II della sua *History of the Theories of Attraction and the Figure of the Earth* (London, 1873, pp. 414-424). In questo lavoro però l'autore non ha considerato di proposito la funzione potenziale dell'anello, ma si è occupato quasi esclusivamente delle componenti dell'attrazione, e però non ha avuto occasione nè di trovare le varie forme canoniche di V, dedotte nella presente Nota, nè di determinare la funzione associata W.

*) Journal für die reine und angewandte Mathematik, t. XXXIV, pag. 23.

LX.

INTORNO AD UN TEOREMA DI ABEL E AD ALCUNE SUE APPLICAZIONI.

Rendiconti del Reale Istituto Lombardo, serie II, volume XIII (1880), pp. 327-337.

In una brevissima Nota di ABEL *), risguardante un certo problema meccanico che comprende come caso particolare quello del tautocronismo, si trova un importantissimo teorema di calcolo integrale, il quale permette di determinare in molti casi la forma di una funzione contenuta sotto un integrale definito, quando sia dato il valore di questo integrale in funzione d'un parametro che entri nell'integrale stesso.

Questo teorema è conosciutissimo ed è usato spesso sotto diverse forme, che dipendono dalla diversa scelta della variabile d'integrazione. Ma mi sembra che d'ordinario non ne sia messa in luce l'indole vera e propria, e che anche la scelta della variabile non sia sempre fatta in modo rispondente allo scopo.

Nella presente comunicazione mi propongo di chiarire la vera natura di quel teorema, presentandolo sotto una forma che si presta a risolvere simultaneamente due questioni interessanti, che sono in certo modo reciproche l'una dell'altra, e delle quali l'una venne già trattata dal sig. SCHLÖMILCH, mentre l'altra rimase, a quanto pare, insoluta.

Consideriamo due funzioni $\varphi(x)$ e $\psi(x)$, legate fra loro dalla relazione

$$(1) \qquad \int_0^\pi \varphi(r \operatorname{sen} \theta)\, d\theta = \psi(r).$$

Se, dopo aver posto $r \operatorname{sen} \omega$ in luogo di r, si moltiplicano ambi i membri per $\operatorname{sen} \omega\, d\omega$

*) *Œuvres complètes,* t. I (1839), pag. 27.

e s'integra fra o e π, si ottiene

$$\int_0^\pi \operatorname{sen}\omega\, d\omega \int_0^\pi \varphi(r \operatorname{sen}\theta \operatorname{sen}\omega)\, d\theta = \int_0^\pi \psi(r \operatorname{sen}\omega) \operatorname{sen}\omega\, d\omega .$$

Consideriamo ora r, ω e θ come coordinate polari d'un punto, le cui coordinate ortogonali cartesiane sieno

$$x = r \operatorname{sen}\omega \cos\theta,$$

$$y = r \operatorname{sen}\omega \operatorname{sen}\theta,$$

$$z = r \cos\omega,$$

talchè l'origine degli assi sia il polo, l'asse delle z sia l'asse polare, ω sia la distanza angolare del raggio vettore r da quest'asse e θ sia la longitudine, contata dal piano meridiano xz. Indichiamo inoltre con $d\sigma$ un elemento della superficie sferica σ che ha il centro nell'origine ed il raggio uguale ad 1. Per tali convenzioni è evidente che il primo membro dell'equazione precedente equivale all'integrale

$$\int \varphi(y)\, d\sigma$$

esteso a tutta quella metà della superficie σ che giace dalla parte delle y positive. Ora se si chiama ω' la distanza angolare del raggio r dall'asse positivo delle y, è chiaro che il precedente integrale equivale a quest'altro

$$2\pi \int_0^{\frac{\pi}{2}} \varphi(r \cos\omega') \operatorname{sen}\omega'\, d\omega',$$

ossia a

$$\frac{2\pi}{r} \int_0^r \varphi(r)\, dr .$$

Dunque dalla relazione (1) scaturisce necessariamente quest'altra

$$(2) \qquad \int_0^r \varphi(r)\, dr = \frac{r}{\pi} \int_0^{\frac{\pi}{2}} \psi(r \operatorname{sen}\theta) \operatorname{sen}\theta\, d\theta .$$

Reciprocamente, da questa seconda relazione scaturisce necessariamente la prima. Infatti, ponendo per un momento

$$r\psi(r) = \Phi(r), \qquad 2\pi \int_0^r \varphi(x)\, dx = \Psi(r),$$

la relazione (2) si può scrivere così

$$\int_0^\pi \Phi(r \operatorname{sen} \theta)\, d\theta = \Psi(r).$$

Da questa equazione, che ha la stessa forma della (1), si deduce, col medesimo processo che ci ha condotto alla (2),

$$\int_0^r \Phi(r)\, dr = \frac{r}{\pi} \int_0^{\frac{\pi}{2}} \Psi(r \operatorname{sen} \theta) \operatorname{sen} \theta\, d\theta,$$

ossia, introducendo di nuovo le funzioni φ, ψ,

$$\int_0^r r\psi(r)\, dr = 2r \int_0^{\frac{\pi}{2}} \operatorname{sen} \theta\, d\theta \int_0^{r \operatorname{sen} \theta} \varphi(x)\, dx.$$

Ora, se si pone $r \operatorname{sen} \theta = y$, si ha

$$\int_0^r r\psi(r)\, dr = 2 \int_0^r \frac{y\, dy}{\sqrt{r^2 - y^2}} \int_0^y \varphi(x)\, dx,$$

ed invertendo l'ordine delle integrazioni

$$\int_0^r r\psi(r)\, dr = 2 \int_0^r \varphi(x)\, dx \int_x^r \frac{y\, dy}{\sqrt{r^2 - y^2}},$$

ossia

$$\int_0^r r\psi(r)\, dr = 2 \int_0^r \varphi(x) \sqrt{r^2 - x^2}\, dx.$$

Nulla qui opponendosi alla derivazione rispetto ad r, si ottiene da questa

$$\psi(r) = 2 \int_0^r \frac{\varphi(x)\, dx}{\sqrt{r^2 - x^2}},$$

ossia finalmente, ponendo $x = r \operatorname{sen} \theta$,

$$\psi(r) = \int_0^\pi \varphi(r \operatorname{sen} \theta)\, d\theta,$$

relazione che coincide colla (1).

Le relazioni (1) e (2) sono dunque fra loro equivalenti, ed in tale equivalenza parmi consistere il carattere essenziale della proposizione scoperta da ABEL. Ordinariamente [ed anche nello stesso scritto *) di ABEL] si considera in luogo dell'equazione (2) quella che se ne ricava colla derivazione rispetto ad r, ossia l'equazione

$$\varphi(r) = \frac{1}{\pi} \frac{d}{dr} \left[r \int_0^{\frac{\pi}{2}} \psi(r \operatorname{sen} \theta) \operatorname{sen} \theta \, d\theta \right],$$

dalla quale, eseguendo la derivazione indicata ed operando poscia un'integrazione per parti, si ottiene

$$(2') \qquad \varphi(r) = \frac{1}{\pi} \left[\psi(0) + r \int_0^{\frac{\pi}{2}} \psi'(r \operatorname{sen} \theta) \, d\theta \right].$$

È questa la formola che, stabilita di solito per altra via, si associa alla formola (1) e si considera come l'inversione di questa. Ma è chiaro che la deducibilità di quest'ultima equazione dalla (2) presuppone l'esistenza di proprietà della funzione ψ che non sono punto necessarie per la sussistenza dell'equazione (2). D'altronde è pure utile conoscere ed applicare quest'equazione, nè la (2′) può in alcun caso esprimere proprietà che non sieno già contenute nella (2).

Per fare un'applicazione delle formole precedenti, ricordiamo le espressioni

$$(3) \qquad \int_0^{\pi} \cos(x \operatorname{sen} \theta) \, d\theta = \pi I_0(x),$$

$$(3_1) \qquad \int_0^{\pi} \operatorname{sen}(x \operatorname{sen} \theta) \operatorname{sen} \theta \, d\theta = \pi I_1(x),$$

che definiscono le funzioni cilindriche di ordine *zero* ed *uno*, funzioni legate fra loro dalla relazione evidente

$$I_1(x) = -\frac{dI_0(x)}{dx}.$$

Se nell'equazione (1) si pone $\varphi(x) = \cos x$, si ha, (3),

$$\psi(x) = \pi I_0(x),$$

talchè la (2) dà

$$\operatorname{sen} x = x \int_0^{\frac{\pi}{2}} I_0(x \operatorname{sen} \theta) \operatorname{sen} \theta \, d\theta,$$

*) Presso ABEL, tale punto di vista era naturale, poichè la questione trattata richiedeva appunto di dedurre la forma della funzione ψ da un'equazione della forma (2′).

e la (2')

$$\cos x = 1 + x \int_0^{\frac{\pi}{2}} I_0'(x \operatorname{sen} \theta)\, d\theta .$$

Si hanno dunque, scrivendo per semplicità $I(x)$ in luogo di $I_0(x)$, le due formole

$$\int_0^{\frac{\pi}{2}} I(x \operatorname{sen} \theta) \operatorname{sen} \theta\, d\theta = \frac{\operatorname{sen} x}{x}, \tag{4}$$

$$\int_0^{\frac{\pi}{2}} I_1(x \operatorname{sen} \theta)\, d\theta = \frac{1 - \cos x}{x}, \tag{4$_1$}$$

che sono in certo modo reciproche delle (3), (3_1), poichè come queste esprimono le funzioni cilindriche I, I_1 per integrali di funzioni circolari, così le (4), (4_1) esprimono le funzioni circolari per integrali di funzioni cilindriche.

Coll'ajuto delle formole (3), (3_1) e del teorema di ABEL il signor SCHLÖMILCH ha ottenuto lo sviluppo di una funzione in serie di funzioni cilindriche d'ordine *zero* ed *uno* cogli argomenti

$$x, \quad 2x, \quad 3x, \ \ldots .$$

Coll'ajuto delle formole (4), (4_1) e del ricordato teorema si può analogamente ottenere lo sviluppo di una funzione in serie trigonometrica, di seni o di coseni, cogli argomenti

$$v_1 x, \quad v_2 x, \quad v_3 x, \ \ldots,$$

dove $v_1, v_2, v_3, \ldots$ sono le radici positive di una delle equazioni trascendenti

$$I(x) = 0, \quad I'(x) = 0, \quad I''(x) = 0 .$$

Non sapendo che ciò sia già stato fatto, mostrerò come, ammessa la validità di questi ultimi sviluppi, se ne possano effettivamente determinare i coefficienti.

Rammento innanzi tutto che se $I(x)$ è una funzione cilindrica d'ordine intero qualunque, si ha, dall'equazione differenziale di questa funzione,

$$\int_0^1 x I(ax) I(bx)\, dx = \frac{I(a) I'(b) b - I(b) I'(a) a}{a^2 - b^2}, \tag{5}$$

donde, facendo convergere b verso a, si deduce

$$\int_0^1 x I(ax)^2\, dx = \frac{1}{2}\left[\left(1 - \frac{n^2}{a^2}\right) I(a)^2 + I'(a)^2\right],$$

n essendo l'ordine della funzione. Se dunque a e b sono due radici positive distinte dell'una o dell'altra equazione

$$I(x) = 0, \quad I'(x) = 0,$$

si ha sempre

$$\int_0^1 x I(ax) I(bx) dx = 0,$$

ed inoltre

$$\int_0^1 x I(ax)^2 dx = \frac{1}{2} I'(a)^2$$

nel primo caso,

$$\int_0^1 x I(ax)^2 dx = \frac{1}{2}\left(1 - \frac{n^2}{a^2}\right) I(a)^2$$

nel secondo caso. Ma in virtù della nota relazione

$$I_{n+1}(x) = \frac{n}{x} I_n(x) - I'_n(x),$$

si ha pure, nel primo caso

$$I_{n+1}(a) = - I'_n(a),$$

e nel secondo

$$I_{n+1}(a) = \frac{n}{a} I_n(a).$$

Ne risulta che la formola

$$\int_0^1 x I(ax)^2 dx = \frac{1}{2}[I(a)^2 + I_1(a)^2],$$

dove I_1 rappresenta la funzione cilindrica consecutiva ad I, si applica tanto al caso in cui a sia radice di $I(x) = 0$, quanto a quello in cui a sia radice di $I'(x) = 0$.

Conseguentemente, se la funzione $f(x)$ ammette, nell'intervallo fra 0 ed 1, lo sviluppo

$$f(x) = A_1 I(a_1 x) + A_2 I(a_2 x) + \cdots = \sum A_n I(a_n x), \tag{6}$$

dove a_1, a_2, ... sono le radici positive dell'una o dell'altra equazione $I(x) = 0$, $I'(x) = 0$, i coefficienti A sono dati da

$$A_n = \frac{2}{I(a_n)^2 + I_1(a_n)^2} \int_0^1 x f(x) I(a_n x) dx;$$

e se l'altra funzione $f_1(x)$ ammette, nel detto intervallo, lo sviluppo

$$f_1(x) = B_1 I_1(b_1 x) + B_2 I_1(b_2 x) + \cdots = \sum B_n I_1(b_n x), \tag{6$_1$}$$

dove b_1, b_2, ... sono le radici positive dell'una o dell'altra equazione $I_1(x) = 0$,

$I_1'(x) = 0$, i coefficienti B sono dati da

$$B_n = \frac{2}{I_1(b_n)^2 + I_2(b_n)^2} \int_0^1 x f_1(x) I_1(b_n x)\, dx.$$

Ciò posto se nell'equazione (6) si sostituisce $x \operatorname{sen} \theta$ al posto di x, indi si moltiplica per $\operatorname{sen} \theta\, d\theta$ e s'integra fra 0 e $\frac{\pi}{2}$, si ottiene

$$\int_0^{\frac{\pi}{2}} f(x \operatorname{sen} \theta) \operatorname{sen} \theta\, d\theta = \sum A_n \int_0^{\frac{\pi}{2}} I(a_n x \operatorname{sen} \theta) \operatorname{sen} \theta\, d\theta,$$

ossia, (4),

$$x \int_0^{\frac{\pi}{2}} f(x \operatorname{sen} \theta) \operatorname{sen} \theta\, d\theta = \sum \frac{A_n}{a_n} \operatorname{sen} a_n x. \tag{7}$$

E parimente se nell'equazione (6_1) si sostituisce $x \operatorname{sen} \theta$ al posto di x, indi si moltiplica per $d\theta$ e s'integra fra 0 e $\frac{\pi}{2}$, si ottiene

$$\int_0^{\frac{\pi}{2}} f_1(x \operatorname{sen} \theta)\, d\theta = \sum B_n \int_0^{\frac{\pi}{2}} I_1(b_n x \operatorname{sen} \theta)\, d\theta,$$

ossia, (4_1),

$$x \int_0^{\frac{\pi}{2}} f_1(x \operatorname{sen} \theta)\, d\theta = \sum \frac{B_n}{b_n} (1 - \cos b_n x). \tag{7_1}$$

Poniamo ora

$$x \int_0^{\frac{\pi}{2}} f(x \operatorname{sen} \theta) \operatorname{sen} \theta\, d\theta = F(x), \tag{8}$$

$$x \int_0^{\frac{\pi}{2}} f_1(x \operatorname{sen} \theta)\, d\theta = F_1(x). \tag{8_1}$$

Se nell'equazione (2) si pone $\psi(x) = f(x)$, la detta equazione, in virtù della (8), dà

$$\pi \int_0^x \varphi(x)\, dx = F(x),$$

donde

$$\varphi(x) = \frac{1}{\pi} F'(x),$$

epperò l'equazione (1) dà

$$f(x) = \frac{1}{\pi} \int_0^{\pi} F'(x \operatorname{sen} \theta)\, d\theta.$$

Se invece nell'equazione (1) si pone $\varphi(x) = f_1(x)$, la detta equazione, in virtù della

(8_1), dà

$$\psi(x) = \frac{2F_1(x)}{x},$$

epperò l'equazione (2) si converte nella

$$\int_0^\pi f_1(x)\,dx = \frac{1}{\pi}\int_0^\pi F_1(x \operatorname{sen}\theta)\,d\theta,$$

donde

$$f_1(x) = \frac{1}{\pi}\int_0^\pi F_1'(x \operatorname{sen}\theta)\operatorname{sen}\theta\,d\theta.$$

Dunque i coefficienti A e B nei due sviluppi

$$(9)\qquad F(x) = \sum \frac{A_n}{a_n}\operatorname{sen} a_n x,$$

$$(9_1)\qquad F_1(x) = \sum \frac{B_n}{b_n}(1 - \cos b_n x)$$

sono determinati dalle formole

$$A_n = \frac{2}{\pi[I(a_n)^2 + I_1(a_n)^2]}\int_0^1 x I(a_n x)\,dx \int_0^\pi F'(x\operatorname{sen}\theta)\,d\theta,$$

$$B_n = \frac{2}{\pi[I_1(b_n)^2 + I_2(b_n)^2]}\int_0^1 x I_1(b_n x)\,dx \int_0^\pi F_1'(x\operatorname{sen}\theta)\operatorname{sen}\theta\,d\theta.$$

Da queste espressioni dei coefficienti risulta che le funzioni $F(x)$, $F_1(x)$ non possono supporsi costanti, nell'intervallo fra 0 ed 1, a meno che non sieno nulle. Di tale condizione (che si applica anche alle formole del signor SCHLÖMILCH) è facile assegnare la causa, osservando che per la natura degli sviluppi (6) e (6_1), le funzioni $f(x)$, $f_1(x)$ devono supporsi finite anche per $x = 0$, talchè le funzioni $F(x)$, $F_1(x)$, introdotte colle equazioni (8) e (8_1), devono esser tali da annullarsi per $x = 0$.

Per fare un esempio semplicissimo, supponiamo $F(x) = \operatorname{sen} kx$, dove k è un numero qualunque non appartenente alla serie degli $a_1, a_2, \ldots$. In tale ipotesi si ha, (3),

$$\int_0^\pi F'(x\operatorname{sen}\theta)\,d\theta = k\int_0^\pi \cos(kx\operatorname{sen}\theta)\,d\theta = \pi k I(kx),$$

epperò, (5),

$$\int_0^1 x I(a_n x) I(kx)\,dx = \frac{I(a_n)I'(k)k - I(k)I'(a_n)a_n}{a_n^2 - k^2},$$

ossia

$$\int_0^1 x I(a_n x) I(k x) dx = -\frac{I(k) I'(a_n) a_n}{a_n^2 - k^2}$$

se le a_n sono radici di $I(x) = 0$, e

$$\int_0^1 x I(a_n x) I(k x) dx = \frac{I(a_n) I'(k) k}{a_n^2 - k^2}$$

se esse sono radici di $I'(x) = 0$. Si ha dunque

(10) $$\operatorname{sen} k x = 2 k I(k) \sum \frac{\operatorname{sen} a_n x}{I_1(a_n)(a_n^2 - k^2)}$$

quando le a_n sono radici di $I(x) = 0$, e

(10′) $$\operatorname{sen} k x = 2 \frac{k^2}{a_n} I'(k) \sum \frac{\operatorname{sen} a_n x}{I(a_n)(a_n^2 - k^2)}$$

quando le a_n sono radici di $I'(x) = 0$.

Cambiando nell'equazione (10) x in $x \operatorname{sen} \theta$, moltiplicando per $\operatorname{sen} \theta \, d\theta$ ed integrando fra 0 e π, si ha

$$\int_0^\pi \operatorname{sen}(k x \operatorname{sen} \theta) \operatorname{sen} \theta \, d\theta = 2 k I(k) \sum \frac{\int_0^\pi \operatorname{sen}(a_n x \operatorname{sen} \theta) \operatorname{sen} \theta \, d\theta}{I_1(a_n)(a_n^2 - k^2)},$$

ossia, (3_1),

(11) $$I_1(k x) = 2 k I(k) \sum \frac{I_1(a_n x)}{I_1(a_n)(a_n^2 - k^2)},$$

od anche

$$\frac{I'(k x)}{I(k)} = \sum \frac{-2 k I'(a_n x)}{I(a_n)(a_n^2 - k^2)}.$$

Di qui, facendo $x = 1$ ed integrando ambidue i membri fra 0 e k, si ottiene

$$\log I(k) = \sum \log\left(1 - \frac{k^2}{a_n^2}\right),$$

ossia, riponendo x in luogo di k,

$$I(x) = \left(1 - \frac{x^2}{a_1^2}\right)\left(1 - \frac{x^2}{a_2^2}\right)\left(1 - \frac{x^2}{a_3^2}\right) \dots .$$

Dunque la funzione cilindrica $I(x)$ è il prodotto di tutti i fattori lineari

$$1 \pm \frac{x}{a_n}$$

corrispondenti alle radici dell'equazione $I(x) = 0$ e presi nell'ordine in cui si presentano nella serie, senza intervento di alcun fattore estraneo (non annullantesi per alcun valore finito di x).

Tenendo conto di questo fatto è agevole riconoscere che gli sviluppi in serie (10), (11) collimano esattamente con quelli che si otterrebbero spezzando ciascuna delle frazioni

$$\frac{\operatorname{sen} k x}{I(k)}, \qquad \frac{I_1(k x)}{I(k)}$$

(considerate come quozienti di funzioni intere di k) in frazioni semplici, corrispondenti ai singoli fattori lineari del denominatore; precisamente come avviene per gli sviluppi in serie di Fourier di $\operatorname{sen} k x$ e $\cos k x$, rispetto alle frazioni

$$\frac{\operatorname{sen} k x}{\operatorname{sen} k \pi}, \qquad \frac{\cos k x}{\operatorname{sen} k \pi}.$$

Ci limitiamo ad accennare questo ravvicinamento, l'esatta discussione del quale richiederebbe troppo lungo discorso, e che rientra d'altronde in un campo di ricerche che speriamo di veder quanto prima illustrato da un esteso lavoro promessoci dal prof. Dini.

Mostreremo invece, in una prossima Comunicazione, come si possano presentare i risultati precedenti in una forma più completa, e come si possano assegnare i moltiplicatori atti a separare i coefficienti nelle serie della forma (9), (9_1).

LXI.

INTORNO AD ALCUNE SERIE TRIGONOMETRICHE.

Rendiconti del Reale Istituto Lombardo, serie II, volume XIII (1880), pp. 402-413.

Da quanto venne dimostrato nella Nota precedente [Atti del R. Istituto Lombardo, seduta del dì 20 maggio 1880 *)] risulta che, designando con

$$a_1, \quad a_2, \ldots, a_n, \ldots$$

le radici positive, disposte in ordine crescente, dell'equazione trascendente

$$I(x) = 0,$$

e con

$$b_1, \quad b_2, \ldots, b_n, \ldots$$

le radici positive, pure disposte in ordine crescente, dell'altra equazione trascendente

$$I'(x) = 0,$$

se due funzioni $F(x)$, $F_1(x)$, annullantisi per $x = 0$, sono rappresentabili, fra 0 ed 1, dalle serie

$$(1) \qquad \left\{ \begin{aligned} F(x) &= \sum \alpha_n \operatorname{sen} a_n x, \\ F_1(x) &= \sum \beta_n (1 - \cos b_n x), \end{aligned} \right.$$

*) Serie II, vol. XIII, pp. 327-337; oppure queste OPERE, volume III, pp. 248-257.

i coefficienti α_n, β_n sono dati dalle formole

$$\alpha_n = \frac{2}{\pi a_n I'(a_n)^2} \int_0^1 x I(a_n x)\, dx \int_0^\pi F'(x \operatorname{sen} \theta)\, d\theta,$$

$$\beta_n = \frac{-2}{\pi b_n I(b_n)^2} \int_0^1 x I'(b_n x)\, dx \int_0^\pi F'_1(x \operatorname{sen} \theta) \operatorname{sen} \theta\, d\theta.$$

Abbiamo scritto, nella seconda di queste espressioni, $I(b_n)$ in luogo di $I_2(b_n)$, perchè, in virtù della relazione

$$\frac{2}{x} I_1(x) = I(x) + I_2(x),$$

se b_n è una radice positiva di $I'(x) = 0$, si ha

$$I(b_n) + I_2(b_n) = 0.$$

Ponendo

$$x \operatorname{sen} \theta = y,$$

donde

$$d\theta = \frac{dy}{\sqrt{x^2 - y^2}},$$

i precedenti valori di α_n, β_n diventano

$$\alpha_n = \frac{4}{\pi a_n I'(a_n)^2} \int_0^1 x I(a_n x)\, dx \int_0^x \frac{F'(y)\, dy}{\sqrt{x^2 - y^2}},$$

$$\beta_n = \frac{-4}{\pi b_n I(b_n)^2} \int_0^1 I'(b_n x)\, dx \int_0^x \frac{F'(y) y\, dy}{\sqrt{x^2 - y^2}},$$

ed invertendo l'ordine delle integrazioni

$$\alpha_n = \frac{4}{\pi a_n I'(a_n)^2} \int_0^1 F'(y)\, dy \int_y^1 \frac{x I(a_n x)\, dx}{\sqrt{x^2 - y^2}},$$

$$\beta_n = \frac{-4}{\pi b_n I(b_n)^2} \int_0^1 F'_1(y) y\, dy \int_y^1 \frac{I'(b_n x)\, dx}{\sqrt{x^2 - y^2}}.$$

Se dunque si pone per un momento

$$\int_x^1 \frac{y I(a_n y)\, dy}{\sqrt{y^2 - x^2}} = \varphi_n(x),$$

$$x \int_x^1 \frac{I'(b_n y)\, dy}{\sqrt{y^2 - x^2}} = \psi_n(x),$$

si ha, in virtù delle già ammesse condizioni $F(0) = 0$, $F_1(0) = 0$,

$$(1_a) \quad \begin{cases} \alpha_n = \dfrac{-4}{\pi a_n I'(a_n)^2} \displaystyle\int_0^1 F(x)\varphi_n'(x)\,dx, \\ \beta_n = \dfrac{4}{\pi b_n I(b_n)^2} \displaystyle\int_0^1 F_1(x)\psi_n'(x)\,dx. \end{cases}$$

Da queste nuove forme dei coefficienti α_n, β_n si riconosce immediatamente che le funzioni

$$(1_b) \qquad \frac{-4}{\pi a_n I'(a_n)^2}\varphi_n'(x), \qquad \frac{4}{\pi b_n I(b_n)^2}\psi_n'(x)$$

sono i moltiplicatori dotati della proprietà di separare i coefficienti nella prima e, rispettivamente, nella seconda delle due serie (1).

Per verificare questa proprietà e al tempo stesso per risalire alla sorgente di essa, il che ci permetterà di eliminare le restrizioni cui sono subordinati gli sviluppi (1), consideriamo più generalmente le funzioni a due variabili

$$(2) \quad \begin{cases} \varphi(x, u) = \displaystyle\int_x^1 \frac{I(uy)y\,dy}{\sqrt{y^2 - x^2}}, \\ \psi(x, u) = x \displaystyle\int_x^1 \frac{I'(uy)\,dy}{\sqrt{y^2 - x^2}}. \end{cases}$$

e calcoliamone le derivate.

Si ha in primo luogo

$$\frac{\partial\varphi}{\partial u} = \int_x^1 \frac{I'(uy)y^2\,dy}{\sqrt{y^2 - x^2}} = \int_x^1 I'(uy)\sqrt{y^2 - x^2}\,dy + x^2 \int_x^1 \frac{I'(uy)\,dy}{\sqrt{y^2 - x^2}}.$$

Ma

$$\int_x^1 I'(uy)\sqrt{y^2 - x^2}\,dy = \frac{I(u)\sqrt{1 - x^2}}{u} - \frac{1}{u}\int_x^1 \frac{I(uy)y\,dy}{\sqrt{y^2 - x^2}},$$

quindi

$$\frac{\partial\varphi}{\partial u} = x\psi - \frac{\varphi}{u} + \frac{I(u)\sqrt{1 - x^2}}{u},$$

o meglio

$$(2_a) \qquad \frac{\partial(u\varphi)}{\partial u} = xu\psi + I(u)\sqrt{1 - x^2}.$$

In secondo luogo si ha

$$\frac{\partial\psi}{\partial u} = x \int_x^1 \frac{I''(uy)y\,dy}{\sqrt{y^2 - x^2}}.$$

Ma, per la natura della funzione I, sussiste la relazione

$$I''(uy)uy + I'(uy) + I(uy)uy = 0;$$

quindi

$$\frac{\partial\psi}{\partial u} = -x\int_x^1 \frac{I(uy)y\,dy}{\sqrt{y^2-x^2}} - \frac{x}{u}\int_x^1 \frac{I'(uy)dy}{\sqrt{y^2-x^2}},$$

ossia

$$\frac{\partial\psi}{\partial u} = -x\varphi - \frac{\psi}{u},$$

o meglio

$$(2_b)\qquad \frac{\partial(u\psi)}{\partial u} = -xu\varphi.$$

Per calcolare le derivate di φ e ψ rispetto ad x, giova mutare la variabile d'integrazione, ponendo

$$y = x\cosh\xi, \qquad 1 = x\cosh\eta,$$

donde

$$d\xi = \frac{dy}{\sqrt{y^2-x^2}}, \qquad \frac{d\eta}{dx} = -\frac{1}{x\sqrt{1-x^2}}.$$

Si ottiene in tal modo

$$\varphi(x,\ u) = x\int_0^\eta I(ux\cosh\xi)\cosh\xi\,d\xi,$$

$$\psi(x,\ u) = x\int_0^\eta I'(ux\cosh\xi)\,d\xi.$$

Di qui si ricava

$$\frac{\partial\varphi}{\partial x} = \int_0^\eta I(ux\cosh\xi)\,d\,\mathrm{senh}\,\xi + ux\int_0^\eta I'(ux\cosh\xi)\cosh^2\xi\,d\xi + I(u)\frac{d\eta}{dx}.$$

Ma

$$\int_0^\eta I(ux\cosh\xi)\,d\,\mathrm{senh}\,\xi = I(u)\,\mathrm{senh}\,\eta - ux\int_0^\eta I'(ux\cosh\xi)\,\mathrm{senh}^2\xi\,d\xi,$$

quindi

$$\frac{\partial\varphi}{\partial x} = ux\int_0^\eta I'(ux\cosh\xi)\,d\xi + I(u)\left(\mathrm{senh}\,\eta + \frac{d\eta}{dx}\right),$$

ossia

$$(2_c)\qquad \frac{\partial\varphi}{\partial x} = u\psi - \frac{xI(u)}{\sqrt{1-x^2}}.$$

Si ha finalmente

$$\frac{\partial\psi}{\partial x} = \int_0^\eta [I'(ux\cosh\xi) + I''(ux\cosh\xi)\,ux\cosh\xi]\,d\xi + xI'(u)\frac{d\eta}{dx},$$

ossia, in virtù dell'equazione differenziale cui soddisfa la funzione I,

$$\frac{\partial\psi}{\partial x} = -ux\int_0^\eta I(ux\cosh\xi)\cosh\xi\,d\xi + xI'(u)\frac{d\eta}{dx},$$

vale a dire

$$(2_d)\qquad \frac{\partial\psi}{\partial x} = -u\varphi - \frac{I'(u)}{\sqrt{1-x^2}}.$$

Eliminando la funzione ψ fra le due equazioni (2_a), (2_c), e la funzione φ fra le due equazioni (2_b), (2_d), si ottiene

$$(3)\qquad \begin{cases} x\dfrac{\partial\varphi}{\partial x} - \dfrac{\partial(u\varphi)}{\partial u} + \dfrac{I(u)}{\sqrt{1-x^2}} = 0, \\[2ex] x\dfrac{\partial\psi}{\partial x} - \dfrac{\partial(u\psi)}{\partial u} + \dfrac{xI'(u)}{\sqrt{1-x^2}} = 0. \end{cases}$$

Queste sono due equazioni a derivate parziali del primo ordine, lineari, cui soddisfanno rispettivamente le due funzioni φ, ψ, e che le determinano completamente, se si aggiunge la condizione che queste due funzioni debbano annullarsi per $x = 1$. Infatti la prima equazione (3) equivale al sistema delle due equazioni differenziali ordinarie

$$d(xu) = 0, \qquad d(u\varphi) = \frac{I(u)\,du}{\sqrt{1-x^2}},$$

dalle quali si deduce

$$xu = \alpha, \qquad u\varphi = \int_\alpha^u \frac{I(u)\,u\,du}{\sqrt{u^2-\alpha^2}} + f(\alpha),$$

dove f è simbolo di funzione arbitraria. Ma, dovendo φ annullarsi per $x = 1$, cioè per $u = \alpha$, qualunque sia α, la seconda equazione si riduce a

$$u\varphi = \int_\alpha^u \frac{I(v)\,v\,dv}{\sqrt{v^2-\alpha^2}},$$

ossia, ponendo $v = uy$, dove y è una nuova variabile, e ricordando essere $\alpha = xu$,

$$\varphi = \int_x^1 \frac{I(uy)\,y\,dy}{\sqrt{y^2-x^2}}.$$

Analogamente s'integra la seconda delle equazioni (3).

Si possono anche ottenere due equazioni differenziali ordinarie di second'ordine, cui soddisfanno le funzioni φ, ψ, considerate come dipendenti dalla sola variabile x; e sono le seguenti:

$$(3_a)\qquad \begin{cases} \dfrac{d^2\varphi}{dx^2} + u^2\varphi + \dfrac{uI'(u)}{\sqrt{1-x^2}} + \dfrac{I(u)}{(1-x^2)^{\frac{3}{2}}} = 0, \\[2ex] \dfrac{d^2\psi}{dx^2} + u^2\psi - \dfrac{xuI(u)}{\sqrt{1-x^2}} + \dfrac{xI'(u)}{(1-x^2)^{\frac{3}{2}}} = 0. \end{cases}$$

Così si possono formare due altre equazioni differenziali ordinarie di second'ordine, cui soddisfanno le anzidette due funzioni, considerate come dipendenti dalla sola variabile u, e sono:

$$(3_b)\qquad \begin{cases} \dfrac{d}{d\,u}\left(u^2\dfrac{d\,\varphi}{d\,u}\right)+u^2x^2\varphi-u\,I'(u)\sqrt{1-x^2}=0, \\[2ex] \dfrac{d}{d\,u}\left(u^2\dfrac{d\,\psi}{d\,u}\right)+u^2x^2\psi+u\,I(u)\,x\sqrt{1-x^2}=0. \end{cases}$$

Abbiamo voluto stabilire tutte queste equazioni, perchè son quelle che dovrebbero servire di base ad uno studio completo delle due funzioni φ, ψ. Ma, per l'attuale scopo nostro, ci basterà far uso delle due equazioni (2_c), (2_d).

Da queste equazioni infatti, rispettivamente moltiplicate per $\operatorname{sen} v\,x$, $\cos v\,x$ ed integrate fra 0 ed 1, si deduce

$$\int_0^1\frac{\partial\varphi}{\partial x}\operatorname{sen} v\,x.\,d\,x-u\int_0^1\psi\operatorname{sen} v\,x.\,d\,x-\frac{\pi}{2}I(u)I'(v)=0,$$

$$\int_0^1\frac{\partial\psi}{\partial x}\cos v\,x.\,d\,x+u\int_0^1\varphi\cos v\,x.\,d\,x+\frac{\pi}{2}I'(u)I(v)=0,$$

ossia, eseguendo sui primi termini un'integrazione per parti, ed osservando che si ha $\psi=0$ per $x=0$,

$$v\int_0^1\varphi\cos v\,x.\,d\,x+u\int_0^1\psi\operatorname{sen} v\,x.\,d\,x+\frac{\pi}{2}I(u)I'(v)=0,$$

$$u\int_0^1\varphi\cos v\,x.\,d\,x+v\int_0^1\psi\operatorname{sen} v\,x.\,d\,x+\frac{\pi}{2}I'(u)I(v)=0.$$

Risolvendo queste equazioni rispetto ai due integrali, nell'ipotesi che le due quantità u^2, v^2 non sieno eguali fra loro, si ottiene

$$(4)\qquad \begin{cases} \displaystyle\int_0^1\varphi\cos v\,x.\,d\,x=\frac{\pi}{2}\,\frac{I(u)I'(v)v-I(v)I'(u)u}{u^2-v^2}, \\[2ex] \displaystyle\int_0^1\psi\operatorname{sen} v\,x.\,d\,x=\frac{\pi}{2}\,\frac{I'(u)I(v)v-I'(v)I(u)u}{u^2-v^2}. \end{cases}$$

Facendo convergere v verso u, si ottiene

$$(5)\qquad \begin{cases} \displaystyle\int_0^1\varphi\cos u\,x.\,d\,x=\frac{\pi}{4}[I(u)^2+I'(u)^2], \\[2ex] \displaystyle\int_0^1\psi\operatorname{sen} u\,x.\,d\,x=-\frac{\pi}{4}\left[I(u)^2+I'(u)^2+\frac{2I(u)I'(u)}{u}\right]. \end{cases}$$

Se dunque u e v sono due radici positive dell'equazione $I(x)=0$, si ha, ponendo $u=a_m$, $v=a_n$:

$$(4_a)\quad \left\{\begin{aligned} &\int_0^1 \varphi(x,\ a_m)\cos a_n x.dx = 0,\\ &\int_0^1 \psi(x,\ a_m)\,\mathrm{sen}\, a_n x.dx = 0; \end{aligned}\right. \qquad (m \gtrless n)$$

$$(5_a)\quad \left\{\begin{aligned} &\int_0^1 \varphi(x,\ a_n)\cos a_n x.dx = \frac{\pi I'(a_n)^2}{4},\\ &\int_0^1 \psi(x,\ a_n)\,\mathrm{sen}\, a_n x.dx = -\frac{\pi I'(a_n)^2}{4}. \end{aligned}\right.$$

Se invece u e v sono due radici positive dell'equazione $I'(x)=0$, si ha, ponendo $u=b_m$, $v=b_n$:

$$(4_b)\quad \left\{\begin{aligned} &\int_0^1 \varphi(x,\ b_m)\cos b_n x.dx = 0,\\ &\int_0^1 \psi(x,\ b_m)\,\mathrm{sen}\, b_n x.dx = 0; \end{aligned}\right. \qquad (m \gtrless n)$$

$$(5_b)\quad \left\{\begin{aligned} &\int_0^1 \varphi(x,\ b_n)\cos b_n x.dx = \frac{\pi I(b_n)^2}{4},\\ &\int_0^1 \psi(x,\ b_n)\,\mathrm{sen}\, b_n x.dx = -\frac{\pi I(b_n)^2}{4}. \end{aligned}\right.$$

Di queste ultime quattro equazioni le prime tre sussistono anche quando fra le radici positive dell'equazione $I'(x)=0$ si conti la radice nulla. L'ultima equazione invece non sussiste per $b_n=0$, giacchè il secondo membro della seconda equazione (5), per $u=0$, si riduce a

$$-\frac{\pi}{4}\left\{1+2\left[\frac{I'(u)}{u}\right]_{u=0}\right\}=0,$$

e quindi, per $b_n=0$, l'equazione analoga alla seconda delle (5_b) diventa un'identità.

Le formole (4_a), (4_b), (5_a), (5_b), che avrebbero potuto essere stabilite direttamente, ma che abbiamo preferito dedurre dalle formole generali (4), ottenute alla loro volta dalle equazioni differenziali (2_c), (2_d) con un processo analogo a quello col quale si sogliono stabilire le formole per la separazione dei coefficienti, mostrano senz'altro che i moltiplicatori atti a separare i coefficienti A_n, A'_n, B_n, B'_n nelle quattro serie

$$(6)\quad \begin{cases} A_1 \cos a_1 x + A_2 \cos a_2 x + \cdots, \\ A'_1 \operatorname{sen} a_1 x + A'_2 \operatorname{sen} a_2 x + \cdots, \\ B_0 + B_1 \cos b_1 x + B_2 \cos b_2 x + \cdots, \\ B'_1 \operatorname{sen} b_1 x + B'_2 \operatorname{sen} b_2 x + \cdots \end{cases}$$

sono rispettivamente i seguenti:

$$\frac{4\varphi(x,\ a_n)}{\pi I'(a_n)^2}, \qquad -\frac{4\psi(x,\ a_n)}{\pi I'(a_n)^2}, \qquad \frac{4\varphi(x,\ b_n)}{\pi I(b_n)^2}, \qquad -\frac{4\psi(x,\ b_n)}{\pi I(b_n)^2},$$

ossia, (2_c), (2_d),

$$\frac{4\varphi(x,\ a_n)}{\pi I'(a_n)^2}, \qquad -\frac{4}{\pi a_n I'(a_n)^2}\frac{d\varphi(x,\ a_n)}{dx}, \qquad \frac{4}{\pi b_n I(b_n)^2}\frac{d\psi(x,\ b_n)}{dx}, \qquad -\frac{4\psi(x,\ b_n)}{\pi I(b_n)^2}.$$

Quindi, se le precedenti quattro serie rappresentano, fra 0 ed 1, i valori di una funzione $F(x)$, i loro coefficienti sono rispettivamente determinati dalle formole seguenti:

$$(6_a)\quad \begin{cases} A_n = \dfrac{4}{\pi I'(a_n)^2}\displaystyle\int_0^1 F(x)\varphi(x,\ a_n)\,dx, \\ A'_n = \dfrac{-4}{\pi I'(a_n)^2}\displaystyle\int_0^1 F(x)\psi(x,\ a_n)\,dx, \\ B_n = \dfrac{4}{\pi I(b_n)^2}\displaystyle\int_0^1 F(x)\varphi(x,\ b_n)\,dx, \\ B'_n = \dfrac{-4}{\pi I(b_n)^2}\displaystyle\int_0^1 F(x)\psi(x,\ b_n)\,dx. \end{cases}$$

Con ciò è dimostrata la proprietà che si asserì per le funzioni (1_b) rispetto alle serie (1), ed è al tempo stesso risoluto un problema più generale, rispetto alle serie (6).

Il processo di ricerca che abbiamo testè seguìto per giungere alla conoscenza dei moltiplicatori φ e ψ, atti a separare i coefficienti nelle serie trigonometriche ordinate secondo le radici delle equazioni $I(x)=0$ e $I'(x)=0$, si può applicare alle serie della forma

$$(7)\quad \begin{cases} \tfrac{1}{2}A_0 + A_1 I(x) + A_2 I(2x) + \cdots \\ B_1 I'(x) + B_2 I'(2x) + \cdots \end{cases}$$

(per x compreso fra o e π). Basta operare sulle formole del sig. SCHLÖMILCH nel modo stesso in cui abbiamo operato dianzi su quelle della precedente Nota *).

Si trova in tal modo che, ponendo

$$\chi(x) = \int_x^\pi \frac{y \cos n y . d y}{\sqrt{y^2 - x^2}}, \tag{8}$$

i moltiplicatori atti alla separazione dei coefficienti nelle serie (7) sono rispettivamente

$$-\frac{2}{\pi}\chi'(x), \qquad \frac{2n}{\pi}\chi(x). \tag{8$_a$}$$

Infatti si ha

$$\int_0^\pi I(mx)\chi'(x)dx = -\chi(0) - m\int_0^\pi I'(mx)dx\int_x^\pi \frac{y\cos ny.dy}{\sqrt{y^2-x^2}}$$

$$= -\chi(0) - m\int_0^\pi y\cos ny.dy\int_0^y \frac{I'(mx)dx}{\sqrt{y^2-x^2}},$$

ossia, ponendo $x = y \operatorname{sen}\theta$,

$$\int_0^\pi I(mx)\chi'(x)dx = -\chi(0) - m\int_0^\pi y\cos ny.dy\int_0^{\frac{\pi}{2}} I'(my\operatorname{sen}\theta)d\theta.$$

Ma, come si è veduto nella Nota precedente, si ha

$$\int_0^{\frac{\pi}{2}} I'(my\operatorname{sen}\theta)d\theta = \frac{\cos my - 1}{my},$$

ed inoltre

$$\chi(0) = \int_0^\pi \cos ny\, dy;$$

quindi

$$\int_0^\pi I(mx)\chi'(x)dx = -\int_0^\pi \cos my \cos ny\, dy.$$

---

*) Le citate formole del signor SCHLÖMILCH si trovano nell'ultimo § della sua Memoria *Über die* BESSEL'*sche Funktion* nel t. II dello Zeitschrift für Mathematik und Physik (1857), pag. 137.

Di qui risultano le formole seguenti:

$$(8_b)\qquad \begin{cases} \displaystyle\int_0^\pi I(mx)\chi'(x)\,dx = 0 & (m \gtreqless n), \\ \displaystyle\int_0^\pi I(nx)\chi'(x)\,dx = -\frac{\pi}{2} & (n > 0), \\ \displaystyle\int_0^\pi I(nx)\chi'(x)\,dx = -\pi & (n = 0), \end{cases}$$

le quali dimostrano l'annunciata proprietà della prima delle due espressioni (8_a).

Per dimostrare l'analoga proprietà rispetto alla seconda espressione, basta osservare che si ha

$$\int_0^\pi d[I(mx)\chi(x)] = \chi(0),$$

e che quindi, per $n > 0$, si ha, qualunque sia m,

$$\int_0^\pi I(mx)\chi'(x)\,dx + m\int_0^\pi I'(mx)\chi(x)\,dx = 0.$$

Da questa relazione, combinata colle formole (8_b), si deduce

$$(8_c)\qquad \begin{cases} \displaystyle\int_0^\pi I'(mx)\chi(x)\,dx = 0 & (m \gtreqless n), \\ \displaystyle\int_0^\pi I'(nx)\chi(x)\,dx = \frac{\pi}{2n}, & \end{cases}$$

formole che dimostrano la proprietà suddetta.

Si può dunque concludere che se una funzione $F(x)$ è rappresentabile, fra 0 e π, dalle serie (7), i coefficienti di queste sono rispettivamente determinati dalle formole

$$(8_d)\qquad A_n = -\frac{2}{\pi}\int_0^\pi F(x)\chi'(x)\,dx, \qquad B_n = \frac{2n}{\pi}\int_0^\pi F(x)\chi(x)\,dx.$$

La funzione $\chi(x)$ soddisfa alla seguente equazione differenziale del second'ordine

$$(9)\qquad x\frac{d^2\chi}{dx^2} - \frac{d\chi}{dx} + n^2 x\chi + \frac{x^3\cos n\pi}{(\pi^2 - x^2)^{\frac{3}{2}}} = 0,$$

la quale può essere trasformata in molti modi. Per esempio, ponendo $x^2 = y$, essa diventa

$$(9_a)\qquad 4\frac{d^2\chi}{dy^2}+\frac{n^2\chi}{y}+\frac{\cos n\pi}{(\pi^2-y)^{\frac{3}{2}}}=0.$$

Inoltre, scrivendo la (9) nel modo seguente

$$\frac{d}{dx}\left(\frac{1}{x}\frac{d\chi}{dx}\right)+\frac{n^2\chi}{x}+\frac{d}{dx}\left(\frac{\cos n\pi}{\sqrt{\pi^2-x^2}}\right)=0,$$

e ponendo

$$\chi=x\frac{d\mathfrak{z}}{dx},$$

dove $\mathfrak{z}$ è una nuova funzione, essa si converte in quest'altra:

$$\frac{d}{dx}\left[\frac{d^2\mathfrak{z}}{dx^2}+\frac{1}{x}\frac{d\mathfrak{z}}{dx}+n^2\mathfrak{z}+\frac{\cos n\pi}{\sqrt{\pi^2-x^2}}\right]=0.$$

Ne consegue che se $\mathfrak{z}(z)$ è un integrale dell'equazione

$$(9_b)\qquad \frac{d^2\mathfrak{z}}{dz^2}+\frac{1}{z}\frac{d\mathfrak{z}}{dz}+\mathfrak{z}+\frac{\cos n\pi}{\sqrt{n^2\pi^2-z^2}}=0,$$

la funzione

$$\chi(x)=x\frac{d\mathfrak{z}(nx)}{dx}$$

è un integrale dell'equazione (9). È evidente l'analogia dell'equazione (9_b) con quella della funzione cilindrica d'ordine zero.

LXII.

SULLA TEORIA DELL'ATTRAZIONE DEGLI ELLISSOIDI.

Memorie dell'Accademia delle Scienze dell'Istituto di Bologna, serie IV, tomo I (1880), pp. 573-616.

Come già osservò il non mai abbastanza rimpianto collega nostro DOMENICO CHELINI, nella sua egregia Memoria *Della legge onde un ellissoide eterogeneo propaga la sua attrazione* *), le molteplici soluzioni date dai geometri al classico problema dell'attrazione degli ellissoidi si possono distinguere in dirette ed indirette. Dirette furono naturalmente le soluzioni più antiche (di LEGENDRE, LAPLACE, POISSON, etc.), come quelle che, intraprese quando non era ancora sufficientemente chiarita la teoria generale dell'attrazione newtoniana, dovevano necessariamente risolversi in procedimenti, più o meno complicati, d'integrazione. Che se più tardi vennero proposte nuove soluzioni dello stesso genere, fra le quali mirabile è quella di DIRICHLET, che ha dato origine a tante e così belle ricerche, si può affermare che esse hanno arricchito di nuovi e poderosi stromenti il calcolo integrale, più che non abbiano promossa la teoria dell'attrazione degli ellissoidi, in sè stessa considerata. All'incontro le soluzioni indirette di IVORY e di GAUSS hanno grandemente contribuito a svelarne l'intima natura, e le belle ricerche di CHASLES l'hanno illuminata per guisa da non lasciarne quasi più alcuna parte nell'ombra.

Con tutto ciò l'argomento è lungi dall'essere esaurito. Anche prescindendo dalla possibilità di applicare i risultati già noti a sistemi ellissoidali diversi da quelli che vennero fin qui considerati, è certo che l'esposizione della teoria di cui parliamo presenta ancora adesso alcune difficoltà, le quali sono attestate dai tentativi stessi che si fanno ogni giorno per perfezionarla e per renderla di più agevole accesso. Per non parlare che di

*) Memorie dell'Accademia delle Scienze di Bologna, serie II, volume I (1862), pag. 3.

lavori italiani, mi basti accennare la già citata Memoria del CHELINI, l'elegante metodo esposto dal BETTI nella sua Monografia del 1865 sulle forze newtoniane e riprodotto con maggiori svolgimenti nella sua recente Opera sullo stesso soggetto *) e le importanti ricerche del prof. DINI **). Non farà dunque meraviglia ch'io pure proponga un nuovo metodo per trattare il problema in discorso, metodo il quale non solo appartiene alla classe degli indiretti, ma si può anzi dire il più indiretto possibile, perchè ogni operazione d'effettiva integrazione ne è interamente eliminata. Questo metodo si fonda sull'uso delle coordinate ellittiche, il quale, mentre è omai famigliare a chiunque sia appena mezzanamente versato negli studî matematici, non è mai stato direttamente invocato come base della ricerca, ed è pur nondimeno, a mio credere, non solo giustificato, ma suggerito spontaneamente dal fatto che in ogni questione di fisica matematica giova introdurre, fin dal principio, quel sistema di variabili che meglio risponde alle condizioni geometriche della questione stessa. Si vedrà infatti che con queste coordinate la deduzione delle formole generali per l'attrazione degli ellissoidi riesce speditissima.

Il metodo qui tenuto potrebbe servire eziandio alla trattazione di problemi analoghi per l'iperboloide: ma io non sono entrato in cotesto campo, ed ho preferito invece dare uno svolgimento abbastanza completo alla teoria dei sistemi ellissoidali, comprendendovi alcune distribuzioni di massa che non sono state ancora considerate e che dànno luogo tuttavia a risultati molto semplici.

Una sola osservazione debbo aggiungere, per opportuna norma del lettore. Il citato scritto del DINI mette in evidenza la necessità di completare le dimostrazioni ordinarie, quando si vogliano assumere, per rappresentare le densità od altro, funzioni della specie più generale fra quelle per le quali le formole da dimostrarsi conservano il loro significato. Per non deviare troppo dal mio scopo principale, io non mi sono addentrato in questo genere di considerazioni, cosicchè le funzioni indeterminate che s'incontreranno nel seguito debbono senz'altro ritenersi dotate (oltrechè dei caratteri esplicitamente dichiarati) di tutti quelli, come l'integrabilità, la derivabilità, od altro, che sono necessarî per la legittimità delle operazioni eseguite sovr'esse. L'unico modo di evitare le complicazioni risultanti dalla rimozione *a priori* di questi vincoli è appunto quello di cui ha dato l'esempio il prof. DINI, cioè di riprendere in esame i singoli risultati ottenuti coi metodi ordinarî e di stabilire, volta per volta, il grado di generalità delle funzioni indeterminate che vi figurano.

---

*) *Teorica delle forze newtoniane,* etc. Pisa, 1879.

**) Atti della R. Accademia dei Lincei, s. II, vol. II (1874-75), pag. 689.

§ I. — Formole preliminari.

È noto che le tre radici λ_1, λ_2, λ_3 dell'equazione in λ

$$\frac{x^2}{a^2+\lambda}+\frac{y^2}{b^2+\lambda}+\frac{z^2}{c^2+\lambda}=1$$

sono reali e, supponendo $a>b>c$, limitate nel modo seguente

$$\infty>\lambda_1>-c^2>\lambda_2>-b^2>\lambda_3>-a^2.$$

È noto inoltre che, ponendo

$$F(\lambda)=(a^2+\lambda)(b^2+\lambda)(c^2+\lambda),$$

$$f(\lambda)=(\lambda-\lambda_1)(\lambda-\lambda_2)(\lambda-\lambda_3),$$

si ha

(1)
$$\Delta_2\varphi=4\sum^i\frac{\sqrt{F(\lambda_i)}}{f'(\lambda_i)}\frac{\partial}{\partial\lambda_i}\left[\frac{\partial\varphi}{\partial\lambda_i}\sqrt{F(\lambda_i)}\right]\qquad(i=1,\,2,\,3),$$

dove φ è una funzione qualunque di λ_1, λ_2, λ_3 e dove $f'(\lambda_i)$ è il valore che prende $f'(\lambda)$ per $\lambda=\lambda_i$, cioè

$$f'(\lambda_1)=(\lambda_1-\lambda_2)(\lambda_1-\lambda_3),\ \ldots.$$

Propriamente delle tre quantità

$$F(\lambda_1),\qquad F(\lambda_2),\qquad F(\lambda_3)$$

la prima e la terza sono positive, mentre la seconda è negativa, cosicchè d'ordinario si modifica la precedente formola (1) introducendovi $\sqrt{-F(\lambda_2)}$ invece di $\sqrt{F(\lambda_2)}$, nel qual modo il secondo termine della formola, cioè il termine corrispondente ad $i=2$, acquista segno negativo. Ma per lo scopo nostro è preferibile tenere $\Delta_2\varphi$ sotto la forma precedente, nella quale la simmetria è perfetta e nella quale d'altronde l'immaginarietà non è che apparente.

Ciò premesso assumiamo per φ una funzione qualunque dell'argomento

$$\mu=\Lambda f(\lambda),$$

dove le quantità λ e Λ sono da considerarsi, per ora, come parametri, indipendenti dalle variabili λ_1, λ_2, λ_3. In tale ipotesi si trova facilmente

$$\sqrt{F(\lambda_i)}\frac{\partial}{\partial\lambda_i}\left[\frac{\partial\varphi}{\partial\lambda_i}\sqrt{F(\lambda_i)}\right]=\frac{\mu^2\varphi''(\mu)F(\lambda_i)}{(\lambda-\lambda_i)^2}-\frac{\mu\varphi'(\mu)F'(\lambda_i)}{2(\lambda-\lambda_i)}$$

e quindi

$$\Delta_2 \varphi = 4\mu^2 \varphi''(\mu) \sum \frac{F(\lambda_i)}{(\lambda - \lambda_i)^2 f'(\lambda_i)} - 2\mu \varphi'(\mu) \sum \frac{F'(\lambda_i)}{(\lambda - \lambda_i) f'(\lambda_i)} .$$

Ora dalla teoria delle frazioni razionali si hanno le due identità

$$\frac{F'(\lambda)}{f(\lambda)} = \sum \frac{F'(\lambda_i)}{(\lambda - \lambda_i) f'(\lambda_i)} ,$$

$$\frac{F(\lambda)}{f(\lambda)} = 1 + \sum \frac{F(\lambda_i)}{(\lambda - \lambda_i) f'(\lambda_i)} ,$$

dalla seconda delle quali, derivata rispetto a λ, si deduce quest'altra identità

$$\frac{\partial}{\partial \lambda}\left[\frac{F(\lambda)}{f(\lambda)}\right] = - \sum \frac{F(\lambda_i)}{(\lambda - \lambda_i)^2 f'(\lambda_i)} ;$$

si ha dunque

$$\Delta_2 \varphi = - 4\mu^2 \varphi''(\mu) \frac{\partial}{\partial \lambda}\left[\frac{\Lambda F(\lambda)}{\mu}\right] - 2\varphi'(\mu) \Lambda F'(\lambda) .$$

Se fra i due parametri λ e Λ si pone la relazione

$$\Lambda F(\lambda) = 1,$$

vale a dire se si assume

(2) $$\mu = \frac{f(\lambda)}{F(\lambda)} ,$$

la precedente espressione di $\Delta_2 \varphi$ diventa

$$\Delta_2 \varphi = 4\left[\frac{\partial \varphi'(\mu)}{\partial \lambda} - \frac{\varphi'(\mu) F'(\lambda)}{2F(\lambda)}\right] ,$$

o, più semplicemente,

$$\Delta_2 \varphi = 4\sqrt{F(\lambda)} \frac{\partial}{\partial \lambda}\left[\frac{\varphi'(\mu)}{\sqrt{F(\lambda)}}\right] .$$

Quindi, supponendo che la quantità $\varphi'(\mu)$ si mantenga finita per $\lambda = \infty$, cioè per $\mu = 1$, si ha

(3) $$\int_{\lambda}^{\infty} \frac{\Delta_2 \varphi(\mu)}{\sqrt{F(\lambda)}} d\lambda = - \frac{4\varphi'(\mu)}{\sqrt{F(\lambda)}} .$$

Poniamo ora

$$U = \int_{\lambda}^{\infty} \frac{\varphi(\mu)\, d\lambda}{\sqrt{F(\lambda)}} .$$

Se il limite inferiore λ è costante rispetto alle variabili λ_1, λ_2, λ_3, l'equazione (3) equivale a quest'altra

(3_a) $$\Delta_2 U = - \frac{4\varphi'(\mu)}{\sqrt{F(\lambda)}} .$$

Se invece il detto limite è funzione delle variabili, l'espressione di $\Delta_2 U$ è differente. Per non deviare dallo scopo nostro, supponiamo che il limite inferiore λ dell'integrale U sia uguale a λ_1, supponiamo cioè che si abbia

$$U = \int_{\lambda_1}^{\infty} \frac{\varphi(\mu)\, d\lambda}{\sqrt{F(\lambda)}} .$$

In tale ipotesi si ha

$$\frac{\partial U}{\partial \lambda_1} = \int_{\lambda_1}^{\infty} \frac{\partial \varphi(\mu)}{\partial \lambda_1} \frac{d\lambda}{\sqrt{F(\lambda)}} - \frac{\varphi(0)}{\sqrt{F(\lambda_1)}},$$

$$\frac{\partial}{\partial \lambda_1}\left[\frac{\partial U}{\partial \lambda_1}\sqrt{F(\lambda_1)}\right] = \int_{\lambda_1}^{\infty} \frac{\partial}{\partial \lambda_1}\left[\frac{\partial \varphi(\mu)}{\partial \lambda_1}\sqrt{F(\lambda_1)}\right]\frac{d\lambda}{\sqrt{F(\lambda)}} - \left[\frac{\partial \varphi(\mu)}{\partial \lambda_1}\right]_{\lambda=\lambda_1},$$

mentre per $i = 2, 3$ si ha invece

$$\frac{\partial}{\partial \lambda_i}\left[\frac{\partial U}{\partial \lambda_i}\sqrt{F(\lambda_i)}\right] = \int_{\lambda_1}^{\infty} \frac{\partial}{\partial \lambda_i}\left[\frac{\partial \varphi(\mu)}{\partial \lambda_i}\sqrt{F(\lambda_i)}\right]\frac{d\lambda}{\sqrt{F(\lambda)}},$$

epperò, (1),

$$\Delta_2 U = \int_{\lambda_1}^{\infty} \frac{\Delta_2 \varphi(\mu)}{\sqrt{F(\lambda)}}\, d\lambda - \frac{4\sqrt{F(\lambda_1)}}{f'(\lambda_1)}\left[\frac{\partial \varphi(\mu)}{\partial \lambda_1}\right]_{\lambda=\lambda_1}.$$

Ma

$$\frac{\partial \varphi(\mu)}{\partial \lambda_1} = -\varphi'(\mu)\frac{(\lambda - \lambda_2)(\lambda - \lambda_3)}{F(\lambda)},$$

donde

$$\left[\frac{\partial \varphi(\mu)}{\partial \lambda_1}\right]_{\lambda=\lambda_1} = -\frac{\varphi'(0) f'(\lambda_1)}{F(\lambda_1)};$$

quindi

$$\Delta_2 U = \int_{\lambda_1}^{\infty} \frac{\Delta_2 \varphi(\mu)}{\sqrt{F(\lambda)}}\, d\lambda + \frac{4\varphi'(0)}{\sqrt{F(\lambda_1)}}.$$

Ora l'equazione (3), che vale qualunque sia il limite inferiore λ, dà, per $\lambda = \lambda_1$,

$$\int_{\lambda_1}^{\infty} \frac{\Delta_2 \varphi(\mu)}{\sqrt{F(\lambda)}}\, d\lambda = -\frac{4\varphi'(0)}{\sqrt{F(\lambda_1)}};$$

dunque, in questa stessa ipotesi $\lambda = \lambda_1$, si ha

$$(3_b) \qquad \Delta_2 U = 0.$$

Quando dunque il limite λ dell'integrale U è uguale a λ_1, U è una funzione di $\lambda_1, \lambda_2, \lambda_3$ che soddisfa all'equazione di LAPLACE. Quando invece il detto limite è costante, U è ancora una funzione di λ_1, λ_2, λ_3, ma questa funzione soddisfa all'equazione (3_a), il cui secondo membro dipende dalle variabili e dal valor costante del limite.

Stabiliamo, per semplicità, che il valore costante del limite inferiore λ sia lo zero e designiamo con μ_0 il valore μ corrispondente a $\lambda = 0$. Ponendo in tale ipotesi

$$V = \pi a b c U,$$

cioè

(4) $$V = \pi a b c \int_{\lambda}^{\infty} \frac{\varphi(\mu)\, d\lambda}{\sqrt{F(\lambda)}},$$

possiamo concludere che questa funzione V ha le proprietà seguenti:

1° Se vi si pone il limite inferiore $\lambda = \lambda_1$, si ha

(4_b) $$\Delta_2 V = 0;$$

2° Se vi si pone il detto limite $\lambda = 0$, si ha

(4_a) $$\Delta_2 V = -4\pi\varphi'(\mu_0).$$

§ II. — **Funzione potenziale d'un ellissoide stratificato omoteticamente.**

Veniamo ora all'interpretazione dei risultati precedenti dal punto di vista della teoria del potenziale.

Essendo $\lambda_1, \lambda_2, \lambda_3$ le radici dell'equazione in λ

$$\frac{x^2}{a^2+\lambda} + \frac{y^2}{b^2+\lambda} + \frac{z^2}{c^2+\lambda} = 1,$$

ed avendo μ il valore (2), ha luogo l'identità

(5) $$\mu = 1 - \frac{x^2}{a^2+\lambda} - \frac{y^2}{b^2+\lambda} - \frac{z^2}{c^2+\lambda},$$

donde

(5_0) $$\mu_0 = 1 - \frac{x^2}{a^2} - \frac{y^2}{b^2} - \frac{z^2}{c^2}.$$

Quest'ultima equazione rappresenta la superficie d'un ellissoide i cui semi-assi sono

$$a\sqrt{1-\mu_0}, \qquad b\sqrt{1-\mu_0}, \qquad c\sqrt{1-\mu_0},$$

e che è quindi omotetico *) a quello, che per brevità designeremo con E, la cui super-

---

*) Per brevità diciamo *omotetico* invece di *omotetico e concentrico*. Avremo occasione più tardi di considerare ellissoidi omotetici ma non concentrici; sarà sempre facile al lettore di rilevare il senso esatto della frase.

ficie è rappresentata dall'equazione $\mu_0 = 0$, cioè

$$\frac{x^2}{a^2} + \frac{y^2}{b^2} + \frac{z^2}{c^2} = 1 .$$

In base a quanto precede, la funzione

$$(4_0) \qquad V_0 = \pi a b c \int_0^\infty \frac{\varphi(\mu)\, d\lambda}{\sqrt{F(\lambda)}} ,$$

che soddisfa all'equazione differenziale (4_a), possiede una delle proprietà caratteristiche della funzione potenziale interna d'una massa stratificata per ellissoidi omotetici all'ellissoide E, in guisa che allo strato individuato dal valore μ_0 del parametro che entra nell'equazione (5_0) corrisponda la densità

$$(6) \qquad k = \varphi'(\mu_0) .$$

Affinchè l'altra funzione

$$(4_1) \qquad V_1 = \pi a b c \int_{\lambda_1}^\infty \frac{\varphi(\mu)\, d\lambda}{\sqrt{F(\lambda)}} ,$$

che soddisfa all'equazione di LAPLACE, possa essere la funzione potenziale esterna della stessa massa, bisogna innanzi tutto che quando il punto esterno $(\lambda_1, \lambda_2, \lambda_3)$ si accosta alla superficie terminale di questa massa, la variabile λ_1, che funge anche da limite inferiore, tenda verso zero, giacchè altrimenti le due funzioni V_0 e V_1 non avrebbero gli stessi valori sulle due faccie della detta superficie. Dunque la superficie terminale della massa dev'essere quella dell'ellissoide E, il quale appartiene tanto alla serie degli ellissoidi omofocali (λ_1) quanto a quella degli ellissoidi omotetici (μ_0).

È da osservare che le limitazioni relative ai valori delle variabili $\lambda_1, \lambda_2, \lambda_3$ dànno

$$\lambda - \lambda_1 < \lambda + c^2, \qquad \lambda - \lambda_2 < \lambda + b^2, \qquad \lambda - \lambda_3 < \lambda + a^2,$$

talchè le tre frazioni

$$\frac{\lambda - \lambda_1}{\lambda + c^2}, \qquad \frac{\lambda - \lambda_2}{\lambda + b^2}, \qquad \frac{\lambda - \lambda_3}{\lambda + a^2}$$

sono positive e minori dell'unità se i loro termini sono positivi. Ora il denominatore della prima frazione e ambidue i termini delle altre due sono sempre positivi per $\lambda \geqq 0$. Quanto al numeratore della prima frazione, $\lambda - \lambda_1$, esso non diventa mai negativo nei due integrali V_0 e V_1, perchè nel primo integrale il valore costante di λ_1 è necessariamente negativo (come quello che si riferisce ad un punto interno ad E) mentre il valor variabile di λ è sempre positivo; e nel secondo integrale il valor costante di λ_1 è bensì positivo (come quello che si riferisce ad un punto esterno ad E), ma è sempre superato dal valor variabile di λ. Dunque tanto nell'uno quanto nell'altro integrale la quantità μ, che è il prodotto delle tre frazioni precedenti, non esce mai dall'intervallo fra o ed 1, epperò qualunque sia la legge con cui varia la densità $\varphi'(\mu_0)$ da strato a strato (purchè sia rappresentabile da una funzione suscettibile d'integrazione) è sempre possibile determinare la funzione $\varphi(\mu)$ che le corrisponde.

Cerchiamo ora il limite del prodotto

$$V_1 \sqrt{x^2 + y^2 + z^2}$$

quando il punto (x, y, z) si allontana indefinitamente. Scrivendo l'equazione dell'ellissoide (λ_1) sotto la forma

$$\frac{x^2}{1 + \frac{a^2}{\lambda_1}} + \frac{y^2}{1 + \frac{b^2}{\lambda_1}} + \frac{z^2}{1 + \frac{c^2}{\lambda_1}} = \lambda_1,$$

si riconosce immediatamente che il rapporto

$$\frac{x^2 + y^2 + z^2}{\lambda_1}$$

tende all'unità coll'indefinito allontanarsi del punto (x, y, z). Invece del limite sopraddetto si può dunque considerare quello del prodotto $V_1 \sqrt{\lambda_1}$ per $\lambda_1 = \infty$. Ora, ponendo $\lambda = \varkappa \lambda_1$, dove $\varkappa$ è una nuova variabile, si trova

$$V_1 \sqrt{\lambda_1} = \pi a b c \int_1^\infty \frac{\varphi(\mu) d\varkappa}{\sqrt{\left(\varkappa + \frac{a^2}{\lambda_1}\right)\left(\varkappa + \frac{b^2}{\lambda_1}\right)\left(\varkappa + \frac{c^2}{\lambda_1}\right)}},$$

dove

$$\mu = \frac{(\varkappa - 1)\left(\varkappa - \frac{\lambda_2}{\lambda_1}\right)\left(\varkappa - \frac{\lambda_3}{\lambda_1}\right)}{\left(\varkappa + \frac{a^2}{\lambda_1}\right)\left(\varkappa + \frac{b^2}{\lambda_1}\right)\left(\varkappa + \frac{c^2}{\lambda_1}\right)},$$

epperò

$$\lim (V_1 \sqrt{\lambda_1})_{\lambda_1 = \infty} = \pi a b c \int_1^\infty \varphi\left(1 - \frac{1}{\varkappa}\right) \varkappa^{-\frac{3}{2}} d\varkappa.$$

Indicando con M il limite cercato e ponendo

$$1 - \frac{1}{\varkappa} = \mu,$$

si ha quindi

(7) $$M = \pi a b c \int_0^1 \frac{\varphi(\mu) d\mu}{\sqrt{1 - \mu}}.$$

Se questa quantità M è finita, come supporremo, essa deve coincidere colla quantità totale di materia cui è dovuta la funzione potenziale V.

D'altronde, essendo

$$\frac{4}{3}\pi\, abc(1-\mu_0)^{\frac{3}{2}}$$

il volume dell'ellissoide (μ_0), è

$$2\pi\, abc\sqrt{1-\mu_0}\, d\mu_0$$

il volume dello strato compreso fra esso e l'ellissoide omotetico contiguo $(\mu_0 + d\mu_0)$; dunque la quantità totale della materia di densità variabile (6) che riempie l'ellissoide E è data da

$$2\pi\, abc\int_0^1 \varphi'(\mu_0)\sqrt{1-\mu_0}\, d\mu_0,$$

ossia, scrivendo μ in luogo di μ_0 ed integrando per parti,

$$\pi\, abc\int_0^1 \frac{\varphi(\mu)\, d\mu}{\sqrt{1-\mu}} - 2\pi\, abc\,\varphi(0).$$

Il confronto di quest'espressione colla (7) mostra che, se non è $\varphi(0)=0$, vi deve essere una porzione

$$m = 2\pi\, abc\,\varphi(0) \tag{7_0}$$

della massa totale M non distribuita nel modo che fin qui si è supposto.

Per ispiegare questo fatto, consideriamo le derivate della funzione V. Dando uno spostamento infinitesimo al punto, interno od esterno ad E, cui si riferiscono le due funzioni V_0, V_1, si ha

$$\delta V_0 = \pi\, abc\int_0^\infty \frac{\varphi'(\mu)\, d\lambda}{\sqrt{F(\lambda)}}\,\delta\mu,$$

$$\delta V_1 = \pi\, abc\int_{\lambda_1}^\infty \frac{\varphi'(\mu)\, d\lambda}{\sqrt{F(\lambda)}}\,\delta\mu - \pi\, abc\frac{\varphi(0)\,\delta\lambda_1}{\sqrt{F(\lambda_1)}}.$$

Ma chiamando δn la projezione del detto spostamento sulla normale esterna all'ellissoide (λ_1) nel punto cui lo spostamento si riferisce, e p la distanza del centro dal piano tangente all'ellissoide anzidetto nel punto stesso, si ha

$$\delta\lambda_1 = 2p\,\delta n,$$

talchè si può scrivere

$$\delta V_1 = \pi\, abc\int_{\lambda_1}^\infty \frac{\varphi'(\mu)\, d\lambda}{\sqrt{F(\lambda)}}\,\delta\mu - 2\pi\frac{abc}{\sqrt{F(\lambda_1)}}\varphi(0)\, p\,\delta n.$$

Da questo valore, confrontato con quello di δV_0, risulta che, per $\lambda_1 = 0$, le derivate di V_0 e di V_1 prese in ogni direzione tangente all'ellissoide E coincidono fra loro, mentre quelle prese nella direzione normale differiscono fra loro di $-2\pi\varphi(0)p$, talchè si ha

$$\frac{\partial V_0}{\partial n_0} + \frac{\partial V_1}{\partial n_1} = -2\pi\varphi(0)p,$$

n_0, n_1 essendo le direzioni delle normali, interna ed esterna, erette in quel punto della superficie dell'ellissoide E nel quale il piano tangente ha la distanza p dal centro. Dunque alla superficie del detto ellissoide esiste una distribuzione di materia, la cui densità superficiale è data da

$$h = \frac{1}{2}\varphi(0)p. \tag{6_0}$$

La massa totale di questa distribuzione è

$$\int h\,d\sigma = \frac{1}{2}\varphi(0)\int p\,d\sigma,$$

dove $d\sigma$ è un elemento di superficie dell'ellissoide E, e l'integrazione s'estende a tutta la superficie. E siccome l'integrale $\int p\,d\sigma$ rappresenta evidentemente il triplo del volume dell'ellissoide E, così si ha

$$\int h\,d\sigma = 2\pi abc\varphi(0) = m.$$

Dunque la massa m, che si deve aggiungere a quella stratificata omoteticamente nell'ellissoide E, per costituire la massa M cui è dovuta la funzione potenziale V, trovasi distribuita sulla superficie dello stesso ellissoide E, colla densità variabile (6_0) *).

§ III. — Funzione potenziale d'uno strato ellissoidale in equilibrio.

Si può facilmente separare la parte della funzione potenziale V che spetta alla distribuzione superficiale di massa m. Infatti, rappresentando con $k(\mu_0)$ la densità variabile della distribuzione a tre dimensioni e ponendo

$$\psi(\mu) = \int_0^\mu k(\mu)\,d\mu = \varphi(\mu) - \varphi(0),$$

donde

$$k(\mu_0) = \psi'(\mu_0), \qquad \psi(0) = 0,$$

*) Propriamente non si sono in questo § verificate *tutte* le proprietà caratteristiche della funzione potenziale: ma abbiamo, per brevità, omessi tutti gli svolgimenti che non sono peculiari al metodo qui tenuto e che si possono fare nel modo ordinario.

si può, in luogo di

$$V = \pi a b c \int_\lambda^\infty \frac{\varphi(\mu)\, d\lambda}{\sqrt{F(\lambda)}},$$

scrivere

$$V = \pi a b c \int_\lambda^\infty \frac{\psi(\mu)\, d\lambda}{\sqrt{F(\lambda)}} + \pi a b c \varphi(0) \int_\lambda^\infty \frac{d\lambda}{\sqrt{F(\lambda)}},$$

ovvero, (7_0),

$$V = \pi a b c \int_\lambda^\infty \frac{\psi(\mu)\, d\lambda}{\sqrt{F(\lambda)}} + \frac{m}{2} \int_\lambda^\infty \frac{d\lambda}{\sqrt{F(\lambda)}}.$$

La funzione

$$v = \pi a b c \int_\lambda^\infty \frac{\psi(\mu)\, d\lambda}{\sqrt{F(\lambda)}}$$

rappresenta in tal modo la funzione potenziale della massa

$$M - m = \pi a b c \int_0^1 \frac{\psi(\mu)\, d\mu}{\sqrt{1-\mu}},$$

stratificata omoteticamente nell'ellissoide E, colla densità variabile

$$k = \psi'(\mu_0);$$

mentre la funzione

(8)
$$u = \frac{m}{2} \int_\lambda^\infty \frac{d\lambda}{\sqrt{F(\lambda)}}$$

rappresenta la funzione potenziale della massa m distribuita alla superficie dell'ellissoide E, colla densità variabile [(6_0), (7_0)]

(8_0)
$$h = \frac{m p}{4 \pi a b c}.$$

Naturalmente si deve porre, tanto in u quanto in v, il limite inferiore $\lambda = \lambda_1$ pei punti esterni e $\lambda = 0$ pei punti interni all'ellissoide E.

La funzione u è costante pei punti posti alla superficie dell'ellissoide E e pei punti interni, cosicchè la massa m, cui essa è dovuta, è distribuita *in equilibrio* sulla detta superficie, e le superficie di livello esterne, relative a tale distribuzione, sono quelle degli ellissoidi omofocali ed esterni ad E.

Indicando con δn la projezione sulla normale interna all'ellissoide (μ_0) di uno spostamento infinitesimo qualunque del punto in cui è eretta la normale stessa, si ha

$$2\, \delta n = p\, \delta \mu_0,$$

dove p è la distanza del centro dal piano tangente nel detto punto e $\mu_0 + \delta \mu_0$ è il parametro dell'ellissoide omotetico che passa per il punto dopo lo spostamento. Per

$\mu_0 = 0$ si ha, (8_a),

$$h\,\delta\mu_0 = \frac{m}{2\pi abc}\delta n,$$

epperò, designando con ε un infinitesimo e ponendo

$$k_0 = \frac{m}{2\pi abc\varepsilon},$$

si può dire che la distribuzione superficiale di densità variabile h sull'ellissoide E equivale ad una distribuzione *uniforme* della massa m nell'involucro omotetico infinitamente sottile compreso fra l'ellissoide E ($\mu_0 = 0$) e l'ellissoide ($\mu_0 = \varepsilon$), distribuzione la cui densità costante k_0 è infinitamente grande se m è quantità finita.

In virtù di tale equivalenza sparisce ogni essenziale differenza di natura fra le distribuzioni delle due masse $M - m$ ed m: quest'ultima si può considerare come formante uno strato omotetico elementare, che circonda tutti gli strati elementari onde si compone la massa $M-m$. Il solo divario è che la massa di questo strato terminale è finita anzichè infinitesimale.

Le proprietà della distribuzione ellissoidale in equilibrio sono notissime: è tuttavia necessario che ci tratteniamo alcun poco sovr'esse, in vista delle applicazioni che dovremo farne più tardi.

Poichè le superficie degli ellissoidi omofocali (λ_1) sono superficie di livello rispetto alla massa m, distribuita in equilibrio sull'ellissoide E, questa massa può essere *riportata*, con parità di funzione potenziale esterna, sopra una qualunque di queste superficie omofocali, sì esterne che interne a quella dell'ellissoide E. La legge della densità, per ciascuno di tali riporti, è sempre quella espressa dalla formola (8_a); vale a dire che designando con

$$a',\quad b',\quad c',\quad p',\quad h'$$

quantità analoghe alle

$$a,\quad b,\quad c,\quad p,\quad h$$

per uno qualunque dei detti ellissoidi omofocali, si ha sempre

$$h' = \frac{mp'}{4\pi a'b'c'},$$

ovvero, indicando con x, y, z le coordinate del punto di densità h',

$$h' = \frac{m}{4\pi a'b'c'\sqrt{\frac{x^2}{a'^4} + \frac{y^2}{b'^4} + \frac{z^2}{c'^4}}},$$

od anche

$$h' = \frac{m}{4\pi a' b' \sqrt{c'^2\left(\frac{x^2}{a'^4} + \frac{y^2}{b'^4}\right) + 1 - \frac{x^2}{a'^2} - \frac{y^2}{b'^2}}},$$

in causa della relazione identica

$$\frac{x^2}{a'^2} + \frac{y^2}{b'^2} + \frac{z^2}{c'^2} = 1.$$

Questo valore di h si conserva finito e determinato anche quando l'ellissoide omofocale che si considera è l'*ellissoide limite*, cioè la superficie dell'ellisse focale e contata due volte, che corrisponde al valor limite $\lambda_1 = -c^2$. Per questo ellissoide limite si ha

$$a'^2 = a^2 - c^2 = A^2, \qquad b'^2 = b^2 - c^2 = B^2, \qquad c' = 0$$

e quindi

$$h' = \frac{m}{4\pi A B \sqrt{1 - \frac{x^2}{A^2} - \frac{y^2}{B^2}}},$$

o meglio, considerando come una superficie materiale unica le due faccie dell'ellisse focale,

$$(8_b) \qquad h' = \frac{m}{2\pi A B \sqrt{\varkappa}},$$

dove

$$\varkappa = 1 - \frac{x^2}{A^2} - \frac{y^2}{B^2}.$$

Si può verificare facilmente che questo valore di h' è identico a quello che si deduce direttamente dalla stessa funzione potenziale u. Infatti scrivendo dapprima λ^2 invece di $c^2 + \lambda$ nell'espressione (8) e formando la derivata rispetto a z,

$$\frac{\partial u}{\partial z} = \frac{d u}{d \lambda_1}\frac{\partial \lambda_1}{\partial z},$$

indi osservando che si ha

$$\lim_{\lambda_1 = 0} \frac{\partial \lambda_1}{\partial z} = \pm \frac{1}{\sqrt{\varkappa}},$$

dove il segno $\pm$ è lo stesso di quello dell'ordinata z quando questa tende verso zero insieme con λ_1, si ottiene

$$\left(\frac{\partial u}{\partial z}\right)_{\pm 0} = \mp \frac{m}{A B \sqrt{\varkappa}},$$

epperò

$$\left(\frac{\partial u}{\partial z}\right)_{+0} - \left(\frac{\partial u}{\partial z}\right)_{-0} = -\frac{2m}{AB\sqrt{\varkappa}} = -4\pi h'.$$

Questa distribuzione in equilibrio della massa m sulla superficie dell'ellisse focale è evidentemente omotetica. Essendo $\pi AB(1-\varkappa)$ l'area dell'ellisse omotetica di parametro $\varkappa$, la massa elementare compresa fra le ellissi $(\varkappa)$ e $(\varkappa + d\varkappa)$ è

$$\pi AB h' d\varkappa = \frac{m\,d\varkappa}{2\sqrt{\varkappa}} = m\,d\sqrt{\varkappa},$$

epperò la massa finita $m_\varkappa$ compresa fra il contorno dell'ellisse focale e $(\varkappa = 0)$ e quello dell'ellisse omotetica $(\varkappa)$ è data da

$$(8_c) \qquad m_\varkappa = m\sqrt{\varkappa}.$$

Questa quantità tende a zero con $\varkappa$, quantunque la densità h' sia infinita per $\varkappa = 0$.

§ IV. — **Funzione potenziale d'un involucro ellissoidale omotetico.**

Abbiamo supposto, nel § II, che la massa M riempiesse tutto l'ellissoide E. Questa supposizione può essere facilmente rimossa e sostituita da quella che la detta massa occupi soltanto un involucro omotetico, per esempio quello compreso fra l'ellissoide $E(\mu_0 = 0)$ e l'ellissoide interno $(\mu_0 = \mu' < 1)$. Basta immaginare che la funzione $\varphi(\mu)$ sia variabile soltanto fra i limiti $\mu = 0$ e $\mu = \mu'$, e sia invece costante, e precisamente uguale a $\varphi(\mu')$, fra i limiti $\mu = \mu'$ e $\mu = 1$. Introducendo tale ipotesi nelle espressioni (4_0) e (4_1), esse convengono senz'altro al caso del detto involucro.

Ma se si vuole francarsi da ogni sottinteso, si modificheranno le suddette espressioni nel modo seguente.

Indichiamo con λ' la radice maggiore dell'equazione $\mu = \mu'$, cioè dell'equazione

$$(9) \qquad \mu' = 1 - \frac{x^2}{a^2+\lambda} - \frac{y^2}{b^2+\lambda} - \frac{z^2}{c^2+\lambda}.$$

Ogni valore di λ maggiore di λ' rende evidentemente il secondo membro maggiore del primo, e corrisponde quindi a valori di μ compresi fra μ' ed 1, cioè a valori di $\varphi(\mu)$ costanti ed uguali a $\varphi(\mu')$. Ora per ogni punto (x, y, z) esterno ad E la quantità λ' riesce evidentemente maggiore di λ_1: scomponendo quindi l'integrale V_1 in due, l'uno esteso da λ_1 a λ', l'altro da λ' a ∞, si ha

$$V_{11} = \pi abc\int_{\lambda_1}^{\lambda'} \frac{\varphi(\mu)\,d\lambda}{\sqrt{F(\lambda)}} + \pi abc\,\varphi(\mu')\int_{\lambda'}^{\infty} \frac{d\lambda}{\sqrt{F(\lambda)}}$$

quale funzione potenziale dell'involucro omotetico nello spazio infinito esterno ad esso. Per ogni punto (x, y, z) appartenente all'involucro stesso la quantità λ' riesce maggiore di o, perchè per $\lambda = 0$ l'equazione (9) rappresenta la superficie interna dell'involucro: scomponendo dunque l'integrale V_0 in due, l'uno esteso da o a λ', l'altro da λ' a ∞, si ha

$$V_{01} = \pi abc \int_0^{\lambda'} \frac{\varphi(\mu)\,d\lambda}{\sqrt{F(\lambda)}} + \pi abc\varphi(\mu') \int_{\lambda'}^{\infty} \frac{d\lambda}{\sqrt{F(\lambda)}}$$

quale funzione potenziale dell'involucro omotetico nello spazio occupato da esso. Finalmente per ogni punto (x, y, z) della cavità interna la quantità λ' riesce evidentemente negativa, epperò

$$V_{00} = \pi abc\varphi(\mu') \int_0^{\infty} \frac{d\lambda}{\sqrt{F(\lambda)}}$$

è la funzione potenziale dell'involucro omotetico nella cavità suddetta. Questo valore di V_{00} è costante, d'accordo colla già ricordata proprietà degli involucri omotetici elementari, ossia delle distribuzioni ellissoidali in equilibrio (§ III).

§ V. — Intorno ad alcune altre distribuzioni ellissoidali.

Ponendo $\varphi(\mu) = k\mu$ nelle formole del § II si ottiene la funzione potenziale d'un ellissoide omogeneo, di densità k, senza distribuzione addizionale alla superficie. Questa funzione può scriversi così:

$$V = \tfrac{3}{4} MU,$$

dove M è la massa totale ed

$$U = \int_{\lambda}^{\infty} \frac{\mu\,d\lambda}{\sqrt{F(\lambda)}},$$

il limite inferiore λ essendo uguale a o od a λ_1, secondo che il punto (x, y, z) è interno od esterno.

Questa funzione V può servire al calcolo della funzione potenziale d'uno strato ellissoidale limitato da due ellissoidi infinitamente vicini *del tutto arbitrari*, e quindi, coll'integrazione, al calcolo della funzione potenziale d'un involucro eterogeneo stratificato per ellissoidi succedentisi con una legge *qualunque*.

Sarebbe facile stabilire delle formole generali fondate su questo concetto, ma siccome esse riuscirebbero alquanto complicate, mentre nei singoli casi particolari si presentano quasi sempre delle semplificazioni, così preferiamo accennare qualche applicazione del detto principio.

Considerando dapprima il caso dei punti esterni, nel quale la funzione U diventa

$$U_1 = \int_{\lambda_1}^{\infty} \frac{\mu\, d\lambda}{\sqrt{F(\lambda)}},$$

osserviamo che, se in luogo di λ si scrive $\lambda + \lambda'$, dove

$$\lambda_1 > \lambda' > -c^2,$$

e se si pone

$$a^2 + \lambda' = a'^2, \qquad b^2 + \lambda' = b'^2, \qquad c^2 + \lambda' = c'^2,$$

l'integrale U_1, senza cambiare di valore, acquista la forma che avrebbe avuta *ab initio* se l'ellissoide omogeneo, invece d'essere quello di semi-assi a, b, c, fosse stato quello di semi-assi a', b', c', fosse stato, cioè, uno qualunque degli ellissoidi omofocali al primitivo pei quali il punto (x, y, z) è ancora punto esterno. Dunque la funzione potenziale esterna d'una massa M è la stessa, qualunque sia l'ellissoide omofocale in cui questa massa è distribuita uniformemente, teorema celebre, di cui le prime traccie risalgono a MACLAURIN e che può essere ulteriormente generalizzato (§ VI).

Da questo teorema si deduce molto facilmente che la funzione potenziale esterna d'una massa M, distribuita uniformemente nell'involucro formato da due ellissoidi omofocali, è indipendente dalla scelta di questi due ellissoidi; e di qui risulta nuovamente che se tale involucro, invece d'essere omogeneo, avesse una densità variabile per strati omofocali, la sua funzione potenziale esterna sarebbe ancora indipendente dalla legge di variazione della densità e dipenderebbe soltanto, per un dato punto esterno, dalla massa totale, proprietà che vale naturalmente anche nel caso d'un ellissoide pieno. Dunque la stratificazione omofocale non dà luogo, rispetto all'azione esterna, ad alcuna considerazione speciale.

Merita però d'essere menzionato il caso dell'involucro omofocale infinitamente sottile, che supporremo essere quello compreso fra l'ellissoide E, di parametro $\lambda_1 = 0$, e l'ellissoide omofocale infinitamente vicino, di parametro $\lambda_2 = \delta\lambda$. La massa totale m di questo strato è data, per $\lambda = 0$, da

$$m = \tfrac{4}{3}\pi k \delta \sqrt{F(\lambda)},$$

cioè da

$$m = \frac{2}{3}\pi abc\left(\frac{1}{a^2} + \frac{1}{b^2} + \frac{1}{c^2}\right) k\,\delta\lambda.$$

La densità variabile h di quella distribuzione di tal massa m sulla superficie dell'ellissoide E, nella quale ogni elemento di superficie riceve tutta la massa che gli sovraincombe normalmente, è data da $h = k\,\delta n$, dove δn è lo spessore dello strato nel posto che si considera; essendosi già trovata nel § II la relazione $\delta\lambda = 2p\,\delta n$, si può quindi porre

$$h = \frac{k\,\delta\lambda}{2p}.$$

Queste due quantità m ed h sono infinitesime se k è quantità finita, e sono finite se k è infinitamente grande dell'ordine di $\frac{1}{\delta\lambda}$. Eliminando $\delta\lambda$ fra le loro espressioni, si ha

$$h = \frac{3m}{4\pi abc\left(\frac{1}{a^2}+\frac{1}{b^2}+\frac{1}{c^2}\right)}\,\frac{1}{p},$$

ossia

$$h = \frac{3m}{4\pi abc}\,\frac{\sqrt{\frac{x^2}{a^4}+\frac{y^2}{b^4}+\frac{z^2}{c^4}}}{\frac{1}{a^2}+\frac{1}{b^2}+\frac{1}{c^2}},$$

dove x, y, z sono le coordinate di quel punto della superficie cui si riferisce la densità superficiale h. In virtù di quanto precede, la funzione potenziale esterna d'una massa m, distribuita colla densità variabile h sulla superficie dell'ellissoide E, è identica a quella d'un'egual massa distribuita per istrati omofocali di densità variabile con legge qualunque in un ellissoide od in un involucro ellissoidale qualunque, purchè l'ellissoide o gli ellissoidi che limitano questa massa sieno omofocali ad E e non esterni a quello che passa pel punto (x, y, z) cui si riferisce la funzione potenziale, l'espressione della quale, in tali condizioni, resta sempre

$$V_1 = \tfrac{3}{4} m U_1.$$

Si può osservare che la densità h qui trovata segue la ragione inversa di quella della distribuzione in equilibrio (§ III).

Sostituendo all'ellissoide E un ellissoide omofocale interno, la densità h cambia, ma, finchè m è costante, la funzione potenziale V_1 rimane sempre la stessa. Si può, in particolare, sostituire ad E la superficie dell'ellisse focale $\boldsymbol{e}$ contata due volte, e la densità h' relativa a questo caso (ricavata come nel § III) è

$$h' = \frac{3m}{2\pi AB}\sqrt{1-\frac{x^2}{A^2}-\frac{y^2}{B^2}},$$

dove, come nel luogo citato, le due faccie dell'ellisse $\boldsymbol{e}$ sono considerate come una superficie unica *).

*) Questi risultati s'accordano con quelli che, in forma meno generale, sono menzionati dal Dini alla fine della citata sua Memoria.

Per fare un'altra applicazione, conduciamo per un punto qualunque di coordinate α, β, γ tre nuovi assi paralleli ai primitivi, e chiamiamo ξ, η, ζ le coordinate del punto (x, y, z) rispetto a questi assi, cosicchè l'ellissoide E viene ad essere rappresentato dall'equazione

$$\frac{(\xi+\alpha)^2}{a^2}+\frac{(\eta+\beta)^2}{b^2}+\frac{(\zeta+\gamma)^2}{c^2}=1.$$

Poscia trasformiamo omoteticamente questo ellissoide, assumendo come centro d'omotetia l'origine dei nuovi assi; prendiamo, cioè, su ogni raggio vettore ρ condotto da questo punto un segmento uguale a $t\rho$, dove t è costante. L'equazione dell'ellissoide trasformato, che diremo E_t, è

$$\frac{(\xi+t\alpha)^2}{a^2t^2}+\frac{(\eta+t\beta)^2}{b^2t^2}+\frac{(\zeta+t\gamma)^2}{c^2t^2}=1,$$

talchè, se si pone

$$\mu_t=1-\frac{(\xi+t\alpha)^2}{a^2t^2+\lambda}-\frac{(\eta+t\beta)^2}{b^2t^2+\lambda}-\frac{(\zeta+t\gamma)^2}{c^2t^2+\lambda},$$

è evidente che

$$V_t=\pi abct^3\int_\lambda^\infty\frac{\mu_t\,d\lambda}{\sqrt{(a^2t^2+\lambda)(b^2t^2+\lambda)(c^2t^2+\lambda)}}$$

è la funzione potenziale d'una massa di densità 1 distribuita nell'ellissoide E_t. Il limite inferiore λ è, come sempre, nullo od eguale alla maggior radice dell'equazione $\mu_t=0$, secondo che il punto (ξ, η, ζ) è interno od esterno ad E_t. Scrivendo λt^2 in luogo di λ si ottiene l'espressione più semplice

$$V_t=\pi abc\int_\lambda^\infty\frac{\mu'_t\,d\lambda}{\sqrt{F(\lambda)}},$$

dove

$$\mu'_t=t^2-\frac{(\xi+t\alpha)^2}{a^2+\lambda}-\frac{(\eta+t\beta)^2}{b^2+\lambda}-\frac{(\zeta+t\gamma)^2}{c^2+\lambda}$$

e dove il limite inferiore λ è nullo oppure eguale alla maggior radice dell'equazione $\mu'_t=0$.

Ora da questo secondo valore di V_t si trae

$$\frac{dV_t}{dt}=2\pi abc\int_\lambda^\infty\left[t-\frac{(\xi+t\alpha)\alpha}{a^2+\lambda}-\frac{(\eta+t\beta)\beta}{b^2+\lambda}-\frac{(\zeta+t\gamma)\gamma}{c^2+\lambda}\right]\frac{d\lambda}{\sqrt{F(\lambda)}},$$

perchè il termine dovuto alla variazione del limite inferiore, quando questo è radice di $\mu'_t=0$ e quindi funzione di t, è nullo in virtù del fattore μ'_t. Facendo $t=1$ e ripassando ai primitivi assi delle x, y, z, si ha di qui

$$\left(\frac{d V_t}{d t}\right)_{t=1} = \frac{4\pi a b c}{m} W,$$

dove

(9)
$$W = \frac{m}{2}\int_\lambda^\infty \frac{\nu\, d\lambda}{\sqrt{F(\lambda)}}.$$

In questa nuova funzione W si è posto

(9_a)
$$\nu = 1 - \frac{\alpha x}{a^2+\lambda} - \frac{\beta y}{b^2+\lambda} - \frac{\gamma z}{c^2+\lambda}:$$

il limite inferiore λ è di nuovo nullo pei punti interni all'ellissoide E ed è eguale alla radice maggiore dell'equazione $\mu = 0$ pei punti esterni, μ avendo ora riacquistato il suo solito significato (5).

Ciò posto vediamo che cosa significhi la funzione W così ottenuta. Consideriamo a tal uopo il rapporto

$$\frac{1}{\tau}(V_{t+\tau} - V_t).$$

Le due quantità V_t e $V_{t+\tau}$ rappresentano le funzioni potenziali di due masse, rispettivamente eguali a $\frac{4}{3}\pi a b c t^3$ ed a $\frac{4}{3}\pi a b c (t+\tau)^3$, distribuite, colla densità 1, la prima nell'ellissoide E_t e la seconda nell'ellissoide omotetico (ma eccentrico) $E_{t+\tau}$. Se dunque questi due ellissoidi non si intersecano in punti reali, per il che basta supporre che il centro d'omotetia sia interno ad E, e se inoltre supponiamo che il punto (x, y, z) sia esterno all'ellissoide maggiore, od interno all'ellissoide minore, il suddetto rapporto rappresenta la funzione potenziale d'una massa

$$4\pi a b c\left(t^2 + t\tau + \frac{\tau^2}{3}\right)$$

distribuita colla densità $\frac{1}{\tau}$ nell'involucro compreso fra i suddetti due ellissoidi, sopra un punto qualunque dello spazio infinito esterno oppure della cavità interna. Facendo convergere τ verso 0 e t verso 1, si riconosce quindi che W è la funzione potenziale d'una massa m distribuita uniformemente (con densità infinitamente grande, se m è quantità finita) nello strato compreso fra il solito ellissoide E ed un ellissoide omotetico (ma eccentrico) infinitamente vicino, col centro d'omotetia nel punto interno (α, β, γ). Questa massa m si può supporre distribuita, con densità variabile, sulla superficie dell'ellissoide E. La determinazione della legge di variazione di tal densità superficiale si fa, come nel caso precedente, osservando dapprima che se s'indica con k la densità costante dello strato e con $1 + \delta t$ il rapporto di omotetia della seconda superficie di esso, si ha

$$m = 4\pi abck\delta t.$$

Si ha inoltre, detta h la densità variabile nel punto dove il piano tangente all'ellissoide E ha la distanza p dal centro di omotetia,

$$h = k\delta\pi = kp\delta t$$

(formola che vale per ogni strato compreso fra superficie omotetiche): quindi

$$(9_b) \qquad h = \frac{mp}{4\pi abc}.$$

Questa formola è del tutto simile a quella (8_a) che vale per la distribuzione in equilibrio, se non che qui il simbolo p rappresenta la distanza del piano tangente non già dal centro dell'ellissoide, ma dal centro di omotetia. Nel caso della distribuzione in equilibrio questi due punti coincidono.

Se il centro d'omotetia, invece d'essere interno, come si è supposto, fosse esterno ad E, la densità della distribuzione superficiale sarebbe positiva in una regione della superficie, negativa nell'altra, e le due regioni sarebbero separate dalla conica di contatto della superficie col cono tangente avente il vertice nel centro di omotetia, ossia dalla conica d'intersezione dell'ellissoide col piano polare di questo punto. Siccome l'equazione $\nu = 0$ rappresenta il piano polare del punto stesso rispetto alla superficie $\mu = 0$ (qualunque sia λ), così la detta conica è rappresentata da $\lambda = \mu = \nu = 0$.

La distribuzione di superficie ora considerata è dotata, rispetto ai punti esterni, di una proprietà analoga a quella della distribuzione in equilibrio (§ III) e della distribuzione omofocale considerata nella prima parte del presente §. Vale a dire che l'ellissoide E può essere sostituito da un ellissoide omofocale qualunque, come si verifica scrivendo $\lambda + \lambda'$ invece di λ in

$$W_1 = \frac{m}{2}\int_{\lambda_1}^{\infty} \frac{\nu\, d\lambda}{\sqrt{F(\lambda)}}.$$

Se si vuole però che la densità h resti positiva, bisogna che il parametro λ' del nuovo ellissoide sia compreso fra λ_1 e la radice maggiore dell'equazione

$$\frac{\alpha^2}{a^2+\lambda} + \frac{\beta^2}{b^2+\lambda} + \frac{\gamma^2}{c^2+\lambda} = 1,$$

affinchè il centro d'omotetia non passi all'esterno. Quando il centro d'omotetia è nel piano dell'ellisse focale ed è interno alla medesima, la massa m può, in particolare, essere distribuita, con parità di funzione potenziale esterna, sull'ellisse focale stessa. Chiamando x, y le coordinate d'un punto del disco focale, si trova facilmente che la densità h' relativa ad esso è data da

$$(9_c)\qquad h' = \frac{m\left(1 - \frac{\alpha x}{A^2} - \frac{\beta y}{B^2}\right)}{2\pi A B\sqrt{1 - \frac{x^2}{A^2} - \frac{y^2}{B^2}}}.$$

Ma non insisteremo, per ora, su questo argomento, suscettibile di molti sviluppi, e torneremo alla teoria classica delle distribuzioni omotetiche e concentriche.

§ VI. — **Riporto d'una distribuzione ellissoidale omotetica sul disco focale.**

Riprendiamo l'espressione (4_1) della funzione potenziale esterna d'un ellissoide a densità variabile e scriviamo

$$\lambda^2,\quad A^2,\quad B^2,\quad AB\psi(\mu)$$

al posto rispettivamente di

$$c^2 + \lambda,\qquad a^2 - c^2,\qquad b^2 - c^2,\qquad abc\varphi(\mu).$$

Otteniamo così

$$(10)\qquad V_1 = 2\pi A B\int_{\lambda_1}^{\infty} \frac{\psi(\mu)\,d\lambda}{\sqrt{(A^2+\lambda^2)(B^2+\lambda^2)}},$$

dove

$$(10_a)\qquad \mu = 1 - \frac{x^2}{A^2+\lambda^2} - \frac{y^2}{B^2+\lambda^2} - \frac{z^2}{\lambda^2}$$

e dove λ_1 è l'unica radice positiva dell'equazione $\mu = 0$. La massa totale cui corrisponde questa funzione potenziale è data da

$$(10_b)\qquad M = \pi A B\int_0^1 \frac{\psi(\mu)\,d\mu}{\sqrt{1-\mu}}$$

e la parte di questa massa che si trova distribuita in equilibrio alla superficie è

$$(10_c)\qquad m = 2\pi A B\psi(0).$$

Per una *data* funzione $\psi(\mu)$, la funzione potenziale V_1, la massa totale M e la massa parziale m sono quantità indipendenti dalla scelta dell'ellissoide E che limita la massa medesima, poichè le loro espressioni non contengono alcuna traccia dei semi-assi a, b, c: questo ellissoide E può essere uno qualunque di quelli il cui parametro varia fra 0 e λ_1. Fissato che sia questo ellissoide, per esempio da $\lambda = c$, la densità variabile k della massa $M - m$ stratificata nel suo interno è determinata dalla formola

$$k = \frac{AB\psi'(\mu_c)}{abc}\qquad \left(a = \sqrt{A^2+c^2},\quad b = \sqrt{B^2+c^2}\right),$$

dove

$$\mu_c = 1 - \frac{x^2}{a^2} - \frac{y^2}{b^2} - \frac{z^2}{c^2},$$

x, y, z essendo le coordinate del punto cui la densità k si riferisce *).

Se invece della funzione potenziale esterna si volesse considerare l'interna, bisognerebbe assumere come limite inferiore dell'integrale il parametro dell'ellissoide E, cioè il valore c, nel caso or ora supposto.

Poichè questo parametro di E può essere scelto arbitrariamente fra 0 e λ_1, e poichè quindi può essere preso piccolo quanto si voglia, si presenta naturalmente la ricerca della distribuzione superficiale, sull'ellisse focale e, che possiede la stessa funzione potenziale esterna (10) di ognuna delle distribuzioni ellissoidali equivalenti, che corrispondono agli altri valori del detto parametro.

Per trovare questa distribuzione superficiale basta riportare, in base a ciò che si disse nel § III, la massa di ciascuno degli strati omotetici elementari sulla corrispondente ellisse focale, e calcolare la densità che ne risulta in ciascun punto di e. Si può già concludere di qui che tale densità varierà per ellissi omotetiche all'ellisse focale, poichè è evidente che le ellissi focali d'una serie d'ellissoidi omotetici sono pure ellissi omotetiche.

Passiamo dunque ad eseguire il detto riporto, incominciando dalla massa finita m, che si trova distribuita in equilibrio sulla superficie dell'ellissoide E. Dal § III sappiamo già che riportando questa massa sulla superficie dell'ellisse e (contata una volta sola), e ponendo

$$(11) \qquad \varkappa = 1 - \frac{x_0^2}{A^2} - \frac{y_0^2}{B^2} \qquad (0 < \varkappa < 1),$$

dove x_0, y_0 sono le coordinate d'un punto qualunque del disco focale, — talchè, per un dato valore di $\varkappa$, quest'equazione rappresenta una, $e_\varkappa$, delle ellissi omotetiche ed interne ed e, — la parte $m_\varkappa$ della massa m che va a distribuirsi sulla corona ellittica $e - e_\varkappa$ è data, (8_c), (10_c), da

$$(11_a) \qquad m_\varkappa = 2\pi AB\psi(0)\sqrt{\varkappa}.$$

Consideriamo ora uno qualunque degli ellissoidi omotetici ed interni all'ellissoide E, rappresentato dall'equazione

$$\mu_c = 1 - \frac{x^2}{a^2} - \frac{y^2}{b^2} - \frac{z^2}{c^2} \qquad (0 < \mu_c < 1).$$

L'ellisse focale e_c di questo ellissoide, la quale è anch'essa omotetica ed interna all'ellisse

*) Questa proposizione costituisce il teorema di MACLAURIN inteso nel suo significato più generale.

e ed ha per semi-assi

$$A_c = A\sqrt{1 - \mu_c}, \qquad B_c = B\sqrt{1 - \mu_c},$$

è quella sulla quale va a riportarsi la massa elementare

$$2\pi A B \psi'(\mu_c)\sqrt{1 - \mu_c}\, d\mu_c$$

dello strato compreso fra gli ellissoidi omotetici (μ_c) e $(\mu_c + d\mu_c)$. Ora l'equazione (11), scritta nel modo seguente

$$\varkappa_c = \frac{\varkappa - \mu_c}{1 - \mu_c} = 1 - \frac{x_0^2}{A_c^2} - \frac{y_0^2}{B_c^2},$$

rappresenta, se $\mu_c < \varkappa$, cioè se $0 < \varkappa_c < \varkappa$, un'ellisse omotetica ed *interna* all'ellisse e_c: dunque la parte di detta massa elementare che va a distribuirsi sulla corona ellittica $e_c - e_\varkappa$, è, sempre in base alla formola (8_c) del § III,

$$2\pi A B \psi'(\mu_c)\sqrt{\varkappa_c}\sqrt{1 - \mu_c}\, d\mu_c,$$

ossia

$$2\pi A B \psi'(\mu_c)\sqrt{\varkappa - \mu_c}\, d\mu_c.$$

Conseguentemente

$$2\pi A B \int_0^\varkappa \psi'(\mu_c)\sqrt{\varkappa - \mu_c}\, d\mu_c = \pi A B \int_0^\varkappa \frac{\psi(\mu)\, d\mu}{\sqrt{\varkappa - \mu}} - 2\pi A B \psi(0)\sqrt{\varkappa}$$

è l'espressione della totale quantità di materia che, dai varî strati ellissoidici i cui parametri μ_c sono minori di $\varkappa$, si riporta sulla corona ellittica $e - e_\varkappa$, perchè gli strati corrispondenti a valori di μ_c maggiori di $\varkappa$ hanno ellissi focali *interne* ad $e_\varkappa$ e però non dànno luogo a verun riporto sulla corona suddetta.

Sommando la precedente quantità colla $m_\varkappa$ data dall'equazione (11_a), si ha

$$(11_b) \qquad M_\varkappa = \pi A B \int_0^\varkappa \frac{\psi(\mu)\, d\mu}{\sqrt{\varkappa - \mu}}$$

quale espressione della totale massa riportata sulla corona ellittica $e - e_\varkappa$. Per $\varkappa = 1$ si ottiene $M_1 = M$, (10_b). Per $\varkappa = 0$ si ottiene $M_0 = 0$, supponendo, come s'è fatto fin qui, che $\psi(0)$ sia quantità finita.

D'altra parte, essendo $\pi A B d\varkappa$ l'area della corona elementare compresa fra le ellissi omotetiche $e_\varkappa$ ed $e_{\varkappa+d\varkappa}$, se si chiama $h(\varkappa)$ la densità variabile della cercata distribuzione superficiale sul disco focale, dev'essere anche

$$M_\varkappa = \pi A B \int_0^\varkappa h(\varkappa)\, d\varkappa.$$

Dunque la formola che esprime la cercata legge della densità superficiale è

$$(11_c)\qquad h(\varkappa) = \frac{d}{d\varkappa}\int_0^\varkappa \frac{\psi(\mu)\,d\mu}{\sqrt{\varkappa-\mu}}.$$

Da questa si deduce

$$\int_0^\nu h(\varkappa)\sqrt{\nu-\varkappa}\,d\varkappa = \int_0^\nu \sqrt{\nu-\varkappa}\,d\int_0^\varkappa \frac{\psi(\mu)\,d\mu}{\sqrt{\varkappa-\mu}} = \frac{1}{2}\int_0^\nu \frac{d\varkappa}{\sqrt{\nu-\varkappa}}\int_0^\varkappa \frac{\psi(\mu)\,d\mu}{\sqrt{\varkappa-\mu}}$$

e quindi, per la nota regola di DIRICHLET, scrivendo, a trasformazione fatta, μ in luogo di ν,

$$\int_0^\mu h(\varkappa)\sqrt{\mu-\varkappa}\,d\varkappa = \frac{\pi}{2}\int_0^\mu \psi(\mu)\,d\mu.$$

Quest'equazione, avendo luogo per ogni valore di μ, dà subito, derivando rispetto a questa variabile,

$$(11_d)\qquad \psi(\mu) = \frac{1}{\pi}\int_0^\mu \frac{h(\varkappa)\,d\varkappa}{\sqrt{\mu-\varkappa}},$$

formola che permette di determinare $\psi(\mu)$ quando è data la legge della densità del disco focale.

Si può osservare che dalle due equazioni (11_c), (11_d) segue la relazione

$$\psi(\mu) = \frac{1}{\pi}\int_0^\mu \frac{d\varkappa}{\sqrt{\mu-\varkappa}}\,\frac{d}{d\varkappa}\int_0^\varkappa \frac{\psi(\lambda)\,d\lambda}{\sqrt{\varkappa-\lambda}},$$

che sembra meritevole di studio *).

§ VII. — **Funzione potenziale d'un anello ellittico.**

Ponendo $h(\varkappa) = 1$ nella formola (11_d), si trova

$$\psi(\mu) = \frac{2}{\pi}\sqrt{\mu},$$

epperò la funzione potenziale d'un disco ellittico, omogeneo e di densità 1 è data da

$$V = 4AB\int_{\lambda_1}^\infty \frac{\sqrt{\mu}\,d\lambda}{\sqrt{(A^2+\lambda^2)(B^2+\lambda^2)}},$$

dove μ rappresenta l'espressione (10_a) e λ_1 è la radice positiva dell'equazione $\mu = 0$.

---

*) È una formola analoga a quella incontrata dal DINI nel n° 8 del citato lavoro.

Questa funzione potenziale può servir di base ad una ricerca analoga a quella che fu formulata in generale al principio del § V ed eseguita per alcuni casi particolari nel seguito del medesimo §; può, cioè, servire al calcolo della funzione potenziale d'una corona ellittica limitata da due ellissi infinitamente vicine *del tutto arbitrarie,* e quindi, coll'integrazione, al calcolo della funzione potenziale d'un disco eterogeneo stratificato per ellissi succedentisi con una legge *qualunque* *).

Anche rispetto a questa ricerca ci limiteremo a mostrare l'applicazione dell'enunciato principio ad un caso particolare, e propriamente a quello che fa riscontro all'ultimo dei due casi trattati nel citato § V; nel che, stante l'analogia del procedimento analitico, potremo usare maggiore brevità.

Designando con α, β le coordinate d'un punto nel piano del disco, assunto come centro di omotetia, e con ξ, η, ζ le coordinate d'un punto qualunque dello spazio rispetto a tre assi condotti per questo centro parallelamente a quelli delle x, y, z, si trova dapprima che l'espressione

$$V = 4AB\int_{\lambda_1}^{\infty}\frac{\sqrt{\mu'_t}\,d\lambda}{\sqrt{(A^2+\lambda^2)(B^2+\lambda^2)}},$$

dove

$$\mu'_t = t^2 - \frac{(\xi+t\alpha)^2}{A^2+\lambda^2} - \frac{(\eta+t\beta)^2}{B^2+\lambda^2} - \frac{\zeta^2}{\lambda^2},$$

rappresenta la funzione potenziale d'un disco ellittico e_t di densità 1, ottenuto trasformando omoteticamente il disco e, dal punto (α, β) come centro d'omotetia, col rapporto d'omotetia t. Si deduce di qui

$$\frac{dV}{dt} = 4AB\int_{\lambda_1}^{\infty}\frac{\nu_t\,d\lambda}{\sqrt{(A^2+\lambda^2)(B^2+\lambda^2)\mu'_t}},$$

dove

$$\nu_t = t - \frac{(\xi+t\alpha)\alpha}{A^2+\lambda^2} - \frac{(\eta+t\beta)\beta}{B^2+\lambda^2}.$$

Facendo $t = 1$, ripassando ai primitivi assi delle x, y, z e ragionando come nel passo citato, si conclude che l'espressione

$$(12)\qquad W = \frac{2m}{\pi}\int_{\lambda_1}^{\infty}\frac{\nu\,d\lambda}{\sqrt{(A^2+\lambda^2)(B^2+\lambda^2)\mu}},$$

---

*) In questo caso però le formole che si ottengono, essendo integrali semplici o doppî, non costituiscono altro che una trasformazione di quelle che si otterrebbero dalla definizione di funzione potenziale d'una linea o d'una superficie. Ma gli esempî dati qui ed altrove pel caso delle distribuzioni lineari mostrano abbastanza quanto possano riuscire vantaggiose tali trasformazioni.

dove

$$(12_a) \qquad \mu = 1 - \frac{x^2}{A^2 + \lambda^2} - \frac{y^2}{B^2 + \lambda^2} - \frac{z^2}{\lambda^2},$$

$$(12_b) \qquad \nu = 1 - \frac{\alpha x}{A^2 + \lambda^2} - \frac{\beta y}{B^2 + \lambda^2},$$

rappresenta la funzione potenziale d'una massa m distribuita uniformemente nella corona ellittica compresa fra l'ellisse e ed un'ellisse omotetica infinitamente vicina col centro d'omotetia nel punto interno (α, β).

Questa massa m si può supporre distribuita, con densità variabile, sul contorno dell'ellisse e. La determinazione della legge di variazione di tal densità lineare g si fa col metodo seguito nel § III; si trova così

$$(12_c) \qquad g = \frac{mp}{2\pi AB},$$

dove p è la distanza del centro d'omotetia dalla tangente all'ellisse e nel punto cui la densità g si riferisce; talchè, sostituendo il valore di p in funzione delle coordinate x, y del punto anzidetto, si ha

$$g = \frac{m\left(1 - \frac{\alpha x}{A^2} - \frac{\beta y}{B^2}\right)}{2\pi AB\sqrt{\frac{x^2}{A^4} + \frac{y^2}{B^4}}}.$$

Se il centro d'omotetia, invece d'essere interno, come si è supposto, fosse esterno ad e, questa densità sarebbe positiva in una parte del contorno e negativa nell'altra, e i due punti del contorno situati sulla retta

$$1 - \frac{\alpha x}{A^2} - \frac{\beta y}{B^2} = 0$$

(polare del centro d'omotetia) sarebbero i termini comuni a queste due parti.

La funzione (12) prende una forma elegante se si scrive λ in luogo di λ^2, e se si designano con λ_1, λ_2, λ_3 le tre radici dell'equazione

$$\frac{x^2}{A^2 + \lambda} + \frac{y^2}{B^2 + \lambda} + \frac{z^2}{\lambda} = 1;$$

giacchè, essendo in tal caso

$$(A^2 + \lambda)(B^2 + \lambda)\lambda\mu = (\lambda - \lambda_1)(\lambda - \lambda_2)(\lambda - \lambda_3),$$

si può scrivere

$$(12_d) \qquad W = \frac{m}{\pi} \int_{\lambda_1}^{\infty} \frac{\nu\, d\lambda}{\sqrt{(\lambda - \lambda_1)(\lambda - \lambda_2)(\lambda - \lambda_3)}},$$

dove

$$(12_e) \qquad \nu = 1 - \frac{\alpha x}{A^2 + \lambda} - \frac{\beta y}{B^2 + \lambda}.$$

Merita attenzione speciale il caso in cui il centro d'omotetia sia uno dei fuochi dell'ellisse e, cioè in cui sia

$$\alpha = \sqrt{A^2 - B^2}, \qquad \beta = 0,$$

e quindi

$$(13) \quad W = \frac{2m}{\pi} \int_{\lambda_1}^{\infty} \frac{1 - \frac{x\sqrt{A^2 - B^2}}{A^2 + \lambda^2}}{\sqrt{(A^2 + \lambda^2)(B^2 + \lambda^2)\mu}}\, d\lambda = \frac{m}{\pi} \int_{\lambda_1}^{\infty} \frac{1 - \frac{x\sqrt{A^2 - B^2}}{A^2 + \lambda}}{\sqrt{(\lambda - \lambda_1)(\lambda - \lambda_2)(\lambda - \lambda_3)}}\, d\lambda.$$

Si sa infatti che, in ogni moto centrale, la velocità in un punto dell'orbita è sempre inversa della distanza del centro di forza dalla tangente dell'orbita in quel punto: quindi la precedente espressione di W è quella della funzione potenziale d'una massa m distribuita, lungo il contorno dell'ellisse e, in ragione inversa della velocità colla quale quest'ellisse sarebbe percorsa da un pianeta, se il centro del sole fosse nel fuoco che si è assunto come centro d'omotetia. Questa distribuzione di massa è quella che GAUSS ha considerato, in vista d'alcuni problemi di perturbazione, nella celebre Memoria *Determinatio attractionis*, etc. *), e le espressioni precedenti somministrano, sotto forme eleganti, la funzione potenziale di tale distribuzione.

Un altro caso notevole ed ancor più semplice è quello in cui il centro d'omotetia è nel centro dell'ellisse, cioè in cui $\alpha = 0$, $\beta = 0$. In questo caso si ha

$$(14) \qquad W = \frac{2m}{\pi} \int_{\lambda_1}^{\infty} \frac{d\lambda}{\sqrt{(A^2 + \lambda^2)(B^2 + \lambda^2)\mu}} = \frac{m}{\pi} \int_{\lambda_1}^{\infty} \frac{d\lambda}{\sqrt{(\lambda - \lambda_1)(\lambda - \lambda_2)(\lambda - \lambda_3)}},$$

dove [come nelle formole (13)] λ_1 è, rispetto alla prima espressione, la radice positiva dell'equazione

$$\mu = 1 - \frac{x^2}{A^2 + \lambda^2} - \frac{y^2}{B^2 + \lambda^2} - \frac{z^2}{\lambda^2} = 0,$$

e, rispetto alla seconda, la radice maggiore dell'equazione

$$\frac{x^2}{A^2 + \lambda} + \frac{y^2}{B^2 + \lambda} + \frac{z^2}{\lambda} = 1.$$

---

*) *Werke*, vol. III, pag. 331.

È questa la funzione potenziale d'una massa m distribuita uniformemente nella corona compresa fra l'ellisse e ed un'ellisse omotetica e concentrica infinitamente vicina, oppure della massa medesima distribuita lungo il contorno dell'ellisse e colla densità lineare variabile

$$g = \frac{mp}{2\pi AB} = \frac{m}{2\pi AB\sqrt{\frac{x^2}{A^4}+\frac{y^2}{B^4}}},$$

dove p è di nuovo la distanza del centro dell'ellisse dalla tangente nel punto di densità g.

La prima delle due espressioni (14) di W rientra, come si vede, nel tipo generale (10), dal quale essa si deduce ponendo

$$\psi(\mu) = \frac{m}{\pi^2 AB\sqrt{\mu}}.$$

Ma questa forma della funzione $\psi(\mu)$ non soddisfa alla condizione, da noi fin qui ammessa, d'essere finita per $\mu = 0$, ed è quindi naturale che non si possa, per esempio, considerare W come funzione potenziale esterna di una stratificazione omotetica ellissoidale (sebbene tale fosse la primitiva funzione V_1), a meno di concedere l'esistenza di due strati ellissoidali di densità infinita e di segno contrario, l'uno proveniente dalla distribuzione superficiale della massa (10_c), l'altro proveniente (per $\mu = 0$) dalla distribuzione in tre dimensioni della massa (10_b). Per la stessa ragione non sarebbe applicabile la formola (11_c) alla massa m considerata come distribuita sul disco ellittico. Ma la formola (11_b), che è pur relativa a questa supposizione, porge un risultato che s'accorda col significato, da noi dedotto per altra via, dell'espressione (14). Infatti, introducendo in essa il precedente valore di $\psi(\mu)$, essa dà

$$M_\varkappa = \frac{m}{\pi}\int_0^\varkappa \frac{d\mu}{\sqrt{(\varkappa-\mu)\mu}} = m,$$

essa dice, cioè, che la quantità di materia contenuta nella corona ellittica compresa fra l'ellisse e ed un'ellisse omotetica interna qualunque è sempre la stessa, qualunque sia quest'ultima ellisse, il qual fatto non può verificarsi se la massa totale non è *tutta* distribuita sul *contorno* dell'ellisse e.

Il prof. DINI, nella citata sua Memoria, ha considerato il caso in cui la funzione $h(\varkappa)$ del § VI abbia la forma

$$h(\varkappa) = \frac{A}{\sqrt{\varkappa}} + B(\varkappa).$$

Da quanto precede risulta che anche per la funzione $\psi(\mu)$ è ammissibile una forma analoga

$$\psi(\mu) = \frac{A}{\sqrt{\mu}} + B(\mu).$$

Ma sarebbe interessante di considerare anche il significato di un termine della forma $\mu^{-n}\left(0 < n < \frac{1}{2}\right)$ nell'espressione di $\psi(\mu)$.

Terminiamo con un'osservazione sulla forma comparativa delle due funzioni (8) e (14), le quali si possono scrivere così:

$$\frac{m}{2}\int_{\lambda_1}^{\infty}\frac{d\lambda}{\sqrt{F(\lambda)}}, \qquad \frac{m}{\pi}\int_{\lambda_1}^{\infty}\frac{d\lambda}{\sqrt{f(\lambda)}},$$

e rappresentano le funzioni potenziali esterne della massa m, distribuita uniformemente, nel primo caso, fra due ellissoidi omotetici e concentrici infinitamente vicini, e nel secondo caso, fra due ellissi omotetiche e concentriche infinitamente vicine. Se si considera che le due funzioni intere di 3° grado $F(\lambda)$ ed $f(\lambda)$, introdotte fin dal § I, sono gli elementi fondamentali d'ogni procedimento analitico fondato sull'uso delle coordinate ellittiche, si può ragionevolmente affermare che quelle due funzioni potenziali sono da riguardarsi come fondamentali nella teoria dell'attrazione dei sistemi ellissoidali. E infatti molti dei metodi proposti per la trattazione di questa teoria si fondano sull'uso della prima di dette due funzioni per la deduzione delle altre funzioni potenziali ellissoidiche più complesse. Ma questa prima funzione si può ricavare dalla seconda con una integrazione definita, su di che tuttavia non vogliamo trattenerci, avendo già data molta estensione a questo lavoro.

§ VIII. — **Dei sistemi simmetrici intorno all'asse minore.**

Facendo $A = B$ nella formola (10) si ottiene

$$V_1 = 2\pi A^2 \int_{\lambda_1}^{\infty}\frac{\psi(\mu)\,d\lambda}{A^2+\lambda^2}, \tag{15}$$

espressione che si può considerare (§ VI) come la funzione potenziale esterna d'una massa

$$M = \pi A^2 \int_0^1 \frac{\psi(\mu)\,d\mu}{\sqrt{1-\mu}} \tag{15$_a$}$$

distribuita, in parte per ellissoidi di rotazione omotetici, colla densità variabile

$$k = \frac{A^2\psi'(\mu_c)}{a^2 c}, \qquad (A^2 = a^2 - c^2)$$

ed in parte, e precisamente per una parte m data da

$$m = 2\pi A^2 \psi(0),$$

alla superficie dell'ellissoide terminale, di semi-assi a, c, colla densità superficiale corrispondente alla distribuzione in equilibrio. Le quantità μ e μ_c sono date da

$$(15_b) \qquad \mu = 1 - \frac{u^2}{A^2 + \lambda^2} - \frac{z^2}{\lambda^2}, \qquad (u^2 = x^2 + y^2)$$

$$\mu_c = 1 - \frac{u^2}{A^2 + c^2} - \frac{z^2}{c^2},$$

e λ_1 è la radice positiva dell'equazione $\mu = 0$. Per la funzione potenziale interna si deve porre $\lambda_1 = c$.

Ma, in virtù del riporto eseguito nel detto § VI, si può anche considerare l'espressione (15) come la funzione potenziale d'un disco circolare di raggio A, sul quale la massa M sia distribuita con una densità $h(\varkappa)$, variabile colla distanza u_0 dal centro e data dalla formola (11_b), dove

$$(15_c) \qquad \varkappa = 1 - \frac{u_0^2}{A^2}.$$

Nei punti stessi del disco V_1 diventa

$$V_0 = 2\pi A^2 \int_0^\infty \frac{\psi(\mu)\, d\lambda}{A^2 + \lambda^2},$$

dove

$$\mu = 1 - \frac{u_0^2}{A^2 + \lambda^2},$$

ovvero, introducendo μ invece di λ come variabile d'integrazione e scrivendo $V(\varkappa)$ invece di V_0,

$$(16) \qquad V(\varkappa) = \pi A \int_\varkappa^1 \frac{\psi(\mu)\, d\mu}{\sqrt{(1-\mu)(\mu-\varkappa)}}.$$

Di qui si deduce

$$\int_\nu^1 \frac{V(\varkappa)\, d\varkappa}{\sqrt{\varkappa - \nu}} = \pi A \int_\nu^1 \frac{d\varkappa}{\sqrt{\varkappa - \nu}} \int_\varkappa^1 \frac{\psi(\mu)\, d\mu}{\sqrt{(1-\mu)(\mu-\varkappa)}},$$

ed applicando la regola di Dirichlet, convenientemente modificata, indi scrivendo μ in luogo di ν,

$$\int_\mu^1 \frac{V(\varkappa)\, d\varkappa}{\sqrt{\varkappa - \mu}} = \pi^2 A \int_\mu^1 \frac{\psi(\mu)\, d\mu}{\sqrt{1-\mu}}.$$

Questa relazione ha luogo qualunque sia μ, epperò, derivando rispetto a questa variabile, si ottiene

$$(16_a)\qquad \psi(\mu) = -\frac{\sqrt{1-\mu}}{\pi^2 A}\frac{d}{d\mu}\int_\mu^1 \frac{V(\varkappa)\,d\varkappa}{\sqrt{\varkappa-\mu}},$$

formola che determina la funzione $\psi(\mu)$ per mezzo dei valori della funzione potenziale del disco alla superficie del disco stesso. Se nella stessa relazione da cui questa formola è stata dedotta si pone $\mu = 0$, si ottiene, in virtù della (15_a),

$$(16_b)\qquad M = \frac{A}{\pi}\int_0^1 \frac{V(\varkappa)\,d\varkappa}{\sqrt{\varkappa}}$$

espressione della massa totale del disco in funzione dei valori suddetti. Finalmente se s'introduce il valore (16_a) di $\psi(\mu)$ nell'equazione (11_b), si ottiene

$$(16_c)\qquad M_\varkappa = -\frac{A}{\pi}\int_0^\varkappa \frac{\sqrt{1-\mu}\,d\mu}{\sqrt{\varkappa-\mu}}\frac{d}{d\mu}\int_\mu^1 \frac{V(\varkappa)\,d\varkappa}{\sqrt{\varkappa-\mu}}$$

formola che determina la quantità di materia compresa fra l'orlo del disco e il cerchio concentrico $(\varkappa)$, di raggio $A\sqrt{1-\varkappa}$, per mezzo dei medesimi valori, e dalla quale si deduce subito la densità variabile del disco per mezzo della relazione

$$(16_d)\qquad h(\varkappa) = \frac{1}{\pi A^2}\frac{dM_\varkappa}{d\varkappa}.$$

Si può osservare che dalle due equazioni (16), (16_a) segue la relazione

$$V(\varkappa) = -\frac{1}{\pi}\int_\varkappa^1 \frac{d\mu}{\sqrt{\mu-\varkappa}}\frac{d}{d\mu}\int_\mu^1 \frac{V(\nu)\,d\nu}{\sqrt{\nu-\mu}},$$

analoga a quella che fu notata alla fine del § VI.

Come verificazione ed esempio d'applicazione semplicissimo delle formole precedenti [alcune delle quali furono già da me stabilite, con processi e sotto aspetti un po' diversi, in una Nota *Intorno ad alcune questioni d'elettrostatica* *)], suppongasi $V(\varkappa) = 1$. Le formole (16_a), (16_b), (16_c), (16_d) dànno in tal caso

$$\psi(\mu) = \frac{1}{\pi^2 A},\qquad M = \frac{2A}{\pi},\qquad M_\varkappa = \frac{2A\sqrt{\varkappa}}{\pi},\qquad h(\varkappa) = \frac{1}{\pi^2 A\sqrt{\varkappa}},$$

risultati che stanno in perfetto accordo con quelli del § III.

Nella supposizione, fatta in questo §, di $A = B$, la prima espressione di W, data

*) Rendiconti del R. Istituto Lombardo, serie II, vol. X (1877); oppure queste OPERE, volume III, pp. 73-88.

dalla formola (14), diventa

$$W = \frac{2m}{\pi} \int_{\lambda_1}^{\infty} \frac{d\lambda}{(A^2 + \lambda^2)\sqrt{\mu}},$$

dove μ ha il valore (15_b), e fornisce la funzione potenziale d'una massa m distribuita uniformemente lungo la periferia d'un cerchio di raggio A, sotto una forma della quale ho mostrato l'utilità in una Nota *Sull'attrazione di un anello circolare od ellittico* *). La seconda espressione di W, opportunamente trasformata, si converte in un'altra forma della stessa funzione potenziale, che si trova pure ricordata nel citato lavoro.

§ IX. — **Dei sistemi simmetrici intorno all'asse maggiore.**

Risaliamo alla primitiva forma (4_1) di V_1 e scriviamo, dopo aver fatto $b = c$,

$$\lambda^2, \qquad A^2, \qquad A^2\psi(\mu)$$

al posto rispettivamente di

$$a^2 + \lambda, \qquad a^2 - b^2, \qquad a b^2 \varphi(\mu).$$

Otteniamo così

(17) $$V_1 = 2\pi A^2 \int_{\lambda_1}^{\infty} \frac{\psi(\mu)\, d\lambda}{\lambda^2 - A^2},$$

dove

(17_a) $$\mu = 1 - \frac{x^2}{\lambda^2} - \frac{v^2}{\lambda^2 - A^2}, \qquad (v^2 = y^2 + z^2)$$

e dove λ_1 è la radice positiva e maggiore di A dell'equazione $\mu = 0$. È questa la funzione potenziale esterna d'una massa

(17_b) $$M = \pi A^2 \int_0^1 \frac{\psi(\mu)\, d\mu}{\sqrt{1 - \mu}}$$

distribuita, in parte per ellissoidi di rotazione omotetici, colla densità variabile

$$k = \frac{A^2 \psi'(\mu_a)}{a b^2},$$

dove

$$\mu_a = 1 - \frac{x^2}{a^2} - \frac{v^2}{a^2 - A^2}$$

*) Memorie della R. Accademia dei Lincei (Classe di scienze fisiche, etc.) serie III, volume V (1880); oppure queste OPERE, volume III, pp. 235-247.

(x, v essendo le coordinate del punto cui la densità k si riferisce), ed in parte, e precisamente per una parte m data da

$$m = 2\pi A^2 \psi(0), \tag{17$_c$}$$

alla superficie dell'ellissoide terminale, di semi-assi a, b, colla densità superficiale corrispondente alla distribuzione in equilibrio. Per la funzione potenziale interna si deve porre $\lambda_1 = a$.

Per una *data* funzione $\psi(\mu)$ la funzione potenziale esterna V_1, la massa totale M e la massa parziale m sono quantità indipendenti dalla scelta dell'ellissoide E, che limita la massa medesima, il quale può essere uno qualunque di quelli il cui parametro varia fra A e λ_1. Fissato che sia questo ellissoide, per esempio da $\lambda = a$, la densità variabile k della massa $M - m$ stratificata nel suo interno è determinata dalla formola testè riportata.

Ciò posto consideriamo la massa m distribuita in equilibrio alla superficie. La densità di tale distribuzione nel punto (x, v) è (§ III) espressa da

$$\frac{m}{4\pi a b^2 \sqrt{\frac{x^2}{a^4} + \frac{v^2}{b^4}}},$$

epperò

$$\frac{m\, v\, ds}{2 a b^2 \sqrt{\frac{x^2}{a^4} + \frac{v^2}{b^4}}}$$

è la quantità di materia compresa, in tale distribuzione, fra il parallelo d'ascissa x ed il parallelo contiguo, ds essendo l'elemento di sezione meridiana intercetto fra i paralleli medesimi. Questa quantità si può scrivere così

$$\frac{m \sqrt{1 - \frac{x^2}{a^2}}\, ds}{2 a \sqrt{\frac{b^2 x^2}{a^4} + 1 - \frac{x^2}{a^2}}},$$

epperò, quando l'ellissoide E, che, come abbiamo detto, è di parametro variabile fra A e λ_1, si va indefinitamente restringendo, per guisa che il suo semi-asse maggiore a tenda al limite A, e il suo semi-asse minore $b = \sqrt{a^2 - A^2}$ tenda a zero, essa tende verso il valore

$$\frac{m\, ds}{2A},$$

il quale corrisponde quindi alla quantità di materia che va a riportarsi sull'elemento ds del segmento focale $2A$, quando il suddetto ellissoide si confonde all'ultimo con tale segmento. Dunque la distribuzione in equilibrio sulla superficie del primitivo ellissoide E, come d'ogni altro ellissoide omofocale interno, equivale, in funzione potenziale esterna, ad una distribuzione *uniforme* d'egual massa m sul segmento focale $2A$, colla densità lineare costante

$$\frac{m}{2A} = \pi A \psi(0),$$

risultato che si potrebbe verificare con un procedimento analogo a quello usato nel § III.

Poichè la distribuzione superficiale in equilibrio equivale ad una distribuzione di densità costante in uno strato omotetico infinitamente sottile, si può concludere di qui che la materia costituente un tale strato (quando gli ellissoidi terminali sono di rotazione intorno all'asse maggiore) può essere riportata, con parità di funzione potenziale esterna, sul segmento focale dello strato medesimo, purchè venga uniformemente distribuita su questo segmento. Applicando questo principio ai singoli strati elementari della distribuzione di densità variabile k, si può così ottenere una distribuzione di tutta la massa M sul segmento focale $2A$, avente la stessa funzione potenziale esterna della primitiva distribuzione a tre dimensioni.

Consideriamo dunque uno degli ellissoidi omotetici ed interni ad E, e sia quello rappresentato dall'equazione

$$\mu_a = 1 - \frac{x^2}{a^2} - \frac{v^2}{a^2 - A^2} \qquad (0 < \mu_a < 1),$$

il cui segmento focale è compreso fra i punti

$$x = \pm A\sqrt{1 - \mu_a}, \qquad v = 0.$$

La massa

$$2\pi A^2 \sqrt{1 - \mu_a}\, \psi'(\mu_a)\, d\mu_a$$

dello strato elementare compreso fra gli ellissoidi (μ_a) e $(\mu_a + d\mu_a)$, riportandosi uniformemente sul detto segmento focale, genera una distribuzione lineare di densità costante

$$\pi A \psi'(\mu_a)\, d\mu_a.$$

Ora il punto d'ascissa x, $(x^2 < A^2)$, del segmento focale $2A$ è interno ai segmenti focali di tutti gli ellissoidi il cui parametro μ_a soddisfa alla condizione

$$x^2 < A^2(1 - \mu_a),$$

ossia

$$\mu_a < 1 - \frac{x^2}{A^2}.$$

Quindi la densità complessiva nel punto d'ascissa x, risultante dal riporto di tutti gli strati elementari nei cui segmenti focali esso punto è contenuto, è

$$\pi A \psi \left(1 - \frac{x^2}{A^2}\right) - \pi A \psi(0);$$

e sommando tale densità con quella della distribuzione lineare procedente dalla massa m, si ottiene

$$g = \pi A \psi \left(1 - \frac{x^2}{A^2}\right) \tag{17_d}$$

come espressione della densità lineare totale nel punto d'ascissa x del segmento focale $2A$.

Se con questo valore di g si calcola la massa totale del segmento

$$2 \int_0^A g\, dx = 2\pi A \int_0^A \psi \left(1 - \frac{x^2}{A^2}\right) dx,$$

si ritrova subito il valore (17_b) di M, ponendo

$$1 - \frac{x^2}{A^2} = \mu.$$

Si può osservare che la distribuzione lineare testè determinata, ed equivalente alla primitiva distribuzione ellissoidale simmetrica intorno all'asse maggiore, ha una funzione potenziale che, calcolata in base alla definizione, sarebbe espressa da

$$\pi A \int_{-A}^{A} \frac{\psi \left(1 - \frac{\xi^2}{A^2}\right) d\xi}{\sqrt{(x - \xi)^2 + v^2}}.$$

Si ha dunque la seguente trasformazione d'integrali

$$\int_{-A}^{A} \frac{\psi \left(1 - \frac{\xi^2}{A^2}\right) d\xi}{\sqrt{(x - \xi)^2 + v^2}} = 2A \int_{\lambda_1}^{\infty} \frac{\psi(\mu)\, d\lambda}{\lambda^2 - A^2},$$

dove λ_1 è la radice maggiore di A dell'equazione

$$\mu = 1 - \frac{x^2}{\lambda^2} - \frac{v^2}{\lambda^2 - A^2} = 0 .$$

La funzione $g(x)$ non è soggetta ad altra condizione che d'essere *pari*. Quando questa condizione è soddisfatta si può ricavare ψ da g mediante la formola

$$(17_e) \qquad \psi(\mu) = \frac{1}{\pi A} g(A\sqrt{1 - \mu}).$$

LXIII.

INTORNO AD ALCUNI NUOVI TEOREMI DEL SIG. C. NEUMANN SULLE FUNZIONI POTENZIALI.

Annali di Matematica pura ed applicata, serie II, tomo X (1880), pp. 46-63.

Nel fascicolo 3° (testè uscito alla luce) del t. XVI dei *Mathematische Annalen,* il sig. C. Neumann, promotore indefesso della teoria matematica del potenziale, ha pubblicati (in gran parte senza dimostrazione) molti nuovi teoremi relativi a questa teoria, teoremi i quali sono da giudicarsi come molto importanti, sia per le lacune ch'essi colmano, sia per quelle ch'essi contribuiranno a colmare in seguito. Essi sono raggruppati in due distinti Articoli, il primo dei quali (pp. 409-431) riguarda il potenziale logaritmico di distribuzioni lineari semplici e doppie, ed il secondo (pp. 432-438) riguarda il potenziale newtoniano di distribuzioni superficiali semplici e doppie.

L'interesse in me destato dai nuovi risultamenti cui il sig. Neumann è pervenuto mi ha indotto a cercarne subito la dimostrazione e, trovatala, a comunicarla agli studiosi. Ciò faccio colla presente Nota, nella quale tuttavia mi restringo alla considerazione dei potenziali newtoniani, sia per il più immediato vantaggio che ogni nuova agevolezza nel loro maneggio può recare alla fisica matematica, sia per la visibile analogia dei procedimenti (ancor più semplici) coi quali si potrebbero stabilire i teoremi corrispondenti circa i potenziali logaritmici. D'altronde il sig. Neumann è in parte già entrato, rispetto a questi ultimi, in particolari più minuti, e tutti devono desiderare ch'egli stesso svolga, da par suo, le delicate proposizioni che si contengono nella seconda parte del suo primo Articolo: desiderio tanto più legittimo, in quanto che Egli afferma d'aver già in pronto, da tempo non breve, siffatti svolgimenti.

Il sig. Neumann considera espressamente ed esclusivamente il caso delle superficie *chiuse*, e, supponendole riferite a coordinate curvilinee, sceglie per tali coordinate quelle che definiscono le linee di curvatura della superficie. Avendo io creduto più conveniente (e non già per sola vaghezza di generalità) di prescindere da queste due particolarizzazioni, dirò le ragioni che mi hanno indotto a ciò fare.

Quanto alla scelta delle coordinate, chiaro essendo (per la natura stessa della questione) che le espressioni in cui esse debbono figurare definitivamente non possono essere altro che *invarianti differenziali*, è naturale che l'uso di coordinate generiche debba condurre più direttamente, come infatti conduce, a quella forma delle suddette espressioni nella quale si rende manifesto il loro carattere invariantivo.

Quanto poi alla considerazione d'una superficie aperta, anzichè chiusa, parmi ch'essa si raccomandi di preferenza, non solo per l'opportunità che dà di conoscere come si atteggino le formole in quel caso più generale (che pur risponde, come il secondo, a questioni fisiche possibili), ma eziandìo per un'altra ragione più concreta. È noto infatti che per applicare alle superficie curve certe relazioni fondamentali fra integrali di superficie ed integrali di contorno, analoghe a quelle notissime di Gauss e di Green e costituenti l'essenziale meccanismo di quasi tutte le operazioni sulle funzioni potenziali, bisogna che il reticolo curvilineo tracciato sulla superficie dalle linee coordinate presenti dovunque lo stesso aspetto generale del reticolo cartesiano nel piano, bisogna, cioè, che sia possibile concepire la trasformazione continua dell'uno nell'altro. Ora per una superficie chiusa questa trasformazione è impossibile. Diventa dunque necessario dividere una tale superficie in due o più pezzi, per ciascun dei quali si possa concepire l'esistenza d'un reticolo curvilineo dotato del carattere suddetto. È certo che, ad operazione compiuta, gli integrali lineari, relativi ai due margini di ciascun taglio fatto nella superficie primitiva, si debbono elidere a vicenda; ma ciò non pertanto questi integrali si presentano spontaneamente nell'applicazione delle mentovate formole, e non pare quindi inopportuno, anche per questo solo riguardo, di conservarne la traccia.

Supporrò dunque, in ciò che segue, che si tratti sempre d'un pezzo di superficie, σ, nel quale il reticolo delle coordinate curvilinee possegga dovunque il suaccennato carattere *); le formole ottenute saranno valide, naturalmente, per un altro pezzo qualunque, o per una superficie chiusa, divisibile in parti dotate separatamente della stessa proprietà.

Sieno ξ, η, ζ le coordinate rettangolari d'un punto qualunque dello spazio, u, v le coordinate curvilinee d'un punto qualunque della superficie σ. Pei punti di questa

---

*) Per maggiori schiarimenti si consulti la mia Memoria: *Delle variabili complesse sopra una superficie qualunque*, nel t. I della Serie II degli Annali di Matematica; oppure queste Opere, Volume I, pp. 318-353.

superficie le ξ, η, ζ sono funzioni determinate delle variabili u, v, e ponendo

$$E = \xi'^2 + \eta'^2 + \zeta'^2,$$
$$F = \xi'\xi_, + \eta'\eta_, + \zeta'\zeta_,,$$
$$G = \xi_,^2 + \eta_,^2 + \zeta_,^2$$

(dove l'apice superiore od inferiore designa una derivazione parziale rispetto ad u od a v) si ha

$$E\,du^2 + 2F\,du\,dv + G\,dv^2$$

come espressione del quadrato d'un elemento lineare qualunque della superficie σ. In virtù dei valori di E, F, G la quantità $EG - F^2$ non può mai diventare negativa: la supposizione fatta sulla natura del reticolo curvilineo esclude ch'essa possa annullarsi entro i limiti di σ e sul contorno s. Designeremo con H il valore positivo del radicale

$$H = \sqrt{EG - F^2} > 0.$$

Per un punto qualunque (u, v) della superficie σ passano due linee di questa superficie, l'una lungo la quale varia soltanto u, l'altra lungo la quale varia soltanto v. Le tangenti in quel punto a queste due linee, dirette nel senso in cui crescono le rispettive variabili u, v, fanno tra loro un angolo il cui coseno è

$$\frac{F}{\sqrt{EG}}$$

e che, per le ipotesi fatte, è maggiore di 0° e minore di 180°. Chiameremo n la normale alla superficie nel punto (u, v), diretta in modo che la prima delle dette due tangenti, percorrendo il detto angolo per raggiungere la seconda, giri intorno alla retta n nello stesso senso in cui l'asse positivo delle ξ deve girare (d'un angolo retto) intorno all'asse positivo delle ζ, per raggiungere l'asse positivo delle η. Per tale convenzione, designando con α, β, γ i coseni degli angoli che la retta n fa coi tre assi delle ξ, η, ζ, cioè ponendo

$$\alpha = \frac{\partial \xi}{\partial n}, \qquad \beta = \frac{\partial \eta}{\partial n}, \qquad \gamma = \frac{\partial \zeta}{\partial n},$$

si hanno le formole

$$H\alpha = \eta'\zeta_, - \eta_,\zeta',$$
$$H\beta = \zeta'\xi_, - \zeta_,\xi',$$
$$H\gamma = \xi'\eta_, - \xi_,\eta'.$$

Ciò posto osserviamo che, se la superficie ha dovunque una curvatura finita, si possono, in sufficiente prossimità di essa, considerare le ξ, η, ζ come funzioni monodrome di u, v, n (u e v essendo le coordinate curvilinee del piede della normale n), epperò si può scrivere

$$d\xi = \xi' du + \xi_{,} dv + \alpha dn,$$

$$d\eta = \eta' du + \eta_{,} dv + \beta dn,$$

$$d\zeta = \zeta' du + \zeta_{,} dv + \gamma dn,$$

donde

$$\xi' d\xi + \eta' d\eta + \zeta' d\zeta = E du + F dv,$$

$$\xi_{,} d\xi + \eta_{,} d\eta + \zeta_{,} d\zeta = F du + G dv.$$

Introducendo dunque i simboli

$$\frac{G\varphi' - F\varphi_{,}}{H} = M_\varphi, \qquad \frac{E\varphi_{,} - F\varphi'}{H} = N_\varphi$$

(dove φ è una funzione qualunque di u e v), si ha

$$du = \frac{1}{H}(M_\xi d\xi + M_\eta d\eta + M_\zeta d\zeta),$$

$$dv = \frac{1}{H}(N_\xi d\xi + N_\eta d\eta + N_\zeta d\zeta),$$

$$dn = \alpha d\xi + \beta d\eta + \gamma d\zeta.$$

Sostituendo questi valori nell'identità

$$\frac{\partial \varphi}{\partial \xi} d\xi + \frac{\partial \varphi}{\partial \eta} d\eta + \frac{\partial \varphi}{\partial \zeta} d\zeta = \varphi' du + \varphi_{,} dv + \frac{\partial \varphi}{\partial n} dn$$

(dove φ è una funzione qualunque di ξ, η, ζ) ed osservando essere

$$M_\xi \varphi' + N_\xi \varphi_{,} = M_\varphi \xi' + N_\varphi \xi_{,},$$

si ha

$$\frac{\partial \varphi}{\partial \xi} = \frac{1}{H}(M_\varphi \xi' + N_\varphi \xi_{,}) + \alpha \frac{\partial \varphi}{\partial n},$$

$$\frac{\partial \varphi}{\partial \eta} = \frac{1}{H}(M_\varphi \eta' + N_\varphi \eta_{,}) + \beta \frac{\partial \varphi}{\partial n},$$

$$\frac{\partial \varphi}{\partial \zeta} = \frac{1}{H}(M_\varphi \zeta' + N_\varphi \zeta_{,}) + \gamma \frac{\partial \varphi}{\partial n}.$$

Moltiplicando ordinatamente queste equazioni per

$$\frac{\partial\psi}{\partial\xi},\quad \frac{\partial\psi}{\partial\eta},\quad \frac{\partial\psi}{\partial\zeta}$$

(dove ψ è un'altra funzione qualunque di ξ, η, ζ) e sommando membro a membro, si ha

$$\frac{\partial\varphi}{\partial\xi}\frac{\partial\psi}{\partial\xi}+\frac{\partial\varphi}{\partial\eta}\frac{\partial\psi}{\partial\eta}+\frac{\partial\varphi}{\partial\zeta}\frac{\partial\psi}{\partial\zeta}=\frac{1}{H}(M_\varphi\psi'+N_\varphi\psi_{\prime})+\frac{\partial\varphi}{\partial n}\frac{\partial\psi}{\partial n},$$

o più brevemente

$$(1)\qquad \frac{\partial\varphi}{\partial\xi}\frac{\partial\psi}{\partial\xi}+\frac{\partial\varphi}{\partial\eta}\frac{\partial\psi}{\partial\eta}+\frac{\partial\varphi}{\partial\zeta}\frac{\partial\psi}{\partial\zeta}=\Delta_1(\varphi,\psi)+\frac{\partial\varphi}{\partial n}\frac{\partial\psi}{\partial n},$$

dove l'espressione

$$\Delta_1(\varphi,\psi)=\frac{1}{H^2}[G\varphi'\psi'-F(\varphi'\psi_{\prime}+\varphi_{\prime}\psi')+E\varphi_{\prime}\psi_{\prime}]$$

è quella di cui ho già da lungo tempo fatto uso sotto il nome di parametro differenziale intermedio o misto delle due funzioni φ e ψ, e che, più brevemente, può designarsi come il loro invariante bilineare *).

Facendo successivamente nell'equazione (1) $\varphi=\xi$, $=\eta$, $=\zeta$, si ottengono le formole

$$(1_a)\qquad \begin{cases} \dfrac{\partial\psi}{\partial\xi}=\Delta_1(\psi,\xi)+\alpha\dfrac{\partial\psi}{\partial n}, \\[2mm] \dfrac{\partial\psi}{\partial\eta}=\Delta_1(\psi,\eta)+\beta\dfrac{\partial\psi}{\partial n}, \\[2mm] \dfrac{\partial\psi}{\partial\zeta}=\Delta_1(\psi,\zeta)+\gamma\dfrac{\partial\psi}{\partial n}, \end{cases}$$

che non differiscono punto da quelle che abbiamo ottenute più sopra per φ e che abbiamo adoperate per la deduzione della formola generale (1).

---

*) Veggansi le mie *Ricerche di analisi applicata alla geometria,* nei tomi II e III del Giornale di Matematiche (1864-65) (queste OPERE, Volume I, pp. 107-198), la già citata Memoria *Delle variabili complesse,* etc., la Memoria *Sulle proprietà generali delle superficie d'area minima* e quella intitolata *Sulla teorica generale dei parametri differenziali,* nella Serie II, t. VII e VIII delle Memorie dell'Accademia di Bologna (queste OPERE, Volume II, pp. 1-54, 74-118). Ho dato un riassunto delle principali formole circa questo argomento in un Articolo *Zur Theorie des Krümmungsmaasses,* nel t. I dei Mathematische Annalen (queste OPERE, Volume II, pp. 119-128). L'attuale equazione (1) non è che un caso particolare della seconda equazione (26) del § 3 della suddetta *Teorica.*

Consideriamo ora un integrale della forma

$$\int \mu \Delta_1(\varphi, \psi) d\sigma,$$

esteso a tutto il pezzo di superficie σ. Le quantità μ, φ, ψ sono tre funzioni delle u, v di cui indicheremo fra breve le proprietà necessarie. Osservando che si può porre $d\sigma = H du dv$, il precedente integrale può scriversi così:

$$\int\int \mu (M_\varphi \psi' + N_\varphi \psi_,) du dv.$$

Ma si ha identicamente

$$\mu M_\varphi \psi' = (\mu M_\varphi \psi)' - [\mu (M_\varphi)' + \mu' M_\varphi] \psi,$$

$$\mu N_\varphi \psi_, = (\mu N_\varphi \psi)_, - [\mu (N_\varphi)_, + \mu_, N_\varphi] \psi;$$

quindi il detto integrale si può di nuovo convertire nell'espressione seguente

$$\int\int [(\mu M_\varphi \psi)' + (\mu N_\varphi \psi)_,] du dv - \int [\mu \Delta_2 \varphi + \Delta_1(\varphi, \mu)] \psi d\sigma,$$

dove il simbolo

$$\Delta_2 \varphi = \frac{1}{H} [(M_\varphi)' + (N_\varphi)_,]$$

rappresenta il secondo parametro differenziale della funzione φ *).

D'altronde, se χ è una funzione di u, v che in tutta la superficie σ sia monodroma, continua e finita e sia dotata di derivate prime, si ha **)

$$\int\int \chi' du dv = - \int \left(E \frac{\partial u}{\partial \nu} + F \frac{\partial v}{\partial \nu} \right) \frac{\chi ds}{H},$$

$$\int\int \chi_, du dv = - \int \left(F \frac{\partial u}{\partial \nu} + G \frac{\partial v}{\partial \nu} \right) \frac{\chi ds}{H},$$

dove gli integrali del primo membro sono estesi a tutta la superficie σ e quelli del secondo membro a tutto il contorno s, percorso nel senso positivo (rispetto alla normale n d'ogni punto di σ prossimo al contorno stesso), e dove ν è la direzione dell'elemento lineare di σ condotto da un punto qualunque del contorno normalmente al contorno stesso, verso la regione di superficie che si considera. Quindi, supponendo che μ e ψ siano funzioni monodrome, continue, finite e dotate di derivate prime, e che φ sia una

---

*) Memorie citate.

**) Memoria *Delle variabili complesse*, etc. (Art. 5).

funzione monodroma, continua e finita insieme colle sue derivate prime e dotata di derivate seconde, si ha

$$\int\int[(\mu M_\varphi \psi)' + (\mu N_\varphi \psi)_,]\,du\,dv$$

$$= -\int\left[M_\varphi\left(E\frac{\partial u}{\partial \nu} + F\frac{\partial v}{\partial \nu}\right) + N_\varphi\left(F\frac{\partial u}{\partial \nu} + G\frac{\partial v}{\partial \nu}\right)\right]\frac{\mu\psi\,ds}{H} = -\int\mu\frac{\partial \varphi}{\partial \nu}\psi\,ds.$$

Si ha dunque finalmente l'identità seguente:

$$(2) \qquad \int\mu\Delta_1(\varphi, \psi)\,d\sigma = -\int[\mu\Delta_2\varphi + \Delta_1(\varphi, \mu)]\psi\,d\sigma - \int\mu\frac{\partial \varphi}{\partial \nu}\psi\,ds,$$

che comprende come caso particolare (per $\mu = 1$) la formola da me stabilita nella citata Memoria: *Delle variabili complesse*, etc., e coll'ajuto della quale ho potuto stabilire il teorema analogo a quello di Green per una superficie qualunque.

Premesso ciò, veniamo alla nostra questione, incominciando a considerare l'ordinaria funzione potenziale di superficie

$$(3) \qquad V = \int\frac{h\,d\sigma}{r},$$

dove h è la densità ed r la distanza assoluta dell'elemento $d\sigma$ dal punto *potenziato* *), di cui diremo x, y, z le coordinate e che supporremo a distanza finita dalla superficie σ.

Ponendo per comodo

$$\psi = \frac{1}{r},$$

si ha

$$(3_a) \qquad \begin{cases} V = \int h\psi\,d\sigma, \\ \dfrac{\partial V}{\partial x} = \int h\dfrac{\partial \psi}{\partial x}d\sigma = -\int h\dfrac{\partial \psi}{\partial \xi}d\sigma, \end{cases}$$

ossia, in virtù delle formole (1_a),

$$\frac{\partial V}{\partial x} = -\int h\Delta_1(\psi, \xi)\,d\sigma - \int h\alpha\frac{\partial \psi}{\partial n}d\sigma.$$

*) Parmi che adottando le denominazioni di *punto potenziato* e di *punto potenziante*, di *masse potenziate* e di *masse potenzianti*, si eviterebbero, nella teoria delle funzioni potenziali, molte perifrasi e molti sottintesi che rendono talora penoso e talora oscuro il linguaggio.

Applicando la relazione (2), con che si suppone che h sia funzione monodroma, continua e finita di u, v, dotata di derivate prime, si ottiene immediatamente

$$(4_a)\qquad \frac{\partial V}{\partial x} = \int [h\Delta_2\xi + \Delta_1(h,\ \xi)]\psi\, d\sigma - \int h\alpha\frac{\partial\psi}{\partial n}d\sigma + \int h\frac{\partial\xi}{\partial\nu}\psi\, ds,$$

e riponendo per ψ il suo valore,

$$(4)\qquad \frac{\partial V}{\partial x} = \int \frac{h\Delta_2\xi + \Delta_1(h,\ \xi)}{r}d\sigma - \int h\alpha\frac{\partial\frac{1}{r}}{\partial n}d\sigma + \int h\frac{\partial\xi}{\partial\nu}\frac{ds}{r}.$$

È questa la formola (13)B del sig. NEUMANN, completata da un termine (l'ultimo) che è la funzione potenziale d'una massa distribuita lungo il contorno s, termine il quale naturalmente svanisce quando la superficie σ è chiusa.

Dal processo di dimostrazione risulta che questa formola, scritta sotto la forma (4_a), è indipendente dalla legge d'attrazione.

La massa totale cui sono dovute le funzioni potenziali del secondo membro è espressa da

$$\int [h\Delta_2\xi + \Delta_1(h,\ \xi)]d\sigma + \int h\frac{\partial\xi}{\partial\nu}ds$$

ed è uguale a 0, come risulta dal porre nell'identità (2) $\mu = h$, $\varphi = \xi$, $\psi = 1$.

Passiamo alla funzione potenziale di doppio strato

$$(5)\qquad W = \int g\frac{\partial\frac{1}{r}}{\partial n}d\sigma,$$

dove g è il momento. Introducendo di nuovo il simbolo ψ, si ha

$$(5_a)\qquad W = \int g\frac{\partial\psi}{\partial n}d\sigma = \int g\left(\frac{\partial\psi}{\partial\xi}\alpha + \frac{\partial\psi}{\partial\eta}\beta + \frac{\partial\psi}{\partial\zeta}\gamma\right)d\sigma,$$

donde

$$\frac{dW}{dx} = -\int g\left(\frac{\partial^2\psi}{\partial\xi^2}\alpha + \frac{\partial^2\psi}{\partial\xi\partial\eta}\beta + \frac{\partial^2\psi}{\partial\xi\partial\zeta}\gamma\right)d\sigma.$$

Per applicare le formole generali al secondo membro di questa equazione, conviene dargli prima un'altra forma. A tal fine consideriamo i valori di g, i quali, per il significato di questa quantità, dipendono soltanto dalle variabili u e v, come i valori che prende sulla superficie σ una funzione delle tre coordinate ξ, η, ζ, funzione che dobbiamo supporre dotata di derivate prime, almeno in prossimità della superficie. In tale ipotesi, la quale esige evidentemente che anche la data funzione $g(u,\ v)$ sia dotata di derivate prime, si può scrivere

$$g\frac{\partial^2\psi}{\partial\xi^2}=\frac{\partial}{\partial\xi}\left(g\frac{\partial\psi}{\partial\xi}\right)-\frac{\partial g}{\partial\xi}\frac{\partial\psi}{\partial\xi},$$

$$g\frac{\partial^2\psi}{\partial\xi\partial\eta}=\frac{\partial}{\partial\xi}\left(g\frac{\partial\psi}{\partial\eta}\right)-\frac{\partial g}{\partial\xi}\frac{\partial\psi}{\partial\eta},$$

$$g\frac{\partial^2\psi}{\partial\xi\partial\zeta}=\frac{\partial}{\partial\xi}\left(g\frac{\partial\psi}{\partial\zeta}\right)-\frac{\partial g}{\partial\xi}\frac{\partial\psi}{\partial\zeta},$$

epperò

$$\frac{\partial W}{\partial x}=\int\frac{\partial g}{\partial\xi}\frac{\partial\psi}{\partial n}d\sigma-\int\left[\alpha\frac{\partial}{\partial\xi}\left(g\frac{\partial\psi}{\partial\xi}\right)+\beta\frac{\partial}{\partial\xi}\left(g\frac{\partial\psi}{\partial\eta}\right)+\gamma\frac{\partial}{\partial\xi}\left(g\frac{\partial\psi}{\partial\zeta}\right)\right]d\sigma.$$

Ora, dal noto teorema

$$\int_s(Xd\xi+Yd\eta+Zd\zeta)$$

$$=\int\left[\left(\frac{\partial Z}{\partial\eta}-\frac{\partial Y}{\partial\zeta}\right)\alpha+\left(\frac{\partial X}{\partial\zeta}-\frac{\partial Z}{\partial\xi}\right)\beta+\left(\frac{\partial Y}{\partial\xi}-\frac{\partial X}{\partial\eta}\right)\gamma\right]d\sigma,$$

dove il primo integrale è preso lungo il contorno s (percorso positivamente) della superficie σ alla quale si estende il secondo integrale, e dove le X, Y, Z sono tre funzioni di ξ, η ζ monodrome, continue, finite e dotate di derivate prime in prossimità della superficie σ, si desume, in particolare,

$$\int_s g\frac{\partial\psi}{\partial\zeta}d\eta=\int\left[\gamma\frac{\partial}{\partial\xi}\left(g\frac{\partial\psi}{\partial\zeta}\right)-\alpha\frac{\partial}{\partial\zeta}\left(g\frac{\partial\psi}{\partial\zeta}\right)\right]d\sigma,$$

$$\int_s g\frac{\partial\psi}{\partial\eta}d\zeta=\int\left[\alpha\frac{\partial}{\partial\eta}\left(g\frac{\partial\psi}{\partial\eta}\right)-\beta\frac{\partial}{\partial\xi}\left(g\frac{\partial\psi}{\partial\eta}\right)\right]d\sigma.$$

Ponendo dunque

$$\frac{\partial^2\psi}{\partial\xi^2}+\frac{\partial^2\psi}{\partial\eta^2}+\frac{\partial^2\psi}{\partial\zeta^2}=\nabla\psi,$$

si ha

$$\frac{\partial W}{\partial x}=\int\frac{\partial g}{\partial\xi}\frac{\partial\psi}{\partial\eta}d\sigma-\int\alpha g\nabla\psi.d\sigma$$

$$-\int\left(\frac{\partial g}{\partial\xi}\frac{\partial\psi}{\partial\xi}+\frac{\partial g}{\partial\eta}\frac{\partial\psi}{\partial\eta}+\frac{\partial g}{\partial\zeta}\frac{\partial\psi}{\partial\zeta}\right)\alpha\,d\sigma+\int_s g\left(\frac{\partial\psi}{\partial\eta}d\zeta-\frac{\partial\psi}{\partial\zeta}d\eta\right).$$

Possiamo adesso, per la definitiva trasformazione di quest'espressione, invocare le formole stabilite al principio.

Facendo nella formola (1) $\varphi = g$, si ottiene

$$\frac{\partial g}{\partial \xi}\frac{\partial \psi}{\partial \xi} + \frac{\partial g}{\partial \eta}\frac{\partial \psi}{\partial \eta} + \frac{\partial g}{\partial \zeta}\frac{\partial \psi}{\partial \zeta} = \Delta_1(g, \psi) + \frac{\partial g}{\partial n}\frac{\partial \psi}{\partial n},$$

e facendo nella prima delle formole (1_a) $\psi = g$, si ottiene pure

$$\frac{\partial g}{\partial \xi} - \alpha \frac{\partial g}{\partial n} = \Delta_1(g, \xi).$$

Si ha dunque

$$\frac{\partial W}{\partial x} = \int \Delta_1(g, \xi)\frac{\partial \psi}{\partial n} d\sigma + \int_s g\left(\frac{\partial \psi}{\partial \eta} d\zeta - \frac{\partial \psi}{\partial \zeta} d\eta\right)$$
$$- \int \alpha g \nabla \psi \, d\sigma - \int \alpha \Delta_1(g, \psi) d\sigma,$$

espressione in cui di nuovo non intervengono che i valori superficiali di g e dove non resta che da trasformare l'ultimo integrale mediante la formola (2), facendo in questa $\mu = \alpha$, $\varphi = g$; il che esige che $g(u, v)$ sia funzione monodroma, continua e finita, insieme colle sue derivate prime, e che sia dotata altresì di derivate seconde. Operando questa trasformazione e ponendo inoltre, per brevità,

$$\int_s g\psi \, d\xi = X, \qquad \int_s g\psi \, d\eta = Y, \qquad \int_s g\psi \, d\zeta = Z,$$

si ottiene finalmente

$$(6_a) \quad \begin{cases} \dfrac{\partial W}{\partial x} = \displaystyle\int [\alpha \Delta_2 g + \Delta_1(g, \alpha)]\psi \, d\sigma + \int \Delta_1(g, \xi)\frac{\partial \psi}{\partial n} d\sigma \\ \qquad - \displaystyle\int \alpha g \nabla \psi \, d\sigma + \int \alpha \frac{\partial g}{\partial \nu} \psi \, ds + \frac{\partial Y}{\partial z} - \frac{\partial Z}{\partial y}, \end{cases}$$

e riponendo per ψ il suo valore,

$$(6) \quad \begin{cases} \dfrac{\partial W}{\partial x} = \displaystyle\int \frac{\alpha \Delta_2 g + \Delta_1(g, \alpha)}{r} d\sigma + \int \Delta_1(g, \xi)\frac{\partial \frac{1}{r}}{\partial n} d\sigma \\ \qquad + \displaystyle\int \alpha \frac{\partial g}{\partial \nu}\frac{ds}{r} + \frac{\partial Y}{\partial z} - \frac{\partial Z}{\partial y}. \end{cases}$$

È questa la formola (14) B del sig. NEUMANN, completata da tre nuovi termini (i tre ultimi), dei quali il primo è la funzione potenziale d'una massa distribuita lungo il contorno s, e gli altri due sono le derivate prime delle funzioni potenziali di due analoghe distribuzioni lineari *).

Per rendere questa formola indipendente dalla legge d'attrazione bisogna aggiungere un altro integrale di superficie [il terzo nella formola (6_a)].

Le due formole (4), (6), a ciascuna delle quali se ne possono associare due altre, relative alle coordinate y e z fanno evidentemente riscontro a quelle, già note da lungo tempo, che forniscono le derivate d'una funzione potenziale di spazio per mezzo di funzioni potenziali di spazio e di superficie. Quando σ è una superficie chiusa, esse prendono le forme seguenti

$$\frac{\partial V}{\partial x} = V_1 + W_1, \qquad \frac{\partial W}{\partial x} = V_2 + W_2,$$

dove V_1, V_2 sono funzioni della specie di V, e W_1, W_2 sono funzioni della specie di W; donde si conclude, col sig. NEUMANN, l'importante risultato che ogni derivata, qualunque ne sia l'ordine, di V o di W, rispetto alle coordinate x, y, z, è sempre esprimibile sotto forma di somma di due funzioni potenziali di superficie, l'una di semplice, l'altra di doppio strato.

Se si ammette, come fa il sig. NEUMANN, che sia già stata dimostrata la continuità della funzione

$$V = \int \frac{h\, d\sigma}{r},$$

nel passaggio del punto (x, y, z) attraverso alla superficie, e la discontinuità della funzione

$$W = \int g \frac{\partial \frac{1}{r}}{\partial n} d\sigma,$$

nel passaggio medesimo, discontinuità definita dall'equazione

$$W_n - W_{n'} = 4\pi g,$$

dove W_n e $W_{n'}$ sono i due valori di W nell'immediata prossimità del punto cui si riferisce il valore di g, l'uno dalla parte della normale n, l'altro da quella della normale opposta n', le formole (4) e (6) conducono molto facilmente alla determinazione della discontinuità delle derivate di V e di W nel passaggio attraverso alla superficie, passag-

*) Quando g è costante questi due termini sono i soli che rimangano nel secondo membro, e l'equazione che si ottiene è la traduzione analitica del teorema fondamentale di AMPÈRE.

gio che supporremo effettuarsi in un punto posto a distanza finita dal contorno s della superficie σ.

Limitiamoci a considerare le derivate normali, e supponiamo quindi (per applicare direttamente a questo caso le formole già scritte) che nel punto di passaggio si abbia $\alpha = 1$, $\beta = \gamma = 0$, cioè

$$\eta'\zeta_1 - \eta_1\zeta' = H > 0, \qquad \zeta'\xi_1 - \zeta_1\xi' = 0, \qquad \xi'\eta_1 - \xi_1\eta' = 0,$$

epperò

$$\xi' = \xi_1 = 0,$$

come è d'altronde manifesto. Scrivendo le formole (4) e (6) così

$$\frac{\partial V}{\partial x} = -\int h\alpha \frac{\partial \frac{1}{r}}{\partial n} d\sigma + P, \qquad \frac{\partial W}{\partial x} = \int \Delta_1(g, \xi) \frac{\partial \frac{1}{r}}{\partial n} d\sigma + Q,$$

dove P e Q sono funzioni di x, y, z che restano continue nel passaggio del punto (x, y, z) attraverso alla superficie, in ogni punto a distanza finita dal contorno, si ha immediatamente, dalle proprietà ammesse,

$$\left(\frac{\partial V}{\partial x}\right)_n - \left(\frac{\partial V}{\partial x}\right)_{n'} = -4\pi h, \qquad \left(\frac{\partial W}{\partial x}\right)_n - \left(\frac{\partial W}{\partial x}\right)_{n'} = 0,$$

ossia

$$\frac{\partial V}{\partial n} + \frac{\partial V}{\partial n'} = -4\pi h, \qquad \frac{\partial W}{\partial n} + \frac{\partial W}{\partial n'} = 0,$$

formole che esprimono le notissime proprietà delle prime derivate normali di V e di W, nell'immediata prossimità della superficie.

Per trovare le analoghe proprietà delle derivate seconde, scriviamo le equazioni (4), (6) in quest'altro modo

$$\frac{\partial V}{\partial x} = \int \frac{h_1 d\sigma}{r} + \int g_1 \frac{\partial \frac{1}{r}}{\partial n} d\sigma + p,$$

$$\frac{\partial W}{\partial x} = \int \frac{h_2 d\sigma}{r} + \int g_2 \frac{\partial \frac{1}{r}}{\partial n} d\sigma + q,$$

dove

$$h_1 = h\Delta_2\xi + \Delta_1(h, \xi), \qquad g_1 = -h\alpha,$$

$$h_2 = \alpha\Delta_2 g + \Delta_1(g, \alpha), \qquad g_2 = \Delta_1(g, \xi),$$

e dove p, q sono funzioni dipendenti dal solo contorno s. Di qui, in virtù delle stesse formole (4), (6), si trae

$$\frac{\partial^2 V}{\partial x^2} = \int [-h_1 \alpha + \Delta_1(g_1, \xi)] \frac{\partial \frac{1}{r}}{\partial n} d\sigma + P,$$

$$\frac{\partial^2 W}{\partial x^2} = \int [-h_2 \alpha + \Delta_1(g_2, \xi)] \frac{\partial \frac{1}{r}}{\partial n} d\sigma + Q,$$

dove P, Q sono di nuovo funzioni che rimangono continue nel passaggio attraverso alla superficie. Ora nel punto di passaggio si ha, per ipotesi, $\xi' = \xi_{,} = 0$, epperò

$$\Delta_1(g_1, \xi) = 0, \qquad \Delta_1(g_2, \xi) = 0;$$

dunque

$$\left(\frac{\partial^2 V}{\partial x^2}\right)_n - \left(\frac{\partial^2 V}{\partial x^2}\right)_{n'} = -4\pi h_1,$$

$$\left(\frac{\partial^2 W}{\partial x^2}\right)_n - \left(\frac{\partial^2 W}{\partial x^2}\right)_{n'} = -4\pi h_2,$$

dove

$$h_1 = h \Delta_2 \xi, \qquad h_2 = \Delta_2 g + \Delta_1(g, \alpha).$$

Ma da formole note *) si ha, in generale,

$$\Delta_1 \xi = 1 - \alpha^2, \qquad \Delta_2 \xi = -\alpha\left(\frac{1}{R_1} + \frac{1}{R_2}\right),$$

dove R_1, R_2 sono i due raggi principali di curvatura della superficie nel punto considerato, contati positivamente quando la loro direzione (dal centro di curvatura verso la superficie) coincide con quella della normale positiva n, negativamente nel caso contrario. Dalla prima di queste due formole si ha, per $\alpha = 1$,

$$\alpha' = -\tfrac{1}{2}(\Delta_1 \xi)', \qquad \alpha_{,} = -\tfrac{1}{2}(\Delta_1 \xi)_{,};$$

quindi, per essere $\Delta_1 \xi$ funzione quadratica ed omogenea delle derivate ξ', $\xi_{,}$, che si annullano nel punto di passaggio, si ha, in questo stesso punto, $\alpha' = \alpha_{,} = 0$, donde

$$\Delta_1(g, \alpha) = 0,$$

epperò

$$h_1 = -h\left(\frac{1}{R_1} + \frac{1}{R_2}\right), \qquad h_2 = \Delta_2 g.$$

---

*) Cfr. le mie Memorie già citate. Del resto la prima equazione si deduce dalla prima delle (1_a) facendo $\psi = \xi$, e la seconda si ricava da una formola generale dimostrata più sotto (vedi in fine della presente Nota).

Le formole cercate sono dunque

$$(7)\qquad \begin{cases} \dfrac{\partial^2 V}{\partial n^2} - \dfrac{\partial^2 V}{\partial n'^2} = 4\pi h\left(\dfrac{1}{R_1} + \dfrac{1}{R_2}\right), \\[2ex] \dfrac{\partial^2 W}{\partial n^2} - \dfrac{\partial^2 W}{\partial n'^2} = -4\pi \Delta_2 g. \end{cases}$$

La prima di queste formole è una di quelle (17. *E*) che il sig. NEUMANN dà come applicazioni dei suoi teoremi, ed era già stata dimostrata (con qualche restrizione) dal prof. PACI *). La seconda mi sembra nuova **). Ambedue però sono intimamente connesse fra loro in virtù d'una proposizione più generale, che ora procedo a stabilire, e dalla quale mi pare che venga meglio chiarita la loro vera origine analitica.

Riferiamo i punti dello spazio a tre coordinate curvilinee u, v, w, corrispondenti a tre famiglie di superficie, le prime due delle quali sieno ortogonali alla terza. La superficie σ sia una di quelle appartenenti alla terza famiglia, e, per semplicità, sia quella che corrisponde al valore $w = 0$ del parametro di questa famiglia, il quale supporremo crescente dalla parte della normale positiva n. Il quadrato dell'elemento lineare generico dello spazio è, per le ammesse ipotesi, evidentemente rappresentato da un'espressione della forma

$$E\,du^2 + 2F\,du\,dv + G\,dv^2 + K^2\,dw^2,$$

dove E, F, G, K sono quattro funzioni di u, v, w, circa le prime tre delle quali possiamo supporre che, per $w = 0$, si riducano a quelle stesse che vennero precedentemente designate coi medesimi simboli, e, circa la quarta, riterremo essere $K > 0$.

Continuiamo a denotare con Δ_1 e Δ_2 i parametri differenziali di primo e second'ordine relativi all'ipotesi $dw = 0$, cioè relativi al caso in cui si considerino come variabili le sole u, v; e denotiamo invece con ∇_1, ∇_2 le analoghe espressioni rispetto allo spazio a tre dimensioni, rispetto, cioè, al caso in cui si consideri come variabile anche w. Per tale convenzione, rammentando le regole generali per la formazione dei parametri differenziali ***), si ottiene dapprima, per una funzione qualunque φ,

$$\nabla_1 \varphi = \Delta_1 \varphi + \frac{1}{K^2}\left(\frac{\partial \varphi}{\partial w}\right)^2;$$

---

*) Giornale di Matematiche, t. XV.

**) Il confronto di essa con quella che il sig. NEUMANN ha trovato pei potenziali logaritmici (18. *D*) conferma ancora una volta l'esattezza d'una osservazione di LAMÉ (*Leçons sur les coordonnées curvilignes*, § 15), già da me rilevata nel § 16 delle citate *Ricerche d'analisi*, etc.

***) Cfr. la citata *Teorica generale dei parametri differenziali*, § 3.

indi

$$\nabla_2 \varphi = \frac{1}{HK}\left[(KM_\varphi)' + (KN_\varphi)_, + \frac{\partial}{\partial w}\left(\frac{H}{K}\frac{\partial \varphi}{\partial w}\right)\right] \qquad (H = \sqrt{EG - F^2}),$$

ossia

$$\nabla_2 \varphi = \Delta_2 \varphi + \frac{\Delta_1(\varphi, K)}{K} + \frac{1}{HK}\frac{\partial}{\partial w}\left(\frac{H}{K}\frac{\partial \varphi}{\partial w}\right).$$

Di qui si trae, per $\varphi = w$,

$$\nabla_1 w = \frac{1}{K^2}, \qquad \nabla_2 w = \frac{1}{HK}\frac{\partial}{\partial w}\frac{H}{K},$$

epperò

$$\frac{\nabla_2 w}{\sqrt{\nabla_1 w}} - \frac{\partial \sqrt{\nabla_1 w}}{\partial w} = \frac{1}{HK}\frac{\partial H}{\partial w},$$

ossia, per una nota formola di LAMÉ *),

$$\frac{1}{HK}\frac{\partial H}{\partial w} = \frac{1}{R_1} + \frac{1}{R_2},$$

dove R_1, R_2 sono i raggi principali di curvatura della superficie $w =$ costante, nel punto (u, v, w).

Si può quindi scrivere

$$\nabla_2 \varphi = \Delta_2 \varphi + \frac{\Delta_1(\varphi, K)}{K} + \frac{1}{K}\frac{\partial}{\partial w}\left(\frac{1}{K}\frac{\partial \varphi}{\partial w}\right) + \left(\frac{1}{R_1} + \frac{1}{R_2}\right)\frac{1}{K}\frac{\partial \varphi}{\partial w},$$

ossia finalmente

$$(8) \qquad \nabla_2 \varphi = \Delta_2 \varphi + \frac{\Delta_1(\varphi, K)}{K} + \frac{\partial^2 \varphi}{\partial s^2} + \left(\frac{1}{R_1} + \frac{1}{R_2}\right)\frac{\partial \varphi}{\partial s},$$

dove s è l'arco della linea secondo cui s'intersecano le superficie $u =$ cost., $v =$ cost., arco contato positivamente nel senso di w crescente.

È questa una formola generale che comprende molti risultati conosciuti e che potrebbe porgere argomento ad altre applicazioni. Ma, per venire senz'altro alla questione che ci occupa, supponiamo che la variabile designata generalmente con w sia il segmento n della normale positiva condotta nel punto (u, v) alla superficie σ, cosicchè la famiglia $w =$ cost. sia formata delle superficie parallele alla data, e le famiglie $u =$ cost., $v =$ cost. sieno formate di superficie rigate normali alle precedenti. È evidente che in tal caso, essendo $ds = dn$, si ha $K = 1$ e quindi

$$\Delta_1(\varphi, K) = 0,$$

*) *Leçons sur les coordonnées curvilignes*, p. 42.

cosicchè l'equazione (8) diventa

$$(8_a)\qquad \nabla_2\varphi = \Delta_2\varphi + \frac{\partial^2\varphi}{\partial n^2} + \left(\frac{1}{R_1} + \frac{1}{R_2}\right)\frac{\partial\varphi}{\partial n}.$$

Se invece della normale positiva n si volesse considerare la normale negativa n', opposta alla n, si avrebbe evidentemente

$$\nabla_2\varphi = \Delta_2\varphi + \frac{\partial^2\varphi}{\partial n'^2} - \left(\frac{1}{R_1} + \frac{1}{R_2}\right)\frac{\partial\varphi}{\partial n'}.$$

Ciò posto distinguiamo coi simboli φ e φ' i valori che la funzione φ prende, in prossimità della superficie σ, dalle due opposte parti di questa. Avremo

$$\nabla_2\varphi = \Delta_2\varphi + \frac{\partial^2\varphi}{\partial n^2} + \left(\frac{1}{R_1} + \frac{1}{R_2}\right)\frac{\partial\varphi}{\partial n},$$

$$\nabla_2\varphi' = \Delta_2\varphi' + \frac{\partial^2\varphi'}{\partial n'^2} - \left(\frac{1}{R_1} + \frac{1}{R_2}\right)\frac{\partial\varphi'}{\partial n'},$$

equazioni in ciascuna delle quali i valori delle quantità

$$E,\quad F,\quad G,\quad R_1,\quad R_2$$

debbono naturalmente riferirsi al punto cui corrisponde il valore φ, ovvero φ', della funzione. Se supponiamo che i due punti sieno sopra una stessa normale, le loro coordinate saranno rispettivamente u, v, n ed u, v, n'. Ma facendo decrescere indefinitamente i valori di n e di n', è chiaro che quelle cinque quantità tenderanno a prendere gli stessi valori nell'una e nell'altra equazione, tenderanno, cioè, a prendere i valori che loro competono nel punto (u, v) della superficie σ. In tale stato limite potremo dunque scrivere

$$(9)\qquad \left\{\begin{aligned} &\frac{\partial^2\varphi}{\partial n^2} - \frac{\partial^2\varphi}{\partial n'^2} \\ &= -\Delta_2(\varphi_n - \varphi_{n'}) - \left(\frac{1}{R_1} + \frac{1}{R_2}\right)\left(\frac{\partial\varphi}{\partial n} + \frac{\partial\varphi}{\partial n'}\right) + (\nabla_2\varphi)_n - (\nabla_2\varphi)_{n'},\end{aligned}\right.$$

dove φ_n e $\varphi_{n'}$ sono i valori che la funzione φ prende sulla faccia positiva e sulla faccia negativa della superficie σ, come limiti di quelli che essa prende in prossimità di questa superficie dalle due opposte parti di essa.

È questa la formola che ci proponevamo di stabilire e che esprime la discontinuità della seconda derivata normale d'una funzione qualunque, attraverso ad una superficie, per mezzo dei valori che la funzione stessa, la sua prima derivata normale e il suo secondo parametro differenziale (completo) prendono da ambedue le parti della superficie, nell'immediata prossimità di essa.

Se φ è una funzione potenziale procedente da sole masse distribuite sulla superficie stessa, si ha

$$(9_a)\qquad \frac{\partial^2 \varphi}{\partial n^2} - \frac{\partial^2 \varphi}{\partial n'^2} = -\Delta_2(\varphi_n - \varphi_{n'}) - \left(\frac{1}{R_1} + \frac{1}{R_2}\right)\left(\frac{\partial \varphi}{\partial n} + \frac{\partial \varphi}{\partial n'}\right).$$

Se, più in particolare, si tratta d'una funzione potenziale ordinaria

$$\varphi = V = \int \frac{h\, d\sigma}{r},$$

si ha

$$V_n = V_{n'}, \qquad \frac{\partial V}{\partial n} + \frac{\partial V}{\partial n'} = -4\pi h,$$

epperò

$$\frac{\partial^2 V}{\partial n^2} - \frac{\partial^2 V}{\partial n'^2} = 4\pi h \left(\frac{1}{R_1} + \frac{1}{R_2}\right).$$

Se, invece, si tratta d'una funzione potenziale di doppio strato

$$\varphi = W = \int g \frac{\partial \frac{1}{r}}{\partial n} d\sigma,$$

si ha

$$W_n - W_{n'} = 4\pi g, \qquad \frac{\partial W}{\partial n} + \frac{\partial W}{\partial n'} = 0,$$

epperò

$$\frac{\partial^2 W}{\partial n^2} - \frac{\partial^2 W}{\partial n'^2} = -4\pi \Delta_2 g.$$

Questi risultati s'accordano perfettamente, come si vede, con quelli che abbiamo più sopra ricavati dalle formole del sig. NEUMANN. Col procedimento attuale essi appariscono quali semplici corollarî dell'equazione di LAPLACE.

Per applicare la formola (9) alle funzioni potenziali di spazio bisogna supporre che la densità sia continua da ambedue le parti della superficie σ. In questo caso si ha

$$\varphi_n - \varphi_{n'} = 0, \qquad \frac{\partial \varphi}{\partial n} + \frac{\partial \varphi}{\partial n'} = 0,$$

ed i valori di

$$(\nabla_2 \varphi)_n, \qquad (\nabla_2 \varphi)_{n'}$$

sono determinati dall'equazione di POISSON. Il risultato che si ottiene in tal modo è d'accordo con quello che già si conosce *).

*) Cfr. KIRCHHOFF, *Mechanik*, Lezione XVI, § 2.

Scrivendo la formola (8_a) così

$$\Delta_2 \varphi = \nabla_2 \varphi - \left(\frac{1}{R_1} + \frac{1}{R_2}\right)\frac{\partial \varphi}{\partial n} - \frac{\partial^2 \varphi}{\partial n^2},$$

essa serve alla deduzione di risultati d'altro genere. Facendo, per esempio, $\varphi = \xi$, si ha

$$\nabla_2 \xi = 0, \qquad \frac{\partial \xi}{\partial n} = \alpha, \qquad \frac{\partial^2 \xi}{\partial n^2} = 0,$$

epperò

$$\Delta_2 \xi = -\alpha\left(\frac{1}{R_1} + \frac{1}{R_2}\right),$$

formola di cui si è già fatto uso precedentemente.

Se invece delle coordinate curvilinee *speciali* u, v, w si fossero considerate delle coordinate curvilinee generali, in modo che la linea s d'intersezione delle superficie (u), (v) riuscisse *obliqua* e non già normale alle superficie (w), si sarebbe ottenuta una formola analoga alla (9), per la determinazione della discontinuità d'una derivata seconda presa in direzione qualunque. Non credo necessario di sviluppare questo calcolo, e mi limito solamente ad osservare che, anche per questa via, si può pervenire alla determinazione della discontinuità delle derivate d'ordine superiore, e che forse riesce in tal modo più agevole riconoscere le condizioni strettamente necessarie per la validità delle formole che s'incontrano.

Pavia, 28 Aprile 1880.

LXIV.

SULLA TEORIA DEGLI ASSI DI ROTAZIONE.

Collectanea Mathematica (in Memoriam Dominici Chelini), Milano, Hoepli, 1881, pp. 340-362.

Nei suoi *Elementi di Meccanica,* in parecchie delle sue Memorie e specialmente negli ultimi suoi lavori, il compianto Chelini si è molto occupato della teoria degli assi di rotazione e dei centri di oscillazione e di percossa, teoria che offre largo campo d'applicazione ai concetti del Poinsot, a lui tanto graditi e famigliari.

Un altro valente geometra italiano, il professore Turazza, ha pure egregiamente contribuito ad allargare la suddetta dottrina, mostrando, in base ai ricordati concetti, che molte proprietà degli assi permanenti rientrano, come casi particolari, in proprietà relative agli assi di rotazione in generale.

Queste interessanti ricerche gettano molta luce sopra una questione fondamentale di dinamica, e dovrebbero oggimai far parte integrante di qualunque trattato di meccanica razionale e di qualunque corso di lezioni intorno a questa scienza. Effettivamente lo stesso Chelini ha dato, nei suoi *Elementi di meccanica razionale* (Bologna, 1860), uno sviluppo maggiore del consueto alle teorie cui alludiamo, ed il professore Turazza ne ha fatto la base del suo ottimo libro intitolato *Il moto dei sistemi rigidi* (Padova, 1868).

Ciò nondimeno queste teorie non sono ancora entrate nel comune dominio quanto si dovrebbe desiderare che fossero, il che, a mio avviso, deve attribuirsi, almeno in parte, ai metodi che i due egregi professori hanno adoperati per lo svolgimento di queste dottrine, metodi senza dubbio appropriati ed eleganti, se si considerino in sè stessi, ma che forse non quadrano interamente coll'ordinaria maniera di trattazione degli argomenti di meccanica analitica.

Il Chelini si vale infatti quasi sempre di considerazioni geometriche, semplici ed ingegnose sì, ma che richieggono una traduzione, non sempre facile ed immediata, quando si voglia farne l'applicazione a problemi da svolgersi col calcolo. Il professore TURAZZA si è servito anche del calcolo, ma facendo quasi sempre scelte particolari di variabili e d'assi, con che le formole diventano più semplici e di più semplice deduzione, ma perdono quell'uniformità e quella simmetria che non solo permettono di rilevarne più prontamente il significato, ma ne rendono altresì più manifeste le mutue attinenze ed i caratteri distintivi.

Ora a me sembra che la teoria svolta dagli egregi geometri testè menzionati si possa presentare in modo da conseguire questi vantaggi, senza rinunciare alla semplicità, anzi ponendo nella più chiara luce possibile la vera indole geometrica della questione. Le pagine che seguono contengono i primi fondamenti d'una esposizione informata a questi principî, esposizione alla quale io non prefiggo altro scopo che quello di rendere maggiormente note ed apprezzate, se è possibile, le ricerche dei due valenti italiani, e che io arresto a quel punto in cui lo studioso che voglia più profondamente addentrarsi nella questione non può far di meglio che ricorrere alle loro Memorie originali.

Con ciò credo anche di cooperare, benchè in minima parte, ad uno dei principali intenti dell'ottimo CHELINI, a quello, cioè, di perfezionare la forma didattica delle singole teorie cui egli rivolse la mente.

Consideriamo un sistema rigido, del quale sia M la massa totale e sieno a, b, c i raggi d'inerzia rispetto ai tre assi principali del baricentro, che assumeremo come assi coordinati delle x, y, z. Sieno u, v, w le componenti, rispetto a questi assi, della velocità istantanea del baricentro e p, q, r le analoghe componenti della rotazione istantanea del sistema intorno ad un asse E, passante per il baricentro stesso.

Trasportando all'origine tutte le quantità di moto che animano il corpo si ha, come è noto, una risultante le cui componenti sono

$$Mu, \qquad Mv, \qquad Mw,$$

ed una coppia risultante, le cui componenti sono

$$Ma^2p, \qquad Mb^2q, \qquad Mc^2r.$$

Affinchè il moto istantaneo equivalga ad una semplice rotazione, bisogna che si abbia

$$pu+qv+rw=0, \tag{1}$$

ed in tal caso le coordinate di un punto qualunque dell'asse di rotazione (parallelo ad E) soddisfanno alle equazioni

$$\left\{\begin{aligned} &u+qz-ry=0,\\ &v+rx-pz=0,\\ &w+py-qx=0,\end{aligned}\right. \tag{1$_a$}$$

delle quali una è conseguenza delle altre due, in virtù della relazione (1).

Affinchè invece le quantità di moto ammettano una risultante unica, bisogna che si abbia

$$a^2 p u + b^2 q v + c^2 r w = 0, \tag{2}$$

ed in tal caso le coordinate di un punto qualunque dell'asse d'impulso, cioè della retta d'azione di questa risultante (perpendicolare ad E), soddisfanno alle equazioni

$$\left\{\begin{aligned} a^2 p + v z - w y &= 0, \\ b^2 q + w x - u z &= 0, \\ c^2 r + u y - v x &= 0, \end{aligned}\right. \tag{2$_a$}$$

delle quali una è conseguenza delle altre due, in virtù della relazione (2).

Quando le due relazioni (1) e (2) sono soddisfatte ad un tempo, si ha

$$\frac{pu}{b^2 - c^2} = \frac{qv}{c^2 - a^2} = \frac{rw}{a^2 - b^2}, \tag{3}$$

epperò la direzione dell'asse di rotazione determina quella dell'asse d'impulso e reciprocamente.

Moltiplicando ordinatamente le equazioni (1_a) per

$$a^2 p, \qquad b^2 q, \qquad c^2 r$$

e sommando, con riguardo alla relazione (2), si ha

$$\begin{vmatrix} x & y & z \\ p & q & r \\ a^2 p & b^2 q & c^2 r \end{vmatrix} = 0. \tag{4}$$

Così, moltiplicando ordinatamente le equazioni (2_a) per

$$\frac{u}{a^2}, \qquad \frac{v}{b^2}, \qquad \frac{w}{c^2}$$

e sommando, con riguardo alla relazione (1), si ha

$$\begin{vmatrix} x & y & z \\ u & v & w \\ \frac{u}{a^2} & \frac{v}{b^2} & \frac{w}{c^2} \end{vmatrix} = 0. \tag{5}$$

Le equazioni (4), (5) definiscono evidentemente due piani passanti pel baricentro e contenenti rispettivamente l'asse di rotazione e l'asse d'impulso. I coefficienti della prima equazione dipendono soltanto dai rapporti $p:q:r$, quelli della seconda dipendono soltanto dai rapporti $u:v:w$. Si deve dunque concludere che, fissata la direzione dell'asse di rotazione, se la rotazione intorno ad esso deve generare un sistema di quantità di moto riducibili a risultante unica, bisogna che l'asse di rotazione giaccia in un determinato piano passante per il baricentro; e, reciprocamente, fissata la direzione dell'impulso trasmesso al corpo, se quest'impulso deve generare un moto istantaneo equivalente ad una semplice rotazione, bisogna che l'asse di impulso giaccia in un determinato piano passante per il baricentro.

Per ben comprendere la ragione di questi due teoremi basta osservare che, nella doppia ipotesi d'un moto di semplice rotazione producente risultante unica di quantità di moto, ipotesi rappresentata dalle equazioni (3), il fissare la direzione dell'asse di rotazione equivale, (3), a fissare la direzione del moto del baricentro, e poichè questo moto avviene sempre normalmente al piano condotto pel baricentro e per l'asse, ne segue che la direzione dell'asse di rotazione determina completamente la posizione del detto piano. Reciprocamente, il fissare la direzione dell'impulso equivale, (3), a fissare la direzione dell'asse di rotazione, e poichè questa direzione è sempre coniugata (nell'ellissoide centrale) al piano condotto per il baricentro e per la retta d'impulso, ne segue che la direzione di quest'asse determina completamente la posizione del detto piano.

Subordinatamente a questo punto di vista è bene osservare che, in virtù delle equazioni (3), l'equazione (4), formata colle componenti di rotazione, è equivalente alla

$$(4_a) \qquad ux + vy + wz = 0,$$

formata colle componenti di traslazione; e l'equazione (5), formata colle componenti di traslazione, è equivalente alla

$$(5_a) \qquad a^2px + b^2qy + c^2rz = 0,$$

formata colle componenti di rotazione. Di queste due ultime equazioni (4_a) e (5_a), che risultano direttamente dalle (1_a), e rispettivamente dalle (2_a), moltiplicando ordinatamente per x, y, z e sommando, la prima rappresenta il piano condotto per il baricentro normalmente alla direzione del moto di questo punto, e la seconda rappresenta il piano diametrale dell'ellissoide centrale coniugato alla direzione dell'asse di rotazione. Questi due piani sono perpendicolari fra loro, (2).

Da quanto precede risulta chiaramente che la doppia ipotesi rappresentata dalle equazioni (1) e (2), oppure dalle equazioni (3), impone una condizione necessaria tanto all'asse di rotazione quanto all'asse d'impulso. Il primo diventa ciò che si chiama un *asse permanente,* il secondo ciò che diremo un *asse di percossa.* Le direzioni di due assi corrispondenti, di rotazione e di percossa, sono al tempo stesso fra loro perpendicolari,

(1), e coniugate, (2), rispetto all'ellissoide centrale; sono, cioè, le direzioni dei due assi di una sezione piana del detto ellissoide.

Il punto in cui un asse permanente è incontrato dal piano ad esso perpendicolare, contenente il corrispondente asse di percossa, si chiama *centro di permanenza*; il punto in cui un asse di percossa è incontrato dal piano ad esso perpendicolare, contenente il corrispondente asse di rotazione, si chiama *centro di percossa*. Le equazioni dei due piani ora menzionati si ottengono moltiplicando ordinatamente per

$$qw - rv, \qquad ru - pw, \qquad pv - qu$$

tanto le equazioni (2_a) quanto le equazioni (1_a), e sommando ciascuna volta. Si ottiene così, nel primo caso, l'equazione

$$(6) \qquad (px + qy + rz)(u^2 + v^2 + w^2) = \begin{vmatrix} p & q & r \\ u & v & w \\ a^2 p & b^2 q & c^2 r \end{vmatrix}$$

e, nel secondo caso, l'equazione (4_a).

Dalle due equazioni (4), (5) si deducono le formole seguenti, che devono considerarsi come fondamentali nella teoria degli assi permanenti.

Se con $\varkappa$ e λ s'indicano due quantità indeterminate, l'equazione (4) dà

$$(4_b) \qquad \begin{cases} x = (\varkappa + a^2\lambda)p, \\ y = (\varkappa + b^2\lambda)q, \\ z = (\varkappa + c^2\lambda)r, \end{cases}$$

dove x, y, z sono le coordinate di un punto qualunque del piano in cui giacciono tutti gli assi permanenti, la direzione dei quali è definita dai rapporti $p:q:r$. Quando si fa variare solamente $\varkappa$, il punto si sposta lungo uno stesso asse permanente; quando si fa variare solamente λ, esso passa da un asse permanente ad un altro.

Così, se con μ e ν s'indicano due altre quantità indeterminate, l'equazione (5) dà

$$(5_b) \qquad \begin{cases} x = \left(\mu + \frac{\nu}{a^2}\right)u, \\ y = \left(\mu + \frac{\nu}{b^2}\right)v, \\ z = \left(\mu + \frac{\nu}{c^2}\right)w, \end{cases}$$

dove x, y, z sono le coordinate di un punto qualunque del piano in cui giacciono tutti gli assi di percossa, la direzione dei quali è definita dai rapporti $u:v:w$. Quando si fa variare solamente μ, il punto si sposta lungo uno stesso asse di percossa; quando si fa variare solamente ν, esso passa da un asse di percossa ad un altro.

Se con $\varkappa_x$, $\varkappa_y$, $\varkappa_z$ s'indicano i valori di $\varkappa$ corrispondenti ai punti in cui un asse permanente incontra i tre piani principali del baricentro $x = 0$, $y = 0$, $z = 0$, si ha

$$\varkappa_x : \varkappa_y : \varkappa_z = a^2 : b^2 : c^2,$$

epperò il rapporto dei due segmenti determinati sull'asse permanente dai detti tre piani, ovvero il rapporto anarmonico dei quattro punti in cui l'asse permanente incontra i tre piani suddetti e il piano all'infinito, è dato da

$$(\varkappa_x \varkappa_y \varkappa_z \infty) = \frac{a^2 - c^2}{c^2 - b^2}.$$

Questo rapporto è dunque costante per tutti gli assi permanenti e non varia se ad a^2, b^2, c^2 si aggiunge una stessa quantità. Ne segue che gli assi permanenti di qualunque corpo formano un complesso tetraedrale i cui piani fondamentali sono i piani principali del corpo e il piano all'infinito. Tutti i corpi che, avendo a comune il baricentro e gli assi principali, hanno ellissoidi centrali omociclici, posseggono l'identico complesso di assi permanenti. L'equazione di questo complesso è l'equazione (2) sotto la condizione (1).

Così, se con μ_x, μ_y, μ_z s'indicano i valori di μ corrispondenti ai punti in cui un asse di percossa incontra i tre piani principali del baricentro $x=0$, $y=0$, $z=0$, si ha

$$\mu_x : \mu_y : \mu_z = \frac{1}{a^2} : \frac{1}{b^2} : \frac{1}{c^2},$$

epperò il rapporto dei due segmenti determinati sull'asse di percossa dai detti tre piani, ovvero il rapporto anarmonico dei quattro punti in cui l'asse di percossa incontra i tre piani suddetti e il piano all'infinito, è dato da

$$(\mu_x \mu_y \mu_z \infty) = \frac{\frac{1}{a^2} - \frac{1}{c^2}}{\frac{1}{c^2} - \frac{1}{b^2}}.$$

Questo rapporto è dunque costante per tutti gli assi di percossa e non varia se ad $\frac{1}{a^2}$, $\frac{1}{b^2}$, $\frac{1}{c^2}$ si aggiunge una stessa quantità. Ne segue che gli assi di percossa di qualunque corpo formano un complesso tetraedrale i cui piani fondamentali sono i piani principali del corpo ed il piano all'infinito. Tutti i corpi che, avendo a comune il baricentro e gli assi principali, hanno ellissoidi centrali omofocali, posseggono l'identico complesso di assi di percossa. L'equazione di questo complesso è l'equazione (1), scritta nella forma

$$\frac{1}{a^2}a^2 p u + \frac{1}{b^2}b^2 q v + \frac{1}{c^2}c^2 r w = 0,$$

sotto la condizione (2).

Se i valori (4_b) delle x, y, z si sostituiscono nelle equazioni (1_a) si trova

$$(4_c)\qquad \begin{cases} u = \lambda(b^2 - c^2)qr, \\ v = \lambda(c^2 - a^2)rp, \\ w = \lambda(a^2 - b^2)pq, \end{cases}$$

donde

$$(3_a)\qquad \frac{pu}{b^2 - c^2} = \frac{qv}{c^2 - a^2} = \frac{rw}{a^2 - b^2} = \lambda pqr.$$

Parimente, se i valori (5_b) delle x, y, z si sostituiscono nelle equazioni (2_a) si trova

$$(5_c)\qquad \begin{cases} p = -\dfrac{\nu(b^2 - c^2)vw}{a^2 b^2 c^2}, \\ q = -\dfrac{\nu(c^2 - a^2)wu}{a^2 b^2 c^2}, \\ r = -\dfrac{\nu(a^2 - b^2)uv}{a^2 b^2 c^2}, \end{cases}$$

donde

$$(3_b)\qquad \frac{pu}{b^2 - c^2} = \frac{qv}{c^2 - a^2} = \frac{rw}{a^2 - b^2} = -\frac{\nu uvw}{a^2 b^2 c^2}.$$

Le due costanti λ e ν che, come abbiamo notato, definiscono rispettivamente un asse permanente ed un asse di percossa, sono dunque legate, quando questi assi sono fra loro corrispondenti, dalla relazione

$$(7)\qquad a^2 b^2 c^2 pqr\lambda + uvw\nu = 0,$$

la quale, secondo che si vogliano assumere come date le componenti di rotazione, oppure le componenti di traslazione, prende, in virtù delle equazioni (4_c), (5_c), le due forme seguenti:

$$(7_a)\qquad \begin{cases} a^2 b^2 c^2 + (b^2 - c^2)(c^2 - a^2)(a^2 - b^2)pqr\lambda^2\nu = 0, \\ a^4 b^4 c^4 - (b^2 - c^2)(c^2 - a^2)(a^2 - b^2)uvw\lambda\nu^2 = 0. \end{cases}$$

Dalle equazioni (5_b) si deduce

$$(8) \qquad u = \frac{x}{\mu + \frac{\nu}{a^2}}, \qquad v = \frac{y}{\mu + \frac{\nu}{b^2}}, \qquad w = \frac{z}{\mu + \frac{\nu}{c^2}}.$$

Ora se il punto (x, y, z) si considera come un centro di percossa, le sue coordinate debbono soddisfare all'equazione (4_a): quindi per un tal punto si ha

$$(8_a) \qquad \frac{x^2}{\mu + \frac{\nu}{a^2}} + \frac{y^2}{\mu + \frac{\nu}{b^2}} + \frac{z^2}{\mu + \frac{\nu}{c^2}} = 0.$$

Quest'equazione, in cui entra il parametro arbitrario $\frac{\mu}{\nu}$, rappresenta un sistema di coni quadrici, omofocali tra loro ed a quello d'equazione

$$a^2 x^2 + b^2 y^2 + c^2 z^2 = 0.$$

D'altronde la direzione (u, v, w) dell'asse di percossa è identica, in virtù delle equazioni (8), a quella della normale al cono quadrico (8_a) sul quale si trova il punto (x, y, z). Dunque, poichè sono due i coni quadrici del sistema (8_a) che passano per ogni punto dello spazio e poichè essi vi si intersecano ad angolo retto, si ha il teorema seguente: Ogni punto dello spazio è centro di percossa per due distinti assi di percossa, perpendicolari fra loro ed alla retta che congiunge quel punto col baricentro: questi due assi sono le normali ai due coni quadrici del sistema (8_a) che passano per il punto dato.

Con ciò è assegnata la legge di distribuzione degli assi di percossa nello spazio.

Analogamente, dalle equazioni (4_b) si deduce

$$(9) \qquad p = \frac{x}{\varkappa + a^2\lambda}, \qquad q = \frac{y}{\varkappa + b^2\lambda}, \qquad r = \frac{z}{\varkappa + c^2\lambda}.$$

Ora se il punto (x, y, z) si considera come un centro di permanenza, le sue coordinate debbono soddisfare all'equazione (6), la quale, in virtù delle formole (4_c), si può scrivere più semplicemente così:

$$(6_a) \qquad px + qy + rz = \frac{1}{\lambda};$$

quindi per un tal punto si ha

$$(9_a) \qquad \frac{x^2}{a^2 + \frac{\varkappa}{\lambda}} + \frac{y^2}{b^2 + \frac{\varkappa}{\lambda}} + \frac{z^2}{c^2 + \frac{\varkappa}{\lambda}} = 1.$$

Quest'equazione, in cui entra il parametro variabile $\frac{\varkappa}{\lambda}$, rappresenta un sistema di quadriche omofocali tra loro ed a quella d'equazione

$$\frac{x^2}{a^2}+\frac{y^2}{b^2}+\frac{z^2}{c^2}=1.$$

D'altronde la direzione (p, q, r) dell'asse permanente è identica, in virtù delle equazioni (9), a quella della normale alla quadrica (9_a) sulla quale si trova il punto (x, y, z). Dunque, poichè sono tre le quadriche del sistema (9_a) che passano per ogni punto dello spazio e poichè esse vi si intersecano ad angoli retti, si ha il teorema seguente: Ogni punto dello spazio è centro di permanenza per tre distinti assi permanenti perpendicolari fra loro: questi tre assi sono le normali alle tre quadriche del sistema (9_a) che passano per il punto dato.

Con ciò è assegnata la legge di distribuzione degli assi permanenti nello spazio.

Questa legge è notissima; non sembra che lo sia egualmente quella stabilita dianzi per gli assi di percossa, la quale, se può parere meno importante, è tuttavia così semplice da meritare d'essere menzionata insieme colla precedente.

Adottiamo, per comodo, le abbreviazioni seguenti:

$$\begin{aligned}
p^2 + q^2 + r^2 &= \theta^2,\\
u^2 + v^2 + w^2 &= \omega^2,\\
a^2p^2 + b^2q^2 + c^2r^2 &= H,\\
\frac{u^2}{a^2} + \frac{v^2}{b^2} + \frac{w^2}{c^2} &= K,\\
a^4p^2 + b^4q^2 + c^4r^2 &= L.
\end{aligned}$$

Sostituendo i valori (4_b) nell'equazione (6_a) si ha

$$\varkappa\theta^2 + \lambda H = \frac{1}{\lambda}:$$

quindi il centro di permanenza è definito dalle coordinate

$$(10)\qquad\left\{\begin{aligned}
x &= \left[(a^2\theta^2 - H)\lambda + \frac{1}{\lambda}\right]\frac{p}{\theta^2},\\
y &= \left[(b^2\theta^2 - H)\lambda + \frac{1}{\lambda}\right]\frac{q}{\theta^2},\\
z &= \left[(c^2\theta^2 - H)\lambda + \frac{1}{\lambda}\right]\frac{r}{\theta^2}.
\end{aligned}\right.$$

Sostituendo invece i valori (5_b) nell'equazione (4_a) si ha

$$\mu \omega^2 + \nu K = 0:$$

quindi il centro di percossa è definito dalle coordinate

$$(11) \qquad \begin{cases} x = \nu \left(\dfrac{a^2}{\omega^2} - K \right) \dfrac{u}{\omega^2}, \\ y = \nu \left(\dfrac{b^2}{\omega^2} - K \right) \dfrac{v}{\omega^2}, \\ z = \nu \left(\dfrac{c^2}{\omega^2} - K \right) \dfrac{w}{\omega^2}. \end{cases}$$

Se nelle formole (10) si conservano costanti le quantità p, q, r, od anche solo i rapporti $p:q:r$, e si fa variare λ, si ottengono i varî centri di permanenza d'un fascio d'assi permanenti di direzione data. Il luogo di questi centri è una conica, i cui punti all'infinito corrispondono a $\lambda = 0$ ed a $\lambda = \infty$: questa conica è quindi un'iperbole equilatera il cui centro è il baricentro e i cui asintoti sono le due rette ortogonali

$$\frac{x}{p} = \frac{y}{q} = \frac{z}{r}, \qquad \frac{x}{(a^2\theta^2 - H)p} = \frac{y}{(b^2\theta^2 - H)q} = \frac{z}{(c^2\theta^2 - H)r},$$

la prima delle quali è la retta già designata con E, la seconda è la retta perpendicolare ad E condotta per il baricentro nel piano (4).

Se nelle formole (11) si conservano costanti le quantità u, v, w, od anche solo i rapporti $u:v:w$, e si fa variare ν, si ottengono i varî centri di percossa di un fascio d'assi di percossa di direzione data. Il luogo di questi centri è una retta, la quale evidentemente non è altro che l'intersezione dei due piani (4_a) e (5) (per la definizione stessa di centro di percossa).

Perchè le formole (10), (11) rappresentino centri corrispondenti di permanenza e di percossa bisogna che le quantità p, q, r, u, v, w sieno legate dalle relazioni (4_c), (5_c).

Le diverse formole fin qui stabilite permettono di determinare in ogni caso l'asse ed il centro di percossa quando è dato l'asse permanente, e viceversa. Vi è però una relazione metrica fra questi elementi che permette di stabilire direttamente il passaggio dall'uno all'altro, e che viene frequentemente invocata a tal uopo. Questa relazione, come primo avvertì il prof. Turazza, non è punto peculiare al caso che abbiamo considerato finora, al caso, cioè, della simultanea sussistenza delle condizioni (1) e (2), ma ha un carattere più generale.

Per dimostrare questa proprietà supponiamo che, restando pur sempre il moto del solido equivalente ad una semplice rotazione, le quantità di moto generate non sieno più, in generale, riducibili a risultante unica, talchè, posto per brevità

$$a^2 p u + b^2 q v + c^2 r w = s,$$

la quantità s sia, in generale, diversa da zero. In tale supposizione le equazioni (1_a) continuano a rappresentare l'asse di rotazione, che diventa una retta qualunque, ma le equazioni (2_a) cessano di sussistere e sono surrogate dalle seguenti

$$(12) \qquad \begin{cases} a^2 p + v z - w y = \dfrac{s u}{\omega^2}, \\[2mm] b^2 q + w x - u z = \dfrac{s v}{\omega^2}, \\[2mm] c^2 r + u y - v x = \dfrac{s w}{\omega^2}, \end{cases}$$

che rappresentano l'asse centrale delle quantità di moto, il quale può essere, per semplicità, designato tuttavia col nome di asse d'impulso, ed è ancora perpendicolare all'asse di rotazione.

Da queste equazioni si deduce

$$(12_a) \qquad a^2 p x + b^2 q y + c^2 r z = \frac{s}{\omega^2}(u x + v y + w z)$$

quale equazione del piano condotto per l'asse d'impulso e per il baricentro, talchè, se si chiama *centro d'impulso* il punto in cui l'asse d'impulso incontra il piano normale (4_a) passante per l'asse di rotazione e per il baricentro, si scorge che, per tutti gli assi di rotazione di direzione (p, q, r), il centro d'impulso giace nel piano (5_a), cioè nel piano diametrale dell'ellissoide centrale coniugato alla direzione suddetta. Questo piano non è più perpendicolare al piano (4_a) e non contiene più gli assi d'impulso: questi, come i corrispondenti assi di rotazione, riempiono ora tutto lo spazio, ed i loro centri d'impulso riempiono tutto il piano (5_a). Il piano condotto per l'asse d'impulso normalmente all'asse di rotazione è ancora rappresentato dall'equazione (6).

Moltiplicando ordinatamente le equazioni (1_a) per u, v, w e sommando, si ha

$$(13) \qquad \begin{vmatrix} x & y & z \\ p & q & r \\ u & v & w \end{vmatrix} - \omega^2 = 0.$$

Moltiplicando ordinatamente le equazioni (12) per p, q, r e sommando, si ha

$$(14)\qquad \begin{vmatrix} x & y & z \\ p & q & r \\ u & v & w \end{vmatrix} + H = 0.$$

Quest'ultimo risultato è indipendente da s, e non differisce quindi da quello che si sarebbe ottenuto operando similmente sulle equazioni (2_a), relative all'ipotesi $s = 0$. A questa circostanza è dovuta la generalità del teorema cui alludevamo e che ora procediamo a dimostrare.

Le due equazioni (13), (14) rappresentano due piani paralleli, condotti il primo per l'asse di rotazione, il secondo per l'asse d'impulso corrispondente. Si immagini un terzo piano, parallelo ai precedenti e condotto per il baricentro, piano la cui equazione è

$$\begin{vmatrix} x & y & z \\ p & q & r \\ u & v & w \end{vmatrix} = 0,$$

e che evidentemente è sempre compreso fra quei due. Essendo

$$\begin{vmatrix} p & q & r \\ u & v & w \end{vmatrix}^2 = \theta^2 \omega^2,$$

se si designano con d e con δ le distanze assolute di quest'ultimo piano dal primo e dal secondo dei due piani (13), (14), si ha

$$d = \frac{\omega}{\theta}, \qquad \delta = \frac{H}{\theta\,\omega},$$

donde

$$d.\delta = \frac{H}{\theta^2} = \frac{a^2 p^2 + b^2 q^2 + c^2 r^2}{p^2 + q^2 + r^2} = e^2,$$

dove e designa il raggio d'inerzia del sistema rispetto all'asse E, condotto per il baricentro parallelamente all'asse di rotazione. Si può dunque dire che la minima distanza $d + \delta$ dell'asse di rotazione dal corrispondente asse d'impulso è divisa dall'asse E in due segmenti d e δ tali che si ha sempre

$$(15)\qquad d.\delta = e^2,$$

dove e è una quantità che dipende soltanto dalla direzione di E, cioè dai rapporti $p:q:r$. Il piede della perpendicolare $d + \delta$ sull'asse d'impulso è il centro d'impulso; il piede della stessa perpendicolare sull'asse di rotazione è un punto che il prof. TURAZZA chiama *centro di rotazione*, e che gode evidentemente della proprietà che, trasportando in esso tutte le quantità di moto, si ottiene una coppia di momento minore che per ogni altro punto dell'asse di rotazione.

La proprietà generale cui alludevamo è quella contenuta nell'equazione (15). Combinata colla proprietà che ha il centro d'impulso di trovarsi nell'intersezione dei due piani (4_a), (5_a), essa serve ad individuare in ogni caso la posizione di questo punto, a stabilire la reciprocità a due a due degli assi di rotazione paralleli, etc.

Per determinare le coordinate del centro d'impulso, si osservi che dalle equazioni (4_a), (5_a) si hanno già le relazioni

$$\frac{x}{c^2 r v - b^2 q w} = \frac{y}{a^2 p w - c^2 r u} = \frac{z}{b^2 q u - a^2 p v},$$

cosicchè non rimane che da determinare il valore comune di questi tre rapporti nel detto punto. A tal fine basta ricordare che le coordinate di questo punto debbono soddisfare all'equazione (14), oppure alle equazioni (12). Nell'uno o nell'altro modo si trova

$$(16)\qquad \begin{cases} x = \dfrac{c^2 r v - b^2 q w}{\omega^2}, \\[2ex] y = \dfrac{a^2 p w - c^2 r u}{\omega^2}, \\[2ex] z = \dfrac{b^2 q u - a^2 p v}{\omega^2}. \end{cases}$$

Nell'ipotesi particolare $s = 0$, si può, coll'aiuto delle relazioni (5_c), che son conseguenze di quest'ipotesi, eliminare dalle espressioni precedenti le p, q, r: si ricade allora sulle formole (11) relative al centro di percossa.

Il centro di rotazione si ottiene conducendo dal centro d'impulso una retta di direzione

$$(q w - r v,\ r u - p w,\ p v - q u),$$

la quale incontra necessariamente l'asse di rotazione nel punto cercato. Ora, in virtù delle formole (16), un punto qualunque di questa retta è rappresentato dalle coordinate

$$(17)\qquad \begin{cases} x = \dfrac{(c^2 + \rho) r v - (b^2 + \rho) q w}{\omega^2}, \\[2ex] y = \dfrac{(a^2 + \rho) p w - (c^2 + \rho) r u}{\omega^2}, \\[2ex] z = \dfrac{(b^2 + \rho) q u - (a^2 + \rho) p v}{\omega^2}, \end{cases}$$

dove ρ è un parametro indeterminato. Per assegnare il valore che questo parametro assume nel punto cercato, basta ricordare che le coordinate di questo punto debbono soddisfare all'equazione (13), oppure alle equazioni (1_a). Nell'uno o nell'altro modo si trova

$$(17_a) \qquad H + \omega^2 + \rho\theta^2 = 0;$$

talchè introducendo nelle formole (17) il valore di ρ dato da questa relazione, si hanno le coordinate dal centro di rotazione. Nell'ipotesi particolare $s = 0$, si può, coll'aiuto delle relazioni (4_c), che sono conseguenze di quest'ipotesi, eliminare dalle espressioni precedenti le u, v, w: si ricade allora sulle formole (10) relative al centro di permanenza. [Ad agevolare tale riduzione è bene tener presente l'identità

$$\omega^2 = \lambda^2(L\theta^2 - H^2)$$

che segue dalle equazioni (4_c)].

Abbiamo già veduto che i centri d'impulso relativi ad assi di rotazione paralleli stanno tutti in un piano, cioè nel piano (5_a). Cerchiamo ora il luogo dei centri di rotazione corrispondenti.

Dalle equazioni (17) si deduce

$$(a^2 + \rho)px + (b^2 + \rho)qy + (c^2 + \rho)rz = 0,$$

ossia, per la relazione (17_a),

$$(18) \qquad \theta^2(a^2px + b^2qy + c^2rz) - (H + \omega^2)(px + qy + rz) = 0.$$

È questa l'equazione del piano passante per il centro di rotazione (17) e per la retta comune ai due piani

$$a^2px + b^2qy + c^2rz = 0, \qquad px + qy + rz = 0,$$

retta che diremo F, e che è al tempo stesso perpendicolare alla retta E e coniugata ad essa nell'ellissoide centrale, talchè la sua direzione è quella degli assi di percossa corrispondenti agli assi permanenti di direzione E. I coefficienti dell'equazione (18) non dipendono che dai rapporti $p:q:r:\omega$. Ora il centro di rotazione giace anche sull'asse di rotazione, epperò le sue coordinate soddisfanno alle equazioni (1_a); e poichè queste dànno

$$\omega^2 = \begin{vmatrix} p & q & r \\ x & y & z \end{vmatrix}^2,$$

ossia

$$(18_a) \qquad \omega^2 = \theta^2(x^2 + y^2 + z^2) - (px + qy + rz)^2,$$

è chiaro che eliminando ω^2 fra le due equazioni (18) e (18_a) si avrà l'equazione del luogo cercato.

Dunque il luogo geometrico dei centri di rotazione d'un sistema d'assi paralleli è rappresentato dall'equazione

$$(19)\quad [H+\theta^2(x^2+y^2+z^2)-(px+qy+rz)^2](px+qy+rz)-\theta^2(a^2px+b^2qy+c^2rz)=0,$$

ed è quindi una superficie di terz'ordine.

Si rileva agevolmente la disposizione e la struttura di questa superficie, considerandola sotto l'aspetto in cui ci si è presentata, cioè come luogo delle successive intersezioni delle due superficie (18) e (18_a), per ω variabile da 0 ad ∞. La prima di queste superficie è, come già notammo, un piano mobile intorno alla retta F: quando $\omega=0$, questo piano, la cui equazione diventa

$$(18_b)\qquad \theta^2(a^2px+b^2qy+c^2rz)-H(px+qy+rz)=0,$$

contiene la retta E; quando $\omega=\infty$, nel qual caso l'equazione diventa

$$(18_c)\qquad px+qy+rz=0,$$

il piano è invece perpendicolare alla stessa retta E. La superficie (18_a) è cilindrica, a sezione retta circolare, e precisamente è il luogo di tutti gli assi di rotazione paralleli alla retta E ed aventi da questa retta una medesima distanza $\frac{\omega}{\theta}=d$. Per $\omega=0$ essa si riduce a due piani immaginarî aventi a comune la retta reale E; i quali due piani, insieme col piano (18_c), costituiscono [come risulta dall'equazione (19)] il cono asintotico della superficie di terz'ordine.

Di qui risulta che, per $\omega=0$, l'intersezione del piano (18) colla quadrica (18_a) è la retta E contata due volte, cosicchè questa retta giace per intero sulla cubica, ed il piano (18_b) è tangente a questa in tutti i punti della retta stessa, il cui punto all'infinito è un punto biplanare della cubica. Per ω crescente da 0 ad ∞ l'intersezione è un'ellisse che, dapprima infinitamente allungata, va successivamente deformandosi per guisa che, mentre l'asse minore, sempre diretto secondo la retta F (la quale giace per intero sulla cubica), va costantemente aumentando, l'asse maggiore, dapprima decrescente, torna a crescere insieme coll'altro e tende ad avere con esso il rapporto 1, che è raggiunto soltanto quando ambedue sono infiniti.

Il baricentro giace sulla cubica ed è centro di essa. Il piano

$$(18_d)\qquad (b^2-c^2)qrx+(c^2-a^2)rpy+(a^2-b^2)pqz=0,$$

normale ai due precedenti (18_b) e (18_c), contiene tutti gli assi maggiori delle ellissi generatrici ed è un piano di simmetria della superficie. Esso non è altro che il piano (4) in cui giacciono gli assi permanenti di direzione E.

Per ridurre a forma più semplice l'equazione (19) e per mettere in evidenza una proprietà importante della cubica, consideriamo i tre piani ortogonali rappresentati dalle equazioni (18_b), (18_c), (18_d).

Nella prima di queste equazioni la somma dei quadrati dei coefficienti è uguale a $\theta^2(L\theta^2 - H^2)$, nella seconda a θ^2, nella terza a $L\theta^2 - H^2$. Se dunque si pone

$$(20)\qquad \begin{cases} \dfrac{(b^2-c^2)qrx + (c^2-a^2)rpy + (a^2-b^2)pqz}{\sqrt{L\theta^2 - H^2}} = \xi, \\[2ex] \dfrac{\theta^2(a^2px + b^2qy + c^2rz) - H(px+qy+rz)}{\theta\sqrt{L\theta^2-H^2}} = \eta, \\[2ex] \dfrac{px+qy+rz}{\theta} = \zeta, \end{cases}$$

le quantità ξ, η, ζ si possono considerare come le coordinate del punto qualunque (x, y, z) rispetto ai tre nuovi piani coordinati $\xi = 0$, $\eta = 0$, $\zeta = 0$. I coseni delle due terne sono dati dal quadro:

	x	y	z
ξ	$\dfrac{(b^2-c^2)qr}{\sqrt{L\theta^2-H^2}}$	$\dfrac{(c^2-a^2)rp}{\sqrt{L\theta^2-H^2}}$	$\dfrac{(a^2-b^2)pq}{\sqrt{L\theta^2-H^2}}$
η	$\dfrac{(a^2\theta^2-H)p}{\theta\sqrt{L\theta^2-H^2}}$,	$\dfrac{(b^2\theta^2-H)q}{\theta\sqrt{L\theta^2-H^2}}$,	$\dfrac{(c^2\theta^2-H)r}{\theta\sqrt{L\theta^2-H^2}}$
ζ	$\dfrac{p}{\theta}$	$\dfrac{q}{\theta}$	$\dfrac{r}{\theta}$

il quale permette di esprimere immediatamente le x, y, z in funzione delle ξ, η, ζ. Per lo scopo nostro basta far uso della relazione

$$x^2 + y^2 + z^2 = \xi^2 + \eta^2 + \zeta^2$$

e delle (20), mercè le quali l'equazione (19) si riduce subito alla forma semplice

$$(20_a)\qquad \theta^2(\xi^2 + \eta^2)\zeta - \eta\sqrt{L\theta^2 - H^2} = 0.$$

Scrivendo quest'equazione nella forma

$$\xi^2 + \left(\eta - \frac{\sqrt{L\theta^2-H^2}}{2\theta^2\zeta}\right)^2 = \left(\frac{\sqrt{L\theta^2-H^2}}{2\theta^2\zeta}\right)^2,$$

si scorge che le sezioni fatte nella cubica dai piani $\zeta = costante$, cioè dai piani perpendicolari agli assi di rotazione, sono circonferenze che hanno i loro centri sull'iperbole equilatera

$$\xi = 0, \qquad \eta\zeta = \frac{\sqrt{L\theta^2 - H^2}}{2\theta^2}$$

e che sono tangenti al piano $\eta = 0$. L'esistenza di queste sezioni circolari è una conseguenza necessaria del fatto che tutte le superficie cilindriche (18_a) contengono i punti ciclici del piano $\zeta = 0$. Questi punti ciclici sono punti doppî della cubica.

Dall'essere un'iperbole equilatera la linea dei centri delle suddette circonferenze segue che sono pure iperbole equilatere le sezioni della cubica coi piani passanti per la retta E (prescindendo da questa retta stessa). Quella, fra queste iperboli, che giace nel piano di simmetria $\xi = 0$, è stata già incontrata precedentemente come luogo dei centri di permanenza degli assi permanenti di direzione E.

Colle nuove coordinate ξ, η, ζ l'equazione del piano (5_a), in cui stanno tutti i centri d'impulso, diventa

$$\eta\sqrt{L\theta^2 - H^2} + H\zeta = 0. \tag{21}$$

Le due superficie (20_a) e (21) non hanno in comune altri punti reali che quelli della retta $\eta = \zeta = 0$, cioè della retta F.

Se fra le coordinate di due punti (ξ, η, ζ), (ξ', η', ζ') dello spazio si pongono le relazioni

$$\xi' = -\frac{H\xi}{\theta^2(\xi^2 + \eta^2)}, \qquad \eta' = -\frac{H\eta}{\theta^2(\xi^2 + \eta^2)}, \qquad \zeta' = \zeta,$$

si ottiene una corrispondenza univoca involutoria, in cui la cubica (20_a) ed il piano (21) sono superficie corrispondenti. La cubica (20_a) viene così ad essere rappresentata sul piano (21) in guisa che ogni punto della cubica, considerato come centro di rotazione, è rappresentato dal corrispondente centro d'impulso, e viceversa. Questa correlazione non è, in fondo, che quella da cui dipende la reciprocità a due a due degli assi di rotazione paralleli.

Si potrebbero trattare, in modo analogo, altre questioni relative a luoghi geometrici di centri d'impulso: ma preferiamo rimandare il lettore ai lavori del prof. Turazza, il quale ha considerato parecchi casi dei più importanti. Ci limitiamo ad aggiungere alcune formole, ricavate dalle precedenti, ed atte ad agevolare queste ricerche.

Designiamo con x, y, z le coordinate di un punto qualunque dell'asse di rotazione e con x_1, y_1, z_1 quelle del corrispondente centro d'impulso. Queste ultime si possono considerare come individuate dalle tre equazioni (5_a), (4_a) e (14). Se dalla seconda e terza di queste si eliminano le u, v, w mediante le equazioni (1_a) si hanno dunque, fra le x_1, y_1, z_1 le tre equazioni

$$(22)\quad \begin{cases} a^2 p x_1 + b^2 q y_1 + c^2 r z_1 = 0, \\ \begin{vmatrix} x_1 & y_1 & z_1 \\ p & q & r \\ x & y & z \end{vmatrix} = 0, \qquad \begin{vmatrix} p & q & r \\ x & y & z \end{vmatrix} \begin{vmatrix} p & q & r \\ x_1 & y_1 & z_1 \end{vmatrix} + H = 0. \end{cases}$$

Ora le due prime dànno, designando con σ una indeterminata,

$$x_1 = \sigma(p\Theta - Hx), \qquad y_1 = \sigma(q\Theta - Hy), \qquad z_1 = \sigma(r\Theta - Hz),$$

dove per brevità si è posto

$$\Theta = a^2 p x + b^2 q y + c^2 r z.$$

Sostituendo questi valori nella terza equazione (22) si trova

$$\sigma = \frac{1}{\begin{vmatrix} p & q & r \\ x & y & z \end{vmatrix}^2};$$

epperò si hanno queste nuove espressioni delle coordinate del centro d'impulso

$$(23)\quad x_1 = \frac{p\Theta - Hx}{\begin{vmatrix} p & q & r \\ x & y & z \end{vmatrix}^2}, \qquad y_1 = \frac{q\Theta - Hy}{\begin{vmatrix} p & q & r \\ x & y & z \end{vmatrix}^2}, \qquad z_1 = \frac{r\Theta - Hz}{\begin{vmatrix} p & q & r \\ x & y & z \end{vmatrix}^2},$$

mediante le quali il detto punto è determinato dalla direzione dell'asse di rotazione e dalle coordinate di un punto qualunque di quest'asse.

Se, per esempio, questo punto fosse il centro di rotazione, l'equazione (19) rappresenterebbe, considerandovi le x, y, z come costanti e le p, q, r come coordinate di un punto riferito ad assi condotti per (x, y, z) parallelamente ai primitivi, il cono (di terz'ordine) costituito da tutti gli assi di rotazione che hanno il centro nel punto arbitrario (x, y, z). Per ciascun sistema di valori dei rapporti $p:q:r$ soddisfacenti a tale equazione, cioè per ciascuna generatrice di questo cono, considerata come asse di rotazione, le formole (23) darebbero quindi il corrispondente centro di impulso.

Le tre equazioni (22) possono anche servire all'eliminazione dei rapporti $p:q:r$. Il risultato di questa eliminazione può essere posto sotto la forma seguente

$$(24)\quad \begin{vmatrix} a^2 x & b^2 y & c^2 z \\ a^2 x_1 & b^2 y_1 & c^2 z_1 \end{vmatrix} \begin{vmatrix} x & y & z \\ x_1 & y_1 & z_1 \end{vmatrix} + \begin{vmatrix} x & y & z \\ x_1 & y_1 & z_1 \end{vmatrix}^2 (a^2 x x_1 + b^2 y y_1 + c^2 z z_1) = 0$$

e costituisce una relazione simmetrica fra le coordinate x, y, z d'un punto qualunque d'un asse di rotazione e le coordinate x_1, y_1, z_1 del centro d'impulso relativo a quest'asse.

Quando (x_1, y_1, z_1) è un punto dato, la precedente equazione rappresenta la superficie rigata luogo degli assi di rotazione che hanno in quel punto il centro d'impulso. Questa superficie di terzo ordine fu già incontrata dal prof. TURAZZA nelle prelodate sue ricerche: la forma sotto cui si presenta qui la sua equazione ci permette di precisarne più da vicino la natura.

Osserviamo primieramente che l'equazione (24) si può considerare come risultante dall'eliminazione d'un parametro k fra le due equazioni

$$(24_a)\qquad \left\{\begin{aligned} & a^2 x x_1 + b^2 y y_1 + c^2 z z_1 = k, \\ & \begin{vmatrix} a^2 x & b^2 y & c^2 z \\ a^2 x_1 & b^2 y_1 & c^2 z_1 \end{vmatrix} \begin{vmatrix} x & y & z \\ x_1 & y_1 & z_1 \end{vmatrix} + k \begin{vmatrix} x & y & z \\ x_1 & y_1 & z_1 \end{vmatrix}^2 = 0. \end{aligned}\right.$$

La seconda di queste, ossia l'equazione

$$(b^2c^2+k)(yz_1-zy_1)^2+(c^2a^2+k)(zx_1-xz_1)^2+(a^2b^2+k)(xy_1-yx_1)^2=0$$

può scriversi in questo modo:

$$\begin{vmatrix} \dfrac{x}{\sqrt{b^2c^2+k}} & \dfrac{y}{\sqrt{c^2a^2+k}} & \dfrac{z}{\sqrt{a^2b^2+k}} \\ \dfrac{x_1}{\sqrt{b^2c^2+k}} & \dfrac{y_1}{\sqrt{c^2a^2+k}} & \dfrac{z_1}{\sqrt{a^2b^2+k}} \end{vmatrix}^2 = 0,$$

e però equivale alla seguente:

$$(24_b)\qquad \left\{\begin{aligned} & \left(\frac{x^2}{b^2c^2+k}+\frac{y^2}{c^2a^2+k}+\frac{z^2}{a^2b^2+k}\right)\left(\frac{x_1^2}{b^2c^2+k}+\frac{y_1^2}{c^2a^2+k}+\frac{z_1^2}{a^2b^2+k}\right) \\ & \qquad -\left(\frac{xx_1}{b^2c^2+k}+\frac{yy_1}{c^2a^2+k}+\frac{zz_1}{a^2b^2+k}\right)^2 = 0. \end{aligned}\right.$$

Sotto quest'ultima forma essa rappresenta la coppia dei piani tangenti condotti dal punto fisso (x_1, y_1, z_1) al cono quadrico

$$(24_c)\qquad \frac{x^2}{b^2c^2+k}+\frac{y^2}{c^2a^2+k}+\frac{z^2}{a^2b^2+k}=0;$$

mentre la prima delle due equazioni (24_a) rappresenta un piano parallelo al piano diametrale dell'ellissoide d'inerzia

(25) $$a^2 x x_1 + b^2 y y_1 + c^2 z z_1 = 0$$

coniugato colla retta

(25_a) $$\frac{x}{x_1} = \frac{y}{y_1} = \frac{z}{z_1},$$

che passa per il baricentro e per il centro d'impulso (x_1, y_1, z_1), retta che è comune a ciascuna coppia di piani (24_b). Dunque la superficie di terz'ordine (24) è una superficie gobba a piano direttore, che ha la retta (25_a) per direttrice doppia e la retta all'infinito del piano (25) per direttrice semplice; cioè gli assi di rotazione che hanno il centro d'impulso in un punto dato sono tutti paralleli al piano diametrale dell'ellissoide d'inerzia coniugato al diametro che passa per questo punto e si appoggiano tutti a questa retta, da ogni punto della quale se ne spiccano due.

Il sistema di coni quadrici omofocali (24_c) è identico al sistema (8_a), poichè si passa dall'equazione dell'uno a quella dell'altro ponendo

$$k = \frac{a^2 b^2 c^2 \mu}{\nu}.$$

Fra questi coni ve ne sono due, ortogonali fra loro, che passano per il punto (x_1, y_1, z_1): essi corrispondono alle due radici (sempre reali) k' e k'' dell'equazione quadratica

$$\frac{x_1^2}{b^2 c^2 + k} + \frac{y_1^2}{c^2 a^2 + k} + \frac{z_1^2}{a^2 b^2 + k} = 0.$$

Le normali a questi due coni nel detto punto sono, come abbiamo già veduto, gli assi di percossa che hanno ivi il loro centro di percossa. I piani tangenti agli stessi coni sono evidentemente i piani doppî dell'involuzione costituita dalle coppie (24_b), e gli assi di rotazione contenuti in questi piani [assi ciascun dei quali conta per due, in quanto si considera come sezione della superficie col corrispondente piano (24_a)] sono gli assi permanenti cui corrispondono gli anzidetti assi di percossa.

Pongasi per brevità

$$(b^2 c^2 + k)(c^2 a^2 + k)(a^2 b^2 + k) = f(k), \qquad \frac{x x_1}{b^2 c^2 + k} + \frac{y y_1}{c^2 a^2 + k} + \frac{z z_1}{a^2 b^2 + k} = \Pi.$$

Le equazioni dei piani doppî sono, (24_a), (26),

$$\Pi' = 0, \qquad \Pi'' = 0,$$

dove l'accento semplice o doppio designa la sostituzione $k = k'$ o $k = k''$. Questi due piani sono ortogonali. Si trova facilmente l'identità

$$\begin{vmatrix} a^2 x & b^2 y & c^2 z \\ a^2 x_1 & b^2 y_1 & c^2 z_1 \end{vmatrix} \begin{vmatrix} x & y & z \\ x_1 & y_1 & z_1 \end{vmatrix} + k \begin{vmatrix} x & y & z \\ x_1 & y_1 & z_1 \end{vmatrix}^2$$

$$= \frac{(k''-k)f(k')\Pi'^2 + (k-k')f(k'')\Pi''^2}{k'-k''},$$

dalla quale risulta che l'involuzione (24_b) è egualmente rappresentata dall'equazione

$$(k''-k)f(k')\Pi'^2 + (k-k')f(k'')\Pi''^2 = 0.$$

Le due quantità $f(k')$, $f(k'')$ sono di segno contrario: quindi i due piani rappresentati da quest'equazione non sono reali che quando k è compreso nell'intervallo fra k' e k''.

Sia ora ρ la distanza del baricentro da un punto qualunque (x, y, z) della retta (25_a), e sia ρ_1 il valore di ρ per il punto (x_1, y_1, z_1). Si ha

$$\frac{x}{x_1} = \frac{y}{y_1} = \frac{z}{z_1} = \frac{\rho}{\rho_1},$$

epperò, (24_a),

$$k = \frac{a^2 x_1^2 + b^2 y_1^2 + c^2 z_1^2}{\rho_1^2} \rho\rho_1 = e_1^2 \rho\rho_1,$$

dove e_1 è il raggio d'inerzia del corpo intorno alla retta (25_a). I punti di questa retta dai quali partono assi di rotazione reali, col centro d'impulso in (x_1, y_1, z_1), sono quelli pei quali ρ è compreso fra $\frac{k'}{e_1^2 \rho_1}$ e $\frac{k''}{e_1^2 \rho_1}$; questi valori di ρ sono amendue di segno contrario a ρ_1, perchè le radici k' e k'' sono negative, quindi i detti punti formano un segmento finito, di lunghezza

$$\frac{k'-k''}{e_1^2 \rho_1},$$

situato dalla parte opposta del dato centro d'impulso rispetto al baricentro. Gli estremi di questo segmento sono i punti cuspidali della superficie gobba. Da ciascuno di essi parte una sola generatrice, che è un asse permanente: i piani passanti per la direttrice e per queste due generatrici sono perpendicolari fra loro. Da ogni punto intermedio del segmento partono due generatrici, cioè due assi di rotazione, i cui piani sono egualmente inclinati sui due piani precedenti. Fuori del segmento non esiste alcun asse di rotazione reale che abbia il centro d'impulso nel punto dato.

Essendo l'equazione (24) simmetrica rispetto alle due terne di coordinate x, y, z ed x_1, y_1, z_1, la superficie gobba testè considerata è anche il luogo dei centri d'impulso di tutti gli assi di rotazione che passano per il punto (x_1, y_1, z_1); e poichè il centro d'impulso d'un asse di rotazione è sempre nel piano passante per quest'asse e per il baricentro, ne segue che ogni generatrice della superficie gobba è il luogo dei centri d'impulso di tutti gli assi di rotazione che passano per il punto (x_1, y_1, z_1) e che giacciono nel piano determinato da quella generatrice e dalla direttrice doppia. È sotto questo aspetto che la detta superficie si è presentata al prof. TURAZZA.

La superficie in discorso è anche analoga (benchè più generale) a quella considerata dal signor BALL e denominata *cilindroide* dal signor CAYLEY.

L'intervento di queste superficie di terz'ordine, dotate di proprietà meccaniche, è uno dei fatti che dovrebbero maggiormente invogliare gli studiosi ad estendere ed approfondire questo genere di questioni.

Pavia, febbrajo 1881.

LXV.

SULLE FUNZIONI CILINDRICHE.

Atti della R. Accademia delle Scienze di Torino, volume XVI (1880-81), pp. 201-205.

In una Memoria inserita negli Atti della R. Accademia dei Lincei (1880) *), ho dato diverse espressioni della funzione potenziale d'un anello circolare omogeneo. Mi permetto ora di comunicare a codesta Accademia una nuova espressione della funzione medesima, dipendente dalle funzioni cilindriche.

Quest'espressione si deduce da una formola che io stabilirò direttamente, partendo dallo sviluppo fondamentale

$$(1) \qquad e^{r\cos\theta} = F_0(r) + 2\sum_1^\infty F_n(r)\cos n\theta,$$

in cui le funzioni $F(r)$ non sono propriamente le ordinarie funzioni cilindriche denotate con $J(r)$, ma sono con esse legate dalla relazione semplicissima

$$F_n(ir) = i^n J_n(r), \qquad (i = \sqrt{-1}).$$

Da questo sviluppo si ha

$$(2) \qquad F_n(r) = \frac{1}{\pi}\int_0^\pi e^{r\cos\theta}\cos n\theta\, d\theta.$$

Scrivendo questa formola (2), per $n = 0$, nella forma

$$F_0(r) = \frac{1}{2\pi}\int_0^{2\pi} e^{r\cos\theta}\, d\theta,$$

*) *Sull'attrazione di un anello circolare od ellittico* (queste OPERE, Volume III, pp. 235-247).

si vede subito che essa è equivalente a quest'altra

$$F_0(r) = \frac{1}{2\pi}\int_0^{2\pi} e^{r\cos(\theta-\alpha)}\,d\theta,$$

qualunque sia la costante α; epperò, ponendo

$$r\cos\alpha = x, \qquad r\,\mathrm{sen}\,\alpha = y,$$

si ha

(3)
$$F_0(\sqrt{x^2+y^2}) = \frac{1}{2\pi}\int_0^{2\pi} e^{x\cos\theta+y\,\mathrm{sen}\,\theta}\,d\theta.$$

Ponendo di nuovo

$$x = r + s\cos\omega, \qquad y = s\,\mathrm{sen}\,\omega,$$

quest'ultima formola diventa

$$F_0(\sqrt{r^2+s^2+2rs\cos\omega}) = \frac{1}{2\pi}\int_0^{2\pi} e^{r\cos\theta}\,e^{s\cos(\theta-\omega)}\,d\theta.$$

Ora lo sviluppo fondamentale (1) dà

$$e^{s\cos(\theta-\omega)} = F_0(s) + 2\sum_1^\infty F_n(s)\cos n\theta\cos n\omega$$

$$+ 2\sum_1^\infty F_n(s)\,\mathrm{sen}\,n\theta\,\mathrm{sen}\,n\omega;$$

quindi, osservando che gli integrali

$$\int_0^{2\pi} e^{r\cos\theta}\cos n\theta\,d\theta, \qquad \int_0^{2\pi} e^{r\cos\theta}\,\mathrm{sen}\,n\theta\,d\theta$$

sono rispettivamente eguali a $2\pi F_n(r)$ ed a zero, come risulta dall'equazione (2) e dalla considerazione che il secondo integrale cambia di segno cambiando θ in $-\theta$, si ha

(4)
$$F_0(\sqrt{r^2+s^2+2rs\cos\omega}) = F_0(r)F_0(s) + 2\sum_1^\infty F_n(r)F_n(s)\cos n\omega.$$

Mutando r in ir ed s in $-is$, si ottiene di qui l'elegante risultato che dal signor C. Neumann fu fatto per la prima volta conoscere, e che dal signor Gegenbauer ricevette molti interessanti svolgimenti.

Per $r = s$ la formola (4) dà

$$F_0\left(2r\cos\frac{\omega}{2}\right) = F_0(r)^2 + 2\sum_1^\infty F_n(r)^2\cos n\omega,$$

donde si conclude

(5)
$$F_n(r)^2 = \frac{1}{\pi}\int_0^\pi F_0\left(2r\cos\frac{\omega}{2}\right)\cos n\omega\,d\omega,$$

equazione che rientra in una già stabilita dal sig. NEUMANN. Per $n = 0$ si ha in particolare

$$(6)\qquad F_0(r)^2 = \frac{2}{\pi}\int_0^{\frac{\pi}{2}} F_0(2r\cos\theta)\,d\theta .$$

Riprendiamo ora lo sviluppo (1). Mutando r in br e moltiplicando per e^{-ar}, esso diventa

$$e^{-(a-b\cos\theta)r} = F_0(br)e^{-ar} + 2\sum_1^\infty F_n(br)e^{-ar}\cos n\theta .$$

Supponiamo, per semplicità, reali le quantità a, b, r e, nell'ipotesi che sia a quantità positiva e maggiore di b in valore assoluto, moltiplichiamo per dr e integriamo fra 0 e ∞. Otteniamo così

$$\frac{1}{a - b\cos\theta} = \int_0^\infty F_0(br)e^{-ar}\,dr + 2\sum_1^\infty \cos n\theta \int_0^\infty F_n(br)e^{-ar}\,dr ,$$

donde si conclude

$$(7)\qquad \int_0^\infty F_n(br)e^{-ar}\,dr = \frac{1}{\pi}\int_0^\pi \frac{\cos n\theta\,d\theta}{a - b\cos\theta} .$$

L'integrale del secondo membro è noto: ma, senza riportarne il valore per n qualunque, ci basti considerare il caso di $n = 0$, nel quale si ha

$$(8)\qquad \int_0^\infty F_0(br)e^{-ar}\,dr = \frac{1}{\sqrt{a^2 - b^2}} ,$$

formola nota del signor LIPSCHITZ.

Ciò premesso, consideriamo l'integrale

$$\int_0^\infty [F_0(br)e^{-ar}]^2\,dr .$$

Sostituendo in luogo di $F_0(br)^2$ il valore fornito dall'equazione (6), ed invertendo l'ordine delle integrazioni, questo integrale si converte nel seguente:

$$\frac{2}{\pi}\int_0^{\frac{\pi}{2}} d\theta \int_0^\infty F_0(2br\cos\theta)e^{-2ar}\,dr ,$$

e poscia, mediante l'equazione (8), in quest'altro

$$\frac{1}{\pi}\int_0^{\frac{\pi}{2}} \frac{d\theta}{\sqrt{a^2 - b^2\cos^2\theta}} .$$

Si ha dunque finalmente, per $a > \sqrt{b^2}$,

$$\int_0^\infty [F_0(br)e^{-ar}]^2 dr = \frac{1}{\pi}\int_0^{\frac{\pi}{2}} \frac{d\varphi}{\sqrt{a^2 - b^2 \operatorname{sen}^2\varphi}}. \tag{9}$$

Designando con M la massa d'un anello circolare omogeneo, si ottiene di qui, per la funzione potenziale V di quest'anello, la nuova espressione

$$V = 2M\int_0^\infty [F_0(br)e^{-ar}]^2 dr, \tag{10}$$

dove a è la semisomma delle distanze massima e minima del punto potenziato dalla periferia dell'anello, b è la semidifferenza delle distanze medesime. In altri termini, a è la maggiore e b la minore radice positiva dell'equazione in λ

$$\frac{u^2}{\lambda^2} + \frac{z^2}{\lambda^2 - \rho^2} = 1,$$

dove ρ è il raggio dell'anello, ed u, z sono le distanze del punto potenziato dall'asse e dal piano dell'anello medesimo.

La precedente espressione di V non è la sola, nè la più semplice, che si possa dare per mezzo delle funzioni cilindriche: ma mi sembra degna di nota la relazione dalla quale essa ha potuto essere immediatamente dedotta.

Pavia, 14 Gennaio 1881.

LXVI.

SULLA TEORIA DELLE FUNZIONI POTENZIALI SIMMETRICHE.

Memorie dell'Accademia delle Scienze dell'Istituto di Bologna, serie IV, tomo II (1880), pp. 461-505.

Nel § VIII della mia Memoria *Sulla teoria dell'attrazione degli ellissoidi,* che ebbe l'onore d'essere inserita lo scorso anno nei volumi di quest'illustre Accademia *), ho incidentemente stabilito una relazione la quale permette di determinare la funzione potenziale d'un disco circolare, a densità variabile per corone concentriche, quando si conoscano i valori che questa funzione prende sul disco stesso.

Mi propongo ora di ritornare su quella relazione, che merita d'essere notata perchè dà il modo di risolvere immediatamente, sebbene in un caso particolarissimo, il più importante fra i problemi che si presentano nella teoria del potenziale, ed è, sotto questo rapporto, una delle pochissime formole di tal genere che fin qui si conoscano. Si vedrà come, coll'aiuto di essa, si possano ottenere, agevolmente e direttamente, molte formole che non vennero stabilite finora se non con procedimenti indiretti e laboriosi, insieme ad altre che credo nuove. Ho anche indicato diverse applicazioni dei risultati ottenuti nel corso della ricerca, e sembrami particolarmente degna d'attenzione la nuova forma sotto cui si presenta (§ 10) la sopraddetta funzione potenziale, forma altrettanto semplice quanto singolare, la quale potrà forse dare una traccia per la risoluzione di altri importanti problemi della teoria del potenziale.

---

*) Queste Opere, Volume III, pp. 269-304.

§ 1.

La formola di cui si tratta, portante il numero (16_c) nella citata Memoria, è la seguente:

$$M(\varkappa) = -\frac{a}{\pi}\int_0^\varkappa d\mu \sqrt{\frac{1-\mu}{\varkappa-\mu}}\frac{d}{d\mu}\int_\mu^1 \frac{V(\varkappa)\,d\varkappa}{\sqrt{\varkappa-\mu}} \text{ *)},$$

dove a è il raggio del disco, $\varkappa$ è una quantità che dipende mediante la relazione

$$\varkappa = 1 - \frac{u^2}{a^2}$$

dalla distanza u d'un punto qualunque del disco dal centro, $V(\varkappa)$ è il valore della funzione potenziale in ogni punto del disco situato alla distanza u dal centro ed $M(\varkappa)$ è la massa compresa fra l'orlo del disco ed il cerchio concentrico di raggio u.

La precedente espressione di $M(\varkappa)$ è la più opportuna quando si adoperino le variabili di cui ho fatto uso nella Memoria citata: ma, per le applicazioni che ora mi propongo di farne, è più conveniente di trasformarla in un'altra, la quale si ottiene ponendo

$$a\sqrt{1-\varkappa} = u, \qquad a\sqrt{1-\mu} = s$$

ed introducendo le variabili u ed s al posto di $\varkappa$ e di μ. Il risultato di tale sostituzione è

$$M(u) = \frac{2}{\pi}\int_u^a \frac{s\,ds}{\sqrt{s^2-u^2}}\frac{d}{ds}\int_0^s \frac{V(u)\,u\,du}{\sqrt{s^2-u^2}},$$

dove $V(u)$ ed $M(u)$ sono ancora quelle stesse funzioni che ho già definite pocanzi, ma che vengono d'ora in avanti considerate come direttamente dipendenti dall'argomento u, cioè dal raggio del cerchio al quale esse si riferiscono.

Si può scrivere, più semplicemente,

$$(1) \qquad M(u) = \int_u^a \frac{F'(s)\,s\,ds}{\sqrt{s^2-u^2}},$$

definendo la nuova funzione F per mezzo dell'equazione

$$(1_a) \qquad F(u) = \frac{2}{\pi}\int_0^u \frac{V(s)\,s\,ds}{\sqrt{u^2-s^2}}.$$

*) Qui, come in ogni altra espressione in cui entrino radici quadrate di quantità positive, si intenderà sempre che tali radici debbano prendersi col segno positivo, cioè in valore assoluto.

Si noti che, per $u = a$, l'equazione (1) dà

$$M = F(a), \tag{1$_b$}$$

dove M, che sta in luogo di $M(0)$, designa la massa totale del disco.

La densità $h(u)$ nei punti del cerchio di raggio u è espressa manifestamente dalla formola

$$h(u) = -\frac{1}{2\pi u}\frac{dM(u)}{du}. \tag{1$_c$}$$

Questa formola, facendo conoscere la densità della distribuzione superficiale per mezzo dei valori che la funzione potenziale della distribuzione stessa prende nei punti del disco, permette evidentemente di calcolare questa funzione potenziale, per tutti i punti dello spazio, mediante i valori ch'essa prende in quelli del disco. Tale determinazione conduce a formole di diverso aspetto, secondo le variabili di cui si fa uso; ma l'espressione precedente si presta opportunamente all'uso delle coordinate più naturali, cioè della distanza *assoluta* u d'un punto qualunque dello spazio dall'asse del disco e della distanza z del punto stesso dal piano del disco, distanza positiva o negativa, secondo che il punto si trova nell'una o nell'altra delle due regioni in cui lo spazio è diviso da questo piano.

§ 2.

Per i sistemi simmetrici intorno ad un asse, cioè per quelli la cui funzione potenziale V dipende dalle sole coordinate u e z, è noto che l'equazione di LAPLACE prende la forma

$$\frac{1}{u}\frac{\partial}{\partial u}\left(u\frac{\partial V}{\partial u}\right) + \frac{\partial^2 V}{\partial z^2} = 0.$$

È comodo sostituire a quest'unica equazione il sistema equivalente delle due equazioni simultanee

$$\frac{\partial W}{\partial u} = u\frac{\partial V}{\partial z}, \qquad \frac{\partial W}{\partial z} = -u\frac{\partial V}{\partial u},$$

in cui W è quell'altra funzione di u e di z che per brevità chiamo *) *associata* alla funzione potenziale V e che, eguagliata ad una costante arbitraria, somministra l'equazione delle linee di forza esterne che esistono in ogni piano condotto per l'asse di simmetria.

---

*) Come nella Nota *Sulle funzioni potenziali di sistemi simmetrici intorno ad un asse* (Rendiconti del R. Istituto Lombardo, 1878; oppure queste OPERE, Volume III, pp. 115-128).

Se nelle precedenti due equazioni differenziali si pone

$$V = UZ, \qquad W = U_1 Z_1,$$

dove U ed U_1 sono funzioni della sola variabile u, mentre Z e Z_1 sono funzioni della sola variabile z, si ottiene

$$\frac{1}{uU}\frac{dU_1}{du} = \frac{1}{Z_1}\frac{dZ}{dz}, \qquad \frac{u}{U_1}\frac{dU}{du} = -\frac{1}{Z}\frac{dZ_1}{dz}.$$

Di qui si ricavano facilmente per U e Z le equazioni separate

$$\frac{d}{du}\left(u\frac{dU}{du}\right) + n^2 u U = 0, \qquad \frac{d^2 Z}{dz^2} - n^2 Z = 0,$$

nelle quali n è una costante arbitraria. Determinate le U, Z per mezzo di queste equazioni differenziali, si ha

$$V = UZ, \qquad W = -\frac{u}{n^2}\frac{dU}{du}\frac{dZ}{dz}.$$

Ora i valori generali di U e Z sono

$$U = AJ_0(nu) + BK_0(nu),$$
$$Z = Ce^{nz} + De^{-nz},$$

dove J_0 e K_0 sono, come d'uso, i simboli delle funzioni cilindriche di prima e seconda specie, d'ordine zero. Di queste due funzioni la seconda, $K_0(nu)$, diventa infinita logaritmicamente per $u = 0$, talchè la presenza di questa funzione accenna all'esistenza di masse distribuite lungo l'asse delle z. Se dunque si escludono tali masse [le quali, come si vedrà in seguito (§ 8), possono essere rappresentate anche colle sole funzioni di prima specie], rimane semplicemente

$$U = AJ_0(nu).$$

Quanto ai due esponenziali che entrano nell'espressione di Z, il primo (supponendo positiva la costante n) non può entrare nella funzione potenziale che per i punti della regione $z < 0$ ed il secondo non vi può entrare che per quelli della regione $z > 0$. Di qui si conclude che le espressioni

$$\left.\begin{aligned} V &= Ae^{-nz}J_0(nu) \\ W &= Aue^{-nz}J'_0(nu) \end{aligned}\right\} \quad \text{per} \quad z > 0,$$

$$\left.\begin{aligned} V &= Ae^{nz}J_0(nu) \\ W &= -Aue^{nz}J'_0(nu) \end{aligned}\right\} \quad \text{per} \quad z < 0,$$

rappresentano i più semplici tipi di funzioni associate, ove si escludano, come si è detto, le masse concentrate sull'asse di simmetria.

I due precedenti valori di V, per $z > 0$ e per $z < 0$, coincidono fra loro al limite comune $z = 0$. Non è così delle loro derivate rispetto a z, fra le quali ha luogo la relazione

$$\left(\frac{\partial V}{\partial z}\right)_{+0} - \left(\frac{\partial V}{\partial z}\right)_{-0} = - 2 n A J_0(n u).$$

Da ciò e da altre considerazioni note, sulle quali non è qui necessario di insistere, si conchiude che la funzione V, definita dalle formole precedenti, è la funzione potenziale d'uno strato di densità

$$h(u) = \frac{n A}{2\pi} J_0(n u),$$

disteso sul piano $z = 0$.

Si può osservare che, per tale strato, la quantità di materia compresa entro il cerchio di raggio u è data da

$$2\pi \int_0^u h(u) u\, d u = n A \int_0^u u J_0(n u)\, d u$$

$$= - A u J_0'(n u)$$

{in virtù dell'equazione differenziale delle funzioni J_0

$$\frac{d}{d u}[u J_0'(n u)] + n u J_0(n u) = 0\}.$$

La suddetta quantità equivale dunque a $- W_{z=+0}$ oppure a $W_{z=-0}$; il che rientra in un teorema noto di KIRCHHOFF *).

Da ciò che precede si ricava senz'altro, in base a note considerazioni, che le due funzioni

$$(2) \qquad \begin{cases} V = \displaystyle\int_0^\infty e^{\mp z s} J_0(u s) \varphi(s)\, d s, \\ W = \pm\, u \displaystyle\int_0^\infty e^{\mp z s} J_0'(u s) \varphi(s)\, d s, \end{cases}$$

nelle quali i segni superiori valgono per la regione $z > 0$ e gli inferiori per $z < 0$,

*) *Zur Theorie des Condensators,* nei Monatsberichte der Kgl. Preussischen Akademie der Wissenschaften zu Berlin, 1877, pag. 144.

sono le funzioni associate relative ad uno strato di densità

$$(2_a) \qquad h(u) = \frac{1}{2\pi}\int_0^\infty J_0(us)\varphi(s)s\,ds$$

disteso sul piano $z = 0$, e che la quantità di materia compresa, in tale distribuzione, entro il cerchio di raggio u è rappresentata da $- W_{z=+0}$.

La precedente formola (2_a) rende nota la densità variabile dello strato per mezzo della funzione φ, che entra nell'espressione di V e che differenzia le varie distribuzioni possibili. Se si potesse, reciprocamente, esprimere la funzione φ per mezzo della densità, si avrebbe, nelle formole (2), la rappresentazione delle funzioni associate relative a qualunque distribuzione di materia, sul piano $z = 0$, della quale fosse nota la legge di variazione della densità.

Ora si può giungere ad ottenere l'espressione di φ per mezzo di h, senza uscire dalla teoria del potenziale, nel modo seguente.

§ 3.

Allorchè si tratta di sistemi di masse arbitrariamente distribuite nello spazio, la funzione potenziale *elementare* è quella che procede da una massa concentrata in un punto: ogni altra funzione potenziale è, o si può considerare, come un aggregato di tali funzioni elementari. Ma quando si tratta di sistemi simmetrici intorno ad un asse, e quando tale simmetria viene rappresentata analiticamente dalla riduzione degli elementi determinativi di un punto nello spazio a due soli, cioè alle coordinate u e z (o ad altre equivalenti), la funzione potenziale elementare, dovendo anch'essa dipendere da queste due sole coordinate, non può più essere quella del punto materiale (escludendo sempre le distribuzioni lungo l'asse di simmetria), ma diventa quella del più semplice sistema simmetrico di punti materiali, diventa, cioè, quella della circonferenza omogenea avente per asse l'asse di simmetria. Importa dunque ottenere anzitutto l'espressione di questa funzione potenziale elementare.

Si conoscono già molte forme diverse di tale funzione *), ma non sembra ancor

*) Veggasi la mia Nota *Sull'attrazione d'un anello circolare od ellittico* (Atti della R. Accademia dei Lincei, 1880; oppure queste OPERE, Volume III, pp. 235-247), la già citata Memoria *Sulla teoria dell'attrazione degli ellissoidi* e la Nota *Sulle funzioni cilindriche* (Atti della R. Accademia di Torino, 1881; oppure queste OPERE, Volume III, pp. 345-348).

nota, od almeno esplicitamente avvertita, quella che rientra nel tipo (2) e che è di essenziale importanza per lo scopo delle presenti ricerche *).

Essa si ottiene molto agevolmente partendo dalla nota serie di C. NEUMANN

$$J_0(\sqrt{x^2+y^2-2xy\cos\theta}) = J_0(x)J_0(y) + 2\sum_1^\infty J_n(x)J_n(y)\cos n\theta,$$

la quale dà in particolare

$$2\pi J_0(x)J_0(y) = \int_0^{2\pi} J_0(\sqrt{x^2+y^2-2xy\cos\theta})\,d\theta.$$

Se in questa formola si pone $x = us$, $y = as$ e se, dopo averne moltiplicati i due membri per $e^{\mp zs}ds$ (secondo che è $z > 0$ oppure $z < 0$), s'integra fra 0 ed ∞, si ottiene

$$2\pi\int_0^\infty e^{\mp zs}J_0(us)J_0(as)\,ds = \int_0^{2\pi} d\theta\int_0^\infty e^{\mp zs}J_0(s\sqrt{a^2+u^2-2au\cos\theta})\,ds,$$

ossia, per un noto teorema di LIPSCHITZ,

$$2\pi\int_0^\infty e^{\mp zs}J_0(us)J_0(as)\,ds = \int_0^{2\pi}\frac{d\theta}{\sqrt{a^2+u^2+z^2-2au\cos\theta}}.$$

Ora il secondo membro di quest'ultima equazione rappresenta visibilmente la funzione potenziale della circonferenza omogenea di raggio a e di densità lineare $\frac{1}{a}$, situata nel piano $z = 0$, col centro nel punto $u = 0$. Dunque, riducendo ad 1 la densità e denotando con v la funzione potenziale di questa circonferenza e con w la funzione associata, si ha

$$(3)\qquad \begin{cases} v = 2\pi a\displaystyle\int_0^\infty e^{\mp zs}J_0(us)J_0(as)\,ds, \\ w = \pm\, 2\pi a u\displaystyle\int_0^\infty e^{\mp zs}J_0'(us)J_0(as)\,ds. \end{cases}$$

La prima di queste formole rientra esattamente nel tipo (2) e soggiace alla stessa regola per ciò che spetta ai segni. La seconda risulta giustificata *a priori* dal confronto delle precedenti espressioni (3) colle formole generali (2).

*) La formola data da KIRCHHOFF nella Memoria *Ueber den inducirten Magnetismus eines unbegrenzten Cylinders* (nel t. XLVIII del Journal für die reine und angewandte Mathematik, pag. 348) e ridimostrata da HEINE nella Memoria *Die* FOURIER-BESSEL*sche Function* (t. LXIX del medesimo Giornale, pag. 128) è simile ma non identica a quella di cui qui si parla, ed è soggetta ad una restrizione che non s'applica a questa.

La funzione φ ha dunque, per la funzione potenziale elementare, la forma

$$\varphi(s) = 2\pi a J_0(as),$$

epperò dalla formola (2_a) si può concludere *a priori* che l'integrale

$$\int_0^\infty J_0(as) J_0(us) s\,ds$$

dev'essere nullo per tutti i valori di u diversi da a, ed infinito per $u=a$ (la qual seconda parte è evidente per sè stessa). Questo risultato trova la sua conferma in molte formole note, a cagion d'esempio in un elegante teorema di SONINE *), dal quale risulta che l'integrale

$$\int_0^\infty J_0(as) J_0(bs) J_0(cs) s\,ds$$

è nullo ogni volta che con tre segmenti rettilinei di grandezza a, b, c non si può costruire un triangolo.

Conoscendosi ora la funzione potenziale elementare sotto la forma (2), è facile determinare il significato generale della funzione φ. Infatti se, come precedentemente, si chiamano V, W le funzioni potenziali d'una distribuzione simmetrica piana, di densità variabile $h(u)$, si ha manifestamente

$$V = \int_0^\infty v\,h(a)\,da, \qquad W = \int_0^\infty w\,h(a)\,da.$$

[Si potrebbe supporre, più generalmente, che tale distribuzione non occupasse che una parte del piano $z=0$, cioè un cerchio, od una corona circolare, o più corone circolari, nel qual caso i due precedenti integrali non dovrebbero estendersi che alle porzioni del raggio indefinito a che cadono entro il cerchio od entro le corone circolari. Ma è più comodo estendere l'integrazione da 0 ad ∞, intendendo che la funzione $h(a)$ abbia valori diversi da zero soltanto nelle dette porzioni del raggio a. Quest'osservazione deve ripetersi per altri casi analoghi]. Ora le due precedenti espressioni, in virtù delle formole (3), possono essere scritte così:

$$V = 2\pi \int_0^\infty e^{\mp zs} J_0(us)\,ds \int_0^\infty J_0(as)\,h(a)\,a\,da,$$

$$W = \pm\, 2\pi u \int_0^\infty e^{\mp zs} J_0'(us)\,ds \int_0^\infty J_0(as)\,h(a)\,a\,da,$$

---

*) *Recherches sur les fonctions cylindriques*, etc., nel t. XVI dei Mathematische Annalen, p. 46.

talchè, ponendo

$$2\pi\int_0^\infty J_0(as)h(a)a\,da = \varphi(s),$$

esse si convertono in quelle date dalle formole (2). Confrontando quest'ultima equazione colla (2_a) si scorge che hanno luogo le due relazioni reciproche

$$(4)\qquad \begin{cases} \varphi(u) = 2\pi\int_0^\infty J_0(us)h(s)s\,ds, \\ h(u) = \dfrac{1}{2\pi}\int_0^\infty J_0(us)\varphi(s)s\,ds, \end{cases}$$

la prima delle quali serve ad esprimere la funzione φ per mezzo della densità h e la seconda serve ad esprimere la densità h per mezzo della funzione φ.

Dalla combinazione di queste due relazioni emerge il teorema importante

$$\varphi(u) = \int_0^\infty J_0(us)s\,ds\int_0^\infty J_0(st)\varphi(t)t\,dt,$$

che è del tutto analogo a quello di FOURIER e che è stato scoperto da HANKEL *). Questo teorema è valido anche quando la funzione è discontinua. Per esempio, se si tratta d'un disco di raggio a e se si applica il teorema in discorso alla densità h, scrivendo

$$h(u) = \int_0^\infty J_0(us)s\,ds\int_0^a J_0(st)h(t)t\,dt,$$

la funzione $h(u)$ riesce nulla per $u > a$.

§ 4.

Veniamo ora alla determinazione della funzione potenziale V per mezzo dei valori che essa prende sul piano $z = 0$.

Quando questi valori sono dati per tutti i punti del piano, tale determinazione riesce semplicissima.

Sia infatti $V(u)$ la funzione che rappresenta, da $u = 0$ ad $u = \infty$, la successione

---

*) Veggasi la Memoria postuma *Die* FOURIER'*schen Reihen und Integrale für Cylinderfunktionen* (nel t. VIII dei Mathematische Annalen, p. 471). HANKEL deduce, *a posteriori,* le equazioni reciproche (4) dal suo teorema, il quale del resto vale per le funzioni cilindriche d'ogni ordine.

dei valori prescritti alla funzione potenziale. La prima delle formole (2) dà, per $z = 0$,

$$\int_0^\infty J_0(us)\varphi(s)\,ds = V(u),$$

equazione che si può scrivere così

$$\frac{1}{2\pi} V(u) = \frac{1}{2\pi}\int_0^\infty J_0(us)\frac{\varphi(s)}{s}\,s\,ds.$$

Ora quest'equazione ha la stessa forma della seconda equazione (4), colla sostituzione di

$$\frac{1}{2\pi}V(u), \qquad \frac{\varphi(s)}{s}$$

al posto di

$$h(u), \qquad \varphi(s).$$

Quindi la prima equazione (4) dà, colle stesse sostituzioni,

$$\frac{\varphi(u)}{u} = \int_0^\infty J_0(us)\,V(s)\,s\,ds,$$

ossia

$$\varphi(s) = s\int_0^\infty J_0(st)\,V(t)\,t\,dt.$$

La cercata funzione potenziale è dunque data, (2), insieme colla sua funzione associata, da

$$V = \int_0^\infty\int_0^\infty e^{\mp zs} J_0(us) J_0(st)\,V(t)\,s\,t\,ds\,dt,$$

$$W = \pm\, u\int_0^\infty\int_0^\infty e^{\mp zs} J_0'(us) J_0(st)\,V(t)\,s\,t\,ds\,dt.$$

Quando la materia è distribuita soltanto sopra il disco di raggio a, la prima equazione (4), che in tal caso diventa

$$(5) \qquad \varphi(u) = 2\pi\int_0^a J_0(us)\,h(s)\,s\,ds,$$

insegna ancora a determinare la funzione potenziale per mezzo della densità. Ma se, invece della densità, è dato il valore della funzione potenziale nei soli punti del disco (ciò che pur basta ad individuarla), la determinazione di φ è meno facile, poichè questa funzione deve soddisfare alle due equazioni simultanee

$$(5_a) \qquad \begin{cases} \displaystyle\int_0^\infty J_0(us)\varphi(s)\,ds = V(u), & \text{per } u < a, \\[2ex] \displaystyle\int_0^\infty J_0(us)\varphi(s)\,s\,ds = 0, & \text{per } u > a, \end{cases}$$

la seconda delle quali esprime, (4), che la densità h è nulla nei punti del piano $z = 0$ che sono esterni al disco.

Ora questo nuovo problema viene appunto risoluto direttamente dalla formola (1), che ho richiamata al principio e che fa conoscere la densità della distribuzione per mezzo dei soli valori che la funzione potenziale prende nei punti del disco; giacchè, nota che sia la densità, la funzione φ resta determinata dall'equazione (5), e le equazioni (2) fanno conoscere V e W. Si può anzi dare alla funzione φ una forma semplicissima, che agevola grandemente l'applicazione del processo ora indicato.

§ 5.

Sostituendo dapprima nell'equazione (5) il valore di h dato dalla formola (1_c), si ha

$$\varphi(s) = -\int_0^a J_0(rs)\frac{dM(r)}{dr}dr,$$

ossia

$$\varphi(s) = M + s\int_0^a J_0'(rs)M(r)dr,$$

dove M ha il valore (1_b). Introducendo in quest'ultima formola il valore (1) di $M(r)$, si ha

$$\varphi(s) = M + s\int_0^a J_0'(rs)dr\int_r^a \frac{F(t)t\,dt}{\sqrt{t^2-r^2}},$$

ossia, per il teorema di DIRICHLET,

$$\varphi(s) = M + s\int_0^a F'(t)t\,dt\int_0^t \frac{J_0'(rs)dr}{\sqrt{t^2-r^2}}.$$

Ma l'integrale

$$\int_0^t \frac{J_0'(rs)dr}{\sqrt{t^2-r^2}},$$

equivalente a

$$-\int_0^{\frac{\pi}{2}} J_1(st\,\mathrm{sen}\,\theta)d\theta,$$

ha il valore *)

$$\frac{\cos st - 1}{st};$$

*) Veggasi la mia Nota *Intorno ad un teorema di* ABEL *e ad alcune sue applicazioni*, nei Rendiconti del R. Istituto Lombardo (1880); oppure queste OPERE, Volume III, pp. 248-257.

si ha dunque

$$\varphi(s) = M + \int_0^a (\cos st - 1) F'(t)\, dt,$$

ossia finalmente, per le equazioni (1_a), (1_b),

$$(6) \qquad \varphi(s) = \int_0^a F'(t) \cos st . dt .$$

Tale è l'espressione che ci proponevamo di stabilire, ed alla quale si possono dare altre forme. Così, eseguendo un'integrazione per parti, si ha subito la seguente

$$(6_a) \qquad \varphi(s) = M \cos as + s \int_0^a F(t) \operatorname{sen} st . dt ,$$

ed un'altra se ne ottiene supponendo derivabile la funzione $V(u)$. Infatti, se per un momento si pone $\sqrt{u^2 - s^2} = r$ nell'equazione (1_a), si ha

$$\frac{\pi}{2} F(u) = \int_0^u V(\sqrt{u^2 - r^2})\, dr ,$$

donde

$$\frac{\pi}{2} F'(u) = V(0) + u \int_0^u \frac{V'(\sqrt{u^2 - r^2})\, dr}{\sqrt{u^2 - r^2}} ,$$

ossia, rimettendo per r il suo valore,

$$\frac{\pi}{2} F'(u) = V(0) + u \int_0^u \frac{V'(s)\, ds}{\sqrt{u^2 - s^2}} .$$

Sostituendo nell'equazione (6) questo valore della derivata di F si ha

$$(6_b) \qquad \varphi(s) = \frac{2\, V(0)}{\pi} \frac{\operatorname{sen} as}{s} + \frac{2}{\pi} \int_0^a t \cos st . dt \int_0^t \frac{V'(r)\, dr}{\sqrt{t^2 - r^2}} .$$

Prima di procedere più oltre è bene verificare che la funzione (6) soddisfa effettivamente alle due equazioni (5_a), cioè che si ha

$$(7) \qquad \begin{cases} \displaystyle\int_0^\infty J_0(us)\, ds \int_0^a F'(t) \cos st . dt = V(u), & \text{per } u < a, \\ \displaystyle\int_0^\infty J_0(us)\, s\, ds \int_0^a F'(t) \cos st . dt = 0, & \text{per } u > a . \end{cases}$$

A tal fine si osservi che la prima di queste equazioni equivale alla seguente:

$$\int_0^a F'(t)\, dt \int_0^\infty J_0(us) \cos st . ds = V(u), \qquad u < a,$$

la quale, in virtù delle formole *)

$$\int_0^\infty J_0(us)\cos st.ds = \frac{1}{\sqrt{u^2 - t^2}}, \qquad \text{per } t < u,$$

$$\int_0^\infty J_0(us)\cos st.ds = 0, \qquad \text{per } t > u,$$

equivale alla sua volta a quest'altra

$$(7_a) \qquad \int_0^u \frac{F'(t)\,dt}{\sqrt{u^2 - t^2}} = V(u), \qquad u < a.$$

Ora è facile dimostrare che la funzione F, definita dall'equazione (1_a), soddisfa a quest'ultima equazione. Infatti scrivendo t in luogo di u nell'equazione (1_a), indi moltiplicando per

$$\frac{t\,dt}{\sqrt{u^2 - t^2}}$$

ed integrando fra 0 ed u, si ha

$$\int_0^u \frac{F(t)\,t\,dt}{\sqrt{u^2 - t^2}} = \frac{2}{\pi}\int_0^u \frac{t\,dt}{\sqrt{u^2 - t^2}}\int_0^t \frac{V(s)\,s\,ds}{\sqrt{t^2 - s^2}},$$

ossia

$$\int_0^u \frac{F(t)\,t\,dt}{\sqrt{u^2 - t^2}} = \frac{2}{\pi}\int_0^u V(s)\,s\,ds\int_s^u \frac{t\,dt}{\sqrt{(u^2 - t^2)(t^2 - s^2)}},$$

ossia finalmente

$$(7_b) \qquad \int_0^u \frac{F(t)\,t\,dt}{\sqrt{u^2 - t^2}} = \int_0^u V(s)\,s\,ds.$$

Quest'equazione sussiste, come la (1_a) di cui è conseguenza, per tutti i valori di u da $u = 0$ ad $u = a$ [poichè la $V(u)$ è data in questo intervallo], epperò, derivando rispetto ad u, se ne deduce

$$\frac{d}{du}\int_0^u \frac{F(t)\,t\,dt}{\sqrt{u^2 - t^2}} = u\,V(u), \qquad u < a.$$

Ora se si eseguisce la derivazione indicata nel primo membro, come si è fatto dianzi per passare dall'equazione (6) alla (6_b), e se si osserva che dalla definizione (1_a) risulta

*) H. WEBER, *Ueber die* BESSEL*schen Functionen und ihre Anwendung auf die Theorie der elektrischen Ströme* (t. LXXV del Journal für die reine und angewandte Mathematik, pag. 75). Veggasi anche la Nota in fine della presente Memoria.

$F(0) = 0$, si vede subito che quest'ultima equazione coincide colla (7_a); e con ciò la prima delle equazioni (7) è verificata *).

Si può osservare che se, in questa stessa prima equazione (7), si supponesse $u > a$, si otterrebbe invece della relazione (7_a) la seguente

$$(7_c)\qquad \int_0^a \frac{F'(t)\,dt}{\sqrt{u^2 - t^2}} = V(u), \qquad u > a;$$

cosicchè la formola

$$V(u) = \frac{2}{\pi}\int_0^a \frac{dt}{\sqrt{u^2 - t^2}}\,\frac{d}{dt}\int_0^t \frac{V(s)\,s\,ds}{\sqrt{t^2 - s^2}}$$

fa conoscere i valori che la funzione potenziale prende sul piano del disco, esternamente al disco stesso, per mezzo di quelli ch'essa prende all'interno.

Passando ora alla seconda delle equazioni (7), si osservi che la formola

$$h(u) = \frac{1}{2\pi}\int_0^\infty J_0(us)\varphi(s)\,s\,ds,$$

dalla quale essa venne ricavata colla sostituzione del valore (6), può scriversi così

$$2\pi u\,h(u) = \frac{d}{du}\left[u\int_0^\infty J_1(us)\varphi(s)\,ds\right].$$

Ora l'anzidetta sostituzione dà

$$\int_0^\infty J_1(us)\varphi(s)\,ds = \int_0^\infty J_1(us)\,ds\int_0^a F'(t)\cos st.\,dt$$

$$= \int_0^a F'(t)\,dt\int_0^\infty J_1(us)\cos st.\,ds;$$

ma si ha (veggasi la Nota in fine)

$$\int_0^\infty J_1(us)\cos st.\,ds = \frac{1}{u}, \qquad \text{per } t < u,$$

$$\int_0^\infty J_1(us)\cos st.\,ds = \frac{1}{u}\left(1 - \frac{t}{\sqrt{t^2 - u^2}}\right), \qquad \text{per } t > u,$$

quindi

$$\int_0^\infty J_1(us)\varphi(s)\,ds = \frac{1}{u}\int_0^a F'(t)\,dt = \frac{F(a)}{u}, \qquad \text{per } u > a,$$

*) Circa l'equivalenza e la reciprocità delle equazioni (1_a) e (7_b) veggasi la citata mia Nota *Intorno ad un teorema di* ABEL, etc.

$$\int_0^\infty J_1(us)\varphi(s)\,ds = \frac{1}{u}\int_0^u F'(t)\,dt + \frac{1}{u}\int_u^a \left(1 - \frac{t}{\sqrt{t^2-u^2}}\right)F'(t)\,dt$$

$$= \frac{F(a)}{u} - \frac{1}{u}\int_u^a \frac{F'(t)\,t\,dt}{\sqrt{t^2-u^2}}, \qquad \text{per } u < a;$$

e per conseguenza

$$2\pi u h(u) = 0, \qquad u > a.$$

$$2\pi u h(u) = -\frac{d}{du}\int_u^a \frac{F'(t)\,t\,dt}{\sqrt{t^2-u^2}}, \qquad u < a.$$

La prima di queste equazioni verifica la proprietà espressa dalla seconda delle equazioni (7). Dall'altra si deduce

$$\int_u^a 2\pi u h(u)\,du = M(u) = \int_u^a \frac{F'(t)\,t\,dt}{\sqrt{t^2-u^2}},$$

risultato che s'accorda perfettamente colla formola (1).

In tal modo è completamente verificata l'esattezza della soluzione (6) ed è al tempo stesso direttamente dimostrata la formola (1). Così questa formola, che era stata assunta come punto di partenza, è ora stabilita indipendentemente dalle considerazioni della precedente Memoria.

§ 6.

Facciamo alcune applicazioni della formola (6).

La più semplice di tutte è quella relativa alla distribuzione in equilibrio sul disco. Ponendo infatti $V(u) = V(0)$, si ha subito da una qualunque delle formole (6), (6_a), (6_b) (e nel modo più diretto dall'ultima)

$$\varphi(s) = \frac{2V(0)}{\pi}\frac{\operatorname{sen} as}{s},$$

cosicchè la funzione potenziale e la funzione associata relative alla distribuzione di potenziale costante $V(0)$ sul disco di raggio a sono date da

$$V = \frac{2V(0)}{\pi}\int_0^\infty e^{\mp\zeta s} J_0(us)\operatorname{sen} as\frac{ds}{s} \text{ *)},$$

$$W = \pm\frac{2uV(0)}{\pi}\int_0^\infty e^{\mp\zeta s} J_0'(us)\operatorname{sen} as\frac{ds}{s}.$$

*) WEBER, Memoria citata.

La densità di questa distribuzione è data da

$$h(u) = \frac{V(0)}{\pi^2}\int_0^\pi J_0(us)\,\text{sen}\,as.ds,$$

e poichè d'altronde, per $V(s) = V(0)$, l'equazione (1_c) dà

$$F(u) = \frac{2}{\pi}\,u\,V(0),$$

e quindi la (1)

$$M(u) = \frac{2\,V(0)}{\pi}\sqrt{a^2 - u^2},$$

così dall'equazione (1_c) si ricava il valore della densità sotto la forma ordinaria

$$h(u) = \frac{V(0)}{\pi^2}\,\frac{1}{\sqrt{a^2 - u^2}}, \qquad u < a.$$

La coincidenza di questo col precedente valore di $h(u)$ per $u < a$, e l'annullarsi di quest'ultimo per $u > a$, sono proprietà che riproducono un teorema già invocato nel § 5. Il paragone dei precedenti valori di V e di W con quelli che già si conoscono sotto altre forme condurrebbe ad altri teoremi dello stesso genere, benchè meno semplici.

Poniamo, per secondo esempio,

$$V(u) = \frac{1}{\sqrt{c^2 + u^2}}, \qquad u < a$$

ipotesi che corrisponde al caso del disco indotto da una massa — 1 collocata nel punto $u = 0$, $z = c$ (la costante c si suppone positiva). In questo caso si ha, (1_a),

$$F(u) = \frac{2}{\pi}\int_0^u \frac{d\sqrt{c^2 + s^2}}{\sqrt{c^2 + u^2 - (c^2 + s^2)}} = \frac{2}{\pi}\,\text{Arc}\cos\frac{c}{\sqrt{c^2 + u^2}},$$

epperò, (6),

$$\varphi(s) = \frac{2c}{\pi}\int_0^a \frac{\cos st.dt}{c^2 + t^2}.$$

La funzione potenziale e la funzione associata, per la distribuzione indotta, sono quindi date dalle formole

$$V = \frac{2c}{\pi}\int_0^\infty e^{\mp zs} J_0(us)\,ds\int_0^a \frac{\cos st.dt}{c^2 + t^2},$$

$$W = \pm\,\frac{2cu}{\pi}\int_0^\infty e^{\mp zs} J_0'(us)\,ds\int_0^a \frac{\cos st.dt}{c^2 + t^2}.$$

Invertendo l'ordine delle integrazioni, esse diventano effettuabili. Del resto io ho già dato altrove, sotto altra forma, l'espressione in termini finiti di queste due funzioni V e W *).

Per $a = \infty$ si ha, come è noto,

$$\varphi(s) = e^{-cs},$$

epperò

$$V = \int_0 e^{-(c\pm z)s} J_0(us)\,ds = \frac{1}{\sqrt{u^2 + (z \pm c)^2}},$$

$$W = \pm\, u \int_0^\infty e^{-(c\pm z)s} J_0'(us)\,ds = \frac{z \pm c}{\sqrt{u^2 + (z \pm c)^2}} \mp 1,$$

talchè la funzione potenziale coincide (salvo nel segno) con quella del punto inducente o con quella del punto immagine (rispetto al piano $z = 0$), secondo che il punto potenziato (u, z) è situato da opposta parte o da egual parte del punto inducente rispetto al suddetto piano.

Poniamo finalmente, per fare un'applicazione di carattere più generale,

$$V(u) = \int_0^\infty e^{-cs} J(us)\psi(s)\,ds, \qquad u < a,$$

il che equivale a considerare l'induzione prodotta sul disco da una distribuzione simmetrica, del resto qualunque, esistente sul piano $z = c > 0$. In questo caso si ha

$$F(t) = \frac{2}{\pi}\int_0^t \frac{r\,dr}{\sqrt{t^2 - r^2}} \int_0^\infty e^{-cs} J_0(rs)\psi(s)\,ds$$

$$= \frac{2}{\pi}\int_0^\infty e^{-cs}\psi(s)\,ds \int_0^t \frac{J_0(rs)\,r\,dr}{\sqrt{t^2 - r^2}}.$$

Ma si ha pure **)

$$\int_0^t \frac{J_0(rs)\,r\,dr}{\sqrt{t^2 - r^2}} = t\int_0^{\frac{\pi}{2}} J_0(st \operatorname{sen}\theta)\operatorname{sen}\theta\,d\theta = \frac{\operatorname{sen} st}{s},$$

epperò

$$F(t) = \frac{2}{\pi}\int_0^\infty e^{-cs}\psi(s)\operatorname{sen} st\,\frac{ds}{s},$$

---

*) Veggasi la Nota *Intorno ad alcune questioni di elettrostatica,* nei Rendiconti del R. Istituto Lombardo, 1877 (oppure queste OPERE, Volume III, pp. 73-88). Il processo ivi adoperato è sostanzialmente analogo al presente, se non che la soluzione era stata allora dedotta, in un modo più indiretto, da un teorema del prof. DINI.

**) Nota citata *Intorno ad un teorema di* ABEL, etc.

donde

$$F'(t) = \frac{2}{\pi}\int_0^\infty e^{-cs}\psi(s)\cos st.ds,$$

e finalmente, (6),

$$\varphi(s) = \frac{2}{\pi}\int_0^a \cos st.dt\int_0^\infty e^{-cr}\psi(r)\cos rt.dr.$$

Quando a è quantità finita si può ricavare di qui

$$\varphi(s) = \frac{1}{\pi}\int_0^\infty e^{-cr}\psi(r)\frac{\operatorname{sen}(r+s)a}{r+s}dr + \frac{1}{\pi}\int_0^\infty e^{-cr}\psi(r)\frac{\operatorname{sen}(r-s)a}{r-s}dr.$$

Quando invece $a = \infty$, in virtù del teorema di Fourier, si ha

$$\varphi(s) = e^{-cs}\psi(s),$$

epperò

$$V = \int_0^\infty e^{\mp(z\pm c)s} J_0(us)\psi(s)ds,$$

$$W = \pm u\int_0^\infty e^{\mp(z\pm c)s} J_0'(us)\psi(s)ds,$$

talchè per $z < 0$ l'azione del piano indotto è eguale e contraria a quella dell'inducente e per $z > 0$ è eguale a quella dell'immagine dell'inducente.

§ 7.

Passiamo ad altre applicazioni delle formole trovate.

Se nella prima equazione (4) si pone

$$h(s) = 1 \qquad \text{per } s < a,$$

$$h(s) = 0 \qquad \text{per } s > a,$$

si trova

$$\varphi(u) = \frac{2\pi a}{u}J_1(au).$$

Quindi le formole

$$(8)\qquad \begin{cases} V = 2\pi a\displaystyle\int_0^\infty e^{\mp zs} J_0(us)J_1(as)\frac{ds}{s} \; {}^{*)}, \\ W = \mp 2\pi au\displaystyle\int_0^\infty e^{\mp zs} J_1(us)J_1(as)\frac{ds}{s} \end{cases}$$

*) Weber, Memoria citata.

rappresentano la funzione potenziale e la funzione associata d'un disco omogeneo, di raggio a e di densità 1. Determinando la densità colla seconda delle equazioni (4), si trova

$$h(u) = a \int_0^\infty J_0(us) J_1(as) ds,$$

epperò si può concludere *a priori* che l'integrale

$$\int_0^\infty J_0(us) J_1(as) ds$$

dev'essere eguale ad $\frac{1}{a}$, oppure a 0, secondo che u è minore o maggiore di a *).

Dalle equazioni (8) si può subito ricavare quella funzione potenziale di doppio strato che si deve considerare come *elementare* rispetto alle distribuzioni (doppie) simmetriche intorno ad un asse, cioè la funzione potenziale elettromagnetica della corrente circolare. Suppongasi infatti che il disco, invece d'essere nel piano $z = 0$, sia nel piano parallelo $z = \zeta$. La sua funzione potenziale, in questa nuova posizione, è

$$V = 2\pi a \int_0^\infty e^{\mp(z-\zeta)s} J_0(us) J_1(as) \frac{ds}{s},$$

dove il segno superiore corrisponde a $z > \zeta$ e l'inferiore a $z < \zeta$. Derivando quest'espressione rispetto a ζ e facendo nel risultato $\zeta = 0$, si ottiene

$$\pm 2\pi a \int_0^\infty e^{\mp zs} J_0(us) J_1(as) ds.$$

Ora così operando si ottiene appunto (giusta la nota teoria d'AMPÈRE) l'espressione della funzione potenziale elettromagnetica della corrente circolare di raggio a e d'intensità 1, nel piano $z = 0$. Designando dunque con $\bar{v}$ tale funzione e con $\bar{w}$ la sua associata, si ha

$$(9) \quad \begin{cases} \bar{v} = \pm 2\pi a \int_0^\infty e^{\mp zs} J_0(us) J_1(as) ds, \\ \bar{w} = -2\pi a u \int_0^\infty e^{\mp zs} J_1(us) J_1(as) ds. \end{cases}$$

Se la prima di queste funzioni si moltiplica per $-g'(a)da$ e s'integra fra 0 ed

*) Quest'importante teorema fu già stabilito direttamente da H. WEBER, nella Memoria citata, e successivamente generalizzato da SONINE, nell'altra Memoria pure citata (pag. 39). Per $u = a$ il calcolo diretto mostra che l'integrale ha il valore medio $\frac{1}{2a}$.

a, si ottiene

$$\mp 2\pi \int_0^a g'(a)\,a\,da \int_0^\infty e^{\mp zs} J_0(us) J_1(as)\,ds,$$

ossia

$$\pm 2\pi \int_0^\infty e^{\mp zs} J_0(us)\,ds \int_0^a J_0'(rs) g'(r)\,r\,dr.$$

Ponendo dunque

$$\psi(s) = 2\pi \int_0^a J_0'(rs) g'(r)\,r\,dr,$$

le due funzioni

$$(10) \qquad \begin{cases} \overline{V} = \pm \int_0^\infty e^{\mp zs} J_0(us)\psi(s)\,ds, \\ \overline{W} = u \int_0^\infty e^{\mp zs} J_0'(us)\psi(s)\,ds \end{cases}$$

rappresentano la funzione potenziale elettromagnetica e la corrispondente funzione associata d'una serie continua di correnti circolari e concentriche, esistenti nel piano $z = 0$ fra $u = 0$ ed $u = a$, e così distribuite che la corona infinitesima compresa fra i cerchi di raggio u ed $u + du$ è percorsa da una corrente elementare di intensità $-g'(u)\,du$.

La precedente espressione di $\psi(s)$ può [supponendo continua la funzione $g(u)$] trasformarsi nella seguente

$$\psi(s) = 2\pi a g(a) J_0'(as) + 2\pi s \int_0^a J_0(rs) g(r)\,r\,dr.$$

Ora si può ammettere che la funzione $g(r)$, della quale non è stata definita che la derivata, sia nulla per $r = a$, ed in tale ipotesi si ha, più semplicemente,

$$\psi(s) = 2\pi s \int_0^a J_0(rs) g(r)\,r\,dr.$$

[Non v'è difficoltà a supporre $a = \infty$, cioè a supporre che le correnti invadano tutto il piano; se non che in questo caso $g(r)$ deve annullarsi per $r = \infty$ in tal guisa da rendere

$$[a g(a) J_0'(as)]_{a=\infty} = 0,$$

vale a dire che il prodotto $g(r)\sqrt{r}$ deve annullarsi per $r = \infty$]. D'altra parte si ha

$$V_{z=+0} - V_{z=-0} = 2 \int_0^\infty J_0(us)\psi(s)\,ds$$

e, sostituendo il precedente valore di $\psi(s)$,

$$V_{\zeta=+0} - V_{\zeta=-0} = 4\pi \int_0^\infty J_0(us)\,s\,ds \int_0^a J_0(rs)g(r)\,r\,dr.$$

In virtù del teorema di HANKEL (§ 3) il secondo membro di quest'ultima equazione equivale a $g(u)$ od a zero secondo che sia $u < a$ od $u > a$. È noto inoltre che la quantità

$$\frac{V_{\zeta=+0} - V_{\zeta=-0}}{4\pi}$$

rappresenta il momento magnetico del doppio strato di potenziale $\overline{V}$ nel punto u: dunque questo momento, il quale è naturalmente nullo al di fuori del cerchio occupato dalle correnti, è eguale a $g(u)$ nell'interno di questo cerchio, e si hanno così le due relazioni reciproche

$$(11)\qquad \left\{\begin{aligned} \psi(u) &= 2\pi u \int_0^\infty J_0(us)g(s)\,s\,ds, \\ g(u) &= \frac{1}{2\pi}\int_0^\infty J_0(us)\psi(s)\,ds \end{aligned}\right.$$

[nella prima delle quali si suppone $g(s)$ diverso da zero soltanto nella regione occupata dalle correnti]. Queste due relazioni fanno riscontro alle (4).

Per solo motivo di brevità ho qui ricavato il valore del momento magnetico dal teorema di HANKEL. Esso avrebbe potuto essere stabilito direttamente, con semplici considerazioni desunte dalla teoria del potenziale elettromagnetico: tali considerazioni, accennate già da W. THOMSON, sono state da me esposte altrove *).

§ 8.

Scrivasi nell'espressione (3) di v, come precedentemente in quella (8) di V, $z - \zeta$ in luogo di z, portando così la circonferenza di raggio a, cui la funzione v si riferisce, dal piano $z = 0$ al piano $z = \zeta$. Designando con v_ζ il risultato di tale sostituzione

*) Veggasi la *Nota sulla teoria matematica dei solenoidi elettrodinamici,* nel Nuovo Cimento, 1872 (queste OPERE, Volume II, pp. 188-201), le *Ricerche sulla cinematica dei fluidi,* nelle Memorie dell'Accademia di Bologna, 1871-74 (queste OPERE, Volume II, pp. 202-379) e la Nota *Intorno ad alcuni punti della teoria del potenziale,* ibid., 1878 (queste OPERE, Volume III, pp. 129-150).

quando $z > \zeta$, e con v'_ζ quando $z < \zeta$, è chiaro che le tre espressioni

$$\int_{-c}^{c} v_\zeta \, d\zeta \qquad \text{per } z > c,$$

$$\int_{-c}^{z} v_\zeta \, d\zeta + \int_{z}^{c} v'_\zeta \, d\zeta \qquad \text{per } c > z > -c,$$

$$\int_{-c}^{c} v'_\zeta \, d\zeta \qquad \text{per } -c > z$$

rappresentano la funzione potenziale d'una superficie cilindrica di rotazione, avente per asse l'asse delle z, terminata alla due circonferenze di raggio a nei piani $z = c$ e $z = -c$, e di densità 1.

Eseguendo le integrazioni si trova

$$(12) \qquad \begin{cases} V = 4\pi a \displaystyle\int_0^\infty e^{\mp z s} J_0(u s) J_0(a s) \operatorname{senh} c s \frac{ds}{s} & (z^2 > c^2), \\ V' = 4\pi a \displaystyle\int_0^\infty (1 - e^{-cs} \cosh z s) J_0(u s) J_0(a s) \frac{ds}{s} & (z^2 < c^2), \end{cases}$$

espressioni delle quali la prima si riferisce all'ipotesi $z > c$ quando si prende il segno superiore ed all'ipotesi $z < -c$ quando si prende il segno inferiore, mentre la seconda si riferisce all'ipotesi $c > z > -c$.

Le corrispondenti funzioni associate sono

$$(12_a) \qquad \begin{cases} W = \pm 4\pi a u \displaystyle\int_0^\infty e^{\mp z s} J'_0(u s) J_0(a s) \operatorname{senh} c s \frac{ds}{s} & (z^2 > c^2), \\ W' = 4\pi a u \displaystyle\int_0^\infty (e^{-cs} \operatorname{senh} z s - z s) J'_0(u s) J_0(a s) \frac{ds}{s} & (z^2 < c^2), \end{cases}$$

la seconda delle quali può anche (in virtù del teorema di H. WEBER ricordato nel § 7) scriversi così:

$$W' = 4\pi a u \int_0^\infty e^{-cs} J'_0(u s) J_0(a s) \operatorname{senh} z s \frac{ds}{s}, \qquad \text{per } u < a,$$

$$W' = 4\pi a u \int_0^\infty c^{-cs} J'_0(u s) J_0(a s) \operatorname{senh} z s \frac{ds}{s} + 4\pi a z, \qquad \text{per } u > a.$$

Si può verificare facilmente che i precedenti valori di V, V', insieme con quelli delle loro derivate prime rispetto ad u ed a z, sono finiti e continui in tutto lo spazio, compresi i punti dei due piani $z = c$, $z = -c$. Fanno eccezione, rispetto alla derivata $\frac{\partial V'}{\partial u}$, i punti della superficie cilindrica $u = a$. Infatti si ha

$$\frac{\partial V'}{\partial u} = -4\pi a \int_0^\infty J_0(as) J_1(us)\, ds - 4\pi a \int_0^\infty e^{-cs} \cosh zs\, J_0'(us) J_0(as)\, ds,$$

ossia, per il teorema di WEBER,

$$\frac{\partial V'}{\partial u} = -4\pi a \int_0^\infty e^{-cs} \cosh zs\, J_0'(us) J_0(as)\, ds - \frac{4\pi a}{u}, \qquad \text{per } u > a,$$

$$\frac{\partial V'}{\partial u} = -4\pi a \int_0^\infty e^{-cs} \cosh zs\, J_0'(us) J_0(as)\, ds, \qquad \text{per } u < a;$$

e di qui si conclude

$$\left(\frac{\partial V'}{\partial u}\right)_{u=a+0} - \left(\frac{\partial V'}{\partial u}\right)_{u=a-0} = -4\pi,$$

come doveva essere.

Rispetto alle derivate seconde, noterò soltanto che si trova

$$\frac{1}{u}\frac{\partial}{\partial u}\left(u \frac{\partial V}{\partial u}\right) + \frac{\partial^2 V}{\partial z^2} = 0,$$

$$\frac{1}{u}\frac{\partial}{\partial u}\left(u \frac{\partial V'}{\partial u}\right) + \frac{\partial^2 V'}{\partial z^2} = -4\pi a \int_0^\infty J_0(us) J_0(as)\, s\, ds,$$

il qual ultimo integrale, come già si osservò nel § 3, è sempre nullo nei punti esterni alla superficie cilindrica, cioè per $u \gtrless a$.

La massa totale della superficie cilindrica è $4\pi ac$. Se quindi si divide la funzione potenziale per $2\pi a$, si ottiene l'analoga funzione d'una massa $2c$ distribuita uniformemente sulla stessa superficie. Se, dopo aver fatto ciò, si pone $a = 0$, si trova

$$V = 2\int_0^\infty e^{\mp zs} J_0(us) \operatorname{senh} cs \frac{ds}{s}, \qquad z^2 > c^2,$$

$$V' = 2\int_0^\infty (1 - e^{-cs}\cosh zs) J_0(us) \frac{ds}{s}, \qquad z^2 < c^2$$

e queste formole rappresentano la funzione potenziale d'una retta omogenea di densità 1, compresa fra i punti $z = -c$ e $z = +c$ dell'asse z. Se la massa totale della retta omogenea fosse m, si avrebbe

$$V = m\int_0^\infty e^{\mp zs} J_0(us) \frac{\operatorname{senh} cs}{cs}\, ds,$$

e, facendo tendere c a zero,

$$V = m \int_0^\infty e^{\mp z s} J_0(u s)\, d s = \frac{m}{\sqrt{u^2 + z^2}}\,;$$

si ottiene così la funzione potenziale d'una massa m concentrata nel punto $u = z = 0$ [che si poteva del resto dedurre anche più direttamente dall'espressione (3) di v, dividendo per $2\pi a$ e facendo $a = 0$]. Coll'aiuto di questa formola si può ottenere la funzione potenziale di qualunque distribuzione lineare sull'asse, senza ricorrere alle funzioni cilindriche di seconda specie.

§ 9.

Moltiplicando i secondi membri delle equazioni (12) per $k(a)\,d a$ ed integrando fra 0 ed a, si trova rispettivamente

$$4\pi \int_0^\infty e^{\mp z s} J_0(u s) \operatorname{senh} c s \frac{d s}{s} \int_0^a J_0(a s) k(a)\, a\, d a,$$

$$4\pi \int_0^\infty (1 - e^{-cs} \cosh z s) J_0(u s) \frac{d s}{s} \int_0^a J_0(a s) k(a)\, a\, d a,$$

cosicchè, ponendo

(13) $$\chi(s) = 4\pi \int_0^a J_0(a s) k(a)\, a\, d a,$$

si ottiene nelle formole

(13$_a$) $$\begin{cases} V = \displaystyle\int_0^\infty e^{\mp z s} J_0(u s) \chi(s) \operatorname{senh} c s \frac{d s}{s}, & z^2 > c^2, \\ V' = \displaystyle\int_0^\infty (1 - e^{-cs} \cosh z s) J_0(u s) \chi(s) \frac{d s}{s}, & z^2 < c^2 \end{cases}$$

l'espressione della funzione potenziale d'un cilindro di rotazione, terminato ai piani $z = \pm c$, di densità variabile colla distanza dall'asse secondo una legge qualunque.

La corrispondente funzione associata è espressa dalle formole

(13$_b$) $$\begin{cases} W = \pm u \displaystyle\int_0^\infty e^{\mp z s} J_0'(u s) \chi(s) \operatorname{senh} c s \frac{d s}{s}, & z^2 > c^2, \\ W' = u \displaystyle\int_0^\infty (e^{-cs} \operatorname{senh} z s - z s) J_0'(u s) \chi(s) \frac{d s}{s}, & z^2 < c^2, \end{cases}$$

nella seconda delle quali non si devono considerare che i valori di $u > a$, perchè per

$u < a$ si otterrebbero punti *interni* alla massa cilindrica, e per questi punti la funzione W' non è più atta a somministrare l'equazione delle linee di forza.

Rispetto a questa stessa funzione W' è pure da osservare che essa soddisfa identicamente all'equazione

$$\frac{\partial W'}{\partial z} = -u\frac{\partial V'}{\partial u},$$

ma non soddisfa anche all'altra

$$\frac{\partial W'}{\partial u} = u\frac{\partial V'}{\partial z}$$

se il secondo termine di W'

$$-uz\int_0^\infty J_0'(us)\chi(s)\,ds$$

non è indipendente da u. Ora esso è veramente tale, perchè, sostituendo il valore (13) di $\chi(s)$, diventa

$$4\pi uz\int_0^\infty J_1(us)\,ds\int_0^a J_0(as)k(a)\,a\,da$$

$$= 4\pi uz\int_0^a k(a)\,a\,da\int_0^\infty J_0(as)J_1(us)\,ds,$$

ossia, in forza del teorema di Weber (dovendo essere $u > a$),

$$= 4\pi z\int_0^a k(a)\,a\,da = \chi(0)z.$$

Il valore di W' si può dunque scrivere anche così:

$$W' = u\int_0^\infty e^{-cs}J_0'(us)\chi(as)\,\mathrm{senh}\,zs\frac{ds}{s} + \chi(0)z.$$

Dall'equazione (13) si deduce, pel teorema di Hankel,

$$(13_c) \qquad k(s) = \frac{1}{4\pi}\int_0^\infty J_0(as)\chi(a)\,a\,da.$$

Conviene però osservare che, se la funzione χ si prendesse ad arbitrio, la densità k risulterebbe diversa da zero per tutti i valori di u, cioè non si avrebbe più un cilindro di raggio finito.

§ 10.

Riprendiamo la formola (6) e sostituiamola direttamente nella prima *) delle espressioni (2). Considerando per semplicità la sola regione $z > 0$, si trova

$$V = \int_0^\infty e^{-zs} J_0(us)\,ds \int_0^a F'(t) \cos st.\,dt\,,$$

ossia

$$V = \int_0^a F'(t)\,dt \int_0^\infty e^{-zs} J_0(us) \cos st.\,ds\,.$$

Ora si ha

$$\int_0^\infty e^{-zs} J_0(us) \cos st.\,ds$$

$$= \frac{1}{2}\int_0^\infty e^{-(z+it)s} J_0(us)\,ds + \frac{1}{2}\int_0^\infty e^{-(z-it)s} J_0(us)\,ds\,,$$

quindi (supponendo per ora $z > 0$)

$$\int_0^\infty e^{-zs} J_0(us) \cos st.\,ds = \frac{1}{2}\,\frac{1}{\sqrt{u^2 + (z+it)^2}} + \frac{1}{2}\,\frac{1}{\sqrt{u^2 + (z-it)^2}}\,,$$

dove i due radicali devono essere presi in modo che, per $u = 0$, si riducano rispettivamente a $z + it$ ed a $z - it$ (vedi la Nota in fine). Si ottiene così

$$V = \frac{1}{2}\int_0^a \frac{F'(t)\,dt}{\sqrt{u^2 + (z+it)^2}} + \frac{1}{2}\int_0^a \frac{F'(t)\,dt}{\sqrt{u^2 + (z-it)^2}}\,, \tag{14}$$

espressione che presenta una singolare analogìa colla funzione potenziale d'una massa $M = F(a)$ distribuita sul segmento dell'asse z fra $z = -a$ e $z = +a$, colla densità lineare $\frac{1}{2}F'(t)$ nei punti $z = \pm t$, funzione che sarebbe rappresentata da

$$\frac{1}{2}\int_0^a \frac{F'(t)\,dt}{\sqrt{u^2 + (z+t)^2}} + \frac{1}{2}\int_0^a \frac{F'(t)\,dt}{\sqrt{u^2 + (z-t)^2}}\,.$$

La formola (14) di V mette in immediata evidenza la sussistenza dell'equazione di Laplace, le proprietà all'infinito, la continuità della funzione e delle sue derivate al di fuori del piano $z = 0$. Rispetto ai punti di questo piano è da osservare che la detta formola (14), benchè dedotta nell'ipotesi di $z > 0$, è valida anche per $z = 0$. Ciò è

*) Si ottengono risultati analoghi anche operando sull'espressione di W: ma essendo essi meno semplici, preferisco lasciarne la deduzione al lettore, tanto più ch'essi possono ricavarsi in varî modi dalle formole qui stabilite per V.

manifesto per il caso di $u > a$, e si dimostra, nel caso di $u < a$, colle formole di Weber (cfr. la Nota). Ma si può osservare che, quando $z = 0$, $u < a$, il primo dei due integrali (14) si decompone nei due

$$\int_0^u \frac{F'(t)\,dt}{\sqrt{u^2 - t^2}} + \frac{1}{i}\int_u^a \frac{F'(t)\,dt}{\sqrt{t^2 - u^2}},$$

mentre il secondo si decompone nei due

$$\int_0^u \frac{F'(t)\,dt}{\sqrt{u^2 - t^2}} - \frac{1}{i}\int_u^a \frac{F'(t)\,dt}{\sqrt{t^2 - u^2}},$$

cosicchè, quando $z = 0$, si ha

$$V = \int_0^u \frac{F'(t)\,dt}{\sqrt{u^2 - t^2}}, \qquad \text{per } u < a,$$

$$V = \int_0^a \frac{F'(t)\,dt}{\sqrt{u^2 - t^2}}, \qquad \text{per } u > a.$$

Ora questi valori di V s'accordano perfettamente con quelli delle formole (7_a), (7_c) del § 5.

Si può osservare inoltre che, essendo V la parte reale dell'espressione

$$\int_0^a \frac{F'(t)\,dt}{\sqrt{u^2 + (z + i t)^2}},$$

la derivata di V rispetto a z, per $z = 0$, si può considerare come la parte reale dell'espressione

$$\frac{i}{u}\frac{d}{du}\int_0^a \frac{F'(t)\,t\,dt}{\sqrt{u^2 - t^2}}.$$

Ora per $u > a$ la parte reale di quest'espressione è evidentemente zero. Per $u < a$ si ha invece

$$\int_0^a \frac{F'(t)\,t\,dt}{\sqrt{u^2 - t^2}} = \int_0^u \frac{F'(t)\,t\,dt}{\sqrt{u^2 - t^2}} + \frac{1}{i}\int_u^a \frac{F'(t)\,t\,dt}{\sqrt{t^2 - u^2}},$$

epperò la detta parte reale è

$$\frac{1}{u}\frac{d}{du}\int_u^a \frac{F'(t)\,t\,dt}{\sqrt{t^2 - u^2}}.$$

Ne consegue che

$$h(u) = -\frac{1}{2\pi u}\frac{d}{du}\int_u^a \frac{F'(t)\,t\,dt}{\sqrt{t^2 - u^2}}, \qquad \text{per } u < a,$$

$$h(u) = 0, \qquad \text{per } u > a,$$

cioè che la V definita dall'equazione (14) è la funzione potenziale d'un disco di raggio a, la cui densità variabile $h(u)$ è precisamente quella (1_c) che corrisponde ai valori (7_b) che la medesima funzione potenziale è obbligata a prendere nei punti del disco. Questi risultati, mentre verificano la nuova espressione (14), porgono al tempo stesso una terza dimostrazione delle formole riportate nel § 1.

Come esempio semplicissimo d'applicazione della formola (14) si può notare il caso della distribuzione in equilibrio di potenziale 1, per la quale (§ 6) si ha

$$F(t) = \frac{2t}{\pi},$$

e quindi

$$V = \frac{1}{\pi} \int_{-a}^{a} \frac{dt}{\sqrt{u^2 + (z + it)^2}};$$

e quello della distribuzione indotta dal punto $u = 0$, $z = c$, per la quale (§ 6) si ha

$$F(t) = \frac{2}{\pi} \operatorname{Arc\,cos} \frac{c}{\sqrt{c^2 + t^2}},$$

e quindi

$$V = \frac{c}{\pi} \int_{-a}^{a} \frac{dt}{(c^2 + t^2)\sqrt{u^2 + (z + it)^2}}.$$

Si può anche mettere sotto la forma (14) la funzione potenziale elementare v, osservando che per questa si ha

$$F(t) = 4a \operatorname{Arc\,sen} \frac{t}{a};$$

ma riesce più interessante un'altra trasformazione di v, che si ottiene nel modo seguente. Essendo

$$J_0(us) = \frac{2}{\pi} \int_0^{\frac{\pi}{2}} \cos(us \operatorname{sen} \theta) \, d\theta,$$

la prima formola (3) può scriversi così

$$v = 4a \int_0^{\frac{\pi}{2}} d\theta \int_0^{\infty} e^{-zs} J_0(as) \cos(us \operatorname{sen} \theta) \, ds,$$

donde, procedendo nel modo che s'è fatto al principio di questo §, si deduce

$$v = 2a \int_0^{\frac{\pi}{2}} \frac{d\theta}{\sqrt{a^2 + (z + iu \operatorname{sen} \theta)^2}} + 2a \int_0^{\frac{\pi}{2}} \frac{d\theta}{\sqrt{a^2 + (z - iu \operatorname{sen} \theta)^2}},$$

o più semplicemente

$$(15) \qquad v = 2a \int_0^\pi \frac{d\theta}{\sqrt{a^2 + (z + iu\cos\theta)^2}} .$$

Il radicale è, al solito, determinato dalla condizione di ridursi uguale a $z + iu\cos\theta$ per $a = 0$.

Di qui, integrando rispetto ad a da 0 ad a, si ricava

$$(15_a) \qquad V = 2\int_0^\pi d\theta \sqrt{a^2 + (z + iu\cos\theta)^2} - 2\pi z,$$

espressione molto notevole, per la sua semplicità, della funzione potenziale d'un disco omogeneo di raggio a e di densità 1, sulla quale si possono direttamente verificare (usando qualche opportuno artifizio) tutte le proprietà caratteristiche di tal funzione. Ordinariamente l'espressione di questa funzione si deduce da quella della funzione potenziale d'un disco ellittico omogeneo, introducendo l'ipotesi dell'eguaglianza degli assi. Il signor Heine ha già osservato *) che la formola così ottenuta si può dimostrare con una considerazione diretta, molto semplice ed elegante. Ma questa formola ha pur sempre lo stesso carattere di quella del disco ellittico e, in particolare, le coordinate normali u e z del punto potenziato non vi figurano che indirettamente, e coll'intervento di una equazione di 2° grado. Invece l'espressione (15_a), che sarebbe interessante di stabilire direttamente, è formata senz'altro colle coordinate u e z.

Da quest'espressione (15_a) si può dedurre facilmente, sotto forma d'integrale semplice, la funzione potenziale d'un cilindro omogeneo di rotazione (terminato a due sezioni normali): ma l'espressione che così si ottiene, e che non credo necessario di trascrivere, esigerebbe, per essere ridotta di comoda applicazione, uno studio accurato che in questo momento non posso intraprendere.

NOTA

Credo opportuno di aggiungere, per comodo del lettore, la dimostrazione diretta di una formola che comprende, come casi particolari, alcune relazioni di cui ho fatto uso nei §§ precedenti.

---

*) *Das Potential eines homogenen Kreises* [Journal für die reine und angewandte Mathematik, t. LXXVI (1873), pag. 271].

Pongasi

$$\int_0^\infty e^{-zs} J_n(us) \cos st.ds = P_n,$$

$$\int_0^\infty e^{-zs} J_n(us) \operatorname{sen} st.ds = Q_n,$$

donde

$$P_n + i\,Q_n = \int_0^\infty e^{-(z-it)s} J_n(us)\,ds.$$

Le quantità z, u e t si suppongono reali e positive.

Dalla formola fondamentale

$$e^{ius\cos\theta} = J_0(us) + 2\sum_1^\infty i^n J_n(us)\cos n\theta$$

si deduce

$$e^{-(z-it-iu\cos\theta)s} = J_0(us)\,e^{-(z-it)s} + 2\sum_1^\infty i^n \cos n\theta . J_n(us)\,e^{-(z-it)s}$$

donde, integrando rispetto ad s fra o ed ∞,

$$(a) \qquad \frac{1}{z - it - iu\cos\theta} = P_0 + i\,Q_0 + 2\sum_1^\infty i^n (P_n + i\,Q_n)\cos n\theta.$$

Si ponga ora

$$(b) \qquad \frac{1}{z - it - iu\cos\theta} = \frac{\beta}{1 - 2\alpha\cos\theta + \alpha^2},$$

donde

$$z - it = \frac{1+\alpha^2}{\beta}, \qquad iu = \frac{2\alpha}{\beta},$$

ossia

$$\alpha^2 - 2\alpha\frac{z-it}{iu} + 1 = 0, \qquad \beta = \frac{2\alpha}{iu}.$$

Osservando che, per $u = 0$, si deve avere, (b),

$$\alpha = 0, \qquad \beta = \frac{1}{z-it},$$

si riconosce che i valori di α e β, per u qualunque, sono

$$(b') \qquad \begin{cases} \alpha = \dfrac{iu}{\sqrt{u^2 + (z-it)^2} + z - it}, \\[2ex] \beta = \dfrac{2}{\sqrt{u^2 + (z-it)^2} + z - it}, \end{cases}$$

dove il radicale deve prendersi in modo che, per $u = 0$, si riduca a $z - it$, cioè in modo che, ponendo

(c) $$\sqrt{u^2 + (z - it)^2} = Z - iT,$$

si abbia

$$Z = z, \qquad T = t, \qquad \text{per } u = 0.$$

Ora dall'equazione (c) si ricava

$$u^2 + z^2 - t^2 = Z^2 - T^2, \qquad zt = ZT,$$

cioè

$$Z^2 - \frac{z^2 t^2}{Z^2} = \frac{z^2 t^2}{T^2} - T^2 = u^2 + z^2 - t^2,$$

e però i valori convenienti di Z e T sono

$$Z = \sqrt{\frac{\sqrt{(u^2 + z^2 - t^2)^2 + 4z^2 t^2} + u^2 + z^2 - t^2}{2}},$$

$$T = \sqrt{\frac{\sqrt{(u^2 + z^2 - t^2)^2 + 4z^2 t^2} - (u^2 + z^2 - t^2)}{2}},$$

dove tanto il radicale esterno quanto l'interno devono prendersi positivamente, cioè in valore assoluto.

Si osservi ora che dall'equazione

$$u^2 + z^2 - t^2 = Z^2 - T^2$$

risulta

$$(z + Z)^2 + (t + T)^2 = u^2 + 2T^2 + 2z^2 + zZ + tT$$

e quindi, per essere le quantità z, t, Z, T tutte positive,

$$(z + Z)^2 + (t + T)^2 > u^2,$$

a meno che non sia $z = 0$, $T = 0$, cioè

$$z = 0, \qquad t < u.$$

Escludendo per ora questo caso, si ha dunque, (b'), (c),

$$\operatorname{mod} \alpha < 1,$$

e però i due fattori del secondo membro dell'equazione identica

$$\frac{1}{1 - 2\alpha\cos\theta + \alpha^2} = (1 - \alpha e^{i\theta})^{-1}(1 - \alpha e^{-i\theta})^{-1}$$

possono essere sviluppati in serie procedenti secondo le potenze crescenti di α. Moltiplicando fra loro le due serie che così si ottengono, si ha subito

$$\frac{\beta}{1-2\alpha\cos\theta+\alpha^2}=\frac{\beta}{1-\alpha^2}(1+2\alpha\cos\theta+2\alpha^2\cos 2\theta+\cdots).$$

Ma dalla relazione

$$\frac{1+\alpha^2}{\beta}=z-it$$

si ricava, (b'),

$$\frac{1-\alpha^2}{\beta}=\frac{2}{\beta}-(z-it)=\sqrt{u^2+(z-it)^2},$$

quindi, (b),

$$\frac{1}{z-it-iu\cos\theta}=\frac{1}{\sqrt{u^2+(z-it)^2}}\left(1+2\sum_1^\infty\alpha^n\cos n\theta\right).$$

Paragonando quest'equazione colla (a), si ottiene, per $n=0, 1, 2, 3, \ldots$,

$$i^n(P_n+iQ_n)=\frac{\alpha^n}{\sqrt{u^2+(z-it)^2}},$$

epperò si ha finalmente, (b'),

$$P_n+iQ_n=\frac{1}{\sqrt{u^2+(z-it)^2}}\left[\frac{u}{\sqrt{u^2+(z-it)^2}+z-it}\right]^n \text{*)},$$

ovvero

$$(d)\qquad P_n+iQ_n=\frac{1}{\sqrt{u^2+(z-it)^2}}\left[\frac{\sqrt{u^2+(z-it)^2}-(z-it)}{u}\right]^n,$$

dove, (c),

$$\sqrt{u^2+(z-it)^2}=Z-iT.$$

Separando la parte reale dall'immaginaria nel secondo membro dell'equazione (d) si ottengono così i cercati valori di P_n e Q_n.

Questi valori non sono soggetti ad alcuna eccezione finchè z è maggiore di zero. Per $z=0$ essi si mantengono indubbiamente validi finchè t è più grande di u; ma se si osserva che la convergenza degli integrali P_n e Q_n dipende dal modo di comportarsi all'infinito delle funzioni sotto il segno, e che, per la forma cui tende J_n all'infinito, queste funzioni sono (all'infinito) formate simmetricamente con t e con u, si riconosce subito che, anche nel caso di $t<u$, la formola (d) si mantiene valida quando z tende a zero. Il solo caso di eccezione è quello di $z=0$, $t=u$, nel quale tanto gli integrali P_n, Q_n quanto il secondo membro della detta formola perdono ogni significato.

*) Cfr. HEINE, *Handbuch der Kugelfunctionen* (2ª ed., Berlin 1878), vol. I, pag. 243.

Per $n = 0$, $n = 1$ la formola (d) dà

$$P_0 + i Q_0 = \frac{1}{Z - iT},$$

$$P_1 + i Q_1 = \frac{1}{u}\left(1 - \frac{z - it}{Z - iT}\right).$$

Nel caso particolare di $z = 0$ si ha

$$Z = \sqrt{\tfrac{1}{2}\,\mathrm{Mod}\,(u^2 - t^2) + \tfrac{1}{2}(u^2 - t^2)},$$

$$T = \sqrt{\tfrac{1}{2}\,\mathrm{Mod}\,(u^2 - t^2) - \tfrac{1}{2}(u^2 - t^2)},$$

e quindi

$$Z = \sqrt{u^2 - t^2}, \qquad T = 0, \qquad \text{se } t < u;$$

$$Z = 0, \qquad T = \sqrt{t^2 - u^2}, \qquad \text{se } t > u.$$

Si hanno quindi le formole

$$\left.\begin{aligned}
&\int_0^\infty J_0(us)\cos st.\,ds = \frac{1}{\sqrt{u^2 - t^2}},\\
&\int_0^\infty J_0(us)\,\mathrm{sen}\,st.\,ds = 0,\\
&\int_0^\infty J_1(us)\cos st.\,ds = \frac{1}{u},\\
&\int_0^\infty J_1(us)\,\mathrm{sen}\,st.\,ds = \frac{t}{u\sqrt{u^2 - t^2}};
\end{aligned}\right\}\; t < u$$

$$\left.\begin{aligned}
&\int_0^\infty J_0(us)\cos st.\,ds = 0,\\
&\int_0^\infty J_0(us)\,\mathrm{sen}\,st.\,ds = \frac{1}{\sqrt{t^2 - u^2}},\\
&\int_0^\infty J_1(us)\cos st.\,ds = \frac{1}{u}\left(1 - \frac{t}{\sqrt{t^2 - u^2}}\right),\\
&\int_0^\infty J_1(us)\,\mathrm{sen}\,st.\,ds = 0,
\end{aligned}\right\}\; t > u$$

fra le quali sono comprese quelle di cui si è fatto uso nel § 5.

Nel caso di n qualunque le formole che risultano dalla decomposizione del secondo membro dell'equazione (d) non hanno una forma molto semplice: si può tuttavia osservare che per $z = 0$ e $t > u$ quell'equazione prende la forma semplicissima

$$P_n + i\,Q_n = \frac{i^{1-n}}{\sqrt{t^2 - u^2}} \left(\frac{\sqrt{t^2 - u^2} - t}{u} \right)^n ,$$

la quale permette di concludere immediatamente

$$P_{2n} = 0 ,$$

$$Q_{2n} = \frac{(-1)^n}{\sqrt{t^2 - u^2}} \left(\frac{\sqrt{t^2 - u^2} - t}{u} \right)^{2n} ,$$

$$P_{2n+1} = \frac{(-1)^n}{\sqrt{t^2 - u^2}} \left(\frac{\sqrt{t^2 - u^2} - t}{u} \right)^{2n+1} ,$$

$$Q_{2n+1} = 0 .$$

LXVII.

SULLE EQUAZIONI GENERALI DELL'ELASTICITÀ.

Annali di Matematica pura ed applicata, serie II, tomo X (1880-82), pp. 188-211.

È noto che LAMÉ è stato il primo a trasformare le equazioni dell'elasticità in coordinate curvilinee ortogonali. Tale trasformazione, da lui esposta per la prima volta in una Memoria pubblicata nel t. VI del Journal de Mathématiques (1ª Serie, 1841, pag. 52), è stata poscia riprodotta nella XVª e nella XVIª delle *Leçons sur les coordonnées curvilignes.*

I calcoli eleganti, ma alquanto prolissi, dell'illustre geometra francese sono stati notabilmente abbreviati, con procedimenti in parte diversi, da C. NEUMANN e dal compianto BORCHARDT.

Il primo di questi due Autori, nell'interessantissima sua Memoria: *Zur Theorie der Elasticität* *), ha ripigliato la questione dal principio, calcolando il potenziale delle forze molecolari nei corpi isotropi, e deducendo direttamente le note equazioni dalla variazione di questo potenziale. Le semplificazioni ottenute in questo lavoro risultano principalmente da certe relazioni, preliminarmente stabilite dall'Autore, fra quelli che egli chiama coefficienti di variazione del detto potenziale, prima e dopo della trasformazione in coordinate curvilinee. (Questi coefficienti non sono altro che le espressioni per le quali trovansi moltiplicate le variazioni delle funzioni incognite, in quella parte della variazione dell'integrale che è rappresentata da un integrale d'egual ordine di moltiplicità).

Anche BORCHARDT, nell'elegante articolo intitolato: *Ueber die Transformation der*

*) Journal für die reine und angewandte Mathematik, t. LVII (1860), pag. 281.

Elasticitätsgleichungen in allgemeine orthogonale Coordinaten *) ha fondato la sua deduzione sulla variazione dell'integrale che rappresenta il potenziale delle forze elastiche, ma la semplificazione da lui raggiunta deriva, sia dalla soppressione di certe parti dell'integrale che sono convertibili in integrali di superficie e che non dànno contributo alcuno alle equazioni indefinite, sia dalla trasformazione diretta dell'espressione che rappresenta il quadrato della rotazione elementare.

In fondo, l'artifizio essenziale della trasformazione consiste, presso tutti tre i nominati Autori, nell'aggruppamento delle tre funzioni incognite e delle loro nove derivate sotto quattro sole espressioni distinte, che sono quelle rappresentanti la dilatazione cubica e le tre componenti di rotazione. Infatti LAMÉ parte direttamente dalle equazioni cartesiane fra queste quattro espressioni, mentre NEUMANN e BORCHARDT predispongono il potenziale elementare in guisa che queste sole espressioni forniscano termini alle equazioni trasformate.

Ora il detto artifizio, se permette di giungere a queste equazioni con quella maggiore speditezza che la natura dell'argomento consente, lascia tuttavia nell'ombra una circostanza di molto interesse che, a quanto pare, non è stata ancora avvertita e che conduce a conseguenze del tutto inaspettate.

Per mettere in chiara luce questo punto, incomincierò collo stabilire *direttamente* le equazioni generali dell'equilibrio elastico in coordinate ortogonali di specie qualunque.

Sieno q_1, q_2, q_3 le coordinate curvilinee ortogonali d'un punto qualunque in uno spazio a tre dimensioni e sia

$$ds^2 = Q_1^2 dq_1^2 + Q_2^2 dq_2^2 + Q_3^2 dq_3^2 \tag{1}$$

l'espressione del quadrato d'un elemento lineare qualunque, in questo spazio.

Facendo variare la posizione d'ogni punto, si trova

$$ds\delta ds = Q_1^2 dq_1 d\delta q_1 + Q_2^2 dq_2 d\delta q_2 + Q_3^2 dq_3 d\delta q_3 + Q_1 \delta Q_1 dq_1^2 + Q_2 \delta Q_2 dq_2^2 + Q_3 \delta Q_3 dq_3^2.$$

Ma si ha, per $i = 1, 2, 3$,

$$d\delta q_i = \frac{\partial \delta q_i}{\partial q_1} dq_1 + \frac{\partial \delta q_i}{\partial q_2} dq_2 + \frac{\partial \delta q_i}{\partial q_3} dq_3;$$

---

*) Journal für die reine und angewandte Mathematik, t. LXXVI (1873), pag. 45; l'articolo trovasi riprodotto in francese nel Bulletin des Sciences Mathématiques et Astronomiques, t. VIII (1875), pag. 191.

dunque, ponendo

$$
(2)\qquad
\left\{
\begin{aligned}
\delta\theta_1 &= \frac{\partial\,\delta q_1}{\partial q_1} + \frac{\delta Q_1}{Q_1},\\
\delta\theta_2 &= \frac{\partial\,\delta q_2}{\partial q_2} + \frac{\delta Q_2}{Q_2},\\
\delta\theta_3 &= \frac{\partial\,\delta q_3}{\partial q_3} + \frac{\delta Q_3}{Q_3},\\
\delta\omega_1 &= \frac{Q_2}{Q_3}\frac{\partial\,\delta q_2}{\partial q_3} + \frac{Q_3}{Q_2}\frac{\partial\,\delta q_3}{\partial q_2},\\
\delta\omega_2 &= \frac{Q_3}{Q_1}\frac{\partial\,\delta q_3}{\partial q_1} + \frac{Q_1}{Q_3}\frac{\partial\,\delta q_1}{\partial q_3},\\
\delta\omega_3 &= \frac{Q_1}{Q_2}\frac{\partial\,\delta q_1}{\partial q_2} + \frac{Q_2}{Q_1}\frac{\partial\,\delta q_2}{\partial q_1},
\end{aligned}
\right.
$$

si può scrivere

$$
(2_a)\qquad \frac{\delta\,ds}{ds} = \lambda_1^2\delta\theta_1 + \lambda_2^2\delta\theta_2 + \lambda_3^2\delta\theta_3 + \lambda_2\lambda_3\delta\omega_1 + \lambda_3\lambda_1\delta\omega_2 + \lambda_1\lambda_2\delta\omega_3,
$$

dove le tre quantità λ_1, λ_2, λ_3, definite da

$$
\lambda_i = \frac{Q_i\,dq_i}{ds},
$$

sono i coseni degli angoli che l'elemento lineare ds fa colle tre linee coordinate q_1, q_2, q_3 (così designando, per brevità, le linee lungo le quali varia la sola coordinata q_1, o la sola q_2, o la sola q_3).

Abbiasi ora un sistema materiale continuo, occupante uno spazio connesso S, limitato da una superficie σ, e sia questo sistema in equilibrio sotto l'azione: 1° di forze esterne applicate ad ogni elemento di volume dS e ad ogni elemento di superficie $d\sigma$; 2° di forze interne sviluppate, in ciascun elemento dS, dalla deformazione che le forze esterne determinano nel sistema. Tale sistema, *già deformato ed equilibrato,* sia quello i cui punti sono individuati dalle coordinate q_1, q_2, q_3.

Sieno

$$
F_1\,dS, \qquad F_2\,dS, \qquad F_3\,dS
$$

le componenti secondo le direzioni q_1, q_2, q_3 della forza esterna agente sull'elemento di volume dS, e sieno

$$
\varphi_1\,d\sigma, \qquad \varphi_2\,d\sigma, \qquad \varphi_3\,d\sigma
$$

le analoghe componenti della forza esterna applicata all'elemento di superficie $d\sigma$.

Per esprimere le condizioni d'equilibrio del sistema, s'immagini che ogni suo punto (q_1, q_2, q_3) subisca un nuovo spostamento, per il quale le sue coordinate diventino $q_1 + \delta q_1$, $q_2 + \delta q_2$, $q_3 + \delta q_3$. Il lavoro sviluppato in tale spostamento dalla forza esterna agente sull'elemento di volume dS è

$$(F_1 Q_1 \delta q_1 + F_2 Q_2 \delta q_2 + F_3 Q_3 \delta q_3) dS,$$

e quello sviluppato dalla forza esterna agente sull'elemento di superficie $d\sigma$ è

$$(\varphi_1 Q_1 \delta q_1 + \varphi_2 Q_2 \delta q_2 + \varphi_3 Q_3 \delta q_3) d\sigma.$$

Quanto alle forze interne, se esse non isviluppano lavoro se non in quanto lo spostamento immaginato altera le lunghezze degli elementi lineari, è manifesto che il lavoro da esse sviluppato sull'elemento dS non può avere che un'espressione della forma

$$(\Theta_1 \delta\theta_1 + \Theta_2 \delta\theta_2 + \Theta_3 \delta\theta_3 + \Omega_1 \delta\omega_1 + \Omega_2 \delta\omega_2 + \Omega_3 \delta\omega_3) dS$$

giacchè la variazione dell'elemento lineare dipende, (2_a), dalle sei quantità $\delta\theta_i$, $\delta\omega_i$ e si annulla con esse. I sei moltiplicatori Θ_i, Ω_i sono funzioni di q_1, q_2, q_3, delle quali per ora non occorre indagare il significato.

Dietro quanto precede, l'equazione generale d'equilibrio è la seguente:

$$(3)\quad \left\{ \begin{aligned} &\int (F_1 Q_1 \delta q_1 + F_2 Q_2 \delta q_2 + F_3 Q_3 \delta q_3) dS \\ &+ \int (\varphi_1 Q_1 \delta q_1 + \varphi_2 Q_2 \delta q_2 + \varphi_3 Q_3 \delta q_3) d\sigma \\ &+ \int (\Theta_1 \delta\theta_1 + \Theta_2 \delta\theta_2 + \Theta_3 \delta\theta_3 + \Omega_1 \delta\omega_1 + \Omega_2 \delta\omega_2 + \Omega_3 \delta\omega_3) dS = 0. \end{aligned} \right.$$

Per ricavare da questa formola le equazioni d'equilibrio, propriamente dette, bisogna trasformare debitamente gli integrali della forma

$$\int \Theta_i \delta\theta_i dS, \qquad \int \Omega_i \delta\omega_i dS.$$

Incominciando dal primo si ha, (2),

$$\int \Theta_i \delta\theta_i dS = \int \Theta_i \left(\frac{\partial \delta q_i}{\partial q_i} + \frac{\delta Q_i}{Q_i} \right) dS,$$

e, ponendo per brevità $Q_1 Q_2 Q_3 = \nabla$,

$$\int \Theta_i \delta \theta_i dS = \int \nabla \Theta_i \frac{\partial \delta q_i}{\partial q_i} \frac{dS}{\nabla} + \int \frac{\Theta_i \delta Q_i}{Q_i} dS$$

$$= \int \frac{\partial}{\partial q_i} (\nabla \Theta_i \delta q_i) \frac{dS}{\nabla} - \int \left[\frac{\partial \nabla \Theta_i}{\partial q_i} \frac{\delta q_i}{\nabla} - \frac{\Theta_i \delta Q_i}{Q_i} \right] dS.$$

Ora dalla nota equazione

$$\int \frac{\partial f}{\partial q_i} \frac{dS}{\nabla} = - \int \frac{Q_i f \cos(n q_i)}{\nabla} d\sigma,$$

dove n è la normale interna alla superficie σ, si ha

$$\int \frac{\partial}{\partial q_i} (\nabla \Theta_i \delta q_i) \frac{dS}{\nabla} = - \int Q_i \Theta_i \cos(n q_i) \delta q_i d\sigma,$$

epperò

$$\int \Theta_i \delta \theta_i dS = - \int \left[\frac{\partial \nabla \Theta_i}{\partial q_i} \frac{\delta q_i}{\nabla} - \frac{\Theta_i \delta Q_i}{Q_i} \right] dS$$

$$- \int Q_i \Theta_i \cos(n q_i) \delta q_i d\sigma.$$

Passando al secondo integrale, si ha, (2),

$$\int \Omega_1 \delta \omega_1 dS = \int Q_1 \Omega_1 \left(Q_2^2 \frac{\partial \delta q_2}{\partial q_3} + Q_3^2 \frac{\partial \delta q_3}{\partial q_2} \right) \frac{dS}{\nabla}$$

$$= \int \left[\frac{\partial}{\partial q_3} (Q_1 Q_2^2 \Omega_1 \delta q_2) + \frac{\partial}{\partial q_2} (Q_1 Q_3^2 \Omega_1 \delta q_3) \right] \frac{dS}{\nabla}$$

$$- \int \left[\frac{\partial (Q_1 Q_2^2 \Omega_1)}{\partial q_3} \delta q_2 + \frac{\partial (Q_1 Q_3^2 \Omega_1)}{\partial q_2} \delta q_3 \right] \frac{dS}{\nabla},$$

ossia, per il teorema ricordato,

$$\int \Omega_1 \delta \omega_1 dS = - \int \left[\frac{\partial (Q_1 Q_2^2 \Omega_1)}{\partial q_3} \delta q_2 + \frac{\partial (Q_1 Q_3^2 \Omega_1)}{\partial q_2} \delta q_3 \right] \frac{dS}{\nabla}$$

$$- \int [Q_2 \cos(n q_3) \delta q_2 + Q_3 \cos(n q_2) \delta q_3] \Omega_1 d\sigma.$$

Analogamente si trasformano gli altri due integrali

$$\int \Omega_2 \delta \omega_2 dS, \qquad \int \Omega_3 d \omega_3 dS.$$

Sostituendo nell'equazione (3) i valori così trasformati dei sei integrali

$$\int \Theta_i \delta \theta_i \, dS, \qquad \int \Omega_i \delta \omega_i \, dS,$$

si ottiene un risultato della forma

$$\int (S_1 \delta q_1 + S_2 \delta q_2 + S_3 \delta q_3) dS + \int (\sigma_1 \delta q_1 + \sigma_2 \delta q_2 + \sigma_3 \delta q_3) d\sigma = 0,$$

il quale, per l'arbitrio che regna sulle variazioni δq_i, si scinde nelle tre equazioni

$$S_1 = 0, \qquad S_2 = 0, \qquad S_3 = 0$$

valide in ogni punto dello spazio S e nelle tre equazioni

$$\sigma_1 = 0, \qquad \sigma_2 = 0, \qquad \sigma_3 = 0$$

valide in ogni punto della superficie σ.

Le sostituzioni effettive dànno le tre equazioni indefinite

$$(4)\quad \left\{\begin{aligned} Q_1 F_1 &= \frac{1}{\nabla}\left[\frac{\partial(\nabla \Theta_1)}{\partial q_1} + \frac{\partial(Q_1^2 Q_3 \Omega_3)}{\partial q_2} + \frac{\partial(Q_1^2 Q_2 \Omega_2)}{\partial q_3}\right] \\ &\quad - \left(\frac{\Theta_1}{Q_1}\frac{\partial Q_1}{\partial q_1} + \frac{\Theta_2}{Q_2}\frac{\partial Q_2}{\partial q_1} + \frac{\Theta_3}{Q_3}\frac{\partial Q_3}{\partial q_1}\right), \\ Q_2 F_2 &= \frac{1}{\nabla}\left[\frac{\partial(Q_2^2 Q_3 \Omega_3)}{\partial q_1} + \frac{\partial(\nabla \Theta_2)}{\partial q_2} + \frac{\partial(Q_2^2 Q_1 \Omega_1)}{\partial q_3}\right] \\ &\quad - \left(\frac{\Theta_1}{Q_1}\frac{\partial Q_1}{\partial q_2} + \frac{\Theta_2}{Q_2}\frac{\partial Q_2}{\partial q_2} + \frac{\Theta_3}{Q_3}\frac{\partial Q_3}{\partial q_2}\right), \\ Q_3 F_3 &= \frac{1}{\nabla}\left[\frac{\partial(Q_3^2 Q_2 \Omega_2)}{\partial q_1} + \frac{\partial(Q_3^2 Q_1 \Omega_1)}{\partial q_2} + \frac{\partial(\nabla \Theta_3)}{\partial q_3}\right] \\ &\quad - \left(\frac{\Theta_1}{Q_1}\frac{\partial Q_1}{\partial q_3} + \frac{\Theta_2}{Q_2}\frac{\partial Q_2}{\partial q_3} + \frac{\Theta_3}{Q_3}\frac{\partial Q_3}{\partial q_3}\right), \end{aligned}\right.$$

e le tre equazioni ai limiti

$$(4_a)\quad \left\{\begin{aligned} \varphi_1 &= \Theta_1 \cos(n q_1) + \Omega_3 \cos(n q_2) + \Omega_2 \cos(n q_3), \\ \varphi_2 &= \Omega_3 \cos(n q_1) + \Theta_2 \cos(n q_2) + \Omega_1 \cos(n q_3), \\ \varphi_3 &= \Omega_2 \cos(n q_1) + \Omega_1 \cos(n q_2) + \Theta_3 \cos(n q_3). \end{aligned}\right.$$

Queste ultime forniscono la definizione delle sei funzioni Θ_i, Ω_i. Esse infatti sono applicabili ad ogni porzione del sistema, qualora si rappresentino con φ_i le componenti delle forze che si devono applicare alla superficie di tale porzione per mantenerne l'equilibrio, quando la rimanente porzione è distrutta. Ora per un elemento $d\sigma_1$ d'una superficie $q_1 = \text{cost.}$ si ha dalle (4_a)

$$\varphi_1^{(1)} = \Theta_1, \qquad \varphi_2^{(1)} = \Omega_3, \qquad \varphi_3^{(1)} = \Omega_2;$$

per un elemento $d\sigma_2$ d'una superficie $q_2 = \text{cost.}$ si ha

$$\varphi_1^{(2)} = \Omega_3, \qquad \varphi_2^{(2)} = \Theta_2, \qquad \varphi_3^{(2)} = \Omega_1;$$

per un elemento $d\sigma_3$ d'una superficie $q_3 = \text{cost.}$ si ha

$$\varphi_1^{(3)} = \Omega_2, \qquad \varphi_2^{(3)} = \Omega_1, \qquad \varphi_3^{(3)} = \Theta_3.$$

Dunque le quantità Θ_1, Θ_2, Θ_3 rappresentano le tensioni unitarie che si sviluppano *normalmente* alle superficie coordinate $q_1 = \text{cost.}$, $q_2 = \text{cost.}$, $q_3 = \text{cost.}$, e le quantità Ω_1, Ω_2, Ω_3 rappresentano le tensioni unitarie che si sviluppano *tangenzialmente* alle dette superficie. Le eguaglianze

$$\varphi_2^{(3)} = \varphi_3^{(2)}, \qquad \varphi_3^{(1)} = \varphi_1^{(3)}, \qquad \varphi_1^{(2)} = \varphi_2^{(1)},$$

che risultano dai valori precedenti, sono quelle che ordinariamente si desumono dalla considerazione del tetraedro elementare.

Le equazioni (4) coincidono con quelle che LAMÉ dedusse dalla trasformazione delle analoghe equazioni in coordinate cartesiane *). La sola differenza consiste in ciò, che LAMÉ vi ha introdotto le derivate rispetto agli archi in luogo delle Q_1, Q_2, Q_3: ma è facilissimo passare dall'una all'altra forma mediante formole che indicherò più sotto.

Ma quello che più importa di osservare, e che risulta all'evidenza dal processo qui tenuto per stabilire quelle equazioni, è che lo spazio al quale esse si riferiscono non è definito da altro che dall'espressione (1) dell'elemento lineare, senz'alcuna condizione per le funzioni Q_1, Q_2, Q_3. Quindi le equazioni (4), (4_a) posseggono una molto maggiore generalità che non le analoghe in coordinate cartesiane, e, in particolare, giova subito notare ch'esse *sono indipendenti dal postulato* d'EUCLIDE. Questo fatto si collega intimamente con quello cui alludevo al principio. Ma prima di procedere oltre è necessario completare l'esposta teoria delle equazioni d'equilibrio elastico.

---

*) *Leçons sur les coordonnées curvilignes* (Paris, 1859), pag. 272.

Pongasi

$$(5)\quad \begin{cases} \theta_1 = \dfrac{\partial \varkappa_1}{\partial q_1} + \dfrac{1}{Q_1}\left(\dfrac{\partial Q_1}{\partial q_1}\varkappa_1 + \dfrac{\partial Q_1}{\partial q_2}\varkappa_2 + \dfrac{\partial Q_1}{\partial q_3}\varkappa_3\right), \\ \theta_2 = \dfrac{\partial \varkappa_2}{\partial q_2} + \dfrac{1}{Q_2}\left(\dfrac{\partial Q_2}{\partial q_1}\varkappa_1 + \dfrac{\partial Q_2}{\partial q_2}\varkappa_2 + \dfrac{\partial Q_2}{\partial q_3}\varkappa_3\right), \\ \theta_3 = \dfrac{\partial \varkappa_3}{\partial q_3} + \dfrac{1}{Q_3}\left(\dfrac{\partial Q_3}{\partial q_1}\varkappa_1 + \dfrac{\partial Q_3}{\partial q_2}\varkappa_2 + \dfrac{\partial Q_3}{\partial q_3}\varkappa_3\right), \\ \omega_1 = \dfrac{Q_2}{Q_3}\dfrac{\partial \varkappa_2}{\partial q_3} + \dfrac{Q_3}{Q_2}\dfrac{\partial \varkappa_3}{\partial q_2}, \\ \omega_2 = \dfrac{Q_3}{Q_1}\dfrac{\partial \varkappa_3}{\partial q_1} + \dfrac{Q_1}{Q_3}\dfrac{\partial \varkappa_1}{\partial q_3}, \\ \omega_3 = \dfrac{Q_1}{Q_2}\dfrac{\partial \varkappa_1}{\partial q_2} + \dfrac{Q_2}{Q_1}\dfrac{\partial \varkappa_2}{\partial q_1}. \end{cases}$$

Confrontando queste quantità θ_i, ω_i colle $\delta\theta_i$, $\delta\omega_i$ definite dalle equazioni (2), si scorge che le seconde sono le variazioni delle prime, se si ammette che sia

$$\delta\varkappa_i = \delta q_i,$$

e che le coordinate q_i sieno invariabili rispetto a δ.

Ammettendo, come d'uso, che la deformazione prodotta dalle forze esterne sia talmente piccola da poter trattare come differenziali le variazioni totali subìte dalle coordinate di ciascun punto, è lecito intendere sostituite le coordinate iniziali alle finali nelle funzioni Q_i, Θ_i, Ω_i, e, considerando le quantità $\varkappa_i$ come gli incrementi totali delle coordinate iniziali q_i, si può stabilire l'equazione

$$(5_a)\qquad \frac{\Delta ds}{ds} = \theta_1\lambda_1^2 + \theta_2\lambda_2^2 + \theta_3\lambda_3^2 + \omega_1\lambda_2\lambda_3 + \omega_2\lambda_3\lambda_1 + \omega_3\lambda_1\lambda_2,$$

analoga alla (2_a), per determinare la variazione totale Δds subìta dall'elemento ds durante la deformazione.

Le sei quantità θ_i, ω_i (come le precedenti $\delta\theta_i$, $\delta\omega_i$) hanno un significato geometrico semplicissimo. Infatti, per effetto della deformazione prodotta dalle forze esterne, i tre elementi lineari ortogonali

$$ds_1 = Q_1 dq_1, \qquad ds_2 = Q_2 dq_2, \qquad ds_3 = Q_3 dq_3,$$

di cui ds è la risultante, diventano tre elementi lineari ds_1', ds_2', ds_3' non più ortogonali ma leggermente obliqui, mentre ds diventa la risultante ds' di questi tre nuovi elementi. Se dunque si designano con β_1, β_2, β_3 i complementi degli angoli piani

$$(ds'_2,\ ds'_3),\qquad (ds'_3,\ ds'_1),\qquad (ds'_1,\ ds'_2),$$

si ha, dalla formola elementare della risultante,

$$ds'^2 = ds_1'^2 + ds_2'^2 + ds_3'^2 + 2\beta_1 ds'_2 ds'_3 + 2\beta_2 ds'_3 ds'_1 + 2\beta_3 ds'_1 ds'_2.$$

Ponendo

$$ds'_1=(1+\alpha_1)ds_1,\qquad ds'_2=(1+\alpha_2)ds_2,\qquad ds'_3=(1+\alpha_3)ds_3,\qquad ds'=(1+\alpha)ds,$$

si ha di qui

$$\alpha = \alpha_1\lambda_1^2 + \alpha_2\lambda_2^2 + \alpha_3\lambda_3^2 + \beta_1\lambda_2\lambda_3 + \beta_2\lambda_3\lambda_1 + \beta_3\lambda_1\lambda_2.$$

Ma è evidente che si ha pure

$$\alpha = \frac{ds'-ds}{ds} = \frac{\Delta ds}{ds};$$

talchè, confrontando il precedente valore di α colla formola (5_a), risulta

$$\alpha_i = \theta_i,\qquad \beta_i = \omega_i.$$

Dunque le tre quantità θ_i e le tre quantità ω_i rappresentano rispettivamente gli allungamenti (relativi) dei lati e i decrescimenti degli angoli di un elemento parallelepipedo ortogonale terminato da sei superficie coordinate.

Si ammette, per note ragioni, che il lavoro virtuale delle forze interne

$$\Theta_1\delta\theta_1 + \Theta_2\delta\theta_2 + \Theta_3\delta\theta_3 + \Omega_1\delta\omega_1 + \Omega_2\delta\omega_2 + \Omega_3\delta\omega_3$$

(riferito all'unità di volume) sia una variazione esatta rispetto alle quantità $\varkappa_i$ che definiscono la deformazione già avvenuta. La precedente espressione, mercè la sostituzione dei valori delle variazioni $\delta\theta_i$, $\delta\omega_i$, che si ricavano dalle formole (5), diventa

$$\begin{aligned}
&\sum_{i=1}^{i=3}\left(\frac{\Theta_1}{Q_1}\frac{\partial Q_1}{\partial q_i} + \frac{\Theta_2}{Q_2}\frac{\partial Q_2}{\partial q_i} + \frac{\Theta_3}{Q_3}\frac{\partial Q_3}{\partial q_i}\right)\delta\varkappa_i\\
&+\Theta_1\delta\frac{\partial\varkappa_1}{\partial q_1} + \frac{Q_1\Omega_3}{Q_2}\delta\frac{\partial\varkappa_1}{\partial q_2} + \frac{Q_1\Omega_2}{Q_3}\delta\frac{\partial\varkappa_1}{\partial q_3}\\
&+\frac{Q_2\Omega_3}{Q_1}\delta\frac{\partial\varkappa_2}{\partial q_1} + \Theta_2\delta\frac{\partial\varkappa_2}{\partial q_2} + \frac{Q_2\Omega_1}{Q_3}\delta\frac{\partial\varkappa_2}{\partial q_3}\\
&+\frac{Q_3\Omega_2}{Q_1}\delta\frac{\partial\varkappa_3}{\partial q_1} + \frac{Q_3\Omega_1}{Q_2}\delta\frac{\partial\varkappa_3}{\partial q_2} + \Theta_3\delta\frac{\partial\varkappa_3}{\partial q_3}.
\end{aligned}$$

Dalla forma di quest'espressione risulta che, se esiste una funzione Π di cui essa sia la variazione esatta, questa funzione non può dipendere che dalle q_i, dalle $\varkappa_i$ e dalle $\varkappa_{ij}$, posto per brevità

$$\varkappa_{ij} = \frac{\partial \varkappa_i}{\partial q_j};$$

e propriamente dev'essere

$$(6) \quad \left\{ \begin{array}{ll} \dfrac{\partial \Pi}{\partial \varkappa_i} = \sum_{j=1}^{j=3} \dfrac{\Theta_j}{Q_j} \dfrac{\partial Q_j}{\partial q_i}, \qquad \dfrac{\partial \Pi}{\partial \varkappa_{ii}} = \Theta_i & (i = 1, 2, 3), \\ \dfrac{\partial \Pi}{\partial \varkappa_{12}} = \dfrac{Q_1 \Omega_3}{Q_2}, \qquad \dfrac{\partial \Pi}{\partial \varkappa_{13}} = \dfrac{Q_1 \Omega_2}{Q_3}, & \\ \dfrac{\partial \Pi}{\partial \varkappa_{23}} = \dfrac{Q_2 \Omega_1}{Q_3}, \qquad \dfrac{\partial \Pi}{\partial \varkappa_{21}} = \dfrac{Q_2 \Omega_3}{Q_1}, & \\ \dfrac{\partial \Pi}{\partial \varkappa_{31}} = \dfrac{Q_3 \Omega_2}{Q_1}, \qquad \dfrac{\partial \Pi}{\partial \varkappa_{32}} = \dfrac{Q_3 \Omega_1}{Q_2}. & \end{array} \right.$$

Di qui risultano le sei relazioni

$$(6_a) \quad \left\{ \begin{array}{ll} \dfrac{Q_3}{Q_2} \dfrac{\partial \Pi}{\partial \varkappa_{23}} = \dfrac{Q_2}{Q_3} \dfrac{\partial \Pi}{\partial \varkappa_{32}} \quad (= \Omega_1), & \\ \dfrac{Q_1}{Q_3} \dfrac{\partial \Pi}{\partial \varkappa_{31}} = \dfrac{Q_3}{Q_1} \dfrac{\partial \Pi}{\partial \varkappa_{13}} \quad (= \Omega_2), & \\ \dfrac{Q_2}{Q_1} \dfrac{\partial \Pi}{\partial \varkappa_{12}} = \dfrac{Q_1}{Q_2} \dfrac{\partial \Pi}{\partial \varkappa_{21}} \quad (= \Omega_3), & \\ \dfrac{\partial \Pi}{\partial \varkappa_i} = \sum_{j=1}^{j=3} \dfrac{1}{Q_j} \dfrac{\partial Q_j}{\partial q_i} \dfrac{\partial \Pi}{\partial \varkappa_{jj}} & (i = 1, 2, 3), \end{array} \right.$$

le quali esprimono che le funzioni $\varkappa_1$, $\varkappa_2$, $\varkappa_3$ e le loro derivate prime entrano in Π soltanto nelle sei combinazioni

$$\theta_1, \quad \theta_2, \quad \theta_3, \quad \omega_1, \quad \omega_2, \quad \omega_3,$$

epperò che si ha

$$\delta \Pi = \frac{\partial \Pi}{\partial \theta_1} \delta \theta_1 + \frac{\partial \Pi}{\partial \theta_2} \delta \theta_2 + \frac{\partial \Pi}{\partial \theta_3} \delta \theta_3 + \frac{\partial \Pi}{\partial \omega_1} \delta \omega_1 + \frac{\partial \Pi}{\partial \omega_2} \delta \omega_2 + \frac{\partial \Pi}{\partial \omega_3} \delta \omega_3,$$

ossia

$$(7) \qquad \Theta_i = \frac{\partial \Pi}{\partial \theta_i}, \qquad \Omega_i = \frac{\partial \Pi}{\partial \omega_i} \qquad (i = 1, 2, 3).$$

Questa conclusione poteva essere fondata sulla semplice osservazione che le sei quantità θ_i, ω_i definite dalle equazioni (5) non sono legate fra loro da alcuna relazione lineare indipendente dalle $\varkappa_i$, $\varkappa_{ij}$. Ma la deduzione precedente mette in evidenza alcune relazioni che permettono di dare immediatamente alle equazioni (4) e (4_a) una nuova forma. Infatti, in virtù delle formole (6), (6_a), le dette equazioni diventano

$$(8)\quad \begin{cases} Q_i F_i = \dfrac{1}{\nabla} \displaystyle\sum_{j=1}^{j=3} \dfrac{\partial\left(\nabla \dfrac{\partial \Pi}{\partial \varkappa_{ij}}\right)}{\partial q_j} - \dfrac{\partial \Pi}{\partial \varkappa_i} \\ Q_i \varphi_i = \displaystyle\sum_{j=1}^{j=3} Q_j \dfrac{\partial \Pi}{\partial \varkappa_{ij}} \cos(n q_j) \end{cases} \qquad (i = 1, 2, 3),$$

ed è appunto sotto questa forma che le equazioni generali dell'elasticità sono state date da C. NEUMANN, nella citata Memoria.

Propriamente le funzioni introdotte da NEUMANN (come pure da LAMÉ) non sono le $\varkappa_i$, ma le $Q_i \varkappa_i$, cioè sono le componenti degli spostamenti: ma è facile vedere che se si pone

$$k_i = Q_i \varkappa_i,$$

e quindi

$$k_{ij} = Q_i \varkappa_{ij} + \frac{\partial Q_i}{\partial q_j} \varkappa_i,$$

si ha, considerando Π come funzione di k_i e di k_{ij},

$$\frac{\partial \Pi}{\partial \varkappa_i} = \frac{\partial \Pi}{\partial k_i} Q_i + \sum_{j=1}^{j=3} \frac{\partial \Pi}{\partial k_{ij}} \frac{\partial Q_i}{\partial q_j},$$

$$\frac{\partial \Pi}{\partial \varkappa_{ij}} = \frac{\partial \Pi}{\partial k_{ij}} Q_i;$$

e mediante queste relazioni le equazioni (8) si riducono subito alle seguenti:

$$(8_a)\quad \begin{cases} F_i = \dfrac{1}{\nabla} \displaystyle\sum_{j=1}^{j=3} \dfrac{\partial\left(\nabla \dfrac{\partial \Pi}{\partial k_{ij}}\right)}{\partial q_j} - \dfrac{\partial \Pi}{\partial k_i}, \\ \varphi_i = \displaystyle\sum_{j=1}^{j=3} Q_j \dfrac{\partial \Pi}{\partial k_{ij}} \cos(n q_j), \end{cases}$$

che sono quelle di NEUMANN.

Trattasi ora di stabilire le equazioni d'elasticità per i mezzi isotropi, ossia per i mezzi nei quali Π ha la forma

$$(9)\qquad \Pi = -\tfrac{1}{2}(A \vartheta^2 + B \varpi),$$

dove

$$\vartheta = \theta_1 + \theta_2 + \theta_3,$$

$$\varpi = \omega_1^2 + \omega_2^2 + \omega_3^2 - 4(\theta_2\theta_3 + \theta_3\theta_1 + \theta_1\theta_2).$$

Le costanti A e B, che dipendono dalla natura del mezzo, sono quelle usate da GREEN *). Nell'ordinaria teoria, i rapporti di queste due costanti alla densità del mezzo rappresentano i quadrati delle velocità di propagazione delle onde longitudinali e delle onde trasversali.

Giova subito notare che la quantità ϑ, cioè la dilatazione cubica, ha una espressione molto semplice. Infatti dalle prime tre equazioni (5) si deduce facilmente

$$(10)\qquad \vartheta = \frac{1}{\nabla}\left[\frac{\partial(\nabla \varkappa_1)}{\partial q_1} + \frac{\partial(\nabla \varkappa_2)}{\partial q_2} + \frac{\partial(\nabla \varkappa_3)}{\partial q_3}\right].$$

Dall'equazione (9), in virtù delle (7), si deduce:

$$(11)\qquad \begin{cases} \Theta_1 = -A\vartheta + 2B(\theta_2 + \theta_3), & \Omega_1 = -B\omega_1, \\ \Theta_2 = -A\vartheta + 2B(\theta_3 + \theta_1), & \Omega_2 = -B\omega_2, \\ \Theta_3 = -A\vartheta + 2B(\theta_1 + \theta_2), & \Omega_3 = -B\omega_3, \end{cases}$$

e questi valori debbono essere sostituiti nei secondi membri delle equazioni (4), (4_a).

Tale sostituzione non offre alcuna difficoltà rispetto alle equazioni (4_a).

Rispetto alle equazioni (4) giova innanzi tutto separare la parte moltiplicata per A da quella moltiplicata per B. In quanto alla prima parte, si riconosce immediatamente che i secondi membri delle equazioni (4) si riducono a

$$-A\left[\frac{1}{\nabla}\frac{\partial(\nabla\vartheta)}{\partial q_i} - \frac{\vartheta}{\nabla}\frac{\partial \nabla}{\partial q_i}\right],$$

ossia a

$$(\alpha)\qquad -A\frac{\partial\vartheta}{\partial q_i} \qquad (i = 1, 2, 3).$$

Quanto alla parte che contiene il fattore B, essa ha, nel secondo membro della prima

*) *On the laws of Reflexion and Refraction of Light* (1837); v. *Mathematical Papers* (London 1871), pag. 243.

equazione (4), l'espressione seguente:

$$-\frac{B}{\nabla}\left\{-2\frac{\partial[\nabla(\theta_2+\theta_3)]}{\partial q_1}+\frac{\partial(Q_1^2 Q_3 \omega_3)}{\partial q_2}+\frac{\partial(Q_1^2 Q_2 \omega_2)}{\partial q_3}\right\}$$
$$-2B\left(\frac{\theta_2+\theta_3}{Q_1}\frac{\partial Q_1}{\partial q_1}+\frac{\theta_3+\theta_1}{Q_2}\frac{\partial Q_2}{\partial q_1}+\frac{\theta_1+\theta_2}{Q_3}\frac{\partial Q_3}{\partial q_1}\right),$$

ossia, dopo alcune riduzioni ovvie,

$$(6)\qquad \left\{\begin{aligned}&-\frac{2B}{\nabla}\left[Q_1\theta_1\frac{\partial(Q_2 Q_3)}{\partial q_1}-Q_3 Q_1\frac{\partial(Q_2\theta_2)}{\partial q_1}-Q_1 Q_2\frac{\partial(Q_3\theta_3)}{\partial q_1}\right.\\ &\qquad\left.+\frac{1}{2}\frac{\partial(Q_1^2 Q_3\omega_3)}{\partial q_2}+\frac{1}{2}\frac{\partial(Q_1^2 Q_2\omega_2)}{\partial q_3}\right].\end{aligned}\right.$$

La sostituzione diretta dei valori (5) in questa espressione (6) condurrebbe ad un calcolo abbastanza prolisso, come nota (nei due luoghi citati) il LAMÉ, il quale, appunto per evitare tale prolissità, preferisce partire dalle equazioni cartesiane opportunamente predisposte. Ma tale ripiego non sarebbe ammissibile qui, dopo la già fatta osservazione circa la maggiore generalità delle equazioni (4) in confronto delle cartesiane. Bisogna dunque effettuare l'indicato calcolo, il quale tuttavia, in base ad una induzione ragionevole, può essere d'alquanto abbreviato. Poichè, infatti, si sa che nello spazio ordinario le equazioni finali dell'isotropia non contengono, nei termini moltiplicati per B, che le componenti della rotazione elementare, è naturale di pensare che queste componenti debbano figurare anche nelle equazioni relative ad uno spazio più generale, essendochè il concetto di rotazione elementare, secondo la definizione di W. THOMSON, sussiste per ogni spazio.

Nelle mie *Ricerche sulla cinematica dei fluidi* (§ 11) *) ho già dato i valori generali delle componenti di rotazione in coordinate curvilinee qualunque. Colle attuali coordinate ortogonali q_1, q_2, q_3 quelle formole diventano

$$(12)\qquad \left\{\begin{aligned}\vartheta_1&=\frac{1}{Q_2 Q_3}\left[\frac{\partial(Q_3^2\varkappa_3)}{\partial q_2}-\frac{\partial(Q_2^2\varkappa_2)}{\partial q_3}\right],\\ \vartheta_2&=\frac{1}{Q_3 Q_1}\left[\frac{\partial(Q_1^2\varkappa_1)}{\partial q_3}-\frac{\partial(Q_3^2\varkappa_3)}{\partial q_1}\right],\\ \vartheta_3&=\frac{1}{Q_1 Q_2}\left[\frac{\partial(Q_2^2\varkappa_2)}{\partial q_1}-\frac{\partial(Q_1^2\varkappa_1)}{\partial q_2}\right],\end{aligned}\right.$$

*) Memorie dell'Accademia delle Scienze di Bologna, serie III, t. I, II, III, V (1871-74); oppure queste OPERE, volume II, pag. 202.

dove ϑ_1, ϑ_2, ϑ_3 designano le *doppie componenti della rotazione elementare* che accompagna la deformazione del sistema o mezzo elastico. Queste sono pure le espressioni che figurano nelle equazioni trasformate di LAMÉ, di NEUMANN e di BORCHARDT. La presenza, in queste formole, dei prodotti $Q_i^2 \varkappa_i$ suggerisce di porre

$$Q_i^2 \varkappa_i = K_i$$

e di scrivere le equazioni (5) sotto la forma seguente:

$$Q_1 \theta_1 = \frac{1}{Q_1} \frac{\partial K_1}{\partial q_1} - \frac{1}{Q_1^2} \frac{\partial Q_1}{\partial q_1} K_1 + \frac{1}{Q_2^2} \frac{\partial Q_1}{\partial q_2} K_2 + \frac{1}{Q_3^2} \frac{\partial Q_1}{\partial q_3} K_3,$$

$$Q_2 \theta_2 = \frac{1}{Q_2} \frac{\partial K_2}{\partial q_2} + \frac{1}{Q_1^2} \frac{\partial Q_2}{\partial q_1} K_1 - \frac{1}{Q_2^2} \frac{\partial Q_2}{\partial q_2} K_2 + \frac{1}{Q_3^2} \frac{\partial Q_2}{\partial q_3} K_3,$$

$$Q_3 \theta_3 = \frac{1}{Q_3} \frac{\partial K_3}{\partial q_3} + \frac{1}{Q_1^2} \frac{\partial Q_3}{\partial q_1} K_1 + \frac{1}{Q_2^2} \frac{\partial Q_3}{\partial q_2} K_2 - \frac{1}{Q_3^2} \frac{\partial Q_3}{\partial q_3} K_3,$$

$$Q_2 Q_3 \omega_1 = \frac{\partial K_2}{\partial q_3} + \frac{\partial K_3}{\partial q_2} - 2\left(\frac{1}{Q_2} \frac{\partial Q_2}{\partial q_3} K_2 + \frac{1}{Q_3} \frac{\partial Q_3}{\partial q_2} K_3\right),$$

$$Q_3 Q_1 \omega_2 = \frac{\partial K_3}{\partial q_1} + \frac{\partial K_1}{\partial q_3} - 2\left(\frac{1}{Q_3} \frac{\partial Q_3}{\partial q_1} K_3 + \frac{1}{Q_1} \frac{\partial Q_1}{\partial q_3} K_1\right),$$

$$Q_1 Q_2 \omega_3 = \frac{\partial K_1}{\partial q_2} + \frac{\partial K_2}{\partial q_1} - 2\left(\frac{1}{Q_1} \frac{\partial Q_1}{\partial q_2} K_1 + \frac{1}{Q_2} \frac{\partial Q_2}{\partial q_1} K_2\right).$$

La sostituzione di questi valori nell'espressione (6) si effettua abbastanza agevolmente, se si tengono separati i termini che contengono le derivate parziali di primo e second'ordine delle funzioni K_i, da quelli che contengono le funzioni stesse. I primi si aggruppano, senza molta difficoltà, nell'espressione

$$(\gamma) \qquad -\frac{B Q_1}{Q_2 Q_3}\left[\frac{\partial(Q_2 \vartheta_2)}{d q_3} - \frac{\partial(Q_3 \vartheta_3)}{\partial q_2}\right].$$

I secondi costituiscono una funzione omogenea e lineare delle quantità $\varkappa_1$, $\varkappa_2$, $\varkappa_3$. I coefficienti di questa funzione sono alquanto complicati; ma, con un po' d'attenzione, essi possono facilmente ridursi ad una forma la cui simmetria fa subito riconoscere la legge che presiede alla composizione di tutte tre le analoghe funzioni lineari che entrano nelle equazioni (4). Ponendo, cioè,

$$
(13)\quad \left\{
\begin{aligned}
H &= \frac{\partial}{\partial q_1}\left[\frac{1}{Q_1}\frac{\partial(Q_2 Q_3)}{\partial q_1}\right] + \frac{\partial}{\partial q_2}\left[\frac{1}{Q_2}\frac{\partial(Q_3 Q_1)}{\partial q_2}\right] + \frac{\partial}{\partial q_3}\left[\frac{1}{Q_3}\frac{\partial(Q_1 Q_2)}{\partial q_3}\right] \\
&\quad - \left(\frac{1}{Q_1}\frac{\partial Q_2}{\partial q_1}\frac{\partial Q_3}{\partial q_1} + \frac{1}{Q_2}\frac{\partial Q_3}{\partial q_2}\frac{\partial Q_1}{\partial q_2} + \frac{1}{Q_3}\frac{\partial Q_1}{\partial q_3}\frac{\partial Q_2}{\partial q_3}\right), \\
H_{11} &= Q_1\left[\frac{\partial}{\partial q_2}\left(\frac{1}{Q_2}\frac{\partial Q_3}{\partial q_2}\right) + \frac{\partial}{\partial q_3}\left(\frac{1}{Q_3}\frac{\partial Q_2}{\partial q_3}\right)\right] + \frac{1}{Q_1}\frac{\partial Q_2}{\partial q_1}\frac{\partial Q_3}{\partial q_1}, \\
H_{22} &= Q_2\left[\frac{\partial}{\partial q_3}\left(\frac{1}{Q_3}\frac{\partial Q_1}{\partial q_3}\right) + \frac{\partial}{\partial q_1}\left(\frac{1}{Q_1}\frac{\partial Q_3}{\partial q_1}\right)\right] + \frac{1}{Q_2}\frac{\partial Q_3}{\partial q_2}\frac{\partial Q_1}{\partial q_2}, \\
H_{33} &= Q_3\left[\frac{\partial}{\partial q_1}\left(\frac{1}{Q_1}\frac{\partial Q_2}{\partial q_1}\right) + \frac{\partial}{\partial q_2}\left(\frac{1}{Q_2}\frac{\partial Q_1}{\partial q_2}\right)\right] + \frac{1}{Q_3}\frac{\partial Q_1}{\partial q_3}\frac{\partial Q_2}{\partial q_3}, \\
H_{23} &= H_{32} = \frac{1}{Q_2}\frac{\partial Q_1}{\partial q_2}\frac{\partial Q_2}{\partial q_3} + \frac{1}{Q_3}\frac{\partial Q_1}{\partial q_3}\frac{\partial Q_3}{\partial q_2} - \frac{\partial^2 Q_1}{\partial q_2 \partial q_3}, \\
H_{31} &= H_{13} = \frac{1}{Q_3}\frac{\partial Q_2}{\partial q_3}\frac{\partial Q_3}{\partial q_1} + \frac{1}{Q_1}\frac{\partial Q_2}{\partial q_1}\frac{\partial Q_1}{\partial q_3} - \frac{\partial^2 Q_2}{\partial q_3 \partial q_1}, \\
H_{12} &= H_{21} = \frac{1}{Q_1}\frac{\partial Q_3}{\partial q_1}\frac{\partial Q_1}{\partial q_2} + \frac{1}{Q_2}\frac{\partial Q_3}{\partial q_2}\frac{\partial Q_2}{\partial q_1} - \frac{\partial^2 Q_3}{\partial q_1 \partial q_2},
\end{aligned}
\right.
$$

e, tenendo conto dell'identità

$$(13_a)\qquad H_{11} + H_{22} + H_{33} = H,$$

si trova che la funzione lineare delle $\varkappa_i$ relativa alla prima delle equazioni (4) può essere posta sotto la forma

$$- \frac{2B}{Q_2 Q_3}[(H_{11} - H) Q_1 \varkappa_1 + H_{12} Q_2 \varkappa_2 + H_{13} Q_3 \varkappa_3],$$

ossia

$$(\delta)\qquad - \frac{B}{Q_2 Q_3}\frac{\partial \Phi}{\partial(Q_1 \varkappa_1)},$$

posto

$$(14)\qquad \Phi = \sum_{ij} H_{ij} Q_i Q_j \varkappa_i \varkappa_j - H \sum_i Q_i^2 \varkappa_i^2 .$$

Raccogliendo le espressioni parziali (α), (γ), (δ) e formando le espressioni analoghe per la seconda e terza delle equazioni (4), si ottengono così le seguenti equazioni indefinite dei mezzi elastici isotropi:

$$
(15)\quad\left\{\begin{aligned}
&\frac{A}{Q_1}\frac{\partial\vartheta}{\partial q_1}+\frac{B}{Q_2 Q_3}\left[\frac{\partial(Q_2\vartheta_2)}{\partial q_3}-\frac{\partial(Q_3\vartheta_3)}{\partial q_2}\right]+\frac{B}{Q_1 Q_2 Q_3}\frac{\partial\Phi}{\partial(Q_1\varkappa_1)}+F_1=0,\\
&\frac{A}{Q_2}\frac{\partial\vartheta}{\partial q_2}+\frac{B}{Q_3 Q_1}\left[\frac{\partial(Q_3\vartheta_3)}{\partial q_1}-\frac{\partial(Q_1\vartheta_1)}{\partial q_3}\right]+\frac{B}{Q_1 Q_2 Q_3}\frac{\partial\Phi}{\partial(Q_2\varkappa_2)}+F_2=0,\\
&\frac{A}{Q_3}\frac{\partial\vartheta}{\partial q_3}+\frac{B}{Q_1 Q_2}\left[\frac{\partial(Q_1\vartheta_1)}{\partial q_2}-\frac{\partial(Q_2\vartheta_2)}{\partial q_1}\right]+\frac{B}{Q_1 Q_2 Q_3}\frac{\partial\Phi}{\partial(Q_3\varkappa_3)}+F_3=0.
\end{aligned}\right.
$$

Quanto alle equazioni ai limiti (4_a), esse non dànno luogo ad alcuna riduzione degna di nota, nè differiscono dalle ordinarie, e perciò non credo necessario di qui trascriverle per disteso.

Dalla forma delle equazioni (15) si deduce che, per formare le equazioni stesse col metodo della variazione del potenziale, basta prendere questo potenziale sotto la forma

$$
(15_a)\qquad -\int\left[\frac{1}{2}A\vartheta^2+\frac{1}{2}B(\vartheta_1^2+\vartheta_2^2+\vartheta_3^2)+\frac{B\Phi}{Q_1 Q_2 Q_3}\right]dS,
$$

donde si può subito concludere che l'espressione

$$
\frac{\Phi}{Q_1 Q_2 Q_3}
$$

possiede lo stesso carattere invariantivo delle espressioni

$$
\vartheta,\qquad \vartheta_1^2+\vartheta_2^2+\vartheta_3^2.
$$

Confrontando le precedenti equazioni (15) con quelle date da LAMÉ, e generalmente ammesse, si scorge che le prime non s'accordano colle seconde se non quando la funzione Φ sia *nulla* indipendentemente da ogni ipotesi sulle funzioni $\varkappa_i$, il che, stante l'identità (13_a), esige che sia

$$
H_{11}=0,\qquad H_{22}=0,\qquad H_{33}=0,\qquad H_{23}=0,\qquad H_{31}=0,\qquad H_{12}=0.
$$

Ora queste sei equazioni sono precisamente quelle che, nel t. V del Journal de Mathématiques e posteriormente nella V^a delle *Leçons sur les coordonnées curvilignes,* lo stesso LAMÉ ha dimostrato essere necessarie perchè l'espressione (1) sia una trasformata della

$$
ds^2=dx^2+dy^2+dz^2,
$$

o, in altri termini, perchè lo spazio in cui esiste il mezzo elastico considerato sia lo spazio euclideo. Dunque le ordinarie equazioni dell'isotropia sono subordinate alla verità del postulato d'EUCLIDE, mentre le equazioni generali (4) ne sono, come ho già osservato, indipendenti.

A questo fatto, che è quello cui alludevo al principio del presente scritto, è dovuta la necessità dei varî artifizî adoperati dagli Autori citati per dedurre le equazioni dell'isotropìa dalle equazioni generali, quando la forma dell'elemento lineare, per l'indeterminazione de' suoi coefficienti, non include *a priori* l'ipotesi euclidea. Così, per esempio, BORCHARDT approfitta della forma che prende l'integrale (15_a), quando le coordinate sono le cartesiane, per ridurre senz'altro a

$$\frac{1}{2}A\vartheta^2 + \frac{1}{2}B(\vartheta_1^2 + \vartheta_2^2 + \vartheta_3^2)$$

la quantità sotto l'integrale.

Se si abbandona l'ipotesi euclidea, le equazioni (15) diventano le *equazioni dell'isotropìa in uno spazio di curvatura costante*. Dico di curvatura *costante*, perchè se la curvatura dello spazio fosse variabile, non sarebbe lecito considerare *a priori* i coefficienti A e B dell'espressione (9) come quantità costanti. Al qual proposito si può osservare che, se la quantità A fosse variabile colle q_i, la parte corrispondente al termine $\frac{1}{2}A\vartheta^2$ di Π nei secondi membri delle equazioni (15) sarebbe ancora molto semplice, cioè sarebbe rappresentata, com'è facile verificare, da

$$\frac{1}{Q_i}\frac{\partial(A\vartheta)}{\partial q_i} \qquad (i = 1, 2, 3).$$

Non così la parte relativa all'altro termine $\frac{1}{2}B\varpi$.

Ora, negli spazî di curvatura costante, la funzione Φ assume una forma semplicissima.

Infatti l'elemento lineare di uno spazio di curvatura costante uguale ad α può sempre essere posto sotto la forma indicata da RIEMANN

$$ds = \frac{\sqrt{dq_1^2 + dq_2^2 + dq_3^2}}{1 + \frac{\alpha}{4}(q_1^2 + q_2^2 + q_3^2)},$$

la quale si presta qui molto opportunamente per la sua simmetria. Ponendo

$$Q = \frac{1}{1 + \frac{\alpha}{4}(q_1^2 + q_2^2 + q_3^2)} = Q_1 = Q_2 = Q_3,$$

si trova, (13),

$$H = -3Q^3\alpha,$$

indi

$$H_{11} = H_{22} = H_{33} = -Q^3\alpha,$$

e finalmente

$$H_{23} = H_{31} = H_{12} = 0.$$

Ne risulta che, quando le coordinate q_i sono quelle di RIEMANN, cioè quelle che ho chiamato *stereografiche* nella mia *Teoria fondamentale degli spazî di curvatura costante* *), si ha

$$\frac{\Phi}{Q_1 Q_2 Q_3} = 2\alpha Q^2(\varkappa_1^2 + \varkappa_2^2 + \varkappa_3^2).$$

Ora la quantità $Q^2(\varkappa_1^2+\varkappa_2^2+\varkappa_3^2)$ è il quadrato dello spostamento del punto (q_1, q_2, q_3), vale a dire è quella quantità che, colle coordinate ortogonali generali cui si riferisce l'espressione (1), viene rappresentata da $Q_1^2\varkappa_1^2 + Q_2^2\varkappa_2^2 + Q_3^2\varkappa_3^2$. Dunque in ogni spazio di curvatura costante α riferito a coordinate ortogonali si ha

$$(16) \qquad \frac{\Phi}{Q_1 Q_2 Q_3} = 2\alpha(Q_1^2\varkappa_1^2 + Q_2^2\varkappa_2^2 + Q_3^2\varkappa_3^2),$$

e per conseguenza

$$(16_a) \qquad \begin{cases} H = -3\alpha Q_1 Q_2 Q_3, \\ H_{11} = H_{22} = H_{33} = -\alpha Q_1 Q_2 Q_3, \\ H_{23} = H_{31} = H_{12} = 0. \end{cases}$$

Queste ultime sei formole possono essere trasformate, come le analoghe di LAMÉ, in altrettante relazioni geometriche fra le curvature delle superficie ortogonali.

Denotando, infatti, con $\frac{1}{r_{ij}}$ la curvatura geodetica della linea d'intersezione delle due superficie $q_i = \text{cost.}$, $q_j = \text{cost.}$, quando questa linea si consideri come esistente sulla *prima* superficie $\left(\text{cosicchè la curvatura geodetica della stessa linea, considerata invece come esistente sulla } \textit{seconda} \text{ superficie, sarà da denotarsi con } \frac{1}{r_{ji}}\right)$, si hanno, da formole note, le relazioni seguenti:

$$\frac{\partial Q_1}{\partial q_2} = \frac{Q_1 Q_2}{r_{32}}, \qquad \frac{\partial Q_1}{\partial q_3} = \frac{Q_1 Q_3}{r_{23}},$$

$$\frac{\partial Q_2}{\partial q_3} = \frac{Q_2 Q_3}{r_{13}}, \qquad \frac{\partial Q_2}{\partial q_1} = \frac{Q_2 Q_1}{r_{31}},$$

$$\frac{\partial Q_3}{\partial q_1} = \frac{Q_3 Q_1}{r_{21}}, \qquad \frac{\partial Q_3}{\partial q_2} = \frac{Q_3 Q_2}{r_{12}}.$$

---

*) Annali di Matematica, serie II, tomo II (1868-69); oppure queste OPERE, volume I, pag. 406.

Mediante queste relazioni si possono eliminare dalle ultime sei equazioni (16_a) tutte le derivate delle tre funzioni Q_i, e, se inoltre si pone

$$Q_i d q_i = d s_i,$$

se ne possono eziandio eliminare le Q_i stesse. Così operando, si trova che le tre equazioni

$$H_{11} = H_{22} = H_{33} = -\alpha Q_1 Q_2 Q_3$$

equivalgono alle seguenti:

$$(16_b)\qquad \begin{cases} \dfrac{\partial \frac{1}{r_{12}}}{\partial s_2} + \dfrac{\partial \frac{1}{r_{13}}}{\partial s_3} + \dfrac{1}{r_{12}^2} + \dfrac{1}{r_{13}^2} + \dfrac{1}{r_{21} r_{31}} + \alpha = 0, \\[2ex] \dfrac{\partial \frac{1}{r_{23}}}{\partial s_3} + \dfrac{\partial \frac{1}{r_{21}}}{\partial s_1} + \dfrac{1}{r_{23}^2} + \dfrac{1}{r_{21}^2} + \dfrac{1}{r_{32} r_{12}} + \alpha = 0, \\[2ex] \dfrac{\partial \frac{1}{r_{31}}}{\partial s_1} + \dfrac{\partial \frac{1}{r_{32}}}{\partial s_2} + \dfrac{1}{r_{31}^2} + \dfrac{1}{r_{32}^2} + \dfrac{1}{r_{13} r_{23}} + \alpha = 0. \end{cases}$$

Quanto alle altre tre equazioni

$$H_{23} = H_{31} = H_{12} = 0,$$

che sono identiche a tre di quelle di LAMÉ, esse traduconsi nelle corrispondenti relazioni *) fra i raggi r_{ij}, se non che questi debbono naturalmente considerarsi come raggi di curvatura geodetica e non come raggi di curvatura principale. Inoltre è da notare che LAMÉ prende le curvature con segno contrario.

Designando con α_1, α_2, α_3 le misure di curvatura (secondo GAUSS) delle tre superficie $q_1 =$ cost., $q_2 =$ cost., $q_3 =$ cost. nel punto (q_1, q_2, q_3), e confrontando le precedenti equazioni (16_b) colla nota equazione di BONNET, si ricava

$$(16_c)\qquad \begin{cases} \alpha_1 = \dfrac{1}{r_{21} r_{31}} + \alpha, \\[2ex] \alpha_2 = \dfrac{1}{r_{32} r_{12}} + \alpha, \\[2ex] \alpha_3 = \dfrac{1}{r_{13} r_{23}} + \alpha. \end{cases}$$

*) *Leçons sur les coordonnées curvilignes,* pag. 80.

Quando $\alpha = 0$, cioè quando lo spazio è euclideo, i raggi di curvatura geodetica (r_{21}, r_{31}), (r_{32}, r_{12}), (r_{13}, r_{23}) si confondono coi raggi di curvatura principale delle tre superficie ortogonali $q_1 = \text{cost.}$, $q_2 = \text{cost.}$, $q_3 = \text{cost.}$ e i valori precedenti di α_1, α_2, α_3 coincidono con quelli dati dal teorema di GAUSS.

In virtù della forma (16), trovata per la funzione Φ, le equazioni indefinite dell'isotropia in uno spazio di curvatura costante α si possono mettere definitivamente sotto la forma seguente:

$$(17)\quad \left\{\begin{aligned}
&\frac{A}{Q_1}\frac{\partial \vartheta}{\partial q_1} + \frac{B}{Q_2 Q_3}\left[\frac{\partial(Q_2 \varpi_2)}{\partial q_3} - \frac{\partial(Q_3 \varpi_3)}{\partial q_2}\right] + 4\alpha B Q_1 \varkappa_1 + F_1 = 0,\\
&\frac{A}{Q_2}\frac{\partial \vartheta}{\partial q_2} + \frac{B}{Q_3 Q_1}\left[\frac{\partial(Q_3 \varpi_3)}{\partial q_1} - \frac{\partial(Q_1 \varpi_1)}{\partial q_3}\right] + 4\alpha B Q_2 \varkappa_2 + F_2 = 0,\\
&\frac{A}{Q_3}\frac{\partial \vartheta}{\partial q_3} + \frac{B}{Q_1 Q_2}\left[\frac{\partial(Q_1 \varpi_1)}{\partial q_2} - \frac{\partial(Q_2 \varpi_2)}{\partial q_1}\right] + 4\alpha B Q_3 \varkappa_3 + F_3 = 0.
\end{aligned}\right.$$

Si poteva prevedere *a priori* che la curvatura dello spazio non dovesse essere priva d'influenza sulle equazioni dell'elasticità; ma è senza dubbio sommamente notevole che tale influenza vi si manifesti sotto un aspetto così semplice.

Non ostante questa semplicità, la teoria dei mezzi elastici negli spazî di curvatura costante presenta differenze rilevantissime in confronto dell'ordinaria così da meritare, a quanto mi sembra, uno studio accurato, per le conseguenze a cui essa può condurre.

Mi restringerò, per ora, ad accennare sommariamente alcuni risultati relativi al caso che la deformazione elastica avvenga senza rotazione.

Essendo nulle in questo caso le tre quantità ϖ_i definite dalle equazioni (12), si può porre

$$(18)\qquad \varkappa_i = \frac{1}{Q_i^2}\frac{\partial U}{\partial q_i},$$

e quindi, (10),

$$(18_a)\qquad \vartheta = \Delta_2 U,$$

dove

$$(18_b)\quad \Delta_2 U = \frac{1}{Q_1 Q_2 Q_3}\left[\frac{\partial}{\partial q_1}\left(\frac{Q_2 Q_3}{Q_1}\frac{\partial U}{\partial q_1}\right) + \frac{\partial}{\partial q_2}\left(\frac{Q_3 Q_1}{Q_2}\frac{\partial U}{\partial q_2}\right) + \frac{\partial}{\partial q_3}\left(\frac{Q_1 Q_2}{Q_3}\frac{\partial U}{\partial q_3}\right)\right].$$

Le equazioni (17) diventano in tal modo

$$\frac{\partial}{\partial q_i}[A\Delta_2 U + 4\alpha B U] + Q_i F_i = 0 \qquad (i = 1, 2, 3),$$

e mostrano che le forze F devono avere un potenziale V, cioè che deve essere

$$(18_c)\qquad F_i = \frac{1}{Q}\frac{\partial V}{\partial q_i};$$

con ciò le dette tre equazioni equivalgono all'unica

$$(19)\qquad A\Delta_2 U + 4\alpha B U + V = 0,$$

nella quale si deve intendere compenetrata in U la quantità, indipendente da q_1, q_2, q_3, che viene introdotta dall'integrazione.

Se si suppone $\vartheta = 0$, cioè $\Delta_2 U = 0$, si ha di qui

$$(19_a)\qquad V = -4\alpha B U, \qquad \Delta_2 V = 0,$$

e si ottiene così una deformazione, priva tanto di rotazione quanto di dilatazione, nella quale la forza e lo spostamento hanno in ogni punto la stessa (o la opposta) direzione e le grandezze costantemente proporzionali. Tale risultato, che non ha riscontro nello spazio euclideo, presenta una singolare analogia con certi concetti moderni sull'azione dei mezzi dielettrici *). Se si ammette l'eguaglianza di direzione fra la forza e lo spostamento bisogna supporre che la curvatura dello spazio sia negativa.

Per meglio fissare le idee giova considerare una forma particolare dell'elemento lineare dello spazio di curvatura costante α, giova porre, cioè,

$$(20)\qquad ds^2 = d\xi^2 + \frac{1}{\alpha}\,\text{sen}^2(\xi\sqrt{\alpha})(d\eta^2 + \text{sen}^2\eta\, d\zeta^2),$$

dove ξ è il raggio vettore condotto da un centro fisso ad un punto qualunque dello spazio ed η, ζ sono due angoli che determinano la direzione di questo raggio. Queste quantità ξ, η, ζ sono le coordinate *sferiche* dello spazio di curvatura costante. Con tali coordinate si ha

$$(20_a)\quad \Delta_2 U = \frac{\alpha}{\text{sen}^2(\xi\sqrt{\alpha})}\left[\frac{1}{\alpha}\frac{\partial}{\partial\xi}\left(\text{sen}^2(\xi\sqrt{\alpha})\frac{\partial U}{\partial\xi}\right) + \frac{1}{\text{sen}\,\eta}\frac{\partial}{\partial\eta}\left(\text{sen}\,\eta\frac{\partial U}{\partial\eta}\right) + \frac{1}{\text{sen}^2\eta}\frac{\partial^2 U}{\partial\zeta^2}\right],$$

e si soddisfa all'equazione $\Delta_2 U = 0$ prendendo

$$(21)\qquad U = \mu \cot(\xi\sqrt{\alpha}),$$

dove μ è una costante. Questa soluzione corrisponde all'ordinario potenziale elementare newtoniano.

Continuando a designare con $\varkappa_1$, $\varkappa_2$, $\varkappa_3$ gli incrementi delle tre variabili ξ, η, ζ dovuti alla deformazione elastica, si ha in tale ipotesi

$$\varkappa_1 = \frac{dU}{d\xi} = -\frac{\mu\sqrt{\alpha}}{\text{sen}^2(\xi\sqrt{\alpha})}, \qquad \varkappa_2 = 0, \qquad \varkappa_3 = 0,$$

*) Maxwell, *Treatise on electricity and magnetism* (Oxford, 1873), t. I, pag. 63.

epperò, (5),

$$\theta_1 = \frac{d^2 U}{d\xi^2}, \qquad \theta_2 = \theta_3 = -\frac{1}{2}\frac{d^2 U}{d\xi^2},$$

$$\omega_1 = \omega_2 = \omega_3 = 0.$$

Le tensioni interne del mezzo sono dunque determinate, (11), dalle componenti

$$(21_a) \qquad \begin{cases} \Theta_1 = -2B\dfrac{d^2 U}{d\xi^2}, \qquad \Theta_2 = \Theta_3 = B\dfrac{d^2 U}{d\xi^2}, \\ \Omega_1 = \Omega_2 = \Omega_3 = 0, \end{cases}$$

vale a dire sono rappresentate da una forza agente, come pressione o come trazione, nella direzione delle linee di forza, e da una forza agente in senso opposto, cioè come trazione o come pressione rispettivamente, nelle direzioni perpendicolari alle dette linee.

Anche questo risultato è in armonia coi noti concetti di FARADAY. Per verità MAXWELL, svolgendo matematicamente questi concetti *), suppone eguali in valore assoluto la pressione nel senso delle linee di forza e la trazione nel senso normale; ma recentemente HELMHOLTZ, in una nuova teoria dei dielettrici **) è già stato condotto, da altre considerazioni, ad ammettere la possibilità di un rapporto diverso dall'unità.

Un'altra soluzione semplice dell'equazione $\Delta_2 U = 0$, considerata sotto la forma (20_a), è data da

$$(22) \qquad U = \mu\zeta,$$

dove μ è una costante. Questa soluzione corrisponde, anzi è identica, all'ordinario potenziale elettromagnetico d'una corrente rettilinea che percorra l'asse polare $\eta = 0$. Per il calcolo delle tensioni interne che si verificano in questo caso si presta però meglio un'altra forma dell'elemento lineare, e cioè la seguente:

$$ds^2 = du^2 + \cos^2(u\sqrt{\alpha})\,dz^2 + \frac{1}{\alpha}\,\mathrm{sen}^2(u\sqrt{\alpha})\,d\zeta^2,$$

dove u è la distanza di un punto qualunque dello spazio da un asse fisso, z è la distanza del piede di questa perpendicolare da un punto fisso dell'asse medesimo e ζ è l'angolo che il piano condotto per l'asse fisso e per il punto qualunque fa con un piano fisso. Queste quantità u, z, ζ sono le coordinate *cilindriche* dello spazio di curvatura costante.

Mediante queste coordinate si trova (supponendo che la corrente percorra l'asse

*) Opera citata, t. I, pag. 128.

**) Monatsberichte der Akademie der Wissenschaften, Berlin, Februar 1881.

fisso $u = 0$)

$$\varkappa_1 = 0, \qquad \varkappa_2 = 0, \qquad \varkappa_3 = \frac{\mu\,\alpha}{\operatorname{sen}^2(u\sqrt{\alpha})},$$

e quindi dalle equazioni (5) si ricava

$$\theta_1 = \theta_2 = \theta_3 = 0,$$

$$\omega_1 = 0, \quad \omega_2 = -\frac{2\mu\,\alpha\cos(u\sqrt{\alpha})}{\operatorname{sen}^2(u\sqrt{\alpha})}, \qquad \omega_3 = 0.$$

Le tensioni interne del mezzo sono dunque determinate, (11), dalle componenti

$$(22_a)\qquad \begin{cases} \Theta_1 = \Theta_2 = \Theta_3 = 0, \\ \Omega_1 = 0, \quad \Omega_2 = \dfrac{2B\mu\,\alpha\cos(u\sqrt{\alpha})}{\operatorname{sen}^2(u\sqrt{\alpha})}, \quad \Omega_3 = 0, \end{cases}$$

vale a dire sono rappresentate unicamente da una forza di torsione intorno alle linee $u =$ cost., $\zeta =$ cost., ossia intorno alle linee che stanno in uno stesso piano con quella percorsa dalla corrente e che hanno i loro punti equidistanti da questa.

Se, mantenendo l'ipotesi particolare (18), si vuol considerare il moto vibratorio del mezzo elastico, in assenza d'ogni forza acceleratrice esterna, bisogna ammettere che la funzione U dipenda, oltre che dalle coordinate q_i, dal tempo t, e porre

$$F_i = -\rho\, Q_i \frac{\partial^2 \varkappa_i}{\partial t^2},$$

ossia, (18),

$$F_i = \frac{1}{Q_i}\frac{\partial}{\partial q_i}\left(-\rho\frac{\partial^2 U}{\partial t^2}\right),$$

dove ρ è la densità. Quest'ultima relazione, confrontata colla (18_c), dà

$$V = -\rho\frac{\partial^2 U}{\partial t^2},$$

epperò l'equazione generale del moto vibratorio, ricavata dalla (19), è

$$(23)\qquad \rho\frac{\partial^2 U}{\partial t^2} = A\Delta_2 U + 4\alpha B U.$$

Si ponga, per considerare una vibrazione stazionaria semplice,

$$(24)\qquad U = \Psi\cos\left(\frac{2\pi t}{\tau} + \mu\right),$$

dove Ψ è una funzione delle sole coordinate e τ, μ sono due costanti, la prima delle quali rappresenta il periodo della vibrazione completa e la seconda la fase. Sostituendo questo valore di U nell'equazione (23), si ottiene

$$(24_a) \qquad A\Delta_2\Psi + 4\left(\frac{\pi^2\rho}{\tau^2} + \alpha B\right)\Psi = 0.$$

Quando la curvatura α è nulla (spazio *euclideo*), o positiva (spazio di RIEMANN, o *sferico*), non vi è alcun valore ammissibile di τ che annulli il coefficiente di Ψ. Ma quando la curvatura α è negativa (spazio di GAUSS, o *pseudosferico*), cioè quando si ha

$$\alpha = -\frac{1}{R^2},$$

dove R è il raggio di curvatura costante, prendendo

$$(24_b) \qquad \tau = \pi R\sqrt{\frac{\rho}{B}},$$

il coefficiente di Ψ diventa nullo, e si ottiene una classe singolare di vibrazioni, definite da

$$(24_c) \qquad U = \Psi\cos\left(\frac{2t}{R}\sqrt{\frac{B}{\rho}} + \mu\right),$$

per le quali la funzione Ψ delle tre coordinate q_i soddisfa all'equazione

$$(24_d) \qquad \Delta_2\Psi = 0.$$

Queste vibrazioni, che sono prive ad un tempo di rotazione e di dilatazione, e che, come tali, non hanno riscontro nello spazio ordinario (eccettuando i cosidetti liquidi incompressibili), avvengono dovunque nella stessa direzione della forza dovuta al potenziale Ψ ed hanno l'amplitudine proporzionale a questa forza. Siffatto moto vibratorio fa nascere delle tensioni interne nel mezzo vibrante, le quali si calcolano colle formole (5) ed (11), come nel caso dell'equilibrio, e contengono tutte il fattore periodico. Se si prendessero, per esempio, per Ψ i valori (21), (22), che soddisfanno all'equazione (24_d), si troverebbero ancora le tensioni (21_a), (22_a), moltiplicate per il detto fattore.

Se nell'equazione (23) si suppone che U dipenda soltanto da ξ e da t [dove ξ ha lo stesso significato che nell'equazione (20)], si ottiene l'equazione differenziale delle onde sferiche, sotto la forma

$$(25) \qquad \rho\frac{\partial^2 U}{\partial t^2} = \frac{A}{\operatorname{sen}^2(\xi\sqrt{\alpha})}\frac{\partial}{\partial\xi}\left[\operatorname{sen}^2(\xi\sqrt{\alpha})\frac{\partial U}{\partial\xi}\right] + 4\alpha B U.$$

Si soddisfa a quest'equazione ponendo

$$(25_a) \qquad U = \frac{E \cos(g\xi + ht + k)}{\operatorname{sen}(\xi\sqrt{\alpha})},$$

dove g, h, k, E sono quattro costanti, le prime due delle quali sono legate dalla relazione

$$(25_b) \qquad h^2 = \frac{A}{\rho} g^2 - \frac{A + 4B}{\rho} \alpha .$$

Si ottengono così delle onde sferiche progressive, la cui velocità di propagazione

$$a = \pm \frac{h}{g}$$

e la cui lunghezza d'onda

$$\lambda = \pm \frac{2\pi}{g}$$

sono legate dalla relazione

$$(25_c) \qquad a^2 = \frac{A}{\rho} - \frac{A + 4B}{\rho} \frac{\alpha\lambda^2}{4\pi^2} .$$

Supponendo $g^2 = \alpha$ si rientrerebbe nel caso dianzi considerato.

Questi risultati, accennati qui con una rapidità di cui debbo chieder venia al lettore, mi sembrano tali da conciliare qualche attenzione alle nuove equazioni (17).

Pavia, 5 giugno 1881.

LXVIII.

SULLA TEORIA DELLA SCALA DIATONICA.

Rendiconti del Reale Istituto Lombardo, serie II, volume XV (1882), pp. 61-66.

L'ordinario modo di costruire la scala diatonica consiste, come è noto *), nel formare l'accordo perfetto sulla tonica, sulla dominante e sulla sotto-dominante. Questa costruzione si può esprimere simbolicamente così: si denoti con 1 la tonica, con r, s gli intervalli fra questa e le altre due note dell'accordo perfetto e con $\frac{1}{2}$ l'intervallo d'ottava. In tal modo l'accordo sulla tonica è rappresentato da

$$(1,\ r,\ s),$$

quello sulla dominante da

$$(s,\ rs,\ s^2),$$

quello sulla sotto-dominante da

$$\left(\frac{1}{s},\ \frac{r}{s},\ 1\right).$$

Riportando entro l'ottava fondamentale l'ultima nota del secondo accordo e le due prime del terzo, si ottiene, secondo la regola suddetta, la scala diatonica completa, che viene ad essere simboleggiata così:

$$(1)\qquad 1,\quad 2s^2,\quad r,\quad \frac{1}{2s},\quad s,\quad \frac{r}{2s},\quad rs,\quad \frac{1}{2}.$$

Affinchè questa scala formi una vera successione ascendente di suoni, dev'essere

$$1 > 2s^2 > r > \frac{1}{2s} > s > \frac{r}{2s} > rs > \frac{1}{2}.$$

*) Veggasi, per esempio: *The Theory of Sound,* di Lord Rayleigh, Vol. I, pag. 8.

Queste sette diseguaglianze si riducono, come è facile vedere, alle sole tre seguenti

$$1 > 2s^2 > r > \frac{1}{2s},$$

soddisfatte le quali, sono soddisfatte anche le rimanenti quattro. Ne segue che il numero s soddisfa alle due diseguaglianze

$$1 > 2s^2 > \frac{1}{2s},$$

le quali dànno

(2) $$\sqrt[3]{2} < 2s < \sqrt{2};$$

mentre il numero r soddisfa alle altre due diseguaglianze

(3) $$\frac{1}{2s} < r < 2s^2.$$

Ciò posto dico che i *valori effettivamente assegnati dall'esperienza ai rapporti r ed s sono rappresentati dai più semplici numeri razionali che soddisfanno alle diseguaglianze* (2) *e* (3).

Per dimostrare questo teorema è necessario ricordare la regola che insegna a trovare il più semplice numero razionale C compreso fra due numeri dati A e B. Questa regola è esposta nel § 79 degli *Studj di cristallografia teorica* del prof. UZIELLI *). Il sig. UZIELLI ha ivi riportato, in seguito alla propria dimostrazione geometrica, una dimostrazione analitica che gli è stata da me comunicata.

Si designi per brevità col simbolo

$$[a_1, a_2, a_3, \ldots]$$

la frazione continua

$$a_1 + \cfrac{1}{a_2 + \cfrac{1}{a_3 + \cdots}}$$

e si ponga

$$A = [a_1, a_2, a_3, \ldots],$$

$$B = [b_1, b_2, b_3, \ldots],$$

dove $a_1, a_2, \ldots, b_1, b_2, \ldots$ sono i successivi quozienti incompleti *interi e positivi,* ottenuti dallo sviluppo dei numeri A e B in frazione continua.

Supponiamo che i primi $n - 1$ quozienti incompleti sieno eguali per amendue i

*) Memorie della R. Accademia dei Lincei, s. III, vol. I, pag. 427.

numeri e che i due quozienti incompleti n-esimi sieno diseguali; poniamo cioè

$$a_1 = b_1, \quad a_2 = b_2, \ldots, a_{n-1} = b_{n-1}, \quad a_n \gtrless b_n.$$

Ciò non implica alcuna restrizione, perchè n può essere anche uguale ad 1. In tale ipotesi si può porre

$$A = [a_1, a_2, \ldots, a_{n-1}, a_n + \alpha],$$

$$B = [a_1, a_2, \ldots, a_{n-1}, b_n + \beta],$$

dove α e β sono due numeri positivi minori dell'unità ed $a_n + \alpha$, $b_n + \beta$ sono quozienti *completi*. Sia c il numero intero che si ottiene aggiungendo un'unità al più piccolo dei due numeri interi e diseguali a_n e b_n; è chiaro che questo numero c è sempre compreso fra $a_n + \alpha$ e $b_n + \beta$, e però che il numero razionale

$$(\alpha) \qquad C = [a_1, a_2, \ldots, a_{n-1}, c]$$

è sempre compreso fra A e B. Dai più elementari teoremi sulle frazioni continue risulta molto facilmente che questo numero è il più semplice possibile, cioè è quello che ha il minor denominatore, fra tutti i numeri razionali superiori al più piccolo ed inferiori al più grande dei numeri A e B: esso è dunque il numero cercato.

La regola (α) non è mai soggetta ad eccezione quando i numeri A e B sono amendue incommensurabili, nel qual caso i numeri α e β non sono mai nulli; oppure quando, essendo nullo uno di questi ultimi numeri, od anche tutti e due, la differenza fra i quozienti interi a_n e b_n è maggiore di 1. Ma se uno dei numeri dati, per esempio B, è commensurabile, può accadere che (tenute ferme tutte le convenzioni precedenti) si abbia al tempo stesso

$$\beta = 0, \qquad b_n = a_n + 1.$$

In tal caso la regola (α) sarebbe in difetto, perchè essa darebbe

$$c = b_n, \qquad C = B,$$

mentre noi vogliamo che C sia *compreso* fra A e B *). Per ovviare a questa difficoltà, si prosegua nello svolgimento della prima frazione continua, ponendo

$$\alpha = \frac{1}{a_{n+1} + \alpha'},$$

dove a_{n+1} è un nuovo quoziente intero ed α' è, come α, un numero minore dell'unità;

*) Questa restrizione non si applica alle ricerche cristallografiche.

indi si scriva

$$A = [a_1, a_2, \ldots, a_n, a_{n+1} + \alpha'],$$

$$B = [a_1, a_2, \ldots, a_n, 1 + \theta],$$

dove θ è un numero positivo infinitamente piccolo. Se a_{n+1} è maggiore dell'unità, si ricade nel caso precedente e si ha quindi

$$(\beta) \qquad C = [a_1, a_2, \ldots, a_n, 2].$$

Se invece a_{n+1} è eguale all'unità, si ponga nuovamente

$$\alpha' = \frac{1}{a_{n+2} + \alpha''},$$

e si scriva

$$A = [a_1, a_2, \ldots, a_n, a_{n+1}, a_{n+2} + \alpha''],$$

$$B = [a_1, a_2, \ldots, a_{n+1}, \Theta],$$

dove Θ è un numero positivo infinitamente grande ed a_{n+1} sta in luogo di 1. Si ricava di qui

$$(\gamma) \qquad C = [a_1, a_2, \ldots, a_n, a_{n+1}, a_{n+2} + 1].$$

Le tre regole (α), (β), (γ) sussistono anche nel caso che i numeri A e B sieno amendue commensurabili. Infatti se i due numeri minori dell'unità designati con α e β sono diversi da zero, vale la regola (α). Se uno di essi, per esempio β, è zero e se al tempo stesso è $b_n = a_n + 1$, senza che sia $\alpha = 0$, valgono le regole (β), (γ): nel che è da osservare che la quantità α' non potrebbe risultare nulla se non nel caso di $a_{n+1} > 1$, perchè altrimenti sarebbe $A = B$, ciò che non può ammettersi. Finalmente se si ha $\alpha = \beta = 0$, $b_n = a_n + 1$, si può porre

$$\alpha = \frac{1}{\Theta}, \qquad b_n = a_n + \frac{1}{1 + 0},$$

e si ricade nella formola (β).

Ciò premesso, torniamo alle diseguaglianze (2), (3).

Essendo

$$\sqrt{2} = [1, 2, 2, \ldots], \qquad \sqrt[3]{2} = [1, 3, 1, \ldots],$$

la regola (α) dà

$$C = [1, 3] = \tfrac{4}{3},$$

epperò, (2), il più semplice valore razionale di s è

$$(4) \qquad s = \tfrac{2}{3}.$$

Questo valore, sostituito nella diseguaglianza (3), dà

$$\frac{3}{4} < r < \frac{8}{9}.$$

Ora si ha

$$\frac{3}{4} = [0, 1, 3], \qquad \frac{8}{9} = [0, 1, 8],$$

quindi la regola (α) dà

$$C = [0, 1, 4] = \frac{4}{5},$$

epperò il più semplice valore razionale di r è

(5) $$r = \frac{4}{5}.$$

Sostituendo i valori (5), (4) di r, s nella serie (1), si ottiene la nota progressione

$$1, \ \frac{8}{9}, \ \frac{4}{5}, \ \frac{3}{4}, \ \frac{2}{3}, \ \frac{3}{5}, \ \frac{8}{15}, \ \frac{1}{2},$$

che rappresenta la scala diatonica normale.

La dimostrazione precedente suppone la conoscenza del numero $\frac{1}{2}$, come rappresentativo dell'intervallo d'ottava. Non mi sembra che tale supposizione possa considerarsi come atta a scemare l'interesse del teorema dimostrato. Infatti il carattere della consonanza d'ottava è così speciale e spiccato, che essa può essere riconosciuta ed esattamente accertata da ogni orecchio sano, all'infuori di qualunque attitudine musicale.

Pavia, 22 gennajo 1882.

LXIX.

SULLA TEORIA DEI SISTEMI DI CONDUTTORI ELETTRIZZATI.

Rendiconti del Reale Istituto Lombardo, serie II, vol. XV (1882), pp. 400-407.

Nella teoria dei sistemi di conduttori elettrizzati non è stata ancor notata, a quanto mi sembra, la più generale e più semplice espressione del lavoro meccanico esterno compiuto dalle forze elettriche durante un mutamento qualunque di forma, di posizione e di stato elettrico dei conduttori costituenti il sistema. Quest'espressione mette in luce alcune notevoli analogie fra l'elettrostatica e la termodinamica.

Designando con L_1, L_2, ..., L_n i livelli potenziali dei singoli conduttori, con M_1, M_2, ..., M_n le loro masse elettriche, ossia le loro cariche, con P il potenziale del sistema sopra sè stesso, cioè l'energia di posizione del sistema, si ha, come è noto,

$$P = \tfrac{1}{2}(L_1 M_1 + L_2 M_2 + \cdots + L_n M_n),$$

o, come possiamo scrivere più brevemente,

$$P = \tfrac{1}{2}\sum LM. \tag{1}$$

Supponiamo che avvenga un qualsiasi mutamento infinitesimo di forma e di posizione dei corpi che costituiscono il sistema, insieme con un mutamento pure infinitesimo delle cariche di alcuni od anche di tutti i conduttori (per eventuali comunicazioni di questi con sorgenti o con serbatoî di elettricità, privi però di azione diretta sul campo elettrico del sistema). Ciò posto il teorema generale può enunciarsi così: se, in virtù di un tal mutamento, le quantità L ed M diventano $L + dL$ ed $M + dM$, cosicchè il potenziale P si accresca di

$$dP = \tfrac{1}{2}\sum(L\,dM + M\,dL), \tag{2}$$

il lavoro meccanico esterno dQ, che accompagna il mutamento e che si compie contro le forze che a tale mutamento si oppongono, è misurato da

$$dQ = \frac{1}{2}\sum(L\,dM - M\,dL). \tag{3}$$

Quest'espressione così semplice e così generale di dQ è notevole sopratutto per ciò, che essa contiene esplicitamente le sole *coordinate elettriche* del sistema e le loro variazioni, cioè le sole quantità L, M, dL, dM. Le *coordinate geometriche*, cioè quei parametri che servono ad individuare la forma e la posizione reciproca delle superficie dei varì conduttori, non vi entrano che implicitamente, in virtù delle note relazioni che sussistono fra i livelli L e le cariche M.

Quando le cariche sono invariabili, l'espressione (3) diventa

$$dQ = -\frac{1}{2}\sum M\,dL = -dP,$$

e coincide coll'espressione che si dà ordinariamente. Quando invece si mantengono invariabili i livelli, si ha

$$dQ = \frac{1}{2}\sum L\,dM = dP,$$

formola che corrisponde ad un altro teorema conosciuto.

In sostanza, amendue queste espressioni di dQ, debitamente interpretate, non sono meno generali dell'espressione (3) e possono agevolmente ridursi ad essa. Ma è altrettanto facile stabilire direttamente l'espressione generale (3).

Infatti affinchè il sistema, durante l'immaginato mutamento infinitesimo di forma e di posizione dei corpi che lo compongono, riceva gli accrescimenti di carica dM, bisogna compiere, contro le forze elettriche, un lavoro il quale non differisce da $\sum L\,dM$ se non di quantità del second'ordine. Ora l'energìa spesa in quest'aumento delle cariche non può essere restituita che dall'aumento di energìa dP del sistema e dal lavoro esterno dQ: si deve quindi avere

$$dP + dQ = \sum L\,dM,$$

e di qui, sostituendo il valore (2) di dP, si ricava immediatamente il valore (3) di dQ.

In particolare, quando il mutamento ha luogo senza produzione di lavoro meccanico esterno, dev'essere

$$\sum(L\,dM - M\,dL) = 0. \tag{4}$$

Questa relazione importante comprende molti teoremi conosciuti.

Supponiamo, per esempio, che i corpi rimangano inalterati di forma e di posizione, nel qual caso è certo che non vi è produzione di lavoro meccanico esterno. Sieno, in tale ipotesi, (L, M), (L', M') due diversi stati di equilibrio elettrico: sarà anche $(L + \varepsilon L', M + \varepsilon M')$ un nuovo stato di equilibrio elettrico, qualunque sia il fattore costante ε; e però, supponendo infinitamente piccolo questo fattore, si potrà porre nella espressione (3)

$$dL = \varepsilon L', \qquad dM = \varepsilon M'.$$

In tal modo si ottiene il teorema di reciprocità

$$\sum (LM' - L'M) = 0,$$

che è stato messo in rilievo da CLAUSIUS e che può servir di base a tutta la teoria di cui si tratta.

Considerando il livello L e la carica M di ciascun conduttore come l'ascissa e l'ordinata di un punto in un piano riferito a due assi ortogonali, il sistema viene ad essere rappresentato, in ogni suo stato, da un gruppo di n punti, i quali, quando il sistema passa con continuità da uno stato ad un altro, descrivono certe linee nel piano rappresentativo. Ora la quantità

$$\frac{1}{2}(L\,dM - M\,dL)$$

misura, come è noto, l'areola descritta dal raggio vettore condotto dall'origine al punto (L, M), quando questo punto passa dalla sua posizione attuale alla posizione $(L + dL, M + dM)$; e quest'areola è affetta dal segno positivo o dal negativo secondo che il raggio vettore, seguendo il moto del punto (L, M), gira intorno all'origine O nel senso positivo xOy o nel senso negativo yOx. Dunque la formola (3) può interpretarsi così: durante una deformazione geometrica qualunque del dato sistema di conduttori, il lavoro meccanico esterno compiuto dalle forze elettriche è rappresentato, in grandezza ed in segno, dalla somma algebrica delle aree descritte dai raggi vettori dei punti rappresentativi dei singoli conduttori.

Quando il sistema percorre un ciclo elettricamente chiuso, cioè quando ciascun conduttore ritorna al primitivo stato elettrico (L, M), se non ha mai avuto luogo variazione delle cariche durante il movimento, è evidente che il totale lavoro meccanico esterno dev'essere nullo. Ma se le sorgenti hanno successivamente fornito e sottratto elettricità durante il movimento, il totale lavoro esterno può risultare diverso da zero, e questo lavoro è in ogni caso rappresentato, in grandezza ed in segno, dalla somma algebrica delle aree che hanno per contorni le linee chiuse rappresentative dei successivi stati elettrici di ciascun conduttore.

Poichè, a primo aspetto, può parere strano che si possa ottenere un lavoro esterno dalle forze elettriche, mentre il potenziale ritorna al suo valore primitivo, specialmente se tutti i conduttori ripigliano al tempo stesso le loro forme e posizioni primitive (il che, del resto, non può avvenire, in generale), credo opportuno di chiarire, con un esempio molto semplice, la possibilità di questo fatto; la possibilità, cioè, di un ciclo elettricamente e geometricamente chiuso, con produzione di lavoro esterno. Per verità l'esempio che adduco non può considerarsi che come ideale, sebbene non se ne possa revocare in dubbio la legittimità; ma, riguardandolo come schema dimostrativo, esso mi sembra accettabile allo stesso titolo di quelli dei quali si fa uso, per iscopi analoghi, nella termodinamica.

Immaginiamo dunque un conduttore sferico isolato, il cui raggio possa variare, almeno entro certi limiti; come sarebbe, a cagione di esempio, una bolla di sapone elettrizzata, la quale tende effettivamente a dilatarsi per effetto della pressione elettrostatica *). Questo conduttore abbia originariamente il raggio R e possegga una carica M al livello L, sicchè sia

$$(a) \qquad M = LR.$$

La pressione elettrostatica sull'unità di superficie viene misurata, come è noto, dal prodotto di 2π per il quadrato della densità, e però la pressione elettrostatica sull'intera superficie può esprimersi coll'una o coll'altra delle due quantità

$$(b) \qquad \frac{L^2}{2}, \qquad \frac{M^2}{2R^2}.$$

Ciò posto, immaginiamo il seguente ciclo di trasformazioni, durante il quale designeremo con r il raggio variabile del conduttore.

1° Si lasci espandere il conduttore, mantenendolo al livello costante L e somministrandogli ad ogni istante il necessario aumento di carica. Supposto che il raggio diventi in tal modo $R' > R$ e che la carica diventi $M' > M$, si avrà, (a), fra M' ed R' la relazione

$$(a') \qquad M' = LR',$$

ed il lavoro della pressione elettrostatica durante l'espansione a livello costante sarà dato, (b), da

$$(b') \qquad Q' = \frac{L^2}{2}(R' - R).$$

2° Quando il conduttore ha raggiunto il raggio R' e la carica M', lo si lasci nuovamente espandere, mantenendone costante la carica M', finchè il suo raggio diventi

---

*) Volendo tener di vista il caso della bolla, gioverà immaginare che, mediante un sottile tubetto coibente, si possa regolare la pressione dell'aria interna in guisa da rendere possibili i lenti moti di espansione e di contrazione che vengono considerati qui appresso.

$R'' > R'$. Il livello discenderà da L ad $L' < L$, essendo, (a),

$$(a'') \qquad M' = L' R'',$$

ed il lavoro della pressione elettrostatica in questa seconda espansione sarà dato, (b), da

$$Q'' = \frac{M'^2}{2} \int_{R'}^{R''} \frac{dr}{r^2},$$

cioè da

$$(b'') \qquad Q'' = \frac{M'^2}{2} \left(\frac{1}{R'} - \frac{1}{R''} \right).$$

3° Si produca ora una contrazione del conduttore, facendone scendere il raggio da R'' ad $R''' < R''$, e mantenendo costante il livello L', col sottrarre gradatamente dell'elettricità finchè la carica ridiventi M. Si avrà

$$(a''') \qquad M = L' R''',$$

e il lavoro eseguito contro la pressione elettrostatica sarà, in valore assoluto, per la (b),

$$(b''') \qquad Q''' = \frac{L'^2}{2} \left(R'' - R''' \right).$$

Notisi che, essendo $L' < L$, sarà $R''' > R$, come emerge dal confronto delle formole (a), (a''').

4° Finalmente si produca una nuova contrazione del conduttore, conservandogli la carica costante M, finchè il suo livello risalga dal valore L' al primitivo valore L. Durante questa contrazione bisognerà svolgere contro la pressione elettrostatica il lavoro

$$Q^{\text{IV}} = \frac{M^2}{2} \int_{R}^{R'''} \frac{dr}{r^2},$$

ossia

$$(b^{\text{IV}}) \qquad Q^{\text{IV}} = \frac{M^2}{2} \left(\frac{1}{R} - \frac{1}{R'''} \right),$$

e la formola (a) mostra che, a contrazione compiuta, il conduttore avrà ripreso il primitivo raggio R, cosicchè tutto sarà rientrato nelle identiche condizioni di prima.

Durante questo ciclo d'operazioni le forze elettriche hanno sviluppato un lavoro $Q' + Q''$, mentre si è dovuto sviluppare, contro di esse, un lavoro $Q''' + Q^{\text{IV}}$. Il totale lavoro raccolto dalle forze elettriche è dunque

$$Q' + Q'' - Q''' - Q^{\text{IV}}.$$

Ma dalla combinazione delle formole (a), (a'), (b'), risulta

$$Q' = \frac{L}{2} \left(M' - M \right);$$

dalla combinazione delle (a'), (a''), (b''),

$$Q'' = \frac{M'}{2}\left(L - L'\right);$$

da quella delle (a''), (a'''), (b'''),

$$Q''' = \frac{L'}{2}\left(M' - M\right);$$

e finalmente da quella delle (a), (a'''), (b^{IV}),

$$Q^{\text{IV}} = \frac{M}{2}\left(L - L'\right).$$

Pertanto il totale lavoro raccolto è

$$Q' + Q'' - Q''' - Q^{\text{IV}} = (L - L')(M' - M),$$

ed è quindi misurato dall'area d'un rettangolo di lati $L - L'$ ed $M' - M$ *).

Ora la rappresentazione geometrica delle quattro fasi del ciclo percorso dal conduttore è costituita da quattro rette, poste al seguito l'una dell'altra, la prima delle quali va dal punto (L, M) al punto (L, M'), la seconda dal punto (L, M') al punto (L', M'), la terza dal punto (L', M') al punto (L', M) e la quarta dal punto (L', M) al primitivo punto (L, M). Nelle ipotesi ammesse ($L' < L$, $M' > M$) questo contorno chiuso è percorso positivamente e l'area contenuta è appunto quella d'un rettangolo di lati $L - L'$, $M' - M$. Dunque il teorema generale è verificato.

Durante l'operazione si è dovuto (nella prima fase) comunicare al conduttore un aumento di carica $M' - M$, e ciò è avvenuto mentre il conduttore era al livello costante L; quest'aumento di carica è poi stato nuovamente sottratto (nella terza fase), mentre il livello costante del conduttore era $L' < L$. Vi è dunque stata una quantità $M' - M$ di elettricità che è scesa dal livello L al livello L', ed è in questa discesa di livello che trova compenso il lavoro raccolto, la cui misura è appunto

$$(M' - M)L - (M' - M)L'.$$

Qui è dunque, diversamente da ciò che avviene nella teoria del calore, rigorosamente realizzato il concetto di CARNOT.

Se, tornando ora di nuovo al caso d'un sistema di più conduttori, si suppone che ciascuno di questi, tranne uno, sia od in comunicazione costante col suolo (cioè a livello zero) od isolato con carica nulla, e se avviene, perdurando tali condizioni, un mutamento qualunque di forma, di posizione e di stato elettrico dei corpi che costitui-

*) Si è fatta astrazione dal lavoro delle forze molecolari durante l'espansione e la successiva contrazione della bolla, lavoro che è evidentemente nullo al termine dell'operazione.

scono il sistema, si ha semplicemente, (1), (3),

$$P = \tfrac{1}{2} L M ,$$

$$d Q = \tfrac{1}{2}(L d M - M d L) ,$$

dove L ed M designano il livello e la carica di quell'unico conduttore che non si trova nell'una o nell'altra delle due condizioni ($L = 0$ oppure $M = 0$) accennate sopra. Di qui si deduce

$$\frac{d Q}{P} = \frac{d M}{M} - \frac{d L}{L} = d \log \frac{M}{L} ,$$

cioè

$$\frac{d Q}{P} \text{ è un differenziale esatto.}$$

In particolare, per ogni ciclo chiuso si ha

$$\int \frac{d Q}{P} = 0 .$$

Vi è una manifesta analogia fra questo risultato ed il secondo principio della termodinamica. In termodinamica $d Q$ è una quantità di calore e P è la temperatura assoluta sotto la quale questo calore viene svolto od assorbito. In elettrostatica $d Q$ è una quantità di lavoro meccanico e P è il potenziale che regna nell'istante in cui questo lavoro è svolto dalle forze elettriche od è compiuto contro di esse. All'*entropia* corrisponde, in elettrostatica, la funzione

$$\log \frac{M}{L} ,$$

la quale si può facilmente esprimere per mezzo dei coefficienti delle equazioni che legano i livelli colle cariche, cioè per mezzo delle *coordinate geometriche* del sistema di conduttori.

Quando tutti i conduttori, tranne quello le cui coordinate elettriche L, M sono variabili, comunicano costantemente col suolo, l'entropia è sostituita precisamente dal logaritmo di ciò che chiamasi *capacità elettrica* del detto conduttore, considerato come parte dell'intero sistema.

Pavia, 4 Giugno 1882.

LXX.

SULL'EQUILIBRIO DELLE SUPERFICIE FLESSIBILI ED INESTENDIBILI.

Memorie dell'Accademia delle Scienze dell'Istituto di Bologna, serie IV, tomo III (1882), pp. 217-265.

La recente Memoria del sig. LECORNU, *Sur l'équilibre des surfaces flexibles et inextensibles* *) ha, molto opportunamente, richiamato l'attenzione dei matematici sopra un argomento che non fu mai debitamente approfondito, e che da qualche tempo poteva considerarsi come dimenticato.

L'asserzione del sig. LECORNU che tale argomento non sia stato svolto da alcuno, prima che da lui, è esatta soltanto per ciò che si riferisce al metodo da lui tenuto e, sopratutto, al nesso intimo che egli giustamente ravvisa fra la questione meccanica di cui si tratta e la teoria geometrica della deformazione delle superficie. Questo ravvicinamento costituisce il principal pregio del suo esteso lavoro e ne raccomanda lo studio ai geometri. Ma la questione puramente meccanica dell'equilibrio delle superficie, rispetto alla quale il sig. LECORNU ha pure il merito di avere stabilito, per la prima volta a mio credere, le esatte equazioni differenziali, ha dei precedenti abbastanza numerosi, quantunque la sua storia non sia per verità così cospicua come quella d'altre questioni forse meno interessanti e meno intricate.

Quand'anche, infatti, si voglia passar sopra al problema della *velaria* di GIOVANNI BERNOULLI, cioè alla ricerca della superficie cilindrica formata da una vela gonfiata dal vento, problema che in sostanza rientra nella teoria delle curve funicolari, non si può mettere in dubbio che LAGRANGE nella *Meccanica analitica* **) e POISSON nella Memo-

*) Journal de l'École Polytechnique, cahier XLVIII (1880), pag. 1.

**) Parte I, sezione V, cap. III, § II.

ria del 1814 sulle superficie elastiche *) abbiano cercato di erigere una teoria generale, che comprende molto ovviamente il caso delle superficie flessibili ed inestendibili. Ed invero CISA DE GRESY, nelle sue *Considérations sur l'équilibre des surfaces flexibles et inextensibles* **), non ha fatto altro che ripigliare in esame e discutere le ipotesi e le formole di quei due illustri Autori. I quali, del resto, se non hanno propriamente dedotto le vere equazioni del problema, hanno pur sempre segnata chiaramente la via da tenersi, via che doveva più tardi essere resa agevolissima dall'uso delle coordinate curvilinee.

Ma senza insistere su questi lavori più antichi, e senza neppur citarne altri più recenti e più o meno attinenti all'argomento di cui si tratta, mi basti ricordare che una delle ben note *Lezioni di meccanica razionale* del MOSSOTTI (Firenze, 1851) è interamente dedicata all'equilibrio delle superficie flessibili ed inestendibili e ne offre una trattazione abbastanza larga, sussidiata da parecchi esempî.

Se non che il MOSSOTTI è caduto in un errore ***), il quale non infirma le applicazioni da lui svolte, ma toglie generalità alle sue equazioni d'equilibrio e le rende disadatte ad altre applicazioni che se ne volessero fare e che non presentassero le accidentali particolarità di quelle ch'egli ha trattate.

Per ben chiarire l'origine e la natura di questo errore, convien risalire al passo già citato della *Meccanica analitica* di LAGRANGE. Osservando il processo di calcolo ivi adoperato ed interpretando le formole ivi trovate dal punto di vista delle superficie flessibili ed inestendibili, si riconosce immediatamente che l'*inestendibilità* di queste deve intendersi non già (come sembra naturale) nel senso di *invariabilità dell'elemento lineare*, ma in quello di *invariabilità dell'elemento superficiale*: in altre parole, bisogna assimilare la superficie ad un velo liquido incompressibile, di spessore infinitesimo, costante ed invariabile. In tale ipotesi la tensione superficiale si esercita sempre normalmente all'elemento lineare ed è eguale in tutte le direzioni intorno ad uno stesso punto. Ma allorchè si ripigliò lo studio della questione, prima d'ogni altri da POISSON, si riconobbe che quest'eguaglianza delle tensioni intorno ad un punto era un'ipotesi troppo restrittiva, e si preferì ammettere che due elementi lineari, uscenti da uno stesso punto e perpendicolari o no fra di loro, potessero essere soggetti a tensioni, dirette bensì normalmente

*) Questo lavoro è inserito nel volume che contiene le Memorie dell'Istituto di Francia per l'anno 1812, parte 2ª, p. 167. Il primo paragrafo di questa Memoria ha per titolo: *Équation d'équilibre de la surface flexible et non élastique* (pp. 173-192).

**) Memorie della R. Accademia di Torino, serie I, tomo XXIII (1818), pag. 259.

***) Questo errore è comune in parte ad alcuni lavori precedenti di BORDONI e di CODAZZA, che hanno per oggetto un'altra teoria (quella dell'equilibrio delle vôlte), ma che si basano in sostanza sulle medesime considerazioni e fanno capo alle medesime equazioni differenziali.

a ciascun d'essi, ma di valore differente dall'uno all'altro. Ora sta di fatto che vi sono, per ogni punto della superficie, due elementi *ortogonali* soggetti a sole tensioni normali, generalmente diseguali: ma l'ammettere che *ogni* elemento lineare uscente da un punto sia soggetto a sola tensione normale, riconduce *necessariamente* all'ipotesi di LAGRANGE ed è in contraddizione coll'altra ipotesi, che tale tensione normale possegga valori diversi da uno ad altro elemento. In particolare, l'ipotesi che *due* elementi lineari *obliqui* sieno soggetti a tensioni *normali* e *diseguali*, è assolutamente contradditoria. In ogni modo le equazioni basate sulla considerazione di tensioni normali e diseguali, agenti su coppie di elementi normali, sono applicabili solamente in quei casi nei quali la natura speciale del problema permette di prevedere *a priori* quali sieno le linee (ortogonali) della superficie, che vengono formate dalla successione degli elementi lineari soggetti a sola tensione normale.

Ora il MOSSOTTI, il quale da principio suppone del tutto incognita la direzione della tensione, esclude poscia (mediante una considerazione illusoria) la possibilità ch'essa abbia una componente tangenziale, lasciando pur tuttavia sussistere la differenza delle tensioni normali sui suoi due sistemi di linee coordinate ortogonali, ed approfitta della creduta libertà di scegliere queste linee ad arbitrio coll'assumere, per uno dei due sistemi coordinati, un sistema di linee geodetiche. Ne consegue che le sue equazioni d'equilibrio non sono neppure applicabili in *tutti* i casi nei quali le linee di tensione normale sono note *a priori*, ma esigono, per giunta, che le linee di uno dei due sistemi sieno geodetiche. Queste condizioni si verificano in tutte le applicazioni che egli ne ha fatte.

Considerando che l'opera del MOSSOTTI è consultata e giustamente apprezzata da quanti si occupano in Italia delle dottrine di meccanica razionale, e che d'altro lato il sig. LECORNU ha sorvolato alla parte strettamente meccanica della questione per isvolgerne di preferenza la parte geometrica, ho creduto di fare opera utile col ripigliare *ab initio* il problema dell'equilibrio delle superficie flessibili ed inestendibili, stabilendone tutte le equazioni fondamentali con quel metodo che a me sembra il più semplice, il più diretto e sopratutto il più generale, nel senso che esso esclude ogni preconcetto sulla distribuzione delle tensioni superficiali. Questo metodo non è altro che quello di LAGRANGE, combinato colla vera definizione analitica dell'*inestendibilità*.

Perciò dopo avere chiarito, nel § 1, con considerazioni semplicissime e, direi quasi, intuitive, le imperfezioni inerenti al processo tenuto da MOSSOTTI e ad altri simili, ho stabilito, nel § 2, il principio generale dell'equilibrio, e da quest'unico principio ho dedotto, nei §§ 3, 4 e 5, le equazioni indefinite e le equazioni ai limiti, in coordinate curvilinee del tutto generali. Da queste equazioni ho ricavato, nei §§ 6 e 7, la teoria delle tensioni superficiali, pienamente conforme a quella che il sig. LECORNU ha stabilito *a priori*, giovandosi di considerazioni geometriche. I successivi §§ 8, 9 e 10 contengono l'esposizione di alcuni casi d'equilibrio, notevoli per la loro semplicità e generalità, e di cui uno fu accennato da Poisson mentre gli altri non sembrano essere stati osservati finora. Nel § 11 ho indicato le condizioni sotto le quali si possono ricavare dalle equazioni generali quelle che sono state date da altri autori. Finalmente ho raccolto nel § 12 alcune osservazioni circa le formole relative alla deformazione infinitamente piccola d'una superficie flessibile ed inestendibile.

Avevo in animo di aggiungere la deduzione delle equazioni del *moto* di queste superficie, equazioni che si possono mettere sotto una forma analoga a quella delle equazioni (III) del § 4. Ma la necessità di considerare molte altre equazioni differenziali insieme con queste rende il problema d'integrazione così complesso, che mi è sembrato quasi impossibile di poter giungere a qualche risultato utile. Ho quindi creduto miglior partito lasciare in disparte questo argomento, che potrà essere svolto da mani più abili e che, in particolare, potrà forse dar occasione a ricerche interessanti e, relativamente, meno ardue, nel caso dei movimenti infinitamente piccoli intorno ad una figura d'equilibrio.

§ 1.

Considerazioni preliminari.

Abbiasi un rettangolo piano omogeneo sottoposto a tensioni uniformemente distribuite sui suoi lati opposti, e propriamente sia P il valore assoluto della tensione sull'unità di lunghezza per due de' suoi lati opposti, Q l'analoga quantità per gli altri due lati. È evidente che, in tali condizioni, il rettangolo è in equilibrio e che la tensione unitaria P si trasmette su ogni elemento lineare parallelo ai primi due lati, come la tensione Q si trasmette su ogni elemento parallelo agli altri due lati.

Ciò posto, sieno a e b due punti qualunque presi entro questo rettangolo e sia R la tensione unitaria che regna su ogni elemento lineare della retta ab. Conducendo per il punto a la parallela ac ai lati di tensione P e per il punto b la parallela bc ai lati di tensione Q, si ottiene un triangolo rettangolo abc, il quale, supposto rigido, deve stare in equilibrio sotto l'azione delle forze $P.ac$, $Q.cb$, $R.ab$ uniformemente distribuite sui suoi tre lati ac, cb, ab, le prime due in direzione normale ai lati rispettivi, la terza in direzione incognita, tutte dirette dall'interno verso l'esterno del triangolo. Queste forze si possono ritenere applicate ai punti di mezzo dei rispettivi lati e però le loro direzioni concorrono nel punto di mezzo dell'ipotenusa ab. Se dunque da un punto qualunque a' del piano si conduce una retta $a'c' = P.ac$ nella direzione bc e se dall'estremo c' di questa retta si conduce una seconda retta $c'b' = Q.bc$ nella direzione ac, è chiaro che la congiungente $b'a'$ rappresenterà in grandezza e in direzione la terza forza $R.ab$. Con ciò la tensione incognita R è completamente determinata.

Ora se questa tensione fosse anch'essa normale ad ab, il triangolo delle forze $a'b'c'$ avrebbe i suoi lati $a'b'$, $b'c'$, $c'a'$ rispettivamente perpendicolari ai lati ab, bc, ca del triangolo abc, quindi sarebbe simile a questo e si avrebbe

$$P.ac : Q.bc : R.ab = ac : bc : ab,$$

ossia

$$P = Q = R.$$

Dunque la retta qualunque ab (ed in generale ogni elemento lineare obliquo ai lati del rettangolo) non può essere soggetta a tensione *normale* se non è $P = Q$, e, quando ciò ha luogo, la tensione normale R della retta ab non può differire in grandezza da quella comune a tutti i lati del rettangolo. Vi è dunque contraddizione nel supporre che due elementi lineari ortogonali, *scelti ad arbitrio,* possano essere soggetti a tensioni normali *diseguali*. La tensione è, in generale, obliqua all'elemento lineare sul quale essa si esercita *).

Ma proseguiamo nella considerazione geometrica che ci ha condotto a questa conclusione. Trasportiamo il triangolo $a'b'c'$, parallelamente a sè stesso, entro il rettangolo equilibrato, del quale supporremo che esso ora faccia parte, e operando sovr'esso come sopra il primitivo triangolo abc, proponiamoci di determinare la tensione R' che regna sopra la sua ipotenusa $a'b'$. Per costruire il nuovo triangolo delle forze si condurrà, da un punto qualunque b'' del piano, la retta $b''c'' = P.b'c' = PQ.bc$ nella direzione $a'c'$, ossia bc, poscia dal punto c'' la retta $c''a'' = Q.a'c' = PQ.ac$ nella direzione $b'c'$, ossia ca: la congiungente $a''b''$ rappresenterà, in grandezza e in direzione, la forza incognita $R'.a'b'$, ossia $RR'.ab$. Ora il nuovo triangolo rettangolo così formato è omotetico al primitivo abc, perchè i suoi cateti $b''c''$ e $c''a''$ sono rispettivamente proporzionali, paralleli e d'egual senso ai cateti bc, ca di quello: dunque anche l'ipotenusa $a''b'' = RR'.ab$ sarà parallela ad ab ed avrà con questa retta lo stesso rapporto dei cateti, talchè sarà $RR' = PQ$.

Si conclude da ciò che la tensione R' sopra una retta $a'b'$ parallela ad R, cioè parallela alla tensione che regna sopra una retta qualunque ab, ha la direzione stessa di ab, e che il prodotto dei valori unitarì delle due tensioni *conjugate* R, R' è costante, e però necessariamente eguale a quello delle due tensioni *principali* P, Q.

Vi sono pertanto infinite coppie di rette, come ab ed $a'b'$, tali che la tensione sopra l'una qualunque di esse è diretta secondo l'altra; ma le direzioni di tali rette conjugate sono fra loro collegate per guisa che, data l'una d'esse, l'altra è assolutamente determinata.

*) Veggasi la nota di BERTRAND a piè della pag. 140 della *Meccanica analitica* di LAGRANGE, edizione del 1853, tomo I.

Ne segue che se, entro il solito rettangolo equilibrato, si immagina un parallelogrammo *qualunque*, non è lecito esigere che la tensione sopra una delle coppie di lati opposti agisca parallelamente all'altra coppia. Si può bensì, se giova, decomporre la detta tensione in due, l'una diretta secondo l'altra coppia di lati, e l'altra secondo la coppia stessa cui la tensione si riferisce, ma questa seconda componente non è nulla se non quando le due coppie di lati hanno direzioni conjugate, ed il supporla nulla *in ogni caso* implica contraddizione, a meno che il parallelogrammo non sia rettangolo ed a meno che le tensioni non si suppongano eguali sopra *tutti* i lati di questo rettangolo ed eguali a quelle di *ogni* altro rettangolo analogo.

D'altronde l'equilibrio che ha luogo per il rettangolo totale implica necessariamente l'equilibrio d'ogni parallelogrammo parziale interno, e questo equilibrio non può quindi essere menomamente infirmato (come il MOSSOTTI ha creduto) dall'esistenza delle coppie (eguali e contrarie) dovute alle componenti tangenziali delle tensioni lungo i lati.

Si vede molto facilmente che le considerazioni or ora svolte per un rettangolo piano di dimensioni finite valgono per l'elemento infinitamente piccolo d'ogni superficie equilibrata, ed è appunto ragionando sopra tale elemento che il sig. LECORNU stabilisce le formole per le tensioni. Ma sembra più naturale e più conforme all'indole della meccanica analitica di evitare ogni preconcetto sul modo in cui queste tensioni si generano e si distribuiscono, e di dedurne la teoria dall'interpretazione delle equazioni stesse d'equilibrio, stabilite direttamente in base al concetto dell'inestendibilità d'ogni elemento lineare della superficie.

È ciò che procediamo a fare nei §§ successivi.

§ 2.

Principio generale dell'equilibrio.

Riferiamo la superficie ad un sistema di coordinate curvilinee arbitrarie u, v, e, considerando le coordinate cartesiane x, y, z dei punti di quella come funzioni di queste due variabili indipendenti, poniamo, secondo l'uso,

$$(1)\qquad \begin{cases} E = \left(\dfrac{\partial x}{\partial u}\right)^2 + \left(\dfrac{\partial y}{\partial u}\right)^2 + \left(\dfrac{\partial z}{\partial u}\right)^2 \\[2ex] F = \dfrac{\partial x}{\partial u}\dfrac{\partial x}{\partial v} + \dfrac{\partial y}{\partial u}\dfrac{\partial y}{\partial v} + \dfrac{\partial z}{\partial u}\dfrac{\partial z}{\partial v}, \\[2ex] G = \left(\dfrac{\partial x}{\partial v}\right)^2 + \left(\dfrac{\partial y}{\partial v}\right)^2 + \left(\dfrac{\partial z}{\partial v}\right)^2; \end{cases}$$

talchè, designando con ds l'elemento lineare uscente dal punto (u, v) e corrispondente agli incrementi du, dv, si avrà

$$(1_a) \qquad ds^2 = E du^2 + 2F du dv + G dv^2.$$

Se, come supponiamo, le linee u, v *) sono reali, le due quantità E, G sono maggiori di zero, e, occorrendo di considerarne le radici quadrate, intenderemo sempre di designare con $\sqrt{E}$ e $\sqrt{G}$ il valore assoluto, o positivo, di tali radici. Così, ponendo per brevità

$$H = \sqrt{EG - F^2},$$

intenderemo di designare con H il valore assoluto della radice indicata. Il radicando $EG - F^2$ è anch'esso sempre maggiore di zero qualora, come supponiamo, le linee u e v s'intersechino sempre sotto un angolo diverso da 0° e da 180°. Ammetteremo, in particolare, che queste condizioni si verifichino in ogni punto del pezzo σ di superficie del quale si deve considerare l'equilibrio. L'area di un elemento $d\sigma$ di questa superficie, racchiuso fra le linee $v =$ cost., $u =$ cost., $v + dv =$ cost., $u + du =$ cost., è data da

$$d\sigma = H du dv.$$

Denotiamo con α, β, γ i coseni degli angoli che la normale w alla superficie σ fa coi tre assi delle x, y, z. Questa normale s'intenderà diretta in guisa che la rotazione dalla linea u verso la linea v, attraverso l'angolo minore di π, avvenga intorno ad essa nello stesso senso in cui la rotazione dall'asse positivo delle x all'asse positivo delle y, attraverso l'angolo retto, avviene intorno all'asse positivo delle z. Per tale convenzione si ha, come è noto,

$$H\alpha = \frac{\partial y}{\partial u}\frac{\partial z}{\partial v} - \frac{\partial y}{\partial v}\frac{\partial z}{\partial u}, \qquad H\beta = \frac{\partial z}{\partial u}\frac{\partial x}{\partial v} - \frac{\partial z}{\partial v}\frac{\partial x}{\partial u}, \qquad H\gamma = \frac{\partial x}{\partial u}\frac{\partial y}{\partial v} - \frac{\partial x}{\partial v}\frac{\partial y}{\partial u}.$$

Ciò premesso, denotiamo con

$$X d\sigma, \qquad Y d\sigma, \qquad Z d\sigma$$

le componenti secondo i tre assi della forza esterna che agisce sull'elemento di superficie $d\sigma$ e con

$$X_s ds, \qquad Y_s ds, \qquad Z_s ds$$

*) Dicendo linea u, intendiamo di designare una linea lungo la quale varia solamente u (e quindi v rimane costante), e propriamente riguardiamo tale linea come percorsa nel senso dell'accrescimento di u. Lo stesso dicasi per una linea v.

le analoghe componenti della forza esterna che agisce sull'elemento lineare ds del contorno s di σ.

Se la superficie σ, supposta già equilibrata, subisce una deformazione virtuale infinitamente piccola, in virtù della quale un suo punto qualunque (x, y, z) passi nella posizione $(x + \delta x, y + \delta y, z + \delta z)$, queste forze producono un lavoro virtuale rappresentato da

$$\int (X\delta x + Y\delta y + Z\delta z)\,d\sigma + \int (X_s\delta x + Y_s\delta y + Z_s\delta z)\,ds.$$

Le variazioni δx, δy, δz sono funzioni monodrome, continue e finite delle variabili u, v. Per l'inestendibilità della superficie, queste variazioni devono soddisfare alle tre condizioni

(2) $$\delta E = 0, \qquad \delta F = 0, \qquad \delta G = 0,$$

dove

(2ₐ) $$\left\{\begin{aligned} \frac{1}{2}\delta E &= \sum \frac{\partial x}{\partial u}\frac{\partial \delta x}{\partial u}, \\ \delta F &= \sum \left(\frac{\partial x}{\partial u}\frac{\partial \delta x}{\partial v} + \frac{\partial x}{\partial v}\frac{\partial \delta x}{\partial u}\right), \\ \frac{1}{2}\delta G &= \sum \frac{\partial x}{\partial v}\frac{\partial \delta x}{\partial v}. \end{aligned}\right.$$

In virtù del principio di LAGRANGE l'equazione generale dell'equilibrio è dunque la seguente:

(I) $$\left\{\begin{aligned} &\int (X\delta x + Y\delta y + Z\delta z)\,d\sigma + \int (X_s\delta x + Y_s\delta y + Z_s\delta z)\,ds \\ &\qquad + \frac{1}{2}\int (\lambda\delta E + 2\mu\delta F + \nu\delta G)\frac{d\sigma}{H} = 0, \end{aligned}\right.$$

dove λ, μ, ν sono tre moltiplicatori, funzioni di u e di v. (Il divisore $2H$ è stato introdotto, nell'ultimo integrale, per comodo dei calcoli successivi).

Osserviamo fin d'ora che se, con LAGRANGE, si ammettesse unicamente l'invariabilità dell'elemento superficiale, cioè se invece delle tre condizioni (2) si ponesse l'unica

(3) $$\delta H = 0,$$

l'ultimo integrale dell'equazione (I) conterrebbe un solo moltiplicatore, $\varkappa$, ed avrebbe la forma

$$\int \varkappa\,\delta H \frac{d\sigma}{H},$$

ossia

$$\frac{1}{2}\int\frac{\varkappa(G\delta E-2F\delta F+E\delta G)}{H}\frac{d\sigma}{H}.$$

Ammettere, dunque, la sola invariabilità dell'elemento superficiale equivale a porre, nella formola generale (I) e però anche in tutte le equazioni che se ne deducono,

$$\lambda=\frac{\varkappa G}{H},\qquad \mu=-\frac{\varkappa F}{H},\qquad \nu=\frac{\varkappa E}{H},$$

o più semplicemente

$$(3_a)\qquad \lambda:\mu:\nu=G:-F:E.$$

Reciprocamente: se, in un dato caso d'equilibrio, i moltiplicatori λ, μ, ν risultano proporzionali a G, $-F$, E, si può concludere senz'altro che l'equilibrio sussisterebbe anche se la superficie perdesse l'inestendibilità lineare, conservando l'inestendibilità superficiale.

§ 3.

Deduzione delle equazioni d'equilibrio.

Per dedurre dalla formola (I) le equazioni d'equilibrio propriamente dette, bisogna trasformare debitamente l'ultimo dei tre integrali contenuti nel primo membro di quella formula.

A tal fine consideriamo, per brevità, quella sola parte del detto integrale che contiene la variazione δx e che, in virtù delle formole (2_a), può scriversi così:

$$\int\left[\left(\lambda\frac{\partial x}{\partial u}+\mu\frac{\partial x}{\partial v}\right)\frac{\partial\delta x}{\partial u}+\left(\mu\frac{\partial x}{\partial u}+\nu\frac{\partial x}{\partial v}\right)\frac{\partial\delta x}{\partial v}\right]\frac{d\sigma}{H}.$$

Quest'espressione può essere trasformata nella seguente:

$$\int\left\{\frac{\partial}{\partial u}\left[\left(\lambda\frac{\partial x}{\partial u}+\mu\frac{\partial x}{\partial v}\right)\delta x\right]+\frac{\partial}{\partial v}\left[\left(\mu\frac{\partial x}{\partial u}+\nu\frac{\partial x}{\partial v}\right)\delta x\right]\right\}\frac{d\sigma}{H}$$

$$-\int\left[\frac{\partial}{\partial u}\left(\lambda\frac{\partial x}{\partial u}+\mu\frac{\partial x}{\partial v}\right)+\frac{\partial}{\partial v}\left(\mu\frac{\partial x}{\partial u}+\nu\frac{\partial x}{\partial v}\right)\right]\delta x\frac{d\sigma}{H}.$$

Ora si ha *), qualunque sia la funzione $\varphi(u, v)$, purchè monodroma, continua e finita in σ,

$$\int \frac{\partial \varphi}{\partial u}\frac{d\sigma}{H} = -\int\left(E\frac{\partial u}{\partial n} + F\frac{\partial v}{\partial n}\right)\frac{\varphi}{H}\,ds,$$

$$\int \frac{\partial \varphi}{\partial v}\frac{d\sigma}{H} = -\int\left(F\frac{\partial u}{\partial n} + G\frac{\partial v}{\partial n}\right)\frac{\varphi}{H}\,ds,$$

dove n è la direzione dell'elemento lineare di σ normale al contorno s e diretto verso l'interno della regione σ. Quindi la precedente espressione può di nuovo convertirsi in quest'altra:

$$-\int\left[\left(\lambda\frac{\partial x}{\partial u} + \mu\frac{\partial x}{\partial v}\right)\left(E\frac{\partial u}{\partial n} + F\frac{\partial v}{\partial n}\right) + \left(\mu\frac{\partial x}{\partial u} + \nu\frac{\partial x}{\partial v}\right)\left(F\frac{\partial u}{\partial n} + G\frac{\partial v}{\partial n}\right)\right]\frac{\delta x}{H}\,ds$$
$$-\int\left[\frac{\partial}{\partial u}\left(\lambda\frac{\partial x}{\partial u} + \mu\frac{\partial x}{\partial v}\right) + \frac{\partial}{\partial v}\left(\mu\frac{\partial x}{\partial u} + \nu\frac{\partial x}{\partial v}\right)\right]\frac{\delta x}{H}\,d\sigma.$$

Altrettanto dicasi dei due integrali analoghi, contenenti le variazioni δy e δz.

Sostituendo le espressioni così trasformate nella formola (I) e annullando separatamente i coefficienti di δx, δy, δz, tanto negli integrali di superficie quanto in quelli di contorno, si ottengono le equazioni seguenti:

$$\text{(II)}\quad\begin{cases} HX = \dfrac{\partial}{\partial u}\left(\lambda\dfrac{\partial x}{\partial u} + \mu\dfrac{\partial x}{\partial v}\right) + \dfrac{\partial}{\partial v}\left(\mu\dfrac{\partial x}{\partial u} + \nu\dfrac{\partial x}{\partial v}\right), \\ HY = \dfrac{\partial}{\partial u}\left(\lambda\dfrac{\partial y}{\partial u} + \mu\dfrac{\partial y}{\partial v}\right) + \dfrac{\partial}{\partial v}\left(\mu\dfrac{\partial y}{\partial u} + \nu\dfrac{\partial y}{\partial v}\right), \\ HZ = \dfrac{\partial}{\partial u}\left(\lambda\dfrac{\partial z}{\partial u} + \mu\dfrac{\partial z}{\partial v}\right) + \dfrac{\partial}{\partial v}\left(\mu\dfrac{\partial z}{\partial u} + \nu\dfrac{\partial z}{\partial v}\right); \end{cases}$$

$$\text{(II}_s\text{)}\quad\begin{cases} HX_s = \left(\lambda\dfrac{\partial x}{\partial u} + \mu\dfrac{\partial x}{\partial v}\right)\left(E\dfrac{\partial u}{\partial n} + F\dfrac{\partial v}{\partial n}\right) + \left(\mu\dfrac{\partial x}{\partial u} + \nu\dfrac{\partial x}{\partial v}\right)\left(F\dfrac{\partial u}{\partial n} + G\dfrac{\partial v}{\partial n}\right), \\ HY_s = \left(\lambda\dfrac{\partial y}{\partial u} + \mu\dfrac{\partial y}{\partial v}\right)\left(E\dfrac{\partial u}{\partial n} + F\dfrac{\partial v}{\partial n}\right) + \left(\mu\dfrac{\partial y}{\partial u} + \nu\dfrac{\partial y}{\partial v}\right)\left(F\dfrac{\partial u}{\partial n} + G\dfrac{\partial v}{\partial n}\right), \\ HZ_s = \left(\lambda\dfrac{\partial z}{\partial u} + \mu\dfrac{\partial z}{\partial v}\right)\left(E\dfrac{\partial u}{\partial n} + F\dfrac{\partial v}{\partial n}\right) + \left(\mu\dfrac{\partial z}{\partial u} + \nu\dfrac{\partial z}{\partial v}\right)\left(F\dfrac{\partial u}{\partial n} + G\dfrac{\partial v}{\partial n}\right). \end{cases}$$

*) Vedi l'art. V della mia Memoria *Delle variabili complesse sopra una superficie qualunque* [Annali di Matematica, nuova serie, tomo I; oppure queste OPERE, volume I, pp. 318-353].

Queste sono le cercate equazioni d'equilibrio. Le prime tre (II) valgono per ogni punto della superficie σ e sono quindi le cosidette *equazioni indefinite* dell'equilibrio. Le ultime tre (II_s) valgono per ogni punto del contorno o, più esattamente, per ogni punto di quelle parti del contorno stesso che non sono invariabilmente fisse (giacchè per ogni punto fisso si ha evidentemente $\delta x = \delta y = \delta z = 0$): esse sono quindi le cosidette *equazioni ai limiti* *).

Quando la figura d'equilibrio è già assegnata *a priori,* le precedenti equazioni servono a determinare le funzioni incognite λ, μ, ν, ammesso che l'equilibrio sia possibile. Quando invece la figura d'equilibrio non è assegnata *a priori,* bisogna associare alle equazioni (II), (II_s), nelle quali diventano incognite anche le funzioni $x(u, v)$, $y(u, v)$, $z(u, v)$, le tre equazioni (1), le quali esprimono che queste funzioni sono le coordinate dei punti d'una superficie applicabile (per flessione, senza estensione) su quella di cui è dato l'elemento lineare (1_a).

Le tre condizioni (2) equivalgono evidentemente a quest'unica

$$(2_b) \qquad dx\,d\delta x + dy\,d\delta y + dz\,d\delta z = 0,$$

la quale è soddisfatta identicamente quando le variazioni δx, δy, δz hanno i valori che corrispondono al più generale spostamento infinitesimo d'un corpo rigido. Ne risulta, (I), che le forze esterne devono sempre esser tali da equilibrarsi sopra la superficie σ supposta rigida, il che è del resto evidente ed è la base del metodo seguito da Mossotti.

§ 4

Trasformazione delle equazioni d'equilibrio.

Le equazioni (II), (II_s), testè ottenute, contengono le componenti delle forze esterne secondo i tre assi delle x, y, z e si riferiscono quindi al sistema di questi assi. Giova considerare, insieme con esse, altre equazioni equivalenti, che contengono le componenti delle stesse forze secondo tre direzioni più intimamente connesse colla natura della superficie. Queste direzioni sono, per ciascun punto della superficie, quelle della linea u, della linea v e della normale w. Designeremo con

$$U d\sigma, \qquad V d\sigma, \qquad W d\sigma$$

*) Per le parti fisse del contorno le equazioni (II_s) fanno conoscere le reazioni esercitate dagli appoggi.

le componenti secondo queste tre direzioni della forza esterna che agisce sull'elemento $d\sigma$ della superficie, e con

$$U_s\,ds, \qquad V_s\,ds, \qquad W_s\,ds$$

le analoghe componenti della forza esterna che agisce sull'elemento ds del contorno *).

Le nuove equazioni di cui parliamo si possono ottenere in due modi, cioè deducendole dalle già stabilite, o stabilendole direttamente in base al principio contenuto nella formula (I).

Incominciando dal primo di questi due modi, osserviamo che tale deduzione può farsi immediatamente rispetto alle equazioni ai limiti (II_s), giacchè basta porre

$$(\mathrm{III}_s)\qquad \left\{\begin{aligned} U_s &= \frac{\sqrt{E}}{H}\left[\lambda\left(E\frac{\partial u}{\partial n}+F\frac{\partial v}{\partial n}\right)+\mu\left(F\frac{\partial u}{\partial n}+G\frac{\partial v}{\partial n}\right)\right],\\ V_s &= \frac{\sqrt{G}}{H}\left[\mu\left(E\frac{\partial u}{\partial n}+F\frac{\partial v}{\partial n}\right)+\nu\left(F\frac{\partial u}{\partial n}+G\frac{\partial v}{\partial n}\right)\right],\\ W_s &= 0.\end{aligned}\right.$$

Infatti le equazioni (II_s) hanno la forma

$$X_s = \frac{U_s}{\sqrt{E}}\frac{\partial x}{\partial u}+\frac{V_s}{\sqrt{G}}\frac{\partial x}{\partial v} = U_s\cos(ux)+V_s\cos(vx),$$

$$Y_s = \frac{U_s}{\sqrt{E}}\frac{\partial y}{\partial u}+\frac{V_s}{\sqrt{G}}\frac{\partial y}{\partial v} = U_s\cos(uy)+V_s\cos(vy),$$

$$Z_s = \frac{U_s}{\sqrt{E}}\frac{\partial z}{\partial u}+\frac{V_s}{\sqrt{G}}\frac{\partial z}{\partial v} = U_s\cos(uz)+V_s\cos(vz),$$

cioè esprimono che la risultante delle forze X_s, Y_s, Z_s è identica a quella delle forze U_s, V_s, W_s.

Per ricondurre a questo stesso principio la trasformazione delle equazioni indefinite (II), sviluppiamo le derivazioni indicate in queste nel modo che qui si vede per la prima equazione:

$$(a)\qquad HX = \left(\frac{\partial\lambda}{\partial u}+\frac{\partial\mu}{\partial v}\right)\frac{\partial x}{\partial u}+\left(\frac{\partial\mu}{\partial u}+\frac{\partial\nu}{\partial v}\right)\frac{\partial x}{\partial v}+\lambda\frac{\partial^2 x}{\partial u^2}+2\mu\frac{\partial^2 x}{\partial u\,\partial v}+\nu\frac{\partial^2 x}{\partial v^2};$$

indi ricordiamo che le derivate seconde delle coordinate x, y, z rispetto alle variabili

*) È quasi inutile avvertire che parliamo di componenti *oblique*.

u, v possono essere espresse nel modo seguente:

(4)
$$\left\{\begin{aligned}
&\left\{\begin{aligned}
\frac{\partial^2 x}{\partial u^2} &= E_1\frac{\partial x}{\partial u} + E_2\frac{\partial x}{\partial v} + A\alpha,\\
\frac{\partial^2 y}{\partial u^2} &= E_1\frac{\partial y}{\partial u} + E_2\frac{\partial y}{\partial v} + A\beta,\\
\frac{\partial^2 z}{\partial u^2} &= E_1\frac{\partial z}{\partial u} + E_2\frac{\partial z}{\partial v} + A\gamma;
\end{aligned}\right.\\
&\left\{\begin{aligned}
\frac{\partial^2 x}{\partial u\partial v} &= F_1\frac{\partial x}{\partial u} + F_2\frac{\partial x}{\partial v} + B\alpha,\\
\frac{\partial^2 y}{\partial u\partial v} &= F_1\frac{\partial y}{\partial u} + F_2\frac{\partial y}{\partial v} + B\beta,\\
\frac{\partial^2 z}{\partial u\partial v} &= F_1\frac{\partial z}{\partial u} + F_2\frac{\partial z}{\partial v} + B\gamma;
\end{aligned}\right.\\
&\left\{\begin{aligned}
\frac{\partial^2 x}{\partial v^2} &= G_1\frac{\partial x}{\partial u} + G_2\frac{\partial x}{\partial v} + C\alpha,\\
\frac{\partial^2 y}{\partial v^2} &= G_1\frac{\partial y}{\partial u} + G_2\frac{\partial y}{\partial v} + C\beta,\\
\frac{\partial^2 z}{\partial v^2} &= G_1\frac{\partial z}{\partial u} + G_2\frac{\partial z}{\partial v} + C\gamma.
\end{aligned}\right.
\end{aligned}\right.$$

Per persuadersi *a priori* della legittimità di queste formole basta osservare che, per esempio, le tre derivate

$$\frac{\partial^2 x}{\partial u^2}, \qquad \frac{\partial^2 y}{\partial u^2}, \qquad \frac{\partial^2 z}{\partial u^2}$$

possono essere considerate come le componenti, secondo i tre assi delle x, y, z, di una certa forza applicata al punto (x, y, z), ossia (u, v), e che questa forza può essere decomposta eziandio secondo le tre direzioni u, v, w. Designando con

$$E_1\sqrt{E}, \qquad E_2\sqrt{G}, \qquad A$$

queste tre nuove componenti, si hanno appunto le tre prime relazioni (4). Così dicasi delle altre due terne. Rispetto poi alla determinazione dei coefficienti E_1, E_2, F_1, F_2, G_1, G_2, A, B, C si hanno, in primo luogo, derivando ciascuna delle equazioni (1) rispetto ad u ed a v e sostituendo i valori (4), le relazioni seguenti:

$$
(4_a)\qquad \left\{\begin{aligned}
\frac{\partial E}{\partial u} &= 2(EE_1 + FE_2),\\
\frac{\partial E}{\partial v} &= 2(EF_1 + FF_2),\\
\frac{\partial F}{\partial u} &= EF_1 + F(E_1 + F_2) + GE_2,\\
\frac{\partial F}{\partial v} &= EG_1 + F(F_1 + G_2) + GF_2,\\
\frac{\partial G}{\partial u} &= 2(FF_1 + GF_2),\\
\frac{\partial G}{\partial v} &= 2(FG_1 + GG_2),
\end{aligned}\right.
$$

alle quali giova aggiungere le due seguenti:

$$
(4_b)\qquad \frac{\partial H}{\partial u} = H(E_1 + F_2), \qquad \frac{\partial H}{\partial v} = H(F_1 + G_2),
$$

che ne sono conseguenza. Il gruppo d'equazioni (4_a) determina completamente le quantità E_1, E_2, F_1, F_2, G_1, G_2, le quali, come si vede, non dipendono che dalle funzioni E, F, G e dalle loro derivate prime, e però sono indipendenti da ogni deformazione della superficie (per flessione, senza estensione). In secondo luogo si ha manifestamente, dalle equazioni (4),

$$
(4_c)\qquad \left\{\begin{aligned}
A &= \alpha\frac{\partial^2 x}{\partial u^2} + \beta\frac{\partial^2 y}{\partial u^2} + \gamma\frac{\partial^2 z}{\partial u^2},\\
B &= \alpha\frac{\partial^2 x}{\partial u\,\partial v} + \beta\frac{\partial^2 y}{\partial u\,\partial v} + \gamma\frac{\partial^2 z}{\partial u\,\partial v},\\
C &= \alpha\frac{\partial^2 x}{\partial v^2} + \beta\frac{\partial^2 y}{\partial v^2} + \gamma\frac{\partial^2 z}{\partial v^2},
\end{aligned}\right.
$$

e le tre quantità così definite, ben note nella teoria delle superficie, hanno un significato geometrico importantissimo, che si riassume tutto nella formula

$$
(4_d)\qquad \frac{ds^2}{R} + A\,du^2 + B\,du\,dv + C\,dv^2 = 0,
$$

dove i differenziali du, dv, ds sono legati dall'equazione (1_a) e dove R è il raggio di curvatura della sezione normale condotta per l'elemento lineare ds.

Introducendo le espressioni (4), i cui coefficienti risultano così perfettamente determinati, nell'equazione (a), si trova

$$HX = \left(\frac{\partial \lambda}{\partial u} + \frac{\partial \mu}{\partial v} + E_1 \lambda + 2 F_1 \mu + G_1 \nu\right)\frac{\partial x}{\partial u}$$

$$+ \left(\frac{\partial \mu}{\partial u} + \frac{\partial \nu}{\partial v} + E_2 \lambda + 2 F_2 \mu + G_2 \nu\right)\frac{\partial x}{\partial v}$$

$$+ (A\lambda + 2 B\mu + C\nu)\alpha,$$

ed egualmente operando per le altre due equazioni analoghe si ottengono due altre formole, ricavabili da questa mettendo al posto di X, x, α prima Y, y, β, poi Z, z, γ.

Dalla forma delle equazioni così ottenute ed in virtù della considerazione che ha già servito a passare dalle equazioni (II_s) alle (III_s), si deduce senz'altro

$$(\mathrm{III}) \qquad \begin{cases} HU = \sqrt{E}\left(\frac{\partial \lambda}{\partial u} + \frac{\partial \mu}{\partial v} + E_1 \lambda + 2 F_1 \mu + G_1 \nu\right), \\ HV = \sqrt{G}\left(\frac{\partial \mu}{\partial u} + \frac{\partial \nu}{\partial v} + E_2 \lambda + 2 F_2 \mu + G_2 \nu\right), \\ HW = A\lambda + 2 B\mu + C\nu. \end{cases}$$

Queste, insieme colle (III_s), sono le equazioni cui alludevamo al principio di questo §.

Le nuove componenti U, V, W sono evidentemente legate alle primitive X, Y, Z dalle relazioni

$$(5) \qquad \begin{cases} X = \frac{U}{\sqrt{E}}\frac{\partial x}{\partial u} + \frac{V}{\sqrt{G}}\frac{\partial x}{\partial v} + W\alpha, \\ Y = \frac{U}{\sqrt{E}}\frac{\partial y}{\partial u} + \frac{V}{\sqrt{G}}\frac{\partial y}{\partial v} + W\beta, \\ Z = \frac{U}{\sqrt{E}}\frac{\partial z}{\partial u} + \frac{V}{\sqrt{G}}\frac{\partial z}{\partial v} + W\gamma, \end{cases}$$

donde si trae, reciprocamente,

$$(5_a) \qquad \begin{cases} U = \frac{\sqrt{E}}{H^2}\left(G\sum X\frac{\partial x}{\partial u} - F\sum X\frac{\partial x}{\partial v}\right), \\ V = \frac{\sqrt{G}}{H^2}\left(E\sum X\frac{\partial x}{\partial v} - F\sum X\frac{\partial x}{\partial u}\right), \\ W = \alpha X + \beta Y + \gamma Z. \end{cases}$$

§ 5.

Altra dimostrazione delle equazioni trasformate.

Per istabilire direttamente le equazioni d'equilibrio nella forma (III), (III_s), giova riguardare le coordinate x, y, z d'un punto qualunque dello spazio come funzioni delle tre variabili u, v, w, cioè della distanza normale w che quel punto ha dalla superficie σ e delle coordinate curvilinee u, v del piede di questa normale. Poichè i punti dello spazio che avremo bisogno di considerare sono infinitamente vicini alla superficie σ, è impossibile ogni ambiguità rispetto ai valori delle variabili u, v, w che corrispondono a dati valori delle coordinate x, y, z.

Considerando sotto questo aspetto le quantità x, y, z si ha

$$\delta x = \frac{\partial x}{\partial u}\delta u + \frac{\partial x}{\partial v}\delta v + \frac{\partial x}{\partial w}\delta w,$$

e, facendo $w = 0$,

$$\delta x = \frac{\partial x}{\partial u}\delta u + \frac{\partial x}{\partial v}\delta v + \alpha\delta w. \tag{6}$$

Così per δy e δz. In queste ultime equazioni (6) tanto le variazioni δx, δy, δz, quanto le derivate $\frac{\partial x}{\partial u}$, $\frac{\partial x}{\partial v}$, etc. ed i coseni α, β, γ sono di nuovo quelle stesse quantità che vennero precedentemente designate coi medesimi simboli. Quanto alle nuove variazioni δu, δv, δw, esse debbono considerarsi come funzioni monodrome, continue e finite delle variabili u, v.

Dalle espressioni (6) risulta che, se δs è l'elemento lineare avente sui tre assi delle x, y, z le projezioni δx, δy, δz, si ha

$$\delta s^2 = E\delta u^2 + 2F\delta u\delta v + G\delta v^2 + \delta w^2,$$

ed ancora che, se δs_1 è un'altro simile elemento, avente in comune col primo l'origine (u, v), ma corrispondente ad altre variazioni δu_1, δv_1, δw_1, si ha

$$\delta s\delta s_1 \cos(\delta s, \delta s_1) = E\delta u\delta u_1 + F(\delta u\delta v_1 + \delta v\delta u_1) + G\delta v\delta v_1 + \delta w\delta w_1.$$

Ora, se il secondo elemento δs_1 è nella direzione d'una forza R, avente le componenti U, V, W nelle direzioni u, v, w, si ha evidentemente

$$U:V:W:R = \delta u_1\sqrt{E}:\delta v_1\sqrt{G}:\delta w_1:\delta s_1,$$

e la formola precedente dà

$$(6_a)\qquad R\delta s\cos(R,\ \delta s)=\frac{U}{\sqrt{E}}(E\delta u+F\delta v)+\frac{V}{\sqrt{G}}(F\delta u+G\delta v)+W\delta w.$$

Quindi, rappresentando il primo membro di quest'ultima equazione il lavoro della forza R dovuto allo spostamento δs del suo punto d'applicazione, il secondo membro ci somministra l'espressione del medesimo lavoro in funzione delle componenti, secondo le direzioni u, v, w, così della forza come dello spostamento. Questo risultato si poteva ottenere, meno direttamente, dalle equazioni (5).

Sostituendo nei secondi membri delle equazioni (2_a) le espressioni

$$\frac{\partial\delta x}{\partial u}=\frac{\partial^2 x}{\partial u^2}\delta u+\frac{\partial^2 x}{\partial u\partial v}\delta v+\frac{\partial\alpha}{\partial u}\delta w+\frac{\partial x}{\partial u}\frac{\partial\delta u}{\partial u}+\frac{\partial x}{\partial v}\frac{\partial\delta v}{\partial u}+\alpha\frac{\partial\delta w}{\partial u},$$

$$\frac{\partial\delta x}{\partial v}=\frac{\partial^2 x}{\partial u\partial v}\delta u+\frac{\partial^2 x}{\partial v^2}\delta v+\frac{\partial\alpha}{\partial v}\delta w+\frac{\partial x}{\partial u}\frac{\partial\delta u}{\partial v}+\frac{\partial x}{\partial v}\frac{\partial\delta v}{\partial v}+\alpha\frac{\partial\delta w}{\partial v},$$

ricavate dall'equazione (6), si trova

$$(7)\qquad\left\{\begin{aligned}\frac{1}{2}\delta E&=E\frac{\partial\delta u}{\partial u}+F\frac{\partial\delta v}{\partial u}+\frac{1}{2}\partial E-A\delta w,\\ \delta F&=E\frac{\partial\delta u}{\partial v}+F\left(\frac{\partial\delta u}{\partial u}+\frac{\partial\delta v}{\partial v}\right)+G\frac{\partial\delta v}{\partial u}+\partial F-2B\delta w,\\ \frac{1}{2}\delta G&=F\frac{\partial\delta u}{\partial v}+G\frac{\partial\delta v}{\partial v}+\frac{1}{2}\partial G-C\delta w,\end{aligned}\right.$$

dove la caratteristica ∂ rappresenta l'operazione

$$\delta u\frac{\partial}{\partial u}+\delta v\frac{\partial}{\partial v}.$$

A queste equazioni conviene aggiungere la seguente:

$$(7_a)\qquad\delta H=\frac{\partial(H\delta u)}{\partial u}+\frac{\partial(H\delta v)}{\partial v}-\frac{AG-2BF+CE}{H}\delta w$$

che ne è conseguenza.

Ponendo

$$(7_b)\qquad E\delta u+F\delta v=\delta u',\qquad F\delta u+G\delta v=\delta v',$$

e facendo uso delle relazioni (4_a), è facile dare alle precedenti equazioni (7) la forma seguente:

$$(7_c)\quad \begin{cases} \dfrac{1}{2}\delta E = \dfrac{\partial \delta u'}{\partial u} - (E_1 \delta u' + E_2 \delta v' + A \delta w), \\ \delta F = \dfrac{\partial \delta u'}{\partial v} + \dfrac{\partial \delta v'}{\partial u} - 2(F_1 \delta u' + F_2 \delta v' + B \delta w), \\ \dfrac{1}{2}\delta G = \dfrac{\partial \delta v'}{\partial v} - (G_1 \delta u' + G_2 \delta v' + C \delta w). \end{cases}$$

Mediante le formule ora stabilite è chiaro che l'equazione fondamentale (I) equivale a quest'altra:

$$(\mathrm{I}')\quad \begin{cases} \displaystyle\int\left(\frac{U\delta u'}{\sqrt{E}} + \frac{V\delta v'}{\sqrt{G}} + W\delta w\right)d\sigma + \int\left(\frac{U_s\delta u'}{\sqrt{E}} + \frac{V_s\delta v'}{\sqrt{G}} + W_s\delta w\right)ds \\ \displaystyle\qquad + \frac{1}{2}\int(\lambda\delta E + 2\mu\delta F + \nu\delta G)\frac{d\sigma}{H} = 0, \end{cases}$$

dove δE, δF, δG hanno i valori (7_c). E poichè le quantità $\delta u'$, $\delta v'$ sono arbitrarie come le δu, δv, così non ci resta che sviluppare l'ultimo dei tre integrali, considerando come variazioni arbitrarie le $\delta u'$, $\delta v'$.

Ora dalle equazioni (7_c) si ricava

$$\frac{1}{2}(\lambda\delta E + 2\mu\delta F + \nu\delta G) = \lambda\frac{\partial \delta u'}{\partial u} + \mu\left(\frac{\partial \delta u'}{\partial v} + \frac{\partial \delta v'}{\partial u}\right) + \nu\frac{\partial \delta v'}{\partial v}$$
$$-(E_1\lambda + 2F_1\mu + G_1\nu)\delta u' - (E_2\lambda + 2F_2\mu + G_2\nu)\delta v' - (A\lambda + 2B\mu + C\nu)\delta w.$$

Ma si ha

$$\lambda\frac{\partial \delta u'}{\partial u} + \mu\left(\frac{\partial \delta u'}{\partial v} + \frac{\partial \delta v'}{\partial u}\right) + \nu\frac{\partial \delta v'}{\partial v} = \frac{\partial(\lambda\delta u' + \mu\delta v')}{\partial u} + \frac{\partial(\mu\delta u' + \nu\delta v')}{\partial v}$$
$$-\left(\frac{\partial\lambda}{\partial u} + \frac{\partial\mu}{\partial v}\right)\delta u' - \left(\frac{\partial\mu}{\partial u} + \frac{\partial\nu}{\partial v}\right)\delta v',$$

quindi, colle trasformazioni d'integrali già adoperate nel § 3, risulta

$$-\frac{1}{2}\int(\lambda\delta E + 2\mu\delta F + \nu\delta G)\frac{d\sigma}{H} = \int\left[\left(\frac{\partial\lambda}{\partial u} + \frac{\partial\mu}{\partial v} + E_1\lambda + 2F_1\mu + G_1\nu\right)\delta u'\right.$$
$$\left. + \left(\frac{\partial\mu}{\partial u} + \frac{\partial\nu}{\partial v} + E_2\lambda + 2F_2\mu + G_2\nu\right)\delta v' + (A\lambda + 2B\mu + C\nu)\delta w\right]\frac{d\sigma}{H}$$
$$+\int\left[(\lambda\delta u' + \mu\delta v')\left(E\frac{\partial u}{\partial n} + F\frac{\partial v}{\partial n}\right) + (\mu\delta u' + \nu\delta v')\left(F\frac{\partial u}{\partial n} + G\frac{\partial v}{\partial n}\right)\right]\frac{ds}{H}.$$

Sostituendo quest'espressione nella formula (I) ed eguagliando a zero i coefficienti di $\delta u'$, $\delta v'$, δw si ricade sulle equazioni (III), (III$_s$) del § 4.

§ 6.

Determinazione delle tensioni superficiali.

Sulla superficie σ, supposta equilibrata, si tracci ad arbitrio una linea chiusa s, di cui diremo ds l'elemento lineare e dn l'elemento normale, diretto verso l'interno della regione limitata dalla stessa s. Intendendo per s l'arco variabile di questa linea, contato da un'origine arbitraria, giova fissare il senso dell'accrescimento positivo di quest'arco in modo che l'elemento ds, percorso in questo senso, sia disposto rispetto a dn ed a w come l'asse delle x è disposto rispetto a quelli delle y e delle z rispettivamente. Questo sarà per noi il senso della circolazione *positiva* lungo la linea s. Per tale convenzione si hanno le relazioni seguenti *):

$$(8)\quad \begin{cases} E\dfrac{\partial u}{\partial s}+F\dfrac{\partial v}{\partial s}=H\dfrac{\partial v}{\partial n}, & F\dfrac{\partial u}{\partial s}+G\dfrac{\partial v}{\partial s}=-H\dfrac{\partial u}{\partial n}, \\ E\dfrac{\partial u}{\partial n}+F\dfrac{\partial v}{\partial n}=-H\dfrac{\partial v}{\partial s}, & F\dfrac{\partial u}{\partial n}+G\dfrac{\partial v}{\partial n}=H\dfrac{\partial u}{\partial s}, \end{cases}$$

due delle quali sono conseguenze delle altre due. Per distinzione, indicheremo con s' la linea di contorno, che precedentemente era stata designata con s.

Ciò posto immaginiamo che, per un dato sistema di forze (X, Y, Z; $X_{s'}$, $Y_{s'}$, $Z_{s'}$) applicate alla superficie σ ed al contorno s' e capaci di costituirsi in equilibrio sulla superficie medesima, sieno state determinate le tre funzioni λ, μ, ν, in guisa da rendere identicamente soddisfatte le equazioni indefinite e le equazioni ai limiti. Sostituendo le tre funzioni trovate nelle equazioni (II$_s$), riferite alla nuova linea chiusa s, se ne ricaveranno dei valori determinati per le quantità ivi designate con X_s, Y_s, Z_s; ed è chiaro che il nuovo sistema di forze (X, Y, Z; X_s, Y_s, Z_s), applicato alla porzione di σ interna ad s ed al suo contorno s, deve mantenere in equilibrio la detta porzione isolatamente considerata, poichè le equazioni indefinite e le equazioni ai limiti, per tale porzione di superficie e per tal sistema di forze, sono identicamente soddisfatte. D'altronde questa stessa porzione di superficie, considerata come parte di σ, è già in equilibrio sotto l'azione delle forze (X, Y, Z) applicate alla porzione medesima e di quelle altre forze incognite che nascono dal collegamento di questa colla porzione residua di σ.

*) *Delle variabili complesse,* etc. art. V.

Dunque il sistema di queste ultime forze è equivalente a quello delle forze (X_s, Y_s, Z_s) determinate dalle equazioni (II_s); e siccome si può, senza turbare l'equilibrio, supporre che la linea s diventi rigida in tutta la sua estensione, tranne lungo l'elemento ds, così si deve concludere che le due forze eguali e contrarie

$$(X_s ds, Y_s ds, Z_s ds), \qquad (-X_s ds, -Y_s ds, -Z_s ds),$$

applicate all'elemento ds, rappresentano l'azione mutua che, nello stato d'equilibrio, ha luogo fra le due regioni superficiali contigue a quest'elemento. Quest'azione mutua è ciò che si chiama *tensione* della superficie lungo l'elemento ds.

Sebbene la tensione così definita non sia propriamente una forza, ma il risultato della coesistenza di due forze eguali e contrarie, si suole ordinariamente scambiarla coll'una o coll'altra di queste forze. Ciò non ha alcun inconveniente, quando si stabilisca senz'ambiguità quale delle due forze si debba prendere. Noi converremo di prendere sempre la seconda, cioè quella che, nelle ipotesi precedenti, sarebbe esercitata dalla porzione di superficie interna ad s sulla porzione residua, epperò, denotando con $T_s ds$ il valore assoluto della tensione lungo l'elemento ds e con $T_{sr} ds$ la componente (normale od obliqua secondo il caso) di questa tensione in una direzione qualunque r, avremo dalle equazioni (II_s)

$$H T_{sx} + \left(\lambda\frac{\partial x}{\partial u} + \mu\frac{\partial x}{\partial v}\right)\left(E\frac{\partial u}{\partial n} + F\frac{\partial v}{\partial n}\right) + \left(\mu\frac{\partial x}{\partial u} + \nu\frac{\partial x}{\partial v}\right)\left(F\frac{\partial u}{\partial n} + G\frac{\partial v}{\partial n}\right) = 0,$$

$$H T_{sy} + \left(\lambda\frac{\partial y}{\partial u} + \mu\frac{\partial y}{\partial v}\right)\left(E\frac{\partial u}{\partial n} + F\frac{\partial v}{\partial n}\right) + \left(\mu\frac{\partial y}{\partial u} + \nu\frac{\partial y}{\partial v}\right)\left(F\frac{\partial u}{\partial n} + G\frac{\partial v}{\partial n}\right) = 0,$$

$$H T_{sz} + \left(\lambda\frac{\partial z}{\partial u} + \mu\frac{\partial z}{\partial v}\right)\left(E\frac{\partial u}{\partial n} + F\frac{\partial v}{\partial n}\right) + \left(\mu\frac{\partial z}{\partial u} + \nu\frac{\partial z}{\partial v}\right)\left(F\frac{\partial u}{\partial n} + G\frac{\partial v}{\partial n}\right) = 0,$$

dove T_{sx}, T_{sy}, T_{sz} sono componenti *normali* di T_s; ed avremo pure dalle equazioni (III_s)

$$H T_{su} + \sqrt{E}\left[\lambda\left(E\frac{\partial u}{\partial n} + F\frac{\partial v}{\partial n}\right) + \mu\left(F\frac{\partial u}{\partial n} + G\frac{\partial v}{\partial n}\right)\right] = 0,$$

$$H T_{sv} + \sqrt{G}\left[\mu\left(E\frac{\partial u}{\partial n} + F\frac{\partial v}{\partial n}\right) + \nu\left(F\frac{\partial u}{\partial n} + G\frac{\partial v}{\partial n}\right)\right] = 0,$$

$$T_{sw} = 0,$$

dove T_{su}, T_{sv} sono componenti *oblique* e T_{sw} è componente *normale* di T_s.

L'ultima di queste equazioni mostra che la tensione superficiale è sempre diretta tangenzialmente alla superficie, il che può riguardarsi come evidente *a priori*. Non rammenteremo dunque più la componente T_{sw}.

Per le convenzioni fatte, la regione superficiale donde la tensione *emana* è sempre quella verso la quale si dirige la normale n.

In virtù delle relazioni (8) si può dare ai valori delle componenti di tensione, secondo le linee u e v, la seguente forma semplicissima:

$$\text{(IV)} \qquad \begin{cases} T_{su} = \sqrt{E}\left(\lambda \dfrac{\partial v}{\partial s} - \mu \dfrac{\partial u}{\partial s}\right), \\[2ex] T_{sv} = \sqrt{G}\left(\mu \dfrac{\partial v}{\partial s} - \nu \dfrac{\partial u}{\partial s}\right). \end{cases}$$

Non comparendo più, in queste formole, la direzione n della normale, può sembrare a prima giunta che riesca indeterminata la regione della superficie donde proviene la tensione sull'elemento ds, mentre è pur manifesto che, passando dall'una all'altra delle regioni contigue all'elemento stesso, le componenti della tensione debbono cambiar di segno, conservando gli stessi valori assoluti. Non bisogna però dimenticare che le relazioni (8), donde risultarono le equazioni (IV), presuppongono una determinata relazione fra le direzioni ds e dn, cosicchè il senso dell'accrescimento dell'arco s, e quindi il segno delle derivate di u e di v rispetto a quest'arco, determina implicitamente la direzione di dn. In virtù delle convenzioni fatte in proposito, le equazioni (IV) definiscono le componenti della tensione sull'elemento ds, in quanto tale tensione procede da *quella* regione della quale l'arco s, percorso nel senso del suo accrescimento, è contorno o parte di contorno percorso *positivamente:* e ciò toglie ogni ambiguità (anche se la linea s non è chiusa).

Consideriamo, per esempio, la regione angolare (d'ampiezza minore di π) compresa fra le due linee u, v che partono da un punto (u, v) della superficie, nella direzione di u e v crescenti. Per le convenzioni fatte nel § 2 è chiaro che la prima di queste linee, considerata come parte del contorno di detta regione, è percorsa positivamente quando u cresce, mentre la seconda è percorsa positivamente quando v decresce. Volendo dunque calcolare, colle formole (IV), le tensioni procedenti da quella regione sui due elementi contigui al vertice dell'angolo, bisogna porre

$$\frac{\partial u}{\partial s} = \frac{1}{\sqrt{E}}, \qquad \frac{\partial v}{\partial s} = 0$$

quando si tratta della linea u, e bisogna porre invece

$$\frac{\partial u}{\partial s} = 0, \qquad \frac{\partial v}{\partial s} = -\frac{1}{\sqrt{G}}$$

quando si tratta della linea v. Ne risulta che, denotando per comodo con T_u, T_v le due tensioni così definite, si ha

$$(9)\qquad \begin{cases} T_{uu} = -\mu, & T_{uv} = -\nu\sqrt{\dfrac{G}{E}}, \\ T_{vu} = -\lambda\sqrt{\dfrac{E}{G}}, & T_{vv} = -\mu, \end{cases}$$

e quindi

$$(9_a)\qquad \lambda = -T_{vu}\sqrt{\frac{G}{E}}, \qquad \mu = -T_{uu} = -T_{vv}, \qquad \nu = -T_{uv}\sqrt{\frac{E}{G}}.$$

Queste ultime formole somministrano il significato meccanico dei moltiplicatori λ, μ, ν, insieme colla relazione necessaria

$$(9_b)\qquad T_{uu} = T_{vv}.$$

Per interpretare questa relazione osserviamo che, designando con ds_u, ds_v i valori assoluti dei due elementi lineari cui si riferiscono le tensioni T_u, T_v e con θ l'angolo ch'essi formano, essa può scriversi così

$$T_{uu} ds_u . \operatorname{sen}\theta\, ds_v = T_{vv} ds_v . \operatorname{sen}\theta\, ds_u .$$

Sotto questa forma essa rende manifesta la spontanea eguaglianza delle coppie che nascono dalle componenti tangenziali delle tensioni sui lati opposti del parallelogrammo di lati ds_u, ds_v, coppie che agiscono in senso contrario, appunto in virtù dell'eguaglianza (9_b).

§ 7.

Studio delle tensioni superficiali.

Denotando con dt l'elemento lineare spiccato dall'origine di ds nella direzione della tensione $T_s ds$, si ha evidentemente

$$T_s ds : T_{su} ds : T_{sv} ds = dt : du\sqrt{E} : dv\sqrt{G},$$

dove du, dv sono gli incrementi di u, v corrispondenti al nuovo elemento dt. Ne segue

$$T_{su} = T_s\sqrt{E}\frac{\partial u}{\partial t}, \qquad T_{sv} = T_s\sqrt{G}\frac{\partial v}{\partial t},$$

epperò, sostituendo nelle formole (IV),

$$(\mathrm{IV}') \qquad \begin{cases} T_s \dfrac{\partial u}{\partial t} = \lambda \dfrac{\partial v}{\partial s} - \mu \dfrac{\partial u}{\partial s}, \\[2ex] T_s \dfrac{\partial v}{\partial t} = \mu \dfrac{\partial v}{\partial s} - \nu \dfrac{\partial u}{\partial s}. \end{cases}$$

Rammentando che ogni coppia di derivate, quali sono per esempio $\frac{\partial u}{\partial t}$ e $\frac{\partial v}{\partial t}$, soddisfa, in virtù dell'equazione (1_a), alla relazione

$$(10) \qquad E\left(\frac{\partial u}{\partial t}\right)^2 + 2F\frac{\partial u}{\partial t}\frac{\partial v}{\partial t} + G\left(\frac{\partial v}{\partial t}\right)^2 = 1,$$

si vede che, data la direzione s, le precedenti formole (IV′) definiscono il valore assoluto $T_s ds$ e la direzione t della tensione sull'elemento ds, intesa nel senso che è stato convenuto nel § precedente. Ma poichè l'equazione (10), che deve intervenire nella determinazione delle derivate $\frac{\partial u}{\partial t}$, $\frac{\partial v}{\partial t}$, rimane inalterata quando si cambia t in $-t$, cioè quando s'inverte la direzione dell'elemento dt, così si rende opportuno di rimovere la restrizione che T_s debba sempre rappresentare il valore assoluto della tensione unitaria, e di lasciare invece che T_s possa prendere indifferentemente l'uno o l'altro segno. Poichè il cambiamento di t in $-t$ e di T_s in $-T_s$ lascia inalterate le formole (IV′), ciò equivale a convenire che una tensione T_s nella direzione t equivalga ad una tensione $-T_s$ nella direzione $-t$, e questa è una convenzione abituale in meccanica.

Eliminando T_s fra le due equazioni (IV′) si trova la relazione fondamentale

$$(11) \qquad \nu\frac{\partial u}{\partial s}\frac{\partial u}{\partial t} - \mu\left(\frac{\partial u}{\partial s}\frac{\partial v}{\partial t} + \frac{\partial u}{\partial t}\frac{\partial v}{\partial s}\right) + \lambda\frac{\partial v}{\partial s}\frac{\partial v}{\partial t} = 0,$$

che stabilisce la dipendenza necessaria fra la direzione d'un elemento lineare qualunque e quella della tensione cui esso è soggetto. Questa dipendenza, come si vede, è reciproca, cosicchè, tracciato ad arbitrio il sistema delle linee u, è sempre possibile *) associargli un altro sistema di linee v tali che, in ogni punto della superficie, la tensione sull'elemento della linea u sia diretto secondo la linea v e, reciprocamente, la tensione sull'elemento della linea v sia diretta secondo la linea u. La proprietà caratteristica di tali sistemi associati è che la funzione μ riesce, per essi, identicamente nulla. In generale, l'annullarsi di μ in un punto della superficie indica che le linee u e v sono, in quel punto, conjugate fra loro nel senso definito dall'equazione (11).

*) Salvo in un caso accennato più sotto.

Dalle formole (IV') si deduce

$$T_s\left(\lambda\frac{\partial v}{\partial t}-\mu\frac{\partial u}{\partial t}\right)+(\lambda\nu-\mu^2)\frac{\partial u}{\partial s}=0,$$

$$T_s\left(\mu\frac{\partial v}{\partial t}-\nu\frac{\partial u}{\partial t}\right)+(\lambda\nu-\mu^2)\frac{\partial v}{\partial s}=0.$$

Ma, stante la reciprocità delle direzioni s, t, le stesse (IV') dànno anche

$$T_t\frac{\partial u}{\partial s}=\lambda\frac{\partial v}{\partial t}-\mu\frac{\partial u}{\partial t},$$

$$T_t\frac{\partial v}{\partial s}=\mu\frac{\partial v}{\partial t}-\nu\frac{\partial u}{\partial t},$$

dove T_t è la tensione unitaria sull'elemento dt, positiva o negativa secondo che la sua direzione concordi con quella di ds od è ad essa opposta. Ne risulta che le tensioni T_s, T_t sopra due elementi lineari conjugati sono legate dalla relazione

$$(11_a)\qquad T_s T_t+\lambda\nu-\mu^2=0,$$

della quale abbiamo già incontrato un caso particolare nel § 1.

Le infinite coppie di direzioni conjugate, s e t, in uno stesso punto della superficie, formano (11) un'involuzione quadratica, i cui elementi uniti sono dati dall'equazione

$$(11_b)\qquad \nu\left(\frac{\partial u}{\partial s}\right)^2-2\mu\frac{\partial u}{\partial s}\frac{\partial v}{\partial s}+\lambda\left(\frac{\partial v}{\partial s}\right)^2=0.$$

Questi elementi sono reali, coincidenti od immaginarî secondo che sia

$$\lambda\nu-\mu^2<0,\qquad =0,\qquad >0.$$

Nel primo caso ciascuno dei detti elementi è soggetto soltanto a tensione tangenziale *), cioè ad una tensione che agisce nel senso dell'elemento stesso, ed il valore di questa tensione è dato, (11_a), da

$$T_s^2+\lambda\nu-\mu^2=0.$$

Nel secondo caso, cioè quando i due elementi uniti coincidono in un solo, la tensione corrispondente è *nulla*. Reciprocamente questi elementi uniti, quando esistono, sono i

*) Quando si verifica questo caso in ogni punto di σ, esistono infinite linee soggette a sola tensione tangenziale e cioè *conjugate a sè stesse;* è quindi impossibile associare al sistema di queste linee un secondo sistema, distinto da esso e con esso conjugato. A ciò si riferiva l'eccezione indicata nella nota precedente.

soli esenti da tensione, perchè le due equazioni (IV'), per $T_s = 0$, non sono conciliabili fra loro se non sotto la condizione $\lambda\nu - \mu^2 = 0$ e, quando questa è soddisfatta, definiscono la stessa direzione che l'equazione (11_b).

In ogni involuzione quadratica esiste sempre una coppia di elementi ortogonali. Vi sono dunque, per ogni punto della superficie, due elementi lineari perpendicolari fra loro e ciascuno dei quali è soggetto a tensione normale.

Per determinare le direzioni di questi *elementi principali* e le tensioni cui sono soggetti, osserviamo che dovendo, per essi, essere perpendicolari fra loro le due direzioni s e t, si ha, in forza delle equazioni (8),

$$E\frac{\partial u}{\partial s} + F\frac{\partial v}{\partial s} = H\frac{\partial v}{\partial t}, \qquad F\frac{\partial u}{\partial s} + G\frac{\partial v}{\partial s} = -H\frac{\partial u}{\partial t},$$

cosicchè le formole (IV') dànno

$$(12)\qquad \begin{cases} T_s\left(E\dfrac{\partial u}{\partial s} + F\dfrac{\partial v}{\partial s}\right) = H\left(\mu\dfrac{\partial v}{\partial s} - \nu\dfrac{\partial u}{\partial s}\right), \\[2ex] T_s\left(F\dfrac{\partial u}{\partial s} + G\dfrac{\partial v}{\partial s}\right) = H\left(\mu\dfrac{\partial u}{\partial s} - \lambda\dfrac{\partial v}{\partial s}\right). \end{cases}$$

Rammentando ciò che si disse rispetto alle relazioni (8), è chiaro che la *tensione principale* T_s risulterà positiva quando sarà diretta verso l'interno della regione dond'essa proviene. Se fra le due equazioni (12) si elimina T_s, si ha

$$\left(E\frac{\partial u}{\partial s} + F\frac{\partial v}{\partial s}\right)\left(\lambda\frac{\partial v}{\partial s} - \mu\frac{\partial u}{\partial s}\right) + \left(F\frac{\partial u}{\partial s} + G\frac{\partial v}{\partial s}\right)\left(\mu\frac{\partial v}{\partial s} - \nu\frac{\partial u}{\partial s}\right) = 0.$$

Se invece se ne eliminano le derivate di u, v, si ha

$$(ET_s + H\nu)(GT_s + H\lambda) - (FT_s - H\mu)^2 = 0.$$

Alla prima di queste due equazioni si può dare la forma

$$(12_a)\qquad \begin{vmatrix} \left(\dfrac{\partial u}{\partial s}\right)^2 & \dfrac{\partial u}{\partial s}\dfrac{\partial v}{\partial s} & \left(\dfrac{\partial v}{\partial s}\right)^2 \\ \lambda & \mu & \nu \\ G & -F & E \end{vmatrix} = 0,$$

alla seconda la forma

$$(12_b)\qquad T_s^2 + \frac{E\lambda + 2F\mu + G\nu}{H}T_s + \lambda\nu - \mu^2 = 0.$$

Le soluzioni di queste due equazioni sono sempre reali, perchè tanto l'espressione

$$(E\lambda - G\nu)^2 + 4(E\mu + F\nu)(F\lambda + G\mu),$$

quanto quest'altra

$$(E\lambda + 2F\mu + G\nu)^2 - 4H^2(\lambda\nu - \mu^2),$$

equivalgono all'unica

$$(12_c) \qquad \frac{(EF\lambda + 2EG\mu + FG\nu)^2 + H^2(E\lambda - G\nu)^2}{EG},$$

la quale non può mai diventare negativa.

Inoltre l'equazione (12_a) definisce effettivamente due direzioni ortogonali, perchè, detti s', s'' gli archi ad esse corrispondenti, si ha dall'equazione anzidetta

$$\frac{\partial u}{\partial s'}\frac{\partial u}{\partial s''} : \left(\frac{\partial u}{\partial s'}\frac{\partial v}{\partial s''} + \frac{\partial u}{\partial s''}\frac{\partial v}{\partial s'}\right) : \frac{\partial v}{\partial s'}\frac{\partial v}{\partial s''} = \begin{vmatrix} F & G \\ -\mu & \lambda \end{vmatrix} : \begin{vmatrix} G & E \\ \lambda & \nu \end{vmatrix} : \begin{vmatrix} E & F \\ \nu & -\mu \end{vmatrix},$$

donde segue

$$E\frac{\partial u}{\partial s'}\frac{\partial u}{\partial s''} + F\left(\frac{\partial u}{\partial s'}\frac{\partial v}{\partial s''} + \frac{\partial u}{\partial s''}\frac{\partial v}{\partial s'}\right) + G\frac{\partial v}{\partial s'}\frac{\partial v}{\partial s''} = 0,$$

relazione che esprime appunto l'ortogonalità degli archi s', s'' nel punto (u, v).

Le due tensioni principali $T_{s'}$, $T_{s''}$ definite dall'equazione (12_b) riescono eguali fra loro, quando si abbia, (12_c),

$$EF\lambda + 2EG\mu + FG\nu = 0, \qquad E\lambda - G\nu = 0,$$

cioè

$$(12_d) \qquad \lambda : \mu : \nu = G : -F : E.$$

In questo caso l'equazione (12_a) diventa un'identità e quindi *ogni* elemento lineare uscente dal punto in cui si verificano le relazioni (12_d) è soggetto a tensione *normale* e *costante*. Infatti l'equazione (12_b) dà

$$T_{s'} = T_{s''} = -\frac{H\lambda}{G} = \frac{H\mu}{F} = -\frac{H\nu}{E},$$

e le equazioni (IV') diventano, (8),

$$T_s\frac{\partial u}{\partial t} = T_{s'}\frac{\partial u}{\partial n}, \qquad T_s\frac{\partial v}{\partial t} = T_{s'}\frac{\partial v}{\partial n},$$

donde

$$t = n, \qquad T_s = T_{s'}.$$

Quando la proporzionalità (12_d) si verifica in ogni punto di σ, si rientra nell'ipotesi, più volte menzionata, dell'inestendibilità secondo LAGRANGE, la quale trae appunto con sè tale proporzionalità [vedi le formole (3_a) alla fine del § 1]: vale a dire che in tale ipotesi la tensione è sempre normale all'elemento e costante per uno stesso punto della superficie. E reciprocamente, quando la tensione segue questa legge, l'equilibrio esige soltanto l'inestendibilità dell'elemento superficiale.

Essendo

$$T_{sx} = \frac{T_{su}}{\sqrt{E}}\frac{\partial x}{\partial u} + \frac{T_{sv}}{\sqrt{G}}\frac{\partial x}{\partial v},$$

$$T_{sy} = \frac{T_{su}}{\sqrt{E}}\frac{\partial y}{\partial u} + \frac{T_{sv}}{\sqrt{G}}\frac{\partial y}{\partial v},$$

$$T_{sz} = \frac{T_{su}}{\sqrt{E}}\frac{\partial z}{\partial u} + \frac{T_{sv}}{\sqrt{G}}\frac{\partial z}{\partial v},$$

se si projetta la tensione sulla direzione s e sulla direzione n, si ha

$$T_{ss} = \frac{T_{su}}{\sqrt{E}}\left(E\frac{\partial u}{\partial s} + F\frac{\partial v}{\partial s}\right) + \frac{T_{sv}}{\sqrt{G}}\left(F\frac{\partial u}{\partial s} + G\frac{\partial v}{\partial s}\right),$$

$$T_{sn} = \frac{T_{su}}{\sqrt{E}}\left(E\frac{\partial u}{\partial n} + F\frac{\partial v}{\partial n}\right) + \frac{T_{sv}}{\sqrt{G}}\left(F\frac{\partial u}{\partial n} + G\frac{\partial v}{\partial n}\right)$$

$$= H\left(\frac{T_{sv}}{\sqrt{G}}\frac{\partial u}{\partial s} - \frac{T_{su}}{\sqrt{E}}\frac{\partial v}{\partial s}\right).$$

Di qui, sostituendo i valori (IV), si deduce

$$(13) \quad \left\{ \begin{aligned} T_{sn} &= -H\left[\nu\left(\frac{\partial u}{\partial s}\right)^2 - 2\mu\frac{\partial u}{\partial s}\frac{\partial v}{\partial s} + \lambda\left(\frac{\partial v}{\partial s}\right)^2\right], \\ T_{ss} &= -\begin{vmatrix} \left(\frac{\partial u}{\partial s}\right)^2 & \frac{\partial u}{\partial s}\frac{\partial v}{\partial s} & \left(\frac{\partial v}{\partial s}\right)^2 \\ \lambda & \mu & \nu \\ G & -F & E \end{vmatrix}. \end{aligned} \right.$$

In queste espressioni si ha la conferma, per altra via, del fatto che le equazioni (11_b), (12_a) definiscono rispettivamente le direzioni degli elementi lineari soggetti a sola tensione tangenziale, oppure a sola tensione normale.

Supponiamo che, in un punto (u, v) della superficie, gli elementi lineari diretti secondo u e secondo v sieno gli elementi principali; ciò implica, per quel punto, le due condizioni $\mu = o$, $F = o$. In tal caso le equazioni che precedono le (IV) dànno

$$T_{su}\sqrt{G} = -E\lambda\frac{\partial u}{\partial n}, \qquad T_{sv}\sqrt{E} = -G\nu\frac{\partial v}{\partial n}$$

ossia, (9_a),

$$T_{su} = T_{vu}\sqrt{E}\frac{\partial u}{\partial n}, \qquad T_{sv} = T_{uv}\sqrt{G}\frac{\partial v}{\partial n}.$$

Le T_{uv}, T_{vu} sono ora le tensioni principali. Di qui si deduce

$$\frac{T^2_{su}}{T^2_{vu}} + \frac{T^2_{sv}}{T^2_{uv}} = 1,$$

e però se, nel piano tangente in (u, v) alla superficie, si delinea l'ellisse che ha il centro in quel punto ed i semi-assi T_{vu}, T_{uv} diretti rispettivamente secondo u e secondo v, ogni semidiametro di quest'ellisse rappresenta, in grandezza, la tensione diretta secondo il semi-diametro stesso. Quest'ellisse non fa conoscere, in modo semplice, la direzione dell'elemento cui tale tensione appartiene. Questa direzione si desume dall'equazione (11) che, nel caso attuale, diventa

$$E\,T_{uv}\frac{\partial u}{\partial s}\frac{\partial u}{\partial t} + G\,T_{vu}\frac{\partial v}{\partial s}\frac{\partial v}{\partial t} = o,$$

od anche

$$T_{su}\,T_{uv}\cos(su) + T_{sv}\,T_{vu}\cos(sv) = o.$$

Dalla prima delle equazioni (13) risulta che, affinchè la componente normale T_{sn} non sia mai negativa, dev'essere

$$\lambda \leqq o, \qquad \nu \leqq o, \qquad \lambda\nu - \mu^2 \geqq o.$$

Queste condizioni sono, *in generale,* necessarie perchè le tensioni interne sieno contrastate dall'inestendibilità della superficie. Ma se il contorno di questa è fisso, in tutto od in parte, le tensioni possono diventare anche negative, senza che l'equilibrio ne sia turbato. Ciò, del resto, deve essere esaminato in ciascun caso particolare.

§ 8.

Primo caso notevole d'equilibrio.

Dalle formole (2_a) si deduce

$$\tfrac{1}{2}(G\delta E - 2F\delta F + E\delta G) = \sum\left(G\frac{\partial x}{\partial u} - F\frac{\partial x}{\partial v}\right)\frac{\partial \delta x}{\partial u} + \sum\left(E\frac{\partial x}{\partial v} - F\frac{\partial x}{\partial u}\right)\frac{\partial \delta x}{\partial v},$$

ossia

$$\frac{G\delta E - 2F\delta F + E\delta G}{2H} = \sum\left[\frac{\partial}{\partial u}\left(\frac{G\frac{\partial x}{\partial u} - F\frac{\partial x}{\partial v}}{H}\delta x\right) + \frac{\partial}{\partial v}\left(\frac{E\frac{\partial x}{\partial v} - F\frac{\partial x}{\partial u}}{H}\delta x\right)\right]$$

$$-\sum\delta x\left[\frac{\partial}{\partial u}\left(\frac{G\frac{\partial x}{\partial u} - F\frac{\partial x}{\partial v}}{H}\right) + \frac{\partial}{\partial v}\left(\frac{E\frac{\partial x}{\partial v} - F\frac{\partial x}{\partial u}}{H}\right)\right].$$

Ora l'espressione

$$\frac{1}{H}\left[\frac{\partial}{\partial u}\left(\frac{G\frac{\partial \varphi}{\partial u} - F\frac{\partial \varphi}{\partial v}}{H}\right) + \frac{\partial}{\partial v}\left(\frac{E\frac{\partial \varphi}{\partial v} - F\frac{\partial \varphi}{\partial u}}{H}\right)\right]$$

è quella che già da lungo tempo *) ho designato col nome di secondo parametro differenziale della funzione $\varphi(u, v)$ e che ho denotato col simbolo $\Delta_2\varphi$. Ho dimostrato inoltre **) che, per $\varphi = x, y, z$, si hanno le formole

$$\Delta_2 x = -\left(\frac{1}{R_1} + \frac{1}{R_2}\right)\alpha, \qquad \Delta_2 y = -\left(\frac{1}{R_1} + \frac{1}{R_2}\right)\beta, \qquad \Delta_2 z = -\left(\frac{1}{R_1} + \frac{1}{R_2}\right)\gamma,$$

dove R_1, R_2 sono i due raggi principali di curvatura della superficie nel punto (u, v), da considerarsi come positivi o come negativi secondo che la loro direzione [dal rispettivo centro di curvatura verso il punto (u, v)] concordi o no con quella della normale w. Se dunque per brevità si pone

$$h = \frac{1}{R_1} + \frac{1}{R_2},$$

cioè se si designa con $\frac{1}{2}h$ la *curvatura media* della superficie, si ha

$$\frac{G\delta E - 2F\delta F + E\delta G}{2H^2} = h(\alpha\delta x + \beta\delta y + \gamma\delta z)$$

$$+\frac{1}{H}\sum\left[\frac{\partial}{\partial u}\left(\frac{G\frac{\partial x}{\partial u} - F\frac{\partial x}{\partial v}}{H}\delta x\right) + \frac{\partial}{\partial v}\left(\frac{E\frac{\partial x}{\partial v} - F\frac{\partial x}{\partial u}}{H}\delta x\right)\right].$$

---

*) *Ricerche di analisi applicata alla geometria* [Giornale di Matematiche, tomo II (1864); oppure queste OPERE, volume I, pp. 107-198].

**) *Sulle proprietà generali delle superficie d'area minima* [Memorie dell'Accademia di Bologna, t. VII, serie II (1868); oppure queste OPERE, volume II, pp. 1-54].

Quest'eguaglianza, moltiplicata per $d\sigma$ ed integrata sopra un pezzo qualunque, σ, della superficie considerata, dà, colle solite trasformazioni,

$$\frac{1}{2}\int\frac{G\delta E-2F\delta F+E\delta G}{H^2}d\sigma=\int(\alpha\delta x+\beta\delta y+\gamma\delta z)hd\sigma$$

$$-\int\left[\left(E\frac{\partial u}{\partial n}+F\frac{\partial v}{\partial n}\right)\sum\left(G\frac{\partial x}{\partial u}-F\frac{\partial x}{\partial v}\right)\delta x+\left(F\frac{\partial u}{\partial n}+G\frac{\partial v}{\partial n}\right)\sum\left(E\frac{\partial x}{\partial v}-F\frac{\partial x}{\partial u}\right)\delta x\right]\frac{ds}{H^2},$$

o, più semplicemente, in virtù delle formole (6), (7_b),

$$-\int h\delta w\,d\sigma+\int\left(\frac{\partial u}{\partial n}\delta u'+\frac{\partial v}{\partial n}\delta v'\right)ds+\frac{1}{2}\int\frac{G\delta E-2F\delta F+E\delta G}{H^2}d\sigma=0.$$

Ora questa equazione rientra nel tipo generale (I'), ponendo

$$(14)\quad\begin{cases} U=0, & V=0, & W=\rho h;\\ U_s=-\rho\sqrt{E}\dfrac{\partial u}{\partial n}, & V_s=-\rho\sqrt{G}\dfrac{\partial v}{\partial n}, & W_s=0;\\ \lambda=-\dfrac{\rho G}{H}, & \mu=\dfrac{\rho F}{H}, & \nu=-\dfrac{\rho E}{H},\end{cases}$$

dove ρ è un fattore costante. D'altronde l'equazione suddetta è soddisfatta identicamente, per ogni sistema di valori delle variazioni δu, δv, δw: dunque il sistema (14) delle forze (U, V, W) ed (U_s, V_s) mantiene in equilibrio il pezzo di superficie cui si è estesa l'integrazione, generando tensioni i cui valori risultano dalle formole generali col dare a λ, μ, ν i valori (14).

Le forze applicate ai varî punti della superficie sono, in questo caso d'equilibrio, normali ad essa e proporzionali alla curvatura media locale.

Le forze applicate lungo il contorno hanno l'intensità *costante* ρ e sono dirette in senso opposto ad n (supposto positivo il fattore ρ), cioè secondo la normale esterna al contorno stesso.

Inoltre l'equazione (11) diventa la condizione dell'ortogonalità fra le direzioni s, t: dunque ogni elemento lineare è soggetto a sola tensione normale, e questa tensione è la stessa in ogni punto ed eguale a quella che ha luogo lungo il contorno. La prima parte di questa proprietà dipende da ciò che i valori attuali delle quantità λ, μ, ν soddisfanno alle condizioni (3_a), cosicchè per questo caso d'equilibrio l'inestendibilità può interpretarsi nel senso lagrangiano.

Abbiamo dunque il teorema seguente:

Un pezzo qualunque di superficie flessibile ed inestendibile è mantenuto in equilibrio da una tensione costante e normale lungo il contorno e da una forza normale dovunque alla superficie e proporzionale alla curvatura media locale. La tensione costante del contorno si trasmette equabilmente in ogni punto della superficie.

Fra i casi particolari degni di nota indicheremo quello delle superficie di *curvatura media costante*, per le quali la forza normale alla superficie è dovunque costante, come la tensione al contorno; e quello delle superficie d'area minima, per le quali ha luogo il teorema: *un pezzo qualunque di superficie d'area minima, sottoposto a tensione costante e normale lungo il contorno, è sempre in equilibrio e presenta la stessa tensione in ogni punto ed in ogni direzione* *).

Se i valori (14) delle quantità U, V, W, λ, μ, ν si sostituiscono nelle equazioni (III), le due prime di queste [ponendo mente alle relazioni (4_a)] sono identicamente soddisfatte e la terza riproduce la nota espressione

$$\frac{h}{2} = -\frac{AG - 2BF + CE}{2H^2}$$

della curvatura media.

§ 9.

Secondo caso notevole d'equilibrio.

Premettiamo un lemma.

Dalle espressioni

$$A = -\sum \frac{\partial x}{\partial u}\frac{\partial \alpha}{\partial u}, \qquad B = -\sum \frac{\partial x}{\partial u}\frac{\partial \alpha}{\partial v} = -\sum \frac{\partial x}{\partial v}\frac{\partial \alpha}{\partial u}, \qquad C = -\sum \frac{\partial x}{\partial v}\frac{\partial \alpha}{\partial v}$$

equivalenti alle (4_c), si deducono facilmente le eguaglianze seguenti:

$$\frac{C\dfrac{\partial x}{\partial u} - B\dfrac{\partial x}{\partial v}}{H} = \beta\frac{\partial \gamma}{\partial v} - \gamma\frac{\partial \beta}{\partial v},$$

$$\frac{A\dfrac{\partial x}{\partial v} - B\dfrac{\partial x}{\partial u}}{H} = \gamma\frac{\partial \beta}{\partial u} - \beta\frac{\partial \gamma}{\partial u},$$

*) Questo caso d'equilibrio fu già notato da Poisson, nella Memoria ricordata al principio. Anzi lo stesso Poisson ha considerato il caso più generale (accennato nel § 10), ma in modo assai incompleto. Del resto le equazioni fondamentali da cui egli parte sono inesatte, e non dànno luogo a queste applicazioni corrette se non per una specie di compensazione d'errori.

e da queste si trae

$$\frac{\partial}{\partial u}\left(\frac{C\frac{\partial x}{d u} - B\frac{\partial x}{\partial v}}{H}\right) + \frac{\partial}{\partial v}\left(\frac{A\frac{\partial x}{\partial v} - B\frac{\partial x}{\partial u}}{H}\right) = 2\left(\frac{\partial \beta}{\partial u}\frac{\partial \gamma}{\partial v} - \frac{\partial \beta}{\partial v}\frac{\partial \gamma}{\partial u}\right).$$

Si ottengono due formole analoghe a questa permutando x con y e con z, α con β e con γ. Ora dalle due identità

$$\alpha\frac{\partial \alpha}{\partial u} + \beta\frac{\partial \beta}{\partial u} + \gamma\frac{\partial \gamma}{\partial u} = 0, \qquad \alpha\frac{\partial \alpha}{\partial v} + \beta\frac{\partial \beta}{\partial v} + \gamma\frac{\partial \gamma}{\partial v} = 0,$$

si deducono tre relazioni di cui la prima è

$$\frac{\partial \beta}{\partial u}\frac{\partial \gamma}{\partial v} - \frac{\partial \beta}{\partial v}\frac{\partial \gamma}{\partial u} = D\alpha,$$

dove D è un fattore comune a tutte tre, il quale, per essere $\alpha^2 + \beta^2 + \gamma^2 = 1$, è rappresentato da

$$D = \begin{vmatrix} \alpha & \beta & \gamma \\ \frac{\partial \alpha}{\partial u} & \frac{\partial \beta}{\partial u} & \frac{\partial \gamma}{\partial u} \\ \frac{\partial \alpha}{\partial v} & \frac{\partial \beta}{\partial v} & \frac{\partial \gamma}{\partial v} \end{vmatrix}.$$

Ma essendo evidentemente

$$H = \begin{vmatrix} \alpha & \beta & \gamma \\ \frac{\partial x}{\partial u} & \frac{\partial y}{\partial u} & \frac{\partial z}{\partial u} \\ \frac{\partial x}{\partial v} & \frac{\partial y}{\partial v} & \frac{\partial z}{\partial v} \end{vmatrix},$$

si ha

$$HD = AC - B^2,$$

epperò

$$D = Hk,$$

dove k è la *misura della curvatura* secondo Gauss.

Di qui risulta che se, per brevità, s'introduce il simbolo

$$\nabla \varphi = \frac{1}{H}\left[\frac{\partial}{\partial u}\left(\frac{C\frac{\partial \varphi}{\partial u} - B\frac{\partial \varphi}{\partial v}}{H}\right) + \frac{\partial}{\partial v}\left(\frac{A\frac{\partial \varphi}{\partial v} - B\frac{\partial \varphi}{\partial u}}{H}\right)\right],$$

analogo, in certo modo, al $\Delta_2 \varphi$ del § precedente, si hanno le nuove formole

$$\nabla x = 2k\alpha, \qquad \nabla y = 2k\beta, \qquad \nabla z = 2k\gamma,$$

che fanno riscontro a quelle ricordate nel detto §.

Ciò premesso, ripigliamo le formole (2_e) e deduciamone la seguente:

$$\frac{1}{2}(C\delta E - 2B\delta F + A\delta G)$$

$$= \sum\left[\left(C\frac{\partial x}{\partial u} - B\frac{\partial x}{\partial v}\right)\frac{\partial \delta x}{\partial u} + \left(A\frac{\partial x}{\partial v} - B\frac{\partial x}{\partial u}\right)\frac{\partial \delta x}{\partial v}\right],$$

ossia, in virtù delle formole or ora dimostrate,

$$\frac{C\delta E - 2B\delta F + A\delta G}{2H^2} = -2k(\alpha\delta x + \beta\delta y + \gamma\delta z)$$

$$+ \frac{1}{H}\sum\left[\frac{\partial}{\partial u}\left(\frac{C\frac{\partial x}{\partial u} - B\frac{\partial x}{\partial v}}{H}\delta x\right) + \frac{\partial}{\partial v}\left(\frac{A\frac{\partial x}{\partial v} - B\frac{\partial x}{\partial u}}{H}\delta x\right)\right].$$

Quest'eguaglianza, moltiplicata per $d\sigma$ ed integrata sopra un pezzo qualunque, σ, della superficie considerata, dà, colle solite trasformazioni e coll'uso delle formole (6), (7_b), (8),

$$\int 2k\delta w\, d\sigma + \int\left[\left(A\frac{\partial u}{\partial s} + B\frac{\partial v}{\partial s}\right)\delta v' - \left(B\frac{\partial u}{\partial s} + C\frac{\partial v}{\partial s}\right)\delta u'\right]\frac{ds}{H}$$

$$+ \frac{1}{2}\int\frac{C\delta E - 2B\delta F + A\delta G}{H^2}d\sigma = 0.$$

Ora quest'equazione rientra nel tipo generale (I') ponendo

$$(15)\begin{cases} U = 0, & V = 0, & W = \rho k; \\ U_s = -\dfrac{\rho\sqrt{E}}{2H}\left(B\dfrac{\partial u}{\partial s} + C\dfrac{\partial v}{\partial s}\right), & V_s = \dfrac{\rho\sqrt{G}}{2H}\left(A\dfrac{\partial u}{\partial s} + B\dfrac{\partial v}{\partial s}\right), & W_s = 0; \\ \lambda = \dfrac{\rho C}{2H}, & \mu = -\dfrac{\rho B}{2H}, & \nu = \dfrac{\rho A}{2H}, \end{cases}$$

dove ρ è una costante. D'altronde l'equazione suddetta è soddisfatta identicamente, per ogni sistema di valori delle variazioni δu, δv, δw: dunque il sistema (15) delle forze (U, V, W) ed (U_s, V_s) mantiene in equilibrio il pezzo di superficie cui si è estesa l'integrazione, generando tensioni i cui valori risultano dalle formole generali col dare a λ, μ, ν i valori (15).

Le tensioni così calcolate sono, per un elemento lineare qualunque, ds,

$$T_{su} = \frac{\rho\sqrt{E}}{2H}\left(B\frac{\partial u}{\partial s} + C\frac{\partial v}{\partial s}\right), \qquad T_{sv} = -\frac{\rho\sqrt{G}}{2H}\left(A\frac{\partial u}{\partial s} + B\frac{\partial v}{\partial s}\right)$$

e, lungo il contorno, risultano naturalmente eguali e contrarie alle forze esterne $(U_s,\ V_s)$. L'equazione (11) diventa in questo caso

$$A\frac{\partial u}{\partial s}\frac{\partial u}{\partial t} + B\left(\frac{\partial u}{\partial s}\frac{\partial v}{\partial t} + \frac{\partial u}{\partial t}\frac{\partial v}{\partial s}\right) + C\frac{\partial v}{\partial s}\frac{\partial v}{\partial t} = 0,$$

e coincide colla nota relazione fra le *tangenti conjugate* (dupiniane) della superficie; cosicchè la tensione sopra ogni elemento è diretta secondo la tangente conjugata ad esso. Ne consegue che le linee i cui elementi sono soggetti a sola tensione normale sono le *linee di curvatura* e che le linee i cui elementi sono soggetti a sola tensione tangenziale sono le *linee asintotiche*. Le formole (13) diventano

$$T_{sn} = -\frac{\rho}{2}\left[A\left(\frac{\partial u}{\partial s}\right)^2 + 2B\frac{\partial u}{\partial s}\frac{\partial v}{\partial s} + C\left(\frac{\partial v}{\partial s}\right)^2\right],$$

$$T_{ss} = -\frac{\rho}{2H}\begin{vmatrix} \left(\frac{\partial v}{\partial s}\right)^2 & -\frac{\partial v}{\partial s}\frac{\partial u}{\partial s} & \left(\frac{\partial u}{\partial s}\right)^2 \\ A & B & C \\ E & F & G \end{vmatrix},$$

ossia

$$(15_a) \qquad T_{sn} = \frac{\rho}{2R_s}, \qquad T_{ss} = \frac{\rho}{2S_s},$$

dove $\frac{1}{R_s}$ è la curvatura normale dell'arco s, $\frac{1}{S_s}$ la torsione geodetica del medesimo arco. Essendo nota la direzione della tensione T_s, basta la prima di queste componenti a determinare la grandezza.

Abbiamo dunque il seguente teorema:

Un pezzo qualunque di superficie flessibile ed inestendibile è mantenuto in equilibrio da una forza normale dovunque alla superficie stessa e proporzionale alla misura di curvatura locale, e da una tensione lungo il contorno, diretta secondo la tangente conjugata al contorno stesso ed avente la componente normale proporzionale alla curvatura normale del contorno. Le linee di tensione normale sono le linee di curvatura della superficie, quelle di tensione tangenziale sono le linee asintotiche della superficie stessa.

Fra i casi particolari degni di nota ricorderemo quello delle superficie di curvatura costante, per le quali la forza normale è dovunque costante, e quello delle superficie sviluppabili, per le quali la detta forza è dovunque nulla, mentre le tensioni lungo il contorno sono dirette secondo le generatrici.

Se i valori (15) delle quantità U, V, W, λ, μ, ν si sostituiscono nelle equazioni (III), queste diventano

$$(15_b)\quad \left\{\begin{aligned} &\frac{\partial \frac{C}{H}}{\partial u} - \frac{\partial \frac{B}{H}}{\partial v} + \frac{AG_1 - 2BF_1 + CE_1}{H} = 0,\\ &\frac{\partial \frac{A}{H}}{\partial v} - \frac{\partial \frac{B}{H}}{\partial u} + \frac{AG_2 - 2BF_2 + CE_2}{H} = 0,\\ &\frac{AC - B^2}{H^2} = k. \end{aligned}\right.$$

L'ultima di queste formole riproduce la nota espressione della misura di curvatura. Le due prime costituiscono le note relazioni differenziali fra le quantità A, B, C, relazioni che si presentano spontaneamente quando si cercano i valori delle quattro espressioni

$$\sum \alpha \frac{\partial^3 a}{\partial u^3}, \qquad \sum \alpha \frac{\partial^3 x}{\partial u^2 \partial v}, \qquad \sum \alpha \frac{\partial^3 x}{\partial u \partial v^2}, \qquad \sum \alpha \frac{\partial^3 x}{\partial v^3}.$$

Infatti, derivando i valori (4) rispetto ad u ed a v e sostituendo le derivate in queste espressioni, si trova

$$\sum \alpha \frac{\partial^3 x}{\partial u^3} = \frac{\partial A}{\partial u} + AE_1 + BE_2,$$

$$\sum \alpha \frac{\partial^3 x}{\partial u^2 \partial v} = \frac{\partial B}{\partial u} + AF_1 + BF_2 = \frac{\partial A}{\partial v} + BE_1 + CE_2,$$

$$\sum \alpha \frac{\partial^3 x}{\partial u \partial v^2} = \frac{\partial C}{\partial u} + AG_1 + BG_2 = \frac{\partial B}{\partial v} + BF_1 + CF_2,$$

$$\sum \alpha \frac{\partial^3 x}{\partial v^3} = \frac{\partial C}{\partial v} + BG_1 + CG_2,$$

donde le due relazioni

$$\frac{\partial C}{\partial u} - \frac{\partial B}{\partial v} + AG_1 + B(G_2 - F_1) - CF_2 = 0,$$

$$\frac{\partial A}{\partial v} - \frac{\partial B}{\partial u} - AF_1 + B(E_1 - F_2) + CE_2 = 0,$$

che coincidono colle prime due equazioni (15_b), in virtù delle formole (4_b).

§ 10.

Cenno intorno ad altri casi d'equilibrio.

Combinando insieme i due casi d'equilibrio esposti nei due §§ precedenti, se ne ottiene subito un terzo nel quale la forza applicata normalmente alla superficie è data da

$$W = \rho_1 h + \rho_2 k,$$

dove ρ_1 e ρ_2 sono due costanti, e nel quale le forze applicate lungo il contorno risultano medesimamente dalla somma delle componenti omologhe relative al primo ed al secondo caso, col mutamento di ρ in ρ_1 per quelle del primo e di ρ in ρ_2 per quelle del secondo.

Ma, rispetto alla possibilità di dedurre nuovi casi d'equilibrio da casi già conosciuti, giova fare la seguente osservazione generale.

Supponiamo che, avendo già determinato le funzioni λ, μ, ν per date forze esterne (U, V, W) ed (U_s, V_s, W_s), si ponga

$$\lambda' = \rho\lambda, \qquad \mu' = \rho\mu, \qquad \nu' = \rho\nu,$$

ρ essendo una funzione di u e di v. Se nelle equazioni (III) si pone λ', μ', ν' al posto di λ, μ, ν ed U', V', W' al posto di U, V, W, si trova

$$(16)\qquad \begin{cases} U' = \dfrac{\sqrt{E}}{H}\left(\lambda\dfrac{\partial\rho}{\partial u} + \mu\dfrac{\partial\rho}{\partial v}\right) + \rho U, \\[2ex] V' = \dfrac{\sqrt{G}}{H}\left(\mu\dfrac{\partial\rho}{\partial u} + \nu\dfrac{\partial\rho}{\partial v}\right) + \rho V, \\[2ex] W' = \rho W; \end{cases}$$

e dalle (III_s), ponendo U'_s, V'_s, W'_s al posto di U_s, V_s, W_s,

$$(16_s)\qquad U'_s = \rho U_s, \qquad V'_s = \rho V_s, \qquad W'_s = 0.$$

Risulta di qui che il problema dell'equilibrio rispetto a queste nuove forze (U', V', W'), (U'_s, V'_s, W'_s), è risoluto dalle funzioni λ', μ', ν'.

Supponiamo, per esempio, che le quantità λ, μ, ν sieno quelle corrispondenti al primo caso d'equilibrio (§ 8), quando la costante ρ è eguale all'unità; si avrà in tal caso

$$\lambda' = -\frac{\rho G}{H}, \qquad \mu' = \frac{\rho F}{H}, \qquad \nu' = -\frac{\rho E}{H}.$$

Questi valori sono i più generali possibili (per i moltiplicatori λ, μ, ν) quando l'inestendibilità s'intenda nel senso lagrangiano. Assumiamo, per semplicità, coordinate ortogonali, ponendo $F = 0$ e però anche $\mu = 0$. Risulterà, (16),

$$U' = -\frac{\partial \rho}{\partial s_u}, \qquad V' = -\frac{\partial \rho}{\partial s_v}, \qquad W' = \rho h,$$

e si otterrà così un nuovo caso d'equilibrio, naturalmente valido nell'ipotesi dell'inestendibilità puramente superficiale, e però anche in quella dell'inestendibilità lineare. In questo caso d'equilibrio, oltre la forza normale ρh intervengono forze tangenziali di potenziale ρ, mentre le forze agenti lungo il contorno sono ancora normali a questo, ma variano da punto a punto come questo stesso potenziale.

Se la superficie σ fa parte di una delle superficie di livello esterne, relative alla funzione potenziale newtoniana Π, l'equazione di LAPLACE si traduce, pei punti di questa superficie, nella nota relazione

$$\frac{\partial^2 \Pi}{\partial w^2} + h\frac{\partial \Pi}{\partial w} = 0.$$

Se dunque si pone

$$\rho = \frac{\partial \Pi}{\partial w},$$

si ha

$$U' = -\frac{\partial}{\partial s_u}\left(\frac{\partial \Pi}{\partial w}\right), \qquad V' = -\frac{\partial}{\partial s_v}\left(\frac{\partial \Pi}{\partial w}\right), \qquad W' = -\frac{\partial}{\partial w}\left(\frac{\partial \Pi}{\partial w}\right),$$

e si conclude tosto il teorema seguente:

Ogni porzione σ d'una superficie di livello esterna, relativa ad un potenziale newtoniano Π, considerata come superficie flessibile, inestendibile e di densità uguale ad 1, *è mantenuta in equilibrio dalle forze dovute al potenziale* $\frac{\partial \Pi}{\partial w}$ *e da forze normali al contorno ed eguali in valore a questo stesso potenziale. La tensione d'ogni elemento lineare interno è sempre normale ad esso ed è rappresentata, in grandezza, dallo stesso potenziale* $\frac{\partial \Pi}{\partial w}$.

Se la superficie qui considerata si concepisse come un velo fluido (vedi più sopra, nel proemio), la pressione di questo fluido sarebbe $-\frac{\partial \Pi}{\partial w}$.

§ 11.

Su diverse forme particolari delle equazioni d'equilibrio.

Finchè il sistema delle coordinate curvilinee u e v si suppone *obliquo*, il solo caso particolare degno di nota è quello in cui le linee u e le linee v sono conjugate fra loro rispetto alla tensione, cioè in cui la quantità μ è nulla in ogni punto della superficie (§ 7). In tale ipotesi le equazioni (II), avuto riguardo alle (9_u), diventano

$$HX = -\frac{\partial}{\partial u}\left(T_v\frac{\partial x}{\partial u}\sqrt{\frac{G}{E}}\right) - \frac{\partial}{\partial v}\left(T_u\frac{\partial x}{\partial v}\sqrt{\frac{E}{G}}\right),$$

$$HY = -\frac{\partial}{\partial u}\left(T_v\frac{\partial y}{\partial u}\sqrt{\frac{G}{E}}\right) - \frac{\partial}{\partial v}\left(T_u\frac{\partial y}{\partial v}\sqrt{\frac{E}{G}}\right),$$

$$HZ = -\frac{\partial}{\partial u}\left(T_v\frac{\partial z}{\partial u}\sqrt{\frac{G}{E}}\right) - \frac{\partial}{\partial v}\left(T_u\frac{\partial z}{\partial v}\sqrt{\frac{E}{G}}\right),$$

dove per comodo si è scritto T_u in luogo di T_{uv} e T_v in luogo di T_{vu}, per essere $T_{uu} = T_{vv} = 0$.

Queste equazioni s'accordano con quelle che il prof. BRIOSCHI ha date, per incidenza, nella Nota 1ª alla sua Memoria *Intorno ad alcuni punti della teorica delle superficie* *). Nella stessa ipotesi le equazioni (III) prendono, dopo opportune riduzioni, la seconda forma ivi assegnata dallo stesso Autore alle precedenti equazioni. Le quali, come già fu avvertito al principio, possono essere utilmente invocate soltanto nel caso che sia noto *a priori* un sistema di linee conjugate fra loro rispetto alla tensione.

La semplificazione più ovvia, e sempre lecita, è quella che si ottiene supponendo ortogonali fra loro le linee u e v. In quest'ipotesi le equazioni (II) non subiscono mutamento alcuno, ma le (III) si possono interamente e facilmente sviluppare coll'intervento delle sole funzioni E, G, giacchè, per $F = 0$, le equazioni (4_a) dànno

$$E_1 = \frac{1}{\sqrt{E}}\frac{\partial\sqrt{E}}{\partial u}, \qquad F_1 = \frac{1}{\sqrt{E}}\frac{\partial\sqrt{E}}{\partial v}, \qquad G_1 = -\frac{\sqrt{G}}{E}\frac{\partial\sqrt{G}}{\partial u},$$

$$E_2 = -\frac{\sqrt{E}}{G}\frac{\partial\sqrt{E}}{\partial v}, \qquad F_2 = \frac{1}{\sqrt{G}}\frac{\partial\sqrt{G}}{\partial u}, \qquad G_2 = \frac{1}{\sqrt{G}}\frac{\partial\sqrt{G}}{\partial v}.$$

In virtù di queste eguaglianze le equazioni (III) diventano dapprima

$$U = \frac{1}{\sqrt{G}}\left[\frac{1}{\sqrt{E}}\frac{\partial(\lambda\sqrt{E})}{\partial u} + \frac{\partial\mu}{\partial v} + \frac{2}{\sqrt{E}}\frac{\partial\sqrt{E}}{\partial v}\mu - \frac{\sqrt{G}}{E}\frac{\partial\sqrt{G}}{\partial u}\nu\right],$$

$$V = \frac{1}{\sqrt{E}}\left[\frac{1}{\sqrt{G}}\frac{\partial(\nu\sqrt{G})}{\partial v} + \frac{\partial\mu}{\partial u} + \frac{2}{\sqrt{G}}\frac{\partial\sqrt{G}}{\partial u}\mu - \frac{\sqrt{E}}{G}\frac{\partial\sqrt{E}}{\partial v}\lambda\right],$$

$$W = \frac{1}{\sqrt{EG}}(A\lambda + 2B\mu + C\nu).$$

*) Annali di Scienze Matematiche e Fisiche (di TORTOLINI), tomo III (1852), pag. 293.

Sostituendo in luogo di λ, μ, ν i valori (9_a), scrivendo T_u in luogo di T_{uv}, T_v in luogo di T_{vu}, T in luogo di $T_{uu} = T_{vv}$ e ponendo

$$\sqrt{E}\,du = ds_u, \qquad \sqrt{G}\,dv = ds_v,$$

si ottiene

$$U = -\frac{\partial T}{\partial s_v} - \frac{\partial T_v}{\partial s_u} - \frac{2}{\sqrt{EG}}\frac{\partial\sqrt{E}}{\partial v}T + \frac{1}{\sqrt{EG}}\frac{\partial\sqrt{G}}{\partial u}(T_u - T_v),$$

$$V = -\frac{\partial T}{\partial s_u} - \frac{\partial T_u}{\partial s_v} - \frac{2}{\sqrt{EG}}\frac{\partial\sqrt{G}}{\partial u}T + \frac{1}{\sqrt{EG}}\frac{\partial\sqrt{E}}{\partial v}(T_v - T_u),$$

$$W = -\left(\frac{AT_v}{E} + \frac{2BT}{\sqrt{EG}} + \frac{CT_u}{G}\right).$$

Finalmente, se si rammenta che, denotando con

$$\frac{1}{R_u}, \quad \frac{1}{r_u}; \quad \frac{1}{R_v}, \quad \frac{1}{r_v}$$

le curvature normali e tangenziali (ossia geodetiche) delle linee u e v rispettivamente, si ha

$$A = -\frac{E}{R_u}, \qquad C = -\frac{G}{R_v}, \qquad \frac{\partial\sqrt{E}}{\partial v} = \frac{\sqrt{EG}}{r_u}, \qquad \frac{\partial\sqrt{G}}{\partial u} = \frac{\sqrt{EG}}{r_v},$$

e che la quantità

$$\frac{1}{S} = \frac{B}{\sqrt{EG}}$$

è la torsione geodetica della linea u (eguale e di segno contrario a quella della linea v), si può dare alle precedenti equazioni la forma seguente:

$$U = -\frac{\partial T}{\partial s_v} - \frac{\partial T_v}{\partial s_u} - \frac{2T}{r_u} + \frac{T_u - T_v}{r_v},$$

$$V = -\frac{\partial T}{\partial s_u} - \frac{\partial T_u}{\partial s_v} - \frac{2T}{r_v} + \frac{T_v - T_u}{r_u},$$

$$W = \frac{T_v}{R_u} - \frac{2T}{S} + \frac{T_u}{R_v}.$$

Son queste (astrazion fatta da differenze di segno, dovute a convenzioni diverse) le equazioni d'equilibrio date per la prima volta dal sig. LECORNU, equazioni nelle quali, come ognun vede, non è fatta alcuna supposizione restrittiva circa la scelta delle linee ortogonali u e v, cioè non è ammessa *a priori* alcuna relazione fra l'andamento di queste linee e la distribuzione delle tensioni, cosicchè esse sono perfettamente generali.

Se si ammette che le linee ortogonali u e v sieno quelle di tensione normale, si deve porre $T = 0$, e le equazioni precedenti diventano in tale ipotesi

$$U = -\frac{\partial T_v}{\partial s_u} + \frac{T_u - T_v}{r_v},$$

$$V = -\frac{\partial T_u}{\partial s_v} + \frac{T_v - T_u}{r_u},$$

$$W = \frac{T_u}{R_v} + \frac{T_v}{R_u}.$$

Queste equazioni coincidono con quelle che, nel già citato scritto, il prof. BRIOSCHI ha dedotto, nel caso dell'ortogonalità, dalle equazioni riferite più sopra. Esse sono utilmente applicabili in tutti quei casi, certo non infrequenti, nei quali la natura della questione indica *a priori* la disposizione delle linee di tensione normale.

Finalmente se si suppone che uno dei due sistemi di linee di tensione normale, per esempio quello delle linee v, sia formato di linee geodetiche (il che evidentemente non può avvenire che in casi particolari), si deve porre $r_v = \infty$ e si ottengono dalle precedenti le equazioni di MOSSOTTI:

$$U = -\frac{\partial T_v}{\partial s_u},$$

$$V = -\frac{\partial T_u}{\partial s_v} + \frac{T_v - T_u}{r_u},$$

$$W = \frac{T_u}{R_v} + \frac{T_v}{R_u}.$$

Le equazioni date da POISSON (p. 179 della citata Memoria) non si possono in alcun modo dedurre dalle equazioni generali, perchè si fondano sull'ipotesi inammissibile di tensioni *normali* e *diseguali* operanti su elementi in generale *obliqui* fra loro. È solamente nel caso dell'eguaglianza delle tensioni che quelle equazioni diventano la traduzione dell'ipotesi di LAGRANGE.

Lo stesso dicasi delle equazioni a due tensioni ricavate, con ipotesi non molto plausibili e in ogni caso troppo artificiose, da CISA DE GRESY nella Memoria già citata: equazioni che rientrano in quelle di POISSON. CISA DE GRESY non ha saputo trarre abbastanza partito dalle considerazioni, in gran parte giuste, che si leggono nel proemio del suo lavoro. Ivi egli osserva, in particolare, che « pour avoir une solution générale du problème des surfaces en équilibre, il faudrait pouvoir *exprimer dans le calcul l'inextensibilité de la surface d'une manière générale* ». Questa maniera generale di esprimere l'inestendibilità consiste semplicemente nel porre le condizioni (2): osservazione che adesso può parere del tutto ovvia, ma che in realtà era ben lungi dall'esser tale, prima che fosse nota la dottrina di GAUSS.

§ 12.

Sulla deformazione infinitesima d'una superficie flessibile ed inestendibile.

Le condizioni (2) dell'inestendibilità si traducono, in virtù delle formole (7), nelle equazioni seguenti:

$$(17)\quad \left\{\begin{aligned} &E\frac{\partial\,\delta u}{\partial u}+F\frac{\partial\,\delta v}{\partial u}+\frac{1}{2}\partial E=A\,\delta w\,,\\ &E\frac{\partial\,\delta u}{\partial v}+F\left(\frac{\partial\,\delta u}{\partial u}+\frac{\partial\,\delta v}{\partial v}\right)+G\frac{\partial\,\delta v}{\partial u}+\partial F=2B\,\delta w\,,\\ &F\frac{\partial\,\delta u}{\partial v}+G\frac{\partial\,\delta v}{\partial v}+\frac{1}{2}\partial G=C\,\delta w\,. \end{aligned}\right.$$

Altre equazioni, del tutto equivalenti, si otterrebbero dalle formole (7_c), ponendo $\delta E=\delta F=\delta G=0$.

Vogliamo innanzi tutto mostrare come le tre equazioni (17) si possano riassumere in una sola formola sommamente semplice.

A tal fine osserviamo che, per la definizione delle variazioni δu, δv (§ 5), le quantità $u+\delta u$, $v+\delta v$ sono le coordinate di quel punto in cui la primitiva superficie σ è incontrata dalla normale w, che passa per il punto dello spazio in cui si trasporta il punto (u, v) quando la superficie suddetta subisce una deformazione infinitamente piccola. Ma quelle stesse variazioni δu, δv possono essere considerate anche sotto un altro aspetto, cioè come gli incrementi che ricevono le variabili u e v quando il punto (u, v) cambia il posto *sulla superficie primitiva,* passando dal posto che occupava a quello occupato dal piede della normale suddetta. Considerate sotto questo secondo aspetto, designiamo quelle variazioni con ∂u e ∂v e notiamo subito che, per effetto di tale spostamento sulla superficie, le quantità E, F, G, riferite al punto che si sposta, prendono gli incrementi già designati nelle equazioni (17) con ∂E, ∂F, ∂G. Ciò posto, se si denotano con du, dv altri incrementi *arbitrarî* delle variabili u, v e se si sommano le dette equazioni, dopo averle rispettivamente moltiplicate per du^2, $du\,dv$, dv^2, si ottiene

$$(E\,du + F\,dv)\,d\partial u + (F\,du + G\,dv)\,d\partial v$$

$$+ \tfrac{1}{2}(\partial E\,du^2 + 2\,\partial F\,du\,dv + \partial G\,dv^2) = (A\,du^2 + 2\,B\,du\,dv + C\,dv^2)\,\delta w.$$

Ma essendo, per il significato dei simboli ∂u, ∂v,

$$d\partial u = \partial du, \qquad d\partial v = \partial dv,$$

quest'ultima equazione equivale alla seguente:

$$\tfrac{1}{2}\,\partial(E\,du^2 + 2\,F\,du\,dv + G\,dv^2) = (A\,du^2 + 2\,B\,du\,dv + C\,dv^2)\,\delta w;$$

quindi, per le formole (1_a), (4_d), si ha finalmente

$$(17_a) \qquad \frac{\partial ds}{ds} + \frac{\delta w}{R} = 0.$$

Questa formola semplicissima *), agevole ad interpretarsi geometricamente, comprende tutte tre le equazioni (17): infatti è evidente che, rifacendo la trasformazione in senso inverso ed osservando essere arbitraria la direzione dell'elemento ds, cioè il valore del rapporto $du:dv$, essa si risolve di nuovo in quelle tre equazioni, ossia nelle (2).

Relazioni analoghe alle (17) furono già considerate dal Sig. JELLETT e servono di base alla sua interessante Memoria *On the properties of inextensible surfaces* **). Le equazioni (B) di questo Autore corrispondono per l'appunto alle equazioni (17), come le sue equazioni (C) corrispondono a quelle che risulterebbero dalle formole (7_c). Se non che, avendo il sig. JELLETT assunto le coordinate cartesiane x, y al posto delle nostre variabili u e v, la verificazione di tale corrispondenza non può farsi con una semplice sostituzione, ma esige alcune avvertenze. Infatti dal supporre $u = x$, $v = y$ non segue punto che le variazioni δu, δv possano senz'altro identificarsi colle δx, δy;

---

*) Per ben precisare il significato di questa formola, sia ds' l'elemento lineare corrispondente a ds sulla superficie deformata, cioè l'elemento in cui si converte ds (talchè $ds' = ds$); si projetti ds' normalmente sulla superficie primitiva (mediante le rette w) e sia ds'' l'elemento projettato; il simbolo ∂ds rappresenta la differenza $ds'' - ds$.

**) Transactions of the Royal Irish Academy, t. XXII (1855), pag. 343.

e infatti le equazioni (6) dànno in quell'ipotesi

$$\delta x = \delta u + \alpha \delta w, \qquad \delta y = \delta v + \beta \delta w, \qquad \delta z = p \delta u + q \delta v + \gamma \delta w,$$

dove $p = \frac{\partial z}{\partial x}$, $q = \frac{\partial z}{\partial y}$. Si osserverà dunque che, essendo

$$E = 1 + p^2, \qquad F = pq, \qquad G = 1 + q^2,$$

la prima equazione (17) diventa

$$\frac{\partial \delta u}{\partial x} + p \frac{\partial (p \delta u + q \delta v)}{\partial x} = \frac{\partial p}{\partial x} \gamma \delta w,$$

ossia

$$\frac{\partial (\delta x - \alpha \delta w)}{\partial x} + p \frac{\partial (\delta z - \gamma \delta w)}{\partial x} = \frac{\partial p}{\partial x} \gamma \delta w,$$

od anche

$$\frac{\partial \delta x}{\partial x} + p \frac{\partial \delta z}{\partial x} = \frac{\partial [(\alpha + p\gamma) \delta w]}{\partial x}.$$

Ma è $\alpha + p\gamma = 0$, quindi

$$\frac{\partial \delta x}{\partial x} + p \frac{\partial \delta z}{\partial x} = 0,$$

e similmente si ricava dalle altre due equazioni (17)

$$\frac{\partial \delta x}{\partial y} + \frac{\partial \delta y}{\partial x} + p \frac{\partial \delta z}{\partial y} + q \frac{\partial \delta z}{\partial x} = 0,$$

$$\frac{\partial \delta y}{\partial y} + q \frac{\partial \delta z}{\partial y} = 0.$$

Queste sono le tre equazioni (A) del sig. Jellett, la cui dimostrazione diretta riesce naturalmente più semplice.

Il sig. Lecornu dà anch'egli, alla fine del suo Cap. I, tre equazioni analoghe alle precedenti, ma di una forma ancora diversa. Per ottenere le sue formole bisogna far uso delle relazioni

$$\cos \theta = \frac{F}{\sqrt{EG}}, \qquad \operatorname{sen} \theta = \frac{H}{\sqrt{EG}},$$

che definiscono l'angolo delle linee u e v, e delle

$$\frac{d\sqrt{E}}{\partial v} = \frac{H}{r_u} + \frac{\partial \frac{F}{\sqrt{E}}}{\partial u}, \qquad \frac{\partial \sqrt{G}}{\partial u} = \frac{H}{r_v} + \frac{\partial \frac{F}{\sqrt{G}}}{\partial v},$$

che definiscono le curvature tangenziali di queste stesse linee. Se si pone inoltre

$$\sqrt{E}\,\delta u = \delta s_u, \qquad \sqrt{G}\,\delta v = \delta s_v,$$

le equazioni (17) si trasformano facilmente nelle seguenti:

$$\frac{\partial \delta s_u}{\partial s_u} + \frac{\partial \delta s_v}{\partial s_u}\cos\theta + \left(\frac{1}{r_u} - \frac{\partial \theta}{\partial s_u}\right)\delta s_v \operatorname{sen}\theta = \frac{A\,\delta w}{E},$$

$$\frac{\partial \delta s_u}{\partial s_v} + \frac{\partial \delta s_v}{\partial s_u} + \left(\frac{\partial \delta s_u}{\partial s_u} + \frac{\partial \delta s_v}{\partial s_v}\right)\cos\theta - \left(\frac{\delta s_u}{r_u} + \frac{\delta s_v}{r_v}\right)\operatorname{sen}\theta = \frac{2B\,\delta w}{\sqrt{EG}},$$

$$\frac{\partial \delta s_v}{\partial s_v} + \frac{\partial \delta s_u}{\partial s_v}\cos\theta + \left(\frac{1}{r_v} - \frac{\partial \theta}{\partial s_v}\right)\delta s_u \operatorname{sen}\theta = \frac{C\,\delta w}{G}.$$

Quando le linee u e v sono fra loro ortogonali queste equazioni diventano

$$\frac{\partial \delta s_u}{\partial s_u} + \frac{\delta s_v}{r_u} = \frac{A\,\delta w}{E},$$

$$\frac{\partial \delta s_u}{\partial s_v} + \frac{\partial \delta s_v}{\partial s_u} - \frac{\delta s_u}{r_u} - \frac{\delta s_v}{r_v} = \frac{2B\,\delta w}{\sqrt{EG}},$$

$$\frac{\partial \delta s_v}{\partial s_v} + \frac{\delta s_u}{r_v} = \frac{C\,\delta w}{G},$$

e, salvo la diversità dei simboli, coincidono con quelle del sig. LECORNU.

Quando si deve operare sulle equazioni (17), giova tener presenti parecchie relazioni secondarie, che ne sono conseguenza e che servono ad agevolare i calcoli. Ne citeremo solamente due, per la loro speciale importanza. La prima è la seguente:

$$\frac{\partial (H\,\delta u)}{\partial u} + \frac{\partial (H\,\delta v)}{\partial v} + H h\,\delta w = 0,$$

e si deduce immediatamente dall'equazione (7_a). La seconda, che richiede alquanto più d'artificio, è quest'altra

$$\partial k - h k\,\delta w + \nabla(\delta w) = 0.$$

I simboli h, k, ∇ sono quelli già adoperati nei §§ 8, 9. Quest'ultima relazione serve, per esempio, a verificare l'invariabilità della misura di curvatura k; giacchè, se si cerca la variazione di questa quantità, per effetto d'una deformazione infinitesima *qualunque* *),

*) Cioè non vincolata alle condizioni (2).

si trova appunto

$$\delta k = \partial k - h k \delta w + \nabla(\delta w).$$

Colle formole semplici del sig. JELLETT questa verificazione riesce molto più spedita: ma la scelta troppo speciale delle variabili indipendenti rende quelle formole meno adatte ad altre applicazioni, quali sono per esempio quelle che si ebbero di mira nel presente scritto.

LXXI.

SUL POTENZIALE MAGNETICO.

Annali di Matematica pura ed applicata, serie II, tomo X (1882), pp. 241-260.

Nel volume intitolato *Reprint of Papers on Electrostatics and Magnetism* (London, 1872), contenente la collezione degli anteriori scritti di SIR WILLIAM THOMSON sull'elettrostatica e sul magnetismo, arricchiti di note e di addizioni inedite considerevoli, l'Autore ha introdotto alcune nuove definizioni per l'*asse* e per il *centro* d'un corpo magnetico. Queste definizioni, colle formole relative, fanno parte di un'Addizione (in data del settembre 1871) al Capitolo IV della *Teoria matematica del magnetismo,* teoria che l'Autore aveva già pubblicato nelle *Philosophical Transactions* degli anni 1849 e 1850. Esse furono riportate da MAXWELL nel *Treatise on Electricity and Magnetism* (Tomo II) e da BETTI nella *Teoria delle forze newtoniane e sue applicazioni* (Pisa, 1879).

Cercando di rendermi un conto esatto del vero significato di queste definizioni e della maggiore o minore opportunità loro, ho potuto convincermi che l'*asse magnetico* di THOMSON merita indubbiamente questo nome, ad esclusione d'ogni altro asse parallelo, mentre lo stesso non potrebbe dirsi del *centro magnetico.* Infatti la posizione di quell'asse è indipendente dalla legge d'azione della forza magnetica, mentre quella del centro assegnato da THOMSON è essenzialmente subordinata all'ordinaria legge newtoniana. La verità, universalmente ammessa, di questa legge può, sotto un certo aspetto, considerarsi come favorevole all'assunzione d'un tal punto come centro magnetico. Ma non è men vero che sull'asse magnetico esiste sempre un altro punto, il quale gode di proprietà notevolissime qualunque sia la legge d'attrazione ed il quale, quando pure questa legge sia la newtoniana, non coincide con quello di THOMSON se non per sistemi magnetici particolari.

Parendomi che il procedimento da me seguìto in questa ricerca sia molto semplice e generale, e getti qualche luce non solo sull'argomento ora accennato, ma su altri ancora, mi permetto di comunicarlo ai lettori di questi Annali.

Abbiansi due sistemi, che diremo M ed M', di masse m ed m', concentrate in punti discreti. Designando con r la distanza delle due masse individuali m ed m', con W il potenziale mutuo dei due sistemi e lasciando indeterminata la legge d'attrazione, si ha

$$W = \sum \sum m m' \varphi(r), \tag{1}$$

formola in cui la doppia somma si estende a tutte le coppie formate con una massa m del sistema M e con una massa m' del sistema M'.

Quando la distanza dei due sistemi è molto grande in confronto delle distanze mutue fra le masse di ciascun sistema in particolare, si può, facendo alcune ipotesi abbastanza plausibili e ancora molto generali sulla natura della funzione $\varphi(r)$, assegnare un'espressione assai semplice al valore approssimato del potenziale W; e ciò nel modo seguente.

Riferiamo i punti dei due sistemi a due terne T e T' d'assi ortogonali, paralleli ciascuno a ciascuno, aventi l'origine la prima in un punto O, la seconda in un punto O'. Il punto O deve essere scelto in modo che le sue distanze dalle masse m del sistema M sieno dello stesso ordine delle distanze mutue di queste masse, in confronto della distanza dei due sistemi; lo stesso dicasi del punto O' rispetto alle masse m' del sistema M'. Del rimanente, le posizioni delle due origini sono, per ora, arbitrarie. Sieno a, b, c le coordinate della massa m rispetto alla terna T; a', b', c' quelle della massa m' rispetto alla terna T', e poniamo

$$a^2 + b^2 + c^2 = d^2, \qquad a'^2 + b'^2 + c'^2 = d'^2.$$

Designiamo inoltre con ρ la distanza assoluta delle due origini O ed O' e con ξ, η, ζ i coseni degli angoli che la direzione $O\,O'$ fa colle direzioni degli assi.

Per tali segnature si ha

$$r^2 = (\rho\xi + a' - a)^2 + (\rho\eta + b' - b)^2 + (\rho\zeta + c' - c)^2,$$

ovvero

$$r^2 = \rho^2 - 2P\rho + Q^2,$$

ponendo per brevità

$$P = (a - a')\xi + (b - b')\eta + (c - c')\zeta,$$

$$Q^2 = (a - a')^2 + (b - b')^2 + (c - c')^2.$$

Ne risulta

$$r = \rho\left(1 - \frac{2P}{\rho} + \frac{Q^2}{\rho^2}\right)^{\frac{1}{2}},$$

epperò supponendo ρ abbastanza grande perchè sia, per ogni coppia di punti (a, b, c), (a', b', c'),

$$\mathrm{mod}\left(\frac{2P}{\rho} - \frac{Q^2}{\rho^2}\right) < 1,$$

si ha la serie convergente

$$(1_a) \qquad r = \rho - P + \frac{Q^2 - P^2}{2\rho} + \frac{P(Q^2 - P^2)}{2\rho^2} + \cdots$$

che procede secondo le potenze negative di ρ.

Ciò posto, se si ammette che la funzione φ e le sue derivate φ', φ'', φ''' sieno continue e finite, per quei valori della variabile che qui occorre di considerare, si può porre, come è noto,

$$\varphi(r) = \varphi(\rho) + (r-\rho)\varphi'(\rho) + \frac{(r-\rho)^2}{2}\varphi''(\rho) + \frac{(r-\rho)^3}{2.3}\varphi'''[\rho + \theta(r-\rho)],$$

dove θ è una frazione propria. Supponiamo inoltre che la natura della funzione $\varphi(\rho)$ sia tale che le sue derivate successive $\varphi'(\rho)$, $\varphi''(\rho)$, $\varphi'''(\rho)$ sieno rispettivamente degli ordini di

$$\frac{\varphi(\rho)}{\rho}, \qquad \frac{\varphi(\rho)}{\rho^2}, \qquad \frac{\varphi(\rho)}{\rho^3}.$$

Per tali ipotesi, dando ad r il valore (1_a) ed arrestandosi ai termini dell'ordine di

$$\frac{(r-\rho)^2\varphi(\rho)}{\rho^2},$$

si ha per $\varphi(r)$ il seguente valore approssimato:

$$\varphi(r) = \varphi(\rho) - P\varphi'(\rho) + \frac{Q^2\varphi'(\rho)}{2\rho} + \frac{P^2}{2}\left[\varphi''(\rho) - \frac{\varphi'(\rho)}{\rho}\right].$$

Per dare a questo valore di $\varphi(r)$ una forma appropriata allo scopo nostro, poniamo

$$p = a\xi + b\eta + c\zeta, \qquad p' = a'\xi + b'\eta + c'\zeta,$$

$$q^2 = d^2 - p^2, \qquad q'^2 = d'^2 - p'^2,$$

vale a dire denotiamo con q e q' le distanze delle masse m ed m' dalla retta OO' e con p e p' le distanze delle stesse masse dai due piani condotti per i punti O ed O' perpendicolarmente alla retta medesima. Ne risulta

$$P = p - p', \qquad Q^2 = d^2 + d'^2 - 2(aa' + bb' + cc'),$$

$$P^2 = p^2 + p'^2 - 2pp' = d^2 + d'^2 - q^2 - q'^2 - 2pp',$$

epperò il precedente valore di $\varphi(r)$ si può scrivere così

$$(1_b)\quad \begin{cases} \varphi(r) = \varphi(\rho) - (p - p')\varphi'(\rho) + \dfrac{d^2 + d'^2}{2}\varphi''(\rho) - \dfrac{q^2 + q'^2}{2}\left[\varphi''(\rho) - \dfrac{\varphi'(\rho)}{\rho}\right] \\ \qquad - (a a' + b b' + c c')\dfrac{\varphi'(\rho)}{\rho} - p p'\left[\varphi''(\rho) - \dfrac{\varphi'(\rho)}{\rho}\right]. \end{cases}$$

Introduciamo questo valore di $\varphi(r)$ nell'espressione (1). Eseguendo la doppia somma ivi indicata si presentano parecchie somme semplici, che sono specificate qui sotto insieme coi simboli che serviranno quind'innanzi a designarle:

$$(2)\quad \begin{cases} \sum m = M, \quad \sum m a = \alpha, \quad \sum m b = \beta, \quad \sum m c = \gamma, \quad \sum m p = \varpi, \\ \sum m' = M', \quad \sum m' a' = \alpha', \quad \sum m' b' = \beta', \quad \sum m' c' = \gamma', \quad \sum m' p' = \varpi', \\ 2\sum m d^2 = D, \quad 2\sum m' d'^2 = D', \quad \sum m q^2 = I, \quad \sum m' q'^2 = I', \\ \alpha\xi + \beta\eta + \gamma\zeta = \varpi, \qquad \alpha^2 + \beta^2 + \gamma^2 = \delta^2, \\ \alpha'\xi + \beta'\eta + \gamma'\zeta = \varpi', \qquad \alpha'^2 + \beta'^2 + \gamma'^2 = \delta'^2. \end{cases}$$

Tutte queste quantità hanno significati meccanici notissimi. Le quantità α, β, γ, ϖ sono i momenti lineari del sistema M rispetto ai quattro piani $a = 0$, $b = 0$, $c = 0$, $p = 0$; δ è il momento risultante; D è la somma dei momenti d'inerzia dello stesso sistema M rispetto ai tre assi della terna T, giacchè

$$2 d^2 = (b^2 + c^2) + (c^2 + a^2) + (a^2 + b^2),$$

anzi è evidente che questi momenti d'inerzia possono riferirsi a qualunque altra terna d'assi ortogonali coll'origine in O; finalmente I è il momento di inerzia del sistema M rispetto alla retta OO'. Se A, B, C sono i momenti principali d'inerzia del sistema M rispetto al punto O, e se λ, μ, ν sono i coseni degli angoli che la retta OO' fa coi tre assi principali cui questi momenti d'inerzia si riferiscono, si ha quindi

$$(2_a)\qquad A + B + C = D, \qquad A\lambda^2 + B\mu^2 + C\nu^2 = I.$$

Altrettanto dicasi delle analoghe quantità relative al sistema M'.

Tenendo conto delle segnature (2), la sostituzione del valore (1_b) di $\varphi(r)$ nell'espressione (1) somministra il seguente valore di W, approssimato fino alle quantità dell'ordine già indicato:

$$(3)\quad \begin{cases} W = MM'\varphi(\rho) + (M\varpi' - M'\varpi)\varphi'(\rho) + \dfrac{MD' + M'D}{4}\varphi''(\rho) \\ -\dfrac{MI' + M'I}{2}\left[\varphi''(\rho) - \dfrac{\varphi'(\rho)}{\rho}\right] - (\alpha\alpha' + \beta\beta' + \gamma\gamma')\dfrac{\varphi'(\rho)}{\rho} - \varpi\varpi'\left[\varphi''(\rho) - \dfrac{\varphi'(\rho)}{\rho}\right]. \end{cases}$$

Di questa formola generale giova considerare distintamente i tre casi particolari più importanti, che sono i seguenti.

Supponiamo, in primo luogo, che amendue i sistemi di masse sieno dotati di baricentro, e sia O il baricentro del primo sistema, O' quello del secondo. In tal caso si ha

$$\alpha = \beta = \gamma = \varpi = 0, \qquad \alpha' = \beta' = \gamma' = \varpi' = 0,$$

e quindi

$$(3_a)\quad W = MM'\varphi(\rho) + \frac{MD' + M'D}{4}\varphi''(\rho) - \frac{MI' + M'I}{2}\left[\varphi''(\rho) - \frac{\varphi'(\rho)}{\rho}\right].$$

Supponiamo, in secondo luogo, che il primo sistema sia privo di baricentro e che il secondo abbia il baricentro nel punto O'; poniamo, cioè,

$$M = 0, \qquad \alpha' = \beta' = \gamma' = \varpi' = 0.$$

L'espressione del potenziale diventa

$$(3_b)\quad W = M'\left\{-\varpi\varphi'(\rho) + \frac{D}{4}\varphi''(\rho) - \frac{I}{2}\left[\varphi''(\rho) - \frac{\varphi'(\rho)}{\rho}\right]\right\}.$$

Supponiamo finalmente che amendue i sistemi sieno privi di baricentro, cioè che si abbia

$$M = M' = 0.$$

L'espressione (3) diventa

$$(3_c)\quad W = -(\alpha\alpha' + \beta\beta' + \gamma\gamma')\frac{\varphi'(\rho)}{\rho} - \varpi\varpi'\left[\varphi''(\rho) - \frac{\varphi'(\rho)}{\rho}\right],$$

e può scriversi anche così

$$(3_{c'})\quad W = -\delta\delta'\left\{\frac{\varphi'(\rho)}{\rho}\cos(\delta, \delta') + \left[\varphi''(\rho) - \frac{\varphi'(\rho)}{\rho}\right]\cos(\delta, \rho)\cos(\delta', \rho)\right\}.$$

Nei primi due casi si può supporre, più in particolare, che il secondo sistema si riduca ad un solo punto materiale O', di massa unitaria. In tale ipotesi si ha

$$M' = 1, \qquad D' = I' = 0$$

e il potenziale W diventa la funzione potenziale V del primo sistema sul punto O'.

Si ottiene così nel primo caso

$$(4_a)\qquad V = M\varphi(\rho) + \frac{D}{4}\varphi''(\rho) - \frac{I}{2}\left[\varphi''(\rho) - \frac{\varphi'(\rho)}{\rho}\right],$$

e nel secondo

$$(4_b)\qquad V = -\varpi\varphi'(\rho) + \frac{D}{4}\varphi''(\rho) - \frac{I}{2}\left[\varphi''(\rho) - \frac{\varphi'(\rho)}{\rho}\right].$$

Rispetto al primo di questi due casi osserveremo che, denotando con V' la funzione potenziale [analoga alla V dell'equazione (4_a)] del sistema M', supposto dotato di baricentro e col baricentro in O', sul sistema M ridotto ad una massa $M = 1$ collocato in O, si può esprimere (sempre coll'indicata approssimazione) il potenziale mutuo (3_a) di due sistemi dotati di baricentro nel modo seguente:

$$W = MV' + M'V - MM'\varphi(\rho),$$

cosicchè la determinazione di W, in questo caso, si riduce a quella di V e di V'.

Ponendo

$$\varphi(\rho) = \frac{1}{\rho}$$

le espressioni (3_a), (3_c), (4_a), (4_b) ricevono significati ben noti nella teoria del potenziale newtoniano. La prima infatti è l'espressione approssimata del potenziale mutuo newtoniano di due corpi lontani l'uno dall'altro. La seconda rappresenta il potenziale mutuo di due elementi magnetici a distanza finita, o di due magneti lontani l'uno dall'altro. La terza è l'espressione approssimata della funzione potenziale d'un corpo sopra un punto lontano. La quarta è la funzione potenziale d'un magnete sopra un'unità magnetica posta in un punto pure lontano.

Un'opportuna orientazione delle due terne T, T', del cui parallelismo è sparita ogni traccia nelle formole (3_a), (3_b), (4_a), (4_b) permette d'introdurre ulteriori semplificazioni in queste formole. Così, se nella formola (4_a) si suppone che la terna T sia quella degli assi naturali d'inerzia del corpo M, e se si designano con x, y, z le coordinate del punto O' rispetto a questi assi, si ha, con riguardo alla relazione (2_a),

$$V = M\varphi(\rho) + \frac{A+B+C}{4}\varphi''(\rho) - \frac{Ax^2+By^2+Cz^2}{2\rho^2}\left[\varphi''(\rho) - \frac{\varphi'(\rho)}{\rho}\right],$$

donde si deduce subito, per $\varphi = \frac{1}{\rho}$, la notissima espressione di questa funzione potenziale.

L'espressione (3_c), non contenendo più traccia d'alcuna terna d'assi, non è riducibile ad alcuna forma più semplice.

Resta a considerarsi l'espressione (4_b) della funzione potenziale magnetica, che è quella della quale vogliamo più particolarmente occuparci.

Ricordando la condizione $M = \sum m = 0$, si trova

$$\sum m[(a - a_0)^2 + (b - b_0)^2 + (c - c_0)^2]$$
$$= \sum m(a^2 + b^2 + c^2) - 2(a_0 \alpha + b_0 \beta + c_0 \gamma)$$
$$= \frac{D}{2} - 2(a_0 \alpha + b_0 \beta + c_0 \gamma),$$

epperò si vede che se l'origine O fosse in un punto qualunque (a_0, b_0, c_0) del piano, la cui equazione rispetto alla terna T è

(5) $$\alpha x + \beta y + \gamma z = \frac{1}{2} \sum m(a^2 + b^2 + c^2),$$

la quantità analoga a D, per questo punto, sarebbe nulla, qualunque fosse l'orientazione degli assi. Il piano (5), che diremo *piano centrale* del sistema, è normale alla direzione del momento principale δ di questo sistema.

Assumendo per piano ab questo piano centrale e per asse delle c una qualunque retta ad esso normale (per esempio la retta condotta dalla primitiva origine O nella direzione del momento principale δ), si ha

$$\alpha = 0, \qquad \beta = 0, \qquad \gamma = \delta, \qquad D = 0$$

e la funzione (4_b) diventa

$$V = -\delta \zeta \varphi'(\rho) - \frac{I}{2}\left[\varphi''(\rho) - \frac{\varphi'(\rho)}{\rho}\right].$$

Ora osserviamo che, riferendo le coordinate a, b, c alla nuova terna, si ha

$$\sum m(b - b_0)c = \sum mbc - \delta b_0,$$
$$\sum mc(a - a_0) = \sum mca - \delta a_0,$$
$$\sum m(a - a_0)(b - b_0) = \sum mab;$$

quindi se, conservando il piano centrale come piano delle a, b, si trasporta l'origine nel punto di coordinate

$$a_0 = \frac{\sum mac}{\delta}, \qquad b_0 = \frac{\sum mbc}{\delta},$$

e se poscia si dirigono, nello stesso piano, gli assi delle a e delle b in modo che risulti

$$\sum mab = 0,$$

ciò che si può sempre fare (con un processo notissimo), i tre nuovi assi coordinati ottenuti dopo queste operazioni sono assi principali d'inerzia del sistema rispetto alla nuova origine. Avuto riguardo alle relazioni (2_a) si ha dunque, rispetto alla terna così determinata, che diremo *terna centrale,*

$$(5_a) \qquad V = -\delta\zeta\varphi'(\rho) - \frac{A\xi^2 + B\eta^2 + C\zeta^2}{2}\left[\varphi''(\rho) - \frac{\varphi'(\rho)}{\rho}\right],$$

dove A, B, C sono i momenti principali d'inerzia, soggetti alla relazione

$$(5_b) \qquad A + B + C = 0.$$

Questa è la forma più semplice cui può ridursi la funzione V, senza fare ipotesi più speciali sulla natura della funzione φ. I nuovi assi di riferimento sono totalmente individuati e tali che, per essi, hanno luogo le relazioni seguenti:

$$(5_c) \qquad \begin{cases} \sum ma = 0, & \sum mb = 0, & \sum m(a^2 + b^2 + c^2) = 0, \\ \sum mbc = 0, & \sum mca = 0, & \sum mab = 0. \end{cases}$$

Il nuovo asse delle c è l'*asse magnetico* del sistema e coincide con quello di THOMSON. La nuova origine è un *centro magnetico* indipendente, come l'asse, dalla legge d'attrazione: vedremo fra breve in quale relazione si trovi questo centro con quello di THOMSON.

Per determinare la posizione dell'asse e del centro testè definiti rispetto alla primitiva terna T, che era scelta arbitrariamente, denotiamo con s la perpendicolare condotta dalla primitiva origine O al piano centrale (assunta come positiva quando è nella direzione δ), con λ_1, μ_1, ν_1; λ_2, μ_2, ν_2 i coseni degli angoli che due rette ortogonali s_1, s_2 condotte dal piede di questa perpendicolare nel detto piano fanno coi primitivi assi, e con a_0, b_0, c_0 le coordinate del *centro* testè determinato rispetto a questi medesimi assi. Ricordando le costruzioni precedentemente eseguite, si vedrà facilmente essere

$$a_0 = \lambda_1 \frac{\sum ma'c'}{\delta} + \lambda_2 \frac{\sum mb'c'}{\delta} + \frac{\alpha s}{\delta},$$

ossia

$$\delta a_0 = \sum mc'(a'\lambda_1 + b'\lambda_2) + \alpha s,$$

con analoghe formole per b_0 e c_0; le lettere a', b', c' designano le coordinate della massa m rispetto alla terna (s, s_1, s_2). Ora le formole di relazione fra queste coordinate

a', b', c' e le primitive a, b, c sono

$$a'\lambda_1 + b'\lambda_2 + (c' + s)\frac{\alpha}{\delta} = a,$$

e le analoghe; quindi si può scrivere

$$\delta a_0 = \sum m c' a - \frac{\alpha}{\delta} \sum m c'(c' + s) + \alpha s,$$

od anche

$$\delta a_0 = \sum m(c' + s) a - \frac{\alpha}{\delta} \sum m(c' + s)^2 + \alpha s,$$

perchè

$$\sum m c' a = \sum m(c' + s) a - \alpha s,$$

$$\sum m c'(c' + s) = \sum m(c' + s)^2 - \delta s.$$

Ma si ha

$$c' + s = \frac{a\alpha + b\beta + c\gamma}{\delta}, \qquad s = \frac{\sum m(a^2 + b^2 + c^2)}{2\delta};$$

quindi

$$a_0 = \frac{\sum m a(a\alpha + b\beta + c\gamma)}{\delta^2} - \alpha \frac{\sum m(a\alpha + b\beta + c\gamma)^2}{\delta^4} + \alpha \frac{\sum m(a^2 + b^2 + c^2)}{2\delta^2}.$$

Ponendo dunque

(6) $$\Delta = \frac{\sum m(a\alpha + b\beta + c\gamma)^2}{2(\alpha^2 + \beta^2 + \gamma^2)},$$

si può scrivere, più semplicemente,

(6_a) $$\left\{ \begin{aligned} & a_0 = \frac{\partial \Delta}{\partial \alpha} + \frac{\alpha s}{\delta}, \qquad b_0 = \frac{\partial \Delta}{\partial \beta} + \frac{\beta s}{\delta}, \qquad c_0 = \frac{\partial \Delta}{\partial \gamma} + \frac{\gamma s}{\delta}, \\ & s = \frac{\sum m(a^2 + b^2 + c^2)}{2\delta}; \end{aligned} \right.$$

e queste sono le cercate espressioni delle coordinate del *centro*. Ne segue subito che l'*asse magnetico* è rappresentato dalle equazioni

(7_a) $$\frac{x - \dfrac{\partial \Delta}{\partial \alpha}}{\alpha} = \frac{y - \dfrac{\partial \Delta}{\partial \beta}}{\beta} = \frac{z - \dfrac{\partial \Delta}{\partial \gamma}}{\gamma}.$$

Il centro può anche essere considerato come l'intersezione di questa retta col piano centrale (5).

Torniamo ora all'espressione (5_a) della funzione potenziale magnetica riferita alla terna centrale. Denotiamo con a', b', c' le coordinate della massa m rispetto a tre nuovi assi, dei quali quello delle c' sia l'asse magnetico e quelli delle a' e delle b' sieno le rette condotte da un punto qualunque, $c = c_0$, dell'asse magnetico parallelamente agli assi delle a e delle b nella terna centrale. Essendo per tal modo

$$a' = a, \qquad b' = b, \qquad c' = c - c_0,$$

si ha

$$A' = \sum m(b'^2 + c'^2) = A - 2\delta c_0,$$

$$B' = \sum m(c'^2 + a'^2) = B - 2\delta c_0,$$

$$C' = \sum m(a'^2 + b'^2) = C,$$

$$\sum m b' c' = \sum m b c = 0,$$

$$\sum m c' a' = \sum m c a = 0,$$

$$\sum m a' b' = \sum m a b = 0,$$

epperò i nuovi assi sono ancora assi principali d'inerzia; se non che i tre momenti d'inerzia corrispondenti, anzichè alla relazione (5_b), soddisfanno alla

$$A' + B' + C' = -4\delta c_0.$$

Per avere l'espressione di V relativa a questi nuovi assi bisogna ricorrere alla formola generale (4_b) e porre in essa

$$\varpi = \delta\zeta, \qquad D = -4\delta c_0, \qquad I = A'\xi^2 + B'\eta^2 + C'\zeta^2$$

(intendendo, per comodo, designati sempre con ξ, η, ζ i coseni di direzione della retta ρ rispetto alla terna che si considera di volta in volta): si ottiene così

$$V = -\delta\zeta\varphi'(\rho) - \delta c_0 \varphi''(\rho) - \frac{A'\xi^2 + B'\eta^2 + C'\zeta^2}{2}\left[\varphi''(\rho) - \frac{\varphi'(\rho)}{\rho}\right],$$

dove ρ rappresenta la distanza del punto potenziato dalla nuova origine. Quest'espressione si può scrivere così

$$V = -\delta\zeta\varphi'(\rho) - \frac{(A' - C')\xi^2 + (B' - C')\eta^2}{2}\left[\varphi''(\rho) - \frac{\varphi'(\rho)}{\rho}\right]$$
$$- \left\{\delta c_0 \varphi''(\rho) + \frac{C}{2}\left[\varphi''(\rho) - \frac{\varphi'(\rho)}{\rho}\right]\right\}.$$

L'espressione contenuta nell'ultima linea non può, in generale, essere annullata da un valore *costante* di c_0, qualunque sia la distanza ρ. Perchè ciò possa accadere, bisogna, come è facile riconoscere, che la funzione $\varphi'(\rho)$ si riduca ad una semplice potenza di ρ. Ammesso ciò e supposto quindi

$$\varphi'(\rho) = -\frac{1}{\rho^n}, \tag{7}$$

si trova che la detta quantità è resa nulla da

$$c_0 = -\frac{n+1}{2n}\frac{C}{\delta}. \tag{7$_a$}$$

E poichè in tal caso si ha

$$A' + B' + C' = -4\delta c_0 = \frac{2(n+1)}{n} C',$$

donde

$$C' = \frac{n(A' + B')}{n+2},$$

si trova pure

$$A' - C' = \frac{2A' - nB'}{n+2}, \qquad B' - C' = \frac{2B' - nA'}{n+2}.$$

Per questi valori l'ultima espressione di V diventa

$$V = \frac{\delta z}{\rho^{n+1}} - \frac{n+1}{2(n+2)}\frac{(2A' - nB')x^2 + (2B' - nA')y^2}{\rho^{n+3}}, \tag{7$_b$}$$

dove x, y, z sono le coordinate del punto potenziato. I tre momenti d'inerzia A', B', C' relativi agli assi principali cui è ora riferito il sistema e di cui quello delle z è l'asse magnetico, sono legati dalla relazione

$$n(A' + B') - (n+2)C' = 0$$

che equivale alla seguente

$$\sum m(a'^2 + b'^2 - nc'^2) = 0. \tag{7$_c$}$$

Quando la legge d'azione è la newtoniana, si ha $n = 2$, epperò

$$V = \frac{\delta z}{\rho^3} + \frac{3}{4}\frac{(B' - A')(x^2 - y^2)}{\rho^5}, \tag{8}$$

colle relazioni

$$\left\{\begin{aligned} &\sum m(a'^2 + b'^2 - 2c'^2) = 0, \\ &B' - A' = \sum m(a'^2 - b'^2) = B - A. \end{aligned}\right. \tag{8$_a$}$$

L'origine degli assi ai quali si riferiscono queste formole è definita, rispetto alla nostra terna centrale, da

$$(8_b) \qquad a_0 = 0, \qquad b_0 = 0, \qquad c_0 = -\frac{3}{4}\frac{C}{\delta},$$

ed è il centro magnetico definito da THOMSON. Si scorge di qui che questo centro non cade nel piano centrale se non quando il sistema soddisfa alla condizione particolare $C = 0$, cioè quando è nullo il suo momento d'inerzia rispetto all'asse magnetico (e quindi rispetto ad ogni asse parallelo a questo, giacchè la quantità C è invariabile per tutti gli assi che hanno la direzione del momento principale).

È d'uopo far qui un'avvertenza, necessaria per chi voglia istituire un confronto fra le precedenti formole e quelle di THOMSON, giacchè esse non sono direttamente comparabili fra loro.

Giusta l'ordinaria teoria di POISSON, seguìta dall'illustre scozzese, la funzione potenziale d'un corpo magnetico si forma considerando questo corpo come l'aggregato d'un grandissimo numero di elementi magnetici, cioè di sistemi elementari privi di baricentro. Perciò nelle formole stabilite in base a questa teoria non compariscono direttamente le *masse* costituenti i singoli sistemi elementari, ma solo i *momenti* lineari di ciascuno di questi, talchè, per esempio, non vi rimane più traccia dei momenti d'inerzia di quelle masse. Ora si può dimostrare che rispetto alle espressioni delle quali qui si tratta, questo secondo punto di vista è sostanzialmente identico a quello che ha servito finora di base alle nostre formole, vale a dire che le formole dedotte nell'ipotesi che la condizione $\sum m = 0$ si verifichi in ogni sistema parziale rientrano esattamente in quelle stabilite senza questa ipotesi.

A tal fine osserviamo innanzi tutto che se il sistema cui si riferisce la funzione potenziale (4_b) è di dimensioni estremamente piccole, quella funzione, che diremo ora v, si può ridurre al solo termine

$$v = -\varpi\varphi'(\rho),$$

dove la distanza ρ si può supporre semplicemente finita, ed anche piccola, purchè sia sempre estremamente grande rispetto alle dimensioni del sistema, od elemento magnetico. È questa infatti l'ordinaria espressione della funzione potenziale di un tale elemento. La formola precedente suppone che quest'elemento sia collocato nell'*intorno* del punto O, d'onde si spicca il raggio vettore ρ. Se quindi l'elemento fosse collocato invece nell'intorno di un altro punto (a_1, b_1, c_1), denotando con r la distanza di questo punto dal punto potenziato (x, y, z) e con $\alpha_1, \beta_1, \gamma_1$ i momenti dell'elemento magnetico, si avrebbe

$$v = -[\alpha_1(x - a_1) + \beta_1(y - b_1) + \gamma_1(z - c_1)]\frac{\varphi'(r)}{r},$$

o meglio

$$v = (a_1\alpha_1 + b_1\beta_1 + c_1\gamma_1)\frac{\varphi'(r)}{r} - (\alpha_1 x + \beta_1 y + \gamma_1 z)\frac{\varphi'(r)}{r}.$$

Ora se l'elemento fa parte d'un corpo magnetico di dimensioni finite, ma molto piccole rispetto alla distanza dal punto potenziato, si può, denotando nuovamente con ρ la distanza di questo punto dall'origine e supponendo che questa sia situata entro il corpo, sviluppare la funzione $\frac{\varphi'(r)}{r}$ come s'è già fatto prima per la $\varphi(r)$, ed è chiaro che basterà porre

$$\frac{\varphi'(r)}{r} = \frac{\varphi'(\rho)}{\rho}$$

nel primo termine di v, e

$$\frac{\varphi'(r)}{r} = \frac{\varphi'(\rho)}{\rho} - (a_1\xi + b_1\eta + c_1\zeta)\left[\varphi''(\rho) - \frac{\varphi'(\rho)}{\rho}\right]\frac{1}{\rho}$$

nel secondo. Si ottiene così

$$v = (a_1\alpha_1 + b_1\beta_1 + c_1\gamma_1)\frac{\varphi'(\rho)}{\rho} - (\alpha_1\xi + \beta_1\eta + \gamma_1\zeta)\varphi'(\rho)$$
$$+ (a_1\xi + b_1\eta + c_1\zeta)(\alpha_1\xi + \beta_1\eta + \gamma_1\zeta)\left[\varphi''(\rho) - \frac{\varphi'(\rho)}{\rho}\right].$$

La somma dei valori che prende questa funzione per i singoli elementi del corpo magnetico, cioè l'espressione

$$(9)\quad \begin{cases} V = -\varphi'(\rho)\sum(\alpha_1\xi + \beta_1\eta + \gamma_1\zeta) + \frac{\varphi'(\rho)}{\rho}\sum(a_1\alpha_1 + b_1\beta_1 + c_1\gamma_1) \\ \quad + \left[\varphi''(\rho) - \frac{\varphi'(\rho)}{\rho}\right]\sum(a_1\xi + b_1\eta + c_1\zeta)(\alpha_1\xi + \beta_1\eta + \gamma_1\zeta), \end{cases}$$

non deve differire, dietro quanto abbiamo asserito, dalla funzione rappresentata dalla formola (4_b), supponendo naturalmente che l'aggregato di tutti gli attuali elementi magnetici riproduca quello stesso sistema cui si riferiva quella formola.

Per dimostrare che così è veramente, basta osservare che denotando di nuovo con a, b, c le coordinate di una delle masse m che costituiscono l'elemento magnetico esistente nell'intorno del punto (a_1, b_1, c_1), e scrivendo

$$a = a_1 + (a - a_1),$$

si ha

$$\sum m a^2 = \sum m a_1^2 + 2\sum m a_1(a - a_1) + \sum m(a - a_1)^2 = 2a_1\alpha_1 + \sum m(a - a_1)^2,$$

dove la somma si riferisce al solo elemento magnetico anzidetto, cioè a quello i cui momenti sono α_1, β_1, γ_1. Ora la quantità $a - a_1$ è estremamente piccola di fronte ad a_1, epperò la quantità $\sum m(a - a_1)^2$ è d'ordine superiore a quelle delle quali si tiene conto. Ne risulta che, entro i limiti d'approssimazione ai quali le formole si arrestano, si può porre, per ciascun elemento magnetico,

$$\sum m a^2 = 2 a_1 \alpha_1, \qquad \sum m b^2 = 2 b_1 \beta_1, \qquad \sum m c^2 = 2 c_1 \gamma_1,$$

$$\sum m b c = b_1 \gamma_1 + c_1 \beta_1, \qquad \sum m c a = c_1 \alpha_1 + a_1 \gamma_1, \qquad \sum m a b = a_1 \beta_1 + b_1 \alpha_1,$$

e conseguentemente

$$a_1 \alpha_1 + b_1 \beta_1 + c_1 \gamma_1 = \frac{\sum m(a^2 + b^2 + c^2)}{2} = \frac{\sum m d^2}{2},$$

$$(a_1 \xi + b_1 \eta + c_1 \zeta)(\alpha_1 \xi + \beta_1 \eta + \gamma_1 \zeta)$$

$$= \frac{1}{2} \sum m(a\xi + b\eta + c\zeta)^2 = \frac{\sum m d^2}{2} - \frac{\sum m q^2}{2}.$$

Facendo quindi le somme delle espressioni analoghe a queste per i singoli elementi magnetici costituenti il sistema già considerato precedentemente, si ha

$$\sum (a_1 \alpha_1 + b_1 \beta_1 + c_1 \gamma_1) = \frac{D}{4},$$

$$\sum (a_1 \xi + b_1 \eta + c_1 \zeta)(\alpha_1 \xi + \beta_1 \eta + \gamma_1 \zeta) = \frac{D}{4} - \frac{I}{2},$$

dove D ed I hanno di nuovo il significato primitivamente attribuito a questi simboli. D'altronde è evidente che si ha pure

$$\sum \alpha_1 = \alpha, \qquad \sum \beta_1 = \beta, \qquad \sum \gamma_1 = \gamma;$$

dunque la formola (9) può scriversi

$$V = -\varpi \varphi'(\rho) + \frac{D}{4} \frac{\varphi'(\rho)}{\rho} + \left(\frac{D}{4} - \frac{I}{2}\right)\left[\varphi''(\rho) - \frac{\varphi'(\rho)}{\rho}\right],$$

ossia finalmente

$$V = -\varpi \varphi'(\rho) + \frac{D}{4} \varphi''(\rho) - \frac{I}{2}\left[\varphi''(\rho) - \frac{\varphi'(\rho)}{\rho}\right],$$

donde risulta l'identità della funzione V calcolata in questo secondo modo con quella definita dall'equazione (4_b).

Se nell'equazione (9) si pone $\varphi(\rho) = \frac{1}{\rho}$ si ottiene per V l'espressione dalla quale è partito Thomson per giungere, con successive trasformazioni, all'espressione semplificata (8) e quindi alla sua definizione dell'asse e del centro magnetico.

In ciò che precede abbiamo avuto più volte occasione di considerare i momenti d'inerzia d'un sistema di masse privo di baricentro. Non sarà inopportuno riassumere in brevi termini la teoria generale di tali momenti, per tali sistemi, teoria di cui Reye ha già dato qualche cenno nella sua ben nota Memoria intitolata: *Trägheits-und höhere Momente eines Massensystemes in Bezug auf Ebenen* *). Il metodo tenuto in questo riassunto potrebbe applicarsi, senza alcun mutamento essenziale, anche agli ordinarî sistemi di masse (pei quali anzi le formole prendono aspetto più simmetrico) e fornirebbe, a nostro credere, il procedimento più naturale e più spedito per istabilire le proposizioni e le formole più necessarie in meccanica, sulla base degli eleganti e fecondi concetti di Reye e di Hesse.

Ci riferiremo in ciò che segue alla terna che abbiamo detta *centrale* (come nell'ordinaria teoria si assume quella degli assi principali del baricentro) e riterremo quindi soddisfatte le relazioni

$$(10)\quad \begin{cases} \sum m = 0, \quad \sum ma = 0, \quad \sum mb = 0, \quad \sum mc = \delta, \\ \sum ma^2 = -A, \quad \sum mb^2 = -B, \quad \sum mc^2 = -C, \\ \sum mbc = 0, \quad \sum mca = 0, \quad \sum mab = 0 \\ A + B + C = 0. \end{cases}$$

Sia

$$(11)\qquad \lambda x + \mu y + \nu z - p = 0$$

l'equazione normale di un piano, cioè sieno λ, μ, ν i coseni di direzione della perpendicolare p condotta dall'origine al piano. Ponendo

$$H = \sum m(a\lambda + b\mu + c\nu - p)^2,$$

si trova, (10),

$$(11_a)\qquad A\lambda^2 + B\mu^2 + C\nu^2 + 2\delta p\nu + H = 0.$$

Se per il punto (x, y, z) del piano (11) si conduce un asse normale a questo piano, il momento d'inerzia I del sistema rispetto a quest'asse è dato da

$$I = \sum m[(a-x)^2 + (b-y)^2 + (c-z)^2] - H,$$

*) Journal für die reine und angewandte Mathematik, Bd. LXXII (1870), pp. 293-326. Ricerche geometriche d'indole più generale sullo stesso argomento possono vedersi nella recente Memoria di Jung *Sui momenti obliqui d'un sistema di punti e sull' « imaginäres Bild » di* Hesse [Collectanea Mathematica (Milano, Hoepli, 1881), pp. 327-339].

epperò fra H ed I ha luogo la relazione

$$H + I + 2\delta z = 0. \tag{11_b}$$

Sia

$$\lambda' x + \mu' y + \nu' z - p' = 0 \tag{12}$$

l'equazione normale di un secondo piano e sia H' il valore di H relativo ad esso, talchè si abbia, (11_a),

$$A\lambda'^2 + B\mu'^2 + C\nu'^2 - 2\delta p'\nu' + H' = 0. \tag{12_a}$$

Essendo

$$\sum m(a\lambda + b\mu + c\nu - p)(a\lambda' + b\mu' + c\nu' - p')$$
$$= -[A\lambda\lambda' + B\mu\mu' + C\nu\nu' + \delta(p\nu' + p'\nu)],$$

è chiaro che le condizioni necessarie e sufficienti affinchè sia nullo il momento complesso del sistema rispetto a due piani, (11) e (12), perpendicolari fra loro, sono

$$\left\{ \begin{array}{c} A\lambda\lambda' + B\mu\mu' + C\nu\nu' + \delta(p\nu' + p'\nu) = 0, \\ \lambda\lambda' + \mu\mu' + \nu\nu' = 0. \end{array} \right. \tag{13}$$

Ora le due equazioni (11_a), (12_a), o meglio le seguenti, omogenee rispetto alle coordinate tangenziali λ, μ, ν, p,

$$A\lambda^2 + B\mu^2 + C\nu^2 + 2\delta p\nu + H(\lambda^2 + \mu^2 + \nu^2) = 0,$$
$$A\lambda'^2 + B\mu'^2 + C\nu'^2 + 2\delta p'\nu' + H'(\lambda'^2 + \mu'^2 + \nu'^2) = 0,$$

rappresentano, nell'ipotesi di H ed H' costanti e diseguali, due quadriche omofocali fra loro (ed a quella rappresentata dall'equazione

$$A\lambda^2 + B\mu^2 + C\nu^2 + 2\delta p\nu = 0),$$

e le due equazioni (13) esprimono le condizioni necessarie e sufficienti affinchè i due piani (11) e (12) sieno conjugati rispetto ad amendue le dette quadriche. Ma questi due piani, essendo rispettivamente tangenti a quelle due quadriche, non possono essere conjugati rispetto ad esse se la loro retta comune non passa pei due punti di contatto: possiamo dunque concludere che per ogni retta dello spazio passa una sola coppia di piani ortogonali di momento complesso nullo, ed è la coppia dei piani tangenti alle due quadriche omofocali toccate da quella retta *). Segue di qui, come corollario, che due quadriche del sistema non possono intersecarsi che ortogonalmente.

*) È noto (e risulta da quanto sopra) che due quadriche omofocali ortogonali sono vedute da ogni punto dello spazio come intersecantisi ad angolo retto. Si può dunque dire che ogni diedro di momento complesso nullo è un *diedro visuale* del sistema omofocale, e viceversa.

L'equazione della quadrica (11_a), in coordinate locali x, y, z (facilmente deducibile colle regole note), è la seguente

$$\frac{x^2}{A+H}+\frac{y^2}{B+H}=\frac{C+H+2\delta z}{\delta^2}, \tag{14}$$

che rappresenta una famiglia di paraboloidi omofocali. Per ogni sistema di valori delle x, y, z quest'equazione ammette tre radici reali H_1, H_2, H_3 le quali, supponendo $A-B>0$, sono così distribuite:

$$H_1<-A<H_2<-B<H_3.$$

Le coordinate x, y, z si esprimono in funzione di queste radici mediante le formole

$$\left\{\begin{aligned} x^2&=-\frac{(A+H_1)(A+H_2)(A+H_3)}{(A-B)\delta},\\ y^2&=+\frac{(B+H_1)(B+H_2)(B+H_3)}{(A-B)\delta},\\ z&=-\frac{H_1+H_2+H_3}{2\delta}.\end{aligned}\right. \tag{14_a}$$

Dalla relazione (11_b) e dalla proposizione precedentemente dimostrata risulta che i tre momenti principali d'inerzia relativi ad un punto qualunque (x, y, z) dello spazio sono dati dall'equazione

$$\frac{x^2}{A-2\delta z-I}+\frac{y^2}{B-2\delta z-I}=\frac{C-I}{\delta^2}, \tag{14_b}$$

e che i corrispondenti assi principali sono normali ai tre paraboloidi omofocali (14) che passano per quel punto e che sono individuati dai tre valori di H legati, mercè la relazione (11_b), alle tre radici I dell'equazione (14_b).

Vi sono piani pei quali è $H=0$, e sono i piani tangenti del paraboloide rappresentato dalle due equazioni reciproche

$$\left\{\begin{aligned} &A\lambda^2+B\mu^2+C\nu^2+2\delta p\nu=0,\\ &\frac{x^2}{A}+\frac{y^2}{B}=\frac{C+2\delta z}{\delta^2}.\end{aligned}\right. \tag{15}$$

Questo paraboloide (reale) è l'immagine geometrica del sistema, giusta i ricordati concetti di Reye e di Hesse.

Così vi sono rette per le quali è $I=0$, cioè per le quali il momento d'inerzia del sistema è nullo, e queste rette, designandone con (x, y, z) un punto qualunque e con λ, μ, ν i coseni di direzione, sono comprese nell'equazione

$$A\lambda^2 + B\mu^2 + C\nu^2 + 2\delta(\lambda x + \mu y + \nu z)\nu - 2\delta z = 0,$$

che rappresenta un complesso speciale di 2° grado.

L'equazione

$$A\lambda^2 + B\mu^2 + C\nu^2 + 2\delta(\lambda x + \mu y + \nu z)\nu = 0$$

rappresenta il cono quadrico inviluppato dai piani che passano per il punto (x, y, z) e pei quali è $H = 0$. Quando $z = 0$ questo cono, in virtù della relazione $A + B + C = 0$, possiede infinite terne ortogonali di piani tangenti. Vi è dunque una triplice infinità di terne ortogonali, coll'origine nel piano centrale, per le quali è

$$\sum m a^2 = \sum m b^2 = \sum m c^2 = 0,$$

e per i di cui assi sono quindi nulli i momenti d'inerzia.

Senza insistere di più su queste proprietà, e senza citarne molte altre dello stesso genere che si potrebbero dedurre con eguale facilità, passiamo subito, per terminare, alle quaterne di masse che possono surrogare il sistema rispetto ai momenti lineari ed ai momenti d'inerzia.

Sieno m_i, a_i, b_i, c_i $(i = 1, 2, 3, 4)$ le masse e le coordinate di quattro punti, e pongasi

$$(16)\quad \left\{\begin{array}{llll} \sum m_i = 0, & \sum m_i a_i = 0, & \sum m_i b_i = 0, & \sum m_i c_i = \delta, \\ & \sum m_i a_i^2 = A', & \sum m_i b_i^2 = B', & \sum m_i c_i^2 = A', \\ & \sum m_i b_i c_i = 0, & \sum m_i c_i a_i = 0, & \sum m_i a_i b_i = 0, \end{array}\right.$$

dove

$$A' = \sum m a^2 = -\sum m(b^2 + c^2) = -A, \text{ etc.}$$

Soddisfatte le condizioni precedenti è soddisfatta anche la

$$\sum m_i(a_i^2 + b_i^2 + c_i^2) = 0,$$

cosicchè le quattro masse m_i hanno egual asse, egual centro ed eguali momenti lineari e d'inerzia del sistema fin qui considerato, e la funzione potenziale (5) di queste masse riesce identica, per ogni punto potenziato (lontano), a quella del sistema suddetto.

Introducendo due quaterne di variabili

$$\theta_1, \quad \theta_2, \quad \theta_3, \quad \theta_4,$$

$$\omega_1, \quad \omega_2, \quad \omega_3, \quad \omega_4,$$

legate dalle relazioni lineari

$$(17) \qquad \theta_i = a_i \sqrt{\frac{m_i}{A'}}\,\omega_1 + b_i \sqrt{\frac{m_i}{B'}}\,\omega_2 + c_i \sqrt{\frac{m_i}{C'}}\,\omega_3 + \sqrt{m_i}\,\omega_4 \qquad (i = 1, 2, 3, 4),$$

è chiaro che, ammesse le equazioni (16), si ha

$$(17_a) \qquad \theta_1^2 + \theta_2^2 + \theta_3^2 + \theta_4^2 = \omega_1^2 + \omega_2^2 + \omega_3^2 + \frac{2\delta}{\sqrt{C'}}\,\omega_3\,\omega_4,$$

e che, reciprocamente, ammessa quest'unica equazione come identicamente soddisfatta dalle sostituzioni lineari (17), seguono di necessità le relazioni (16) fra i coefficienti di queste sostituzioni. Ora dalle equazioni (17), in forza di queste stesse relazioni (16), risulta

$$(17_b) \qquad \begin{cases} \dfrac{1}{\sqrt{A'}} \sum a_i \sqrt{m_i}\,\theta_i = \omega_1, \\[2mm] \dfrac{1}{\sqrt{B'}} \sum b_i \sqrt{m_i}\,\theta_i = \omega_2, \\[2mm] \dfrac{1}{\sqrt{C'}} \sum c_i \sqrt{m_i}\,\theta_i = \omega_3 + \dfrac{\delta}{\sqrt{C'}}\,\omega_4, \\[2mm] \dfrac{\sqrt{C'}}{\delta} \sum \sqrt{m_i}\,\theta_i = \omega_3. \end{cases}$$

Formando con questi valori l'espressione costituente il secondo membro della equazione (17_a), ovvero l'espressione equivalente

$$\omega_1^2 + \omega_2^2 + 2\,\omega_3\left(\omega_3 + \frac{\delta}{\sqrt{C'}}\,\omega_4\right) - \omega_3^2,$$

si trova

$$(17_c) \qquad \begin{cases} \omega_1^2 + \omega_2^2 + 2\,\omega_3\left(\omega_3 + \dfrac{\delta}{\sqrt{C'}}\,\omega_4\right) - \omega_3^2 \\[2mm] = \sum m_i \left(\dfrac{a_i^2}{A'} + \dfrac{b_i^2}{B'} - \dfrac{C' - 2\delta c_i}{\delta^2}\right)\theta_i^2 \\[2mm] + 2 \sum \sqrt{m_i m_j} \left(\dfrac{a_i a_j}{A'} + \dfrac{b_i b_j}{B'} - \dfrac{C' - \delta(c_i + c_j)}{\delta^2}\right)\theta_i\,\theta_j. \end{cases}$$

Dovendo questa espressione essere identicamente eguale, in virtù delle relazioni (16) fra i coefficienti delle sostituzioni (17), a

$$\theta_1^2 + \theta_2^2 + \theta_3^2 + \theta_4^2,$$

fa d'uopo che fra i coefficienti stessi abbiano pur luogo le relazioni

$$(17_d) \quad \left\{ \begin{aligned} & \frac{a_i^2}{A} + \frac{b_i^2}{B} = \frac{C + 2\delta c_i}{\delta^2} - \frac{1}{m_i}, \\ & \frac{a_i a_j}{A} + \frac{b_i b_j}{B} = \frac{C + \delta(c_i + c_j)}{\delta^2}, \end{aligned} \right.$$

nella prima delle quali l'indice i ha i quattro valori 1, 2, 3, 4, e nella seconda gli indici i, j rappresentano una qualunque delle sei combinazioni binarie che si possono formare coi medesimi numeri. E poichè le dieci equazioni (17_d) traggono alla loro volta con sè l'identità (17_a), è chiaro che le equazioni stesse sono equipollenti alle (16) donde siamo partiti.

Le sei equazioni del secondo gruppo (17_d) esprimono che le quattro masse m_i sono collocate nei quattro vertici d'un tetraedro conjugato alla quadrica (15), in conformità all'elegante teorema di Reye. Le quattro equazioni del primo gruppo determinano le masse che si devono collocare in questi vertici.

Infiniti essendo i tetraedri conjugati al paraboloide (15), si potrebbe cercare se ne esista alcuno per il quale la riduzione del sistema a quattro masse presenti qualche carattere speciale. Un tale carattere sarebbe, per esempio, la decomposizione della quaterna di masse in due separati gruppi privi di baricentro, decomposizione che avverrebbe quando si avesse separatamente

$$m_1 + m_2 = 0, \qquad m_3 + m_4 = 0.$$

Ma non ci siamo inoltrati in questa ricerca per la seguente ragione: dalla combinazione delle equazioni (17_d) risultano le equazioni del tipo

$$\frac{(a_i - a_j)^2}{A} + \frac{(b_i - b_j)^2}{B} = -\left(\frac{1}{m_i} + \frac{1}{m_j}\right),$$

e quindi, nel caso che sia $m_i + m_j = 0$,

$$\frac{(a_i - a_j)^2}{A} + \frac{(b_i - b_j)^2}{B} = 0.$$

Ora una tale equazione non può essere soddisfatta da coordinate reali se non nel caso in cui A e B abbiano segno contrario. Quindi l'esistenza di quaterne così fatte, allo stato reale, non si può verificare in ogni caso.

Ammettendo certe simmetrie nel sistema, per le quali si annullano i termini del secondo gruppo nell'espressione (3), e protraendo l'approssimazione fino al gruppo successivo, il sistema può essere rappresentato da due soli punti, o *poli,* come ha mostrato RIECKE *).

Pavia, 10 febbrajo 1882.

---

*) Annalen der Physik und Chemie, Ser. V, Bd. XXV (1872), pag. 218.

INDICE DEL TOMO III.

FINE DEL TOMO III DELLE OPERE MATEMATICHE DI EUGENIO BELTRAMI.

www.ingramcontent.com/pod-product-compliance
Lightning Source LLC
LaVergne TN
LVHW011259110826
845149LV00001B/189

* 9 7 8 1 4 1 8 1 8 4 6 7 4 *